EINFÜHRUNG IN DIE VERERBUNGS=WISSENSCHAFT

EIN LEHRBUCH IN EINUNDZWANZIG VORLESUNGEN

VON

PROFESSOR DR. RICHARD GOLDSCHMIDT

2. DIREKTOR DES KAISER WILHELM-INSTITUTS FÜR BIOLOGIE
IN BERLIN-DAHLEM

FÜNFTE
VERMEHRTE UND VERBESSERTE AUFLAGE

MIT 177 ABBILDUNGEN

BERLIN
VERLAG VON JULIUS SPRINGER
1928

ISBN-13:978-3-642-89759-7   e-ISBN-13:978-3-642-91616-8
DOI: 10.1007/978-3-642-91616-8

Vorwort zur fünften Auflage.

Die vorliegende 5. Auflage ist wieder beträchtlich verbessert
worden unter Fortfall veralteter und Einfügung neuer Abschnitte.
Von kleineren Änderungen, die sich überall finden, abgesehen, sind
die folgenden größeren neuen Abschnitte zu nennen: In der 1. Vorlesung: Berechnung des Mittelfehlers. In der 2. Vorlesung: PEARSONS
Probe und der Forficulafall. In der 6. Vorlesung: Mittelfehler einer
Mendel-Spaltung. In der 7. Vorlesung: die letzten Abschnitte. In der
8. Vorlesung: Parasyndese und Telosyndese und der Schluß. In der
9. und 11. Vorlesung: viele Einzelabschnitte. In der 12. Vorlesung:
Ergänzung der Elemente des Drosophilafalles, der ganze letzte Teil
der Vorlesung mit den Einzeltatsachen über Faktorenaustausch. In
der 13. Vorlesung: der ganze Abschnitt über multiple Allelomorphie;
der größte Teil des Kapitels über Letalfaktoren; der Abschnitt über
deficiency; die Abschnitte über den Inzuchtskoeffizient, Selbststerilität,
Heterostylie. In der 14. Vorlesung: Der Anfang, die Abschnitte über
Geschlechtskontrolle, mütterliche Vererbung, Bedeutung des Plasmas.
In der 15. Vorlesung der Abschnitt über die Cytologie der Speziesbastarde, der größte Teil der Darstellung des Oenotherafalles. Die
ganze 16. Vorlesung über die Chromosomentheorie der Vererbung ist
neu zugefügt. In der 17. Vorlesung zahlreiche Einzelabschnitte und
das ganze Schlußkapitel. In der 18. Vorlesung der einleitende Abschnitt, die Bizarria und der Schlußabschnitt. In der 19. Vorlesung
viele kleine Abschnitte und das ganze Schlußkapitel. Die 20. Vorlesung ist ganz neu geschrieben und in der 21. das letzte Drittel.
Die frühere letzte Vorlesung über den Menschen fiel weg, da es
darüber jetzt viele eigene Lehrbücher gibt, dafür wurde gelegentlich
in anderen Vorlesungen auf menschliche Fälle Bezug genommen.

Von den Abbildungen sind 68 ganz neu, die übrigen nach neuen
Vorlagen und Umzeichnungen neu hergestellt. Viele Kollegen haben
mich durch Überlassung von Originalphotos und Zeichnungen unter

stützt, nämlich die Herren Beebe, Bĕlăr, Correns, East, Fischer, Jones, Kronacher, Nilsson-Ehle, Poll, Punnett, Renner, Schlottke, Seiler, Spemann, Stern, Süffert, Wriedt. Herr Dr. Fischer-Zürich stellte mir außer den Photos zu seinen Temperaturexperimenten an Schmetterlingen noch die unveröffentlichten Daten zur Verfügung. Herr Renner unterzog sich, wie schon bei früheren Auflagen, der Mühe, die Darstellung des Oenotherafalles zu lesen und Verbesserungsvorschläge zu machen. Allen sei auch hier auf das herzlichste gedankt. Da bei der Vorlesungsform die Disposition des Buches äußerlich nicht sichtbar ist — sie ist im vorgedruckten Inhaltsverzeichnis niedergelegt — ist versucht worden durch Zusatz von Marginalien die Orientierung beim Nachschlagen zu erleichtern und die Gliederung sichtbarer werden zu lassen.

Die neue Auflage erscheint nunmehr im Verlag Julius Springer, dem der Verfasser für die traditionell ausgezeichnete Ausstattung des Buches und jegliches Entgegenkommen zu Dank verpflichtet ist.

Berlin-Dahlem, den 4. Februar 1928.

R. GOLDSCHMIDT.

Inhaltsverzeichnis.

Erste Vorlesung.

Der Begriff der Genetik. Die Variabilität und ihre exakte Darstellung. Das Queteletsche Gesetz. Das Maß der Variabilität.

Die Biologie stand in den letzten 70 Jahren, der Zeit ihres größten Aufschwunges, unter dem alles überragenden Einfluß jenes großen Gedanken- und Tatsachengebäudes, das man in seiner Gesamtheit als die Abstammungslehre bezeichnet. Durch die geniale Begründung und Ausarbeitung, die Darwin seiner Lehre gegeben hatte, wurde sie befähigt, in kürzester Zeit sich die gesamte Biologie zu erobern und ihre Gesichtspunkte zum Leitstern aller weiteren Forschungen zu machen. So wurde die zweite Hälfte des vorigen Jahrhunderts in allen Disziplinen unserer Wissenschaft ein darwinistisches Zeitalter. Systematik und vergleichende Anatomie, Entwicklungsgeschichte, Tiergeographie und allgemeine Biologie, Anthropologie und zum Teil sogar die Physiologie entnahmen die entscheidenden Gesichtspunkte für ihre Forscherarbeit jener Lehre. Und nicht zu ihrem Schaden, denn die Kenntnisse, die in jener Zeit dem Bestand der Wissenschaft zugefügt wurden und die unabhängig von dem jeweiligen Gesichtspunkte der Betrachtung ihren dauernden Tatsachenwert besitzen, sind von bewundernswertem Umfange. Gewiß hat diese Entwicklung auch ihre Schattenseiten; wie jede große und fruchtbare Idee, so hatte auch die Abstammungslehre ein gutes Teil ihres Wesens der schöpferischen Phantasie zu verdanken. Und so wiederholte sich auch hier das, was uns die Geschichte der Menschheit bei jeder großen geistigen Bewegung bemerken läßt: der entfesselte Strom überschritt seine Grenzen. Es kam die Sturm- und Drangzeit unserer Wissenschaft, die erweckte Phantasie hielt vielfach nicht die ihr gesteckten Grenzen ein, Theorien bekamen den Wert von Tatsachen, Umschreibungen durften als wissenschaftliche Erklärungen gelten. Und nun folgte wie immer die Ernüchterung und mit ihr die Rückkehr zum Ausgangspunkt. Darwin selbst war in jenen Wirbel nicht mit hineingezogen worden. Er blieb bei der vorsichtigen Prüfung seiner Gedanken durch möglichst gründliche Versuche. Und wenn wir jetzt uns wieder mehr und mehr daran machen, zuerst die *Grundlagen* der Abstammungslehre exakt zu erforschen, ehe der weitere Aufbau in Betracht kommt, so bedeutet das eine Fortführung von DARWINS Lebenswerk in dessen ureigenstem Sinn.

Im Mittelpunkt der Abstammungslehre steht die Annahme der Veränderlichkeit der Art: die uns als konstant erscheinenden Tier- und Pflanzenformen sind es nicht, sondern unterliegen der Möglichkeit der Umwandlung und Weiterentwicklung zu anderen Formen. Nach DARWINS Annahme hat diese Veränderlichkeit zur Grundlage die Tatsache, daß die verschiedenen Individuen einer Tierart nicht völlig wesensgleich sind, sondern in kleinen Merkmalen sich voneinander unterscheiden, daß sie variieren. Das Lebewesen ist aber im allgemeinen seiner Umgebung angepaßt. Beziehen sich nun die Variationen auf Eigenschaften, die für das Angepaßtsein von Bedeutung sind, so können sich geringfügige Veränderungen für den Organismus nützlich oder schädlich erweisen. Träger schädlicher Eigenschaften, also schlecht angepaßte Varianten, werden aber nach DARWIN durch die natürliche Zuchtwahl, die nur Brauchbarem den Bestand ermöglicht, ausgemerzt und nur die mit Nützlichem, gut Angepaßtem (oder auch mit Indifferentem) Ausgestatteten bleiben im Kampf ums Dasein erhalten. Pflanzen diese sich fort, so übertragen sie ihre günstigen Analgen auf die Nachkommenschaft, und da bei dieser der gleiche Prozeß statthat, so bilden sich die Arten allmählich zu besser Angepaßtem, somit Höherem um.

Es ist daraus klar zu ersehen, daß sich die Grundlagen der Abstammungslehre um drei große Zentren gruppieren: die Fragen der Variation, der Anpassung, der Vererbung. Es muß festgestellt werden, ob und in welchem Umfang die von DARWIN postulierte Veränderlichkeit besteht und zwar sowohl die Veränderlichkeit innerhalb einer Art als auch von einer Form zu einer anderen. Es muß dann nach den Ursachen solcher Veränderlichkeit geforscht und womöglich versucht werden, sie in die Hand des experimentierenden Forschers zu bekommen. Sodann erhebt sich die Frage des Angepaßtseins an die Umgebung und die Wirkung der Ausmerzung der weniger Angepaßten. Soll eine solche irgendeine Bedeutung haben, so ist die Voraussetzung die, daß die erhalten gebliebenen Variationen vererbt werden. Und da liegt das Kardinalproblem des Ganzen; was wird vererbt, wie wird es vererbt. Eine jede Erforschung der Grundlagen der Abstammungslehre muß sich um diesen Punkt gruppieren, um das Vererbungsproblem, und mit Recht hat man es daher überhaupt als das zentrale Problem der ganzen Biologie bezeichnet. Hat es doch auch nach allen Seiten hin Beziehungen, bildet es doch auch einen wesentlichen Faktor für die Verbindung der Biologie mit ihren Tochterwissenschaften, der Medizin, der Soziologie, der Landwirtschaft.

Die neuere Zeit hat nun die Erforschung aller jener Dinge, die seit DARWIN etwas zurückgetreten war und nur von einer Minderzahl von Forschern, mehr Botanikern als Zoologen, gepflegt wurde, wieder in den Vordergrund des Interesses gebracht. Einmal war es die Erkenntnis, daß weitere wesentliche Fortschritte der Biologie in erster Linie nur auf dem Wege des biologischen Experimentes erzielt werden können. War DARWIN selbst zweifellos einer der größten experimentierenden Biologen seines Jahrhunderts, so hatten seine Nachfolger, verlockt von der unübersehbaren Fülle des vor ihnen ausgebreiteten Beobachtungsmaterials, sich zunächst an dessen Durcharbeitung gemacht. Erst als hier bereits die wesentlichsten Erfolge erzielt waren, konnte durch die zum Teil in bewußtem Gegensatz zum herrschenden Darwinismus stehende Entwicklungsmechanik die experimentelle Methode in der Biologie wieder betont werden. Ein weiterer Faktor ist in der exakten Grundlage gegeben, die die Erblichkeitsforschung durch die Bemühung der Variationsstatistik erhielt, die mathematische Genauigkeit in dies Wissensgebiet einführte. Als dritten Hauptfaktor, der das Interesse auf die Erblichkeit und ihre Nachbarfragen konzentrierte, muß man die Entdeckung oder richtiger die besondere Wertung der Mutationen durch DE VRIES bezeichnen, die ganz neue Möglichkeiten für die Lösung unserer Fragen auftauchen ließ. Und endlich ist es die Wiederentdeckung der MENDELschen Bastardierungsregeln, die auf eine Fülle von Dingen Licht warf und der Vererbungsforschung eine ganz neue Domäne eröffnete. So stehen wir denn jetzt in einer Zeit, in der sich innerhalb des Riesengebietes der Biologie ein Grund abgrenzt, an dessen Bebauung sich die besten Kräfte abmühen. Seinen Mittelpunkt bildet die Erblichkeitslehre, um die herum sich alle jene Probleme gruppieren, die ohne sie nicht gelöst werden können. In England hat BATESON für unsere neueroberte Wissenschaft die Bezeichnung genetics eingeführt und wir können sie mit dem gleichen griechischen Wort als *Genetik* bezeichnen, die Wissenschaft von dem Werden der Organismen.

Es ist noch nicht gar so lange her, daß die Worte Vererbungslehre und Vererbungstheorie in gleichem Sinne gebraucht wurden. Eine vererbungswissenschaftliche Tatsachenforschung gab es so gut wie gar nicht, dafür aber um so mehr Hypothesen. Heute ist das anders geworden, und, wie wir wohl sagen können, besser. Ein imposantes Tatsachengebäude steht auf breiter Basis festgefügt da. Keine Vererbungstheorie ist mehr denkbar, die nicht auf diesen Tatsachen fußt, sie zusammenfaßt und koordiniert. Aber auch die Tatsachen vermehren sich ständig und nehmen neue Richtungen, die andere Wertungen bedingen. So ist vieles in der Vererbungslehre jetzt noch im Fluß und entsprechend dem Fortschritt im Tatsächlichen ändern auch die Theorien ihr Gesicht. Aber das trifft ja für jede fortschreitende Wissenschaft zu und das ist gut so. Nur soll sich der Lehrende wie der Lernende stets bemühen, die Grenze zwischen Tatsachenbefund und hypothetischer Interpretation nicht zu verwischen. So wollen wir denn gleich ohne weitere Einleitung damit beginnen, uns mit den Grundtatsachen der Genetik vertraut zu machen.

Es bedarf wohl keiner besonderen Begründung, daß an der Basis der Vererbungslehre die Betrachtung der Eigenschaften zu stehen hat, deren Erblichkeit untersucht werden soll. Ein jeder Organismus setzt sich aus einer kaum bestimmbaren Fülle von Eigenschaften meßbarer und nicht meßbarer Natur zusammen, die in ihrer Gesamtheit sein Wesen ausmachen: Größe des Ganzen und der Teile, Farbe, Zeichnung, Muskelkraft, Fähigkeit gewisse Stoffwechselprodukte zu produzieren, Fähigkeit auf bestimmte Reize in bestimmter Weise zu reagieren, Disposition zu Erkrankungen und welcher Art sie immer sein mögen. Wenn sie für die Fragen der Erblichkeit natürlich auch alle gleichmäßig studiert werden müssen, so können wir begreiflicherweise zunächst am weitesten mit solchen kommen, die sich exakt z. B. durch Messung festlegen lassen. DARWINS Zuchtwahllehre basiert nun auf der Annahme, daß alle diese Eigenschaften bei einer Anzahl von Individuen der gleichen Art, die beliebig aus der Gesamtheit der Artgenossen herausgegriffen sind, bei einer

Population, wie wir von jetzt ab sagen wollen, ebenso wie bei der Gesamtheit der Nachkommen eines Elternpaares, nicht völlig identisch vorhanden sind, sondern sich in mehr oder minder hohem Maß unterscheiden, daß die Eigenschaften variieren. Diese Variabilität ist nun in der Tat, wie auch schon vor DARWIN bekannt war, vorhanden, und ihre Untersuchung muß natürlich einer jeden Betrachtung der Erblichkeit der Eigenschaften vorangehen.

Betrachten wir uns zunächst einmal ein paar konkrete Fälle und beginnen mit einem einfachsten, einer Eigenschaft der Zelle. Als Einzelzellen, die der experimentellen Untersuchung besonders zugänglich sind, benutzt man mit Vorliebe, wie wir noch mehrfach sehen werden, die Infusorien. Prüft man nun eine Kultur von Paramaecien, die aus vielen

Abb. 1. Variationsreihe der Länge (von 45—310 μ) aus einer Paramaecienkultur. Im Anschluß an JENNINGS.

Tausenden artgleicher Individuen besteht, z. B. auf die Länge der Einzeltiere, so findet man darunter winzig kleine Tiere von etwa 45 μ Länge, ferner riesengroße von 310 μ und dazwischen sämtliche denkbaren Größenstufen, so daß eine kontinuierliche Reihe von Individuen sich nach ihrer Größe anordnen läßt, wie vorstehende Abb. 1 zeigt. Die Variabilität schwankt, fließt also gewissermaßen zwischen zwei Extremen, weshalb wir auch von einer *fluktuierenden Variabilität* reden. *Es ist von Wichtigkeit, sich gleich von Anfang an darüber klar zu werden, daß diese Bezeichnung eine rein deskriptive ist und nichts darüber aussagt, ob wir jedesmal, wenn uns eine betrachtete Eigenschaft die Erscheinung der fluktuierenden Variabilität zeigt, auch vor dem gleichen biologischen Phänomen stehen. Wir werden später sehen, daß das nicht der Fall ist, daß vielmehr die Erscheinung der fluktuierenden Variabilität durch mehrere, vom Standpunkt der Erblichkeitslehre völlig verschiedene Ursachen bedingt sein kann.* In der Tat sind die jetzt angeführten Beispiele verschiedenen solchen Erscheinungsgruppen entnommen. So wie wir hier das Variieren in der Größe einer Zelle sehen, so könnten wir es auch in ganzen vielzelligen

Organismen oder auch an Teilen von Lebewesen, die in der Vielzahl vorhanden sind, feststellen. Ein klares Beispiel erhält man etwa in der

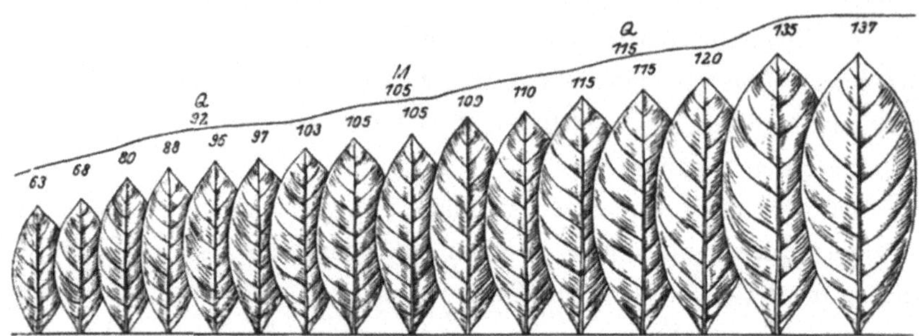

Abb. 2. Variationsreihe der Größe von Kirschlorbeerblättern. Darüber ihre graphische Darstellung als Ogive. *M* Mittelwert. *Q* Quartil (s. später). Nach DE VRIES.

Weise, daß man die Blätter eines Baumes in gleichen Abständen voneinander auf einer geradlinigen Basis aufklebt, indem man sie gleichzeitig nach ihrer Größe anordnet. Das ist im Anschluß an DE VRIES in vorstehender Abb. 2 für die Blätter des Kirschlorbeers geschehen und wir erkennen daran eine fluktuierende Variabilität zwischen 63 und 137 mm.

Die Herstellung einer derartigen Reihe läßt sich natürlich bei meßbaren, zählbaren, wägbaren Eigenschaften ohne weiteres vornehmen. Etwas schwieriger gestaltet sie sich, wenn es sich etwa um Färbungs- oder Zeichnungscharaktere handelt. Läge eine dunkle Zeichnung auf

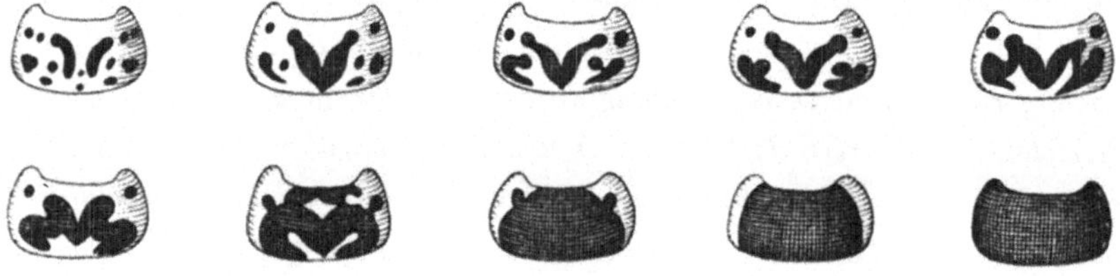

Abb. 3. Variationsreihe der Zeichnung des Pronotums von Leptinotarsa multitaeniata. Nach TOWER.

hellem Grund vor, die sich variierend auf dem Grund ausbreitet, so könnte man ja auch zu Zahlenverhältnissen gelangen, wenn man prozentual das Verhältnis von dunkel und hell berechnet. Aber auch ohne dies läßt sich eine den vorigen Beispielen entsprechende Variationsreihe aufzeigen, wenn man besonders typische Varianten auswählt und sie in eine Reihe anordnet und kleine Zwischenformen zwischen den Typen zunächst vernachlässigt. Abb. 3 zeigt eine solche Variationsreihe, die sich auf die Zeichnung des Halsschildes (Pronotum) des Koloradokäfers, Leptinotarsa multitaeniata, bezieht, und zwar wurden in der aus Mexiko stammenden Population zehn Typen unterschieden. Sie zeigen, wie die aus schwarzen Strichen und Punkten bestehende Zeichnung variiert, indem allmählich erst Striche, dann Punkte, dann beides zusammenfließen, so daß das Endglied der Reihe ein ganz schwarzes Schild besitzt. Eine ganz entsprechende Variationsreihe zeigt uns Abb. 4 mit Variationen der Flügelzeichnung von Lymantria monacha, der Nonne. Diese Individuen stammen aus Zuchten, könnten aber auch aus einer Population zusammengestellt werden. Auch hier führen die Typen von einem schwarz und weiß gebänderten Individuum durch alle Übergänge zu einem ganz schwarzen. (Wir weisen noch einmal darauf hin, daß es sich hier nur deskriptiv um eine Variationsreihe handelt. Ihr Zustandekommen können wir erst viel später verstehen.) Diesen Beispielen ließen sich beliebig viele aus allen Klassen von Eigenschaften anfügen, die uns alle zeigen würden, daß eine derartige fluktuierende Variabilität in der Natur besteht.

In allen diesen Fällen ist also die Variabilität eine fluktuierende, kontinuierliche. Nun bezeichnet man aber mit dem gleichen Ausdruck Variabilität, variieren, auch das Abweichen einzelner Individuen einer Tier- oder Pflanzenform von ihren Artgenossen, das nicht durch alle Übergänge mit der typischen Erscheinung verbunden ist, sondern ihr schroff gegenübersteht. Wenn etwa eine typisch blaublühende Pflanze gelegentlich weiße Blüten zeigt, eine rechtsgewundene Schneckenart mit einem linksgewundenen Gehäuse auftritt, so ist das auch eine Variation, aber diskontinuierlicher Natur. Solche Variationen werden uns später auch interessieren; hier können wir von ihnen absehen und uns zunächst nur an die fluktuierenden, kontinuierlichen Variationen halten. Wir lassen dabei zunächst völlig außer acht, ob die fluktuierende Variation eine einheitliche Erscheinung ist, oder ob sie nicht vielmehr aus innerlich ganz verschiedenen Quellen herzuleiten ist, so daß sie in verschiedene Unterbegriffe zerlegt werden muß. Später werden wir allerdings erfahren müssen, daß dem so ist.

 Soll die Variation nun zum Gegenstand von Überlegungen oder Experimenten gemacht werden, so genügt es nicht, die Tatsache des Vorhandenseins der Varianten zu kennen, wir müssen vielmehr vor allem
ihre Zahl und deren Verteilung auf die Variationsreihe betrachten. Und

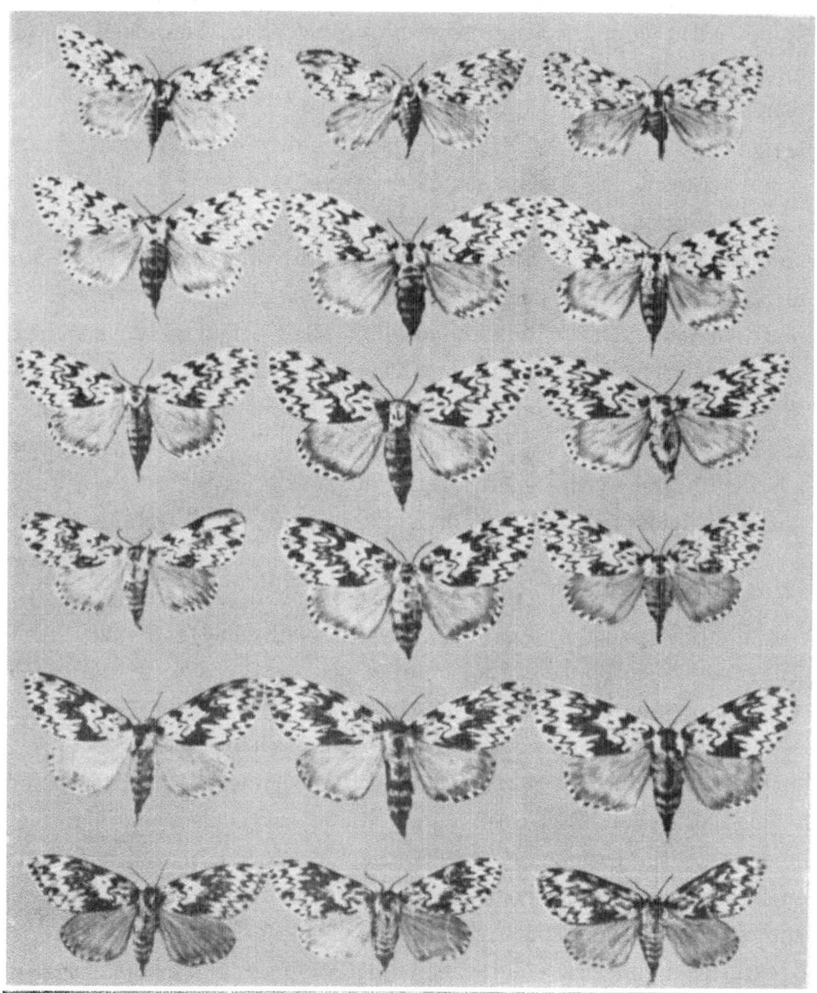

Abb. 4a.

diese zuerst von dem Anthropologen QUETELET eingeführte Betrachtungsweise hat zur Feststellung eines sehr wichtigen Gesetzes geführt. Gehen
wir direkt von einem der QUETELETschen Beispiele aus. Er führt die

Messungen an, die an 25 878 nordamerikanischen Freiwilligen in bezug auf ihre Körpergröße ausgeführt wurden, und ordnet die Zahlen in eine

Abb. 4b.

Abb. 4a u. b. Melanistische Variationsreihe der Nonne Lymantria monacha L.

Reihe, die beginnt mit 1,549 m = 60 engl. Zoll, dem Maß der kleinsten Individuen bis zu 2,007 m = 76 Zoll, dem Maß der größten Männer.

Benutzen wir nun der Bequemlichkeit halber seine Umrechnung der Gesamtzahl auf den Durchschnitt von 1000, so erhalten wir das klarste Bild, wenn wir in die oberste Reihe die Größen und darunter die für jede Größe gefundene Promillezahl von Individuen schreiben:

Größe in Zoll	60	61	62	63	64	65	66	**67**	68	69	70	71	72	73	74	75	76
Zahl der Soldaten pro 1000	2	2	20	48	75	117	134	**157**	140	121	80	57	26	13	5	2	1

Der erste Blick auf diese Reihe zeigt, daß die für die einzelnen Größenvariationen gefundenen Zahlen der Individuen innerhalb der Variationsreihe ganz regelmäßig verteilt sind. Die größte Zahl der Individuen, nämlich 157 pro 1000, findet sich in der Mitte der Reihe bei der Größe 67 Zoll, die kleinsten Zahlen finden sich an den Enden der Reihe, und dazwischen liegen alle Übergänge in der Zahl der Individuen und diese Übergangszahlen verteilen sich ziemlich symmetrisch zu beiden Seiten der Mitte. Es gibt also bei dieser Population von Menschen in bezug auf das Größenmaß eine mittlere Größe, die die meisten Individuen zeigen, während die Zahl der Individuen immer geringer wird, je weiter sich das Maß nach oben oder unten von der Mitte entfernt. QUETELET erkannte sofort, daß diese symmetrische Zahlenverteilung innerhalb der Variationsreihe eine große Ähnlichkeit mit der Verteilung hat, die man erhält, wenn man die binomische Formel $(a + b)^n$ ausrechnet:

$$(a + b)^1 = a + b$$
$$(a + b)^2 = a^2 + 2\,ab + b^2$$
$$(a + b)^3 = a^3 + 3\,a^2b + 3\,ab^2 + b^3$$
$$(a + b)^4 = a^4 + 4\,a^3b + 6\,a^2b^2 + 4\,ab^3 + b^4$$

usw.

Setzt man an die Stelle der Buchstaben bestimmte Zahlen, z. B. $a = 1$, $b = 1$, so ergeben sich (das sogenannte PASCALsche Dreieck):

$$(a + b)^1 = 1 + 1$$
$$(a + b)^2 = 1 + 2 + 1$$
$$(a + b)^3 = 1 + 3 + 3 + 1$$
$$(a + b)^4 = 1 + 4 + 6 + 4 + 1$$
$$(a + b)^{10} = 1 + 10 + 45 + 120 + 210 + 252 + 210 + 120 + 45 + 10 + 1$$

Es ergibt sich also eine ganz genaue symmetrische Verteilung der Zahlen um ein Mittel. Will man die für Soldaten gefundenen Zahlen nun mit einer solchen idealen Zahlenreihe vergleichen, so berechne man, wie eine solche für die Gesamtsumme von 1000 aussehen würde, wenn gewisse Bedingungen die gleichen sind, wie im realen Fall. In folgender Variationsreihe ist nun diese berechnete ideale Zahlenreihe unter die wirklich gefundene gesetzt:

Größe in Zoll. . .	60	61	62	63	64	65	66	67	68	69	70	71	72	73	74	75	76
Zahl der Soldaten pro 1000	2	2	20	48	75	117	134	**157**	140	121	80	57	26	13	5	2	1
Ideale Zahlen für 1000	5	9	21	42	72	107	137	**153**	146	121	86	53	28	13	5	2	0

Der Vergleich der beiden unteren Zahlenreihen zeigt, in welch ausgezeichneter Weise die gefundenen und die zu erwartenden Zahlen übereinstimmen, ein Zusammentreffen, das noch viel schlagender würde, wenn etwa ebensoviele Millionen Menschen gemessen worden wären als es Tausende waren. Diese nun ausführlich gezeigte Gesetzmäßigkeit in der Verteilung der Varianten auf die Variationsreihe nennt man das QUETELETsche *Gesetz*. Denn es hat sich seitdem gezeigt, daß die Mehrzahl der variablen Eigenschaften, wenn in dieser Form betrachtet, sich in genau der gleichen Weise verhalten. Einige wenige Beispiele sollen das zunächst noch illustrieren.

In der Systematik der Fische spielen die Schuppenzahlen eine große Rolle. Auch für sie gibt es eine fluktuierende Variabilität, wie die folgende Tabelle von VORIS beweist, die sich auf die Zahl der Seitenlinienschuppen bei einem nordamerikanischen Cypriniden, *Pimapheles notatus*, bezieht:

Schuppenzahl	40	41	42	43	**44**	45	46	47	48
Individuenzahl pro 500	3	7	36	126	**157**	121	37	11	2

Oder ein anderes Beispiel, eine Aufzählung der Anzahl von Zähnen, die sich auf dem Rand des Kiefers des marinen Borstenwurms, *Nereis limbata*, finden. Unter 398 Individuen fand HEFFERAN:

Zahl der Zähnchen. .	2	3	4	**5**	6	7	8
Zahl der Individuen .	7	30	80	**148**	98	29	6

In diesen beiden Beispielen ist es klar, daß die Individuen genau ihren Klassen entsprechen, daß also eine andere Klasseneinteilung, bei der ^{Diskrete und Klassenvarianten.}

noch feinere Unterschiede berücksichtigt werden, nicht möglich ist. Denn weniger wie eine Schuppe oder ein Zähnchen gibt es nicht, zwischen den Klassen kann nichts liegen. In diesem Falle spricht man von *diskreten Varianten*. Bei unserem ersten Beispiel, dem QUETELETschen Fall der Menschenmaße, war das anders. Dort hatten die Klassen, in die das Material eingeordnet war, einen Spielraum von einem Zoll. Ebensogut hätte man aber auch einen halben Zoll, auch weniger oder mehr nehmen können. Immer wären die Individuen, die bei einer Klassenzahl, z. B. 60 Zoll, aufgezählt sind, nicht alle genau 60 Zoll groß, sondern gehörten in den Spielraum, der begrenzt wird von der Mitte zur nächstunteren und nächstoberen Klasse, also bei Zolleinteilung zwischen 59,5 und 60,5 Zoll. In diesem Fall würde man also von *Klassenvarianten* reden und zu ihnen dürfte die Mehrzahl der Variationen gehören, nämlich die, die sich nicht auf eine zählbare Eigenschaft beziehen. Es ist klar, daß in solchen Fällen bei exakter Schreibweise die Zahl der Individuen immer zwischen den Klasseneinteilungen stehen müßten. Schreibt man sie aber in gleicher Weise wie bei den diskreten Varianten unter die betreffenden Klassen, so nimmt man natürlich stillschweigend an, die Klasse 2 bedeute den Spielraum von 1,5—2,5. Als Beispiel dieser Klassenvarianten diene die oben besprochene variierende Zeichnung des Halsschildes des Koloradokäfers nach TOWERS Untersuchungen, eingeteilt in elf Klassen, die aber für dieses Beispiel nicht ganz genau den oben abgebildeten zehn Klassen entsprechen:

Klasse der Färbung	1	2	3	4	5	6	7	8	9	10	11
Prozentzahl der Individuen	1	4	7	12	13	**26**	14	12	7	3	1

Die Frequenzkurven. Für viele Fälle der Darstellung sind derartige Aufzählungsreihen genügend. Bedarf man aber des Vergleiches oder einer Darstellung, die schnelle Orientierung gewährt, oder der mathematischen Betrachtung der Variation, so wählt man, wie immer, die graphische Darstellung. Die Konstruktion einer solchen Variationskurve oder eines Variationspolygons (oder auch *Häufigkeits-* bzw. *Frequenzkurve* genannt, da sie ja die Verteilung der Häufigkeit einer Eigenschaft darstellt), ist ein klein wenig verschieden, je nachdem es sich um diskrete oder Klassenvarianten handelt. Würden wir sie für unser Beispiel für diskrete Varianten, die

Seitenschuppenzahl von Pimapheles konstruieren, so müßten wir auf der
horizontalen Linie, der Abszisse des Koordinatensystems, die Schuppenzahlen in gleichen aber beliebig gewählten Abständen eintragen. In
jedem Punkt, der eine Schuppenzahl bedeutet, wäre dann ein Lot zu
errichten von der Länge einer beliebig gewählten Maßeinheit, z. B. 1 mm
multipliziert mit der Anzahl der für die betreffende Schuppenzahl an-
gegebenen Individuen, also bei 44 Schuppen 157 mm, bei 48 Schuppen
2 mm. Werden dann die Gipfel aller dieser Lote verbunden, so erhält
man das in Abb. 5 (verkleinert) abgebildete Polygon. Es ist klar, daß
ein solches Variations*polygon* um so mehr in eine Variations*kurve* übergeht, je größer die Zahl der Klassen und je kleiner damit die Entfernung

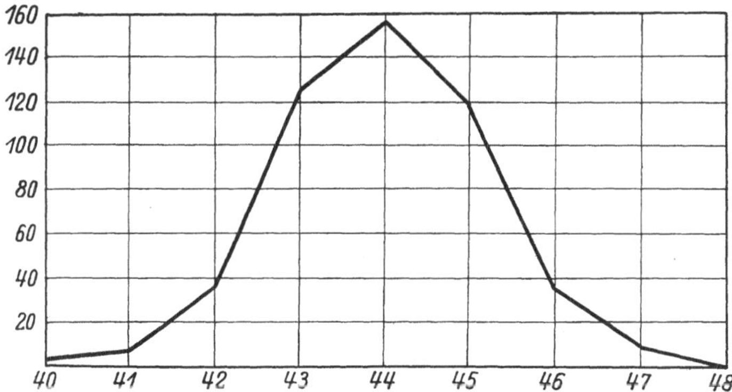

Abb. 5. Variationspolygon der Seitenschuppenzahl von Pimapheles.

der einzelnen Lotgipfel wird. Haben wir es dagegen mit einer Klassen-
variation zu tun, so würden wir in der gleichen Weise auf der Abszisse
die Klassengrenzen abtragen. Nehmen wir als Beispiel die Halsschild-
färbung von *Leptinotarsa*, so würden ja, sagen wir zu Klasse 4, alle
Individuen gezählt, die den Färbungstypus 4 repräsentieren, aber auch
alle die kleinen Zwischenstufen, die näher an 4 als an 3 oder 5 standen.
Die Klassengrenzen sind also 0,5, 1,5, 2,5 usw. Wir müssen also nun auf
den Klassengrenzen Lote errichten, deren Höhe der Individuenanzahl
entspricht, auf dem Gipfel eines jeden Lotes aber eine Horizontale ziehen
von der Länge des Klassenspielraumes. Auf diese Weise erhält man die
in Abb. 6 abgebildete Figur der Treppenkurve. Aus dieser erhält man
ein gewöhnliches Variationspolygon, wenn man die Mittelpunkte der

Treppenstufen miteinander verbindet, woraus hervorgeht, daß im wesentlichen für diskrete und Klassenvarianten dieselbe graphische Darstellung zum Vorschein kommt.

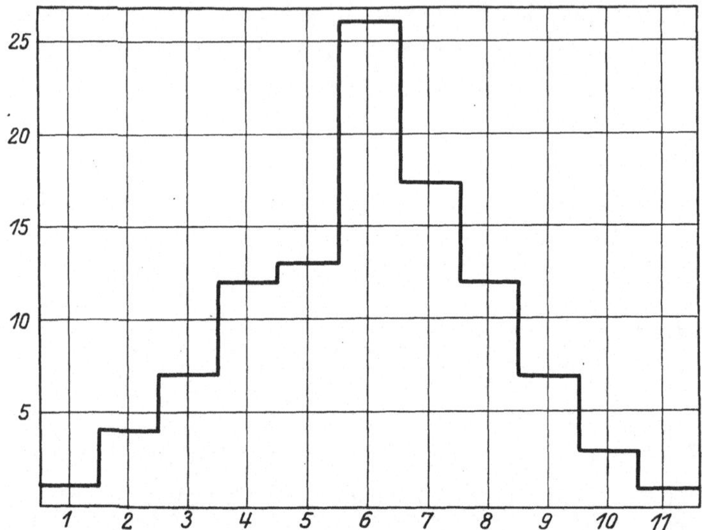

Abb. 6. Treppenkurve zu der Variationsreihe der Färbung des Pronotums des Koloradokäfers.

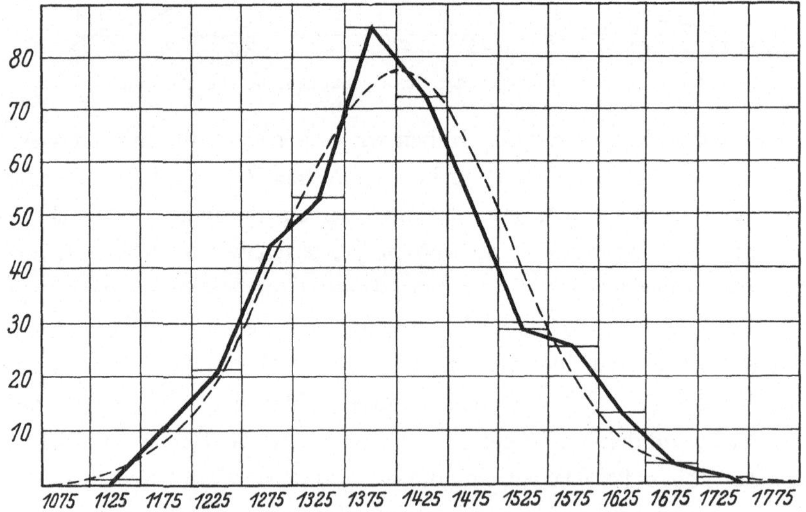

Abb. 7. Variationspolygon des Hirngewichts schwedischer Männer verglichen mit der idealen Kurve (letztere punktiert). Nach PEARL.

Wie wir nun oben gesehen haben, nähert sich eine Variationsreihe, je symmetrischer sie ist, um so mehr einer idealen Zahlenreihe, die (im Elementarfalle; von anderen können wir hier absehen) aus der Formel $(a + b)^n$ entwickelt wird. In gleicher Weise kann man natürlich eine Variationskurve mit einer idealen Kurve vergleichen, die aus derselben Formel konstruiert ist, der Binomialkurve, und dabei wird sich ebenfalls die wirkliche Kurve bei normalen Verhältnissen um so mehr der idealen nähern, mit je größeren Zahlen gearbeitet wurde. (Natürlich muß diese ideale Kurve unter Zugrundelegung eines bestimmten aus der wirklichen Zahlenreihe gewonnenen Wertes, der Standardabweichung σ [siehe S. 16] konstruiert werden. Wir wollen darauf aber nicht eingehen, da uns hier nur die Resultate beschäftigen, nicht die Methoden.) Als Beispiel diene nebenstehende Kurve, Abb. 7, die sich auf das Hirngewicht von 416 schwedischen Männern bezieht. Auf der Abszisse sind die Gewichtszahlen in Gramm eingetragen, die punktierte Linie stellt die ideale Vergleichskurve dar. Die zugehörigen Zahlen sind:

Gewicht des Gehirns in g:	1075	1125	1175	1225	1275	1325	**1375**	1425
Individuenzahl:	0	1	10	21	44	53	**86**	72

	1475	1525	1575	1625	1675	1725	1775
	60	28	25	12	3	1	0

Benutzt man nun derartige Variationsreihen oder Kurven zur Betrachtung eines biologischen Materials, so bedarf man natürlich gewisser Bezeichnungen für die Angehörigen der verschiedenen Kurvenbezirke. Wenn die Kurve eine ganz ideale ist, so stellt die Klasse, bei der die meisten Individuen liegen, also der Kurvengipfel, den Mittelwert dar. Natürlich ist dieser Mittelwert bei nicht völlig symmetrischer Kurve nicht genau mit dem Mittelpunkt zusammenfallend, er ist nämlich nach der Seite der größeren Variantenzahl verschoben. Seine genaue Lage wird am anschaulichsten aus umstehender Darstellung PEARSONS (Abb. 8) verständlich, in der die Variationsreihe durch einen Wagebalken dargestellt ist, an dem ebensoviele Gewichte hängen, als Variationsklassen existieren und die einzelnen Gewichte sich zueinander verhalten, wie die Zahlen der Variationsreihe. Der Unterstützungspunkt des Balkens, auf dem er in vollem Gleichgewicht ruht, entspricht dann dem Mittelwert M der Variationsreihe. Wenn man aber, was bei rein deskriptiver, nicht mathematischer Betrachtung auch oft genügt, den höchsten Punkt der Kurve einfach als Mittelklasse nimmt, so wird alles, was links von ihr liegt, als Minusvariante oder *Minusabweicher* bezeichnet, was rechts liegt, als Plusvariante oder *Plusabweicher*.

Die Streuung und der Variationskoeffizient.

Nun müssen wir noch einen notwendigen Begriff ableiten, wiewohl wir uns sonst hier von einem näheren Eingehen auf die mathematische Seite der *Variationsstatistik*, wie diese Wissenschaft heißt, fernhalten wollen, da sie aus Spezialwerken erlernt werden muß. Jenen Begriff aber müssen wir kennen lernen, weil er uns später noch begegnen wird. Wenn wir eine Variationsreihe aufgestellt haben und wollen sie etwa mit einer anderen vergleichen, die von demselben Objekt zu anderer Zeit genommen wurde, so können wir uns den Vergleich sehr erleichtern,

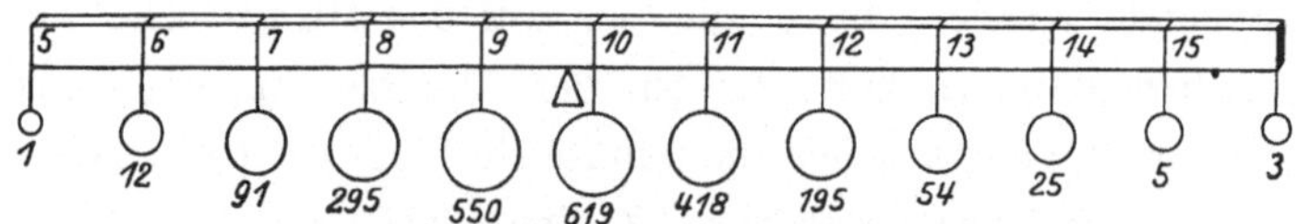

Abb. 8. Bildliche Darstellung des Mittelwertes einer Variationsreihe durch einen im Gleichgewicht befindlichen Wagebalken. Nach PEARSON.

wenn wir eine Durchschnittszahl benutzen können, die das Maß der Variabilität in einer solchen Reihe ausdrückt. Die bloße Inspektion einer Reihe könnte die Variationsbreite, die sie zum Ausdruck bringt, als ein solches Maß erscheinen lassen. Es ist klar, daß das nicht angängig ist, wenn man bedenkt, daß diese beträchtlich von der Zahl der Messungen abhängig ist. Wenn etwa bei unserem obigen Beispiel der Flügelfärbung der Nonne uns nur ein Teil der Falter vorgelegen hätte, so hätte es ganz gut sein können, daß Stücke der hellsten oder dunkelsten Sorte überhaupt gefehlt hätten, und dann wäre die Variationsbreite scheinbar geringer. Oder wenn wir die zehnfache Anzahl von Individuen zur Verfügung gehabt hätten, wäre vielleicht noch eine hellere Variation gefunden worden als Klasse 1 (was tatsächlich der Fall ist) und die Variationsbreite wäre größer erschienen. Ein Variabilitätsmaß muß also hiervon unabhängig sein. Man hat sich nun aus hier nicht zu erörternden Gründen auf ein Maß geeinigt, das die *Standardabweichung* oder *Streuung* heißt. (Die ältere Literatur benutzt allerdings ein anderes Maß.) Diese Streuung σ stellt dar die Quadratwurzel aus dem mittleren Quadrat der Abweichungen vom Mittelwert. Wenn a die Abweichung ist, die eine jede Klasse vom Mittelwert zeigt, p die Zahl der Individuen, die je diese Abweichung zeigen, n die Gesamtzahl der in der Variationsreihe vorliegenden Individuen, so ist die Standardabweichung $\sigma = \pm \sqrt{\dfrac{\Sigma p a^2}{n}}$.

(Σ ist das Summenzeichen.) Es ist klar, daß man, um σ zu berechnen, zunächst den Mittelwert kennen muß. Bei einer völlig symmetrischen Variationsreihe fällt er mit der Klasse der größten Individuenzahl zusammen. Das ist aber meist nicht der Fall, und er muß daher erst ausgerechnet werden. In der naivsten Weise — man denke an die Versinnlichung durch den Wagebalken — geschieht dies, indem man je den Klassenwert mit der Zahl der zugehörigen Varianten multipliziert, sämtliche Produkte addiert und durch die Gesamtzahl der Individuen dividiert. Wählen wir etwa als Beispiel die schon einmal gegebene Reihe für die Zähnchen auf dem Kieferrand von Nereis limbata:

Zahl der Zähnchen:	2	3	4	5	6	7	8
Zahl der Individuen:	7	30	80	**148**	98	29	6

so erhalten wir

$$
\begin{aligned}
2 \cdot 7 &= 14 \\
3 \cdot 30 &= 90 \\
4 \cdot 80 &= 320 \\
5 \cdot 148 &= 740 \\
6 \cdot 98 &= 588 \\
7 \cdot 29 &= 203 \\
8 \cdot 6 &= 48 \\
\hline
\Sigma &= 2003
\end{aligned}
$$

die Gesamtzahl $n = 398$

$$\frac{\Sigma}{n} = \frac{2003}{398} = 5{,}03 = \text{dem Mittelwert } M.$$

Bei größeren Reihen ist dies Verfahren natürlich sehr umständlich, und es läßt sich durch einfachere Methoden ersetzen, die wir aber für unsere Zwecke der Begriffserklärung nicht brauchen. Wer sie erlernen muß, findet eine klare Anleitung in Johannsens Lehrbuch. Berechnen wir nun σ für die gleiche Variationsreihe. Wenn wir uns der Vereinfachung halber mit einer Dezimalstelle des Mittelwertes begnügen, dann können wir ihn auf 5,0 abrunden. Die Abweichungen von ihm sind dann

—3—2—1 0+1+2+3, ihre Quadrate 9, 4, 1, 0, 1, 4, 9. Diese Quadrate multipliziert mit p, der Zahl der Individuen, in jeder Klasse, ergibt:

$$
\begin{aligned}
9 \cdot\ \ 7 &= \ \ 63 \\
4 \cdot\ 30 &= 120 \\
1 \cdot\ 80 &= \ \ 80 \\
0 \cdot 148 &= \ \ \ \ 0 \\
1 \cdot\ 98 &= \ \ 98 \\
4 \cdot\ 29 &= 116 \\
9 \cdot\ \ 6 &= \ \ 54 \\
\hline
\Sigma p a^2 &= 531 \\
n &= 398
\end{aligned}
$$

$$
\frac{\Sigma p a^2}{n} = \frac{531}{398} = 1{,}33
$$

$$
\sigma = \pm \sqrt{\frac{\Sigma p a^2}{n}} = \pm \sqrt{1{,}33} = 1{,}15.
$$

Diese Standardabweichung ist nun eine nach der Klasseneinteilung benannte Zahl. Wenn Gewichte in Gramm verglichen würden, so wäre σ in Gramm ausgedrückt. Um verschiedene derartige Kurven nun vergleichen zu können, kann man die Standardabweichung auch in Prozenten des Durchschnittes ausdrücken und erhielte dann den Variationskoeffizient $v = \frac{100\,\sigma}{M}$, das wäre in unserem Fall $\frac{100 \cdot 1{,}15}{5} = 23$. ($v$ ist allerdings ein Koeffizient, dessen Anwendung sich nicht allgemeiner Wertschätzung erfreut.) Eine für weitere Verwendung genügende variationsstatistische Angabe hätte also im mindesten zu bestehen aus der Variationsreihe bzw. Kurve, dem Mittelwert, der Standardabweichung bzw. dem Variationskoeffizient.

Der wahrscheinliche Fehler. Bei allen solchen zahlenmäßigen, aus Messungen, Zählungen, Beobachtungen gewonnenen Resultaten statistischer Natur ist es nun nötig, sich darüber klar zu werden, wie groß die Wahrscheinlichkeit ist, daß die Resultate aus dem vorliegenden Material statistische Bedeutung haben und nicht Zufallsergebnisse sind. Darüber gibt Auskunft die Berechnung des wahrscheinlichen Fehlers, die daher stets bei statistischen Resultaten ausgeführt wird. Seine Bedeutung kann man sich folgendermaßen klar machen. Die Fläche einer idealen binomialen Kurve läßt sich durch zwei senkrechte Linien so einteilen, daß nach außen von diesen Linien genau ein Viertel der Kurvenfläche liegt. Man nennt diese

Teillinien dann die Quartilgrenzen, die also zwischen sich die Hälfte der Kurvenfläche einschließen. In Abb. 9 ist die außerhalb der Quartilgrenzen liegende Fläche schraffiert; demnach enthält hier die weiße Fläche eine Hälfte der gesamten Kurvenfläche und jeder schraffierte Bezirk je ein Viertel. Es ist klar, daß die Lage der Quartilsgrenze bedingt wird durch alle die Faktoren, die in die Konstruktion der Kurve eingehen, also auch die aus ihnen berechnete Standardabweichung σ. Man nennt nun

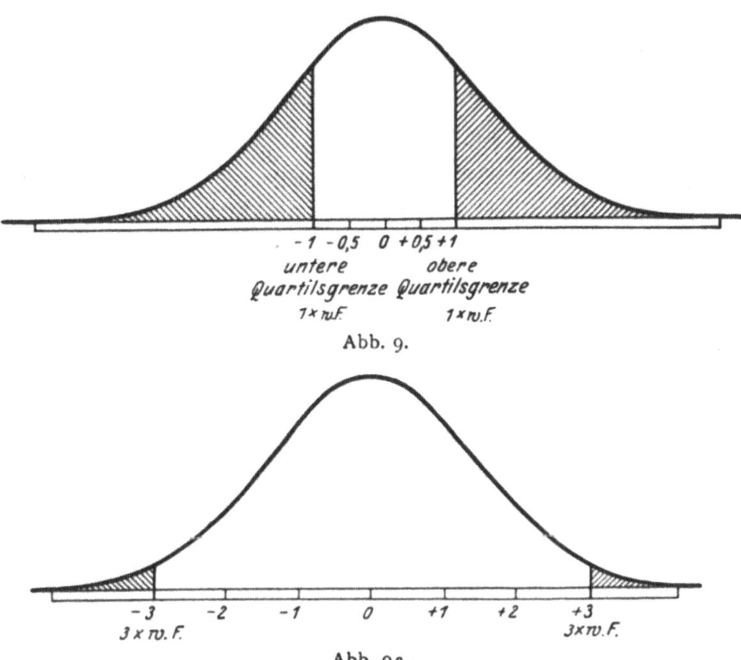

Abb. 9.

Abb. 9 a.

Abb. 9 u. 9 a. Darstellung des wahrscheinlichen (mittleren) Fehlers (w. F.).
Nach PEARL.

die Distanz auf der Abszisse vom Mittelwert als Nullpunkt zur Quartilgrenze den wahrscheinlichen Fehler. Denn da irgendeine beliebige Variante entweder innerhalb oder außerhalb der Quartilsgrenze liegen muß, diese beiden Flächen aber gleich sind, so hat diese beliebige Variante die gleiche Wahrscheinlichkeit, innerhalb oder außerhalb dieser Grenzen zu liegen oder anders ausgedrückt, man kann auf eine dieser beiden Möglichkeiten 1 : 1 wetten. Die Abb. 9 zeigt auch ohne weiteres, daß dieser Mittelfehler der Variante positiv oder negativ sein kann. Wenn

2*

wir nun, wie das in Abb. 9a geschehen ist, den Kurventeil außerhalb der Grenzen des dreifachen Mittelfehlers schraffieren, so zeigt sich, daß er tatsächlich sehr klein ist, nur etwa 4%. Das bedeutet, daß nur eine sehr kleine Wahrscheinlichkeit besteht, daß eine beliebige Variante jenseits dieser Grenzen von $\pm$ dem dreifachen Mittelfehler liegt; man könnte darauf etwa 23:1 wetten. Nehmen wir nun gar den vierfachen Mittelfehler, so liegen außerhalb dieser Grenze nur noch 0,7% Varianten und man könnte 142:1 wetten, daß eine gegebene Variante innerhalb dieser Grenze liegt. Daraus folgt, daß man bei Bewertung eines statistischen Resultates annimmt, daß ein Ergebnis statistisch bedeutungsvoll ist, wenn es den drei- bis vierfachen mittleren Fehler ($\pm$) übertrifft. Ein einfaches Beispiel (nach PEARL) mag dies erläutern. Der Pulsschlag von 150 Menschen betrage im Mittel 79,68 $\pm$ 0,15, also durchschnittlich etwa 80 Schläge mit einem mittleren Fehler der Statistik von $\pm$ 0,15. Nach Verabreichung irgendeiner Medizin wird bei den gleichen Menschen ein Puls von 81,12 $\pm$ 0,20 gefunden. Die Frage ist nun, ob man daraus schließen kann, daß die Medizin den Herzschlag beschleunigt oder ob nicht vielmehr nur ein Zufallsresultat vorliegt. Die Differenz der beiden Beobachtungen beträgt 1,44. Der wahrscheinliche Fehler einer solchen Differenz ist nun gleich der Wurzel aus der Summe der Quadrate der beiden wahrscheinlichen Fehler oder m Diff. $=\sqrt{m^2+m_1^2}$. Im vorliegenden Fall ist das 0,25, somit der Wert der Differenz der beiden Beobachtungen 1,44 $\pm$ 0,25. Die Differenz ist also etwa sechsmal so groß als ihr wahrscheinlicher Fehler und somit die Wahrscheinlichkeit sehr groß, daß kein Zufallsresultat vorliegt. Ganz allgemein berechnet man den mittleren Fehler für den Mittelwert einer Variationsreihe nach der Formel $m = \dfrac{\sigma}{\sqrt{n}}$, wobei σ wieder die Standardabweichung und n die Variantenzahl darstellt.

Schiefe Kurven. Wir haben bisher stets angenommen, daß die gefundenen Variationskurven der symmetrischen, binomialen Kurve entsprechen. Tatsächlich ist das häufig nicht der Fall; vor allem finden sich vielfach schiefe Kurven, deren Plus- und Minusseiten also verschieden groß sind. Das Maß der Schiefheit kann im Extrem so groß sein, daß schließlich eine ganz einseitige Kurve entsteht, die also nur einen absteigenden Schenkel hat. Es liegt nahe, aus solch abweichenden Kurven irgendwelche Schlüsse auf ihr Zustandekommen zu ziehen, also etwa, daß es sich um bastardiertes Material handelt. Tatsächlich ist das nicht möglich; es *kann* eine solche Ursache vorliegen, es kann sich auch um die Wirkung besonderer Lebenslagefaktoren handeln oder um bestimmte innere Wachstumsbedingungen. Die mathematische Behandlung solcher Kurven führt in der Regel den Biologen nicht weiter, vielmehr muß ihm eine reinbiologische Analyse Aufklärung verschaffen. Wir werden dem gleichen Problem später bei den zweigipfligen Kurven begegnen.

Wir sind nunmehr mit den elementarsten Hilfsmitteln ausgerüstet, um an die Betrachtung der biologischen Tatsachen zu gehen. Es sind allerdings nur die elementarsten, denn es läßt sich leicht denken, daß in der Natur die Verhältnisse nicht immer so einfach liegen wie an den hier ausgewählten, besonders klaren Beispielen. Da begegnet man, wie gesagt, Variationskurven, die zwar symmetrisch, aber zu hochgipfelig oder zu tiefgipfelig sind, oder solchen, die unsymmetrisch, schief sind, vielleicht sogar nur halb, andere erscheinen gar zwei- oder mehrgipfelig. Der Betrachtung solcher Erscheinungen, wie des Vergleichs verschiedener Kurven, kurzum der mathematischen Analyse der Variabilität, hat sich ein besonderes Grenzgebiet zwischen Biologie und Mathematik, die Variationsstatistik, gewidmet, die daran arbeitet, die Methoden der Kollektivmaßlehre auf biologische Gegenstände anzuwenden. Durch die Bemühungen von Forschern wie PEARSON, DAVENPORT, WELDON, LUDWIG, DUNCKER, YULE, JOHANNSEN, PEARL hat sie komplizierte Methoden zur genauen Betrachtung des gegebenen Materials entwickelt. Von ihren Resultaten werden wir in den nächsten Vorlesungen noch manches erfahren. Da aber für uns die Variationslehre nicht Selbstzweck ist, sondern nur den exakten Ausgangspunkt für das Vererbungsproblem darstellt, so dürfte diese elementarste Einführung genügen, um alles Weitere verstehen zu lassen, andererseits auch zum Studium eines der Spezialwerke des Gebietes anzuregen.

Literatur zur ersten Vorlesung.

1. Zitierte Schriften.

DARWIN, CH.: Entstehung der Arten. 1859. Deutsch von CARUS. 1876. — Ders.: Das Variieren der Tiere und Pflanzen im Zustande der Domestikation. 1878. — Ders.: Werke. Deutsch von CARUS.

DAVENPORT, C. B.: Statistical Methods with Special Reference to Biological Variation. New York and London 1899.

DUNCKER, G.: Die Methode der Variations-Statistik. Arch. f. Entwicklungsmech. d. Organismen 8. 1899.

HEFFERAN, M.: Variation in the teeth of Nereis. Biol. Bull. of the Marine Biol. Laborat. 2. 1900.

JENNINGS, H. S.: Heredity, Variation and Evolution in Protozoa. Journ. of Exp. Zool 1. 1908. — Ders.: Heredity and Variation in the simplest Organism. Americ. Naturalist 43. 1909.

JENNINGS und HARGITT, G. T.: Characteristics of the diverse races of Paramaecium. Journ. of Morphol. 21. 1911.

JOHANNSEN, W.: Elemente der exakten Erblichkeitslehre. 3. Aufl. Jena 1926.

LANG, A.: Die experimentelle Vererbungslehre in der Zoologie seit 1900. Bd. 1. Jena 1914.

LENZ, F.: Über Asymmetrie von Variabilitätskurven. Arch. f. Rassen- u. Gesellschaftsbiol. 16.

LUDWIG, F.: Variationsstatistische Probleme und Materialien. Biometrica. 1901.

PEARL, R.: Biometrical studies on man. I. Variation and correlation in brain-weight. Biometrica 4. 1906. — Ders.: Introduction to Medical Biometry and Statistics. W. B. Saunders 1923.

PEARSON, K.: The Chances of Death and other Studies in Evolution. London 1897. — Ders.: Mathematical Contributions to the Theory of Evolution. On the Law of Ancestral Heredity. Proc. of the Roy. Soc. of London 62. 1898. — Ders.: The Grammar of Science. 1900.

QUETELET: Anthropométrie. Paris 1871.

TOWER, W. L.: An Investigation of Evolution in Chrysomelid Beetles of the Genus Leptinotarsa. Carnegie Institution Publications 48. Washington 1906.

VORIS, J. H.: Material for the study of the variation of Pimapheles notatus etc. Proc. of the Indiana Acad. Sciences. 1899.

WELDON, W. F. R.: On certain Correlated Variations in Carcinus maenas. Proc. of the Roy. Soc. of London. 1894. — Ders.: Report of the Committee for Conducting Statistical Inquiries into the Measurable Characteristics of Plants and Animals. (Part. I: An Attempt to measure the Death-rate due to Selective Destruction of Carcinus maenas with Respect to a Particular Dimension. Proc. of the Roy. Soc. of London 62. 1895.) — Ders.: Address to the Zoological Section of the British Association for the Advancement of Science. 1898.

YULE, U.: An introduction to the Theory of statistics. 3. Aufl. 1916.

2. Zur weiteren Orientierung.

Die elementarste, außerordentlich breite Darstellung der Grundzüge der Variationsstatistik findet sich bei LANG.

Die beste, modernste und auf die Vererbungslehre zugeschnittene Darstellung zur Einführung ist die von JOHANNSEN; auch YULES Buch, mehr von der statistischen als biologischen Seite geschrieben, ist sehr empfehlenswert. Ein klassisches Werk ist, G. TH. FECHNER: Kollektivmaßlehre, herausgegeben von LIPPS. Engelmann, Leipzig 1897. Die höheren mathematischen Probleme der Variationsstatistik sind hauptsächlich von PEARSON und seiner Schule ausgearbeitet, deren Arbeiten hauptsächlich die Bände der Zeitschrift Biometrica füllen. DAVENPORTS Buch ist ein nützliches Nachschlagebuch für Formeln usw. zum Laboratoriumsgebrauch. Eine neue Formel- und Tabellensammlung findet sich in Tabulae Biologicae, Bd. IV (Verlag E.W.Junk), bearbeitet von PAULA HERTWIG. Sehr empfehlenswert ist auch die klare Schrift von PHILIPTSCHENKO, J.: Variabilität und Variation. Gebr. Bornträger 1927.

Zweite Vorlesung.

Die Bedeutung der statistischen Methoden für die Erforschung biologischer Probleme. Homogame Vermehrung, Korrelation, Zuchtwahl. Die Grenzen der Methode. Erbliche Rassen und zweigipflige Kurven.

Wir sind nunmehr mit der fluktuierenden Variabilität als — zunächst noch unanalysierter — Erscheinung und mit der üblichen Methode ihrer Beschreibung, der statistischen, bekannt. Das Ziel, auf das wir zusteuern, ist es, zu erkennen, in welcher Beziehung die Variabilität zur Vererbung steht und inwieweit die statistische Methode der Betrachtung uns diesem Ziel näherführt, wo aber auch ihre Grenzen sind. Anstatt sogleich das Endresultat in Form einer Aufzählung der verschiedenen Dinge, die sich hinter der kollektiven Erscheinung der fluktuierenden Variabilität verbergen, zu geben, wollen wir uns allmählich zu der erstrebten Erkenntnis durcharbeiten, indem wir zunächst die Anwendung der variationsstatistischen Methoden auf einige biologische Probleme ins Auge fassen. Dabei werden uns die Tatsachen selbst zu dem erstrebten Punkt, der kritischen Anknüpfung an die Vererbungslehre, führen.

Eine derartige Gruppe biologischer Erscheinungen und Fragestellungen ist die geschlechtliche Auswahl bei der Fortpflanzung. Für die DARWINsche Theorie ist es von größter Bedeutung, ob eine solche stattfindet, denn wenn Variationen den Ausgangspunkt für die Bildung neuer Arten liefern sollen, ist es auch nötig, daß gleichsinnig abweichende Variationen miteinander zur Fortpflanzung kommen und so die Grundlage für das geben, was man als Divergenz bezeichnet, das Auseinanderstrahlen der sich bildenden neuen Formen von der Form der Vorfahren. ROMANES geht so weit, in bezug auf diesen Punkt zu sagen, daß, wenn wir Variabilität und Erblichkeit als gegeben annehmen, die ganze Abstammungslehre sich auf die Frage konzentriert, ob gleiche Variationen sich mit gleichen paaren, ob es eine „Homogamie"[1] gibt. Denn wenn dies sich nicht erweisen ließe, so müßte die beliebige Vermehrung zwischen den Varietäten immer wieder zur Einförmigkeit zurückführen. (Was übrigens auch, wenn nur auf erbliche Varianten bezogen, nicht ganz richtig ist, wie uns später die Betrachtung des Mendelismus lehren wird.) Zur Entscheidung einer solchen Frage ist die Variationsstatistik in hohem Grade befähigt. Genaue Messungen natürlicher Paarlinge nach ihren Eigenschaften muß die Antwort ergeben. Für die erwähnten Paramaecien ließ sich in der Tat auf diese Weise feststellen, daß immer annähernd gleiche Tiere konjugieren[2], wie dies instruktiv aus Abb. 10

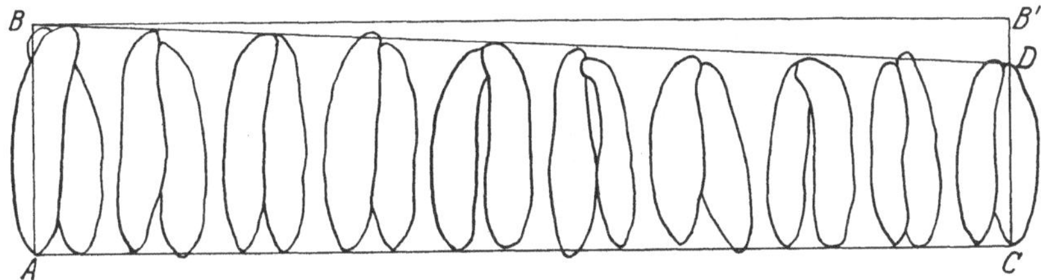

Abb. 10. Ausgewählte Konjugantenpaare verschiedener Größe von Paramaecium aurelia. Nach Jennings.

hervorgeht. Das gleiche gilt auch für die so oft angezogenen Koloradokäfer, bei denen sich immer annähernd gleich große Exemplare paaren. In der folgenden Tabelle nach Tower sind die Tiere in zehn Größenklassen geordnet, und man sieht, daß bei den meisten Pärchen die Mehrzahl der Tiere in beiden Geschlechtern der gleichen Klasse angehörten. (Die Tabelle, auf deren Herstellung wir gleich zu sprechen kommen werden, ist so zu lesen, daß z. B. die erste vertikale Reihe bedeutet daß von 100 Männchen der Längenklasse 1 volle 90 mit Weibchen der Längenklasse 1 sich paarten, 6 mit Weibchen der Klasse 2 und nur 4 mit Weibchen der Klasse 3 usw.) Es ist bemerkenswert, daß mit den gleichen Methoden auch für den Menschen durch Pearson eine solche bewußte oder unbewußte Neigung zur Heirat zwischen in den verschiedensten

---

[1] Dieser Ausdruck wird auch in ganz anderem Sinne gebraucht, siehe 13. Vorlesung.

[2] Bei anderen Infusorien wurde allerdings diese Homogamie nicht festgestellt (Enriques).

variablen Charakteren ähnlichen Paaren festgestellt ist, während GAL-
TON, wie wir sehen werden, nichts Derartiges fand.

Die vorstehenden Tatsachen könnte man nun auch von einem anderen
Gesichtspunkt aus betrachten. Das, was festgestellt wurde, war ja das
Größenverhältnis der paarenden Individuen eines Geschlechts zu denen
des anderen. Oder wir wollen wissen, ob einer bestimmten Größenklasse
von Weibchen eine solche von Männchen zugeordnet, *korreliert* ist oder
nicht: wir betrachten die *Größenkorrelation* der Geschlechter innerhalb
einer Population kopulierender Tiere. So ist denn in der Tat vielleicht

Größenklasse der ♀	Größenklasse der ♂									
	I	2	3	4	5	6	7	8	9	10
I	90	10	2	—	—	—	—	—	—	—
2	6	70	6	—	—	—	—	—	—	—
3	4	13	71	13	1	—	—	—	—	—
4	—	7	12	74	10	5	—	—	—	—
5	—	—	8	12	76	10	5	1	—	—
6	—	—	1	1	11	70	11	1	3	—
7	—	—	—	—	2	13	82	85	6	1
8	—	—	—	—	—	12	2	—	88	2
9	—	—	—	—	—	—	—	2	2	6
10	—	—	—	—	—	—	—	—	1	90

die wichtigste biologische Erscheinung, für deren Erforschung sich die
Variationsstatistik als unentbehrliches Hilfsmittel erwiesen hat, die *Kor-*
Korrelation. *relation.* Als solche bezeichnet man bekanntlich die Wechselbeziehung
oder Abhängigkeit zwischen verschiedenen Eigenschaften, wobei man
allerdings meist an Eigenschaften innerhalb eines und desselben Individuums denkt. Das ist aber nicht etwa eine Notwendigkeit, denn
ebensogut stellt auch die Beziehung zwischen elterlichen und kindlichen
Eigenschaften eine Korrelation dar oder die zwischen den Schwankungen in der Jahrestemperatur und der Sterblichkeit an Tuberkulose.
Korrelation ist also nichts als das Abhängigkeitsverhältnis zweier Erscheinungen, und wenn es in einer großen Zahl von Einzelfällen betrachtet wird, um das durchschnittliche Maß von Abhängigkeit festzustellen, so ist die gegebene Methode die statistische. In der Biologie wird es sich allerdings dabei besonders häufig um die Beziehung
zweier Eigenschaften eines Organismus handeln. Klassisch sind ja die

Beispiele für die Korrelation, die DARWIN in Fülle verzeichnet hat. So sollen Tauben mit weißem, gelbem, blauem oder silberfarbigem Gefieder nackt aus dem Ei schlüpfen, die mit anderen Farben aber im Daunenkleid. Katzen mit blauen Augen sind taub, haben sie nur ein blaues Auge, so sind sie auch nur auf der gleichen Seite taub, Vogelarten mit Federbüschen, wie die polnischen Hühner, haben Gehirnhernien, und so gibt es eine Fülle von Beispielen biologischer oder anatomischer Natur, die man bei DARWIN finden kann. Es spielt also die Korrelation in fast allen Zweigen der biologischen Wissenschaften eine ungeheure Rolle, vor allem in der Physiologie. Eine Frage der Korrelation ist es etwa, in welcher Weise das Gewicht der Knochen oder ihr Kalkgehalt von der Muskelmasse abhängig ist, oder ob ein Zusammenhang zwischen dem Größenwachstum einer Frucht und ihrem Gehalt an bestimmten Substanzen besteht. Eine Korrelationsfrage ist es aber auch, welcher Zusammenhang Alkoholismus und Verbrechen verbindet oder Gehirngewicht und geistige Fähigkeiten oder zwei verschiedene psychische Funktionen oder Fähigkeiten, etwa die Schnelligkeit zu addieren, und die Töne zu unterscheiden. Kurzum, überall wo zwei Eigenschaften von Organismen verglichen werden, begegnet uns die Frage, ob Korrelation oder nicht. So ist dieses Problem denn auch zu einem der interessantesten der experimentellen Biologie, besonders der Pflanzen (GÖBEL) geworden. Wenn man unter Zugrundelegung der Variabilitätslehre vergleichen will, ob eine Korrelation insofern existiert, als zwei variable Eigenschaften in Abhängigkeit voneinander variieren, so bedient man sich dabei einer Form, die unserer Aufzählungsreihe für die gewöhnliche Variabilität entspricht. Man benutzt nur statt einer Reihe ein Quadrat oder Rechteck. Als Beispiel kann die auf S. 26 wiedergegebene Korrelationstabelle für die Größe der paarenden Koloradokäfer dienen. Von links nach rechts trägt man die Klassen des einen der zu betrachtenden Merkmale ein, in unserem Fall die Größenklassen für die männlichen Käfer. Von oben nach unten finden sich die Klassen des anderen mit jenem zu vergleichenden Merkmals, hier die Größenklassen der Weibchen. Dann muß man sein Material folgendermaßen ordnen, indem man von einem der Merkmale, gleichgültig welchem, ausgeht: Man ordnet in unserem Falle z. B. die Paare, die man kopulierend findet,

Korrelationstabellen.

nach der Klasse der Männchen und erhält somit zehn Portionen von Pärchen entsprechend ihrer Größe. Dann führt man in jeder Portion wieder eine solche Ordnung durch, daß hier die in bezug auf das eine Merkmal, in unserem Falle Männchenlänge, gleichartigen Paare nach den Klassen des anderen Merkmals, also Weibchenlänge, geordnet werden. Man würde also die Portion, die die größten Männchen der Klasse 10 enthielte, in bezug auf ihre Weibchen einteilen in 1 Zehnermännchen mit Weibchen Klasse 7, 2 Zehnermännchen mit Weibchen Klasse 8, 6 ebensolche mit Weibchen von 9 und 90 Zehnermännchen mit Zehnerweibchen. Die so gefundenen Zahlen werden dann in die Stellen der Tabelle eingesetzt, die den betreffenden Größen für beide Merkmale entsprechen. Einer solchen Tabelle sieht man dann sogleich an, ob eine richtige Korrelation besteht. Steigt sie in so regelmäßiger Weise von links nach rechts ab, so besteht auch eine schöne Korrelation, steigt sie ebenso von links nach rechts an, so haben wir auch Korrelation, aber umgekehrt gerichtete, negative, indem mit dem Steigen des einen Merkmals das andere fällt. Es ist klar, daß eine völlig ideale vollständige Korrelation sich in folgender Weise ausdrücken würde:

Klassen	a	b	c	d	e	f	g	h	i	k	l
1	1	—	—	—	—	—	—	—	—	—	—
2	—	10	—	—	—	—	—	—	—	—	—
3	—	—	45	—	—	—	—	—	—	—	—
4	—	—	—	120	—	—	—	—	—	—	—
5	—	—	—	—	210	—	—	—	—	—	—
6	—	—	—	—	—	428	—	—	—	—	—
7	—	—	—	—	—	—	210	—	—	—	—
8	—	—	—	—	—	—	—	120	—	—	—
9	—	—	—	—	—	—	—	—	45	—	—
10	—	—	—	—	—	—	—	—	—	10	—
11	—	—	—	—	—	—	—	—	—	—	1

Bei ganz fehlender Korrelation käme natürlich im Idealfall das vollständig symmetrische Bild der gegenüberstehenden Tabelle heraus, wobei die gleichen 1200 Individuen betrachtet sind.

Der Korrelationskoeffizient. Ebenso wie man nun für die Variabilität in dem Variationskoeffizienten ein gutes Maß besitzt, so benutzt man auch, um einen kurzen Ausdruck für die Stärke der Korrelation zu haben, einen Koeffizienten.

Dieser Korrelationskoeffizient r wird, wenn wir die von JOHANNSEN benutzte Darstellung beibehalten, nach der BRAVAISschen Formel berechnet, welche lautet: $r = \dfrac{\Sigma\, \alpha_x \cdot \alpha_y}{n \cdot \sigma_x \cdot \sigma_y}$. Das bedeutet: α ist die Abweichung vom Mittel der Eigenschaft, und wenn wir die eine der zu betrachtenden Eigenschaften als x-Eigenschaft oder supponierte Eigenschaft bezeichnen, die andere als y-Eigenschaft oder relative Eigenschaft, so ist α_x die Abweichung vom Mittel für die eine und α_y die für die andere Eigenschaft. n bedeutet wieder die Gesamtsumme der Individuen und σ die Standardabweichung, deren Berechnung wir schon kennengelernt haben, mit dem Index x bzw. y wieder auf die beiden Eigenschaften bezogen. Es muß also für *jedes Individuum* die Abweichung der einen mit der der anderen Eigenschaft multipliziert und diese sämtlichen Produkte addiert (Σ = Summenzeichen) werden und dann durch das Produkt aus der Individuenzahl mal den beiden Standardabweichungen dividiert werden. Bei Anwendung dieser Formel — ihre bequeme Handhabung erfordert natürlich die Kenntnis einiger Vereinfachungsmethoden (siehe HARRIS, JENNINGS, KAPTEYN) — kommt für den Korrelationskoeffizienten r immer

Klassen	a	b	c	d	e	f	g	h	i	k	l
1	—	—	—	—	—	1	—	—	—	—	—
2	—	—	—	1	2	4	2	1	—	—	—
3	—	—	1	5	9	15	9	5	1	—	—
4	—	1	5	12	20	44	20	12	5	1	—
5	—	2	9	20	39	70	39	20	9	2	—
6	1	4	15	44	70	160	70	44	15	4	1
7	—	2	9	20	39	70	39	20	9	2	—
8	—	1	5	12	20	44	20	12	5	1	—
9	—	—	1	5	9	15	9	5	1	—	—
10	—	—	—	1	2	4	2	1	—	—	—
11	—	—	—	—	—	1	—	—	—	—	—

eine Zahl zwischen —1 und +1 heraus. Ist $r = 1$, so bedeutet das völlige Korrelation, ist es = 0, so besagt das fehlende Korrelation. Ist es negativ, so besagt das negative oder umgekehrte Korrelation, die wir oben schon kennen lernten. Wenn wir demnach in einer Untersuchung die Mitteilung finden, daß $r = 0{,}98$ ist, so bedeutet das eine denkbar gute Korrelation. Es ist natürlich klar, daß auch die Korrelation sich gra-

phisch darstellen läßt. GALTONS Methode hierfür wird uns später begegnen.

Beispiele für
Korrelation. Und nun wollen wir einmal einige wirkliche Beispiele betrachten,
die uns zeigen sollen, welcher Art die Resultate sind, die mit statistischer Betrachtung der Korrelation erzielt werden können. Natürlich
sehen wir von soziologischen Beispielen ab, wie also etwa Korrelation
von Alkoholismus und Kriminalität, von phrenologischen, wie Beziehungen zwischen Schädelform und Talent zur Mathematik, von rein
physiologischen, wie Beziehung zwischen Volum eines Organs und
Leistungsfähigkeit, oder gar rein psychologischen, wie Beziehung von
Gedächtnis und Merkfähigkeit, und beschränken uns auf rein biologische
Fälle. Einen solchen, die homogame Auswahl der Geschlechter, haben
wir ja sogar zum Ausgangspunkt dieser Betrachtungen genommen; er
zeigte uns die Anwendbarkeit der Methode auf darwinistisch-biologische
Probleme.

Ein weiteres Beispiel soll sich auf einen entwicklungsphysiologischen
Fall beziehen. Ein viel erörtertes Problem der Entwicklungsmechanik
ist die Frage der bilateralen Symmetrie zahlreicher Tiere. Bei den
meisten Tieren sind ja rechte und linke Hälfte spiegelbildlich gleich.
Es hat sich nun durch die Studien der experimentellen Entwicklungsgeschichte gezeigt, daß sehr häufig bereits durch die erste Teilung der
Eizelle das Material für die symmetrischen Körperhälften gesondert wird,
die sich nun in gewissem Maße unabhängig voneinander entwickeln.
Die homologen Organe der beiden Körperhälften sind natürlich den allgemeinen Variabilitätsgesetzen unterworfen und zeigen die typisch individuelle Variation. Ist jene Unabhängigkeit aber vorhanden, so wird
es natürlich nur zufällig der Fall sein, daß bilateral-homologe Merkmale, z. B. die rechte und linke Hand, der gleichen Variationsklasse angehören, wenn auch die gesamte Variabilität im großen ganzen auf
beiden Seiten die gleiche ist, da ja beide Körperhälften im allgemeinen
der Wirkung der gleichen äußeren Bedingungen ausgesetzt sind. Wenn
man also zahlreiche Individuen vergleicht, so wird sich eine Korrelation
der Variabilität in beiden Körperhälften ergeben, d. h. wenn auch die
Symmetrie für die einzelnen Individuen keine vollständige ist, so ist es
doch für eine Masse von ihnen eine „Kollektivsymmetrie" (DUNCKER).

Folgende Korrelationstabelle zeigt im Anschluß an Duncker die Richtigkeit dieses Gedankenganges an einem Beispiel, der Messung der Länge der proximalen Glieder des Zeigefingers der beiden Hände bei 551 englischen Frauen, die Pearson und Whiteley ausführten.

(In der Tabelle sind die Zahlen mit 4 multipliziert, um Brüche zu vermeiden, so daß es den Anschein hat, als ob 2204 Individuen untersucht wären. Die Klassenspielräume betragen 1,27 mm, womit die Längenzahlen der Tabelle zu multiplizieren sind, um die absoluten Zahlen zu erhalten. Der Grund zu einer derartigen Anordnung ist ein praktisch-methodologischer.)

Länge rechts	Länge links													
	38,5	39,5	40,5	41,5	42,5	43,5	44,5	45,5	46,5	47,5	48,5	49,5	50,5	51,5
39,5	4	4	6	6	—	—	—	—	—	—	—	—	—	—
40,5	4	8	30	10	—	—	—	—	—	—	—	—	—	—
41,5	4	—	52	48	14	—	—	—	—	—	—	—	—	—
42,5	—	—	16	68	84	18	6	—	—	—	—	—	—	—
43,5	—	—	—	14	128	155	29	4	—	—	—	—	—	—
44,5	—	—	4	4	28	142	181	33	—	—	—	—	—	—
45,5	—	—	—	—	4	39	181	146	28	4	—	—	—	—
46,5	—	—	—	—	—	6	21	114	165	22	—	—	—	—
47,5	—	—	—	—	—	—	2	9	98	71	14	4	—	—
48,5	—	—	—	—	—	—	—	—	13	54	48	11	—	—
49,5	—	—	—	—	—	—	—	—	—	1	26	7	4	—
50,5	—	—	—	—	—	—	—	—	—	—	2	2	—	—
51,5	—	—	—	—	—	—	—	—	—	—	—	—	2	2

Schließlich sei noch ein Beispiel aus der züchterischen Praxis angeführt. Für die Zuckerrübenzucht ist natürlich das Ideal die Erzielung eines möglichst hohen Zuckergehaltes. Bei einer bestimmten Rübensorte zeigte sich nun, daß Zuckerreichtum mit starker Verzweigung der Wurzeln Hand in Hand ging, welch letzteres dem Praktiker nicht erstrebenswert ist. Daran anschließend faßte — wenn wir Johannsens Darstellung folgen — die Ansicht bei den Züchtern Fuß, der Zuckergehalt stehe in fester Korrelation zur Zweigbildung. Johannsen hat nun die Daten, die der Züchter Helweg zum Beweis dieser Ansichten vorgebracht hat, im Sinne der korrelativen Variabilität betrachtet und daraus folgende Tabelle gewonnen.

Die Zahlenverteilung zeigt schon auf den ersten Blick, daß die supponierte Korrelation zwischen Verzweigung und Zuckergehalt nicht besteht. Berechnet man den Korrelationskoeffizienten, so ergibt sich $r = -0{,}174$, also, da r negativ ist, eher eine umgekehrte Korrelation, bei seiner Nähe zu o aber auch diese nahezu nicht. Die vorgeführten Beispiele genügen wohl, um die Anwendung der Variationsstatistik auf die Korrelationslehre zu belegen. Sie wird uns ohnedies bald wieder begegnen, denn es ist klar, daß auch die Vererbung selbst als Korrelation dargestellt werden kann, nämlich zwischen Eltern und Nachkommen. GALTON ist sogar auf diese Weise zu seinem berühmten Gesetz gekommen, wie sich bald zeigen wird.

Prozente ver- zweigter Rüben	Prozentiger Gehalt an Trockensubstanz							
	7,5	8	8,5	9	9,5	10	10,5	
0	—	—	—	—	1	—	—	—
2	—	—	—	4	5	—	—	—
4	—	1	3	9	11	6	2	—
6	—	2	7	7	5	6	1	—
8	—	2	7	6	3	2	2	—
10	—	—	2	3	—	1	—	—
12	—	—	—	1	—	—	—	—
14	—	—	—	—	1	—	—	—
16	—	—	—	—	—	—	—	—

 Ein besonderer Fall soll aber zunächst noch besprochen werden, der in der statistischen Praxis häufig vorkommt und auch bei Vererbungsfragen eine Rolle spielt. Es kann nötig sein festzustellen, ob zwei verschiedene statistische Aufnahmen von verwandten Phänomenen beide einfach Zufallsresultate darstellen oder ob korrelative Verknüpfungen vorliegen. Ein Beispiel (nach PEARL) wird dies klarer machen. Wir haben eine Statistik über die Verteilung von Scharlachfällen auf Kinder nach ihrer verschiedenen Haarfarbe und eine zweite entsprechende für Masern. Wir wollen nun wissen, ob die beiden Krankheiten einfach nach Zufallsgesetzen die Kinder der verschiedenen Haarfarben ergreifen oder ob die beiden Krankheiten eine verschiedene Vorliebe für bestimmte Haarfarben haben. Die folgende Statistik läßt nun ohne weiteres eine solche Entscheidung nicht zu.

Frequenz von Masern und Scharlach nach Haarfarben.
(Nach McDonald aus Pearl.)

Haarfarbe	Anzahl Fälle von	
	Scharlach	Masern
Schwarz . . .	12	0
Dunkel. . . .	289	85
Mittel	1109	367
Blond	360	184
Rot	94	25
Sa.	1864	661

Die Entscheidung ist nur mathematisch zu erbringen, nämlich mittels
Pearsons χ^2-Probe. In der Formel

$$\chi^2 = S_{\mathrm{I}}^{s} \left\{ NN_{\mathrm{I}} \frac{\left(\frac{f}{N} - \frac{f_{\mathrm{I}}}{N_{\mathrm{I}}}\right)^2}{f + f_{\mathrm{I}}} \right\}$$

bedeuten N und N_{I} die Individuenzahlen der beiden Reihen, also 1864
und 661; f und f_{I} die Frequenzen für jede einzelne Klasse. S_{I}^{s} bedeutet,
daß für jede Klasse die Rechnung des Bruches auszuführen ist und alle
Resultate zu addieren sind, die dann mit NN_{I} multipliziert werden. Zu
der erhaltenen Zahl χ^2 kann man dann in einer Tabelle Pearsons nachschlagen, wie groß die Wahrscheinlichkeit ist, daß das Resultat nicht
zufällig ist. In unserem Beispiel zeigt es sich, daß die Wahrscheinlichkeit 33000 : 1 ist, daß tatsächlich die beiden Krankheiten verschiedene
Haarfarben bevorzugen.

Und damit können wir uns immer mehr dem Zentrum, dem wir zu-
streben, nähern, der Anwendung der statistischen Betrachtungsweise auf
die Erblichkeitslehre.

Ein Beispiel für die statistische Behandlung biologischer Probleme, Statistische
die aufs engste mit der Genetik verknüpft sind, möge uns unserem Ziele Betrachtung
einen weiteren Schritt noch näher bringen. Es diene gleichzeitig als Folie der Selektion.
für eine Untersuchungsweise des gleichen Problems, die uns in einer der
nächsten Vorlesungen mit einer der wichtigsten Erkenntnisse der modernen Erblichkeitslehre bekannt machen wird. Wir sprechen von der
Untersuchung des eigentlichen Zentralproblems des Darwinismus, der
Zuchtwahllehre, den Versuchen, die gemacht wurden, die artverändernde
Wirkung der Selektion zahlenmäßig zu beweisen. Eine Untersuchungs-

serie, die hier eine gewisse Berühmtheit erlangt hat, die von WELDON
an Krabben, wollen wir als Beispiel wählen. Zuerst THOMPSON, dann
WELDON stellten an Krabben im Sund von *Plymouth* fest, daß in einer
Reihe von Jahren die durchschnittliche Frontalbreite des Panzers, bezogen auf Tiere gleicher Länge, sichtlich abnahm. So war die prozentuale
Breite im Jahre 1893 76,3, 1895 75,4, 1898 74,4. WELDON glaubte, daß
dies darauf beruhe, daß durch einen aktuellen Zuchtwahlprozeß die Tiere
mit breiterem Panzer zugrunde gingen; die bessere Anpassung der Überlebenden sollte auf folgendem beruhen: Durch den Bau eines Wellen-
brechers waren die physikalischen Verhältnisse der Bucht völlig verändert worden, vor allem wurden größere Tonmengen durch einen Fluß
eingeführt und die Sandmenge durch die Vergrößerung der Stadt und

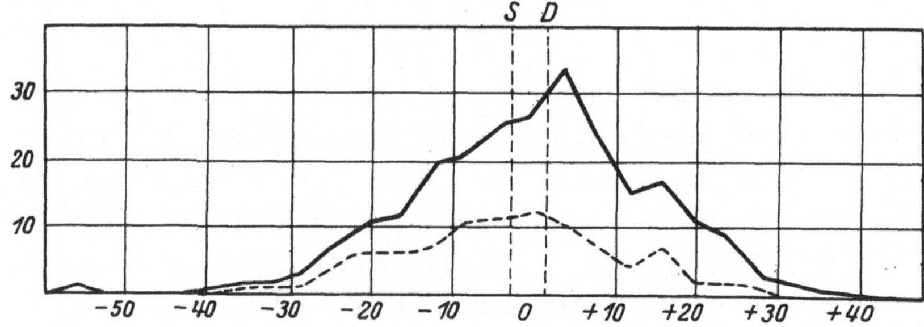

Abb. 11. Kurve für WELDONs Selektionsversuch an Krabben. Punktiert die Kurve
der Überlebenden. Nach WELDON.

der Docks vermehrt, so daß in der Tat sich nachweisen ließ, daß manche
Tierarten die Bucht verließen. (Daß tatsächlich solche Faktoren die
Fauna sehr beeinflussen, zeigte sich ja auch an der Fauna der Neapler
Bucht nach dem Aschenregen des letzten Vesuvausbruches.) Da der
gezähnte Rand des Carapax als Atemfilter dient, so ist es denkbar, daß
die schmaleren Tiere wirklich vor einer Verschlammung der Kiemen
besser geschützt waren. Da es nun nicht möglich war, die Exemplare
zu untersuchen, von denen angenommen wurde, daß sie getötet seien,
so imitierte WELDON künstlich die gleiche Situation, indem er die Krabben in Gefäßen hielt, in denen dauernd feiner Ton aufgewirbelt wurde.
Nach einiger Zeit wurden dann die toten Individuen gemessen und mit
den lebenden verglichen. Obenstehende Abb. 11 gibt die Kurve der
Frontalbreite bei 248 Versuchstieren wieder, wobei die punktierte Kurve

sich auf die 94 Überlebenden bezieht. Die Senkrechte bei o entspricht
nun dem Mittelwert der Ausgangstiere, die Linie *D* dem der Gestorbenen,
die Linie *S* dem der Überlebenden, woraus hervorgeht, daß es die breitesten waren, die zuerst starben. Damit sollte aber bewiesen sein, daß
die Zuchtwahl allmählich eine schmälere Rasse bilde.

Man — besonders CUNNINGHAM und PRZIBRAM — hat gegen diese
Versuche zahlreiche Einwände erhoben, die sich alle dahin zusammenfassen lassen, daß bei der Statistik ganz vergessen wurde, das Material
biologisch zu analysieren. Um einen derartigen Schluß auf solche Weise
begründen zu können, müßte aber erst die individuelle Variabilität des
Merkmals unter dem Einfluß der Temperatur, Nahrung, Sauerstoffgehalt, kurzum der Lebenslage analysiert sein, es muß die Lebensdauer
und die Generationszahl im Experiment feststehen, es muß die Schwankung oder Konstanz des Merkmals beim individuellen Wachstum feststehen (tatsächlich vermindert sich die Frontalbreite nach PRZIBRAM mit
der Häutung), kurzum, die biologische Analyse kann leicht die statistischen Resultate zunichte machen. Hier erkennen wir gut, wie weit man
statistisch kommen kann und wo die Methode an ihre natürliche Grenze
gelangt. Wären aber alle Fehlerquellen auch ausgeschaltet gewesen, so
hätte alles doch an der Frage gelegen: Ist mit der Verschiebung des Mittelwertes eine erbliche Veränderung verbunden? Wir sehen uns also wieder
an der Grenze der Erblichkeitsprobleme und vor die Frage gestellt, ob Grenzen der
statistischen
sie auf statistischem Wege gelöst werden können. Forschung.

Ein anderes klassisches Beispiel führt uns wieder einen Schritt weiter,
BATESONS berühmter Fall der zweigipfligen Variationskurve der Zangen
des Ohrwurms Forficula (Abb. 12). Während in einer Population dieser
Tiere die Körperlänge eine einfache Variationskurve zeigt, ergeben Messungen der Scherenlänge stets eine zweigipflige Kurve. Man könnte
daraus schließen, daß es zwei Rassen erblicher Natur in bezug auf
Zangenlänge gebe. DJAKONOW und auf Grund des gleichen Materials
auch J. HUXLEY, zeigten aber, daß die Einzelheiten des Falles darauf
hindeuten, daß innerhalb einer erblich einheitlichen Form die Entwicklung der Scheren zwei Gleichgewichtszustände besitzt, die vorwiegend
auftreten, so daß die äußeren Bedingungen, die die Variation der Körpergröße hervorrufen, die entsprechende Wachstumsreaktion der Zangen in

nur zwei möglichen Reaktionsreihen treffen, langen oder kurzen Zangen. Aber auch dies ist nur eine Wahrscheinlichkeit, über die die statistische Untersuchung nicht hinauskommt. Eine Entscheidung könnte nur der Vererbungsversuch gepaart mit dem entwicklungsphysiologischen Experiment erbringen.

Bis zu welchem Punkt die biologische Forschung mittels der statistischen Methode gelangen kann, bis sie auf ihre unüberbrückbare Grenzlinie kommt, können wir nicht besser uns klarmachen, als indem wir einen konkreten Fall betrachten, in dem die Analyse in besonders ausgezeichneter Weise bis zu jenem Punkt durchgeführt wurde. Wir betrachten die HEINCKESchen Studien über die Naturgeschichte des Herings, die ursprünglich aus rein praktischen Gesichtspunkten heraus unternommen waren, um folgende Fragen zu lösen: Bilden die Heringe der europäischen Meere einen einzigen Stamm, dessen Glieder, die Heringsschwärme, weite regellose Wanderungen unternehmen, oder zerfällt die Spezies Hering in unterscheidbare Lokalrassen mit festbestimmtem Wohngebiet, in dem sie regelmäßige jährliche Wanderungen ausführen? Erstrecken sich die Wanderzüge über große oder kleine Strecken? Sind die zoologischen Unterschiede der Lokalformen erblich? Die Beantwortung aller dieser Fragen muß es dann ermöglichen, durch Identifizierung der einzelnen Schwärme auf ihren Wanderungen deren Weg festzulegen, was für die Fischereipraxis von größter Bedeutung ist. Für die uns hier beschäftigenden Probleme stehen natürlich die Rassenfragen im Vordergrund. Durch die allgemeinen biologischen Verhältnisse der Lebens- und Fortpflanzungsweise des Herings ist nun sein Auftreten in geschlos-

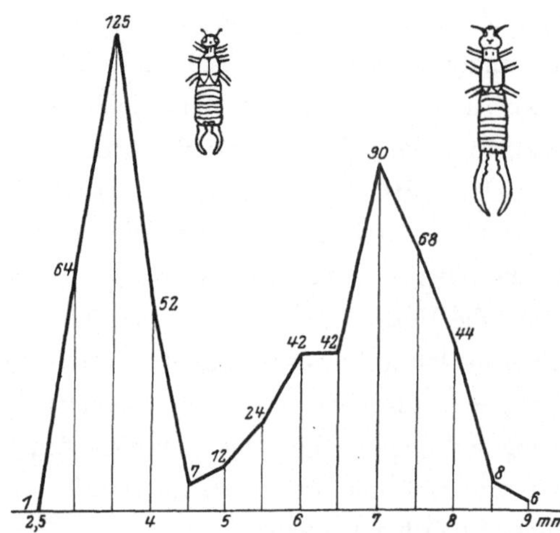

Abb. 12. Zweigipflige Frequenzkurve für die Länge der Zangen von Forficula. Darüber die beiden Typen. Nach BATESON.

senen Rassenverbänden gegeben. Der Hering lebt nämlich von Geburt an als geselliges Herdentier in Schwärmen, deren Richtung von der Menge der als Nahrung dienenden Planktontiere abhängt. Zum Zwecke des Laichens sammelt er sich in dichteren Schwärmen, die typische Laichplätze von besonderem Charakter aufsuchen, um dort ihre Eier an die Unterlage anzukleben. Diese Laichschwärme sind innerhalb eines bestimmten Wohngebietes völlig konstant, während im Gesamtwohngebiet der Art die größten Verschiedenheiten herrschen können. Also ein Hering

Rasse	Wirbelzahl	Nummer des Wirbels mit 1. geschlossenem Hämalbogen	Längenbreitenindex des Schädels	Kielschuppenzahl
		Mittel der Eigenschaften		
Norwegischer Frühjahrshering	57,6	27,0	30,1	14,0
Frühjahrshering des Großen Beltes	55,8	24,5	30,8	14,4
Frühjahrshering des Schley	55,5	24,3	30,8	13,7
Frühjahrshering von Rügen	56,0	25,0	30,4	13,9
Frühjahrsströmling von Stockholm	55,2	24,8	29,2	13,4
Hering des Weißen Meeres	53,6	25,3	30,6	12,4
Frühjahrshering des Zuidersees	55,3	24,1	31,1	14,3
Herbsthering der Ostküste Schottlands	56,5	24,6	—	14,8
Herbsthering des südöstlichen Nordsee	56,4	24,9	—	15,0
Herbsthering der Jütlandbank	56,6	—	31,0	14,5
Herbsthering der westlichen Ostsee	55,7	25,5	31,0	14,5

der westlichen Ostsee hat Jahr für Jahr seine festbestimmten Laichplätze mit bestimmter Wasserbeschaffenheit, und die Schwärme werden in bestimmten Monaten mit Sicherheit an bestimmten Stellen getroffen. An den Laichplätzen wird dann nur einmal im Jahr abgelaicht. Da sich aus der Brut eines solchen Laichplatzes immer wieder die neuen Schwärme bilden, so sind die Glieder eines Schwarmes wie der Schwärme eines engbegrenzten Gebietes alle blutsverwandt; wenn also Rassen existieren, sind sie in den Laichschwärmen verschiedener Gebiete zu suchen.

Um nun die Existenz der Rassen feststellen zu können — denn mit den
üblichen Unterscheidungsmerkmalen der Systematik kommt man nicht
weiter —, gibt es nur eine Methode, nämlich die variationsstatistische
Untersuchung der variierenden Einzelmerkmale, welchen Weg HEINCKE
in ausgedehntestem Maße (über 100000 Messungen und Zählungen) be-
schritt. Wie zu erwarten, ergab sich, daß die einzelnen meß- und zählbaren Eigenschaften, im ganzen über 60, die berücksichtigt wurden, wie
Wirbelzahl, Kielschuppenzahl, Zahl der pylorischen Darmanhänge, relative Schädelbreite, sich bei einer großen Zahl von Individuen des
gleichen Schwarmes nach dem Fehlergesetz verhielten, eine typische
Binomialkurve gaben. Verglich man nun aber die Kurven bei verschiedenen Heringsformen, den erwarteten Rassen, so zeigte sich, daß jeder
Rasse für jedes Merkmal ein typischer Mittelwert zukam. Es läßt sich
also durch die sämtlichen Mittelwerte der verschiedenen Eigenschaften
jede Rasse charakterisieren, und zwar sind die Unterschiede um so größer,
je weiter die Rassen geographisch, d. h. in der Verschiedenheit äußerer
Bedingungen, voneinander getrennt sind. Die vorstehende Tabelle illustriert dies Ergebnis.

Da nun diese verschiedenen Rassencharaktere in verschiedenen
Jahren an den gleichen Stellen die gleichen sind, so ist *anzunehmen*,
daß sie erblich sind.

Nun aber ist mit Hilfe dieser Erkenntnisse die Frage der Wanderungen zu lösen, und da ist es klar, daß es möglich sein muß, deren Weg
zu bestimmen, wenn man an den verschiedensten Stellen und zu den
verschiedensten Zeiten Heringe als Stichproben fängt und deren Rassen-
zugehörigkeit bestimmt. Der Erfolg hängt also davon ab, daß es gelingt,
für jedes einzelne Individuum die Rasse festzustellen. Das ist ohne
weiteres in Anbetracht der Variabilität der Merkmale nicht möglich.
Ein Hering z. B., bei dem man 56 Wirbel und 14 Kielschuppen findet,
kann so ziemlich allen Rassen angehören. Auf Grund der Wahrscheinlichkeitsrechnung ließ sich nun doch eine Methode finden, die Schwierigkeiten zu umgehen. Wenn man möglichst viele Merkmale ins Auge faßt,
so hat jedes einzelne seine Variabilitätsreihe nach den Gesetzen des Zufalls. Es kann also ein zufällig herausgegriffenes Individuum in bezug
auf eine Eigenschaft dem Mittelwert entsprechen, aber auch ein mehr

oder minder entfernter Minus- bzw. Plusabweicher sein. Es besteht nun eine gewisse Unabhängigkeit in der Variabilität der einzelnen Eigenschaften, so daß dasselbe Tier in der einen ein Plus-, in der anderen ein Minusabweicher sein kann. Werden nun möglichst verschiedene Eigenschaften eines Individuums in bezug auf ihre Abweichung vom Mittelwert der Rasse betrachtet, so zeigt sich, daß diese Abweichungen sich auch nach den Gesetzen des Zufalls gruppieren (wenn man sie in einer bestimmten, durch die Wahrscheinlichkeitsrechnung festgelegten Einheit betrachtet), daß also die geringeren am häufigsten, die größten am seltensten auftreten. Oder mit anderen Worten: Bei der zufälligen Kombination *einer sehr großen Anzahl* von Eigenschaften im Individuum sind die Abweichungen in den einzelnen Eigenschaften (in der gleichen Einheit, ihrem wahrscheinlichen Fehler, ausgedrückt) im Prinzip genau die gleichen Zahlen wie die Abweichungen *einer* Eigenschaft bei zahlreichen Individuen, oder, auf die gleiche Einheit bezogen, ist die Variationsreihe *einer* Eigenschaft für *viele* Individuen die gleiche wie die *vieler* Eigenschaften für *ein* Individuum.

Nun ist es eine charakteristische Eigenschaft einer jeden normalen Variationsreihe, daß die Summe der Quadrate der Abweichungen vom Mittel ein Minimum ist: berechnet man aus irgendeiner der im 2. Vortrag aufgeführten Reihe diese Summe, so ist sie immer kleiner als irgendeine Summe, die auf die Abweichungen von irgendeinem anderen als dem Mittelwert berechnet werden kann, sie ist ein Minimum. Nehmen wir z. B. die Zahlen 21, 22, 25 und 28, so ist das Mittel 24, die Abweichungen von ihm sind —3, —2, +1, +4 und deren Quadrate 9, 4, 1, 16, die Quadratsumme also 30. Berechnet man diese Summe nun auf irgendeine andere Zahl als den Mittelwert, z. B. 23, dann muß sie größer sein. Die Abweichungen sind dann —2, —1, +2, +5 und die Quadrate 4, 1, 4, 25, die Quadratsumme also 34, d. h. sie ist größer als jene. Das würde für jeden anderen Wert ebenso stimmen, d. h. also, die Quadratsumme der Abweichungen vom Mittelwert ist ein Minimum. Aus dieser Tatsache, im Zusammenhange mit dem vorhergehenden, ergibt sich somit die Möglichkeit, die Zugehörigkeit eines jeden Individuums zu einer Rasse zu bestimmen: es gehört der Rasse an, auf deren Mittelwerte bezogen die Quadratsumme aller Abweichungen aller Eigen-

schaften ein Minimum ist. Es wird also z. B. ein Hering im Weißen Meer
gefunden, der nach seiner Wirbelzahl 58 ein norwegischer Frühjahrs-
hering, ein Herbsthering der Jütlandbank oder ein Weißmeerhering sein
kann. Berechnet man nun für eine Menge von Eigenschaften dieses
Tieres die Quadratsumme der Abweichungen von den Mitteln jener drei
Formen, so erhält man — so ist es in einem von HEINCKE berechneten
Fall — bei der Berechnung auf Mittel der Rasse von

Weißem Meer	3,213
Norwegischem Frühjahrshering	3,696
Jütlandbank	6,317.

Es ergibt sich also ein Minimum für den Weißenmeerhering, dieser Rasse
gehört also das Individuum an.

Wenn wir von den rein praktischen Ergebnissen absehen — und es
sei bemerkt, daß seitdem zahlreiche Untersuchungen gleicher Art von
DUNCKER, REDEKE, JOHS. SCHMIDT u. a. durchgeführt wurden —, so ist
es klar, daß durch derartige mustergültige Untersuchungen die zuver-
lässigsten Grundlagen für die Vererbungslehre geschaffen werden, die
allergenaueste Kenntnis der Elemente, mit denen sie arbeitet, der elementaren Einheiten der Organismenwelt.

Grenzen der statistischen Betrachtung. Eine kleine Überlegung über das, was so erreicht ist, zeigt aber, daß
für die Vererbungsfragen, und damit auch für die sich darauf aufbauen-
den Evolutionsprobleme durch die Ergebnisse solcher rein statistischen
Untersuchungen nicht mehr als ein Ausgangspunkt gewonnen ist. Das,
was die Methode zeigte, war, daß innerhalb der analysierten Population
sich verschiedenartige Stämme, Familien, Rassen fanden, die durch
statistische Methoden sich beschreiben und unterscheiden lassen. Was
aber sind diese Familien? Sind es Gruppen von Individuen, die erblich
voneinander verschieden sind? Sind es Gruppen von Individuen, deren
Unterschiede von ihren ererbten Eigenschaften unabhängig sind, etwa
wie der Mantel vom Träger? Kann die Zuchtwahl die Population verändern durch Auswahl günstiger Einzelrassen, kann sie die Einzelrasse
selbst verändern durch Auswahl günstiger Individuen? Wie verhalten
sich die gemessenen Eigenschaften bei den Nachkommen bestimmter
Gruppen?

Wie sollte es nun möglich sein, diese oder ähnliche Fragen zuverlässig zu beantworten, ohne den direkten Versuch, das Vererbungsexperiment! Die statistische Analyse hat an diesem Punkt ihre Aufgabe erfüllt, von hier an wird sie nur zur mathematischen Hilfsmethode zum Zweck der zuverlässigen Bewertung zahlenmäßiger Resultate des Vererbungsversuches.

Wenn wir wieder zu den Heringsversuchen zurückkehren, so können wir nun sagen, daß der Nachweis statistischer Verschiedenheit innerhalb der Population die Idee nahelegt, daß ein Gemenge von erblich

Zweigipflige Kurven.

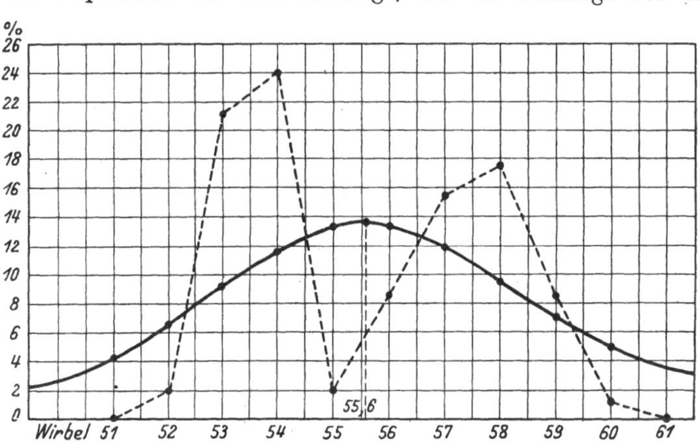

Abb. 13. Die zweigipflige Kurve für die Wirbelzahl eines Gemisches von 58 norwegischen und 50 Weißmeerheringen (punktiert), verglichen mit einer idealen eingipfligen Kurve. Nach HEINCKE.

verschiedenen Rassen vorliegt. Wenn wir etwa nur zwei solcher herausgreifen und die Kurve einer oder einer Gruppe von Eigenschaften aufstellen, so werden wir wohl eine zweigipflige Kurve erhalten und können daraus schließen, daß jeder Kurvengipfel dem Mittel der unterscheidenden Eigenschaft der beiden Rassen entspricht. Obenstehende Kurve, Abb. 13, z. B. gibt eine derartige Kurve wieder, wie sie erhalten würde, wenn eine gemischte Population von norwegischen und Weißenmeerheringen in bezug auf die Variabilität der Wirbelzahl betrachtet würde. Aus der Betrachtung der Kurve könnte man schließen, daß ein Gemisch von zwei Erbrassen vorlag, deren erbliche Wirbelzahl um 54 bzw. 58 schwankt. Es kann keinem Zweifel unterliegen, daß eine solche Diagnose das Richtige treffen kann aber nicht muß, wie wir gerade beim Fall der

Forficula sahen; den Beweis dafür aber bringt, wie DE VRIES und vor allem JOHANNSEN scharf hervorheben, nur das Vererbungsexperiment.

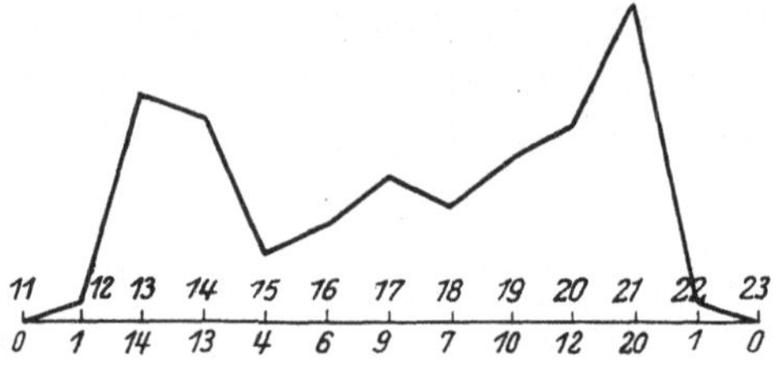

Abb. 14. Kurve der Strahlenblütenzahl einer Population von Chrysanthemum segetum mit beigesetzten Frequenzzahlen. Nach DE VRIES.

Ein Beispiel, in dem die Voraussetzung in der Tat bestätigt wurde, ist der bekannte Fall des *Chrysanthemum segetum* nach DE VRIES. Dieser Forscher erzog die gelbe Kornblume aus einem Samengemisch, das aus botanischen Gärten stammte, und erhielt, wenn er die Zahl der Strahlenblüten betrachtete, die in Abb. 14 wiedergegebene zweigipflige Kurve mit je einem Gipfel bei 13 und 21 Blüten. Um nun zu beweisen, daß es sich hier um ein Gemenge von zwei erblichen Rassen handelt, wurden einmal sämtliche nicht 13strahlige Köpfchen vor ihrer Befruchtungsfähigkeit entfernt, das anderemal sämtliche nicht 21strahlige und dann die Samen dieser

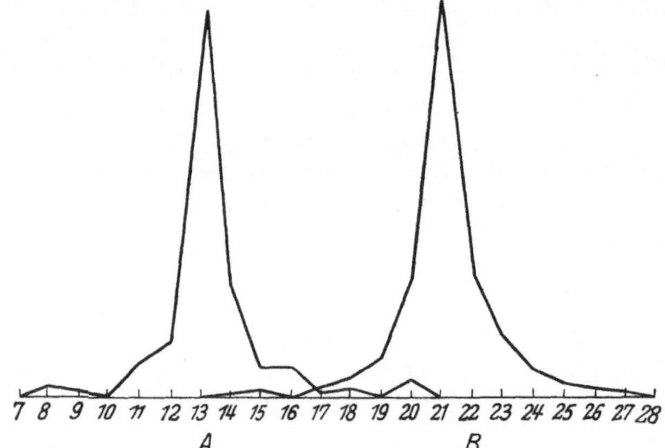

Abb. 15. Die Auflösung der Kurve von Abb. 14 in zwei eingipflige Kurven entsprechend den Rassen *A* und *B*. Nach DE VRIES.

Kurvengipfelindividuen geerntet und getrennt ausgesät. Jede Saat ergab dann eine eingipflige Kurve mit dem Gipfel bei 13 bzw. 21 (Abb. 15), und diese Kurve blieb auch in weiteren Generationen konstant, d. h. die Existenz zweier verschiedener Rassen im Gemenge, die die Zweigipfligkeit bewirkt hatten, war erwiesen.

Um auch noch ein zoologisches Beispiel anzuführen, so ergab sich ein entsprechendes Resultat aus den Untersuchungen von JENNINGS für Paramaecium. Nimmt man eine beliebige Kultur dieser Infusorien und mißt die Variabilität für Länge oder Breite, so kann man eine zweigipflige Kurve erhalten, wie sie nebenstehend für die Breite abgebildet ist (Abb. 16). Sie zeigt einen Gipfel bei 32 μ (genauer Mittelwert 33,4) und einen anderen bei 48 μ (genauer $M = 48,9$). Züchtet man nun die Glieder der beiden Kurvenbezirke getrennt, so erhält man eine Kultur

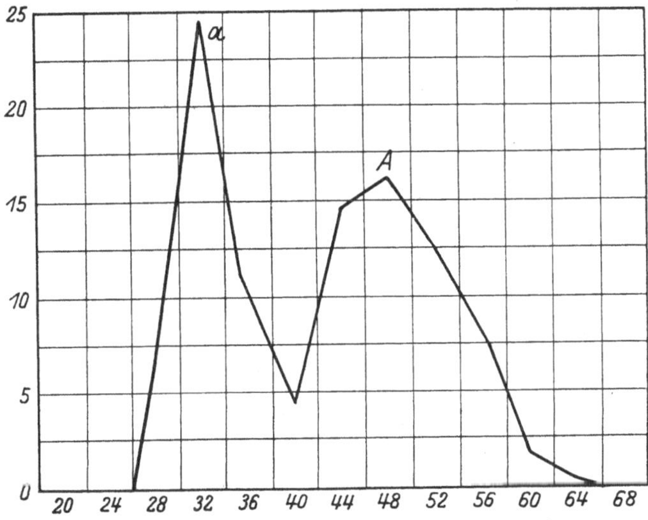

Abb. 16. Zweigipflige Variationskurve für die Körperbreite einer Paramaecienpopulation, die Gipfel a und A den Formen aurelia und caudatum entsprechend. Nach JENNINGS.

mit kleinen Tieren und eine mit großen, die im Rahmen einer normalen fluktuierenden Variabilität konstant bleiben. In diesem Fall handelt es sich also auch um ein Gemisch von zwei erblichen Rassen, bei denen man übrigens die kleinere, die *aurelia*-Form, auch an dem Besitz von zwei Nebenkernen, die große, die *caudatum*-Form durch einen Nebenkern unterscheiden kann. Diese beiden doppelgipfligen Kurven sind nun auch geeignet, uns eine bisher noch nicht besprochene Erscheinung zu illustrieren, nämlich die *transgressive Variabilität*. Zwei einander nahestehende Formen, Rassen, können sich in ihren Variationskurven überschneiden. Wenn man Exemplare der Paramaecien auswählte, die dem

Transgressive Variabilität.

Tal zwischen den beiden Kurvengipfeln angehören, so könnten sie ebensogut dem einen wie dem anderen Typus, *aurelia* wie *caudatum* zuzu-
zählen sein. Denn das Variationsgebiet der beiden Typen überschneidet
sich, ist transgressiv. Die Entscheidung, was vorliegt, kann nur erbracht
werden, wenn das betreffende Stück isoliert fortgepflanzt wird. Also
auch diese Erscheinung der Transgression deutet darauf hin, daß die
wirkliche Analyse einer solchen Kurve nur durch das Vererbungsexperiment erbracht werden kann.

Biologische
Ursachen
für Zwei-
gipfligkeit. Immerhin hatte sich in diesen beiden Fällen der Schluß auf Rassen-
verschiedenheit, der durch bloße Betrachtung der zweigipfligen Kurve

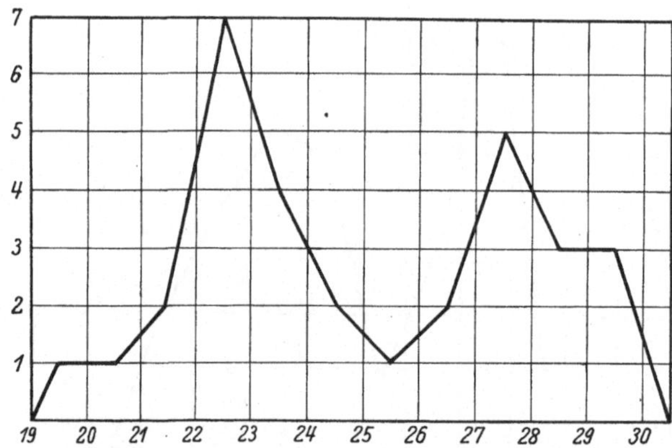

Abb. 17. Zweigipflige Variationskurve für die Flügellänge einer Population von
Lymantria monacha ♀.

gezogen worden war, als richtig erwiesen. Wie sehr ein solcher Schluß
aber irreführen könnte, wird sofort klar werden, wenn wir einige andere
Beispiele solcher Kurven ins Auge fassen.

Vorstehende Abb. 17 gibt uns eine Variationskurve, die erhalten
wurde durch Messung einer Kollektion weiblicher Nonnen, *Lymantria
monacha*, in bezug auf die Länge ihrer Vorderflügel. Das Bild zeigt
eine typisch zweigipflige Kurve. Es wäre aber ganz irrtümlich, daraus
auf ein Gemenge von zwei Rassen oder in Bildung begriffenen Elementararten zu schließen. Ordnet man nämlich das untersuchte Material nach
seiner Zugehörigkeit zu den beiden Gipfelbezirken und betrachtet dann
seine Herkunft, so zeigt sich in diesem konkreten Fall, daß die Individuen um den kleinen Kurvengipfel vom Mittelwert 23 mm alle aus

Puppen gezogen waren, die im Freien gesammelt worden waren, und zwar in einer Gegend, in der der Nonnenfraß im Abklingen war. Letzteres bedeutet aber, daß die Bedingungen für die Entwicklung der Schmetterlinge keine günstigen sind. Die großflügeligen Individuen des zweiten Kurvengipfels mit 28 mm Gipfelgröße aber stammten sämtlich aus Puppen, die von den Eiern eines in guter Kultur gezüchteten Weibchens ebenfalls unter den günstigen Bedingungen einer gutgepflegten Zucht sich entwickelt hatten. Die typische Größendifferenz und die zweigipflige Kurve hat also ihre Ursache darin, daß ein Gemenge von Individuen aus verschiedenen Lebenslagen untersucht wurde, sie ist ein Ausdruck der Lebenslagevariation, was nur durch die biologische Kenntnis des Materials und nie durch mathematische Analyse der Kurve erkannt werden kann.

In genau der gleichen Weise hat sich ein anderer Fall aufgeklärt, der in der Geschichte der Variationsstatistik eine gewisse Rolle spielte, WELDONS Entdeckung von zwei vermeintlichen, variationsstatistisch zu unterscheidenden Rassen des Taschenkrebses *Carcinus maenas*. Er fand nämlich für die Stirnbreite dieser Krabben in Neapel, ausgedrückt in Tausendsteln der Panzerlänge, eine ganz unsymmetrische Kurve, die sich nach PEARSONS Berechnung als aus zwei eingipfligen Kurven zusammengesetzt erwies. Der eine Mittelwert, um den sich die Individuen gruppierten, lag bei 630 (Tausendsteln), der andere bei 654. Die biologische Betrachtung dieses Materials zeigte aber GIARD, daß es sich durchaus nicht um den Dimorphismus zweier Rassen handelte. Er fand vielmehr, daß die dem niederen Kurvengipfel angehörigen schmalstirnigen Individuen sämtlich mit dem parasitischen Cirriped *Sacculina* oder der entoparasitischen Assel *Portunion* behaftet waren. Die Doppelkurve war also der Ausdruck einer verschiedenen Lebenslage, indem die mit dem Parasiten behafteten Individuen sich in schlechterer Verfassung befanden. GIARD bemerkt dazu ganz richtig, daß die statistische Betrachtung nicht das Recht hat, das biologisch-analytische Studium der registrierten Tatsachen zu vernachlässigen. Gerade bei Fällen der Behaftung mit Parasiten, speziell der Kastration durch Parasiten, hat man einen Dimorphismus feststellen können, der sogar mit dem Geschlechtsdimorphismus zusammenhängt, eine Frage, die in neuerer Zeit genaue

Untersuchungen erfahren hat. In anderen Fällen erwies sich die Zwei-
oder Mehrgipfligkeit der Kurve eines Organs dadurch verursacht, daß
unter den männlichen Individuen (bei Käfern, Orthopteren, Krebsen)
Verschiedenheiten des Stoffwechsels im Zusammenhang mit der sexuellen
Funktion vorkommen, in deren Gefolge bestimmte Organe der Individuen verschieden erscheinen: lange und kurze Zangen, Scheren usw.,

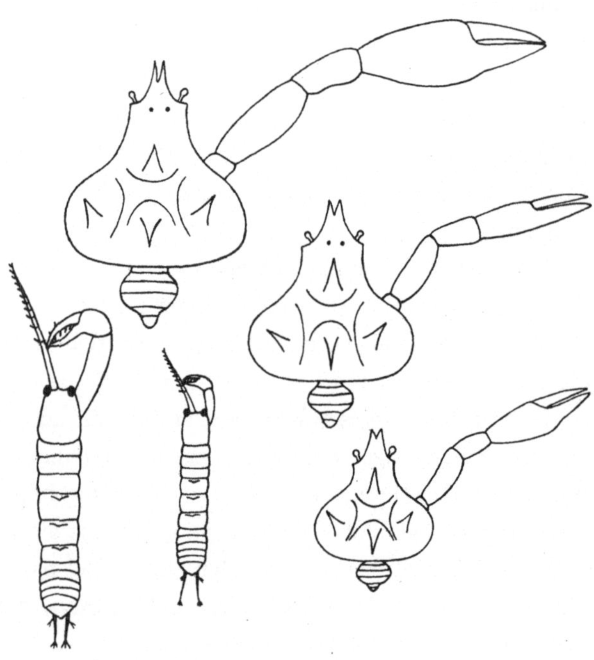

Abb. 18. Beispiele für männlichen Polymorphismus im Zusammenhang mit Stoff-
wechselzuständen. Rechts die drei Männchenformen der Krabbe Inachus, links
die beiden Männchenformen der Isopode Tanais. Nach G. SMITH.

wie die Beispiele Abb. 18 zeigen (G. SMITH). Der von der Kurve ange-
zeigte Dimorphismus beruht also nicht auf dem Vorhandensein eines
Gemenges zweier differenter Erbrassen, sondern ist ein individueller
physiologischer Zustand, wie wir das ja auch schon für die Scheren der
Forficula erfuhren. Um zu zeigen, zu welchen Willkürlichkeiten die
rein statistische Betrachtung solcher Verhältnisse führen kann, sei als
Beispiel von nur historischem Interesse der (von den betreffenden Forschern längst aufgegebene) Versuch von DAVENPORT, BLANKINSHIP,

VERNON genannt, die systematische Einheit durch die Form der Variationskurve festzulegen. Liegt eine Kurve wie die eben genannte WELDONsche vor, die scheinbar eingipflig ist, aber in zwei aufgelöst werden kann, so haben wir den Beginn einer Artbildung vor uns. Sind zwei Gipfel vorhanden und ist das Tal zwischen ihnen unter 50% groß (oder nach VERNON 85%, der sogenannte Isolationsindex), dann liegen zwei distinkte Varianten vor, über 50 bzw. 85% sind es aber Spezies. Bei vielen Gipfeln schließlich ist die Art im Zerfall in viele Elementararten begriffen. Die Kritik solcher Ausführungen ist durch das Vorhergehende und Folgende von selbst gegeben.

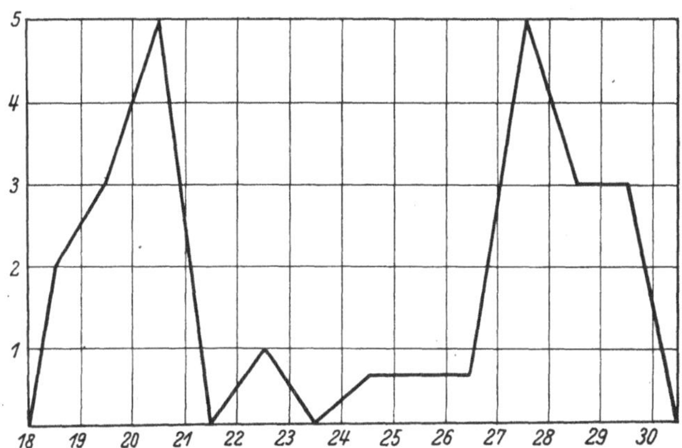

Abb. 19. Zweigipflige Variationskurve für die Flügellänge einer Familie von Lymantria monacha ♀ ♂.

Die Bemerkung über die Beziehung der parasitären Kastration zum Geschlechtsdimorphismus führt dazu, darauf hinzuweisen, daß eine doppelgipflige Variationskurve auch durch Vernachlässigung eines geschlechtlichen Dimorphismus erhalten werden kann. In vorstehender Abb. 19 ist die Variationskurve wiedergegeben, die aus der Messung der Vorderflügellänge bei Nonnen erhalten wird, die sämtlich die Nachkommen eines Elternpaares sind. Die Kurve hat einen Gipfel bei 21 und einen andern bei 28 mm. Die Betrachtung des Materials zeigt sofort, daß dem ersteren die kleineren Männchen, dem zweiten die größeren Weibchen entsprechen. Im allgemeinen wird allerdings ein falscher Schluß aus einer solchen Kurve nicht vorkommen, da ein Geschlechtsdimorphismus von vornherein in bestimmter Weise in Rechnung gesetzt wird, wie wir im nächsten Vortrag hören werden.

Eine andere Möglichkeit, die aber, besonders in noch nicht studierten Fällen, zu Irrtümern Anlaß geben könnte und auch gegeben hat, ist das Vorhandensein eines festen Dimorphismus. Ein und dieselbe Tierart oder Pflanze erscheint in zwei typisch verschiedenen Formen, die alternativ sind, von denen also nur eine oder die andere existenzmöglich ist. Der Fall gehört also in die gleiche Gruppe wie wahrscheinlich der Forficulafall. Läßt sich diese Verschiedenheit in Zahlen ausdrücken, so muß natürlich bei statistischer Behandlung häufig eine zweigipflige Kurve entstehen und daraus könnte dann auf verschiedene Rassen geschlossen werden.

Abb. 20. Dipsacus silvestris, normal und zwangsgedreht. Nach BAUR.

Betrachten wir etwa im Pflanzenreich gewisse anormale Zustände wie Fasziation (Bandform der Stengel) und Torsion oder Zwangsdrehung bei den sogenannten umschlagenden Sippen (Abb. 20). DE VRIES konnte durch ausgedehnte Versuche zeigen, daß das Auftreten dieser Abnormitäten neben normalen Individuen ein Erbcharakter der Sippe ist. Es besteht also bei den betreffenden Pflanzen, z. B. *Dipsacus silvestris*, ein fester Dimorphismus derart, daß ein Teil der Individuen normal, ein anderer Teil tordiert ist. Da das Auftreten der beiden Typen aber durchaus von der Lebenslage abhängt, so besteht mit anderen Worten die Reaktionsnorm darin, in bestimmten Bedingungen ohne Übergang den tordierten Zustand durch einen unvermittelten Umschlag hervorzubringen. Hier würde man zwar eine zweigipflige Kurve nicht erhalten, weil die Reaktion streng alternativ ist. Gäbe es aber zwischen beiden Zuständen Übergangsvarianten, wie dies bei quantitativen Merkmalen möglich ist, so erschiene eine doppelgipflige Kurve als Ausdruck einer erblichen dimorphen Reaktionsnorm in einer ganz einheitlichen Rasse.

Schließlich wäre noch ein Fall zu erwähnen, der bei nicht genügender biologischer Kontrolle des Materials zu irrtümlich interpretierten doppelgipfligen Kurven führen könnte, nämlich der, daß das untersuchte Material verschiedene Altersklassen enthielte. Im allgemeinen wird ein solcher Fehler natürlich nicht begangen werden, aber gerade bei Formen, bei denen die Altersbestimmung erschwert ist, könnten leicht solche Irrtümer entstehen, wenn es sich um Eigenschaften handelt, die zwar in verschiedenem Alter typisch verschiedene Mittelwerte haben, die aber nicht weit genug auseinander liegen, um bei Inspektion aufzufallen. Nachstehende Kurve, Abb. 21, diene als Beispiel eines konstruierten Falles. Sie wurde so erhalten, daß die Nasen-Steißlänge bei 200 jungen Fröschen gemessen wurde. Dies Material bestand aber aus je 100 Individuen, die in den Monaten Juli bis August gefangen waren, somit seit der Metamorphose 12—14 Monate alt waren, und je 100, die, im März bis Mai gesammelt, 22—24 Monate zählten. Die Kurvengipfel liegen in dem Fall nur um 4 mm auseinander. Wenn auch beim Frosch niemand auf die Idee käme, hieraus zwei Rassen zu konstruieren, so weiß jeder Systematiker, daß das bei weniger bekannten Organismen schon oft genug vorkam.

Die erwähnten Beispiele genügen wohl, um zu zeigen, wie in Erblichkeitsfragen die Betrachtung der Variationskurven allein nicht genügen kann. Mit all dem vorausgegangenen und leicht zu vermehrenden Material zusammen besagt das, daß die Überlegungen, von denen wir

bei Betrachtung der zweigipfligen Kurven ausgingen, richtig waren:
die Variationsstatistik muß trotz all der wichtigen Resultate, die sie
zeitigt, und trotz all der großen Bedeutung, die ihr für die Analyse des

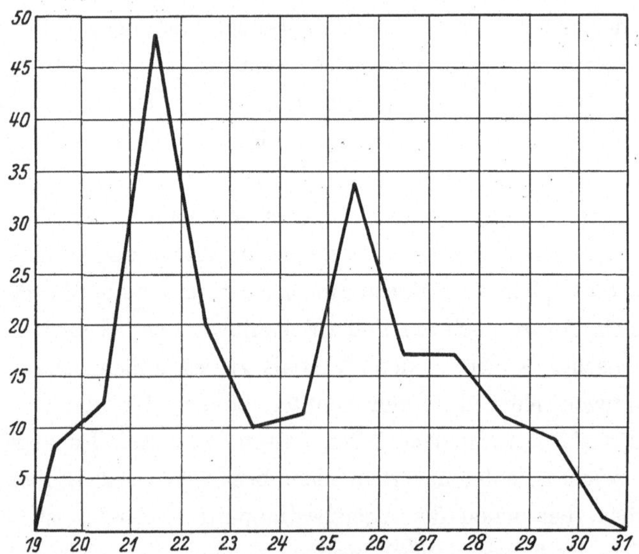

Abb. 21. Zweigipflige Variationskurve für die Nasen-Steißlänge
von 200 jungen Fröschen.

Materials zukommt, an einem Punkt versagen, bei der Erblichkeitsfrage: hier können nur die eigentlichen Methoden der Wissenschaft vom
Leben weiterführen, die biologische Beobachtung und das biologische
Experiment.

Literatur zur zweiten Vorlesung.

1. Zitierte Literatur.

DAVENPORT, C. and BLANKINSHIP, J.: A Precise Criterion of Species.
Science 7. 1898.
DJAKONOV, D. M.: Experimental and Biometrical Investigations on Dimorphic Variability of Forficula. Journ. of Genetics 15. 1925.
DUNCKER, G.: Die Methode der Variationsstatistik. Arch. f. Entwicklungsmech. d. Organismen 8. 1899. — Ders.: Symmetrie und Asymmetrie bei
bilateralen Tieren. Ebenda 17. 1904. — Ders.: Syngnathiden-Studien.
I. Variation und Modifikation bei Siphonostoma typhle L. Mitt. a. d.
Naturhist. Mus. Hamburg 25. 1908.

ENRIQUES, P.: Die Konjugation und sexuelle Differenzierung der Infusorien.
2. Abt. Wiederkonjugante und Hemisexe bei Chilodon. Arch. f. Protistenkunde **12**. 1908.

GALTON, F.: Natural Inheritance. Macmillan, London 1889.

GIARD, A.: Sur la castration parasitaire chez l'Eupagurus Bernhardus et chez la Gebia stellata. Cpt. rend. **194**. 1887. — Ders.: Sur certains cas de dédoublement des courbes de Galton etc. Cpt. rend. **118**. Paris 1894.

GOEBEL, K.: Einleitung in die experimentelle Morphologie der Pflanzen. Leipzig 1908.

HEINCKE, F.: Naturgeschichte des Herings. Abh. d. Dtsch. Seefischereivereins. 1897—98.

HUXLEY, J. S.: Discontinuous Variation and Heterogony in Forficula. Journ. of Genetics **17**. 1927.

JENNINGS, H. S.: Assortative mating, variability and inheritance of size, in the conjugation of Paramaecium. Journ. of Exp. Zool. **11**. 1911. — Ders.: Heredity, Variation and Evolution in Protozoa. Ibid. **1**. 1908.

JENNINGS, H. S. und HARGITT, G. T.: Characteristics of the diverse races of Paramaecium. Journ. of Morphol. **21**. 1911.

JOHANNSEN, W.: Elemente der exakten Erblichkeitslehre. Jena 1909.

KAPTEYN, J. C.: Definition of the correlation coefficient, Monthl. Notes Roy. Astronom. Soc. **72**. 1912.

PRZIBRAM, H.: Einleitung in die experimentelle Morphologie der Tiere. Leipzig und Wien 1904. — Ders.: Anwendung elementarer Mathematik auf biologische Probleme. Leipzig 1908.

ROMANES, G.: Darwin and after Darwin. 1895.

SMITH, G.: High and low dimorphism. Mitt. d. Zool. Stat. Neapel **17**. 1905.

TOWER, W. L.: An Investigation of Evolution in Chrysomelid Beetles of the Genus Leptinotarsa. Carnegie Institution Publications **48**. Washington 1906.

VERNON, H. H.: Variation in Animals and Plants. 1907.

VRIES, H. DE: Eine zweigipflige Variationskurve. Arch. f. Entwicklungsmech. d. Organismen **2**. 1895.

WELDON, W. F. R.: On certain Correlated Variations in Carcinus maenas. Proc. of the Roy. Soc. London. 1894. — Ders.: Report of the Committee for Conducting Statistical Inquiries into the Measurable Characteristics of Plants and Animals. (Part I: An Attempt to measure the Death-rate due to Selective Destruction of Carcinus maenas with Respect to a Particular Dimension. Proc. of the Roy. Soc. of London **62**. 1895.) — Ders.: Address to the Zoological Section of the British Association for the Advancement of Science. 1898.

2. Zur weiteren Orientierung.

Siehe die gleichen Werke wie in der 1. Vorlesung.

Dritte Vorlesung.

GALTONS Gesetz vom Rückschlag und Ahnenerbe.

Wenn wir im vorhergehenden einerseits die große Bedeutung der statistischen Methoden für eine exakte Analyse des den Vererbungs-erscheinungen zugrunde liegenden Materials kennengelernt haben, ande-rerseits aber uns jenen hervorragenden Biologen anschließen mußten, die dieser Methode die Fähigkeit absprechen, ein rein biologisches Problem, wie es das Vererbungsproblem selbst ist, zu lösen, so dürfen wir es doch nicht unterlassen, den Versuch kennenzulernen, der gemacht wurde, um auf rein statistischem Wege zur Erkenntnis von Vererbungsgesetzen zu gelangen. Denn dieser Versuch FRANCIS GALTONS ist nicht nur durch die Genialität seiner Konzeption bedeutungsvoll, sondern ist auch der Ausgangspunkt für eine ganze wissenschaftliche Disziplin, die Biometrie, geworden, die, auch wenn sie sich wohl in ihrem Ausgangspunkt als irrig erweist, stets ihre wichtige Stellung in der Geschichte der modernen Biologie einnehmen wird. Zugleich wird uns auch die Kenntnis dieses Versuchs auf das Schönste zeigen, welchen außerordentlichen Fort-schritt die Erkenntnis der MENDELschen Gesetze für die Vererbungs-lehre bedeutet. GALTON ging von der Überzeugung aus, daß das Stu-dium der Erblichkeit sich auf die Analyse einer Vielheit von Individuen gleichen Schlages, auf eine *Population* gründen müsse. Um eine solche als eine Einheit zu behandeln, gibt aber die Variationsstatistik das nötige Instrument an die Hand. Denn sie läßt einerseits die Gesamt-heit der Individuen gemeinsam betrachten, während sie gleichzeitig die Stellung eines jeden einzelnen Individuums in bezug auf seine Eigen-schaften innerhalb der Gesamtheit berücksichtigt. Dieses Vorgehen er-weist sich deshalb als nötig, weil die Kinder eines Elternpaares meist so sehr voneinander verschieden sind, daß nur die Betrachtung einer großen Anzahl von Nachkommen gleichartiger Eltern einen Einblick in eine etwaige Gesetzmäßigkeit im Verhalten von Eltern zu Kindern gewähren kann. Es handelt sich also darum, auf statistischem Wege eine Eltern- und eine Nachkommengeneration in ihren Eigenschaften zu vergleichen, um dadurch zu erkennen, in welcher Weise die Qualitäten vererbt werden. Um das Problem in Angriff nehmen zu können, mußte nun zunächst eine Vorfrage gelöst werden. Jedes Tochterindividuum entsteht bei zweigeschlechtlicher Fortpflanzung mit geschlechtlich getrennten Individuen bzw. nicht selbstbefruchtenden Zwittern aus der Vereinigung der Eigenschaften zweier Eltern. Sollen also Qualitäten des Tochterindividuums mit solchen der Eltern verglichen werden, so müssen sie auf die beiden Eltern bezogen werden. Es wäre aber verfehlt, dann als Vergleichsobjekt den Durchschnittswert der Eigenschaften der beiden Eltern zu benutzen. Denn die beiden Geschlechter sind ja typisch voneinander verschieden, indem etwa der Mann stärker, größer, weniger erregbar ist, Verschiedenheiten, die auch bei den Nachkommen je nach dem Geschlecht wieder auftreten. Um daher stets vergleichbare Werte zu bekommen, muß man sie alle auf ein Geschlecht beziehen, also z. B. vorher sämtliche weiblichen Werte in männliche umrechnen. Wenn sich etwa für die Größe des Menschen auf statistischem Wege feststellen läßt, daß im Durchschnitt (in England) die Männer 1,08 mal so groß sind als die Frauen, so muß also, um einwandfreie Zahlen zu erhalten, jeder weibliche Größenwert für die beabsichtigte Untersuchung durch Multiplikation mit 1,08 in einen männlichen verwandelt werden. Um die Erblichkeit der Größe von Eltern auf Kinder zu bestimmen, muß daher das Maß der Kinder bezogen werden auf das Elternmittel, d. h. auf Größe des Vaters + 1,08 mal die Größe der Mutter, die Summe dividiert durch 2.

Das Elternmittel.

Um nun mittels dieser Methode zu Resultaten zu gelangen, mußte ein Material gewählt werden, das leicht eine genügende Zahl von Einzeldaten ergibt, das in normaler Lebenslage aufgewachsen war, dessen Charaktere möglichst unabhängig von der natürlichen Zuchtwahl und gut meßbar sind, sowie konstant bei dem einzelnen Individuum. Diese Bedingungen schienen GALTON bei zwei Untersuchungsreihen erfüllt, die er ausführte; sie beziehen sich auf die Samengröße der spanischen Wicke (sweet pea), *Lathyrus odoratus*, wie auf verschiedene Eigenschaften des Menschen. Betrachten wir zunächst letzteren Fall, und zwar nur

Das Material.

eine der von GALTON gemessenen Eigenschaften, die Körpergröße. Sein Material erhielt der englische Forscher durch Aussetzung eines Preises für die besten Familienakte, in denen die gewünschten Daten für möglichst viele Generationen und Individuen enthalten sein mußten. So konnte er 150 Familienakte sammeln, deren jeder natürlich über eine große Zahl von Personen Auskunft gab. Für die zu besprechende Reihe der Körpergröße wurden 205 Elternpaare mit 930 zugehörigen erwachsenen Kindern beider Geschlechter benutzt.

Die Körpergröße schien GALTON aus den verschiedensten Gründen ein besonders geeignetes Material. Sie ist in mittlerem Lebensalter konstant, sie übt keinen bemerkenswerten Einfluß auf die Sterblichkeit, sie ist durch die Kombination von mehr als 100 selbständig variabeln Teilen, Knochen, Bändern, Muskeln usw., bedingt. Da diese für das Gesamtresultat etwa dieselbe Bedeutung haben, wie eine entsprechende Zahl von Nägeln in dem später zu schildernden Zufallsapparat, so ist ihre große Zahl die Hauptursache für die große Regelmäßigkeit der Variationskurve der Körpergröße. Sodann spielt die Auswahl nach der Körpergröße bei der Heirat keine merkliche Rolle, wie sich aus den Zahlen berechnen ließ und allein schon daraus hervorgeht, daß auf 27 Paare gleicher Größe 32 ungleicher kamen[1]. Nun ist für die weitere Betrachtung noch eine Vorfrage zu lösen: sie kann nur einwandfrei sein, wenn für die Größe der Nachkommenschaft das Elternmittel maßgebend ist und nicht etwa die absolute Größe der Eltern. Ist das richtig, so müssen die Durchschnittszahlen für die Größe aller Kinder von Eltern gleichen Mittels dieselben sein, ob jetzt die Eltern ungleich oder gleich groß seien. Die Berechnung ergab, daß dies in der Tat gleichgültig ist bei Zugrundelegung der Zahlen von 525 Kindern, so daß also alle Nachkommenzahlen auf das Elternmittel bezogen werden können.

Die Zahlen nun, die aus 928 Nachkommen von 205 Elternmitteln erhalten wurden, sind in der folgenden Tabelle wiedergegeben, in der die Elternmittel nach Gruppen zwischen 64,5 und 72,5 Zoll mit 1 Zoll Klassenspielraum eingeteilt sind und auf jedes Elternmittel die Zahl der Kinder, eingeteilt nach ihrer Größe, in horizontalen Reihen bezogen ist:

[1] Diese Annahme GALTONS dürfte übrigens nicht den sonst beobachteten Tatsachen entsprechen.

Elternmittel in Zoll	Größe der Kinder														Summe	M.
	unter 62,2	62,2	63,2	64,2	65,2	66,2	67,2	68,2	69,2	70,2	71,2	72,2	73,2	über 73,2		
über 72,5	—	—	—	—	—	—	—	—	—	—	—	1	3	—	4	—
72,5	—	—	—	—	—	—	—	1	2	1	2	7	2	4	19	72,2
71,5	—	—	—	—	1	3	4	3	5	10	4	9	2	2	43	69,9
70,5	1	—	1	—	1	1	3	12	18	14	7	4	3	3	68	69,5
69,5	—	—	1	16	4	17	27	20	33	25	20	11	4	5	183	68,9
68,5	1	—	7	11	16	25	31	34	49	21	18	4	3	—	219	68,2
67,5	—	3	5	14	15	36	38	28	38	19	11	4	—	—	211	67,6
66,5	—	3	3	5	2	17	17	14	13	4	—	—	—	—	78	67,2
65,5	1	—	9	5	7	11	11	7	7	5	2	1	—	—	66	66,7
64,5	1	1	4	4	1	5	5	—	2	—	—	—	—	—	23	65,8
unter 64,5	1	—	2	4	1	2	2	1	1	—	—	—	—	—	14	—
Summe	5	7	32	59	48	117	138	120	167	99	64	41	17	14	928	—
M.	—	—	66,3	67,8	67,9	67,7	67,9	68,3	69,5	69,0	69,0	70,0	—	—	—	—

Ziehen wir aber aus dieser Tabelle das Gesamtresultat über die Größenbeziehung der Elternmittel zu den zugeordneten Kindermitteln (letzte Spalte), so ergibt sich die Reihe:

Elternmittel: 64,5 65,5 66,5 67,5 68,5 69,5 70,5 71,5 72,5
Nachkommengröße: 65,8 66,7 67,2 67,6 68,2 68,9 69,5 69,9 72,2

Eine nähere Betrachtung dieser Zahlen zeigt nun schon auf den ersten Blick, daß die Mittel der Nachkommenschaft mehr nach dem Mittelwert der ganzen Population, der bei 68,5 liegt, verschoben erscheinen oder mit anderen Worten, daß Nachkommen von Eltern, die starke Minus- oder Plusabweicher sind, wieder mehr zum Mittel der Population zurückkehren. Wenn dieser Rückschlag ein typischer ist, so muß aus der Feststellung seines Maßes hervorgehen, wieviel die Kinder von der Abweichung der Eltern vom Mittelwert, also einer ihrer charakteristischen Eigenschaften, nicht geerbt haben, damit aber auch, wieviel sie geerbt haben. Es wäre also die Erblichkeit einer Eigenschaft zahlenmäßig festgestellt. Die Berechnung führt GALTON in folgender Weise graphisch aus: In umstehender Abb. 22 sind genau wie in obiger Tabelle in der vertikalen Kolumne die Elternmittel abgetragen und durch die punktierten horizontalen Linien wiedergegeben. Horizontal finden sich dann die Mittel der Kinder, und zwar ist auf jeder Elternmittellinie die Lage des zugeordneten Kindermittels durch einen dicken Punkt

Der Rückschlag und graphische Darstellung der Korrelation.

angegeben. Der oberste Punkt besagt also, daß zu dem Elternmittel 72,5 das Kindermittel 72,2 gehört. Man sieht also, daß das Verhältnis von Eltern zu Kindern als Korrelation behandelt wird, und wir lernen hier somit zugleich einen graphischen Ausdruck für die Korrelation kennen. Die Linie *CD* verbindet nun diese Punkte, so gut es möglich ist. Zieht man nun die Diagonale *AB*, so ist das die Linie, die alle Punkte verbindet, in denen sich die Lote schneiden, die auf gleichen horizontalen und vertikalen Zahlen, z. B. 68, errichtet werden. Würden also die Kinder genau dieselben Mittel zeigen wie die zugehörigen Elternmittel, dann wäre ihr Verhalten graphisch durch die Linie *AB* ausgedrückt. Ihr abweichendes Verhalten wird also durch den Verlauf der Linie *CD* wiedergegeben. Diese Linie schneidet aber die andere ungefähr bei 68 Zoll, also etwa in der Gegend des Mittels der Population (68,5), was somit besagt, daß nur die Nachkommen mittelmäßiger Eltern diesen gleichen. Das Verhältnis der Abweichungen der Eltern vom Mittel zu denen der Kinder ist nun in dieser Darstellung gegeben durch das Verhältnis *EA* zu *EC*. Dies Verhältnis ist aber genau das gleiche für jede mögliche Elterngröße, da ja

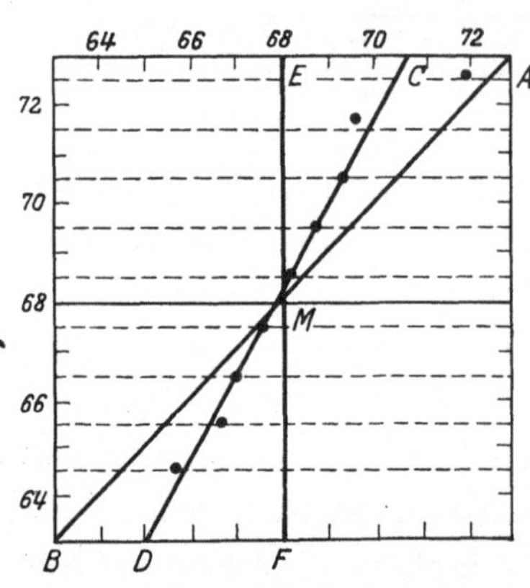

Abb. 22. Die graphische Berechnung des Rückschlags nach GALTON.

nach einem Satz der elementaren Geometrie alle Parallelen zu *ECA* in gleicher Proportion durch *FE*, *CD* und *AB* zerschnitten werden. Diese Proportion *EC* : *EA* ist nun 2 : 3. Das heißt aber, jeder Sohn ist im Durchschnitt nur $^2/_3$ so abweichend vom Mittelwert als seine Eltern, oder mit anderen Worten, er erbt von seinen Eltern $^2/_3$ vom Wert der betreffenden Eigenschaft, der Körpergröße, um $^1/_3$ aber findet ein Rückschlag zum Mittel der Population statt. Die gleiche Zahl findet man natürlich durch direkte Berechnung, wenn man das Verhältnis jeder Nachkommenabweichung vom Mittelwert zu der Elternabweichung feststellt und von sämtlichen das Mittel nimmt, die Erblichkeitsziffer $^2/_3$.

Der zweite Versuch, bei einem anderen Objekt eine ähnliche Gesetzmäßigkeit festzustellen, bezog sich auf die Samengröße von *Lathyrus*. Es wurden 7 Gruppen von je 10 Samen genau des gleichen Gewichts hergestellt, die Gruppen von verschiedener Schwere. (Samengröße und Gewicht variierten nach GALTON völlig proportional.) Die 7 Sätze wurden dicht nebeneinander auf einzelnen Beeten unter gleich günstigen Bedingungen ausgesät und der Versuch gleichzeitig an mehreren Lokalitäten in gleicher Weise ausgeführt. Die Samen all dieser Mutterpflanzen wurden wieder gemessen und konnten dann auf die betreffenden Eltern bezogen werden. Die folgende Tabelle gibt das Resultat, die Maße in hundertstel Zoll, die Individuenzahlen in Prozenten:

Durchmesser der Muttersamen	Durchmesser der Tochtersamen								M. der Tochtersamen
	unter 15	15	16	17	18	19	20	über 21	
21	22	8	10	18	21	13	6	2	17,5
20	23	10	12	17	20	13	3	2	17,3
19	35	16	12	13	11	10	2	1	16,0
18	34	12	13	17	16	6	2	—	16,3
17	37	16	13	16	13	4	1	—	15,6
16	34	15	18	16	13	3	1	—	16,0
15	46	14	9	11	14	4	2	—	15,3

Daraus erhalten wir wieder das Endresultat:

Größe der Muttersamen: 15   16   17   18   19   20   21
Mittlere Größe der Nachkommen: 15,3 16,0 15,6 16,3 16,0 17,3 17,5.

Daraus läßt sich die Erblichkeitsziffer wieder berechnen, die in diesem Falle kleiner ist, nur $^1/_3$ beträgt, während $^2/_3$ Rückschlag stattfindet. GALTON, PEARSON, JOHANNSEN haben diesen Rückschlag für verschiedene andere Fälle berechnet und kommen zu ähnlichen Zahlen, wenn sich auch GALTONS Erwartung, daß die Erbziffer für viele Fälle eine Konstante sein möchte, nicht erfüllte. Zunächst muß nun gefragt werden, wodurch die Erscheinung des Rückschlags bedingt wird, und darauf gibt GALTON eine sehr einfache Antwort. Es ist ja Tatsache, daß die Mehrzahl der Eltern dem Mittelmaß angehören, die extremen Abweicher aber selten sind, und daher hat ein besonders abweichendes Kind am wahrscheinlichsten weniger abweichende Eltern gehabt. Nun ist ein Individuum nicht nur das Produkt seiner Eltern, sondern auch seiner sämtlichen Ahnen, und schon in der zehnten Generation hat es

Das Ahnenerbe.

ja 1024 Ureltern. Es ist nun kein Grund vorhanden, anderes anzunehmen, als daß eine solche Zahl von Ahnen sich auch zu der typischen Variationsreihe der Art gruppieren, also insgesamt den typischen Mittelwert der Population darstellen. Diese Last des Ahnenmittels ist es also, die den Typus von dem direkten Erbe der Eltern zurückzieht, sich ihm als Rückschlag anhängt. Das Mittelmaß der Ahnen hindert auf der einen Seite die Nachkommen besonderer Menschen, sich auch so weit vom Durchschnitt zu entfernen, läßt auf der andern Seite die Nachkommen degenerierter Eltern „dem Los entgehen, die ganze Bürde des väterlichen Übels tragen zu müssen" (PEARSON).

Diese Betrachtung führt aber dazu, festzustellen, welches das Ahnenerbe ist, das jeder der Vorfahren dem Individuum überliefert. Wir haben gesehen, daß in dem Fall der Größe des Menschen $^2/_3$ der Abweichung des Elternmittels vom Mittel der Population auf die Nachkommen vererbt werden. Nennen wir jene Abweichung D, so ist die Abweichung der Nachkommen $^2/_3 D$. Nach der gleichen Voraussetzung muß aber das Großelternmittel wieder um $^1/_3$ größer gewesen sein als D, das Urgroßelternmittel wieder um $^1/_3$, also $^1/_9 D$ größer als jenes, und so fort. Die Gesamtheit der für das Individuum in Betracht kommenden Vorfahrenabweichungen ist also $D (1 + ^1/_3 + ^1/_9 ..) = ^3/_2 D$.

Nun ist die tatsächliche Abweichung des Individuums $^2/_3 D$, der gesamte Erbbeitrag seiner Ahnen beläuft sich auf $^3/_2 D$, es kann also jeder Ahne nicht seine ganze Besonderheit beigetragen haben. Wird angenommen, daß der Anteil einer jeden Vorfahrengeneration um den gleichen Teil verkürzt wurde, so muß dies geschehen sein um $^2/_3 : ^3/_2 = ^4/_9$. Für den gleichen Wert läßt sich durch eine andere Überlegung die Zahl $^6/_{11}$ finden und das Mittel aus diesen beiden Berechnungen beträgt genau $^1/_2$. Es ist also anzunehmen, daß zu der Gesamtabweichung des Individuums vom Rassenmittel, seinem Ahnenerbe, das Elternmittel die Hälfte beiträgt, die andere Hälfte von allen übrigen Ahnen geliefert wird, also $^1/_4$ vom Großelternmittel, $^1/_8$ von den Urgroßeltern usw., von jedem der einzelnen Eltern und Vorfahren natürlich die Hälfte dieser Werte. Dieses GALTONsche Gesetz des Ahnenerbes läßt sich am einfachsten in nebenstehend abgebildeter graphischer Darstellung fassen (Abb. 23). Die Fläche des Quadrats stellt die Gesamterbschaft dar, die

einem Individuum von seinen Vorfahren in bezug auf eine bestimmte
Eigenschaft überliefert wird. Die Größe der kleinen Quadrate, in die
das große Quadrat geteilt ist, gibt das Maß des Erbanteils wieder, die
die verschiedenen Ahnen beitragen. Jede senkrechte Reihe von Qua-
draten, an deren Spitze die Quadratzahlen von 2 stehen (2, 4, 8, 16 usw.),
entspricht einer Ahnengeneration, also die erste Reihe den Eltern, die

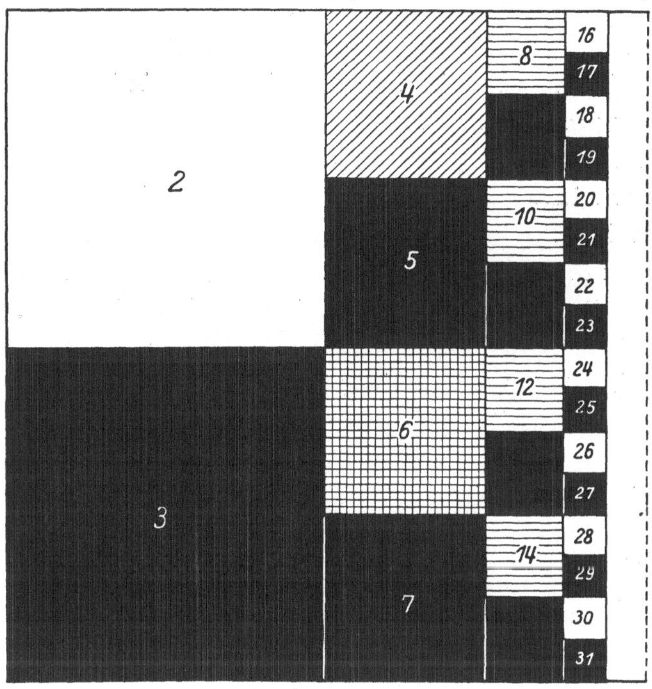

Abb. 23. Graphische Darstellung des Gesetzes vom Ahnenerbe. Erklärung im Text.
Nach GALTON aus THOMSON.

zweite den Großeltern usw. Die Zahl der betreffenden Vorfahren ist
dann natürlich durch die Zahl der vertikalen Quadrate gegeben, also
2 Eltern, 4 Großeltern, 8 Urgroßeltern. Indem das Individuum, dessen
Ahnenerbe dargestellt ist, mit 1 bezeichnet wird und alle Quadrate fort-
laufend numeriert sind, trägt jeder männliche Vorfahre eine gerade,
jeder weibliche eine ungerade Zahl. Es hat somit für jedes beliebige
Individuum des Stammes mit der Nummer n der Vater die Nummer $2n$,
die Mutter die Nummer $2n + 1$. Die Ahnenquadrate sind nur für vier

Generationen eingetragen, alle vorhergehenden tragen sichtlich das weiß-
gebliebene Sechzehntel bei.

Dieses auf mehr theoretischem Wege erschlossene Gesetz suchte nun
GALTON auch durch kontrollierbare Tatsachen zu beweisen und benutzte
die dazu von einem Züchterklub geführten Stammbäume einer Basset-
Dachshundzucht. Diese werden in zwei Rassen gezogen, von denen die
eine weiß und gelbbraun gefleckt ist, wozu bei der anderen noch schwarz
hinzukommt. Er konnte dann aus den Stammbäumen entnehmen, ob
und wie viele Vorfahren in vier Generationen für ein jedes Individuum
zwei- oder dreifarbig waren. Unter Zugrundelegung der Annahme, daß
auch für diesen Fall die gleichen Zahlengesetze für das Ahnenerbe gelten,
und unter Einführung der aus den Zuchtzahlen sich ergebenden notwendigen Korrekturen wurden dann aus dem bekannten Verhalten der
Vorfahren in bezug auf Farbe berechnet, wie groß die Zahl ihrer Nachkommen mit Zwei- bzw. Dreifarbigkeit theoretisch sein müsse. Die er-
rechnete Zahl für Dreifarbigkeit war dann den ganzen 571 Nachkommen,
die wirkliche Zahl 568, also eine ganz genaue Übereinstimmung; GAL-
TON betrachtet somit sein Gesetz auch für den konkreten Fall bewiesen.

Biometrie
und
Selection.

Die nun besprochenen Entdeckungen GALTONS sind zum Ausgangspunkt einer ganzen Richtung der Biologie geworden, die von der Überzeugung ausgeht, daß diese Wissenschaft erst dann ein den exakten
Naturwissenschaften ebenbürtiges Niveau einnehmen wird, wenn sie
ebenso mit meßbaren Größen arbeitet, deren Verwertung für biologische
Probleme auf dem Wege der Statistik geschehen muß. Speziell in bezug
auf das Gesetz vom Rückschlag und vom Ahnenerbe sagt PEARSON
direkt: „Es ist höchst wahrscheinlich, daß es das einfache deskriptive
Gesetz ist, durch das all die zerstreuten Zahlen des Erbeinflusses in
einem Brennpunkt vereinigt werden. Wenn Entwicklung in DARWIN-
schem Sinn durch natürliche Zuchtwahl und Vererbung bedingt ist, dann
muß das einfache Gesetz, das das ganze Gebiet der Erblichkeit umfaßt,
sich für den Biologen als ebenso epochemachend erweisen als das Gra-
vitationsgesetz für den Astronomen." GALTONS Nachfolger, an ihrer
Spitze PEARSON, haben dann auch eine Fülle von Arbeit darauf verwandt, jene Gesetze mathematisch auszubauen und statistisches Material
zu ihrer weiteren Begründung beizubringen, zu dessen exakter Betrach-

tung besondere Methoden entwickelt wurden. Speziell in England und
Amerika war die biometrische Schule zu hoher Blüte gelangt, und es
schien schon, daß von hier aus eine Reformation unserer Wissenschaft
beginnen sollte. Von welcher Tragweite die so gewonnenen Resultate
sein könnten, wenn sie richtig sind, geht vielleicht am klarsten aus ihrer
Anwendung auf die menschliche Gesellschaft hervor. GALTON, der ja
auch als der Vater der modernen Rassenhygiene zu betrachten ist, wies
schon darauf hin, wie aus dem Rückschlagsgesetz folgt, daß einerseits
ganz hervorragende Menschen keine Aussicht haben, ebenso hervorragende Nachkommenschaft zu erzeugen, andererseits auch die Degene-
riertesten keine gleich schlechten Kinder haben werden. Andererseits
aber, folgert PEARSON, können hervorragende Familien durch sorgfältige
Heiratsauswahl schon in wenigen Generationen einen hervorragenden
Stamm bilden, so daß Vermählungsauswahl geradezu zu einer morali-
schen Pflicht für die hochstehenden Menschen wird. Auf der anderen
Seite können aber auch die minderwertigsten Elemente, die der Schlamm
der Großstadt birgt, einen festen Stamm bilden, der durch keinen Wechsel der Umgebung gebessert werden kann, nur durch Mischung mit bes-
serem Blut. Das ist aber nicht erstrebenswert, vielmehr sollten jene
Elemente möglichst an der Fortpflanzung gehindert werden. Das sind
aber die Grundideen der so viel besprochenen Rassenbiologie, die sich
aus GALTONS Gesetzen herleiten, Gesetze, die, wie gesagt, auf weite Gebiete der Forschung die größte Wirkung zu üben begonnen hatten. Da
trat vor drei Jahrzehnten der entscheidende Umschwung ein. Die hohe
Wertschätzung, die sich das biologische Experiment auch für die Ab-   ^{Kritik.}
stammungsfragen zu erringen begann, und vor allem die Wiederent-
deckung der MENDELschen Bastardierungsregeln waren es, die zu einer
kritischen Betrachtung der statistischen Gesetze führte. Und da waren
es gerade Forscher, die von der biometrischen Schule ausgegangen waren,
wie BATESON, JOHANNSEN, DAVENPORT, PEARL, DARBISHIRE, die nun
zu der Überzeugung kamen, daß jener Weg ein prizipiell falscher ist,
indem er nur zur Entdeckung statistischer Gesetzmäßigkeiten führt, die
mit den biologischen Gesetzen nichts zu tun haben. Und so sehen wir,
daß heute gerade die Biologen, die die moderne Genetik am weitesten
gefördert haben, in bewußtem Gegensatz zur Biometrie stehen, ein

Kampf, von dem wir allerdings in Deutschland, wo die Biometrie nur ganz vereinzelt Fuß gefaßt hat, weniger merkten. BATESON und JO-HANNSEN, die Führer dieser biologischen Bewegung auf zoologischem und botanischem Gebiet, die sich inzwischen die Erblichkeitslehre eroberte, ein Kampf, von dem die jüngere Generation kaum mehr etwas erfährt, haben dieser ihrer Überzeugung in recht scharfen Worten folgendermaßen Ausdruck gegeben: „Wir Biologen fühlen nur zu oft unsere Schwäche, wenn es darauf ankommt, die Zahlengesetze auszufinden, welche hinter der bunten Mannigfaltigkeit der Variationsreihen liegen, und dies nicht weniger, wenn wir die modernen physikalisch-chemischen Theorien und Formeln auf das oft so fein regulierte Spiel des Stoffwechsels und der Wachstumsvorgänge anwenden sollen. In aller Schwäche ist es aber unsere Stärke, daß wir klar erkennen, wie ungeheuer kompliziert die lebenden Objekte sind, deren Tätigkeiten und Verhalten wir studieren. Wir verlaufen uns nicht, wenn wir unterlassen, die scharf geschliffene mathematische Logik an ein Beobachtungsmaterial anzuwenden, welches noch nicht genügend biologisch gesichtet und sondiert ist, um einer solchen strengen Behandlung unterworfen zu werden. Die Biologie hat in vielen Punkten mehr als genug zu tun mit der Herbeischaffung guter, ich möchte sagen ‚reiner‘ *Prämissen*, sicherer Tatsachen klarer Art, für mathematische Behandlung geeignet. Und hier haben wir wohl den schärfsten Blick, nicht die Mathematiker. Ohne die Hilfe der Mathematik werden wir aber keinen Überblick gewinnen können; wir haben den Mathematikern hier sehr viel zu verdanken.

Doch weder kann noch will ich solchen Mathematikern Folge leisten, die auf der Basis eines Materials, welches biologisch gesehen nicht als einheitlich aufzufassen ist, Formeln entwickeln, deren Tragweite sehr umfassend scheint, deren biologischer Wert aber Null oder gar negativ sein kann ... Kurz gesagt ist meine Meinung die: Wir müssen die Erblichkeitslehre *mit* Mathematik, nicht aber *als* Mathematik treiben" (JOHANNSEN).

BATESON aber drückt das gleiche noch viel schärfer aus, natürlich mit alleinigem Bezug auf die GALTON-PEARSONsche ausschließlich statistische Methode des Erblichkeitsstudiums: „Von den sogenannten Erblichkeitsstudien, wie sie im weiteren Verfolg von GALTONs nichtanalytischer Methode und unter Führung PEARSONs und der englischen biometrischen Schule ausgeführt wurden, zu sprechen, ist jetzt kaum mehr nötig. Daß derartige Studien schließlich zum weiteren Ausbau der statistischen Theorie ganz gut dienen mögen, kann nicht geleugnet werden. Aber in ihrer Anwendung auf die Probleme der Erblichkeit lief die ganze Arbeit schließlich nur auf eine Verschleierung der Dinge, die sie offensichtlich enthüllen sollte, hinaus. Nur eine oberflächliche Kenntnis der Naturgeschichte der Erblichkeit und Variation mußte schon genügen, um Zweifel an der Grundlage dieser fleißigen Untersuchungen entstehen zu lassen. Denen, die in späterer Zeit einmal sich mit dem Studium dieser Episode in der Geschichte der biologischen Wissenschaften beschäftigen werden, wird es unbegreiflich erscheinen, daß ein auf so ungesunder Grundlage aufgebautes Werk so respektvoll von der gelehrten Welt aufgenommen wurde." Ein hartes Urteil, das aber, durch den Hinweis auf die große Bedeutung der statistischen Methode für die Analyse des Materials gemildert, dem Biologen berechtigt erscheinen muß. Zum Teil wird uns das erst klar werden können, wenn wir die Erscheinungen der MENDELschen Vererbung kennengelernt haben werden. Aber auch ohnedies erscheint dem Biologen ein Grundgesetz der Biologie schwer begreiflich, das in keiner Weise sich physiologisch fassen läßt; und so kann man DARBISHIRE nicht böse sein, wenn er die grundsätzliche Differenz zwischen einem statistischen und einem biologischen Gesetz in folgender Weise klarlegt: Es gibt einen alten Familienscherz, der lautet: „Warum fressen weiße Schafe mehr als schwarze?" mit der Antwort: „Weil es mehr weiße gibt." Wer einem anderen den Scherz aufgibt, sagt nicht dazu, daß er die einzelnen weißen und schwarzen Schafe im Auge hat, der Gefragte ist aber stets davon überzeugt. Ist er ein Biologe, dann sucht er wohl nach einer physiologischen Erklärung, muß dann aber aus der Antwort erfahren, daß von dem Futter die Rede ist, das die Gesamtsumme aller weißen bzw. schwarzen Schafe verzehrt. Wäre der Unterschied zwischen einer Massenregel und einer Einzelregel, der die Pointe des Scherzes bildet, allgemeiner bekannt, dann könnte keine solche Verirrung unter den Biologen herrschen, die sie den Unterschied zwischen einem physiologischen, auf

Individuen bezüglichen Gesetz, wie etwa die MENDELschen Regeln, und einem Massengesetz, wie es das vom Ahnenerbe ist, nicht erkennen läßt. „Man sollte allen, die sich mit Erblichkeitsfragen befassen wollen, den Scherz aufgeben; und wenn sie nicht die darin verborgene Falle bemerken, sollte man sie für ihr Vorhaben untauglich erklären."

GALTONS und MENDELS Gesetze. Es hat in neuerer Zeit allerdings auch nicht an Versuchen gefehlt, GALTONS Gesetz mit den modernen mendelistischen Resultaten in Übereinstimmung zu bringen. YULE, THOMSON, LOCK, CORRENS, PRZIBRAM, WEINBERG, PEARL haben sich auf den Standpunkt gestellt, daß dies möglich ist. Die Richtigkeit dessen kann wohl kaum bezweifelt werden und läßt sich direkt an dem Fall der Hundefarben demonstrieren, dessen Vererbung inzwischen auf die MENDELschen Gesetze zurückgeführt wurde. (IBSEN.) Allerdings verschwindet auch dann für das Gesetz des Ahnenerbes die Bedeutung eines biologischen Gesetzes. Das einzige was sich zeigen läßt, ist, daß es als statistische Konsequenz MENDELscher Zahlenverhältnisse aufgefaßt werden kann, wenn in einer gemischten Population, die sich durcheinander vermehrt, Durchschnittswerte betrachtet werden. Eine solche statistische Konsequenz wirklicher Gesetze, wie der MENDELschen, hat dann natürlich keine weitere biologische Bedeutung, ja, man muß sogar sagen, ist direkt irreführend, wie eine rein oberflächliche Betrachtung des Falles der Vererbung der Größe beim Menschen schon zeigt. Jedermann weiß, daß es Erbrassen von großen und kleinen Menschen gibt. Schotten und Dinkaneger sind etwa erblich große Rassen, Südeuropäer und afrikanische Pygmäen erblich kleine Rassen. Es ist ferner bekannt, daß innerhalb einer rassenmäßig so hoffnungslos gemischten Bevölkerung, wie es die europäische ist, Körpergröße oft typisch in einzelnen Familien vererbt wird. Es ist schließlich bekannt, daß gut genährte, körperlich nicht überanstrengte, gesunde Individuen bei Tier und Mensch größer werden als unterernährte, rachitische, in den Wachstumsjahren überarbeitete. Stellen wir uns nun etwa eine Population vor von Dinkas, Pygmäen und einer mittelgroßen Menschenrasse, die alle teils kräftige, teils Kümmerindividuen sind, und die alle durcheinander heiraten. Vergleichen wir dann statistisch die Größe der Eltern und Kinder in der Gesamtheit. Was ist das Resultat? Doch nichts als eine Beschreibung des Zustandes der beiden Populationen. Niemals würden wir aus dem Material lernen, daß die Dinkas hohe Statur vererben und die Pygmäen niedere, welches die Größe eines Bastards zwischen beiden ist, ob ein besonders kleiner Dinka auch kleinere Kinder erzeugt und eine große Pygmäe große. Kurzum, wir sehen, daß die Betrachtung eines Gemenges von Erbrassen, wie es die Menschenpopulation ist, uns nichts über die Vererbung der Charaktere aussagen kann. Das kann nur die Betrachtung des individuellen Vererbungsfalles, wie es in der MENDELschen Analyse geschieht.

Wie gesagt hat all diese scharfe Kritik erst mit dem Neuerwachen des Mendelismus eingesetzt. Aber auch ohne seine Kenntnis läßt sich eine kritische Betrachtung jener Gesetzmäßigkeiten durchführen, wenn wir ihre wichtigste Folgerung, ihre Anwendung auf die Zuchtwahl, ins Auge fassen. Wir werden dabei eines der interessantesten Resultate der neueren Vererbungswissenschaft kennen lernen.

Literatur zur dritten Vorlesung.

BATESON, W.: The progress of genetics. Progress. Rei Botan 1. 1907. — Ders.: Mendels Principles of Heredity. Cambridge University Press, März 1909; 2nd Impression August 1909. Deutsch bei Teubner. 1914.

CORRENS, C.: Die Ergebnisse der neuesten Bastardforschungen für die Vererbungslehre. Ber. d. dtsch. botan. Ges. 1901.

DARBISHIRE, A. D.: Note on the Results of Crossing Japanese waltzing Mice with European Albino Races. Biometrica 2 und 3. 1902. — Ders.: On the supposed Antagonism of Mendelian to Biometric Theories of Heredity. Manchester Mem. 49. 1905. — Ders.: On the Difference between Physiological and Statistical Laws of Heredity. Ibid. 1. — Ders.: An Experimental Estimation of the Theory of Ancestral Contributions in Heredity. Proc. of the Roy. Soc. of London 81. 1909.

GALTON, F.: Natural Inheritance. Macmillan, London 1889. — Ders.: The Average Contribution of each Several Ancestor to the Total Heritage of the Offspring. Proc. of the Roy. Soc. of London 61. 1897. — Ders.: A Diagram of Heredity. Nature 57. 1898.

IBSEN, H. L.: Tricolor inheritance. Genetics 1. 1916.

JOHANNSEN, W.: Über Erblichkeit in Populationen und in reinen Linien. Jena 1903. — Ders.: Elemente der exakten Erblichkeitslehre. Jena 1909. 4. Aufl. 1926.

LOCK, R. H.: Recent progress in the study of Variation, Heredity and Evolution. Murray, London 1906. 2. Aufl. 1909.

PEARSON, K.: Mathematical Contributions to the Theory of Evolution. On the law of Ancestral Heredity. Proc. of the Roy. Soc. of London **62**. 1898.

— Ders.: The Grammar of Science. 1900. — Ders.: The Law of Ancestral Heredity. Appendix II: On Inheritance (Grandparent and Offspring) in Thoroughbred Racehorses, by NORMAN BLANCHARD. Appendix III: by ALICE LEE. Biometrica **2**. 1902—1903. — Ders.: On the Ancestral Gametic Correlations of a Mendelian Population mating at random. Proc. of the Roy. Soc. of London **81**. 1909. — Ders.: Darwinism, biometry and some recent biology. I. Biometrica **7**. 1910.

PRZIBRAM, H.: Anwendung elementarer Mathematik auf biologische Probleme. Leipzig 1908.

THOMSON, A.: Heredity. London 1908.

WEINBERG, W.: Über Vererbungsgesetze beim Menschen. Zeitschr. f. indukt. Abstammungs- u. Vererbungslehre **1**. 1909.

YULE, G. U.: Mendels Laws and their probable relations to intra-racial Heredity. New Phytologist. 1902.

Vierte Vorlesung.

Statistische und biologische Gesetze. Die reinen Linien und Selektion.

Wäre GALTONS Vererbungsgesetz richtig, so hätte es mit einem Schlage zwei große Probleme gelöst. Einmal wäre die Erscheinung der Vererbung der Eigenschaften von Eltern auf Kinder auf ein einfaches Zahlengesetz zurückgeführt. Andererseits wäre DARWINS heuristische Annahme, daß die Zuchtwahl imstande ist, den Typus der Organismen durch Auswahl von Varianten zu verschieben, mathematisch erwiesen. Die Ausgangsgeneration zeigte ja ihre typische Variationskurve, d. h. die ideale Form der betreffenden Organismen in der betrachteten Eigenschaft, z. B. Körperlänge, war, wie immer, nicht allein vorhanden, sondern es gruppierten sich um den idealen Typus, d. h. den Mittelwert, die mehr oder minder zahlreichen Abweichungen in binomialer Verteilung. Wenn nun bei Auswahl eines Plus- oder Minusabweichers dessen vom Typus abweichender Charakter vererbt wird (oder zum Teil nach Maßgabe der Erbzahl vererbt wird), so wird damit der Typus nach der betreffenden Seite der Kurve verschoben. Gleiche äußere Bedingungen vorausgesetzt muß nun auch in dieser Nachkommenserie die gleiche Variabilität auftreten, d. h. um den neuen, durch Selektion erhaltenen Typus werden sich die Abweichungen wiederum binomial gruppieren. PEARSON berechnet statistisch in der Tat nur eine maximal sehr geringe Verminderung der Variabilität. Auf die Kurve bezogen, besagt das, daß durch einen solchen erfolgreichen Selektionsschritt die ganze Kurve nach der Seite der Auswahl, also z. B. nach der Plusseite, verschoben wird. Ein weiterer Selektionsschritt würde natürlich den gleichen Erfolg haben, und so könnte es durch in mehreren Generationen fortgesetzte Selektion geschehen, daß der Typus über die Grenze der Variabilität der Ausgangsgeneration hinausgeschoben wird oder mit andern Worten, daß die Zuchtwahl einen neuen Typus geschaffen hat. Nach-

5*

stehendes Schema, Abb. 24, veranschaulicht uns, im Anschluß an LANG, wie in einem solchen Fall die Selektion kurvenverschiebend wirken würde. Die Kurve der Ausgangsgeneration hat den Typus A; es wird ein Plusabweicher an der mit * bezeichneten Stelle der Variationsreihe ausgewählt und dadurch in der nächsten Generation unter $^1/_3$ Rückschlag in der Richtung des Pfeiles der Typus = Mittelwert nach A_1 verschoben. In der Population dieser Generation wird die gleiche Auswahl getroffen und die Verschiebung geht nach A_2; noch ist diese Kurve mit der der Ausgangsgeneration so transgressiv, daß ihr Typus noch im Bereich von deren extremen Plusabweichern liegt. Aber bereits beim dritten Selektionsschritt ist der Typus A_3 über die Variabilitätsgrenze

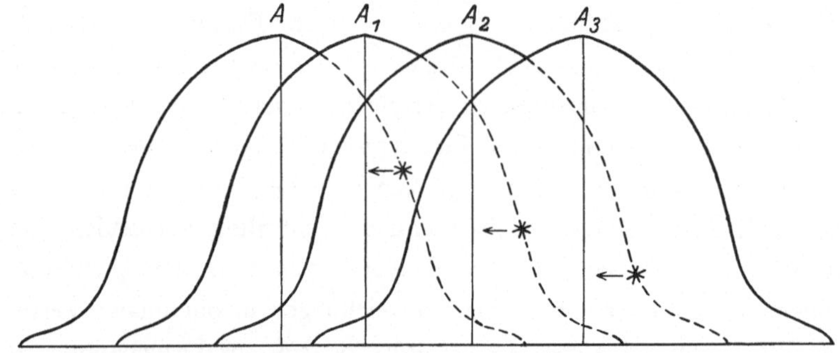

Abb. 24. Schematische Darstellung der typenverschiebenden Wirkung dreier Selektionsschritte unter Berücksichtigung von GALTONS Rückschlag.
* die Stellen der Kurven A, A_1, A_2, an denen die Auswahl erfolgte.

von A hinausgeschoben. Und PEARSON berechnet für einen konkreten Fall, daß durch intensive Zuchtwahl in nur sechs Generationen Engländer von 6 Fuß erblicher Größe gezüchtet werden könnten. Die Zuchtwahl vermöchte so in der Tat zu erreichen, was DARWIN von ihr verlangt, eine allmähliche Überführung einer Form in eine andere.

Es wurde nun soeben bemerkt, daß die Voraussetzung dafür, daß die Nachkommenkurve der Kurve der Eltern analog ist, die Gleichartigkeit der äußeren Bedingungen ist, deren Einwirkung auf die Variabilität uns später noch beschäftigen wird. Hier sei nur vorausgeschickt, daß sich dann zeigen wird, daß es die Einwirkung der äußeren Bedingungen ist, die auch bei einem erblich ganz reinen Material Variation hervorruft. Schon eine Betrachtung dieser Tatsache läßt uns einem

auf rein statistischem Wege gefundenen Gesetz etwas vorsichtig gegen-
übertreten. Denn wie will die statistische Betrachtung diese Voraussetzung berücksichtigen und wie will sie die durch ihr Nichtzutreffen
bedingten Korrekturen anbringen? GALTON selbst hat denn auch diese
Schwierigkeit erfahren müssen, als er den Versuch machte, sein Gesetz
auch auf experimentellem Wege zu beweisen. Er wollte mit Hilfe verschiedener Entomologen Schmetterlinge züchten und durch Messung
ihrer Flügellänge Daten für Erblichkeitsfragen erhalten. Seine Versuche
scheiterten aber „teils durch die störenden Einflüsse der Verschiedenheit in Nahrung und Lebenslage auf verschiedene Zuchten, an verschiedenen Orten und Jahren. Es konnten so daraus keinerlei statistische
Resultate von einiger Klarheit und Bedeutung ermittelt werden." (Man
vergleiche dazu unsere oben gegebenen Daten für die Flügellänge der
Nonne.)

Berücksichtigt man nun die Wirkungen der Außenfaktoren auf die
Variabilität, so ergibt sich daraus, daß man den Resultaten von Selektionsexperimenten auf dem Papier, wie es derartige statistische Betrachtungen, von denen wir ausgingen, sind, sehr vorsichtig gegenüber-
treten muß. Denn wenn etwa die Lebenslage des für die Statistik verwandten Individuengemenges nicht näher bekannt ist, so kann in einem
solchen biologisch unanalysierten Material ein ganz verkehrtes Resultat
zum Vorschein kommen; es kann z. B. eine Wirkung reicher Lebenslage der Selektion gutgeschrieben werden, umgekehrt aber auch ein Fehlen einer Selektionswirkung gefunden werden, wo sie nur durch entgegengesetzt wirkende Lebenslagefaktoren kompensiert wird. Der Aus-
gleich, den die statistische Betrachtung bei großen Zahlen dadurch erhalten kann, daß alle Lebenslagen nach Wahrscheinlichkeitsgesetzen
vorliegen müssen, ist selbst bei vorsichtigster Statistik wohl nicht genügend, jene Fehlerquellen auszuschalten.

Sehen wir aber von diesen Schwierigkeiten ab, so steckt in der Methode GALTONS und seiner Nachfolger trotz der Genialität ihrer Begründung und Durchführung ein prinzipieller Fehler. Der Scharfsinn des
dänischen Botanikers JOHANNSEN hat ihn ans Licht gezogen und in treff-
lichen Gedanken — wie biologischen Experimenten erwiesen und damit
zugleich eines der wichtigsten Prinzipien der modernen Vererbungslehre

aufgedeckt. Vertrauen wir uns im folgenden seiner geistreichen Führung an.

Wir haben oben an Hand jener schematischen Kurve, Abb. 24, gesehen, daß eine erfolgreiche Selektion darin besteht, daß die Variationskurve als Ganzes nach der einen Seite verschoben wird. Der Typus der gewählten Eigenschaft des betreffenden Organismus, ausgedrückt durch den Mittelwert bei guter binomialer Verteilung, wird an eine andere Stelle verrückt. Es wird dabei als ganz selbstverständlich angenommen, daß das untersuchte Material von einheitlichem Typus ist, denn die binomiale Verteilung der Variabilität findet sich auch innerhalb der Nachkommen eines Elternpaares von gleicher systematischer Kategorie (Art, Varietät usw.), von denen man a priori annahm, daß sie erblich identisch seien.

Was heißt das nun, der Typus ist einheitlich? Wenn wir von der ungeschlechtlichen Vermehrung absehen, so entsteht ein jeder Organismus aus den Geschlechtszellen. In diesen muß natürlich die Fähigkeit vorhanden sein, alle die Eigenschaften, aus denen ein Körper zusammengesetzt ist, wie Haarfarbe, Längenmaße, psychische Fähigkeiten zu reproduzieren.

Wenn wir zunächst nun davon absehen, uns irgendwelche konkreten Vorstellungen über die Art zu bilden, wie diese Eigenschaftsträger in der Zelle enthalten sind und was sie eigentlich darstellen, so können wir sie mit DARWIN Pangene, mit WEISMANN Determinanten oder losgelöst auch von den Gebäuden der Vererbungstheorien mit JOHANNSEN als *Gene* bezeichnen.

Gen, Genotypus, Phänotypus. Ein Gen ist also ein Etwas, dessen Gegenwart in den Geschlechtszellen dafür sorgt, daß in dem Organismus, der sich aus den Geschlechtszellen entwickelt, eine bestimmte Eigenschaft auftritt; es ist der Erbträger der Einzeleigenschaft, ihre Gesamtheit ist der Erbschatz, der von den Eltern durch ihre Geschlechtszellen auf die Kinder übertragen wird. Nun soll zwar einem bestimmten Gen eine bestimmte Eigenschaft zugeordnet sein. Das besagt aber nicht, daß nun auch die Eigenschaft in ihrer definitiven Ausbildung mathematisch genau festgelegt ist. So mag etwa das Gen für den Größenwuchs einer hohen Menschenrasse vorhanden sein, aber trotzdem, etwa infolge von Unterernährung oder

Rachitis ein kleines Individuum entstehen. Oder aber ein relativ großes Individuum entwickelt sich aus besonderen Ursachen mit den Genen der kleinen Rasse. Ersteres, obwohl selbst klein, vererbt auf seine Kinder hohen Wuchs, letzteres, obwohl selbst groß, vererbt niederen Wuchs. Es ist klar, daß dann für die Erblichkeitslehre alle die Individuen identisch sind, welche dieselben Gene mitbekommen haben. Ob sie dabei auch äußerlich gleich sind, ist gleichgültig. In der Regel werden sie es natürlich nicht sein, da sie ja unter dem Einfluß der Außenfaktoren der fluktuierenden Variabilität und funktionellen Anpassung, kurz allen Modifikationen unterworfen sind, die ihnen ihre ererbte Organisation gestattet. Der Typus einer Individuengruppe im Sinne der Vererbungslehre ist also dann ein einheitlicher, wenn er trotz aller äußeren Verschiedenheiten auch in seinen sämtlichen Abweichern auf der gleichen Unterlage identischer Gene beruht. JOHANNSEN nennt ihn dann *Genotypus*, und seine sämtlichen Glieder sind *genotypisch einheitlich*, sie haben in bezug auf die betreffende Eigenschaft identische Erbträger und können selbst somit auch nur identische Eigenschaften weiter vererben.

Die zu entscheidende Frage ist nun: Stellt die Gesamtheit der Individuen einer einheitlich erscheinenden Art oder Rasse auch einen genotypisch einheitlichen Bestand dar oder, wie man eine Gruppe genotypisch identischer Individuen auch nennt, einen *Biotypus*? Ist das der Fall, so könnte auch auf statistischem Wege, bei Einhaltung aller nötigen Vorsicht, z. B. Beachtung der Lebenslage, über den Erfolg einer Selektion entschieden werden. Wie aber, wenn das, was uns als einheitlicher Typus erscheint, gar nicht ein solcher ist, wenn er nur ein Scheintypus, ein *Phänotypus* ist, hinter dem sich ein Gemenge unbekannter und untereinander genotypisch differenter Biotypen verbergen kann? Ist das der Fall, dann besagt das Ergebnis einer Statistik, ja sogar, wie sich zeigen wird, eines Experiments nichts über die Möglichkeit einer Typenverschiebung durch Selektion, denn der scheinbare Erfolg kann darauf beruhen, daß aus dem Gemenge von genetisch verschiedenen Biotypen, die sich hinter dem einheitlichen Phänotypus verbergen, einer herausgesucht wurde, dessen genetische Beschaffenheit von Anfang an von der Art war, die ausgewählt wurde. Die Vorbedingung eines

Vererbungsversuches ist also zu wissen, ob die benutzte Population genotypisch einheitlich ist, oder ob sie ein Typengemenge darstellt.

In jenen statistischen Gedankenexperimenten war nun von einer Population ausgegangen worden, die einen Typus mit schöner binomialer Verteilung der Varianten erkennen ließ. Es ist nun die Frage, ob eine Berechtigung vorliegt, aus der Regelmäßigkeit der Variationskurve auf Einheitlichkeit des Typus zu schließen. Es ist ein Vergnügen, zu verfolgen, wie JOHANNSEN an GALTONS eigenen Zahlen den Beweis des Gegenteils erbringt. GALTON hatte, wie wir gesehen haben, sein Regressionsgesetz u. a. aus einem Vergleich der Körperlänge der Kinder einer Menschenpopulation mit der mittleren Größe der Eltern berechnet. JOHANNSEN teilt nun einmal in GALTONS Material die Eltern in drei Gruppen, in mittelgroße zwischen 67 und 70 Zoll, in kleine unter 67 und in große über 70 Zoll und stellt dann die Nachkommen dieser Eltern in Variationsreihen zusammen. Es ergibt sich dabei für die Nachkommen der mittelgroßen Eltern folgende Reihe:

Kritik von
GALTONS
Gesetz.

Klassengrenzen:	59,7	61,7	63,7	65,7	67,7	69,7	71,7	73,7	75,7
Anzahl Individuen:	1	16	76	174	201	114	26	5	

Die Nachkommen der kleinen Eltern ergeben:

Klassengrenzen:	59,7	61,7	63,7	65,7	67,7	69,7	71,7	73,7
Anzahl Individuen:		3	22	29	70	54	11	1

Und schließlich die Nachkommen der großen Eltern:

Klassengrenzen:	60,7	62,7	64,7	66,7	68,7	70,7	72,7	74,7
Anzahl Individuen:	1	1	6	23	50	34	19	

Nun ergeben diese Reihen folgende Mittelwerte:

$$\text{Nach Plusabweichern} = 70{,}15$$
$$\text{Nach Mittelmaßeltern} = 68{,}06$$
$$\text{Nach Minusabweichern} = 66{,}57$$

Setzt man dies Resultat nun in Beziehung zur Selektion, so bedeutet das, daß aus den größten Eltern durch Zuchtwahl ein Nachkommentypus von besonderer Größe, aus kleinsten ein solcher von besonderer Kleinheit gezüchtet wurde, während die Nachkommen der Mittelmaßeltern auch auf mittlerer Größe blieben. Die Zuchtwahl hätte also drei differente Typen geschaffen, den Typus in der Selektionsrichtung verschoben. Nun vereinigen wir aber einmal durch Addition die Zahlen für die drei Typen, so erhalten wir für das Gesamtmaterial der Nachkommen die Reihe:

Klassengrenzen: 59,7   61,7   63,7   65,7   67,7   69,7   71,7   73,7   75,7
Anzahl Individuen: 5   39   107   255   287   163   58   14

Das ist nun wieder eine binomiale Reihe, ebenso wie bei den einzelnen Typen, ihr Mittelwert ist 68,09, und wir würden, wenn wir sie allein vor uns hätten, sagen, daß diese Population einen Typus der Länge von 68,09 repräsentiert. Und doch wissen wir, daß in der Reihe jene drei Typen enthalten sind, und daraus folgt, daß man der Reihe eben von außen nichts darüber ansehen kann, ob sie einheitlich ist oder nicht. Was für diese Reihe gilt, gilt natürlich ebenso auch für die Ausgangsreihe der Selektionsstatistik, ebenso wie für jede der drei willkürlich gebildeten Selektionsreihen. Es ist uns unbekannt, ob sie genotypisch einheitlich war, oder ob sie einen Phänotypus repräsentierte, innerhalb dessen ein Gemenge einer unbekannten Zahl von Biotypen enthalten war. Der statistische Versuch, Erblichkeitsgesetze zu finden, arbeitet also nicht mit analysierten Phänotypen. Ehe seine Resultate als erfolgreich hingenommen werden können, müssen die gleichen Versuche der Selektion zuerst an genotypisch einheitlichen Beständen durchgeführt werden. Dies aber ist der prinzipielle Fehler, den JOHANNSEN der statistischen Erforschung der Erblichkeitsgesetze nachwies. Und nun tat er auch den folgenden Schritt: die Analyse der Population durch das Vererbungsexperiment und die Anwendung der Selektion auf das analysierte Material. Seine im Jahre 1903 erschienenen Untersuchungen über die Erblichkeit in Populationen und in reinen Linien bedeuten einen der großen Marksteine der Erblichkeitsforschung.

JOHANNSEN ging bei seinen an Bohnen, Erbsen und Gerste ausgeführten Versuchen von der Voraussetzung der Richtigkeit der GALTONschen Gesetze aus. Die betrachteten Eigenschaften waren die Länge der Bohnen, ihre Form, ausgedrückt im Verhältnis von Länge zu Breite, und die Schartigkeit der Gerste, eine Abnormität, bei der sich in der Reihe der Früchte Lücken finden. So säte er Bohnen von bekannter Größe aus und ordnete sie nach Gewichtsklassen von 10 Zentigramm mit einem Spielraum von 25—85 Zentigramm. Sodann wurden die Nachkommen dieser Mutterbohnen gewogen und ihr Gewicht in Beziehung gesetzt zu dem jener. Es ergab sich dabei:

Gewicht der Mutterbohnen:	30	40	50	60	70	80
Mittleres Gewicht der Nachkommen:	37,1	38,8	40,0	43,4	44,6	45,7

Daraus berechnet sich nach Art des oben durchgeführten GALTONschen Beispiels eine Erblichkeitszahl von $^1/_4$. Es war also eine Regression im GALTONschen Sinn um $^3/_4$ eingetreten. Es war aber bei diesem Versuch das Material der sämtlichen Pflanzen einzeln behandelt worden und dabei fiel auf, daß aus gleich großen Mutterbohnen Nachkommen der verschiedensten Größe hervorgingen. Betrachtete man z. B. die Nachkommen aus den größten, 80 Zentigramm schweren Mutterbohnen, so schwankten sie zwischen 35 und 60 Zentigramm. Das Gesamtmaterial aus den Nachkommen aller dieser schweren Bohnen ergab die folgende Variationsreihe:

Klassen in Ztgr.:	20	25	30	35	40	45	50	55	60	65	70	75	80
Anzahl Bohnen:		5	18	46	**144**	127	70	70	63	28	15	8	4

Die Reihe ist nun auffallend unsymmetrisch, was JOHANNSEN den Verdacht erweckte, das ihr zugrunde liegende Material möchte nicht einheitlich sein. Und das führte dazu, als Ausgangsmaterial genotypisch einheitliche Bestände zu benutzen, um zu prüfen, ob in ihnen die Selektion den gleichen Erfolg habe. Ein solches Material ist aber in dem gegeben, was JOHANNSEN *reine Linien* nennt. Schon der berühmte Rübenzüchter VILMORIN hatte in vordarwinscher Zeit gefunden, daß Zuckerrüben von gleichem Zuckergehalt verschiedenwertige Nachkommen ergeben, daß also äußere Gleichheit nicht auch Gleichheit der Erblichkeit, genotypische Gleichheit bedeutet. Er beurteilte deshalb die Nachkommenschaft jeder Pflanze einzeln und konnte so wirklich gutes Material zur Nachzucht sich aufziehen. Dieses Prinzip der individuellen Nachkommenbeurteilung, wie es JOHANNSEN treffend bezeichnet, wandte er nun auch für seine Objekte an. Die benutzten Pflanzen waren ausschließlich Selbstbefruchter, und das gab natürlich die Möglichkeit, von einem ideal einheitlichen Material auszugehen, das durch Kreuzbefruchtung ja gemischt werden könnte [1]. *Er nennt nun den Inbegriff aller Indi-*

---

[1] Es ist neuerdings mehrfach darauf hingewiesen worden, daß bei Bohnen Wechselbefruchtung häufig ist (EMERSON, TSCHERMAK, SCHIEMANN, LENZ).

*viduen, welche von einem einzigen absolut selbstbefruchteten Individuum ab-
stammen, eine reine Linie,* im Gegensatz zu der Population, die ein Gemenge von Individuen ohne feststehende genotypische Gleichheit darstellt. Eine solche reine Linie ist natürlich genotypisch einheitlich, und
auf sie müssen die Selektionsversuche angewandt werden. Aus dem Boh-
nenmaterial konnten nun durch getrennten Anbau nach dem Samen-
gewicht betrachtet 19 reine Linien isoliert werden, von denen also eine
jede sich typisch durch ihr mittleres Gewicht von der anderen unterschied und diesen Unterschied in allen Generationen beibehielt. Wurde
nun aber innerhalb einer reinen Linie Selektion geübt, indem — die
reine Linie hat natürlich ebenso ihre Variationsbreite wie die Population — die extremen Plus- oder Minusabweicher zur Nachzucht ausgewählt wurden, so war das völlig erfolglos: in der folgenden Generation
war wieder der Mittelwert der vorhergehenden vorhanden, gleichgültig
von welchem Punkt der Variationsreihe die Ausgewählten stammten.

Linie	Gewicht der Mutterbohnen					
	20	30	40	50	60	70
I					63,1	64,9
II			57,2	54,9	56,5	55,5
III				56,4	56,6	54,4
IV				54,2	53,6	56,6
V			52,8	49,2		50,2
VI		53,5	50,8		52,5	
VII	45,9		49,5		48,2	
VIII		49,0	49,1	47,5		
IX		48,5		47,9		
X		42,1	46,7	46,9		
XI		45,2	45,4	46,2		
XII	49,6			45,1	44,0	
XIII		47,5	45,0	45,1	45,8	
XIV		45,4	46,9		42,8	
XV	46,9			44,6	45,0	
XVI		45,9	44,1	41,0		
XVII	44,0		42,4			
XVIII	41,0	40,7	40,8			
XIX		35,8	34,8			

Doch scheint dies keine Bedeutung für die Beurteilung von JOHANNSENS Ergebnissen zu haben, bei denen diese Fehlerquelle berücksichtigt wurde.

Mit den Ausdrücken GALTONS war also die Erblichkeitszahl = 0, der Rückschlag, die Regression = 1, d. h. vollständig, die Selektion blieb ohnmächtig. Die obenstehende Tabelle JOHANNSENS illustriert dies Resultat. Sie gibt für jede der 19 Linien die mittleren Gewichte der Nachkommen an, die bei Auswahl von Mutterbohnen der verschiedenen Gewichte zwischen 20 und 70 Zentigramm erzielt wurden. Betrachten wir darin z. B. die Linie XIII, so ergeben die ausgewählten Muttersamen von 30 Zentigramm Nachkommen von 47,5 im Mittel, die Muttersamen von 40 Zentigramm solche von 45,0, Muttersamen von 50 solche von 45,1 und Muttersamen von 60 solche von 45,8, d. h. der Typus der reinen Linie blieb konstant, ja, eher wurde noch gerade das Gegenteil einer Selektion erzielt, indem die kleinsten Mutterbohnen die größten Nachkommen gaben.

Erntejahr	Mittleres Gewicht der Muttersamen der Selektionsreihe		b—a	Mittleres Gewicht der Nachkommensamen der Selektionsreihe		$\beta-\alpha$ $\pm$ m
	a Minus	b Plus		α Minus	β Plus	
1902	60	70	10	63,15	64,85	+ 1,70 ± 1,27
1903	55	80	25	75,19	70,88	− 4,31 ± 1,35
1904	50	87	37	54,59	56,68	+ 2,09 ± 0,57
1905	43	73	40	63,55	63,64	+ 0,09 ± 0,69
1906	46	84	38	74,38	73,00	− 1,38 ± 1,08
1907	56	81	25	69,07	67,66	− 1,41 ± 1,09

Die besprochenen Resultate beziehen sich nun zunächst nur auf den einmaligen Versuch; völlig beweisend können sie erst dann sein, wenn sie sich auch bei in mehreren Generationen fortgesetzter Selektion bewähren. Und das ist in der Tat der Fall. JOHANNSEN führte die Versuche so aus, daß er innerhalb einer reinen Linie wieder aus den Nachkommen der kleinsten Mutterbohnen die kleinsten und aus denen der größten Mutterbohnen die größten, also die extremen Minus- und Plusabweicher auswählte und anbaute. In der Linie XVIII wurden also z. B. aus den Nachkommen der kleinsten Mutterbohnen vom Gewicht 20, die ein mittleres Gewicht von 41,0 zeigten, wieder die kleinsten der Variationsreihe ausgewählt, die nur zwischen 10 und 20 Zentigramm wogen, und diese ergaben die Minusreihe. Aus den Nachkommen der größten Mutterbohnen von 40 Zentigramm mit dem Mittelwert 40,8 wurden dagegen die größten Individuen der Variationsreihe, nämlich zwischen 60 und 70 Zentigramm, genommen und als die Plusselektionsreihe angebaut. In allen folgenden Jahren wurden dann immer wieder die kleinsten der Minusreihe und die größten der Plusreihe ausgewählt. Das Resultat für die Linie I zeigt die vorstehende Tabelle.

Daß auch hier fortgesetzte Selektion keinen Erfolg erzielt hatte, daß die Regression immer eine vollständige war, geht besonders klar aus der Betrachtung der Differenzzahlen hervor. 1905 z. B. war die Differenz der Minus- und Plusreihe bei den Mutterbohnen 40, bei der Nachkommenschaft aber $+ 0{,}09 \pm 0{,}69$[1], d. h. nahezu gleich Null, ja, im Falle von 1903 sogar $— 4{,}31$, d. h. die Selektion hatte eher den entgegengesetzten Erfolg erzielt.

Bei Betrachtung dieser Zahlen fällt nun auf, daß in den einzelnen Jahren des Versuchs der Mittelwert ziemlichen Schwankungen unterworfen ist. Ihre Ursache ist nach dem, was wir früher gehört haben, ohne weiteres klar, es ist der Einfluß der in verschiedenen Jahren wechselnden Lebenslage, die natürlich auf reine Linien ebenso einwirkt, wie auf andere Variationsreihen. Man könnte nun vielleicht auf die Idee kommen, daß diese verschiedene Lebenslage für das Resultat der Versuche eine Bedeutung haben könne, denn es ist bekannt (DE VRIES), daß in Populationen die Lebenslagewirkung die der Selektion übertreffen kann. Daß ein solcher Einwand aber unberechtigt ist, geht daraus hervor, daß das Resultat sowohl bei Minus- und Plusabweichern als auch in sämtlichen 19 Linien das gleiche war. Es blieb auch das gleiche bei Berücksichtigung anderer Eigenschaften und anderer Objekte, und das Resultat ist als feststehend zu erachten, daß innerhalb einer reinen Linie die Selektion wirkungslos ist, daß sie nicht imstande ist, eine genotypische Änderung hervorzubringen.

In instruktiver Weise geht das vorerkannte Verhältnis der reinen Linien zu einer aus vielen Linien zusammengesetzten Population aus umstehender Abb. 25 hervor, in der die gleiche anschauliche Form der Variabilitätsdarstellung gewählt ist, die S. 94 erläutert werden wird,

---

[1] $\pm 0{,}69$ ist hier der mittlere Fehler der Berechnungen, der in dieser Tabelle der Exaktheit halber mit aufgeführt sei; seine Bedeutung wurde oben erörtert.

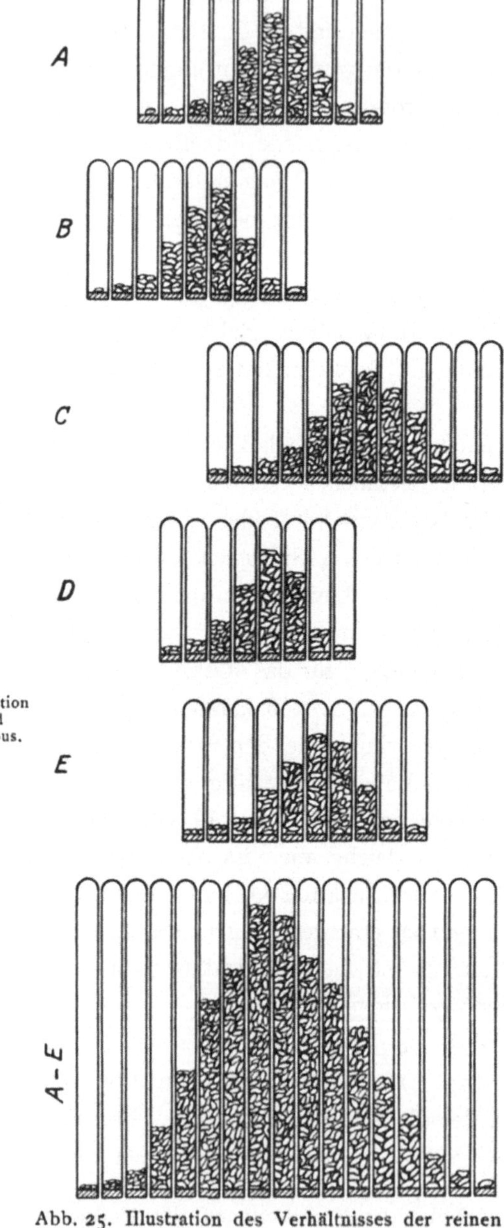

Abb. 25. Illustration des Verhältnisses der reinen Linien zur Population. Erklärung im Text. Nach JOHANNSEN.

also durch Einfüllung der Größenklassen der Bohnen in nebeneinander gestellte Röhrchen (Treppenkurve). Es ist so die Variabilität von fünf reinen Linien A—E dargestellt, wobei die Klassen gleicher Größe senkrecht untereinander stehen. Unten aber (A—E) ist die Kurve wiedergegeben, die erhalten würde, wenn man die sämtlichen Linien zu einer Population zusammenschüttete. Dieser kann man nun auf keine andere Weise als im Vererbungsexperiment nachweisen, daß sie genotypisch nicht einheitlich ist [1].

Wie erklären sich nun auf Grund dieser Forschungen die Resultate GALTONS, wie erklärt es sich, daß die Züchter von jeher durch Selektion

---

[1] Man hat neuerdings darauf hingewiesen (BAUR), daß eine große Fehlerquelle dieser Versuche darin liege, daß in einem solchen Material häufig spontane erbliche Veränderungen, sogenannte Mutationen (siehe später) auftreten. Im Fall eines positiven Selektionserfolges wäre dies ein wichtiger Einwand; JOHANNSENS Resultat wird aber dadurch nicht getroffen.

die gewünschten Veränderungen an Tieren und Pflanzen zu erreichen suchen und oft auch tatsächlich erreichen? Es geht eigentlich schon ohne weiteres aus dem Verständnis des Gesagten hervor. Es wird uns noch leichter klar werden, wenn wir einen Blick auf das instruktive Schema werfen, an dem Lang das Verhältnis von Phänotypus zu Genotypus erläutert (Abb. 26), richtiger gesagt von Population zu Biotypus. Die große Kurve stellt die Variationskurve dar, die eine Population ergibt, es ist die Kurve des Phänotypus. In der Population sind nun zahlreiche Biotypen enthalten, die hier in der Zahl der Buchstaben des

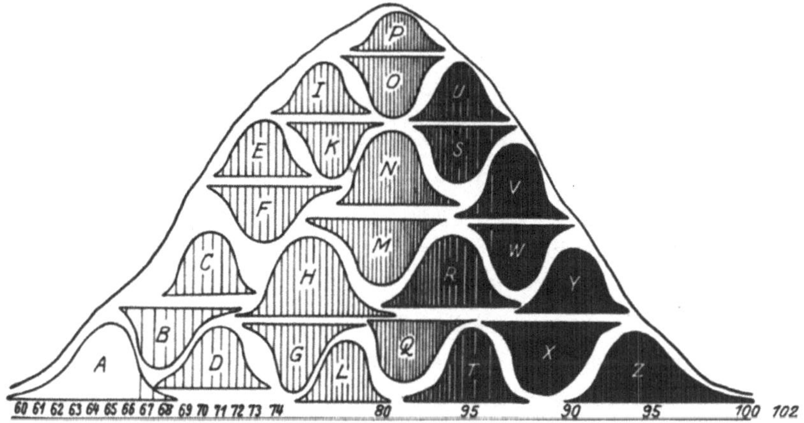

Abb. 26. Schematische Darstellung des Verhältnisses von Phänotypus und Genotypus, von Population zu Biotypen bzw. reiner Linie. Nach Lang.

Alphabets angenommen sind und mit $A—Z$ bezeichnet wurden. Ein jeder Biotypus hat seine eigene Variationskurve, die hier als viel kleiner als die der Population angenommen ist. (Weil nur ein Bruchteil der in der Population vereinigten Individuen hier vorliegt. Daß sie zum Teil umgekehrt stehen, ist natürlich nur im Interesse der Zeichnung geschehen.) Es finden sich also Biotypen vor auf der Minusseite der Population (hell), mittlere, wie solche auf der Plusseite (dunkel). Die Population erscheint uns aber als eine Einheit, weil die einzelnen Kurven der Biotypen übereinandergreifen, transgressiv sind und so scheinbar in eins zusammenfließen, und weil außerdem die mittleren Linien am häufigsten sind. Würde man nun in einer solchen Population, die trotz äußerer Einheit-

lichkeit, die sich in einer normalen Variationskurve ausdrückt, genotypisch nicht einheitlich ist, zu einem Selektionsversuch Plusabweicher
der Maßeinheit 90 auswählen, so hätten wir Individuen gefaßt, die den
Linien W, X, Y, Z angehören. Die Nachkommenschaft kann sich
also, gleiche Lebenslage vorausgesetzt, nur an dem Kurvenbezirk befinden, in dem diese vier Linien liegen. Würden sie mit ihrer Minusseite
mehr nach links reichen, als es in dem Schema der Fall ist, so würde
sich aus dem dann mehr nach links liegenden Mittel der fünf Linien
eine GALTONsche Regression ergeben. Es bestände also in diesem Falle
die erfolgreiche Selektion darin, daß eine Reihe von *Biotypen* der Plusseite der Population ausgewählt wurde. Es läßt sich nun sehr gut denken, daß bei weiteren Selektionsschritten in diesem Material schließlich
die Linie Z allein ausgewählt wird, und dann würde man sagen, die
Zuchtwahl hat den Typus nach der äußersten Plusseite verschoben. In
Wirklichkeit hat sie aber nur den äußersten konstanten Typus dieser Seite
isoliert. Von jetzt ab wäre aber jede Selektion unmöglich, denn es liegt
ein genotypisch einheitlicher Biotypus vor, in dem sie wirkungslos ist.

Die bedeutungsvollen Untersuchungen JOHANNSENs ergeben also, mit
seinen eigenen Worten, „zu gleicher Zeit eine volle Bestätigung und eine
gänzliche Auflösung des bekannten Rückschlagsgesetzes GALTONS, was
das Verhältnis zwischen Eltern und Nachkommen betrifft ... Eine Selektion in der Population bewirkt also größere oder kleinere Verschiebung — in der Richtung der Selektion — desjenigen durchschnittlichen
Charakters, um welchen die betreffenden Individuen fluktuierend variieren. Indem ich aber nicht dabei stehen blieb, die Populationen als
Einheiten zu betrachten, sondern mein Material in seine reinen Linien
auflösen konnte, hat es sich in allen Fällen gezeigt, daß innerhalb der
reinen Linien der Rückschlag sozusagen vollkommen gewesen ist: die
Selektion innerhalb der reinen Linien hat keine Typenverschiebung hervorgerufen ... Bei der gewöhnlichen Selektion in Populationen wird
unrein gearbeitet; das Resultat beruht auf unvollständiger Isolation der-
jenigen Linien, deren Typen in der betreffenden Richtung vom Durch-
schnittscharakter der Populationen abweichen."

Im Interesse der Klarheit sei an dieser Stelle nochmals eine kurze
Definition der benutzten Termini gegeben, deren scharfe Unterscheidung

Vorbedingung einer klaren Erkenntnis ist. Es stehen sich einmal gegenüber Phänotypus und Genotypus. Phänotypus ist der Inbegriff der sichtbaren Eigenschaften eines Organismus ohne Berücksichtigung seiner Erbgrundlage. Genotypus ist die innere Konstitution des Organismus, seine erblich gegebene Genkombination oder auch Reaktionsnorm. Population ist ein unanalysiertes Gemenge von Individuen. Da im Begriff der Population allerdings nicht mit enthalten ist, daß die Individuen scheinbar der gleichen systematischen Einheit angehören, wie es beim Gebrauch dieses Wortes hier vorausgesetzt wurde (Population von Bohnen, Menschen), so sollte für eine phänotypisch einheitliche Population ein besonderer Terminus benutzt werden, etwa Idotypus oder Homöotypus. Dem steht dann der Biotypus gegenüber als eine Gruppe von Individuen genotypisch gleicher Beschaffenheit. Eine reine Linie ist schließlich der Inbegriff aller ausschließlich durch Selbstbefruchtung aus einem Ausgangsindividuum entstandenen Organismen.

Es erhebt sich nun zunächst die Frage, wie weit diese bahnbrechenden Ergebnisse sich durch anderweitige Erfahrungen bestätigen lassen. Und da zeigt sich, wenn wir der Darstellung von DE VRIES folgen, daß die landwirtschaftliche Praxis eigentlich schon lange vorher prinzipiell das gleiche gefunden hatte. Der englische Getreidezüchter LE COUTEUR hatte schon im Anfang des vorigen Jahrhunderts auf ähnliche Weise besondere Getreidesorten erhalten. Von einem Besucher auf die Verschiedenartigkeit seiner Ähren aufmerksam gemacht, hatte er einzelne ausgesucht und getrennt angebaut und erhielt dann völlig gleichmäßige Nachkommenschaft; er hatte also reine Linien isoliert. Zu einem entsprechenden Resultate war auch der schottische Züchter PATRICK SHIREFF gekommen, der seine neuen Rassen so erhielt, daß er eine einzelne besonders wertvolle Ähre, wie er sie ganz selten auffand, isoliert vermehrte. Und auch in neuerer Zeit ist HAYES in Amerika wieder zu genau der gleichen Methode gelangt. Eine wirkliche praktische Bedeutung sowie auch wissenschaftliche Begründung erhielt das Prinzip ferner in größerem Maßstabe durch die Svalöfer Züchtungsmethoden, die eine Verwertung des Prinzips der reinen Linien schon vor JOHANNSEN bedeuten, wenn auch ohne derartig planmäßige wissenschaftliche Begründung und Verarbeitung.

Die Svalöfer Methode.

Man pflegte früher sehr oft die für den landwirtschaftlichen Anbau bestimmten Nutzpflanzen in der Weise zu verbessern, daß man aus den Beständen die Individuen auswählte, die die gewünschten Eigenschaften am stärksten zeigten, und sie zur Nachzucht benutzte. Man nahm also eine ganze Anzahl von Individuen, ein Gemisch in bezug auf die gewünschten Eigenschaften, wodurch man erreichen wollte, daß auch die anderen, nicht mit berücksichtigten Eigenschaften auf mittlerer Höhe erhalten blieben. So wurde dann in jeder weiteren Generation verfahren. Dabei zeigte es sich nun meistens, daß in der Weise eine beabsichtigte Ausgeglichenheit der Züchtung nicht zu erreichen war. Die Erklärung dieses Verhältnisses wurde nun schon durch die Untersuchung in Svalöf in den neunziger Jahren, von N. HJ. NILSSON für Weizen und Hafer, TEDIN für Hülsenfrüchte und BOLIN für Gerste, gegeben. Es wurden aus allerlei verschiedenen alten Getreidesorten nach bestimmten Merkmalen, wie Beschaffenheit der Ähren und Körner, möglichst viele Typen ausgesucht, und alle gleichartigen Individuen wurden auf je einem besonderen kleinen Feldchen angebaut. Im folgenden Jahre waren aber auf den einzelnen Feldchen wieder ungleichmäßige Bestände vorhanden. Nur einige wenige machten eine Ausnahme; sie trugen ganz gleichförmige Saat. Es zeigte sich nun, daß man zur Aussaat auf diesen Feldchen nur die Körner einer einzigen Ähre benutzt hatte, weil zufällig der Typus nur in einer Ähre vorgelegen hatte, während sonst immer mehrere gleichartig aussehende Ähren angebaut waren. Nun wurde im nächsten Jahre eine noch größere Anzahl einzelner Pflanzen ausgewählt und isoliert angebaut, und sie ergaben in der Regel einförmige Nachkommenschaft, und diese blieb auch in weiteren Generationen auffallend konstant und gleichförmig in Vergleich mit den aus mehreren Ursprungspflanzen stammenden Nachkommenschaften, wenn auch diese Konstanz in Svalöf lange als eine nur relative aufgefaßt wurde, indem weitere Fixierung und Verbesserung der Pedigrees durch fortgesetzte Auslese angestrebt wurde. Das ist das Svalöfer Pedigreeverfahren. Nebenstehende Abb. 27—30 zeigt vier Svalöfer reine Linien von Hafer, die jedoch verschiedenen alten Sorten entstammen, die in ihrer Hauptmasse den betreffenden Rispentypus als charakteristisches Merkmal besitzen. Es ist selbstverständlich, daß diese Ausgeglichen-

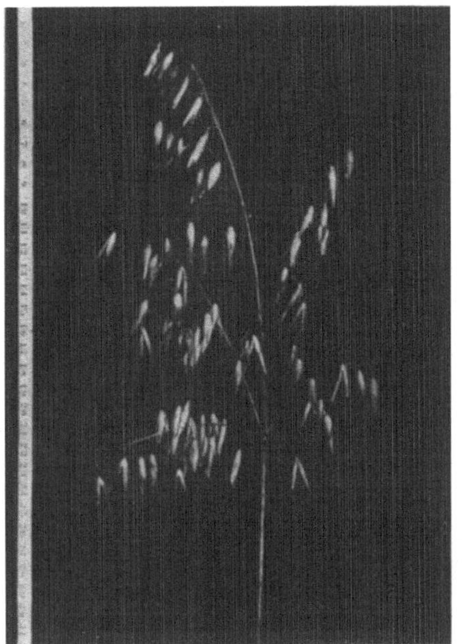

Abb. 27.

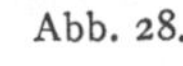

Abb. 28.

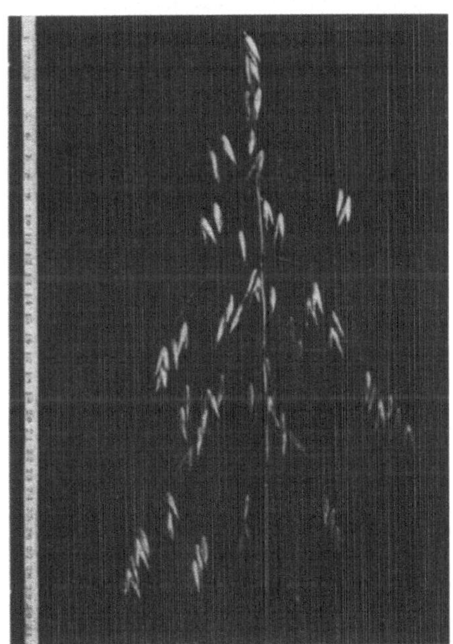

Abb. 29.

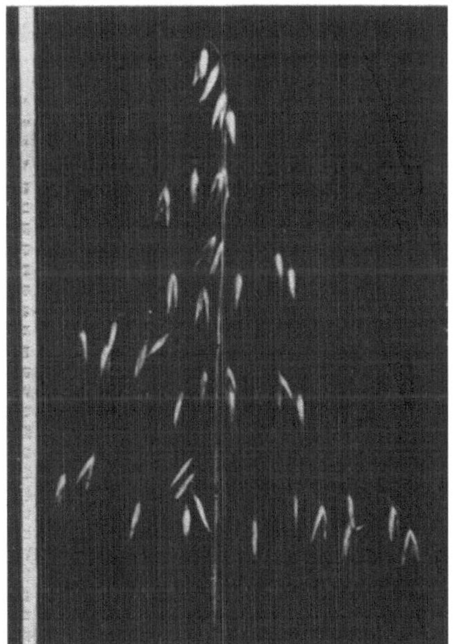

Abb. 30.

Abb. 27—30. Vier reine Linien von Hafer aus Svalöf, nämlich Abb. 27 Steifrispe, Abb. 28 Fahnenhafer, Abb. 29 Schlaffrispe, Abb. 30 andere Schlaffrispe. Originale von Nilsson-Ehle.

heit einer Linie schon nach nur einmal wiederholter Auslese nur bei
Pflanzenarten zum Ausdruck kommt, wo Selbstbestäubung normal ist
oder überwiegt, wie bei Weizen, Hafer, Gerste usw. und wo diese Linien
deshalb überwiegend homozygotische Kombinationen bezeichnen (vgl.
unten).

Diesen bedeutsamen Resultaten der Botaniker und Pflanzenzüchter,
die seit JOHANNSENS Arbeiten auch an vielen anderen Objekten bestätigt wurden (z. B. von EAST, FRUWIRTH) stehen nur nicht ganz direkt
vergleichbare Resultate aus dem Tierreich gegenüber. Das kommt daher, daß im Tierreich reine Selbstbefruchter selten sind und da, wo sie
vorkommen (gewisse Schnecken), noch nicht erfolgreich zu solchen Experimenten verwendet werden konnten. Man hat versucht, diesen Man-
gel auf dreierlei Weise zu beseitigen: einmal durch Selektionsversuche
an Tieren mit rein parthenogenetischer Fortpflanzung, sodann durch
solche an Tieren mit ungeschlechtlicher Fortpflanzung und schließlich
mit Tieren, deren der Selektion unterworfene Eigenschaften als genetisch rein vom mendelistischen Standpunkt aus erwiesen waren (was das
heißt, kann erst später wirklich klar werden). Nur der letztere Versuch ließe sich direkt den reinen Linien vergleichen. Man hat deshalb
auch für Reihen, die aus parthenogenetischer oder ungeschlechtlicher
Fortpflanzung eines Ausgangsindividuums hervorgegangen sind, einen
besonderen Namen, *Klone,* vorgeschlagen (SHULL). Wie gesagt, stimmen
viele der an Klonen und zweigeschlechtigen reinen Rassen ausgeführten
Versuche mit den an reinen Linien gewonnenen überein, wofür wir nun
einige Beispiele kennenlernen wollen.

Wir erwähnen da die Klone der parthenogenetischen Süßwasser-
krebschen, der Daphniden. Sie sollen sich durch kleine, aber erblich
konstante Eigenschaften unterscheiden, und WOLTERECK, der sie experimentell studierte, gibt an, daß innerhalb der Linien Selektion sich als
wirkungslos erwies. Auch BANTA führte solche Versuche mit entsprechen-
dem Resultat durch. Am ausführlichsten sind Versuche an Proto-
zoen mitgeteilt und so wollen wir uns gleich den JENNINGSschen Versuchen mit dem Infusor *Paramaecium* zuwenden. Von den Variabili-
tätsverhältnissen dieser Tiere haben wir ja schon mehrfach gehört und
sind daher mit dem Versuchsmaterial bereits bekannt. Es wurden also

aus einer Population einzelne in ihrer Länge verschiedene Individuen
herausgegriffen und von jedem die Nachkommenschaft isoliert gezüchtet.
Dabei konnten eine Reihe von Kulturen erzielt werden, in denen der
Mittelwert typisch verschieden blieb im Lauf zahlreicher Generationen,
so daß im ganzen acht derartige reine Linien gezüchtet wurden. Wurden sie alle unter annähernd den gleichen Bedingungen gezüchtet, so
blieb auch bei allen der Mittelwert konstant. Wurden die Kulturen
reiner Linien geteilt, so blieben die verschiedenen Tochterkulturen identisch. Traten in verschiedenen Linien ähnliche Veränderungen der
äußeren Lebensbedingungen ein, so waren auch die Reaktionen in den

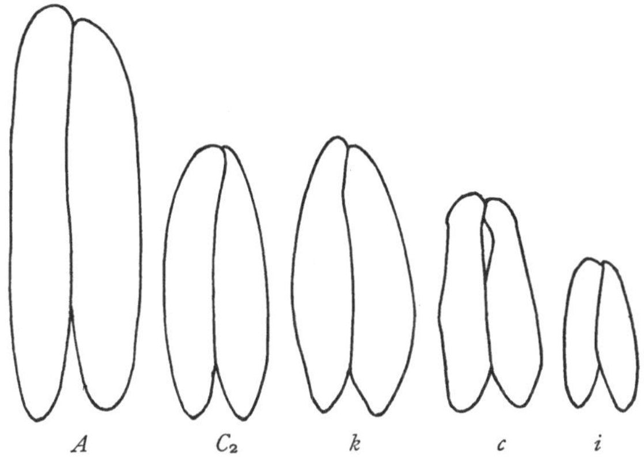

Abb. 31. Konjuganten von Paramaecium aus fünf verschiedenen reinen Linien.
Nach Jennings und Hargitt.

verschiedenen Linien korrespondierende, so daß also nicht etwa die Wirkung differenter äußerer Faktoren die Linien vortäuscht. Abb. 31 gibt
einen guten Begriff solcher Konstanz, indem sie die typisch verschiedene Größe konjugierender Individuen aus fünf reinen Linien zeigt.
Innerhalb der einzelnen Linien war natürlich die übliche fluktuierende
Variabilität vorhanden, deren Ursachen wir ja schon oben betrachtet
haben. Waren auch die Mittelwerte der Linien nicht so sehr verschieden, so wurden die Differenzen durch die extremen Ausschläge der fluktuierenden Variabilität sehr große. Nachstehende Abb. 32 gibt eine große
Variante einer großen Linie (*a*) neben einer kleinen Variante einer kleinen
Linie (*b*) wieder. Das Gesamtresultat geht am klarsten aus untenstehen-
dem Tableau (Abb. 33) hervor, das die Variationsreihen der acht iso-

lierten Linien nach ihrer Größe untereinander gesetzt darstellt. Man sieht, die Population schwankt zwischen 310 und 45 μ Länge, von den reinen Linien die erste von 310 bis 105 μ. Die senkrechte Linie gibt den Mittelwert der Population mit 155 μ an, die Kreuze die Mittel der einzelnen Linien. In diesen Linien wurde nun Selektion ausgeübt. Und dabei zeigte sich wiederum, daß sie gänzlich erfolglos blieb. Wurden die Nachkommen unter identischen Bedingungen gehalten, so erhielten sie nach Plus- wie Minusabweichern dieselbe Größe, z. B. in einem bestimmten Versuch:

Mittlere Größe der Nachkommen von   Plusabweichern: 114,7 : 33,9 μ
Mittlere Größe der Nachkommen von Minusabweichern: 116,9 : 36,1 μ.

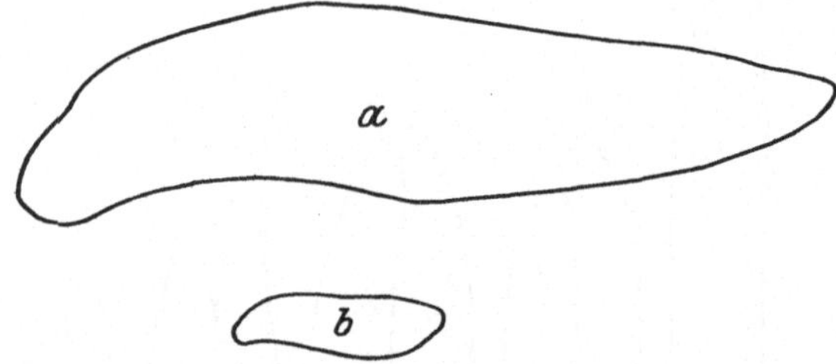

Abb. 32. Extrem große (*a*) und extrem kleine (*b*) Variante aus einer großen und einer kleinen Linie von Paramaecium. Nach JENNINGS.

In allen Versuchen wurden JOHANNSENS Ergebnisse auf das schönste bestätigt gefunden.

Elementar-
rassen.
Was die dritte Gruppe von Versuchen betrifft, bei denen zweigeschlechtige, aber reine Stämme verwandt wurden, so können wir ihre viel diskutierten Resultate noch nicht verstehen, da sie die Kenntnis der MENDELschen Vererbungsgesetze voraussetzen. Sie werden später ausführlich diskutiert werden. Hier seien nur ein paar Bemerkungen eingeschaltet, um zu zeigen, daß wahrscheinlich auch in der freien Natur solch genetisch reines Material reichlich vorhanden ist, so daß die Ergebnisse von Selektionsexperimenten von der geschilderten Art tatsächlich auch auf die Verhältnisse in der freien Natur, also den Evolutionsvorgang, angewendet werden können. Es ist bekannt, daß die Systematiker als niederste Kategorie spezifisch verschiedener Formen die Varietäten und Rassen betrachten, von denen sich innerhalb einer guten Spezies eine sehr große Zahl finden können. Es gibt übrigens keine all-

gemein akzeptierte Bezeichnung der niedersten systematischen Kategorien, und es wird auch schwer sein, eine einheitliche Bezeichnung da
durchzuführen. Sowohl der Begriff der Varietät, wie der der Rasse und
Elementarart ist schwankend. Für Vererbungsfragen ist natürlich die

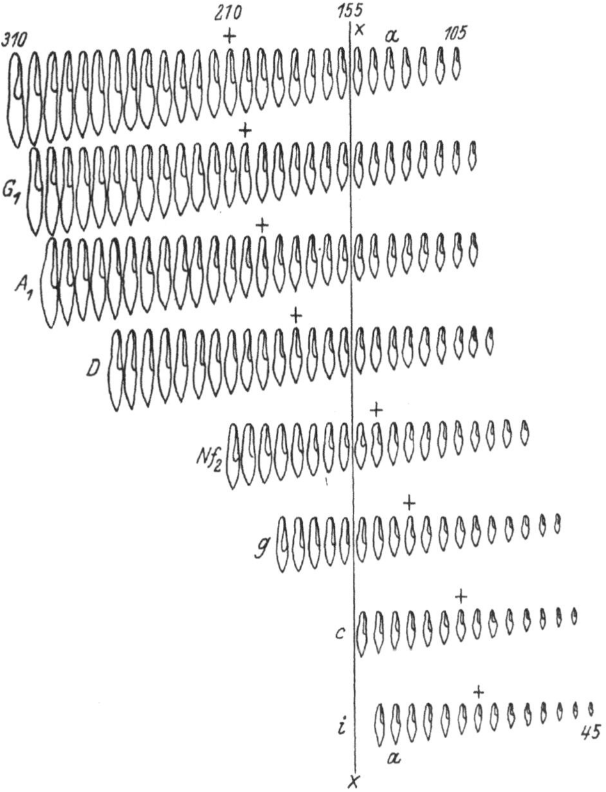

Abb. 33. Acht reine Linien von Paramaecium in ihren Variationsreihen.
× × gibt den Mittelwert der Population, + die Mittel der einzelnen Linien.
Die Zahlen bedeuten die Größe in μ. Nach JENNINGS.

niederste Kategorie die, deren Individuen sich von anderen nur durch
eine Elementareigenschaft unterscheiden. Eine solche Abgrenzung ist
aber nur ganz relativ und vom augenblicklichen Forschungsstand abhängig. Wenn wir zwei Hühnerrassen haben, die sich nur durch den
Besitz eines Erbfaktors für Gefiederfärbung unterscheiden, so sind das

zunächst solche Kategorien. Nun kann sich aber zeigen, daß in jeder Rasse wieder erbliche Differenzen in bezug auf die Eigenschaft Fruchtbarkeit vorkommen, so daß da wieder Unterkategorien zu schaffen wären. So wird man wohl solche letzten systematischen Kategorien, die man vielleicht am besten als Elementarrassen bezeichnet, nur festlegen können, wenn man die Abgrenzung nur auf eine einzige betrachtete Eigenschaft, z. B. Fruchtbarkeit bei einem Huhn, oder Fettgehalt im Samen beim Mais, oder Reaktionsnorm gegenüber bestimmten Ernährungsarten bei einer Daphnie, bezieht. Diese Elementarrassen treten nun sehr oft, wenn auch nicht immer, an verschiedenen Lokalitäten auf und sind dann als Lokalrassen zu bezeichnen, wohl zu unterscheiden von den Standortsvarietäten (Lebenslagevariationen). Letztere können durch identische äußere Bedingungen ineinander übergeführt werden, erstere aber sind erblich konstant. Natürlich läßt es sich von vornherein nicht sagen, ob die vom Systematiker unterschiedenen Elementarrassen oder Varietäten ersterer oder letzterer Kategorie angehören. Das kann nur das Vererbungsexperiment entscheiden. Wenn der moderne Säugetier- und Vogelsystematiker für jedes Flußgebiet eine eigene wohlcharakterisierte Lokalform einer Art feststellt (MATSCHIE), wenn in einem jeden unserer Alpenseen die Felchen eine typische Verschiedenheit zeigen (HOFER), wenn etwa das gleiche für die Daphniden in verschiedenartigen Teichen und Seen gilt (WESENBERG-LUND) oder für die einzelnen Laichschwärme des Herings (HEINCKE), so kann es sich dabei um ebenso viele Elementarrassen handeln, wie um Lebenslagevariationen. In manchen Fällen hat das Experiment das letztere erwiesen, in anderen aber auch ersteres. So sind nach WOLTERECK die Standortsvarietäten der Daphnien, wenigstens zum Teil, erbliche Lokalrassen oder Elementarrassen, und es kann keinem Zweifel unterliegen, daß sich viele der vom Systematiker unterschiedenen Varietäten auch im Experiment als echte Elementarrassen erweisen werden, wie das für das Pflanzenreich ja auch bereits in ganz anderem Maße als fürs Tierreich geschehen ist. Wir selbst waren imstande, es für einen interessanten Fall im Tierreich nachzuweisen, von dem wir später, wenn wir auf den Gegenstand zurückkommen werden, Näheres hören werden.

Es ist nun klar, daß sich Elementarrassen in ihren Erblichkeitsver-

hältnissen im großen Ganzen wohl ähnlich verhalten werden wie reine
Linien. Da, wo sie wirklich Lokalrassen darstellen, ist anzunehmen,
daß ihre Individuen vielfach genotypisch identisch sind. Denn die Individuen einer solchen Population, die auf beschränktem Raume lebt,
vermehren sich in einer ständigen Inzucht. Nun ist es eine der mathematischen Konsequenzen der MENDELschen Gesetze, daß unter bestimmten Voraussetzungen, die wir später kennen lernen werden, solche Formen
in bezug auf ihre Erbeigenschaften mehr und mehr rein (homozygot)
werden und nach einer gar nicht allzu großen Zahl von Generationen
wirklich genetisch rein, genotypisch identisch sind (siehe später). Sie
stellen somit für die Selektion genau das gleiche Material dar wie reine
Linien.

Wo die Elementarrassen allerdings örtlich gemischt leben, muß das
nicht zutreffen, wird es aber trotzdem vielfach tun. Denn das, was die
Einheit stören könnte, die Kreuzung ist, wie es scheint, oft auszuschließen (wenigstens im Tierreich), da sie durch die ausgesprochene
Homogamie verhindert wird, wie ja schon für den Koloradokäfer und
die reinen Linien der Paramäcien gezeigt wurde. Und so werden wir
in den Fällen, wo sich die Elementarrassen durch qualitative, leicht zu
definierende Merkmale, wie Farbe oder Zeichnung, unterscheiden, ohne
Schwierigkeit mit genotypisch einheitlichen Beständen arbeiten können,
ohne daß Selbstbefruchtung vorliegt. Natürlich muß dann eine besonders eingehende Analyse des Materials vorangehen, die jede einzelne
Variante auf ihre Erblichkeit zu prüfen hat und möglichst eine längere
Inzucht. Bei quantitativen Merkmalen, die die Elementarrassen unterscheiden, ist die Schwierigkeit in Anbetracht der transgressiven Variabilität eine viel größere. Wie sie unter Umständen durch gründliche
Analyse überwunden werden kann, haben wir oben bei HEINCKES He-
ringsuntersuchungen gesehen; dort war ja für jedes Individuum die Möglichkeit eröffnet worden, seine Zugehörigkeit zu einer bestimmten Elementarrasse (oder Standortsvarietät?) zu erkennen. Und so werden wir
also, ohne über echte reine Linien zu verfügen, doch mit prinzipiell iden-
tischem Material, genotypisch einheitlichen Elementararten, vielfach
arbeiten können.

Wie wirkt nun die Selektion innerhalb eines solchen Materials? Schon

DE VRIES hatte an ihrer Wirksamkeit gezweifelt und besonders HEINCKE im Anschluß an seine Heringsstudien den Schluß gezogen, daß innerhalb einer Elementarrasse — und als solche betrachtete er ja seine Heringsrassen — eine Selektion unwirksam sein müsse. Setzen wir Elementarrasse prinzipiell gleich Biotypus (natürlich nur in bezug auf die Resultate der Erblichkeitsforschung, denn der Begriff Biotypus sagt nur etwas über die genotypische Beschaffenheit seiner Angehörigen aus, also die genotypisch identischen Glieder einer Elementarrasse stellen einen Biotypus dar, ein Biotypus ist aber keine Elementarrasse), so hatte HEINCKE im wesentlichen bereits JOHANNSENS Resultat vorweggenommen; aber er hatte es nur erschlossen, nicht bewiesen, da ja die Heringsrassen dem Experiment nicht zugänglich sind, eine Lücke, die er selbst klar hervorhob. Es sind wohl inzwischen auch eine Anzahl von Selektionsversuchen an solchem Material ausgeführt worden, die alle das erwartete negative Resultat ergaben (siehe später). Es soll nun aber nicht verschwiegen werden, daß in neuerer Zeit einige Fälle bekannt geworden sind, in denen durch Selektion innerhalb von Klonen positive Ergebnisse erzielt wurden. JENNINGS, wie auch seine Schüler MIDDLETON und HEGNER waren imstande, bei Infusorien und auch vor allem bei der beschalten Rhizopode Difflugia durch Selektion in reinen Linien verschiedene erbliche Typen mit konstanten Charakteren zu isolieren. Die Deutung dieser Versuche ist aber keine ganz einfache und es dürfte im Augenblick noch schwer sein, auf ihnen bestimmte Schlüsse aufzubauen (siehe darüber die Diskussion bei ERDMANN und JOLLOS, sowie den Abschnitt über Dauermodifikationen in der achtzehnten Vorlesung). Dagegen dürfte es schwer sein, an dem positiven Ergebnis zu zweifeln, das BANTA mit Selektion in Klonen von Daphnien bei rein parthenogenetischer Fortpflanzung hatte. Er wählte die Tiere aus, die am schnellsten, und solche, die am langsamsten zum Licht schwammen und erhielt in einem solchen Versuch, der 5 Jahre lief, eine dauernde Verkürzung bzw. Verlängerung der Reaktionszeit. Die Differenz aber war 112 Generationen nach Aufhören der Selektion noch vorhanden. Spricht dies nun gegen JOHANNSENS Anschauungen? Wir werden erst später die Möglichkeiten, solche Versuche zu interpretieren, verstehen können. Aber sie ändern keinesfalls etwas an dem Resultat, das wir aus den Er-

Modifikation
und
Variation.

örterungen dieser Vorlesung ziehen wollen, der folgenden positiven grundlegenden Erkenntnis: Es ist streng zu trennen zwischen *nicht erblicher Variation oder Modifikation und erblicher Variation.* Die erstere ist eine rein phänotypische Erscheinung, betrifft nur das Äußere des Organismus und verändert in keiner Weise die Erbbeschaffenheit, die genotypische Grundlage, so wenig wie ein Riß im Mantel den Träger erblich belastet. Eine Selektion solcher Modifikationen kann daher auch keine Verschiebung erblicher Natur hervorrufen. Betrachten wir die Modifikationen statistisch, so zeigen sie die übliche Verteilung in der Frequenzkurve. Da aber auch ein Gemenge erblicher Typen die gleiche Kurve zeigt, so besagt das Vorhandensein der Kurve gar nichts darüber, ob eine reine Rasse oder ein Gemenge von Erbrassen vorliegt. Wenn daher die Selektion in einer unanalysierten Population erfolgreich ist, so rührt es daher, daß aus einem Rassengemisch einzelne Rassen der gewünschten Qualität ausgesucht wurden. Sobald diese Auswahl aber zu der Isolierung einer genetisch reinen Rasse geführt hat, ist der Versuch zu Ende, eine weitere erfolgreiche Selektion ist unmöglich. Aus der komplexen Erscheinung der fluktuierenden Variabilität ist also zunächst die nicht erbliche Modifikation als wichtige Gruppe herausgelöst.

Literatur zur vierten Vorlesung.

Banta, A. M.: Selection in Cladocera on the basis of a physiological character. Carnegie Institution Publications 305. Washington 1921.

East, E. M.: The genotype hypothesis and hybridization. Americ. Naturalist 45. 1911.

Erdmann, R.: Endomixis and size variations in pure bred lines of Paramaecium. Arch. f. Entwicklungsmech. d. Organismen 46. 1920. — Ders.: Art und Artbildung bei Protisten. Biol. Zentralbl. 42. 1922.

Fruwirth, C.: Allgemeine Züchtungslehre der landwirtschaftlichen Kulturpflanzen. 1909. — Ders.: Die Entwicklung der Auslesevorgänge bei den landwirtschaftlichen Kulturpflanzen. Prog. Rei Botanicae 3. 2. Jena 1909.

Galton, F.: Pedigree Moth-Breeding, as a mean of verifying certain Important Constants in the General Theory of Heredity. Transact. of the Entomol. Soc. of London. 1887.

Hegner, R. W.: Heredity, variation and the appearance of diversities during the vegetative reproduction of Arcella dentata. Genetics 4. 1919.

Heincke, F.: Naturgeschichte des Herings. Abh. d. dtsch. Seefischereivereins. 1897—98.

Jennings, H. S.: Heredity, Variation and Evolution in Protozoa. Journ. of Exp. Zool. **1**. 1908. — Ders.: Desgl. II. Proc. of the Americ. Philos. Soc. **47**. 1908. — Ders.: Heredity and Variation in the simplest Organisms. Americ. Naturalist **43**. 1910. — Ders.: What Conditions induce conjugation in Paramaecium. Journ. of Exp. Zool. **9**. 1910. — Ders.: Experimental evidence on the effectiveness of selection. Americ. Naturalist **44**. 1910. — Ders.: Assortative Mating, variability and inheritance of size, in the conjugation of Paramaecium. Journ. of Exp. Zool. **11**. 1911. — Ders.: Heredity, variation and the results of selection in the uniparental reproduction of Difflugia coronata. Genetics **1**. 1916.

Jennings, H. S. und Hargitt, G. T.: Characteristics of the diverse races of Paramaecium. Journ. of Morphol. **21**. 1911.

Johannsen, W.: Über Erblichkeit in Populationen und in reinen Linien. Jena 1903. — Ders.: Elemente der exakten Erblichkeitslehre. Jena 1909. 4. Aufl. 1926. — Ders.: Erblichkeitsforschung. Fortschr. d. naturwissenschaftl. Forsch. **3**. 1911. — Ders.: The genotype conception of Heredity. Americ. Naturalist **45**. 1911.

Jollos, V.: Experimentelle Protistenstudien. I. Arch. f. Protistenkunde **43**. 1921.

Middleton, A. R.: Heritable variations and the results of selection in the fission-rate of Stylonychia pustulata. Journ. of Exp. Zool. **10**. 1915.

Pearson, K.: Darwinism, biometry and some recent biology. I. Biometrica **7**. 1910.

Shull, G. H.: "Genotypes", "Biotypes", "Pure Lines" and "Clones". Science N. S. **35**. 1912.

de Vries, H.: Die Mutationstheorie. 2 Bde. 1901—03.

Wesenberg-Lund: Plankton Investigations of the Danish Lakes. General Part: The Baltic Freshwater Plankton, its Origin and Variations. 1908.

Woltereck, R.: Über natürliche und künstliche Varietätenbildung bei Daphniden. Verh. d. dtsch. zool. Ges. 1908. — Ders.: Weitere experimentelle Untersuchungen über Artveränderung, speziell über das Wesen quantitativer Unterschiede der Daphniden. Ebenda. 1909.

Fünfte Vorlesung.

Die Verursachung der Modifikationen. Lebenslagevariation. Äußere und innere Modifikationsursachen.

Wir betrachteten bisher die Modifikation als statistische Erscheinung, trennten sie von der erblichen Variation und studierten ihr Verhalten bei Selektion. Wir ließen dabei die Ursachen der Modifikationen beiseite, abgesehen von gelegentlichen Andeutungen, daß sie ein Produkt der Lebenslage sind. Wir müssen uns nunmehr, um die Besprechung der Variation vorläufig zu Ende zu führen, mit den Ursachen beschäftigen, die die nichterbliche Modifikation und ihre statistische Erscheinung in der Frequenzkurve bedingen. Dabei lassen wir zunächst die übrigen Formen fluktuierender Variation beiseite, die sich später aus dem Mendelismus erklären werden. Die Kenntnis der Ursachen der nicht erblichen Modifikationen wird uns dann aber auch später noch für evolutionistische Fragen von Bedeutung erscheinen.

Wir wissen also, daß die nicht erblichen Modifikationen eines Charakters sich in der Frequenzkurve nach dem QUETELETschen Gesetz anordnen. Ihre Verursachung kann bereits aus einer Betrachtung der Kurve selbst klar werden, wenn wir sie nun einmal in einer etwas sinnfälligeren Form folgendermaßen darstellen (Abb. 34):

Es handelt sich um die Variabilität in der Länge von Bohnensamen. 450 Samen einer Population wurden gemessen und nach ihrer Länge geordnet, die zwischen 8 und 16 mm schwankte. Die Variationsreihe lautete:

Länge in mm . .	8	9	10	11	12	13	14	15	16
Anzahl Bohnen .	1	2	23	108	167	106	33	7	1

Abb. 35 gibt das zugehörige Variationspolygon, bei dem für jede Bohnensorte ein Beispiel abgebildet ist. In eine Glaswanne, die in neun Abteilungen geteilt ist, die den neun Größenklassen der Bohnen entsprechen, werden diese nun so eingefüllt, daß jede Abteilung die zu ihrer Klasse gehörige Bohnenzahl erhält. Es entsteht dann ein Bild, wie es Abb. 34 zeigt, wobei· die Bohnen als Treppenkurve erscheinen. (Von dem kleinen Fehler, der der wirklichen Kurve gegenüber dadurch entsteht, daß die kleinen Bohnen weniger Platz einnehmen als die großen, muß natürlich abgesehen werden.) Das ist nun nichts weiter als eine andere Demonstration des QUETELETschen Gesetzes.

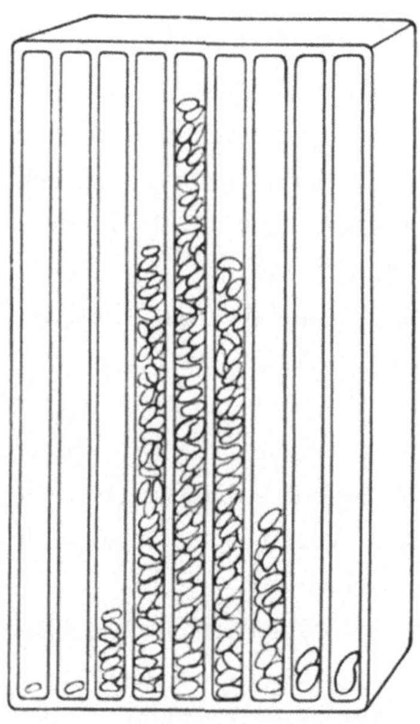

Abb. 34. Anschauliche Darstellung der Variabilität der Größe von Bohnensamen. Nach DE VRIES.

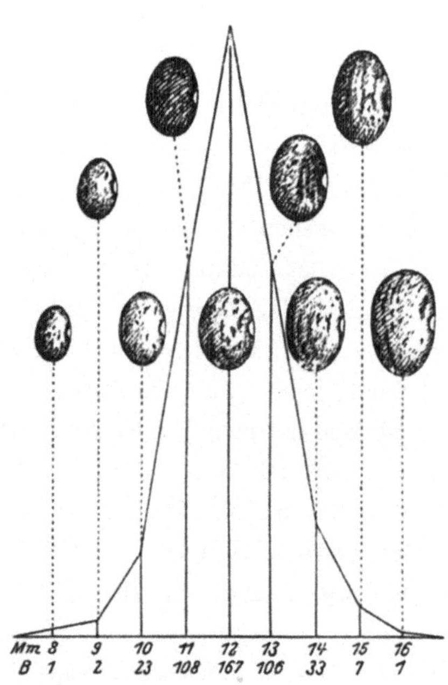

Abb. 35. Variationspolygon der Größe ·der Bohnensamen zu Abb. 34 mit den eingezeichneten Typen der Größenklassen. Bei B die Häufigkeitsreihe. Nach DE VRIES.

GALTONS Zufallsapparat.

Nun nehmen wir einmal nebenstehend abgebildeten kleinen Apparat zur Hand, den GALTON angab, und der ganz ähnlich aussieht wie ein Tivoli genanntes Kinderspielzeug (Abb. 36). Auf einem Brett finden sich in gleichen Zwischenräumen Reihen von senkrechten Nadeln, die innerhalb der Reihen alternieren. Oben ist durch Holzbacken eine trichterförmige Eingangspforte hergestellt, und unten sind kleine Abteilungen abgegrenzt. Wird nun das Brett schräggestellt und durch den Trichter eine Anzahl Schrotkugeln eingeschüttet, so laufen sie zwischen den Nadeln hindurch und füllen dann die Fächer so aus, wie es die Abbildung zeigt, d. h. sie bilden hier eine ebensolche Treppenkurve, wie wir sie oben von den Bohnen sahen. Hier ist nun die Ursache klar. Jeder Schrotkugel, die das Bestreben hat, geradenwegs in das Mittelfach hineinzurollen, stellen sich in den Nadeln wie im Stoß der benachbarten Kugeln Hindernisse entgegen, die sie von ihrem Weg ablenken. Da die Hindernisse nach rechts wie links gleichmäßig wirken, werden sie sich vielfach gegenseitig aufheben, so daß die Mehrzahl der Kugeln doch richtig ins Mittelfach gelangt. Bei anderen wird sich aber eine Ablenkung aus der Bahn ergeben, die die Kugeln nach rechts oder links führt, und zwar ist für jede Seite gleich viel Wahrscheinlichkeit vorhanden. Manche Kugeln werden wenig abgelenkt, indem es der Zufall gibt, daß außer den vielen nach rechts oder links ziehenden Hindernissen, die sich gegenseitig ausgleichen, auch einige nur einseitig wirken. Es ist klar, daß ein immer größerer und daher seltenerer Zufall dazu

Abb. 36. GALTONS Zufallsapparat.

gehört, daß sich solche einseitig wirkende Hindernisse wiederholen, ein Zufall, dessen Unwahrscheinlichkeit mit der Zahl der einseitig wirkenden Stöße steigt, und daher werden in die äußersten Abteilungen, die nur den Kugeln zugänglich sind, die der Zufall immer wieder nach der gleichen Richtung ablenkt, nur die allerwenigsten Kugeln gelangen. Das entstandene Bild ist also ein Ausdruck der Wirkung des Zufalls, und wir würden es bei jeder Versuchsanordnung erhalten, die zufällige Abweichungen von einer Norm zum Ausdruck bringt. Die Binomialkurve, wie wir eine derartige symmetrische Figur als Kurve gezeichnet nannten, ist, wie uns dieser kleine Versuch anschaulich macht, also ein Ausdruck des GAUSSschen Fehlergesetzes, welches ganz allgemein besagt, daß in einer Beobachtungsreihe bei gleicher Beobachtungsweise die Häufigkeit eines Beobachtungsfehlers eine Funktion seiner Größe ist. Je mehr sich ein Fehler von dem Mittelmaß entfernt, um so seltener ist er, und umgekehrt. Und jetzt wird uns klar, was dieses berühmte Gesetz, von dem GALTON einmal sagte, daß es die alten Griechen als Gottheit verehrt haben würden, wenn sie es gekannt hätten, auch für die belebte Welt bedeutet. Denn wenn wir nun aus dem identischen Ausfall des Bohnenversuchs — und er ist ja der Typus für die normale Art der Variabilität — und des Schrotkugelspiels einen Schluß ziehen dürfen, so muß er so lauten: Der Bohnengröße oder überhaupt jedem variierenden Merkmal kommt eine bestimmte Größe oder Wert zu, sein Mittelwert. Er wird aber nicht erreicht, weil die Natur „Beobachtungsfehler" macht, die um so seltener werden, je größer sie sind. „Die Natur macht Beobachtungsfehler" heißt aber nichts anderes, als sie wirkt ebenso auf die Merkmale wie die Stecknadeln auf die Schrotkugeln. Dem Organismus stellen sich in Gestalt der Gesamtheit der äußeren Lebensbedingungen Hindernisse in den Weg, die ihn teils nach dieser, teils nach jener Seite ziehen und um so seltener in ihrer Wirkung in Erscheinung treten, je größer sie sind. Mit anderen Worten: Wir leiten den Schluß ab, daß die charakteristischen Erscheinungen der Modifikation in Gestalt der Variationskurve nichts anderes sind als der Effekt der äußeren Bedingungen. Wohlgemerkt, wir sprechen jetzt nur von der als Modifikation im vorigen Abschnitt herausgeschälten Teilerscheinung der fluktuierenden Variabilität.

Modifikation und Außenfaktoren. Ist das nun richtig, so muß es auf vielerlei Weisen bewiesen werden. Zunächst muß sich ganz allgemein für das Einzelindividuum der Nachweis erbringen lassen, daß den Organismen die Fähigkeit innewohnt, auf Einwirkungen der Außenwelt mit Veränderungen ihrer Eigenschaften so zu reagieren, daß die veränderte zur ursprünglichen Eigenschaft sich verhält wie eine Variante zur andern. Anders ausgedrückt muß bewiesen werden, daß der sichtbare Zustand einer Eigenschaft nichts Absolutes ist, sondern etwas Relatives, nur unter den betreffenden äußeren Bedingungen in gleicher Art Bestehendes. Zweitens muß bei der Betrachtung einer großen Individuenzahl gezeigt werden, daß eine Veränderung in den äußeren Bedingungen auch mit einer Veränderung in ihrer Variabilitätsbreite verbunden ist. Es muß etwa unter dem Einfluß eines veränderten Mediums eine Verschiebung der Variabilitätskurve stattfinden. Sodann muß gezeigt werden können, daß in einer Gruppe gleichartiger Individuen Eigenschaften mit geringer Variabilität durch wechselvolleres Milieu zu stärkerem Variieren gebracht werden können. Und schließlich muß sich umgekehrt zeigen lassen, daß die Variabilität stark variierender Formen durch Gleichartigkeit der Bedingungen eingeschränkt, ja vielleicht sogar ganz aufgehoben werden kann. Betrachten wir daraufhin nun einmal die Tatsachen.

Zunächst sehen wir also einmal ganz von der bisher geübten kollektivistischen Betrachtungsweise, also der Untersuchung von Individuenreihen ab, und legen uns die ganz allgemeine Vorfrage vor, wie das Einzelindividuum bzw. seine Eigenschaften sich dem äußeren Milieu gegenüber verhält. Die Frage könnte fast müßig erscheinen, so selbstverständlich ist ihre Antwort. Besteht doch der ganze Teil der Tier- und Pflanzenzucht, der als Haltung, Wartung und Düngung zu bezeichnen ist, in nichts anderem als in der Hervorrufung von dem Züchter angenehmen Varianten der Eigenschaften durch zweckentsprechende Wahl des Milieus. Trotzdem muß die Frage an Hand konkreter Tatsachen beantwortet werden, denn aus ihnen werden wir eine grundlegende Erkenntnis über das Wesen der zu betrachtenden Eigenschaften abzuleiten haben. Die elementare Tatsache selbst erhellt am einfachsten aus den zahllosen Versuchen, die Forschung wie Praxis über den Einfluß der wichtigsten Außenfaktoren, Temperatur, Feuchtigkeit, Nahrung auf die Eigenschaften von Tieren und Pflanzen angestellt haben. Das Material ist ein unendliches und es seien nur einige Stichproben aus den verschiedenen Versuchsgruppen gegeben.

Da ist zunächst die Einwirkung der Temperatur, für die besonders aus dem Tierreich interessante Versuche vorliegen, vor allem die berühmten Temperaturexperimente an Schmetterlingen, die von DORF-MEISTER inauguriert jetzt wohl den am besten ausgearbeiteten Teil dieses Kapitels der tierischen Biologie darstellen. Wenn wir hier nur die

Hauptresultate betrachten — weitere werden uns auch noch in anderem Zusammenhang begegnen — so gingen die Experimente ja davon aus, den Saisondimorphismus zu erklären, die Tatsache, daß in zwei Generationen fliegende Schmetterlinge typisch verschiedene Frühjahrs- und Sommerformen (in den Tropen Trocken- und Regenzeitformen) haben können, wofür das klassische Beispiel *Araschnia levana* und *prorsa* ist. Da der Verdacht nahe lag, daß die Differenzen durch verschiedene Temperaturen bedingt seien, behandelte DORFMEISTER und später WEISMANN die Puppen, die die Sommerform geben sollten, mit Kälte und

Abb. 37. Araschnia prorsa (links oben) und levana (rechts unten) verbunden durch die im Temperaturexperiment erzeugten Übergangsformen.

umgekehrt und konnte dadurch auch aus ihnen die Frühjahrsform und umgekehrt erzielen. Und so lassen sich durch abgestufte Temperatureinwirkung auch alle Zwischenformen herstellen, wie vorstehende Abb. 37 demonstriert, in der einige solche experimentell erzeugte Typen in der Reihenfolge von prorsa zu levana abgebildet sind. Die zahlreichen Untersuchungen, die auf diesem Gebiet an den verschiedensten Objekten und von den verschiedensten Forschern ausgeführt wurden, haben nun alle dazu geführt, zu zeigen, daß man durch geeignete Temperatureinwirkung auf Puppen Formen erzeugen kann, die äußerlich, phänotypisch, aus der Natur bekannten geographischen Varietäten gleichen. STANDFUSS, der Meister der experimentellen Schmetterlingszüchtung, der (bis zum Jahre 1905) 48500 Individuen in solchen Experimenten bearbeitete, hält folgende Punkte für die Hauptresultate: 1. Viele Arten leben an verschiedenen Orten ihres Verbreitungsgebietes in Form von Lokalrassen. Sie lassen sich experimentell in täuschender Weise erzielen oder doch wenigstens annähernd, sowohl was Färbung wie Gestalt der Flügel betrifft. So kann aus Puppen des gewöhnlichen Schwalbenschwanzes (Papilio machaon), wenn sie mit 37—38⁰ C behandelt wer-

Abb. 38. Vanessa io, das Tagpfauenauge, mit künstlich erzeugten Temperaturaberrationen.

den, ein Falter schlüpfen, der durchaus der palästinensischen Sommerform aus Jerusalem gleicht. Oder aus den Puppen des gemeinen kleinen Fuchses, Vanessa urticae, können durch Wärme Formen erzogen werden, die der südlichen Varietät ichnusa gleichen, durch Kälte aber solche, die den nördlichen Arten milberti und polaris gleichen. 2. In der Natur kommen oft Aberrationen vor, die sich in ihrem Kleid beträchtlich von dem Normaltypus entfernen. So hat das Tagpfauenauge, Vanessa io, Aberrationen, in denen die Augenflecke verschwinden. Wir werden sie später noch zu erwähnen haben. Durch das Temperaturexperiment können sie aber ebenfalls hervorgerufen werden und zwar auch in allen Abstufungen von der Normalform zur Aberration. Vorstehende Abb. 38 zeigt uns die Stammform nebst drei Temperaturaberrationen in einer Serie, die durch viele Zwischenformen verbunden zum Verlust der Augenflecken führt. 3. Bei Faltern, die in beiden Geschlechtern verschieden gefärbt sind, kann dieser sexuelle Dimorphismus aufgehoben werden. Es können durch Temperatureinwirkungen Falter unter Umständen in ihrem Farbenkleide an ganz andere verwandte Arten angenähert werden, so der Schwalbenschwanz, *Papilio hospiton*, in der Richtung auf unseren gewöhnlichen *machaon*. 4. Es können endlich durch Vertauschung der Lebensbedingungen Verschiebungen der Formen anderer Art stattfinden. So wächst die große Pappelglucke, Gastropacha populifolia, während der kühlen Jahreszeit im Herbst und Frühjahr langsam in etwa 25 Wochen zu einem großen Typus heran. Die sehr nahe verwandte kleine Glucke (Epicnaptera tremulifolia) hingegen wächst als Raupe während der wärmsten Jahreszeit in 11 Wochen heran und ergibt eine sehr viel kleinere Form. Wird die Brut der großen Glucke in die Lebensbedingungen der kleinen versetzt, so ergibt sie Falter, die sich der kleinen Art nähern.

Es werden somit in diesen Versuchen phänotypische Modifikationen des Schmetterlingskleides erzeugt, die demonstrieren, wie unter dem Einfluß äußerer Faktoren ein scheinbar so konstantes Merkmal, wie es die Zeichnung eines Schmetterlingsflügels ist, beträchtlich verändert werden kann. In diesem Fall kommt nun noch die Besonderheit hinzu, daß die nicht erbliche, experimentell erzeugte Modifikation genau aussieht, wie eine in der Natur als selbständige Erbrasse erscheinende Variation. Vom Standpunkt der Erblichkeitslehre unterscheiden sich die beiden, um einen Vergleich zu benutzen, wie ein Mann, der auf der Bühne einen Neger spielt von einem wirklichen Neger. Weshalb allerdings die Modifikation gerade in der gleichen Richtung verläuft, wie die geographische Rassenbildung in der Natur, ist ein erbphysiologisches Problem, das wir erst viel später werden betrachten können, wie überhaupt die entwicklungsphysiologische Seite dieser Experimente, die besonders interessant ist, hier ganz unberücksichtigt bleibt.

Um zu zeigen, daß hier nicht etwa eine Besonderheit der Schmetter-

linge vorliegt, sei in Abb. 39 noch ein Beispiel aus einer anderen In-
sektengruppe wiedergegeben, das sich selbst erklärt. Übrigens weiß der
Kenner der physiologischen Literatur, welche Fülle von Arbeiten über
die Einwirkung der Temperatur auf Lebensvorgänge (in bezug auf das
VAN 'T HOFFsche Gesetz) vorliegen, von denen viele direkt in diesen Abschnitt gehören. Doch mögen die genannten Beispiele für unsere Zwecke
genügen.

Auch im Pflanzenreich fehlt es nicht an solchen Fällen, wie etwa
die in normalen Verhältnissen rotblühende Primula sinensis, deren

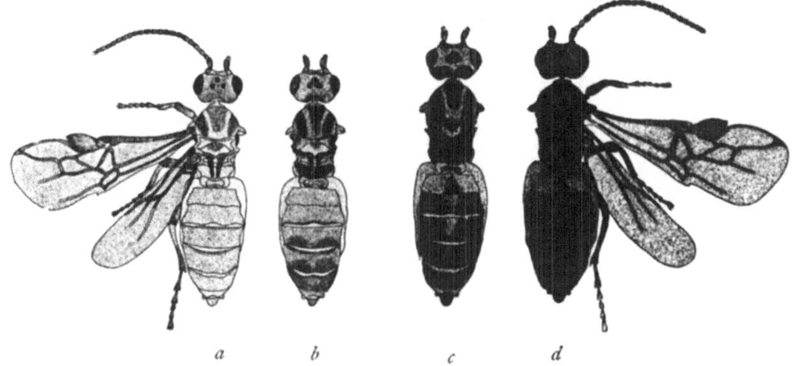

Abb. 39 *a—d*. Variabilität der Pigmentierung bei Habrobracon bei Zucht in verschiedenen Temperaturen. *a* Tier aus einer 35⁰ Zucht, *b* Tier aus einer 30⁰ Zucht, *c* Tier
aus einer 20⁰ Zucht, *d* Tier aus einer 16⁰ Zucht. Nach SCHLOTTKE.

Blüten bei Treibhaustemperatur so weiß werden wie bei einer weißen
Rasse (BAUR).

Auch ein Beispiel einer Feuchtigkeitswirkung sei aus dem Tierreich
gegeben, BEEBES Versuche mit Tauben. Die nord- und mittelameri-
kanische Taube, *Scardafella inca*, zeigt nur geringe geographische Variation in ihrem Verbreitungsgebiet. Dagegen kommen in Honduras, ferner
Venezuela und Brasilien je eine abweichende Form vor, nämlich *dialeucos*, *ridgwayi* und *brazilensis*, die sich durch reicheres Pigment auf
den Federn auszeichnen. Durch Zucht in einer besonders feuchten Atmosphäre vermochte BEEBE nun die *inca* so zu beeinflussen, daß sie
mit jeder neuen — natürlichen oder künstlich erzwungenen — Mauser
immer dunklere Federn bildete, wobei allmählich auch das dunkelbraune

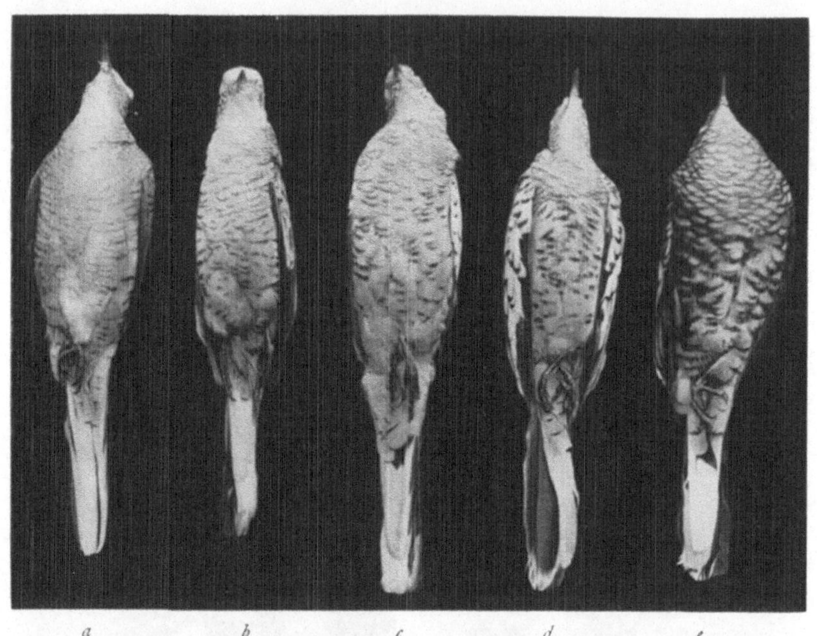
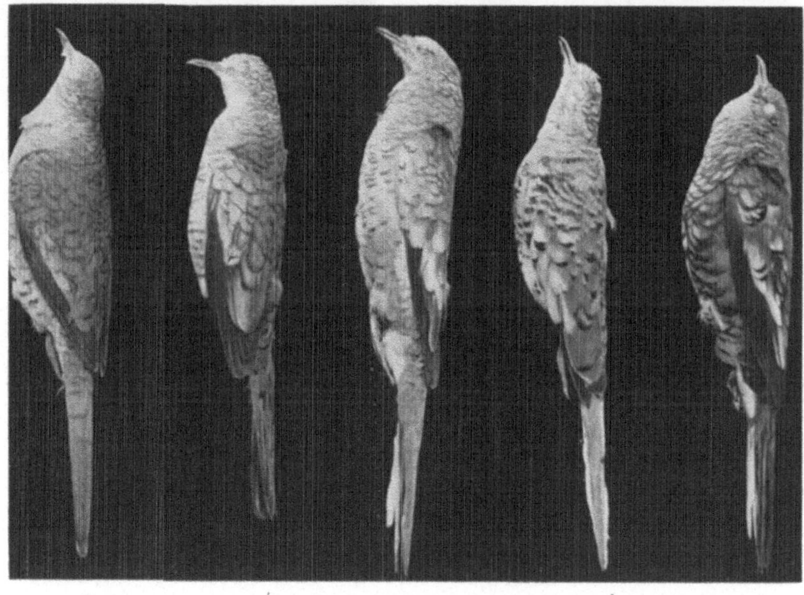

Abb. 40. *a* Typische wilde Scardafella inca, *b* die Form dialeucos, *c* brazilensis, *d* ridgwayi, *e* S. inca nach dreimaliger Mauser in feuchter Atmosphäre. Nach BEEBE.

Pigment in ein glänzend irisierendes Bronze oder Grün übergeht. So enthält der wilde Vogel auf einer bestimmten Feder 25,9% pigmentierte Fläche, der im Experiment gehaltene Vogel vor der dritten Mauser 38% und nach ihr 41,60%. So gelingt es, die Form *inca* im Versuch allmählich das Aussehen der drei anderen Formen annehmen zu lassen, bis schließlich ein Federkleid erreicht wird, das in der Natur nirgends verwirklicht ist. Abb. 40 gibt die Reihe der fünf natürlichen und experimentellen Typen wieder. Auch hier zeigt sich übrigens wieder die Ähnlichkeit der experimentellen Modifikation mit einer anderen Erbmasse aus der Natur, ein Fall, dessen Bedeutung wir erst viel später verstehen werden.

Abb. 41. Zwei Wurfgeschwister (Berkshire ♂), links gehungert, rechts gemästet. Nach v. Nathusius aus Kronacher.

Wohl die größte Fülle von Tatsachen liegt aber für die dritte Versuchsart vor, die Einwirkung veränderter Ernährungsbedingungen, für die schon durch Darwin manches berühmt gewordene Beispiel beigebracht wurde. So wissen die Kanarienvogelzüchter, daß man durch Hanffütterung eine dunkle Färbung des Gefieders erzielen kann, daß man durch große Dosen von Cayennepfeffer die Färbung von Kanarien, auch Hühnern, in orange verwandeln kann. Der Schweinezüchter kann durch geeignete Fütterung aus den kurzköpfigen hochgezüchteten Kulturrassen Tiere heranziehen mit dem langen Schädel und sonstigen

Habitus des Wildschweins, wie die Abb. 41 so schön zeigt (v. NATHUSIUS), überhaupt kann der Züchter vielfach durch Fütterung das Exterieur der Haustiere verändern. Die Beispiele ließen sich natürlich aus Tier- und Pflanzenzucht beliebig vermehren, da die Ernährungsmodifikation wohl die häufigste aller Modifikationen ist; nur ein instruktives Beispiel sei noch in Abb. 42 abgebildet. Geschwisterraupen gleicher mittelgroßer Rasse wurden teils in normalen Verhältnissen gezogen, teils bei erhöhter Temperatur mit reichlicher Fütterung, teils in Hungerzucht. Die Abbildung zeigt die außerordentliche Größendifferenz gleich-

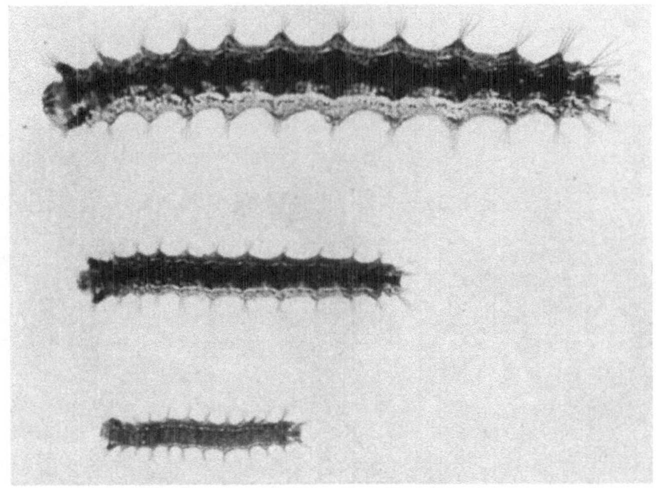

Abb. 42. Raupen von Lymantria dispar. Erklärung im Text.

altriger Tiere, die nach beiden Richtungen über den Größentypus anderer großer oder kleiner Rassen hinausgeht. Die bisher aufgezählten mögen genügen, die alle nicht nur die Modifikabilität unter Einwirkung äußerer Bedingungen demonstrieren, sondern auch physiologische Probleme ganz anderer Natur aufgeben und in naher Beziehung zur Theorie der Artumwandlung stehen. Das gleiche gilt, vielleicht sogar in noch erhöhtem Maße, von der folgenden Gruppe experimenteller Modifikationen.

Funktionelle Anpassungen. In den betrachteten Fällen war eine tiefere logische Beziehung zwischen dem Außenfaktor und der Art der Variation nicht ohne weiteres

sichtbar. Für den Einblick in das Wesen der variierenden Eigenschaften
sind aber viel bedeutungsvoller jene Reaktionen des Organismus, die
eine deutliche Beziehung zur Qualität des auslösenden Milieureizes zeigen und dies sind im weitesten Sinn jene Variationen der Eigenschaften,
die man als funktionelle Anpassungen bezeichnet, also zweckmäßige
Reaktionen auf den bewirkenden Milieureiz. Auch ihre Zahl ist im
Pflanzen- wie im Tierreich eine ganz außerordentliche: ein gebrochener
und schiefverheilter Knochen wandelt seine Innenstruktur so um, daß
sie für den Widerstand gegen die neuen Belastungsverhältnisse geeignet
wird; verändert sich das Hebelsystem von Gliedmaßknochen durch Verkürzung eines Hebelarmes, so wandelt sich die Struktur des zugehörigen
Muskels so um, daß sie den neuen mechanischen Bedingungen gerecht
wird (MAREY). Werden Fleischfresser mit Pflanzenkost gefüttert, so ver-
längert sich ihr Darm und umgekehrt (BABAK, HOUSSAY, SCHEPEL-
MANN). Aber auch Außeneigenschaften, die sonst für die betreffende
Art oder Gruppe charakteristisch sind, können sich in erstaunlicher
Weise durch funktionelle Anpassung verändern. Da ließen sich besonders aus dem Pflanzenreich eine unendliche Fülle von Beispielen nennen,
da gerade diese experimentellen Veränderungen der Pflanze und ihrer
Teile unter dem Einfluß äußerer Faktoren einen Hauptteil der experimentellen Pflanzenmorphologie ausmachen. Besonders GÖBEL hat ja
dieses Gebiet durch bahnbrechende Untersuchungen bereichert. Ein bekannter Fall ist etwa die amphibische Pflanze *Limnophila heterophylla*,
die an der Luft breite Blätter besitzt, im Wasser aber ganz fein zerschlissene Blätter bildet.

Auch auf tierischem Gebiet gibt es dazu Parallelen, die sich z. B.
aus den klassischen Experimenten MARIE VON CHAUVINS am mexikanischen Axolotl ergeben, auf die wir noch später zurückkommen werden. Bekanntlich ist dieser eine Wasserlarve des Landmolches Amblystoma, die in der Gefangenschaft normalerweise als Wasserlarve
geschlechtsreif wird. Fräulein VON CHAUVIN gelang es aber, sie zu zwin-
gen, ihre Verwandlung zum Landmolch auszuführen, womit ja große
äußere und innere Veränderungen verbunden sind, nämlich Übergang
von der Kiemen- zur Lungenatmung und entsprechende Einschmelzung
der Kiemen, Verwandlung des flachen Ruderschwanzes in den runden

Landschwanz, Änderung der Haut und ihrer Färbung. Es wurde nun ein 15 Monate alter Axolotl zur Metamorphose gezwungen und in 12 Tagen so weit gebracht, daß er in feuchtem Moos leben konnte und durch Lungen atmete. Nur der völlige Abschluß der Metamorphose durch eine entscheidende Häutung wurde verhindert. Es trat nun eine Reduktion des Ruderschwanzes auf die Hälfte seiner Breite ein, so daß er auch nicht mehr zum Schwimmen benutzt werden konnte, wenn das Tier ins Wasser kam; die Kiemenbüschel aber reduzierten sich bis auf kurze Stummel. Nun — nach einem Landaufenthalt von $15^{1}/_{2}$ Monaten — wurde das Tier langsam wieder ans Wasser gewöhnt, was es nur sehr widerwillig tat. Trotzdem begannen schon am 6. Tag die Kiemenfäden wieder zu wachsen, und der vorher umgelegte Rückenkamm richtete sich wieder auf. Nach 10 Tagen war der kritische Zustand des Tieres wieder überwunden und schon nach einem Monat waren alle Charaktere des Wassertieres wieder da. Nach $3^{1}/_{4}$ Monaten wurde aber das gleiche Tier wieder auf das Land gebracht, wo es in einem halben Jahre wieder alle Veränderungen zum Landtier durchmachte und auch mit der letzten Häutung begann, während deren es starb[1]. Wir werden in einer späteren Vorlesung noch einer Reihe analoger Fälle begegnen, die alle die gleiche Art funktioneller Anpassung illustrieren.

Die Reaktionsnorm. Die Art der Organismen, durch Einwirkung von Außenfaktoren in so charakteristischer Weise zu variieren, wie es besonders die letzten Beispiele zeigten, führt uns nun zu der Frage, was eigentlich die Eigenschaften sind, deren Variabilität wir hier studieren. Und da ergibt sich ohne weiteres, daß sie ebenso zu betrachten sind, wie die Messungen eines Physikers, denen ein bestimmter Wert nur zukommt unter bestimmten äußeren Bedingungen wie etwa Temperatur und Luftdruck. Auch die Eigenschaften haben einen bestimmten Charakter nur unter bestimmten Bedingungen: Die Brustfedern jener Taube sind nicht weiß, sondern sind bei einem bestimmten Feuchtigkeitsgrad weiß, bei einem

---

[1] Es muß übrigens bemerkt werden, daß dieser klassische Versuch heute nicht mehr so ganz durchsichtig ist, seit wir wissen, daß durch Schilddrüsenpräparate der Axolotl zur Metamorphose gezwungen werden kann. (Bei dieser Gelegenheit sei übrigens bemerkt, daß die Hormone als inneres Milieu einen außerordentlichen modifizierenden Einfluß ausüben können; Beispiel: Kretinismus durch ungenügende Schilddrüsenfunktion.)

anderen aber gesprenkelt. Die Erbeigenschaft ist also nicht weiß oder mit Kiemen, oder kurzer Darm oder rotblühend, sondern die Fähigkeit auf Grundlage einer bestimmten genotypischen Konstitution auf bestimmte äußere und innere Bedingungen mit bestimmter Darmlänge, Farbe, Kiemenstruktur zu reagieren: also eine bestimmte *Reaktionsnorm* (WOLTERECK, BAUR, JOHANNSEN). In dem Fall der Limnophila bestand die Reaktionsnorm in der Alternative Land- und Wasserblätter. In anderen Fällen besteht sie in der Fähigkeit, auf abgestuften Reiz abgestuft, also fluktuierend zu reagieren. Im Prinzip ist das das gleiche aber nur in letzterem Fall kommt eine fluktuierende Variabilität zustande, die kollektiv betrachtet werden kann.

Es ist notwendig, sich diese Erkenntnis recht klar zu machen und sie in Beziehung zu setzen zu dem, was wir in der vorigen Vorlesung über Gene, Genotypus und Phänotypus hörten. Sie besagt folgendes: Das Gen ist die erbliche Anlage für das Auftreten einer bestimmten Eigenschaft in bestimmter Stufe unter bestimmten Bedingungen. Die Gesamtheit der Gene, die Erbmasse, oder, wenn gewissermaßen als die erbliche Abstraktion des Organismus betrachtet, der Genotypus, ist nichts anderes als die erbliche Reaktionsnorm, die ererbte Fähigkeit des Organismus, unter bestimmten Bedingungen einen bestimmten Phänotypus zu zeigen, einen anderen, wenn andere Bedingungen gegeben sind. Die genotypische Beschaffenheit der Lebewesen ist ihre ererbte Reaktionsnorm. Welche Reaktionen möglich sind, ist erblich in den Genen festgelegt. Wenn wir dann irgendeine der durch die Erbanlage ermöglichten Reaktionen auf die Bedingungen der Außenwelt hervorrufen, so geschieht es eben *im Rahmen* der ererbten Reaktionsnorm, nicht etwa durch Beeinflussung dieser.

Eigentlich ist mit der Lösung dieser Vorfrage auch schon die Lösung der Hauptfrage nach der Ursache der fluktuierenden Variabilität, soweit sie dem Gebiet der nicht erblichen Modifikation angehört (andere Typen der fluktuierenden Variabilität werden ja erst später verständlich werden), gegeben. Aber wir wollen doch noch die drei Fragen beantworten, die wir oben in bezug auf das Verhalten der ganzen Variationskurve gegenüber den Milieueinflüssen gestellt hatten.

Was zunächst den ersten Punkt betrifft, die Veränderung einer Va riationsreihe unter dem Einfluß äußerer Bedingungen, also insgesamt dessen, was man die Lebenslage nennt, so ist er schon aus der reinen Beobachtung zu erschließen. Eine Fülle biologischer Tatsachen — von denen besonders reiches Material, wie überhaupt für alle diese Fragen, von DARWIN beigebracht ward — ist bekannt, die alle zeigen, daß sich Tiere verändern, wenn sie in anderen als ihren typischen Lebensbedingungen sich befinden. Von Bedingungen, die sich analysieren lassen, also nicht einfach allgemein als „veränderte Lebenslage" zu bezeichnen sind, sei nur eine als Beispiel angeführt, der Einfluß des Salzgehaltes auf Wassertiere. BATESON konnte die Herzmuscheln (Cardium edule) zentralasiatischer Seen untersuchen, die einen langsamen Eintrocknungsprozeß durchmachen, so daß an ihrem Rand sieben aufeinander folgende Terrassen sich finden, die verschiedenem Salzgehalt entsprechen. In ihnen nehmen nun die Schalen immer mehr an Dicke ab, so daß sie in der untersten, also salzigsten Zone, direkt hornig waren. Hand in Hand damit gingen Veränderungen der Farbe, Struktur und Größe, und alle diese Eigenschaften erwiesen sich bei allen Individuen eines Horizonts als gleichförmig. Und BATESON schließt denn auch, daß die Salzigkeit bzw. entsprechende äußere Bedingungen die Ursachen der Variation darstellen.

Solche Beobachtungen kommen aber auch immer wieder zum Vorschein, wenn variationsstatistische Untersuchungen angestellt werden. Bei Anstellung von Kulturen in verschiedenen Jahren ist die Gesamtheit der äußeren Bedingungen, das was man *Lebenslage* nennt, ja immer etwas verschieden, und die

Jahrgang	Zahl der Bohnen	Mittleres Gewicht der extremsten		Mittleres Gewicht etwa
		Minus- abweicher	Plus- abweicher	
1903	252	55	80	64
1904	711	50	87	73
1905	654	43	73	55
1906	384	46	84	63
1907	379	56	81	74

variationsstatistische Untersuchung der verschiedenen Materialien muß dann eine eventuelle Wirkung solcher Differenzen ja hervortreten lassen. Sie geht denn auch klar aus vorstehender Tabelle nach JOHANNSEN hervor, der die Samengewichte von Bohnen derselben reinen Linie in sechs aufeinander folgenden Generationen vergleicht. (Siehe Tabelle S. 76.)

Man ersieht daraus, daß innerhalb des gleichen Materials unter dem Einfluß der nicht weiter kontrollierbaren Lebenslage der Mittelwert des Bohnengewichtes z. B. im Jahr 1905 etwa 55 betrug, im Jahre 1907 aber 74. Es bestand also gewissermaßen eine Variabilität der Variation in der Zeit, das was JOHANNSEN eine kollektive Variabilität nennt. Auch die zoologischen Studien haben das gleiche ergeben. Ein in typischer Weise der fluktuierenden Variabilität unterworfenes Merkmal ist die Kopfhöhe oder Helmhöhe der Süßwasser bewohnenden Daphnien, auch die Länge ihres Schwanzstachels u. a. Diese Formen pflanzen sich durch Parthenogenese fort, so daß innerhalb eines Sommers zahlreiche Gene-

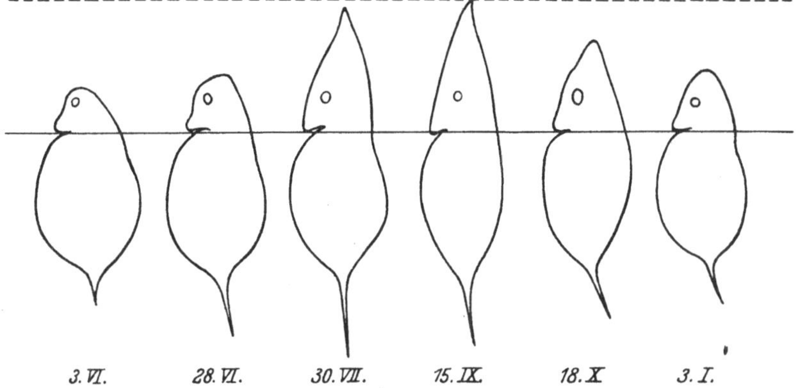

Abb. 43. Cyklomorphose der Helmhöhe und Stachellänge von Hyalodaphnia im Anschluß an WESENBERG-LUND nach WOLTERECK.

rationen nacheinander auftreten. Man weiß nun schon lange, daß in einem und demselben See die verschiedenen aufeinander folgenden Generationen einen ganz verschiedenen Mittelwert der Kopfhöhe haben derart, daß die Frühsommergenerationen niedrige Köpfe haben, die dann in weiteren Generationen höher werden, bei der Spätsommergeneration ihr Maximum erreichen und dann wieder zum Herbst und Winter hin in den letzten Generationen des Jahres abnehmen, kurz daß in der Helmhöhe das stattfindet, was man eine Cyklomorphose nennt. Nachstehende Abb. 43 zeigt es in einem Schema der aufeinander folgenden durchschnittlichen Größen; wir werden bald nochmals auf die Erscheinung zurückzukommen haben. Hier sei eben nur die Tatsache der Verschiebung des Typus eines variablen Merkmales im Zusammenhang mit

der Lebenslage, in diesem Fall ausgedrückt durch die Jahreszeit, festgestellt.

Doch damit seien es genug der Beispiele dieser Art, die nur einen
indirekten Schluß auf die Ursachen der Variabilität erlauben. Eine direkte Antwort gibt natürlich nur das Experiment und es sollen uns daher
einige Beispiele zeigen, wie es zum gleichen Resultat führen muß.

Für Pflanzen läßt es sich begreiflicherweise besonders leicht zeigen,
wie man durch Veränderung der äußeren Bedingungen eine Verschiebung der Variationskurve erreichen kann. Denn hier lassen sich bequem
genau meßbare Änderungen in Belichtung, Ernährung usw. ins Experiment einführen. So konnte DE VRIES die Variationsreihe für die Frucht-
länge von *Oenothera rubrinervis* so verschieben, wie es die folgende Tabelle zeigt.

(Marginalie: Experimentelle Beeinflussung der Variationskurve.)

Fruchtlänge in mm	24	25	26	27	28	29	30	31	32	33	34	35	36	37	38	39	40	41	42	43	44
Anzahl Exemplare der 2. Generation .	2	2	2	4	5	5	7	10	15	7	2	7	1	—	—	—	—	—	—	—	—
Anzahl Exemplare der 3. Generation .	—	—	—	—	1	1	1	3	2	5	2	5	4	10	10	16	7	9	7	1	4

DE VRIES zieht schließlich aus seinen Versuchen ganz direkt den
Schluß, daß die fluktuierende nicht erbliche Variabilität *eine Erscheinung der Ernährungsphysiologie ist.*

Aber auch für die von uns bei der Besprechung der biologischen
Tatsachen angezogenen Tierformen, die Daphniden läßt sich das gleiche
zeigen. Erinnern wir uns wieder an die mit der Jahreszeit wechselnden Kopfhöhen der Daphnien. Es ist nun versucht worden, diese Erscheinung teleologisch zu verstehen. OSTWALD hat darauf hingewiesen,
daß mit steigender Temperatur die innere Reibung des Wassers herabgesetzt wird und umgekehrt. Da die Daphnien als Planktonorganismen
im Wasser schweben, so bedürfen sie, wie alle in gleicher Lage befindlichen, eines größeren Sinkwiderstandes, um sich bei höherer Temperatur schwebend zu erhalten. Diese Vergrößerung des Sinkwiderstandes
wird nun bei allen Planktonorganismen durch Bildung von die Körper-
oberfläche vergrößernden Stacheln und Fortsätzen erreicht, und so
könnten auch die wechselnden Kopfhöhen in diesem Sinn zu deuten
sein. Wenn es auch möglich ist, daß jener Effekt schließlich erzielt

wird, so konnte doch WOLTERECK zeigen, daß die innere Reibung des Wassers nicht die Ursache jener Variation ist. Die Erhöhung der Reibung durch Zusatz von Quittenschleim übte keinerlei Einfluß aus. Aber auch die Temperatur selbst hat keinerlei direkte Wirkung, sondern einzig und allein die Ernährung, deren Intensität, die Assimilationsintensität, ja auch indirekt von der Temperatur abhängig ist. Daher kann man bei gleicher Ernährung mit höherer Temperatur eine Variationsverschiebung erzielen, umgekehrt aber auch bei niederer Temperatur durch stärkere Ernährung den gleichen Effekt. Ist also die Temperatur konstant, so ist die Helmhöhe direkt porportional der Ernährung. Es bestätigt sich also der obige Satz von DE VRIES, daß die Variabilität eine Erschei-

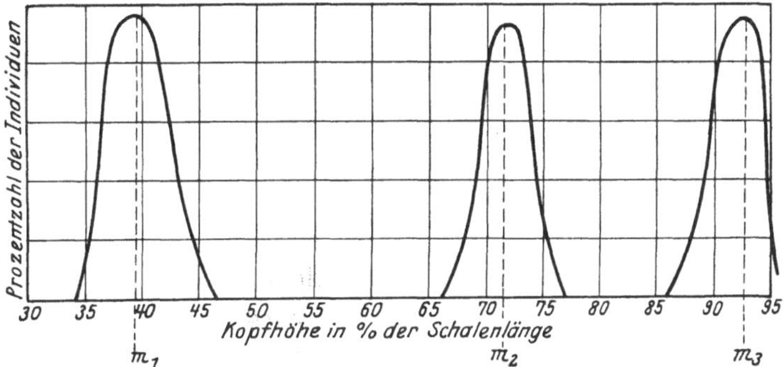

Abb. 44. Schematische Kurven der Kopfhöhe von Hyalodaphnia in verschiedenen Ernährungsbedingungen nach WOLTERECK.

nung der Ernährungsphysiologie ist. Die Resultate der Beeinflussung der Kopfhöhe durch verschiedene Ernährungsbedingungen lassen sich gut aus obenstehender schematischer Kurve, Abb. 44, erkennen. Sie zeigt uns drei Kurven für die Variabilität der Kopfhöhe bei schwacher, mittlerer und reicher Ernährung, und man erkennt, wie die Kurve und somit auch ihre Mittelwerte m durch günstige Ernährungsverhältnisse nach der Seite der größeren Kopfhöhe verschoben werden. Hier zeigte sich allerdings eine Einschränkung der Allgemeingültigkeit des Resultats, auf die wir bald zurückkommen werden.

Wir können diesen Punkt aber nicht verlassen, ohne darauf hingewiesen zu haben, daß die Beziehungen zwischen äußeren Faktoren und Variabilität sich ebenso wie für erwachsene Individuen auch für deren

Entwicklungsstadien haben nachweisen lassen. Auch hier zeigt bereits die biologische Erfahrung ohne experimentelle Analyse, daß solche Abhängigkeiten existieren. Aber auch im Experiment mit variationsstatistischer Analyse haben sich vor allem durch die Studien von VERNON und PETER Resultate ergeben, die den am ganzen Organismus gewonnenen durchaus analog sind. So züchtete VERNON Seeigeleier unter verschiedenen Temperaturen und fand dann entsprechend verschiedene Größen der resultierenden Larven, wie deren Längenmaß im Mittelwert nach der vorstehenden Tabelle zeigt.

Temperatur	Strongylocentrotus		Echinus	
	Körperlänge	Armlänge	Körperlänge	Armlänge
11,4°	100,0	100,0	100,0	100,0
15,9°	113,5	143,4	113,4	116,3
20,4°	120,6	156,8	124,5	106,6
23,7°	122,5	149,1	123,9	113,7

Ganz analog sind die Ergebnisse PETERS, die sich direkt auf die Zahl der Zellen bestimmter Organe beziehen. Er konnte eine typische Beeinflussung der Variationsreihen für die Zahl der Mesenchymzellen der Seeigellarven oder der Chordazellen der Ascidienlarve durch Wechsel der Temperatur wie der chemischen Zusammensetzung des Mediums erweisen. Wir werden bald auf diese Versuche nochmals zurückkommen.

Wir können es also nunmehr als experimentell erwiesene Tatsache betrachten, daß die Variationskurven durch Veränderung äußerer Bedingungen verschoben werden können. Wir dürfen also hieraus ebenso wie aus den vorher mitgeteilten Beobachtungen über Lebenslage- und Standortsvariation wie auch aus der Betrachtung der binomialen Form der Variationskurve und den Tatsachen, die die variabeln Eigenschaften als Reaktionsnorm definieren ließen, den Schluß ableiten, daß die nicht erbliche Variabilität (Modifikation) durch äußere Ursachen bedingt ist. Der Schluß wird aber erst richtig bindend, wenn wir, wie schon oben besprochen, auch noch nachweisen können, daß durch veränderte Bedingungen das Maß der Variabilität erhöht oder durch konstante Bedingungen die Variabilität aufgehoben werden kann. Und auch hierfür liegen experimentelle Belege vor.

Es ist klar, daß es viel schwieriger ist, diese Punkte für tierische Organismen zu erweisen als für pflanzliche, da es in ersterem Falle sehr schwer fällt, die Verschiedenartigkeit oder Konstanz äußerer Bedin-

gungen zu beherrschen, während man Pflanzen in den gleichen Nähr-
lösungen usw. in wirklich kontrollierbaren gleichen oder differenten Bedingungen züchten kann. (Neuerdings ist es allerdings auch gelungen,
Tiere, nämlich die Fliege Drosophila, in sterilen Reinkulturen zu züchten
und somit wirklich die Gesamtheit der äußeren Bedingungen zu beherrschen (DELCOURT und GUYÉNOT, LOEB, BAUMBERGER). Genetische
Resultate auf Grund dieser Methode liegen noch nicht vor. Immerhin

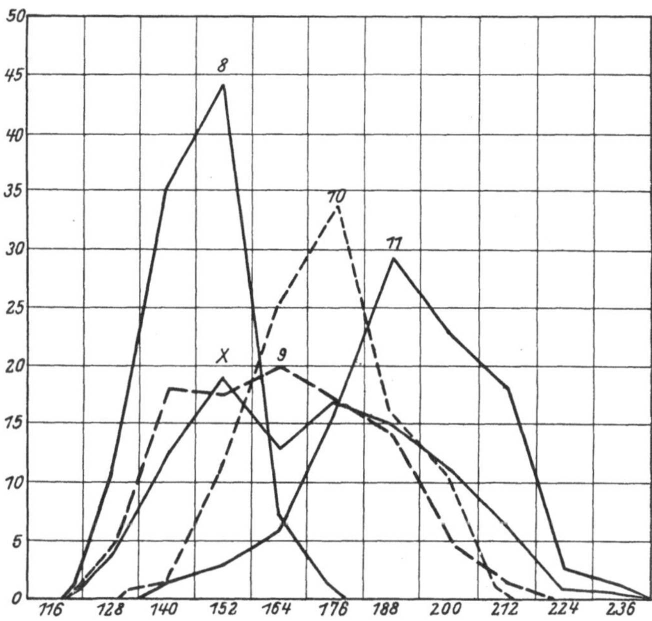

Abb. 45. Veränderung der Variationskurve von Paramaecium unter dem Einfluß äußerer
Bedingungen. Die Nummern der Kurven entsprechen den Bezeichnungen umstehender
Tabelle, die die näheren Angaben enthält. Nach JENNINGS.

geht die postulierte Tatsache auch auf tierischem Gebiet mit genügender
Deutlichkeit aus den folgenden Beobachtungen von JENNINGS hervor,
die er an dem Infusorium Paramaecium machte. Auch hier läßt sich
ein deutlicher Einfluß der äußeren Bedingungen auf die Größenverhältnisse der Tiere feststellen. So schwankt der Mittelwert für die Länge
in manchen Kulturen zwischen 73 und 200 μ, der für die Breite sogar
von 16—84 μ. Aber auch das Maß der Variabilität wird durch Wechsel
der Bedingungen gesteigert, durch größere Konstanz aber herabgesetzt.

So konnte man in der gleichen Kultur den Variationskoeffizienten, der uns ja ein Maß für die Variabilität gibt, für die Länge von 6,821 bis zu 13,262 steigen oder umgekehrt sinken sehen, für die Breite von 8,896 bis 28,879. Folgende Tabelle, die uns einen Teil des Protokolls einer solchen Kultur gibt, zeigt uns, wie diese Verschiebungen im Zusammenhang mit den Änderungen der Bedingungen verlaufen. Wie sich die gesamte Variationskurve dabei verändert, zeigt Abb. 45, in der die zugehörigen Kurven zusammen eingezeichnet sind. Die Nummern der Kurve entsprechen den Nummern der folgenden Tabelle.

Nr.	Material	Individuenzahl	Mittelwert der Länge μ	Variationskoeffizient	Variationsbreite μ	Mittelwert der Breite μ	Variationskoeffizient	Variationsbreite μ
7	24 Std. in frischer Heuinfusion. 17. Juli .	200	184,100	8,834	140—216	46,020	11,421	36—60
8	Eine Woche Hunger. 24. Juli	150	146,108	7,003	120—176	31,180	12,473	20—40
9	24 Std. frische Heuinfusion. 25. Juli .	350	163,932	12,767	120—220	46,684	28,879	20—80
10	Flüssigkeit eine Woche nicht gewechs. 31. Juli	150	174,400	8,530	132—212	44,800	17,397	32—68
11	48 Std. in frischer Heuinfusion. 3. August .	150	191,360	8,945	136—240	54,880	14,255	36—84
X	Kombination von drei dieser Proben . . .	450	180,624	13,795	120—240	43,600	27,184	20—84

Es trat übrigens auch in den schon erwähnten Versuchen PETERS eine Verschiebung der Variationsbreite embryonaler Zellzahlen im Gefolge wechselnder Bedingungen ein, wie es leicht aus dem Vergleich der Variationskoeffizienten von normalen Kulturen und solchen mit abnormen Bedingungen hervorgeht. Die folgende Tabelle nach PETER gibt diese Koeffizienten für die Variabilität in der Zahl der Skelettbildungszellen in den Larven von Seeigeln. (Siehe Tabelle S. 115.)

Es ließen sich dem noch mancherlei in gleichem Sinn beweiskräftige Daten zufügen, die auf statistisch-biologischem Wege gewonnen sind. So hat bei der vor nicht langer Zeit aus England nach Amerikas Küsten eingeführten Schnecke Littorina littorea die Variabilitätsbreite so zugenommen, daß der Variationskoeffizient für das Verhältnis von Breite zu Höhe der Schale von 2,3024—2,3775 auf 2,4849—3,0340 anstieg (BUMPUS, DUNCKER). In gleicher Richtung sind die Ergebnisse von MONTGOMERYS Untersuchungen zu verwerten, die zeigen, daß Zugvögel in verschiedenen meßbaren Charakteren eine größere Variabilität haben als seßhafte und unter den Zugvögeln wieder solche hervorragen, die die weitesten Wanderungen ausführen.

In diesen Fällen, vor allem dem JENNINGSschen, kann man auch einigermaßen erkennen, in welcher Weise die Bedingungen auf die Variabilität verschiebend einwirken. In einer Hungerkultur ist die erste

Objekt	Variations-koeffizient unter normalen Bedingungen	Variations-koeffizient unter abnormen Bedingungen	Bedingung
Echinus	4,688	5,685	Wärme
Strongylocentrotus	4,970	4,508	Wärme
,,	5,625	8,093	Wärme
Sphaerechinus	2,847	6,180	Kleine Schale
,,	5,019	7,110	Aquariumwasser
,,	4,446	10,895	Wärme
,,	4,126	6,953	Kleine Schalen
,,	5,223	5,883	Natronlauge
,,	3,865	6,091	Natronlauge
,,	4,610	3,625	Kälte
,,	4,387	10,336	Chloroform
,,	4,321	5,463	Kälte
,,	3,007	8,634	Wärme
,,	9,850	10,184	Wärme
,,	5,186	9,020	Wärme

Folge reicher Ernährung die, daß viele Individuen zu wachsen beginnen, während die durch den Hunger zu sehr affizierten zunächst keine Nahrung aufnehmen und sich nicht verändern. So wachsen die Variationskoeffizienten so stark, wie es Nr. 8 zu 9 in der vorstehenden Tabelle (S. 114) zeigen. Bleiben dann die Tiere in der gleichen Flüssigkeit, so nehmen sie allmählich einen Gleichgewichtszustand an und der Koeffizient sinkt. Waren die Tiere aber in einem guten Futterzustand, bevor die neue Nahrung zugefügt wird, so folgt dann eine starke Vermehrung; der Variationskoeffizient steigt jetzt infolge der Anwesenheit der verschiedenartigen Altersklassen, die ja eine sehr verschiedene Länge haben.

Hat die gesteigerte Vermehrung aber später wieder aufgehört, so fällt
der Koeffizient. Dessen Schwankungen werden also erklärt durch den
direkten und indirekten Einfluß äußerer Bedingungen auf Wachstum

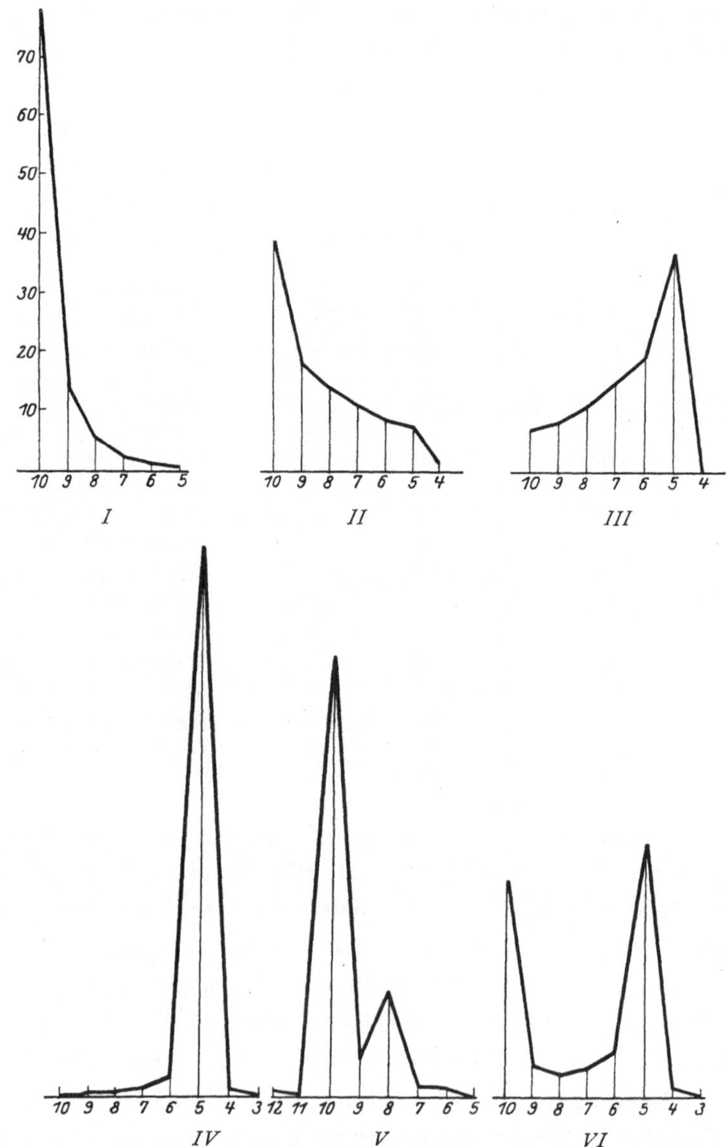

Abb. 46 *I—VI*. Variationskurven der Staubblätterzahl von Sedum in sechs verschiedenen
experimentell erzeugten Typen. Nach Klebs.

und Ernährung. Was aber hier für das einzellige Tier gesagt ist, gilt natürlich mutatis mutandis auch für die Summe der Zellen eines Vielzelligen.

Wie schon oben bemerkt, eignen sich zu derartigen Experimenten Pflanzen viel besser als Tiere, wie ja überhaupt aus diesem und anderen mehr historischen Gründen in der Vererbungslehre die Botanik meist der Zoologie vorausgegangen ist. Als die klarsten Resultate, die von dieser Seite kommen, wollen wir daher noch die schönen Versuche anführen, die KLEBS an *Sedum-* und *Sempervivumarten* ausführte. Er

Typus	Bedingungen	Individuen- zahl	Varianten	M.	σ
I.	Gut gedüngter, relativ trockener Boden, helles Licht.	4260	10—5	9,68	0,7505
II.	Lange ungedüngter, trockener Boden, helles Licht.	3000	10—4	8,45	1,6472
III.	Feuchter, gedüngter Boden, Warmbeet, abgeschwächtes Licht . .	4390	10—4	6,54	1,6187
IV.	Rotes Licht, im Gewächshaus . .	4000	10—3	5,05	0,3537
V.	Kleine Stecklinge in feuchtem Boden, im Spätsommer	2117	16—4	9,47	1,0383
VI.	Auf Lösungen von Substanzen, welche Wurzelbildung einschränken	2570	10—3	7,33	2,3092

suchte bei *Sedum spectabile* die Variabilität variabler wie konstanter Organe durch Wechsel äußerer Bedingungen zu beeinflussen. Es gelang ihm dabei unter verschiedenen äußeren Bedingungen, wie Wechsel von Ernährung und Licht, Einfluß von Chemikalien, die Variabilitätskurven vollständig zu verschieben. Betrachten wir einmal die Resultate für die Zahl der Staubblätter, die in folgender Tabelle vereinigt sind. Die zu den sechs zu beschreibenden Typen gehörigen Variationskurven I—VI sind in Abb. 46 wiedergegeben. Die Tabelle gibt für jeden Typus außer der Individuenzahl, die gezählt wurden, die Variationsbreite, Mittelwert und Standardabweichung als Maß der Variabilität. Normalerweise variiert die Zahl der Staubblätter von 10—5 mit dem Maximum (etwa 80%) bei 10 (Typus I der Tabelle). Die Kurve ist eine steil abfallende halbe Kurve. Unter den Bedingungen, die die Tabelle bei Typus II verzeichnet, beträgt die Variationsbreite bereits

10—4, nur etwa 40% zeigen 10, die Kurve fällt also vom Gipfel aus allmählich ab. Unter Typus III finden wir bereits bei einer Variationsreihe von 10—4 den Kurvengipfel bei 5, also jetzt eine einigermaßen normale Kurve mit einem Gipfel. Der folgende Typus IV zeigt infolge der dort angewandten Bedingungen eine Variation der Staubblattzahl von 10—3 mit einer steilen eingipfligen Kurve, indem etwa 94% der Blüten die Zahl 5 aufweisen. Bei Typus V begegenen wir nun gar einer Schwankung von 16—4, mit zwei Kurvengipfeln, nämlich einer Frequenz von 72% bei 10 Staubblättern und 16% bei 8 Blättern. Endlich bei Typus VI eine Variation zwischen 10 und 3 mit einer zweigipfligen Kurve, nämlich 38% Frequenz bei 10 und 40% bei 5 Staubblättern.

Diese Resultate erwiesen sich als im wesentlichen konstant, indem sie in zwei aufeinander folgenden Jahren erhalten wurden und in gleicher Weise bei verschiedenen Pflanzen der gleichen Art wie bei Stecklingen des gleichen Individuums erzielt wurden. Da alle Übergänge zwischen diesen Kurven ebenfalls erhalten werden konnten, so ergibt sich: „Die Variationen in der Zahl der Staubblätter von Sedum spectabile erscheinen nicht in Form einer einzigen für alle Fälle charakteristischen Kurve, vielmehr in zahlreichen ganz verschiedenartigen, wenn auch durch Übergänge verbundenen Kurven. Jede von ihnen ist bestimmt durch gewisse Kombinationen äußerer Bedingungen."

Wir hatten nun schon oben gesagt, daß, wenn die Variabilität von äußeren Bedingungen abhängig ist, man sie einerseits bei konstanten oder wenig variablen Eigenschaften bedeutend muß steigern können, andererseits sie durch Uniformität der Bedingungen muß aufheben können. Praktisch wird letzteres wohl kaum vollständig zu erreichen sein; immerhin gelang es KLEBS in einem Versuch, die Frequenz der Hauptvariante 5 auf 98,8% zu steigern mit einer Streuung $\sigma = 0{,}11$, was der Variabilität 0 wirklich sehr nahe kommt. Der umgekehrte Fall, daß alle Varianten in ungefähr gleicher Zahl vorkommen, wurde zwar nicht erreicht, immerhin kam man ihm recht nahe. Im Idealfall hätte die Streuung $= 2$ sein müssen, und es wurde 1,88 erreicht. Das entsprechende Resultat wie für die variablen Staubblätterzahlen wurde aber auch für die gewöhnlich nicht variierenden Blumen- und Fruchtblattzahlen erzielt. Natürlich waren da stärkere Veränderungen nötig, die die Normalzahl von 5

auf 2—14 veränderten. Während normalerweise nur sechs Arten von
Blüten vorkommen, nämlich mit 1—5 Staubblättern und 5 Blumen- und
Fruchtblättern, konnte die Zahl der Kombinationen auf 96 gesteigert
werden: also auch die konstantesten Merkmale können zu hoch variabeln
werden.

Das genannte Material illustriert wohl zur Genüge unseren Punkt: die Modifikation, wie sie sich in der binomialen (oder auch anderen hier nicht besprochenen Formen der) Variationskurve der Eigenschaften ausdrückt, ist das Produkt der Einwirkung der äußeren Bedingungen auf die ererbte Reaktionsnorm, die andernfalls nur den idealen Typus, d. h. den Mittelwert der betreffenden Eigenschaft hervorbringen würde. Es wäre nun natürlich verkehrt, diese Erkenntnis umkehren zu wollen, anzunehmen, daß wechselnde äußere Bedingungen hohe Variabilität hervorbringen müssen. Das hängt eben völlig von der ererbten Reaktionsnorm ab: ist diese derart, daß die Anlage der Eigenschaft leicht mit den äußeren Bedingungen reagiert, dann ist hohe Variabilität möglich, ist das nicht der Fall, dann tritt auch unter noch so differenter Lebenslage wenig oder keine Variation ein. Eine solche erblich differente Disposition zum Variieren läßt sich z. B. demonstrieren für die Abhängigkeit der Größe der Seeigellarven von der Temperatur, für die wir oben VERNONS Tabelle reproduzieren. Während die Variabilität bei *Strongylocentrotus* und *Echinus* für die Länge des Scheitelstabes in Abhängigkeit von der Temperatur eine sehr große war, reagierten Sphaerechinuslarven gar nicht auf solche Veränderungen. Im übrigen bedarf es keiner weiteren Beispiele, da die verschiedene Variabilität nahe verwandter Formen eine jedem Systematiker wohlbekannte Erscheinung darstellt, wobei allerdings Modifikation und die ganz anders zu erklärende erbliche Variation nicht auseinander gehalten werden.

Ebenso wie nach Arten läßt sich auch nach Organen innerhalb einer Art eine verschiedene Disposition zum Variieren feststellen. Um wieder auf das gleiche Material von VERNON zurückzugreifen, dessen Befunde übrigens auch durch andere Autoren wie PETER bestätigt wurden, so erwies sich die Körperlänge der Sphaerechinuslarven im Gegensatz zu der anderer Arten als nicht variabel, die Armlänge dagegen in höchstem Maß, wie die folgende Tabelle zeigt:

Temperatur	Körperlänge	Armlänge
11,4°	100,0	100,0
15,9°	109,4	287,0
20,4°	104,6	327,2
23,7°	100,6	386,7

Und das gleiche, was hier für embryonale Organe gezeigt wurde und an vielen weiteren Beispielen sich aufweisen ließe, gilt auch für Organe des ausgewachsenen Organismus. Auch hierfür ist einem jeden Systematiker bekannt, daß er mit konstanten und variabeln Organen zu tun hat, und diese Tatsache ist auch vielfach auf dem Weg der Variationsstatistik festgestellt. Man hat sogar versucht, allgemeine Gesetzmäßigkeiten dafür aufzufinden. So sollen stärker differenzierte Organe mehr variieren als primitivere, innere mehr als äußere, Unterscheidungsmerkmale niederer systematischer Gruppen mehr als die höherer; doch erscheint solchen Verallgemeinerungen gegenüber Vorsicht geboten.

Dagegen scheint das Lebensalter, der Entwicklungszustand eines Organismus in der Tat eine gesetzmäßige Beziehung zu seiner Disposition zum Variieren zu haben. VERNON, der darüber ausgedehnte experimentell-statistische Untersuchungen an Seeigelentwicklungsstadien ausführte, kommt für die Größenvariation direkt zu dem Schluß, daß die Einwirkung der äußeren Bedingungen auf einen wachsenden Organismus von dem Moment der Befruchtung an stetig abnimmt. Und es scheint in der Tat hier eine Gesetzmäßigkeit vorzuliegen, die den inneren Faktor der Variabilität zu dem individuellen Entwicklungsstadium in Beziehung bringt. Gerade für derartige Größenverhältnisse sind mehrfach die gleichen Ergebnisse zutage getreten, so in DE VRIES' Untersuchungen für die Samengröße der *Oenothera*, in WELDONS und BUMPUS' Studien über Größenvariation bei Krabben und Schnecken, ja sogar nach PEARSONS Berechnungen für den Menschen; allerdings kann bei dem Vergleich von Säuglingen und Studenten nicht von identischer Lebenslage die Rede sein.

Zyklische Variabilität. Schließlich sei noch kurz auf eine besondere Art der ererbten Reaktionsnorm hingewiesen, die zu manchen Begriffsverwirrungen Anlaß gegeben hat und vielfach völlig irrtümlich gedeutet wurde. Wir meinen die zyklische Variabilität von Süßwasserorganismen. Wir haben oben schon die sogenannte Zyklomorphose der Daphnien besprochen, ihre zyklischen Veränderungen im Laufe eines Jahres. Solche Zyklomor-

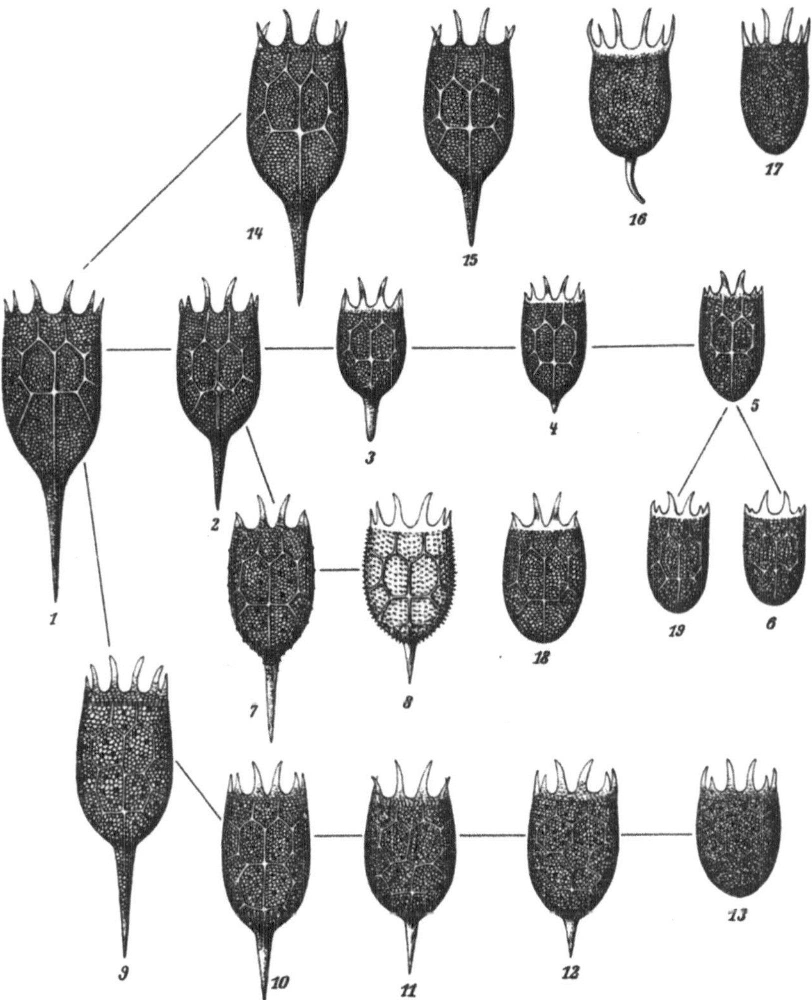

Abb. 47. Zyklomorphose von Anuraea cochlearis (ausgewählte Typen), 1 die Ausgangsform macracantha, von der vier verschiedenartige Zyklomorphosereihen ausgehen. Nach LAUTERBORN aus STEUER.

phosen, um deren Erforschung sich in der Neuzeit besonders WESEN-BERG-LUND große Verdienste erwarb, sind nun bei verschiedenen Planktonorganismen, auch solchen pflanzlicher Natur, beobachtet worden, vielleicht am schönsten und gründlichsten für das Rädertier *Anuraea cochlearis*, für dessen jährlichen Variationsgang LAUTERBORN jenen Ausdruck prägte. Umstehende Abb. 47 zeigt uns eine solche Variationsreihe aus einem und demselben Gewässer in verschiedenen Jahreszeiten (auch Temporalvariation genannt). Die zu erwartende Abhängigkeit dieser Reihe von der Temperatur hat sich aber mit großer Wahrscheinlichkeit als irrig erwiesen. Es stellte sich vielmehr durch das Experiment heraus, daß keinerlei äußere Faktoren für diese Zyklomorphose maßgebend sind, sondern innere Ursachen, und diese hängen zusammen mit der Sexualität, der Bildung befruchteter Wintereier. Also ein innerer Faktor, das Stadium der Sexualität, wirkt auf die morphologischen Außencharaktere wie ein Milieufaktor.

Die Variabilität in diesem Fall ist also eine solche in der Zeit, in aufeinander folgenden Generationen. Aber nicht äußere Bedingungen verursachen sie, sie sind nicht Modifikationen, sondern der Ausdruck eines rhythmisch ablaufende Reaktionen bedingenden Gens, eines Gens, das bewirkt, daß in bestimmtem Ablauf durch eine Generationsreihe hindurch Variationen (die selbst modifizierbar sind) auftreten, bis der Zyklus zum Ausgangspunkt zurückgekehrt ist. Es handelt sich also um einen rhythmischen Vererbungsprozeß im Zusammenhang mit einem sexuellen Zyklus. Die Varianten des Zyklus, die aufeinander folgenden Formen, sind also gar keine Variationen erblicher oder nicht erblicher Natur, sondern konsekutive Zustände in einer parthenogenetischen Reihe, die vom Vererbungsstandpunkt aus der Reihe konsekutiver Entwicklungsstadien anderer Organismen zu vergleichen ist.

Wir sind uns nunmehr wohl zur Genüge über den Unterschied nicht erblicher Modifikationen im Rahmen der Reaktionsnorm und der erblichen Variation, die durch eine gemischte Population verschiedener Erbrassen bedingt ist, klar. Um uns nochmals vor Augen zu führen, welchen Erkenntnisfortschritt es bedeutet, und anderenteils zu dem Wesen der erblichen Variation, wie es der Mendelismus geklärt hat, überzuleiten, wollen wir zum Schluß dieser Vorlesung noch eine Art historischer Reminiszenz auffrischen.

DARWIN und seine nächsten Nachfolger vermochten noch nicht den scharfen Unterschied zwischen nicht erblicher Modifikation und erblicher

Variation innerhalb des Phänomens der fluktuierenden Variabilität zu machen. In WEISMANNs noch über DARWIN hinausgehender Zuchtwahltheorie spielt nun die Frage nach der Ursache der Variabilität eine große Rolle. WEISMANN kam dabei zur Überzeugung, daß es die Amphimixis, die Vermischung der elterlichen Erbsubstanzen bei der Befruchtung, sei, die die Variation verursacht. Es wurde dann vielfach versucht, auf statistischem Wege die Richtigkeit dieser Annahme zu beweisen. Um nur ein paar Beispiele zu nennen: PEARL stellte derartige Studien an Infusorien an. Hier besteht bekanntlich der geschlechtliche Akt in der Konjugation. Es zeigt sich nun gerade das Gegenteil von dem, was jene Theorie erforderte: Die Variabilität nahm nach der Amphimixis eher ab als zu. Während im Lauf der gewöhnlichen ungeschlechtlichen Vermehrung die Variabilität eine sehr große und von den äußeren Faktoren stark beeinflußbare ist, sind konjugierende Tiere, die Konjuganten, immer von einem bestimmten Typus, der unabhängig ist von der vorausgegangenen Variabilität, und nach der Konjugation sinkt die Variabilität. Folgende Zahlen beweisen das: Mittelwert der Körperlänge von Nichtkonjuganten 203,177, desgleichen von Konjuganten 172,408. Variationskoeffizient der Nichtkonjuganten 5,174, der Konjuganten 2,586. Ferner fanden PEARSON und LEE, daß parthenogenetisch erzeugte Wespen dieselbe Variabilität haben wie die aus befruchteten Eiern hervorgegangenen, ebenso CASTLE und seine Mitarbeiter, daß durch Inzucht der Fliege *Drosophila* in sechs Generationen die Variabilität nicht verändert wird. Zum entgegengesetzten Resultat führten allerdings die statistischen Erhebungen PEARSONS für den Menschen, dessen Variabilität mit größerer Ähnlichkeit seiner Vorfahren geringer werden soll, ebenso PEARL und DUNBARS Inzuchtversuche mit Paramaecien, die ebenfalls eine Verringerung der Variabilität ergaben.

Nach allem in den letzten Vorlesungen Gesagten erkennen wir ohne weiteres, daß sowohl die Fragestellung als die Methode der Lösung falsch war. Denn das Resultat kann nicht durch die Tatsache der Befruchtung, sondern nur durch die genotypische Beschaffenheit der Eltern bedingt sein. Ist sie bei beiden Eltern identisch, dann variieren die Nachkommen, gleiche Lebenslage vorausgesetzt, auch nicht mehr. Ist sie aber verschieden, dann mag tatsächlich bei den Nachkommen eine gesteigerte „Variation" eintreten. Diese Variation ist aber etwas ganz anderes als das bisher Betrachtete, nämlich eine sogenannte MENDELsche Faktorenspaltung und Rekombination. Was das ist, müssen wir nunmehr kennen lernen.

Literatur zur fünften Vorlesung.

BABÁK, E.: Experimentelle Untersuchungen über die Variabilität der Verdauungsröhre. Arch. f. Entwicklungsmech. d. Organismen 21. 1906.

BATESON, W.: Materials for the Study of Variation. London 1894.

BAUMBERGER, J. P.: Solid media for Drosophila. Americ. Naturalist. 1917.

BAUR, E.: Einführung in die experimentelle Vererbungslehre. Berlin 1911. 4. Aufl. 1923.

BEEBE, C. W.: Geographic variations in Birds, with Special Reference to the Effects of Humidity. Zoologica. New York Zool. Soc. 1. 1907.

BUMPUS, H. C.: The Variations and Mutations of the Indroduced Littorina. Zool. Bull. 1. 1898.

CASTLE, F. W., CARPENTER, A. H., CLARK, S. O. and BARROWS, W. M.: The effects of Inbreeding, Cross-Breeding and Selection upon the Fertility and Variability of Drosophila. Proc. Americ. Acad. Arts Science 41. 1906.

CHAUVIN, MARIE V.: Über die Umwandlung des mexikanischen Axolotl in ein Amblystoma. Zeitschr. f. wiss. Zool. 25. Suppl. 1875. — Ders.: Über die Verwandlung des mexikanischen Axolotl in das Amblystoma. Ebenda 27. 1876. — Ders.: Über die Verwandlungsfähigkeit des mexikanischen Axolotl. Ebenda. 1884.

DARWIN, CH.: Das Variieren der Tiere und Pflanzen im Zustande der Domestikation. 1878.

DELCOURT, A. et GUYÉNOT, E.: Génétique et milieu. — Nécessité de la détermination des conditions. — Sa possibilité chez les Drosophiles. — Technique. Bull. scient. de la Franc. et Belgique 45. 1911.

DORFMEISTER, G.: Über Arten und Varietäten der Schmetterlinge. Mitt. d. Naturwiss. Ver. f. Steiermark. 1863/64. — Ders.: Über die Einwirkung verschiedener während der Entwicklungsperioden angewendeter Wärmegrade auf die Färbung und Zeichnung der Schmetterlinge. Ebenda. 1864. — Ders.: Über den Einfluß der Temperatur bei der Erzeugung der Schmetterlingsvarietäten. Ebenda. 1879. Graz 1880.

DUNCKER, G.: Die Methode der Variations-Statistik. Arch. f. Entwicklungsmech. d. Organismen 17. 1904.

FISCHER, E.: Transmutation der Schmetterlinge infolge der Temperaturänderungen. Experimentelle Untersuchungen über die Phylogenese der Vanessen. 1895.

GALTON, F.: Natural Inheritance. Macmillan, London 1889.

GOEBEL, K.: Organographie der Pflanzen. Jena 1898. 2. Aufl. 1924. — Ders.: Über Studium und Auffassung der Anpassungserscheinungen bei Pflanzen. Festrede. Verlag der Akademie München. 1898. — Ders.: Einleitung in die experimentelle Morphologie der Pflanzen. Leipzig 1908.

HOUSSAY, FR.: Variations expérimentales. Études sur six générations de poules carnivores. Arch. de zool. expér. et gén. 6. Ser. 4. 1907.

JENNINGS, H. S.: Heredity, Variation and Evolution in Protozoa. Journ. of Exp. Zool. 1. 1908.

JENNINGS, H. S. und HARGITT, G. T.: Characteristics of the diverse races of Paramaecium. Journ. of Morphol. 21. 1911.

JOHANNSEN, W.: Über Erblichkeit in Populationen und in reinen Linien Jena 1903.

KLEBS, G.: Studien über Variationen. Arch. f. Entwicklungsmech. d. Organismen 24. 1907.

LAUTERBORN: Über die zyklische Fortpflanzung limnetischer Rotatorien. Biol. Zentralbl. 18. 1898. — Ders.: Der Formenkreis von Anuraea cochlearis I und II. Verhandl. d. naturhist. med. Ver. Heidelberg. N. F. 6—7. 1901. 1902—04.

LOTSY, J. P.: Vorlesungen über Deszendenztheorien mit besonderer Berücksichtigung der botanischen Seite der Frage. Jena 1906.

MERRIFIELD, F.: The effects of temperature in the pupal stage on the colouring of Pieris napi, Vanessa atalanta, Chrysophanus phloeas and Ephyra punctaria. Trans. Ent. Soc. London. 1893. — Ders.: Experiments in Temperature-Variation on Lepidoptera, and their bearing on theories of Heredity. Proc. Ent. Soc. London. 1894.

NORTHROP, J. H.: The role of yeast in the nutrition of an insect (Drosophila). Journ. of Biol. Chem. 30. 1912.

OSTWALD, WOLFG.: Experimentelle Untersuchungen über den Saisonpolymorphismus bei Daphniden. Arch. f. Entwicklungsmech. d. Organismen 18. 1904.

PEARL, R.: A biometrical study of Conjugation in Paramaecium. Ibid. 5. 1907.

PEARL, R. and DUNBAR, J.: Some Results of a Study on Variation in Paramaecium. Ann. Rep. Michigan Acad. of Science 7. 1905.

PEARSON, K.: The Chances of Death and other Studies in Evolution. London 1897.

PEARSON, K., LEE, A. and WRIGHT, A.: A cooperative study of Queens, drones, and workers in Vespa vulgaris. Biometrica 5. 1907.

PETER, K.: Experimentelle Untersuchungen über individuelle Variation in der tierischen Entwicklung. Arch. f. Entwicklungsmech. d. Organismen 27. 1909.

Schepelmann, E.: Über die gestaltende Wirkung verschiedener Ernährung auf die Organe der Gans, insbesondere über die funktionelle Anpassung an die Nahrung. Arch. f. Entwicklungsmech. d. Organismen 21. 1906. — Ders.: Über die gestaltende Wirkung verschiedener Ernährung auf die Organe der Gans, insbesondere über die funktionelle Anpassung an die Nahrung. II. Teil. Ebenda 23. 1907.

Schlottke, E.: Über die Variabilität der schwarzen Pigmentierung und ihre Beeinflußbarkeit durch Temperaturen bei Habrobracon juglandis Ashmead. Zeitschr. f. vergl. Physiol. 3. 1926.

Standfuss, M.: Handbuch der paläarktischen Großschmetterlinge für Forscher und Sammler. 1896. — Ders.: Zur Frage der Gestaltung und Vererbung auf Grund 28jähriger Experimente. Insektenbörse. 1902.

Vernon, H. H.: Variation in Animals and Plants. 1907.

Vernon, H. N.: The effects of the environment on the development of Echinoderm Larvae. Phil. Trans. Roy. Soc. of London 186. 1895.

de Vries, H.: Die Mutationstheorie. 2 Bde. 1901—03.

Weldon, W. F. R.: On certain Correlated Variations in Carcinus maenas. Proc. of the Roy. Soc. of London. 1894. — Ders.: Report of the Committee for Conducting Statistical Inquiries into the Measurable Characteristics of Plants and Animals (Part I: An attempt to measure the Death-rate due to Selective Destruction of Carcinus maenas with Respect to a Particular Dimension. Ebenda 662. 1895).

Wesenberg-Lund: Plankton Investigations of the Danish Lakes. General Part: The Baltic Freshwater Plankton, its Origin and Variations. 1908.

Woltereck, R.: Über natürliche und künstliche Varietätenbildung bei Daphniden. Verhandl. d. dtsch. zool. Ges. 1908. — Ders.: Weitere experimentelle Untersuchungen über Artveränderung, speziell über das Wesen quantitativer Unterschiede bei Daphniden. Ebenda. 1909.

Sechste Vorlesung.

Das MENDELSche Gesetz und seine Begründung.
Die daraus folgenden Zahlenkonsequenzen.

Wir sind nunmehr mit genügenden Kenntnissen der Eigenschaften der Organismen, die für die Erblichkeitsprobleme in Betracht kommen, ausgestattet, um der wichtigen Frage nahetreten zu können, wie diese Eigenschaften auf die Nachkommen vererbt werden, ihr erbliches Verhalten zu analysieren. Wenn der physiologische Chemiker — man denke an EHRLICHS berühmte Studien — die Wirkung einer Molekülgruppe auf physiologische Vorgänge studieren will, so wird er sie mit allen möglichen Grundsubstanzen verbinden, um aus der Übereinstimmung bzw. Verschiedenheit in der Wirkung aller jener Verbindungen seine Schlüsse ziehen zu können. Eine ganz entsprechende Methode bietet sich nun für das Studium des Verhaltens der Erbeinheiten dar: man wird sie mit möglichst verschiedenen andern Grundkörpern in Verbindung bringen und die neuen Kombinationen in ihrem Verhalten studieren. Die Kombination von Erbeinheiten ist aber nur auf einem Wege möglich, auf dem Wege der Bastardierung. Sie muß also als das wichtigste Mittel angesehen werden, einmal das Verhalten der Gene bei der Vererbung festzustellen, sodann die genotypische Zusammensetzung eines Organismus zu analysieren. Unter Bastardierung ist daher in diesem Zusammenhang die Fortpflanzung zwischen zwei genotypisch irgendwie verschiedenen Individuen zu bezeichnen: ein Bastard kann ebensowohl aus der Kreuzung von Individuen zweier reiner Linien als zweier systematischer Varietäten, Arten oder Gattungen hervorgehen.

Die Bastardierungslehre ist nun in der Neuzeit zu ganz besonders glänzenden Resultaten gelangt, die in ihrer großen Bedeutung das Zentrum der neueren Erblichkeitsforschung darstellen. Nicht etwa, daß man früher nicht bastardiert hätte; aber die ältere Bastardforschung hatte es nicht erreichen können, in ihre zahlreichen Einzelbefunde die

Ordnung einer Gesetzmäßigkeit zu bringen. Ja, es ist noch nicht so lange her, daß man überzeugt war, daß die Mannigfaltigkeit der Erscheinungen sich überhaupt keinem Gesetz fügen könne. Und doch ist jetzt das Unmögliche gelungen, ein Fortschritt, der, wie allgemein bekannt, erst der Genialität GREGOR MENDELS gelang. Seine und seiner Nachfolger Untersuchungen haben mit einem Schlag Ordnung in das Chaos widerspruchsvoller Resultate gebracht. Das werden wir besonders klar erkennen, wenn wir einen kurzen Blick auf die Ergebnisse der älteren Bastardforschung werfen. Sie ist in der Hauptsache das Werk der Botaniker, von denen sich hervorragende Forscher wie KÖLREUTER, KNIGHT, GÄRTNER, FOCKE, NAUDIN, WICHURA jenen Fragen widmeten, während im Tierreich die Fälle von Bastardierungen, die an Haustieren vorgenommen wurden, meist der Wissenschaft verloren gingen. Im wesentlichen hat nur DARWIN in großem Maßstabe das ihm zugängliche Material gesammelt und durch seine eigenen berühmten Untersuchungen bereichert. Nach ihm kann für die Zeit vor der Wiederentdeckung der MENDELschen Gesetze nur noch STANDFUSS genannt werden, der mit Schmetterlingen arbeitete, und HAACKE, der bei Mäusekreuzungen der Entdeckung der Gesetzmäßigkeit nahe kam.

Wenn man die Erfahrungen der älteren Bastardforschung überblickt, bemerkt man immer wieder mit Staunen, wie nahe sie oft der entscheidenden Entdeckung gewesen ist. Es war ihr bekannt, daß das Verhalten der ersten Bastardgeneration ein ganz verschiedenes sein kann. Die Bastarde zeigten manchmal eine vollständige Vermischung der Charaktere der Elternindividuen, oder sie zeigten in gewissen Teilen väterliche, in anderen mütterliche Eigenschaften. Es war aber auch bekannt, daß oft die Eigenschaften des einen der Eltern über die des andern überwogen, präpotent waren, oder, wie der Tierzüchter sagt, eine höhere Durchschlagskraft besaßen; man nannte solche Bastarde wohl auch goneokline, und zwar patrokline, wenn sie mehr nach dem Vater, matrokline, wenn sie mehr nach der Mutter schlugen. Oft fand man aber auch ein völliges Überwiegen des einen der Eltern, so daß die Nachkommenschaft nur den einen Charakter zeigte. Um aus den vielen Beispielen, die DARWIN anführte, nur einige zu nennen — und es ließen sich leicht entsprechende aus dem Pflanzenreich zufügen —, so sei an den von

GODIN berichteten Fall einer ziegenähnlichen Schafrasse vom Kap erinnert, deren Widder bei Kreuzung mit zwölf verschiedenartigen Mutterschafen immer nur Nachkommenschaft seiner Rasse produzierte. Oder wird das Seidenhuhn mit einem Bantamhuhn gekreuzt, so zeigt die Nachkommenschaft nicht eine Spur der seidigen Federn. Es war aber auch bekannt, daß es Eigenschaften gibt, die bei Bastardierung nie verschmelzen, und zwar stellte DARWIN fest, daß dies vor allem solche sind, die vorwiegend bei domestizierten Tieren und Pflanzen als Sports auftreten, wie distinkte Farben, Nacktheit der Haut, Glätte der Blätter, Fehlen von Hörnern oder Schwanz, überzählige Zehen, Zwergwuchs und viele andere Abnormitäten. Entweder schlagen die Nachkommen typisch nach einem der Eltern: Kreuzung von grauen und weißen Mäusen liefert graue; oder aber in der Nachkommenschaft treten die beiden Elterntypen rein auf, wie etwa wenn horn- oder schwanzlose Rassen mit normalen gekreuzt werden. Ja, es können sogar die beiden elterlichen Typen an einem Individuum getrennt auftreten: Bei Kreuzung fünfzehiger Dorkinghühner mit vierzehigen Rassen können Nachkommen entstehen, die an einem Fuß vier, am andern fünf Zehen haben; bei Kreuzung von Einhuferschweinen mit normalen können Junge entstehen, die zwei normale und zwei einhufige Füße haben. Die wenigen Beispiele mögen genügen, um die beobachteten Verschiedenheiten der Kreuzungsresultate zu zeigen.

Diesem verschiedenen Ausfall der ersten Bastardgeneration entspricht nun auch die Mannigfaltigkeit im Verhalten weiterer Generationen (immer noch nach Ansicht jener älterer Forscher). Da sind zunächst die Bastarde mit Vermischung der elterlichen Eigenschaften, die diesen Zustand rein weitervererben, wie vor allem bei Pflanzenbastarden, z. B. dem später noch zu besprechenden Aegilops-Bastard, beobachtet wurde, oder vielleicht richtiger gesagt, beobachtet sein sollte. Bei anderen zeigten sich aber die elterlichen Eigenschaften in der späteren Nachkommenschaft in der allerverschiedensten Weise gemischt. Besonderes Interesse fanden solche Fälle natürlich wegen ihrer praktischen Bedeutung. Denn wenn in der Nachkommenschaft der Bastarde eine solche „Variabilität" auftrat, so konnte dies entweder im Interesse der Hervorbringung neuer Handelssorten sehr begrüßt werden oder bei der Sorge um Erzielung

„reinblütiger" Formen die Bastardierung verabscheuen lassen. Für unseren jetzigen Standpunkt sind derartige Beobachtungen natürlich besonders interessant. So lesen wir bei DARWIN: „Wenn zwei distinkte Rassen gekreuzt werden, so sind die Nachkommen der ersten Generation allgemein nahezu gleichförmig im Charakter . . . Aber um von ihnen weiter zu züchten, sind sie, wie man gefunden hat, völlig nutzlos; denn wenn sie auch selbst im Charakter gleichförmig sein mögen, so ergeben sie doch, wenn sie gepaart werden, viele Generationen hindurch erstaunlich verschiedenartige Nachkommen. Der Züchter wird zur Verzweiflung getrieben und kommt zu dem Schluß, daß er nie imstande sein werde, eine intermediäre Rasse zu bilden." Da haben wir den Beobachtungskern der MENDELschen Entdeckungen bereits niedergelegt! Ja, auf botanischer Seite wußte man sogar, daß in den späteren Bastardgenerationen nicht nur eine „Variabilität" zu konstatieren ist, sondern daß die Charaktere der Eltern wieder rein erscheinen können, und NAUDIN fand 1862 dafür eine Erklärung, die sich kaum von der MENDELschen unterscheidet.

Bei dieser Verschiedenartigkeit der späteren Bastardgenerationen fiel nun vor allem auch auf, daß oft Charaktere auftraten, die die Eltern nicht besessen hatten. Ihre nähere Betrachtung führte zu der Auffassung, daß es Charaktere der Ahnenformen seien, Atavismen, die durch die Kreuzung zum Vorschein gebracht wurden. So kam bei Kreuzung von Hühnerrassen in der Nachkommenschaft plötzlich die Farbe des wilden Bankivahuhnes, des vermutlichen Vorfahren der domestizierten Hühner zum Vorschein; und besonders berühmt wurden ja DARWINS Taubenkreuzungen, die zeigten, daß in der Bastardnachkommenschaft verschiedenartiger Taubenrassen die Farbe und Zeichnung der wilden Felstaube auftritt. Ein Zusammenhang dieser Erscheinung mit den anderen ebenso zusammenhanglosen Erfahrungen der Bastardforschung konnte aber nicht eruiert werden. Und den schon erwähnten lassen sich noch manche isoliert stehende Befunde anschließen. So war bekannt, daß durch Bastardierung einzelne Eigenschaften von einer Rasse gesondert, abgespalten und mit einer andern verbunden werden können, eine Methode, die besonders in der gärtnerischen Praxis eine große Rolle spielte und spielt. Der Erfolg konnte aber immer nur durch sorgfältige Auswahl in einer Reihe von Generationen erzielt werden. So berichtet DARWIN, daß Lord

ORFORD seine berühmte Meute von Windspielen einmal mit einer Bulldogge kreuzte, ,,welche Rasse deshalb gewählt wurde, weil ihr das Vermögen des Spürens abgeht, und weil sie das besitzt, was gewünscht
wurde, Mut und Ausdauer. In dem Verlauf von sechs oder sieben Generationen waren alle Spuren der äußeren Form der Bulldogge eliminiert,
aber der Mut und die Ausdauer blieben".

Diese wenigen Beispiele aus den Resultaten der älteren Bastard- MENDEL.
forschung mögen genügen. Sie zeigen ausreichend, warum die Anschauung herrschen konnte, daß in dies Chaos keine Gesetzmäßigkeit gebracht
werden könne. Und wie verständlich erscheinen uns jetzt die Mehrzahl
der Erscheinungen, seit der geniale Scharfblick MENDELS die in ihrer
Grundlage so einfache Gesetzmäßigkeit fand, die all dem zugrunde liegt!
MENDELS klassische Schrift erschien im Jahre 1865, um 35 Jahre hindurch unbekannt zu bleiben. Und doch hätte ihr Bekanntwerden die
größten Perspektiven eröffnen müssen. Welche Entwicklung die Biologie
genommen haben würde, wenn DARWIN sie gekannt hätte, bemerkt einmal BATESON, ist kaum auszudenken. Leider aber hatten Größen seines
Faches, wie NÄGELI, der die Untersuchungen kannte, ihre Bedeutung
unterschätzt. Andere bekamen die an verborgenem Ort publizierte
Schrift nicht zu sehen, und da MENDEL selbst nicht mehr darauf zurück-
kam, blieb sie verschollen, bis im Jahre 1900 gleichzeitig DE VRIES,
CORRENS und TSCHERMAK die Gesetze wieder entdeckten und MENDELS
Schrift ans Licht zogen. Welchen Einfluß diese kurze Publikation seitdem auf die gesamte Biologie gewonnen hat, ist heute jedermann bekannt; das äußere Symbol dafür ist die Bezeichnung Mendelismus für
die ganze moderne Bastardlehre. Die klassische Schrift des Augustiner-
paters vom Königskloster in Brünn ist in ihrer Kürze und wundervollen
Klarheit noch heute, wo so viel Material gleicher Art vorliegt, die beste
Lektüre zur Einführung in die moderne Bastardlehre, so daß wir sie
auch hier zum Ausgangspunkt nehmen wollen. Wer MENDELS Methode,
Resultate und Schlüsse verstanden hat, ist für das Verständnis aller
weiteren Befunde ausgerüstet.

MENDELS Erfolg in dem Bestreben, ein Gesetz der Bastardierung zu MENDELS
finden, basiert auf der klaren Erkenntnis der Notwendigkeit, daß einmal   Versuche.
die Versuche in solchem Maßstab ausgeführt werden müssen, daß man

die Zahl der verschiedenartigen Bastardnachkommen genau feststellen
kann, daß man ferner die Formen den richtigen Generationen zuordnen
und so ihre Zahlenbeziehungen vergleichen kann. In achtjähriger Arbeit
führte er seine Versuche an Erbsen aus, die ihm aus verschiedenen Gründen das geeignete Material schienen. Sie besitzen eine Anzahl gut unter-
scheidbarer konstanter Rassen, sie haben Selbstbefruchtung, die stattfindet, bevor sich die Blüte öffnet, so daß Fremdbestäubung leicht ausgeschlossen werden kann, und die Bastarde zeigen normale Fruchtbarkeit. Für den Versuch wurden nun verschiedene Rassen gewählt, nachdem im Vorversuch festgestellt war, daß sie reine Nachkommen gaben.
Um zu verfolgen, wie sich die Charaktere der Pflanzen in der Nachkommenschaft verhalten, wurde — und das ist wieder einer der scheinbar so einfachen Grundgedanken — jedes Paar von Charakteren, durch
das sich zwei Rassen unterscheiden, getrennt betrachtet, also ebensoviel
Einzelexperimente ausgeführt, als Unterscheidungsmerkmale vorhanden
waren. Als zur Verfolgung geeignet wurden sieben Merkmalspaare gewählt, nämlich:

1. Die Samen sind entweder *rund* oder kantig.

2. Die Cotyledonen im Samen, die durch die Schale durchschimmern,
sind entweder *hellgelb* oder orange bzw. grün.

3. Die Samenschale ist entweder weiß oder *gefärbt* (grau, graubraun,
lederbraun, violett gefleckt). In ersterem Fall sind auch die Blüten weiß,
in letzterem *farbig* (Purpur, violett und rot).

4. Die reifen Hülsen sind entweder *einfach* aufgeblasen oder zwischen
den Samen tief eingeschnitten.

5. Die unreifen Hülsen sind grün oder gelb.

6. Die Blüten sind entweder *achsenständig* oder endständig.

7. Die Stammachse ist entweder *sehr lang* oder kurz (etwa 5 : 1).

Pflanzen mit diesen Eigenschaften wurden also paarweise gekreuzt,
und zwar nach beiden Richtungen, was sich für den Erfolg als gleichgültig erwies. Die erste Bastardgeneration, die wir gleich hier mit der
jetzt allgemein üblichen PUNNETTschen Bezeichnung als die F_1-(1. Filial-)
Generation bezeichnen wollen, zeigte nun in allen Kulturen eine völlige
Gleichheit, sie folgte nämlich in ihrem Aussehen ausschließlich dem einen
der Eltern. Also im ersten Fall waren sämtliche Samen rund, die Eigen-

schaft kantig schien verschwunden. MENDEL bezeichnet nun die ausschließlich sichtbare Eigenschaft als die *dominante*, die nicht sichtbare, aber, wie sich gleich zeigen wird, doch noch vorhandene, als die *rezessive*, und in der obigen Aufzählung sind die Charaktere, die sich als dominant erwiesen, kursiv gedruckt. Diese F_1-Pflanzen wurden nun durch Selbstbefruchtung vermehrt und so die folgende, die F_2-Generation erhalten. Und in ihr traten nun wieder die reinen Charaktere der beiden Elternpflanzen auf, und zwar waren es typisch in sämtlichen Kulturen auf je drei dominante ein rezessiver; Zwischenformen aber fanden sich nie. Die genauen Zahlen für die sieben Versuchsreihen gibt die folgende Tabelle:

Nr.	Charakter	Gesamtzahl in F_2	Davon		D : R	Gezählt wurden
			Dominante D	Rezessive R		
1	Samengestalt . .	7 324	5 474	1 850	2,96 : 1	die Samen
2	Farbe der Cotyledonen	8 023	6 022	2 001	3,01 : 1	die Samen
3	Farbe der Samenschalen u. Blüten	929	705	224	3,15 : 1	ganze Pflanzen
4	Form der Hülsen	1 181	882	299	2,95 : 1	„ „
5	Farbe der Hülsen	580	428	152	2,82 : 1	„ „
6	Blütenstellung . .	858	651	207	3,14 : 1	„ „
7	Achsenlänge. . .	1 064	787	277	2,84 : 1	„ „
	Σ	19 959	14 949	5 010	2,98 : 1	Σ

Es sei hier gleich hinzugefügt, daß MENDELs Experimente von einer großen Zahl von Forschern wiederholt und bestätigt wurden. Die folgende Tabelle, die JOHANNSEN zusammenstellte, gibt die Gesamtresul-

Forscher	D Gelbe Samen	R Grüne Samen	Gesamtzahl	D : R	Mittlere Fehler
MENDEL 1865	6 022	2 001	8 023	3,0024 : 0,9976	± 0,0193
CORRENS 1900.	1 394	453	1 847	3,0189 : 0,9811	± 0,0403
TSCHERMAK 1900 . .	3 580	1 190	4 770	3,0021 : 0,9979	± 0,0251
HURST 1904	1 310	445	1 755	2,9858 : 1,0142	± 0,0413
BATESON u. A. 1905 .	11 903	3 903	15 806	3,0123 : 0,9877	± 0,0138
LOCK 1905	1 438	514	1 952	2,9467 : 1,0533	± 0,0392
DARBISHIRE 1909. . .	109 060	36 186	145 246	3,0035 : 0,9965	± 0,0045
WINGE 1924	19 195	6 553	25 748	2,9820 : 1,0180	± 0,0125
Sämtliche	153 902	51 245	205 147	3,0008 : 0,9992	± 0,0038

tate aller dieser Versuche, die, wie ersichtlich, mit größter Genauigkeit das Verhältnis 3 : 1 ergeben, da die geringe Abweichung innerhalb der berechneten Fehlergrenze liegt.

Die weitere Frage ist nun die, was aus den 3 Dominanten und 1 Rezessiven in der folgenden Generation F_3 wird, die wieder durch Selbstbefruchtung mit Registrierung jeder einzelnen Pflanze erhalten wurde. Dabei zeigte sich, daß die Rezessiven ausschließlich Nachkommen ihrer eigenen Art gaben. Die Dominanten erwiesen sich aber als von zweierlei Art. $^1/_3$ von ihnen gab ebenfalls nur Nachkommenschaft gleicher Art, $^2/_3$ aber verhielten sich ebenso wie die Bastarde in F_1, d. h. ihre Nachkommenschaft war wieder im Verhältnis von 3 Dominanten zu 1 Rezessiven gespalten. Um eine wirklich beobachtete Zahl zu nennen, so gaben von 565 Pflanzen, die aus runden (dominanten) Samen von F_2 gezogen waren, 193 nur runde Samen, 372 aber runde und kantige im Verhältnis von 3 : 1. Da sämtliche Versuche die gleichen Zahlenverhältnisse ergaben, so folgt daraus, daß die Pflanzen in F_2 aus drei Gruppen bestehen, $^1/_4$, welche nur den dominanten Charakter besitzen, $^1/_4$, welche nur den rezessiven haben, sowie $^2/_4$, welche ebenso zusammengesetzt sind wie die Batarde von F_1, also beide Charaktere vereinigen.

Die Zucht in weiteren sechs Generationen zeigte nun, daß stets das gleiche stattfindet, daß nämlich die Viertel reiner Dominanten und reiner Rezessiven immer nur reine Nachkommen ergaben, die $^2/_4$ Bastarde aber immer wieder im Verhältnis von 1 Dominante : 2 Bastarden : 1 Rezessiven spalten. Wenn A der dominante, a der rezessive Charakter ist[1], so erfolgt stets die Spaltung der Bastarde in

$$A + 2Aa + a.$$

Es folgt daraus, daß in jeder Generation immer wieder die Charaktere der Bastardeltern rein abgespalten werden, so daß bei Fortpflanzung in Inzucht und bei gleichmäßiger Fruchtbarkeit der Bastarde immer zahlreicher die Stammformen auftreten, ohne daß die Bastardformen

---

[1] Wir benutzen im folgenden die Originalbezeichnungsweise von MENDEL, der ein reines (homozygotes) Gen nur mit einem Buchstaben A oder a bezeichnet. Heute schreiben wir stets AA und aa und werden dies auch weiterhin in diesem Buch tun. Wenn also MENDEL schreibt AB, so heißt es jetzt $AABB$, für Aab heißt es $Aabb$ usw.

völlig verschwänden. Wenn angenommen wird, daß jede Pflanze nur vier Samen reife, so ergäben sich in weiteren Generationen die Zahlen:

Generation	A	Aa	a		A		: Aa :	a
1	1	2	1		1		: 2 :	1
2	6	4	6		3		: 2 :	3
3	28	8	28	=	7		: 2 :	7
4	120	16	120		15		: 2 :	15
5	496	32	496		31		: 2 :	31
n					$2^n - 1$	: 1	: 2 :	$2^n - 1$

Und nun ging MENDEL dazu über, Bastarde zu untersuchen, deren Eltern sich in zwei oder mehr Paaren von Charakteren unterscheiden (Dihybriden, Trihybriden usw.), also z. B. wenn die Mutterpflanze runde gelbe Samen, die Vaterpflanze kantige grüne besitzt. Es zeigte sich dabei, daß in F_1 ausschließlich die dominanten Merkmale sichtbar waren, gleichgültig, ob sie sich auf einer der Elternpflanzen allein befunden hatten oder teils auf einer, teils auf der anderen. In dem Beispiel also hatten alle F_1-Pflanzen runde und gelbe Samen. In F_2 aber trat wieder eine Spaltung ein, und zwar erschienen alle vier möglichen Kombinationen, nämlich

I. 315 runde gelbe,

II. 101 kantige gelbe,

III. 108 runde grüne,

IV. 32 kantige grüne.

Es sollen nun wieder die Buchstaben A rund, a kantig, B gelb, b grün bedeuten, also die dominanten mit großen, die rezessiven mit kleinen Symbolen benannt sein. Wenn dann aus diesen Samen die Pflanzen gezogen und gereift wurden, so mußten deren Samen zeigen, ob die betreffenden Pflanzen in ihren Charakteren rein oder Bastarde waren. Es zeigte sich dann, daß von Gruppe I hervorbrachten

38 Pflanzen runde gelbe Samen, also beschaffen waren AB
65 „ „ „ oder grüne, also beschaffen waren ABb
60 „ „ „ und kantige gelbe, also beschaffen waren AaB
138 „ „ „ und grüne, sowie kantige gelbe und grüne, also beschaffen waren $AaBb$.

Es waren also in dieser Gruppe sämtliche Kombinationen vorhanden, die möglich sind, wenn immer die beiden Dominanten mit auftraten.

Die II. Gruppe ergab

28 Pflanzen mit kantigen gelben Samen, Beschaffenheit also aB
68 ,, ,, ,, ,, und grünen Samen, Beschaffenheit
also aBb.

Es fanden sich also die beiden Kombinationen, die mit der einen Dominante B möglich sind. Gruppe III ergab sodann:

35 Pflanzen mit runden grünen Samen, Beschaffenheit demnach Ab
67 ,, ,, ,, und kantigen grünen, Beschaffenheit demnach Aab,

das heißt also die beiden möglichen Kombinationen mit der andern Dominante A. Endlich die Pflanzen aus Gruppe IV gaben sämtlich Samen von gleichem Charakter:

30 Pflanzen mit kantigen grünen Samen, beschaffen also ab.

Sie enthielten also nur die beiden reinen Rezessive.

Diese sämtlichen Pflanzen lassen sich nun nach diesen Ergebnissen in drei Gruppen ordnen. 1. AB, aB, Ab, ab, die alle durchschnittlich 33 mal auftraten und jeden Charakter nur rein besitzen, entweder dominant oder rezessiv. In der Tat ist ihre Nachkommenschaft in der nächsten Generation ebenso beschaffen. 2. ABb, aBb, AaB, Aab, die im Durchschnitt je 65 mal kamen und in je einem Charakter Bastarde sind, d. h. das dominante und rezessive Merkmal tragen, im anderen aber rein sind. In der nächsten Generation bleibt dementsprechend das eine Merkmal rein, das andere spaltet wieder. 3. Die Form $AaBb$, die 138 mal auftrat und in beiden Eigenschaften Bastard ist, daher in der nächsten Generation genau das gleiche ergab wie F_2 aus F_1. Das Verhältnis dieser drei Gruppen zeigt sich aber auf das beste wie $1 : 2 : 4$. Ordnet man daher die Individuen von F_2 ansteigend nach ihrem Bastardcharakter an, so ergibt sich die Reihe:

$$AB + Ab + aB + ab + 2ABb + 2aBb + 2AaB + 2Aab + 4AaBb.$$

Diese aber ist, wie MENDEL erkannte, die Kombinationsreihe, die aus der Kombination der beiden Ausdrücke entsteht:

$$A + 2Aa + a$$
$$B + 2Bb + b.$$

Daraus folgt aber, daß bei der Bastardierung mit mehreren Merkmalspaaren ein jedes sich völlig unabhängig vom andern verhält und sie sich in allen Arten kombinieren können, die sich aus der Spaltung der Einzelcharaktere entwickeln lassen. Oder anders ausgedrückt, und das ist vielleicht das wichtigste allgemeine Resultat: der Organismus besteht aus einheitlichen Erbeigenschaften, die unabhängig voneinander vererbt werden. Der engdültige Beweis dafür ist darin gegeben, daß,

wenn alle sieben Charaktere berücksichtigt werden, durch Bastardierung $2^7 = 128$ verschieden kombinierte, aber konstante Formen entstehen können (bei zwei Eigenschaften waren es ja $2^2 = 4$), die im Experiment auch alle gezüchtet wurden.

Und nun kommen wir zu der scharfsinnigen Überlegung, die MENDEL anstellte, um alle diese Tatsachen zu erklären, und die das nicht nur tut, sondern auch in den Stand setzt, alle seither untersuchten Bastardfälle zu erklären, ja sogar das Resultat voraus zu berechnen. MENDEL schließt: In der Nachkommenschaft der Bastarde erscheinen so viele konstante Formen, als Kombinationen zwischen den Eigenschaften denkbar sind. Erfahrungsgemäß sind die Formen konstant, die, wie bei jeder

Abb. 48. Umriß einer von DARBISHIRE gezüchteten F_2-Erbsenpflanze aus der Kreuzung gelbe und grüne Samen mit Spaltung in 3 gelbe (schwarz), 1 grüne (weiß). Nach DARBISHIRE.

gewöhnlichen Befruchtung, aus der Vereinigung gleichartiger Geschlechtszellen, Gameten, hervorgehen. Da aber alle die verschiedenen konstanten Formen aus einer Bastardpflanze gebildet werden, so müssen in ihren Geschlechtsorganen so viele Arten von Geschlechtszellen mit den entsprechenden Eigenschaften gebildet werden, als es konstante Kombinationen gibt. Die Bastarde müssen also — und zwar in gleicher

Zahl — reine Gameten bilden mit den möglichen Kombinationen der reinen Eigenschaften. Der Bastard $ABab$ bildet demnach Gameten AB, Ab, aB, ab. Unter dieser Annahme, der berühmten Reinheit der Gameten, werden aber alle beobachteten Tatsachen erklärt. Ist sie richtig, so muß sich für jede Kreuzung das Resultat voraussagen lassen. Zur Probe wurde dann unter anderem die schon oft angeführte Dihybride aus den Elternpflanzen AB und ab (d. h. rund gelb und kantig grün) bestäubt mit Pollen der einen Elternpflanze ab. Die Dihybride $ABab$ muß also Eier bilden AB, Ab, aB, ab, so daß diese bestäubt mit Pollen von ab nur geben können:

$$ABab \quad Abab \quad aBab \quad abab,$$

das heißt die Nachkommenschaft muß in gleicher Zahl rund gelb, rund grün, kantig gelb und kantig grün sein. Das Resultat aber war 31 runde gelbe, 26 runde grüne, 27 kantige gelbe und 26 kantige grüne. Und genau so gut stimmten sämtliche anderen Kontrollen, so daß in der Tat bewiesen war, daß die Bastarde reine Gameten aller Kombinationen bilden.

Unter diesen Umständen läßt sich natürlich leicht bestimmen, was aus jeder Bastardierung in F_2 und weiterhin entstehen muß. Handelt es sich um ein Eigenschaftspaar $A \times a$, so heißt der Bastard Aa, und wenn er reine Gameten bildet, sind diese entweder A oder a. Bei Selbstbefruchtung bzw. Inzucht in F_1 können A und a vom Vater wie der Mutter so zusammenkommen, wie es der Zufall gibt. Es werden also zu gleichen Teilen entstehen nach folgendem Schema

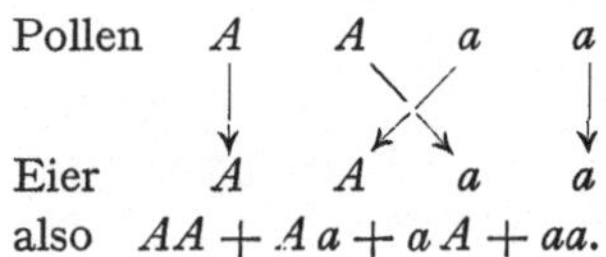

also $AA + Aa + aA + aa.$

Das ist aber genau das Verhältnis, das wir oben verwirklicht gesehen haben

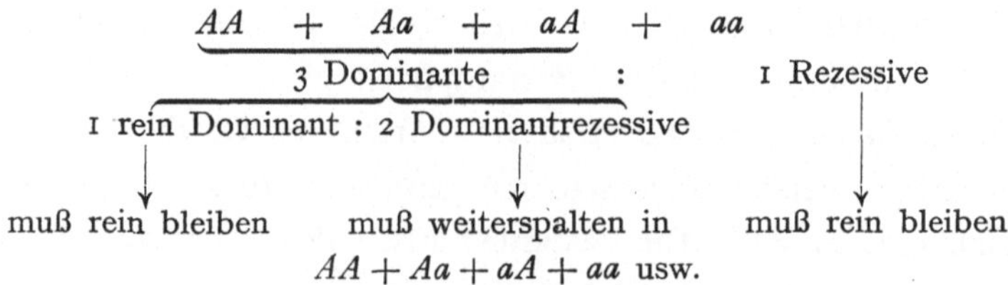

Ebenso muß sich dann aber auch das Verhältnis für 2 Eigenschaftspaare berechnen lassen. Wenn der Bastard $ABab$ alle Kombinationen reiner Gameten liefert, so sind diese AB, Ab, aB, ab. Es kann sich also bei der Befruchtung jede dieser Gameten des einen Elters mit jeder des andern verbinden, also:

AB mit AB	Ab mit AB	aB mit AB	ab mit AB
„ „ Ab	„ „ Ab	„ „ Ab	„ „ Ab
„ „ aB	„ „ aB	„ „ aB	„ „ aB
„ „ ab	„ „ ab	„ „ ab	„ „ ab.

Es gibt also 16 Kombinationen. Man führt jetzt allgemein diese Kombination mittels des von PUNNETT eingeführten Kombinationsschemas aus, das auf den ersten Blick auch in schwierigeren Fällen das

Kombinationsschema.

Gameten:	AB	Ab	aB	ab
AB	AB AB **rund gelb** 1 I	Ab AB rund gelb 2 V	aB AB rund gelb 3 VI	ab AB rund gelb 4 IX
Ab	AB Ab rund gelb 5 V	Ab Ab **rund grün** 1 II	aB Ab rund gelb 6 IX	ab Ab rund grün 2 VII
aB	AB aB rund gelb 7 VI	Ab aB rund gelb 8 IX	aB aB **kantig gelb** 1 III	ab aB kantig gelb 2 VIII
ab	AB ab rund gelb 9 IX	Ab ab rund grün 3 VII	aB ab kantig gelb 3 VIII	ab ab **kantig grün** 1 IV

Resultat erkennen läßt. Ein Quadrat wird in so viele kleine Quadrate eingeteilt, als Kombinationen möglich sind, bei 2 Eigenschaftspaaren also 16. Es werden dann die Gametenarten horizontal und vertikal daneben geschrieben und dann in allen senkrecht von ihnen ausgehenden Rubriken wiederholt. Für obigen Fall siehe das Schema (S. 139).

Aus dem Schema ersieht man sofort folgendes: 1. Das Gesamtresultat bei der Spaltung von 2 Eigenschaftspaaren ist in F_2 ein Aufspalten im Verhältnis von $9 : 3 : 3 : 1$; und zwar zeigen je 9 Individuen von 16 die beiden dominanten Eigenschaften (A, *B*), je 3 die eine Dominante mit der anderen Rezessiven (*A*, *b*), je 3 die andere Dominante mit der einen Rezessiven (*a*, *B*), und je 1 unter 16 nur die beiden rezessiven Eigenschaften (*a*, *b*). Oben S. 135 wurde das wirkliche Resultat MENDELS aus dieser Spaltung angegeben, und man sieht, daß in der Tat das beobachtete Verhältnis von $315 : 101 : 108 : 32$ gut mit dem erwarteten, nämlich $313,8 : 104,4 : 104,4 : 34,8$ übereinstimmt.

2. Man erkennt, daß unter 16 Individuen nur 4 vorhanden sind, deren Bezeichnung fett gedruckt ist, die nicht Bastardnatur haben, da sie von jedem Eigenschaftspaar nur eine Eigenschaft (also entweder große oder kleine Buchstaben einer Art) rein besitzen. Von diesen vier Individuen gehört jedes einer der vier Gruppen von Formen, die resultieren, an. Eines ist also rein in bezug auf die beiden dominanten Eigenschaften (*AABB*), also als einziges unter 9 dieser Gruppe, je eines ist rein in bezug auf eine dominante und die andere rezessive Eigenschaft (*AAbb* oder *aaBB*), also nur eines unter 3 dieser Gruppe, und eines ist endlich rein in bezug auf die beiden Rezessiven (*aabb*). Da die letzte Gruppe nur 1 von 16 enthält, sind also Individuen mit beiden rezessiven Eigenschaften immer rein. Es würden also nur diese 4 von 16 Individuen bei Selbstbefruchtung rein weiter züchten (natürlich ebenso bei Paarung mit einem anderen Individuum gleicher Konstitution), alle anderen müssen nach Maßgabe ihrer Zusammensetzung weiterspalten.

3. Es werden unter den 16 Formen im ganzen nach ihrer Zusammensetzung 9 Genotypen vertreten sein, die im Schema mit I—IX bezeichnet sind, obwohl äußerlich sichtbar nur die genannten 4 Typen, also Phänotypen, auftreten. I—IV sind die 4 reinen Formen, die eben benannt wurden und die je einmal vorkommen. V und VI, die je zweimal sich finden, enthalten außer den beiden dominanten Eigenschaften noch eine bzw. die andere Rezessive. VII und VIII, die sich ebenfalls

zweimal finden, enthalten eine bzw. die andere Dominante und zwei Rezessive, und endlich IX, der viermal vertreten ist, wird durch den Besitz aller vier Eigenschaften charakterisiert. Es werden also aus dem Schema die 9 Formen abgelesen, die MENDEL, wie wir gesehen haben, gefunden und zur Kombinationsreihe zusammengestellt hatte.

Führen wir, um diese so instruktive Methode sicher zu beherrschen, nun auch noch eine Kombination von 3 Eigenschaftspaaren durch, wobei wir den von MENDEL wirklich durchgeführten Fall betrachten, daß gekreuzt werden 2 Pflanzen von der Beschaffenheit:

A runde Samen,	a kantige Samen,
B gelbe Cotyledonen,	b grüne Cotyledonen,
C graubraune Samenschale,	c weiße Samenschale.

Der Bastard heißt also $ABCabc$ und erscheint rund, gelb, graubraun. Wenn er reine Gameten bildet, so können diese von 8 verschiedenen Zusammensetzungen sein, entsprechend den 8 möglichen Kombinationen der 3 Buchstabenpaare. Die Gameten lauten also:

$$ABC \quad ABc \quad AbC \quad aBC \quad Abc \quad aBc \quad abC \quad abc.$$

Ihre Kombination ergibt also $8 \times 8 = 64$ Möglichkeiten.

Das Schema (S. 142) zeigt nun, daß im ganzen acht verschiedene Samenarten auftreten. 1. Runde, gelbe, graubraune ABC, 2. runde, gelbe, weiße ABc, 3. runde, grüne, graubraune AbC, 4. kantige, gelbe, graubraune aBC, 5. runde, grüne, weiße Abc, 6. kantige, gelbe, weiße aBc, 7. kantige, grüne, graubraune abC und 8. kantige, grüne, weiße abc. Die erste Gruppe mit allen drei dominanten Eigenschaften ABC ist mit ! gekennzeichnet und umfaßt 27 von 64 Individuen. Unter diesen ist wieder nur eines, das mit der fetten Zahl 1, rein. Die 2.—4. Gruppe, die je zwei dominante und eine rezessive Eigenschaft zeigen, also ABc, AbC, aBC ist in je 9 Exemplaren vorhanden, bezeichnet mit ? ; : . Auch hier ist immer nur je 1 Exemplar (mit der fetten Zahl) rein. Die 5.—7. Gruppe besitzt eine dominante und zwei rezessive Eigenschaften, also Abc, aBc, abC, und kommt in je 3 Exemplaren vor, bezeichnet durch — + $\times$, und auch hier wieder nur je ein reines Individuum. Endlich enthält die 8. Gruppe mit allen drei rezessiven Eigenschaften abc nur ein reines Individuum.

	ABC	ABc	AbC	aBC	Abc	aBc	abC	abc
ABC	ABC ABC ! 1	ABc ABC ! 2	AbC ABC ! 3	aBC ABC ! 4	Abc ABC ! 5	aBc ABC ! 6	abC ABC ! 7	abc ABC ! 8
ABc	ABC ABc ! 9	ABc ABc ? 1	AbC ABc ! 10	aBC ABc ! 11.	Abc ABc ? 2	aBc ABc ? 3	abC ABc ! 12	abc ABc ? 4
AbC	ABC AbC ! 13	ABc AbC ! 14	AbC AbC ; 1	aBC AbC ! 15	Abc AbC ; 2	aBc AbC ! 16	abC AbC ; 3	abc AbC ; 4
aBC	ABC aBC ! 17	ABc aBC ! 18	AbC aBC ! 19	aBC aBC : 1	Abc aBC ! 20	aBc aBC : 2	abC aBC : 3	abc aBC : 4
Abc	ABC Abc ! 21	ABc Abc ? 5	AbC Abc ; 5	aBC Abc ! 22	Abc Abc — 1	aBc Abc ? 6	abC Abc ; 6	abc Abc — 2
aBc	ABC aBc ! 23	ABc aBc ? 7	AbC aBc ! 24	aBC aBc : 5	Abc aBc ? 8	aBc aBc + 1	abC aBc : 6	abc aBc + 2
abC	ABC abC ! 25	ABc abC ! 26	AbC abC ; 7	aBC abC : 7	Abc abC ; 8	aBc abC : 8	abC abC × 1	abc abC × 2
abc	ABC abc ! 27	ABc abc ? 9	AbC abc ; 9	aBC abc : 9	Abc abc — 3	aBc abc + 3	abC abc × 3	abc abc 1

Es erscheinen also sichtlich 8 verschiedene Typen, und zwar sind das, um uns nun wieder der alten Ausdrucksweise zu bedienen, Phänotypen. Denn nach der Gametenzusammensetzung sind 27 verschiedene Genotypen zu unterscheiden (bei zwei Eigenschaften waren es 9). Würden wir sie im Schema auszählen, so fänden wir 8 reine Typen je einmal, 12 Typen mit je zwei Eigenschaften rein und der dritten unrein je zweimal, 6 Typen mit je einer Eigenschaft rein und zweien unrein je viermal und einen Typus mit allen drei Eigenschaften unrein (also $ABCabc$) in 8 Exemplaren. Es lautet also die Phänotypenverteilung:

$$27\,ABC : 9\,AbC : 9\,ABc : 9\,aBC : 3\,Abc : 3\,aBc : 3\,abC : 1\,abc.$$

Die genotypische Verteilung dagegen:

$1\,ABC : 1\,ABc : 1\,AbC : 1\,aBC : 1\,Abc : 1\,aBc : 1\,abC : 1\,abc : 2\,ABCc : 2\,AbCc :$
$2\,aBCc : 2\,abCc : 2\,ABbC : 2\,ABbc : 2\,aBbC : 2\,aBbc : 2\,AaBC : 2\,AaBc :$
$2\,AabC : 2\,Aabc : 4\,ABbCc : 4\,aBbCc : 4\,AaBCc : 4\,AabCc : 4\,AaBbC :$
$$4\,AaBbc : 8\,AaBbCc.$$

In dem wirklichen Versuch MENDELS waren die Zahlen der Pflanzen,
die sich als zu diesen 27 Genotypen zugehörig erwiesen:

$$8+14+9+11+8+10+10+7+22+17+25+20+15+18+19+24+14+18$$
$$+20+16+45+36+38+40+49+48+78,$$

also in guter Übereinstimmung mit dem erwarteten Verhältnis:

$$1 : 1 : 1 : 1 : 1 : 1 : 1 : 1 : 2 : 2 : 2 : 2 : 2 : 2 : 2 : 2 : 2 : 2 : 2 : 2 : 4 : 4 : 4 : 4 : 4 : 4 : 8.$$

Wir sehen somit, wie auch für 3 Eigenschaften aus dem Kombinationsschema alle Erwartungen des Versuchs herausgelesen werden
können. Da also die Erwartungen sich alle bei der Annahme der Reinheit der Gameten aus der Kombinationsrechnung ergeben, so lassen
sich natürlich alle Zahlenmöglichkeiten auf einfache Weise berechnen. Zahlenkon-
sequenzen.
Wir haben gesehen, daß bei einem Paar von Eigenschaften oder Allelo-
morphen die Spaltung in F_2 im Verhältnis von $3 : 1$ eintritt, also in
$\frac{3}{4} + \frac{1}{4}$ Individuen. Da sich das Verhalten bei mehreren Eigenschaften
nun aus dem der einzelnen Eigenschaften kombiniert, so muß für zwei
Eigenschaften das Resultat sein:

$$\left(\frac{3}{4} + \frac{1}{4}\right)\left(\frac{3}{4} + \frac{1}{4}\right) = \frac{9}{16} + 2 \cdot \frac{3}{16} + \frac{1}{16}$$

und für drei Eigenschaften:

$$\left(\frac{3}{4} + \frac{1}{4}\right)^3 = \frac{27}{64} + 3 \cdot \frac{9}{64} + 3 \cdot \frac{3}{64} + \frac{1}{64},$$

also das, was wir soeben im Kombinationsschema gesehen haben. Allgemein also für n Eigenschaften $= \left(\frac{3}{4} + \frac{1}{4}\right)^n$.

Es beträgt somit die Anzahl der in F_2 auftretenden Phänotypen 2^n,
also bei 3 Eigenschaften 8. Unter diesen sind, wie wir gesehen haben,
ebenfalls 2^n rein, und ebenso groß ist ja die Zahl der möglichen Gametenarten des Bastards. Von diesen 2^n Phänotypen zeigt einer die Charak-

tere sämtlicher n (im Beispiel 3) dominanten Eigenschaften, je einer den Charakter von $n-1$ Dominanten und 1 Rezessiven (im Beispiel 2 Dominanten und 1 Rezessiven), je einer den von $n-2$ Dominanten und 2 Rezessiven (im Beispiel 1 Dominanten und 2 Rezessiven) usw. und schließlich einer den Charakter sämtlicher, also n rezessiven Eigenschaften. Die Zahlenverhältnisse dieser 2^n Phänotypen sind die, daß unter 2^{2n} Individuen (im Beispiel $2^{2\times 3} = 64$) 3^n (also $3^3 = 27$) sämtliche n Dominanten haben, je 3^{n-1} $n-1$ Dominanten und 1 Rezessiv ($3^{3-1} = 9$), je 3^{n-2} $n-2$ Dominanten und 2 Rezessive ($3^{3-2} = 3$) und so weiter bis $3^0 = 1$ sämtliche Rezessive.

Es ist leicht, die in allen möglichen mendelistischen Experimenten auftretenden Zahlenverhältnisse in solcher Weise zu berechnen. Für schwierigere Fälle sind besondere Tabellen ausgearbeitet, wofür auf JENNINGS Zusammenstellung verwiesen sei. Für die elementarsten Fälle sind einige der häufigsten Zahlen in den folgenden Tabellen zusammengestellt.

Bei Dominanz der Charaktere eines jeden Paares sind folgendes die erwarteten Zahlenverhältnisse der Phänotypen in F_2, berechnet aus der oben gegebenen Formel $\left(\dfrac{3}{4} + \dfrac{1}{4}\right)^n$:

Zahl der Faktorenpaare	$(3+1)^n$	Zahlenverhältnis der Phänotypen in F_2	Genotypische Kombinationen in F_2
1	$(3+1)^1$	$3+1 = 3:1$	4
2	$(3+1)^2$	$3^2+2\times 3+1 = 9:3:3:1$	16
3	$(3+1)^3$	$3^3+3\times 3^2+3\times 3+1 = 27:9:9:9:3:3:3:1$	64
4	$(3+1)^4$	$3^4+4\times 3^3+6\times 3^2+4\times 3+1 = 81:27:27:27$ $:27:9:9:9:9:9:9:3:3:3:3:1$	256
5	$(3+1)^5$	$3^5+5\times 3^4+10\times 3^3+10\times 3^2+5\times 3+1 = 243$ $:81:81:81:81:81:27:27:27:27:27:27$ $:27:27:27:27:9:9:9:9:9:9:9:9:9$ $:9:3:3:3:3:3:1$	1024
n	$(3+1)^n$	$3^n+n\times 3^{n-1}+\dfrac{n(n-1)}{2}\times 3^{n-2}+$ $+\dfrac{n(n-1)(n-2)}{3!}\times 3^{n-3}\ldots +1$	4^n

Die folgende Tabelle gibt einige weitere Zahlenverhältnisse für einfache MENDELsche Populationen:

Zahl der Faktorenpaare	Gametenarten des F_1-Bastards	Gametenkombinationen in F_2	Homozygote Kombinationen in F_2	Heterozygote in F_2	Genotypisch verschiedene F_2-Klassen
1	2	4	2	2	3
2	4	16	4	12	9
3	8	64	8	56	27
4	16	256	16	240	81
5	32	1024	32	992	243
6	64	4096	64	4032	729
n	2^n	4^n	2^n	$4^n - 2^n$	3^n

Diese Tabellen zeigen bereits, daß die vollständige Faktorenanalyse eines Experiments mit etwa 10 selbständig mendelnden Faktorenpaaren die Zucht von Millionen von Individuen in F_2 erfordert. Es braucht wohl kaum hinzugefügt zu werden, daß die in solchen Experimenten erhaltenen Zahlenverhältnisse, wenn sie nicht absolut klar sind, zahlenkritisch betrachtet werden müssen, daß also der mittlere Fehler für das Resultat zu berechnen ist.

Diese Berechnung ist je nach der Art des Falles verschieden auszuführen, besonders wenn es sich um kompliziertere MENDEL-Fälle handelt. Die Methoden sind elementar in dem oft erwähnten Buch von JOHANNSEN abgeleitet und die Formeln in den Sammlungen von JENNINGS und P. HERTWIG zu finden. Eine der einfachsten Möglichkeiten ist die folgende Berechnung nach einem Beispiel von JOHANNSEN. Es sei eine einfache MENDEL-Spaltung 3 : 1 erwartet und es wird im konkreten Fall unter 423 Individuen eine Spaltung gefunden von 332 : 91. Die ideale Erwartung wäre gewesen 317,25 : 105,75. Nun ist die Standardabweichung σ (siehe oben) bei alternativer Variation $\sigma = \sqrt{a \cdot b}$, in diesem Fall $\sigma = \sqrt{317,25 \cdot 105,75} = 183,17$. Der mittlere Fehler, wissen wir, ist gleich $\dfrac{\sigma}{\sqrt{n}}$, n in diesem Beispiel $= 423$, somit ist der Mittelfehler $= 8,91$. Das Resultat ist also:

1. Beobachtung	2. Erwartung	Differenz zwischen 1 und 2
332 : 91	317,25 : 105,25 ± 8,91	14,75

Die Differenz zwischen Erwartung und Beobachtung ist also etwa 1,66 mal die Größe des Mittelfehlers, also beträchtlich unter der Grenze des dreifachen Mittelfehlers.

Hier war der Mittelfehler auf die gefundenen Zahlen selbst berechnet.

Er könnte auch auf das Übereinstimmen mit dem erwarteten Verhältnis 3 : 1 berechnet werden. Dann haben wir im gleichen Beispiel statt genau 3 : 1 erhalten 332 : 91 = 3,139 : 0,861. Nach den gleichen Formeln berechnet sich dann σ für die Erwartung 3 : 1 = 1,7321 und m für die 423 Individuen = $\pm$ 0,084. Die Differenz von Beobachtung und Erwartung ist dann 0,139, also wieder ungefähr 1,6 mal der Mittelfehler. In der obigen Tabelle für die Erbsenexperimente war der Mittelfehler auf diese Spaltungszahlen berechnet.

Aus diesem einfachen Beispiel folgt leicht die Berechnung für andere Spaltungszahlen, die man sich außerdem durch Tabellen erleichtern kann, die sich z. B. bei JOHANNSEN finden.

Nomenklatur.- Wir können an dieser Stelle uns gleich auch mit der jetzt allgemein üblichen Nomenklatur vertraut machen. Das, was wir hier reine Typen nannten, wird als *homozygot* bezeichnet und unreine als *heterozygot*. Also eine Form ist in bezug auf eine betrachtete Eigenschaft homozygot, wenn sie ihren Erbfaktor in gleicher Weise von beiden Eltern erhielt, in zwei Portionen besitzt, in der Buchstabenformel für die betreffende Eigenschaft nur große oder nur kleine Buchstaben vorkommen; sie ist darin heterozygot, wenn sie von beiden Eltern verschiedene Eigenschaften erhielt, jede nur in einer Portion, in der Formel also ein großer und ein kleiner Buchstabe steht. In bezug auf eine homozygote Eigenschaft wird nur eine Sorte Gameten gebildet, in bezug auf eine heterozygote zwei Sorten und bei Heterozygotie in mehreren Eigenschaften so viele als Kombinationsmöglichkeiten vorhanden. Das ist also nur eine etwas anders geartete Ausdrucksweise. Die Bezeichnungen P F_1 F_2 usw. für die Generationen lernten wir schon kennen, ebenso die Ausdrücke spalten und reinzüchten. Die einzelnen mendelnden Gene können wir auch Erbfaktoren, MENDEL-Faktoren nennen. Ein zusammengehöriges Faktorenpaar wird als ein Paar Allelomorphe (BATESON) oder kurz Allele (JOHANNSEN) bezeichnet. Ein Bastard in einem Allelenpaar heißt monohybrid und dementsprechend weiterhin dihybrid, trihybrid usw.

Es ist wohl aus der Darstellung der wichtigsten Resultate MENDELS und ihrer Konsequenzen nicht nur der geniale Scharfblick dieses Forschers sichtbar, sondern auch die Tatsache verständlich geworden, wieso diese Untersuchungen bei ihrem wirklichen Bekanntwerden eine so gewaltige Wirkung auf die gesamte Biologie ausübten. Konnte man sich doch nichts Befriedigenderes vorstellen als den Gedanken, die ganzen Erblichkeitserscheinungen in ein einfaches Gesetz fassen zu können. Die außerordentliche Fülle von Tatsachenmaterial, die seitdem bekannt geworden ist und die in ihrer durch MENDELS Arbeitsmethode gekennzeichneten Gesamtheit den „Mendelismus" zu einem besonderen Wissenszweig der Biologie erhoben hat, hat so weittragende Bestätigungen des Grundgedankens der MENDELschen Gesetze gebracht, daß es heute nicht wenige Forscher gibt — und es sind gerade die erfahrensten —, die überzeugt sind, daß es überhaupt nur eine wichtige Art von Vererbung, die MENDELsche, gebe. Wir wollen deshalb in den folgenden Vorlesungen die wichtigsten Tatsachen des Mendelismus an Hand ausgewählter Beispiele kennen lernen.

Literatur zur sechsten Vorlesung .

BATESON, W. und Mitarbeiter: Reports to the Evolution Committee of the R. Soc. 1—5. 1902—09.

CORRENS, C.: Untersuchungen über die Xenien bei Zea Mays. Ber. d. dtsch. botan. Ges. 1899. — Ders.: G. Mendels Regel über das Verhalten der Nachkommenschaft der Rassenbastarde. Ebenda. 1900.

DARWIN, CH.: Das Variieren der Tiere und Pflanzen im Zustande der Domestikation. 1878.

FOCKE, W. O.: Die Pflanzenmischlinge. Berlin 1881.

GÄRTNER, C. F.: Versuche und Beobachtungen über die Bastarderzeugung im Pflanzenreiche. Stuttgart 1849.

HURST, C. C.: Experiments in the Heredity of Peas. Ibid. **28.** 1904.

KÖLREUTER, J. G.: Vorläufige Nachricht von einigen das Geschlecht der Pflanzen betreffenden Versuchen und Beobachtungen. 1761.

LOCK, R. H.: Recent progress in the study of Variation, Heredity and Evolution. Murray, London 1906. 2. Aufl. 1909.

MENDEL, G.: Versuche über Pflanzenhybriden. Ostwalds Klassiker d. exakt. Wiss. Leipzig 1901.

NAUDIN, CH.: De l'hybridité comme cause de variabilité. Ann. Sc. nat. Bot. S. 5, Teil 3. 1865.

STANDFUSS, M.: Handbuch der paläarktischen Großschmetterlinge für Forscher und Sammler. 1896.

TSCHERMAK, E.: Über künstliche Kreuzung bei Pisum sativum. Zeitschr. f. d. landwirtschaftl. Versuchsw. in Österreich **3.** 1900.

DE VRIES, H.: Das Spaltungsgesetz der Bastarde. Ber. d. dtsch. botan. Ges. 18. 1900.

Eine sehr praktische Formelsammlung zur Benutzung bei allen Rechenoperationen, die bei Bastardierungs- und anderen Vererbungsarbeiten benötigt werden, ist:

JENNINGS, H. S.: The numerical results of diverse systems of breeding. Genetics 1—2. 1916/17.

Etwas kürzer für die Hauptfälle:

HERTWIG, P.: Tabellen der Vererbungslehre in Tabulae biologicae. Ed. W. Funk. 1927.

Siebente Vorlesung.

Die Dominanzregel. Reine und unvollkommene Dominanz. Intermediäre und Mosaikbastarde. Das Spaltungsgesetz. Einfache Fälle von Mono- und Dihybridismus.

Die Hauptgesetze, die aus MENDELS Untersuchungen folgen, sind 1. das Gesetz der Spaltung der Eigenschaften nach berechenbaren Verhältnissen, 2. die Reinheit der Gameten, aus der die Spaltungsgesetze gefolgert werden, 3. die Zusammensetzung der Organismen aus Erbeinheiten. Es wird also unsere erste Aufgabe sein, zu verfolgen, wie weit die neu gefundenen Tatsachen diese Gesetzmäßigkeiten stützen. Vorher müssen wir aber noch kurz der Erscheinung der Dominanz unsere Aufmerksamkeit zuwenden. Schon die alte Bastardlehre wußte ja, wie geschildert wurde, daß oft der Bastard ausschließlich die Charaktere eines der Eltern zeigt, und wir sahen, daß schon DARWIN versuchte, für solche Fälle eine Regel zu finden. Die neueren Bastardierungsstudien haben nun eine Fülle von Fällen mehr oder minder ausgesprochener Dominanz entdeckt, die sich auf alle erdenklichen Arten von Eigenschaften im Tier- und Pflanzenreich beziehen. Mit ihrer Aufzählung ließen sich viele Seiten füllen, und wir bemerken daher nur, daß alle Arten von Eigenschaften im Tier- und Pflanzenreich, die sich ausdenken lassen, die Erscheinung der Dominanz im Bastard zeigen können. Um nur einige Beispiele zu nennen, so kann es sich handeln um *quantitative Charaktere*: Wir sahen bereits in MENDELS Versuchen hohen Wuchs über niederen bei Erbsen dominieren; umgekehrt dominiert das kurze Haar der gewöhnlichen Nagetiere (Kaninchen) über das lange Angorahaar. Oder es betrifft *Formcharaktere*: Wir sahen bei MENDELS Erbsen runde Samen über kantige dominieren; bei Hühnern dominieren die verschiedenartigen Kammformen wie Rosen- oder Erbsenkamm über den gewöhnlichen Lappenkamm; die gewöhnlichen Federn dominieren über die seidigen der Negerhühner; der Kurzsteiß der Kaulhühner ebenso über seine normale Beschaffenheit. Oder es betrifft *Farben*, das am meisten bearbeitete Gebiet: Wir sahen bei MENDEL gefärbte Erbsenblüten über weiße dominieren; bei den Nagetieren dominieren die verschiedenen Färbungen über das albinotische Weiß; rote Schneckenschalen dominieren über gelbe; der rote Flügelstaub der mitteleuropäischen Callimorpha über den gelben der südeuropäischen. Auch *Zeichnungscharaktere* kommen in Betracht: So dominieren ungebänderte Schnecken über gebänderte, die Scheckung gewisser Nagetierrassen über die Ganzfarbigkeit. Auch von *physiologischen Charakteren* ist entsprechendes bekannt: Rostempfänglichkeit beim Getreide dominiert über relative Unempfänglichkeit, das Traben der Pferde über den Paßgang. *Pathologische Charaktere* sind sehr oft dominant über normale: So die Brachydaktylie oder die Sechsfingrigkeit beim Menschen über die normale Beschaffenheit, die Kurzschwänzigkeit der Manxkatzen über das normale Verhalten, dagegen der normale Zustand des Labyrinths der Mäuse über die pathologische Veränderung, die das Tanzen bedingt. Und endlich sind auch die *Instinkte* nicht zu vergessen: So dominiert der Brutinstinkt der Hühner über sein Fehlen bei manchen Rassen, das absonderliche Schreien ägyptischer Hühner über die gewöhnliche Lautgebung.

Diese wenigen Beispiele mögen genügen, wir werden ja auch ohnehin noch andere kennen lernen. Es handelt sich nun zunächst darum, für die Fälle wirklicher Dominanz zu untersuchen, ob sich irgendeine Gesetzmäßigkeit dafür feststellen läßt, welche Art von Eigenschaft über eine andere dominiert. Versuche in dieser Richtung sind denn auch mehrfach unternommen worden, ohne daß sie zu einem festen Resultat geführt hätten. So glaubte man annehmen zu dürfen, daß das phylogenetisch ältere Merkmal über das jüngere dominiere. In den meisten Fällen dürfte es allerdings schwer zu entscheiden sein, was phylogenetisch älter ist. Da aber, wo es sich feststellen läßt, wie bei den Haustierrassen oder den Schmetterlingsaberrationen, trifft die Annahme bald zu, bald nicht. Das kurze Haarkleid des wilden Kaninchens dominiert in der Tat über das Angorafell, das ein Produkt der Domestikation ist, aber umgekehrt dominiert auch die gewiß nicht phylogenetisch ältere Schwanzlosigkeit der Katzen über den normalen Zustand oder die melanistischen Aberrationen mancher Schmetterlinge über die Normalform. Die Verallgemeinerung ist also sicher undurchführbar. Etwas besser steht es mit einem anderen Versuch, der aus einer jetzt allgemein üblichen Betrachtungsweise der Allelomorphe oder Merkmalspaare hervorgegangen ist. BATESON hat vorgeschlagen, die Merkmalspaare unter dem Gesichtspunkt der Presence und Absence zu gruppieren, das heißt also die Annahme zu machen, daß immer das Vorhandensein des Faktors für eine Eigenschaft dessen Fehlen gegenüberstehe. Die Allelomorphe für die MENDELsche Erbsenfarbe hießen also: Gelb — kein Gelb (= grün), für die Fellfarbe der Nagetiere: Farbe — keine Farbe (= Albino), Scheckung — keine Scheckung (= ganzfarbig), für den Kurzsteiß mancher Hühnerrassen: Verhinderungsfaktor der Steißentwicklung — kein solcher Faktor (= normaler Schwanz). Es unterliegt auch keinem Zweifel, daß diese Art der Darstellung die rationellste, vor allem die praktischste ist. Wenn sie nun außerdem auch auf einer realen Grundlage beruht, so ist klar, daß das dominante Merkmal immer das anwesende sein muß.

Wie gesagt, ist die Darstellung der Presence-Absence-Theorie die rationellste, und es erleichtert die Darstellung aller MENDEL-Fälle außerordentlich, wenn der dominante Erbfaktor (mit großen Buchstaben bezeichnet) als positiv dem rezessiven Faktor (mit kleinen Buchstaben bezeichnet) als negativ gegenübersteht. Man muß nur nicht so weit gehen, diese Vorstellung allzu wörtlich zu nehmen, also etwa zu glauben, daß die Erbmasse einer dominanten Form das Ding besitzt, das wir einen Faktor für die betreffende dominante Eigenschaft nennen, während die rezessive Form an der gleichen Stelle ihrer Erbmasse ein Loch aufweist. Wir müssen vielmehr die Formulierung als eine rein deskriptive auffassen. Wenn wir zwei Stühle zusammen betrachten, einen Rokokostuhl und einen Renaissancestuhl, so können wir auch sagen, Renaissancestuhl und kein Renaissancestuhl, ohne daß damit gemeint wäre, daß der andere Stuhl überhaupt nicht existiert. Wenn wir also in Zukunft das Fehlen eines Faktors seinem Vorhandensein gegenüberstellen, so ist es in diesem Sinne gemeint. Wenn wir dann später von Faktorenausfall reden werden, so meinen wir nicht, um bei dem Vergleich zu bleiben, das Verschwinden des Stuhles, sondern eines bestimmten Ornaments. Auf das Wesen der Dominanz wird aber durch die Darstellungs-methode der Presence-Absence-Theorie kein Licht geworfen, es kann nur aus dem physiologischen Studium der Erbfaktoren erkannt werden, wie wir später sehen werden, wenn wir die Quantität der Erbfaktoren betrachten.

Unvoll-kommene Dominanz. Nun wurde es bisher von uns als selbverständlich angenommen, daß da, wo Dominanz vorliegt, wirklich nur der dominante Charakter sichtbar ist. Das bedeutet also, daß der Bastard, der das dominante und das rezessive Merkmal zugleich enthält, oder die *Heterozygote*, wie wir von jetzt ab mit dem bereits in der letzten Vorlesung eingeführten Terminus sagen wollen, von der reinen dominanten Stammform oder *Homozygote* nicht äußerlich zu unterscheiden ist. (Der Begriff Homo-zygote bedeutet natürlich, daß ein Merkmal nur rein vorhanden ist, be-zieht sich also sowohl auf dominante wie rezessive Eigenschaften. AA, aa, $AAbb$, $aabb$, $AABB$ sind alle homozygot; Aa dagegen ist hetero-zygot, $AABb$ ist in der Eigenschaft A homozygot, in der Eigenschaft B heterozygot.)

Je genauer wir nun in das Studium der MENDEL-Fälle eindringen, um so mehr zeigt es sich, daß reine Dominanz etwas recht Seltenes ist. Bei scheinbar reiner Dominanz kann bisweilen der geschärfte Blick des Züchters die Heterozygote von der Homozygote unterscheiden, wie ein jeder erfährt, der mit diesen Dingen arbeitet, und MENDEL selbst war sich über die Unvollkommenheit der Dominanz schon im klaren. In manchen Fällen ist die Unterscheidung von Homo- und Heterozygoten nur auf einem bestimmten Entwicklungsstadium möglich. Derartiges beschrieb der Verfasser für Raupencharaktere des Schwammspinners und CORRENS für Brennesselkreuzungen, die die Sägung des Blattrandes (dominant) nur bei den ersten Laubblättern in der Heterozygote ver-schieden zeigen. Dem schließen sich dann solche Fälle an, bei denen zwar äußerlich ein Unterschied nicht wahrzunehmen ist, die mikro-skopische Untersuchung aber Hetero- und Homozygoten unterscheiden läßt. Von besonderem Interesse erscheinen hierfür die Befunde von DARBISHIRE, weil sie sich auf MENDELS klassischen Fall der Dominanz der runden Erbsen über kantige beziehen. Die Untersuchung der Stärke-körner der rein dominantmerkmaligen Heterozygotensamen zeigte nämlich, daß sie deutlich eine gemischte Beschaffenheit aus den charakteristisch differenten Größen, Formen und Strukturen der Stärkekörner der Elternpflanzen aufwiesen, so daß mit Hilfe des Mikroskops sich Homozygoten und Heterozygoten ohne weiteres unterscheiden lassen. Wir werden dieses Ergebnis in der nächsten Vorlesung nochmals zu besprechen haben.

In nicht wenigen Fällen aber lassen sich die reinen Dominanten und die Dominantrezessiven auch ohne besonderen Scharfblick und genaue Untersuchung unterscheiden, indem letztere etwa den dominanten Charakter abgeschwächt zeigen. BATESON drückt dies auf Grund seiner An- und Abwesenheitslehre so aus, daß in diesen Fällen zwei Portionen des dominanten Charakters nötig sind, um ihn voll zur Ausbildung zu bringen, eine Annahme, die jedenfalls eine treffende Beschreibung der Tatsache bedeutet. So findet etwa CORRENS bei Kreuzung gelb- und grünblättriger Wunderblumen, daß das dominante Grün in F_1 heller erscheint. Werden weiß dominante Hühnerrassen mit braunen gekreuzt, so ist F_1 weiß, die Tiere können aber im Gefieder braune Flecken aufweisen, die Dominanz ist also unrein. Und gerade aus dem Gebiete der Hühnerkreuzungen sind besonders durch DAVENPORT eine ganze Anzahl solcher Fälle bekannt geworden. So ist die gewöhnliche Kopfform gegenüber dem Vorhandensein eines Federbusches rezessiv, trotzdem zeigte sich aber in F_1 der Federbusch reduziert, wie umstehende Abb. 49 *a, b, c* zeigen. Das Fehlen der Federhose an den Schenkeln dominiert über ihr Vorhandensein, aber einige Federn finden sich doch in F_1. Ebenso dominiert das Vorhandensein einer fünften Extrazehe bei vierzehigen Hühnerrassen mehr oder minder über ihr Fehlen, aber in F_1 findet man auch Individuen mit schlecht ausgebildeter fünften Zehe, mit einer solchen nur an einem Fuß oder gar überhaupt ganz vierzehige Tiere, die natürlich deshalb trotzdem sich als echte Heterozygote erweisen. Diese Beispiele ließen sich beliebig aus allen Tier- und Pflanzengruppen vermehren.

Von diesen Fällen unvollständiger Dominanz sind dann solche nicht zu trennen, zum Teil auch schon mit besprochen, bei denen eine Fluktuation in der Erscheinung des dominierenden Merkmals zu erkennen ist. Für die Extrazehe der Hühner wurde das schon DARWIN bekannte

Fluktuierende Dominanz.

Verhalten erwähnt. Man kann sogar sagen, daß stets, wenn die Dominanz eine unvollkommene ist, das Maß der Dominanz in verschiedenen Einzelversuchen fluktuiert, mehr oder minder ausgeprägt ist. Das läßt sich besonders bei quantitativen Eigenschaften zeigen, deren Werte als eine Variationsreihe dargestellt werden können. Konkrete Beispiele werden uns noch begegnen.

Abb. 49. *a* Kopf des Minorkahuhns, *b* des polnischen Huhns, *c* des Bastards *a* × *b*. Nach DAVENPORT aus GODLEWSKI.

Intermediäre Bastarde. Diese Fälle von reiner, unvollständiger und fluktuierender Dominanz führen nun zu solchen hinüber, bei denen von Dominanz überhaupt nicht die Rede sein kann, sondern typischerweise in F_1 eine Vermischung der beiden elterlichen Charaktere stattfindet, so daß eine Zwischenform, ein *intermediärer* Bastard entsteht. Es gibt auch für diese Form des Verhaltens genügend Beispiele aus beiden Organismenreichen; man nennt oft auch einen MENDEL-Fall mit intermediärer F_1 den Zeatypus, und den mit Dominanz den Pisumtyp, übrigens ziemlich überflüssige Bezeichnungen. Als besonders instruktiv ist ja der von CORRENS berichtete Fall bekannt, daß bei Kreuzung der weißblühenden Wunderblume *Mirabilis Jalapa* mit einer rotblühenden die F_1-Generation hellrot blüht. Ganz das entsprechende stellt sich dar, wenn Hühner, die weiße Eier legen, gekreuzt werden mit solchen, die braune legen; der Bastard legt nach BATESONS Studien intermediäre.

Abb. 50. Spilosoma lubricipedum, zatima und der intermediäre Bastard, links ♀, rechts ♂.

Ganz besonders häufig findet sich dies rein intermediäre Verhalten aber bei meristischen Merkmalen, also solchen, die Größenverhältnisse betreffen. Hohes und niederes Nasenloch bei Hühnern gibt in F_1 ein mittleres, hoch- und niederstengliger Mais mittlere Pflanzen, einfache und zusammengesetzte Stärkekörner, wie wir schon für die Erbsen sahen, schwach zusammengesetzte, lang- und kurzohrige Kaninchen solche mit mittleren Ohren. Als Beispiel diene Abb. 50; oben der Bär (Arktiide)

Spilosoma lubricipedum, unten seine schwarze Form zatima, dazwischen der intermediäre Bastard.

Auch solche Beispiele werden uns häufig begegnen, besprochen und abgebildet werden. Sie finden im einzelnen eine sehr verschiedenartige Erklärung.

Mosaik-
bastarde. Dominantes oder intermediäres Verhalten ist also das Typische für die Erscheinung eines mendelnden Charakters in heterozygotem Zustand. Gelegentlich zeigt es sich aber, daß bei Kreuzung von zwei scheinbar nur in einem Faktor differenten Rassen der F_1-Bastard ein Verhalten zeigt, das in keine dieser Gruppen paßt. So ergeben z. B. die Kreuzungen gewisser schwarzer und weißer Hühnerrassen „Mosaikbastarde", die ein schwarz und weiß gesprenkeltes Gefieder zeigen (Abb. 51 a, b, c). Der bekannteste Fall ist der der Andalusierhühner, bei denen aus Schwarz und Schmutzigweiß die Bastardfarbe Blau (Schiefergrau) entsteht. Es ist aber sehr wahrscheinlich, daß in diesem, wie allen verwandten Fällen, gar nicht nur ein Faktorenpaar vorliegt, obwohl es nach der monohybriden MENDEL-Spaltung so scheinen könnte, sondern kompliziertere Verhältnisse, die wir später erklären werden.

Wechselnde
Dominanz. In entsprechender Weise hat sich auch eine andere Erscheinung als verwickelterer Fall erwiesen, die man ursprünglich als eine besondere Form der Dominanz betrachtete, die sogenannte wechselnde Dominanz. Besonders gewisse verwickelte Erscheinungen der Vererbung im Zusammenhang mit dem Geschlecht wurden durch die Annahme eines Dominanzwechsels erklärt, derart, daß in der Heterozygote im einen Geschlecht der eine, im andern Geschlecht der andere Partner eines Allelomorphenpaares dominant sein sollte. Wahrscheinlich handelt es sich aber um ganz andere Dinge. Ähnliches gilt für Fälle, in denen bei scheinbar der gleichen Kreuzung manchmal der eine, manchmal der andere Partner des Faktorenpaares dominant erscheint. Wo solche Fälle aber näher analysiert wurden, zeigte sich, daß die scheinbar identischen Kreuzungen dies gar nicht waren. TOYAMA zeigte z. B., daß es bei den Kokons des Seidenspinners einen dominanten Faktor für weiße Farbe gibt, aber auch einen andern rezessiven Faktor, der gar nichts mit ersterem zu tun hat. Bei Kreuzungen mit weißen Rassen kann es daher passieren, daß Formen benutzt werden, die Bastarde zwischen Rassen

mit dominanten und solche mit rezessivem Weiß sind; die Verschiedenheit
der Resultate beruht aber dann nicht auf einem Wechsel der Dominanz

Abb. 51. *a* Weißer Hahn. Vater des Mosaikbastards *c*. *b* Schwarze Henne.
Mutter des Mosaikbastards *c*. *c* Sogenannter gesprenkelter Mosaikbastard
zwischen den Eltern *a*, *b*. Nach DAVENPORT aus GODLEWSKI.

eines Faktorenpaares, sondern dem unbewußten Arbeiten mit zwei Faktorenpaaren, deren Anwesenheit erst in solchen Fällen bemerkbar wird, weil jeder eine äußerlich gleich erscheinende Außeneigenschaft, Weiß, hervorruft. Es ist das, übrigens wie alle anderen mendelistischen Tatsachen, eine schöne Illustration dafür, daß das Äußere, der Phänotypus, nichts über die genetische Beschaffenheit, den Genotypus, auszusagen braucht, den nur das Vererbungsexperiment erschließt. Eine ganz andere Art von Dominanzwechsel wird uns später beschäftigen, nämlich Wechsel der Dominanz im Lauf der individuellen Entwicklung. Wir werden sehen, daß sie eine Konsequenz der quantitativen Zustände der Erbfaktoren ist.

Echter Dominanz-wechsel.

Die Erscheinung der Dominanz, auf die im Anfang der MENDELschen Forschung großer Wert gelegt wurde, ist also nur eine untergeordnete Tatsache; sie mag vorhanden sein, unvollkommen sein oder fehlen, unter allen Umständen ist sie nur eine Besonderheit der phänotypischen Erscheinung in der Heterozygote. Sie ist, genauer gesagt, ein entwicklungsphysiologisches Problem; wir werden später, gerade von diesem Gesichtspunkt aus, nochmals darauf zurückkommen müssen. Die Haupterscheinung der MENDELschen Vererbung ist aber die Bastardspaltung mit ihrer Erklärung durch die Reinheit der Gameten. So wenden wir uns denn jetzt dem weiteren Studium der Spaltungsgesetze zu. Wir beginnen dabei mit den einfachsten Tatsachen, um allmählich bis zu den verwickelten Erkenntnissen der neuesten Forschung vorzuschreiten.

Elementarer Mono-hybridismus.

Wenn wir uns also nunmehr der Betrachtung der MENDEL-Spaltung zuwenden, so wird es wohl nicht nötig sein, für jeden Einzelfall auszuführen, durch welche verschiedenartigen Kreuzungen und Rückkreuzungen die betreffenden Forscher die Richtigkeit ihrer Resultate und Interpretationen feststellten, die ja nur dann erwiesen sind, wenn das Resultat einer jeden mit dem betreffenden Material ausgeführten Paarung die vorausberechenbaren Werte zeigt. Die Methode, wie das zu geschehen hat, geht ja ganz selbstverständlich aus MENDELs eigenen Versuchen hervor, die wir deshalb so ausführlich besprochen haben. Uns mag daher in den meisten Fällen die Feststellung des Endresultates genügen. An der Spitze unserer Betrachtung müssen natürlich zunächst die einfachen MENDEL-Fälle stehen, die sich ohne weiteres aus MENDELs eigenen Ergebnissen erklären und die uns nur ein paar mögliche Varianten nebst den praktischen Zahlenkonsequenzen vor Augen führen sollen. Wir werden so vom Elementaren ausgehend allmählich zum Schwierigen gelangen. Stellen wir zunächst dem einfachen MENDELschen Monohybridenfall auch ein Beispiel aus dem Tierreich zur Seite, LANGS Kreuzungen von Varietäten der *Helix hortensis*.

Bei dieser, in der Zeichnung ihrer Schale stark variierenden Schnecke gibt es unter anderem als erbliche Rassen gelbe ungebänderte Formen und gelbe mit fünf schwarzen Bändern. Diese wurden dann miteinander bastardiert. Die Versuche sind dadurch besonders schwierig, daß die Schnecken Zwitter sind. Nun kommt, was zuerst festgestellt werden mußte, Selbstbefruchtung zwar in der Regel nicht vor, wenn sie auch ausnahmsweise stattfindet. (Bei anderen Schnecken ist sie dagegen häufig, und neuere Autoren sind deshalb bei allen Arbeiten mit solchen Objekten sehr skeptisch.) Aber nach der Befruchtung wird das Sperma jahrelang im Receptaculum seminis aufbewahrt, so daß nur mit isoliert aus dem Ei gezogenen Individuen gearbeitet werden kann. Diese erlangen aber erst nach 2 bis 4 Jahren die Geschlechtsreife. Die Kreuzung ergab nun in F_1 Dominanz der ungebänderten Individuen (Abb. 52). In einem Versuch z. B. bestand F_1 aus 107 ausschließlich ungebänderten Tieren. F_2 aber spaltete nach Inzucht erwartungsgemäß in $^3/_4$ ungebänderte und $^1/_4$ gebänderte: Die wirklichen Zahlen eines Versuchs sind 31 ungebänderte, 10 gebänderte. Nach dem oben Entwickelten muß für diese F_2-Formen nun die Formel gelten $AA : Aa : aA : aa$. Die gebänderten sind natürlich die rezessiven aa, die rein weiterzüchten müssen. Die $^3/_4$ dominantmerkmaligen müssen aber aus $^1/_3$ reinen Dominanten und $^2/_3$ Dominantrezessiven bestehen, die hier bei völliger Dominanz äußerlich nicht unterscheidbar sind. Bei selbstbefruchtenden Pflanzen trennt nun selbstverständlich die isolierte Weiterzucht in F_3 die reinen Dominanten und die weiter spaltenden Dominantrezessiven leicht voneinander. Bei Tieren mit Wechselbefruchtung ist die Analyse schwieriger. Werden die dominantmerkmaligen Individuen miteinander gepaart, so sind natürlich folgende Möglichkeiten gegeben: 1. Man hat zufällig zwei reine Dominanten AA herausgegriffen, dann bleibt eben auch die Nachkommenschaft rein. 2. Man hat, was viel häufiger stattfinden wird, zwei Heterozygoten, die Dominantrezessiven *Aa* oder *aA* verwendet, dann muß die Nachkommenschaft wieder im Verhältnis von 3 : 1 spalten, denn es liegt ja alles genau ebenso, wie bei der Fortpflanzung der Bastarde von F_1. 3. Man wählte zufällig eine reine Dominante *AA* und eine Heterozygote *Aa*. Es muß dann genau das gleiche sich ereignen, als wenn der Bastard von F_1 *Aa* mit seinem dominanten Elter *AA* gekreuzt würde, also das gleiche wie bei einer Rückkreuzung.

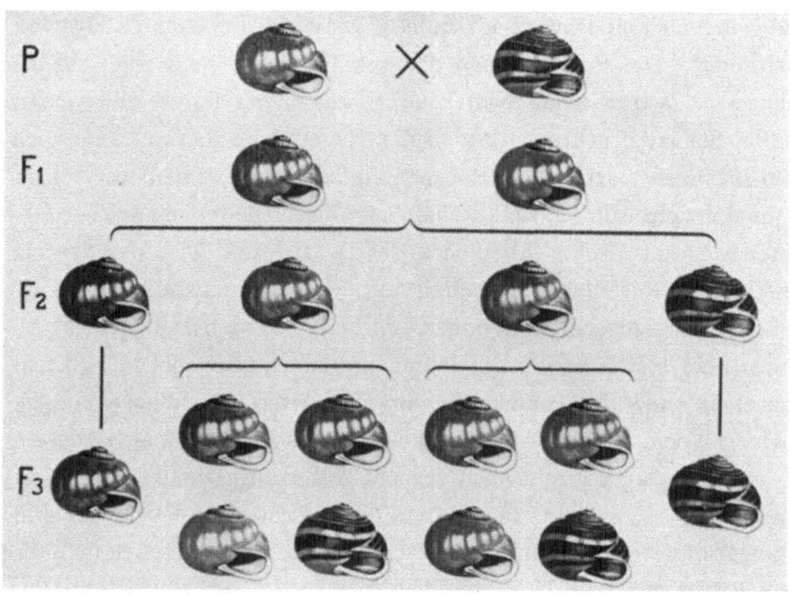

Abb. 52. Schematische Darstellung der Ergebnisse von LANGs Kreuzung ungebänderter und gebänderter Varietäten von Helix hortensis. Nach BAUR-GOLDSCHMIDTs Wandtafeln.

Deren Resultat ergibt sich ohne weiteres, wenn wir uns die Gameten wieder klar machen: *AA* bildet nur Gameten *A*, *Aa* bildet Gameten *A* und *a*. Es sind also die Gametenvereinigungen möglich

$$AA \quad Aa \quad AA \quad Aa,$$

d. h. die Hälfte der Nachkommen muß sein *AA*, also rein ungebändert, die andere Hälfte *Aa*, also heterozygot, aber auch ungebändert aussehend. Die Nachkommen der 3. Möglichkeit wären also alle ungebändert, wie die der ersten, aber die Hälfte von ihnen wären heterozygot, wie die nächste Generation nun wieder erweisen würde. LANG erzielte nun in der Tat bei seinen Versuchen diese erwarteten Resultate in annähernd den richtigen Zahlenverhältnissen.

Wir haben in der vorigen Vorlesung erfahren, daß in sehr vielen Fällen der Bastard in F_1 einen intermediären Charakter zeigt (Zeatypus). Wenn das der Fall ist, muß natürlich bei der Spaltung in F_2 der Unterschied zwischen den reinen Dominanten und den Heterozygoten deutlich in Erscheinung treten, die Spaltung muß stattfinden in $^1/_4$ dominantmerkmalige, $^2/_4$ intermediäre und $^1/_4$ rezessive. Nur die intermediären würden dann in F_3 weiterspalten. Wir erwähnten bereits den klassischen CORRENSschen Fall der weißen und roten Mirabilis jalapa. In Abb. 53 sei ein anderer Fall wiedergegeben, die Kreuzung des gewöhnlichen Spilosoma lubricipedum mit seiner dunkeln Variante zatima. F_1 ist intermediär in der Ausdehnung des Schwarz und F_2 spaltet im Verhältnis $1 : 2 : 1$.

Ein ebenso charakteristischer zoologischer Fall wurde auch bereits erwähnt, der Fall der Farbe der Andalusier- und Bredahühner. Diese von den Züchtern blau genannten Formen sind nie in Reinzucht zu halten; und das kommt daher, daß sie intermediäre Bastarde zwischen einer schwarzen und einer schmutzig weißen Rasse darstellen. Danach müssen sie, wenn miteinander gepaart, spalten in $^1/_4$ schwarze, $^2/_4$ blaue, $^1/_4$ schmutzigweiße. Das ist in der Tat der Fall: BATESON und seine Mitarbeiter fanden als Resultat 41 schwarze : 78 blaue : 39 weiße. Wir werden übrigens später auf mögliche Komplikationen dieses Falles zurückkommen.

Schließen wir nun an diese Fälle MENDELscher Monohybriden einen solchen eines Dihybridismus an. Für Pflanzen haben wir ja schon ein Beispiel in MENDELS eigenen Studien kennen gelernt. Als einen besonders instruktiven Fall aus dem Tierreich, wertvoll besonders auch wegen seiner großen Zahlen, wollen wir eine der zahlreichen Kreuzungen betrachten, die von TOYAMA beim Seidenspinner *Bombyx mori* angestellt wurden und ihn als Muster einer typischen dihybriden Analyse durcharbeiten.

TOYAMA kreuzte zwei Rassen, die sich in folgenden zwei Merkmalen

Abb. 53. Kreuzung von Spilosoma lubricipedum × zatima.

unterschieden: die eine produziert ungezeichnete Raupen, die sich in gelbe Kokons einspinnen, die andere gestreifte Raupen, die weiße Kokons spinnen. Da alle Nachkommen in F_1 gestreift waren und gelbe Kokons anfertigten, erweisen sich diese Eigenschaften als dominant; es besaß also jeder der Eltern ein dominantes und ein rezessives Merkmal. Bezeichnen wir die Eigenschaft gestreift (striatus) mit S, nicht gestreift mit s, gelb (flavus) mit F und nichtgelb = weiß mit f, so heißen die beiden Eltern

$$Sf \times sF,$$

der Bastard somit $SfFs$, also Gestreift-Gelb. Nach dem früher mitgeteilten muß er vier Arten von Gameten bilden, nämlich SF, Sf, sF, sf; diese ergeben dann in F_2 16 Kombinationen, nämlich

SF SF gestreift gelb	Sf SF gestreift gelb	sF SF gestreift gelb	sf SF gestreift gelb
SF Sf gestreift gelb	Sf Sf gestreift weiß	sF Sf gestreift gelb	sf Sf gestreift weiß
SF sF gestreift gelb	Sf sF gestreift gelb	sF sF ungezeichnet gelb	sf sF ungezeichnet gelb
SF sf gestreift gelb	Sf sf gestreift weiß	sF sf ungezeichnet gelb	sf sf ungezeichnet weiß

Es müssen also gebildet werden 9 gestreift-gelbe : 3 gestreift-weiße : 3 ungestreift-gelbe : 1 ungestreift-weiße. Die wirklichen Zahlen TOYAMAS stimmen damit gut überein, nämlich

1. Gestreift-gelbe SF 6385 Indiv. = 56,38% = etwa 9
2. Gestreift-weiße Sf 2147 ,,   = 18,96% = etwa 3
3. Ungezeichnet-gelbe sF 2099 ,,   = 18,53% = etwa 3
4. Ungezeichnet-weiße sf 691 ,,   = 6,1 % =   1.

Wurde aus diesen vier Gruppen nun F_3 gezogen, so mußte folgendes eintreten, wie aus der Zusammensetzung der Formen im Kombinationsschema sich ablesen läßt:

A. In der 1. Gruppe, die beide Dominanten zeigte, waren im gleichen Phänotypus nach ihrer genotypischen Zusammensetzung verschiedenartige Individuen enthalten: 1. solche vom Charakter *SF SF*, die also in beiden dominanten Charakteren rein waren, welche zu $^1/_9$ vorhanden sein mußten; 2. solche vom Charakter *SF sf*, die also in beiden Charakteren heterozygot waren und sich, wie leicht am Kombinationsschema nachzuzählen, in $^4/_9$ der Exemplare fanden; 3. solche vom Charakter *S S Ff*, also homozygot im Charakter *S*, aber heterozygot im Charakter *F*, und diese finden sich zu $^2/_9$. Endlich 4. solche vom Charakter *Ss FF*, also im andern Charakter heterozygot, im andern homozygot, ebenfalls zu $^2/_9$. Da nun die verschiedenen Genotypen äußerlich nicht zu unterscheiden sind, so kann der Zufall bei der Paarung dieser F_2-Formen folgende Partner zusammenbringen: 1. Den 1. Typus mit sich selbst oder jedem anderen, dann muß die Nachkommenschaft immer nach *SF* aussehen, da stets beide Dominanten vorhanden sind. 2. Der 2. Typus mit sich selbst; dann liegt das gleiche vor, wie wenn F_1 in Inzucht weiter gezüchtet wurde, nämlich *SFsf* $\times$ *SFsf*, also muß Spaltung in die vier Typen im bekannten Verhältnis eintreten. 3. Der 2. Typus mit dem 3., also *SFsf* $\times$ *SSFf*. Ersterer hat die Gameten *SF*, *Sf*, *sF*, *sf*, letzterer nur *SF* und *Sf*, es sind also 8 Kombinationen möglich, von denen 6 *SF* enthalten, 2 *Sf*; es ist also eine Spaltung in die Phänotypen *SF* und *Sf* zu erwarten im Verhältnis 3 : 1. 4. Typus 2 kommt mit Typus 4 zusammen. Typus 2 hat wieder die Gameten *SF*, *Sf*, *sF*, *sf*, Typus 4 aber nur *SF*, *sF*. Von den 8 möglichen Kombinationen enthalten also 6 wieder *SF*, 2 aber nur *sF*, also ist Spaltung zu erwarten in die Phänotypen *SF* : *sF* = 3 : 1. 5. Der 3. Typus kann mit dem 2. zusammenkommen, das ist natürlich das gleiche wie der umgekehrte Fall 3. 6. Der 3. Typus kann mit seinesgleichen zusammenkommen. Da er nur in bezug auf die Eigenschaft *Ff* heterozygot ist, so muß also das gleiche eintreten, wie wenn zwei Monohybriden sich paaren, also eine Spaltung in *SF* : *Sf* = 3 : 1, also ebenso wie im 3. Fall. 7. Der 3. Typus kann mit dem 4. zusammenkommen; ihre Gameten sind *SF*,

Sf und *SF*, *sF*; ihre Kombination wird immer *SF* enthalten, das Aussehen also einheitlich dominant sein, wie im 1. Fall. 8. Der 4. Typus kann mit dem 2. zusammenkommen, das ist das gleiche wie der umgekehrte Fall 4. 9. Der 4. Typus kann mit dem 3. zusammentreffen, das ist das gleiche wie der umgekehrte Fall 7; endlich 10. kann der 4. Typus mit seinesgleichen sich begatten; da er nur in der Eigenschaft *Ss* heterozygot ist, haben wir wieder das entsprechende, wie im Fall 6, also eine monohybride Spaltung in $SF : sF = 3 : 1$. Das aber ist das gleiche wie im Fall 4. Man sieht somit, daß die $^9/_{16}$ dominantmerkmaligen F_2-Individuen, wenn nur unter sich gepaart, in F_3 vier verschiedene Arten von Nachkommenschaft ergeben werden, wie sie die Fälle 1 bis 4 repräsentieren. Das wirkliche Resultat ist aber genau das erwartete. Es ergaben nämlich von 21 Paarungen

8 Paarungen nur gestreift gelbe Nachkommen, wie es Fall 1 verlangt,

3 Paarungen gestreift gelbe und gestreift weiße, und zwar $677 : 240$ Individuen gleich $73{,}82\% : 26{,}17\% = 3 : 1$, wie es Fall 3 verlangt,

8 Paarungen gaben gestreift gelbe und ungezeichnet gelbe, und zwar $1475 : 513 = 74{,}2\% : 25{,}8\% = 3 : 1$, wie es Fall 4 verlangt,

2 Paarungen endlich gaben alle 4 Typen, nämlich

1. Gestreift-gelbe	326 Indiv.	$= 55{,}72\%$	$=$ etwa 9
2. Gestreift-weiße	90 ,,	$= 15{,}36\%$	$=$ etwa 3
3. Ungezeichnet-gelbe	126 ,,	$= 21{,}53\%$	$=$ etwa 3
4. Ungezeichnet-weiße	43 ,,	$= 7{,}34\%$	$=$ 1.

wie es der Fall 2 verlangt. Dies also die Nachkommenschaft der Gestreift gelben von F_2.

B. Unter den $^3/_{16}$ gestreift-weißen von F_2 finden sich, wie das Kombinationsschema zeigt, $^1/_{16}$, die nur *S* und *f* enthalten, und $^2/_{16}$, die außerdem noch *s* besitzen. Es ist also 1. möglich, daß die ersteren unter sich paaren, und dann müssen sie als Homozygote die gleiche Nachkommenschaft ergeben; 2. können die letzteren unter sich paaren. Da sie nur in einem Eigenschaftspaar *Ss* heterozygot sind, so muß eine einfache MENDEL-Spaltung im Verhältnis 3 *Sf* : 1 *sf* eintreten. 3. Können letztere mit ersteren zusammenkommen; da dann in jedem Fall *S* in die Kombination eingeführt wird, so muß das Resultat wie bei 1 lauter

Formen Sf sein. Der Versuch ergab in der Tat dann in F_3 aus den Nachkommen der $^3/_{16}$ gestreift weißen in 16 Paarungen:

7 Paare gaben ausschließlich gestreift weiße, wie Fall 1 und 3 verlangen,

9 Paare gaben gestreift weiße und ungestreift weiße, und zwar 1698 : 504 = 77,11% : 22,88% = etwa 3 : 1.

C. Bei den $^3/_{16}$ ungezeichnet gelben von F_2 muß in F_3 natürlich das gleiche eintreten, nur daß hier, wie das Kombinationsschema zeigt, die andere Dominante und die andere Rezessive in Betracht kommen. Das Ergebnis ist in der Tat, daß aus 15 Paarungen in F_3 entstanden:

8 Paare gaben ausschließlich ungezeichnet gelbe,

7 Paare gaben ungezeichnet gelbe und ungezeichnet weiße, und zwar 1507 : 457 = 76,73% : 23,26% = etwa 3 : 1.

D. Endlich bleiben noch die $^1/_{16}$ ungezeichnet weiße übrig, die ja reine rezessive sein müssen, somit rein weiter züchten, und in der Tat blieb F_3 ebenso.

Zur bildlichen Illustration des Dihybridismus diene Fig. 54 einer Meerschweinchenkreuzung von CASTLE mit den beiden Genpaaren schwarz-weiß, kurzharig-langharig, wobei schwarz und kurzharig dominant sind und in F_2 die Spaltung 9 : 3 : 3 : 1 erfolgt.

Neue Rekombinationen. Wir sehen somit hier einen höchst typischen Fall von MENDELschem Dihybridismus. Er zeigt uns aber noch etwas weiteres. Die Ausgangstiere waren gestreift weiß $\times$ ungezeichnet gelb. In der Nachkommenschaft fanden sich bereits in F_2 die neuen Kombinationen gestreift gelb und ungezeichnet weiß. Da, wie das Kombinationsschema zeigt, diese in je $^1/_{16}$ der Exemplare homozygot auftreten müssen — im Schema liegen die Homozygoten ja immer in der Diagonale von links oben nach rechts unten — so muß es durch fortgesetzte richtige Auswahl schließlich gelingen, diese Homozygoten zu isolieren und damit zwei rein züchtende neue Kombinationen zu schaffen, und sie wurden in der Tat auch isoliert. Es können also auf dem Wege der Bastardierung neue Rassen geschaffen werden, die alle denkbaren Neukombinationen der bei den Eltern vorhandenen Charaktere zeigen. Es ist dies natürlich für die praktische Anwendung des Mendelismus in Tier- und Pflanzenzucht höchst wichtig, denn das Erzielen neuer brauchbarer Zuchtrassen be-

steht meistens in der richtigen Neukombination vorhandener Charaktere. Sind einmal aber die mendelnden Erbfaktoren bekannt, so ist stets
theoretisch vorauszusagen, wie eine gewünschte Kombination herzu-
stellen ist, natürlich vorausgesetzt, daß sie nicht eine physiologische Unmöglichkeit ist und daß es sich um unabhängig mendelnde Charaktere
handelt. Später werden uns auch andere begegnen. Als Beispiel, wie
auf diese Art das Unerwartetste erreicht werden kann, möge die folgende von LANG ausgeführte Kombination dienen. Bei den erwähnten

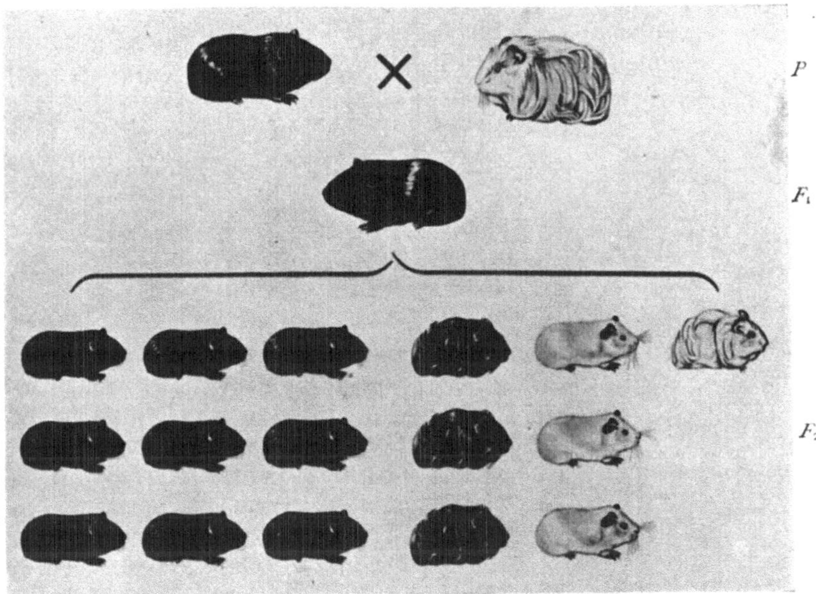

Abb. 54. Kreuzung schwarz-kurzhaariger und weiß-langhaariger Meerschweinchen.
Nach BAUR-GOLDSCHMIDTs Wandtafeln.

fünfbändrigen Schnecken kommen Varietäten vor, bei denen sich die
Bänder in einzelne Tüpfel auflösen (var. punctata) und solche, bei denen
die Bänder in der Höhe der Schale miteinander verschmelzen (var. coa-
lita). Beides beruht auf der Anwesenheit eines entsprechenden Erbfaktors. Es stehen also die Eigenschaften Ganzbändrigkeit, Tüpfelbändrigkeit und Verschmolzenbändrigkeit zur Verfügung. Könnte man nun
durch Bastardkombination Tüpfelbändrigkeit mit Verschmolzenbändrigkeit kombinieren, so müßten die Tüpfel in der Höhe der Schale zu-

sammenfließen und es entstände eine *quergebänderte* Schnecke; und das wurde tatsächlich erreicht wie Abb. 55 zeigt. Analoge Beispiele gibt es in Hülle und Fülle, vor allem aus der praktischen Pflanzenzucht, die bewußt oder unbewußt so ihre Haupterfolge erzielt.

Bei einem solchen Fall von MENDELschem Dihybridismus kann es nun natürlich auch vorkommen, daß entweder eine oder auch beide Eigenschaften nicht die Dominanzerscheinung zeigen, sondern sich intermediär verhalten. Die Zahlenkonsequenzen der Spaltung lassen sich dann leicht aus dem oben ausgeführten ableiten. Da sie für den typischen MENDEL-Fall durch die Formel $(3 + 1)^n$ gegeben waren, werden sie bei zwei intermediär sich verhaltenden Eigenschaften natürlich durch die Formel $(1 + 2 + 1)^2$ erhalten, da ja in diesem Fall für jede Eigen-

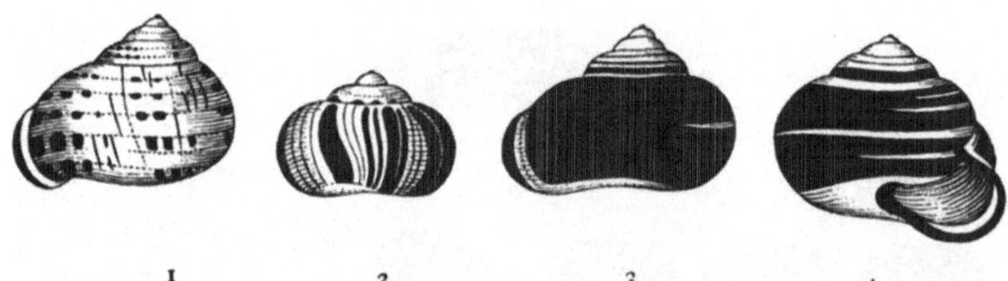

1   2   3   4

Abb. 55 1—4. Helix (Tachea) nemoralis. 1 tüpfelbändrig, 3 und 4 verschmolzenbändrig, 2 quergebändert als Bastardkombination aus beiden. Nach LANG.

schaft die Spaltung die drei Typen $1\,DD + 2\,DR + 1\,RR$ ergibt. Wenn also ein Eigenschaftspaar Dominanz, das andere intermediäres Verhalten zeigt, so ist die Konsequenz für F_2 $(3 + 1)\,(1 + 2 + 1) = [3 + 6] + 3 + [1 + 2] + 1$, was natürlich entsprechend zusammengenommen (die Klammern) das klassische Verhältnis von $9 : 3 : 3 : 1$ darstellt. Wie sich auf diese Zahlenreihe die einzelnen Typen verteilen, illustriert Abb. 56 nach einem zuerst von BIFFEN studierten Fall. Es handelt sich um Weizenkreuzungen, wobei die ersten beiden Allelomorphe das Fehlen der Grannen bei der Ähre und ihr Vorhandensein (der Bart) sind. Erstere Eigenschaft ist dominant. Das andere Paar ist die dichte Stellung der Körner, die eine kurze kompakte Ähre bedingt, und eine lockere Stellung, die eine lange, schlanke Ähre hervorruft. Diese beiden Eigenschaften vererben intermediär. Die Allelomorphe sind also D (densus) dicht, d nicht dicht = locker, B (barba) Faktor, der die

Bartbildung verhindert, b sein Fehlen, der Bart vorhanden. Werden also eine dichte-grannenlose Form DB und eine lockere-bartige db gekreuzt (P = parentes, Eltern), so ist F_1, wie das Bild zeigt, intermediärgrannenlos. In F_2 muß dann die Spaltung so eintreten, daß sie sich aus dem Verhältnis $3B : 1b$ und $DD : 2Dd : dd$ kombiniert. Das gibt, wie die einfache Multiplikation zeigt und das Bild bestätigt, die Phäno-

Abb. 56. Kreuzung dichter grannenloser (schwedischer Binkelweizen) mit lockeren bartigen (mazedonischer Landweizen) Ähren mit Spaltung in F_2 in sechs Typen. Nach Originalen von Dr. SCHIEMANN.

typen $3BD$ grannenlos dicht : $6BDd$ = grannenlos-intermediär : $3Bd$ = grannenlos-lang : $1bD$ = bärtig-dicht : $2bDd$ = bärtig-intermediär : $1bd$ = bärtig-lang.

Wir können diese Besprechung der einfachen MENDEL-Fälle nicht abschließen, ohne kurz einen Fall erwähnt zu haben, der zunächst etwas unklar erscheint, sich dann aber auf das einfachste auflöst. Einer der schönsten Fälle von MENDELschem Dihybridismus ist die CORRENSsche Kreuzung des Mais, Zea mays × coeruleodulcis. Ersterer hat weiße glatte Körner, letzterer blaue gerunzelte. In F_1 ist der Bastard stets blau und glatt und in F_2 tritt eine Spaltung ein im Verhältnis von

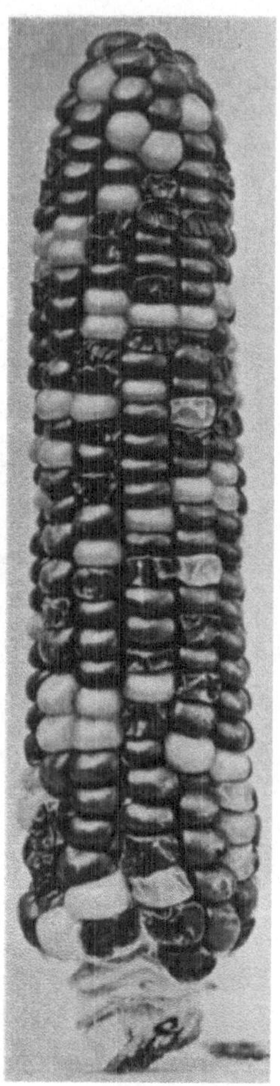

Abb. 57. Maiskolben von F_2 mit blau-glatten, weiß-glatten, blau-runzeligen und weiß-runzeligen Körnern. Photo von CORRENS.

9 blauen-glatten : 3 weißen-glatten : 3 blauen-runzligen : 1 weißen-runzligen, wie obenstehend abgebildete von CORRENS gezüchtete Kolben beweisen (Abb. 57). Das ist zunächst nicht weiter merkwürdig. Nun beruht aber die blaue bzw. weiße Farbe auf dem durch die durchsichtige

Schale durchscheinenden Nährgewebe des Embryo, dem Endosperm. Dieses ist aber gar kein Teil des Embryos, sondern schien, bevor man die Sachlage aufgeklärt hatte, ein Teil des mütterlichen Organismus zu sein. Der Bastardembryo F_1 hat also, wenn der Vater coeruleodulcis war, das Endosperm mit der Farbe dieses Vaters, obwohl es ein Teil der weißen Bastardmutter (P) selbst zu sein scheint. Dieses Übertragen einer Eigenschaft des befruchteten Vaters auf scheinbares Körpergewebe der Mutter nennt man eine Xenie. Die Erklärung hat sich nun durch NAWASCHIN und GUIGNARD so ergeben, daß bei der Befruchtung zwei Samenkerne in den Embryosack eindringen, von denen der eine das Ei befruchtet, der andere die Zelle, aus der sich jenes Nährgewebe entwickelt. Der nach dem Schema des Dihybridismus spaltende Bastard stellt also gewissermaßen eine Verwachsung aus einem Bastardembryo und einem Bastardendosperm dar. Letzteres mendelt aber infolge seiner Entstehung genau so wie ein anderer Bastard.

In entsprechender Weise ließen sich nun Beispiele unabhängiger MENDEL-Spaltung für drei und mehr Faktorenpaare beibringen. Eines für drei Faktorenpaare lernten wir bereits aus MENDELS eigenen Kreuzungen kennen, so daß wir die Ableitung der Spaltung in acht Phänotypen nicht zu wiederholen brauchen. Zur Illustration diene ein ähnliches Beispiel wie für den Dihybridismus, nämlich eine Meerschweinchenkreuzung von CASTLE, bei der zu den bereits oben betrachteten zwei Allelenpaaren kurzhaarig-langhaarig und schwarz-weiß noch ein drittes hinzukommt, nämlich Anordnung der Haare in Rosetten-normaler Haarwuchs. Abb. 58 zeigt die Spaltung in die acht Typen im Verhältnis von $27:9:9:9:3:3:3:1$, nämlich 1. kurz-schwarz-Rosetten, 2. kurz-schwarz-glatt, 3. kurz-weiß-Rosetten, 4. lang-schwarz-Rosetten, 5. kurz-weiß-glatt, 6. lang-schwarz-glatt, 7. lang-weiß-Rosetten, 8. lang-weiß-glatt (Rosetten sind dominant über glattes Haar). Bei höheren Faktorenzahlen beginnen natürlich die Schwierigkeiten, die sich aus der Notwendigkeit ergeben, sehr große Zahlen zu züchten und führen bald an die praktische Grenze, wenn sie nicht schon vorher dadurch erreicht ist, daß es nicht so viele *unabhängig* spaltende Charaktere gibt. Was das heißt, werden wir erst später verstehen können. Jetzt sei nur noch zum Abschluß dieses *A-B-C* des Mendelismus ein Beispiel mit vier Faktorenpaaren gegeben. Wie die Tabellen S. 145 zeigen, bildet ein Bastard, der in vier Faktoren heterozygot ist, 16 Arten von Gameten, nämlich wenn die Faktoren heißen A, B, C, D, a, b, c, d:

$$\begin{array}{lllll}
ABCD & ABCd & ABcd & Abcd & abcd \\
      & ABcD & abCD & aBcd & \\
      & AbCD & AbCd & abCd & \\
      & aBCD & aBcD & abcD & \\
      &   & aBCd &   & \\
      &   & AbcD &   &
\end{array}$$

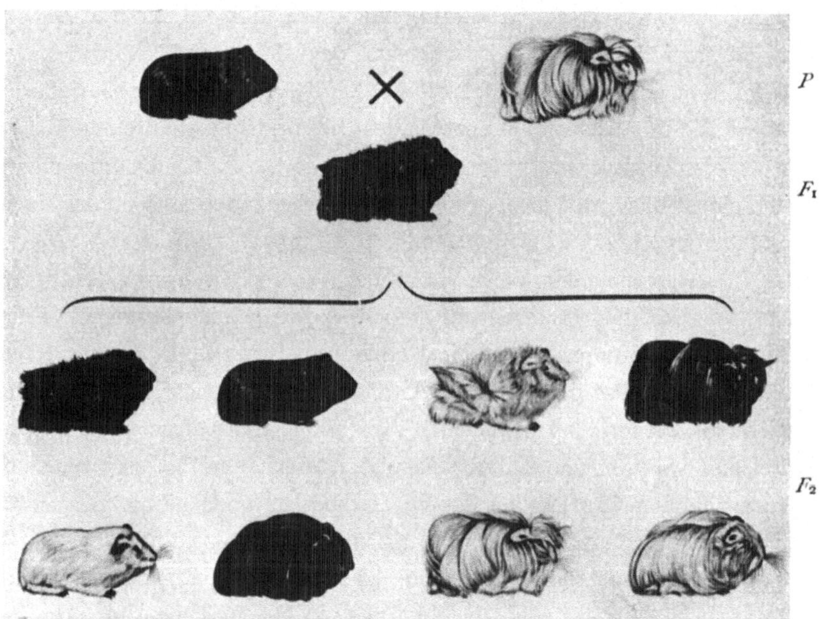

Abb. 58. Trihybride Meerschweinchenkreuzung. Erklärung im Text.
Nach BAUR-GOLDSCHMIDTs Wandtafeln.

F_2 daraus ergibt nicht weniger wie 256 genotypische Kombinationen, die in einem Kombinationsschema zu drucken die Seitengröße nicht gestattet. Im Falle von Dominanz in jedem Allelomorphenpaar müssen sich in solcher F_2-Generation 16 verschiedene Phänotypen im Verhältnis von $81:27:27:27:27:9:9:9:9:9:9:3:3:3:3:1$ finden, nämlich solche, die alle vier dominanten Charaktere zeigen, $\left(\dfrac{81}{256}\right)$, solche mit drei dominanten und einem rezessiven Charakter $\left(\text{vier Sorten in je } \frac{27}{256}\right)$, solche mit zwei dominanten und zwei rezessiven Charakteren $\left(\text{sechs Sorten in je } \frac{9}{256}\right)$, solche mit einem dominanten und drei rezessiven Charakteren $\left(\text{vier Sorten zu je } \frac{3}{256}\right)$ und endlich in allen vier Charakteren rezessive $\left(\frac{1}{256}\right)$. Da unter diesen 256 Kombinationen nicht weniger als 81 genotypisch verschieden sind, so dürfte eine weitere Analyse in F_3 und F_4 bei nicht selbstbefruchtenden Tieren eine Aufgabe von phantastischem Umfang bereits sein.

Aussehen der Phaenotypen	Anwesende dominante Faktoren	Faktoren, die nur rezessiv vorhanden sind	Zahl der Individuen	Zahlenverhältnis unter 256	Erwartetes Zahlenverhältnis
wildfarbig, schwarzäugig .	$GNSR$		436	94,5	81
schwarz, schwarzäugig . .	NSR	g	127	27,5	27
braunwild- (zimt-) farbig, schwarzäugig	GSR	n	103	22,3	27
verdünnt, wildfarbig, schwarzäugig	GNR	s	130	28,2	27
wildfarbig, rotäugig . . .	GNS	r	103	22,3	27
braun(schokolade), schwarzäugig	SR	gn	40	8,7	9
verdünnt braunwild- (zimt-) farbig, schwarzäugig . .	GR	ns	31	6,7	9
verdünnt schwarz (= blau), schwarzäugig	NR	gs	37	8,0	9
schwarz, rotäugig	NS	gr	35	7,6	9
braunwild-(zimt-)farbig, rotäugig	GS	nr	38	8,2	9
verdünnt schwarzwild(blau-aguti), rotäugig	GN	sr	38	8,2	9
verdünnt braun (silberfarbig) schwarzäugig . .	R	gns	11	2,4	3
braun (schokolade), rotäugig	S	gnr	12	2,6	3
verdünnt braunwild- (zimt-) farbig, rotäugig	G	nsr	15	3,3	3
verdünnt schwarz (blau), rotäugig	N	gsr	17	3,7	3
verdünnt braun (silberfarbig), rotäugig		$gnsr$	7	1,5	1

Ein aktuelles Beispiel, das sich auf Kreuzung von Mäuserassen (die uns noch später beschäftigen werden), bezieht, ist, nach LITTLE und PHILLIPS, folgendes:

Die vier Faktorenpaare sind: G der Faktor, der die Wildfarbe verursacht (Anordnung des Haarpigments in Ringeln) und g das Fehlen dieser Anordnung. N ein Faktor für schwarze Fellfarbe, n läßt das Fell braun erscheinen. S ein Faktor, der jede Farbe in kräftigem Ton erscheinen läßt, während s die Farbe „verdünnt". R endlich ein Faktor, der dunkle Augen bedingt, während Tiere mit r rotäugig sind. (Wir nehmen völlige Dominanz innerhalb der Allelomorphenpaare an, so daß homo- und heterozygote Individuen phänotypisch gleich sind. Später werden wir sehen, daß das nicht ganz stimmt, die Spaltung also noch komplizierter wäre.) Es wird also nun gekreuzt ein aus der Natur stammendes wildes Tier, das alle dominanten Faktoren homozygot besitzt, also $GG\,NN\,SS\,RR$ mit einem gezüchteten Individuum, das alle rezessiven Charaktere zeigt, nämlich verdünnt, braun, rotäugig ($gg\,nn\,ss\,rr$). F_1 ($Gg\,Nn\,Ss\,Rr$) muß natürlich der Wildform gleichsehen. In F_2 sind 16 Phänotypen zu erwarten (Tabelle, S. 173) und wurden in den gegebenen Zahlenverhältnissen erhalten, die mit den Erwartungen so gut übereinstimmen, wie es die relativ kleine Individuenzahl von 1180 gestattet. (Die Farben in Klammern [Tabelle S. 173] beziehen sich auf die später zu benutzenden Bezeichnungen der Farben.)

Rück-
kreuzung. Zum Schluß der Betrachtung der elementaren MENDEL-Fälle müssen wir noch ein Wort über die sogenannte Rückkreuzung hören. Man nennt eine Rückkreuzung die Kreuzung eines Bastards mit der reinen Elternform, also der Heterozygote mit einer Homozygote. In aktuellen Vererbungsexperimenten sind diese Rückkreuzungen von großer Wichtigkeit aus sogleich ersichtlichen Gründen. Im Fall von Dominanz einer Eigenschaft über ihren Partner verläuft die monohybride Rückkreuzung folgendermaßen. Der Bastard Aa aus den Eltern AA und aa kann rückgekreuzt werden mit der dominanten Elternform AA oder der rezessiven Elternform aa. In ersterem Fall liefert der Bastard Gameten A und a, die dominant-homozygote Form nur A. So sind nur zwei Kombinationen möglich AA und aA im Verhältnis $1:1$. Die beiden in die Kreuzung eingehenden Formen erscheinen wieder zu gleichen Teilen. Da sie aber beide den dominanten Faktor besitzen, so ist im Falle völliger Dominanz nichts von der Spaltung zu erkennen. Bei der Rückkreuzung mit der rezessiven Homozygote jedoch, also $Aa \times aa$, kombiniert sich A oder a des Bastards mit nur a der reinen rezessiven Form zu Aa und aa zu gleichen Teilen. Es kommen also wieder die beiden in die Kreuzung eingegangenen Typen zum Vorschein; die Spaltung verläuft phänotypisch in den dominanten und den rezessiven Typ.

Nun nehmen wir noch einen doppelt heterozygoten Bastard, also von der Formel $Aa\,Bb$ und kreuzen ihn zurück mit der reinen rezessiven Form $aa\,bb$. Bekanntlich bildet jener Bastard vier Sorten von Gameten, nämlich AB, Ab, aB, ab. Die reine rezessive Form aber bildet nur Gameten ab. Somit entstehen bei dieser Rückkreuzung folgende Kombinationen:

Bastard $Aa\,Bb \times$ reine Rezessive $aa\,bb$,

Gameten des Bastards: $AB\ Ab\ aB\ ab$,

Gameten der rezessiven Form: ab.

Rückkreuzungskombinationen:

Gameten	$A\,B$	$A\,b$	$a\,B$	$a\,b$
$a\,b$	$A\,B$	$A\,b$	$a\,B$	$a\,b$
	$a\,b$	$a\,b$	$a\,b$	$a\,b$

Die vier Typen entstehen zu gleichen Teilen. Ein Blick auf das Schema zeigt aber, daß das phänotypische Aussehen der vier Typen genau den Charakter der vier Gametensorten des Bastards repräsentiert, da ja die rein rezessiven Gameten ab keinen sichtbaren Einfluß auf das Resultat ausüben. Das sichtbare Resultat dieser Rückkreuzung zeigt uns also genau die Beschaffenheit der Gameten des Bastards wie die Zahlen, in denen sie gebildet werden, hier $1:1:1:1$. Aus diesem Grunde benutzt man diese Rückkreuzung, wenn man die Gametenarten des Bastards und ihre relative Zahl in Fällen feststellen will, die von den bisher betrachteten Elementarfällen abweichen. Wir werden von dieser Tatsache in einer späteren Vorlesung Gebrauch zu machen haben.

Es sei nur angedeutet, daß in der Anwendung der Vererbungsgesetze auf den Menschen die Rückkreuzungen eine entscheidende Rolle spielen, da ja in der Mehrzahl der Fälle der Mensch in einem mendelnden Erbcharakter, besonders denen pathologischer Natur, heterozygot sein wird. Stammbäume solcher Charaktere werden also in der Regel die 1 : 1-Spaltung zeigen, und nur nach Verwandtenehen auch die 3 : 1-Spaltung. Die Zahl der so analysierten einfachen MENDEL-Fälle ist sehr groß. Viel seltener sind zuverlässige dihybride Fälle analysiert, deren interessantestes Beispiel die Vererbung der Blutgruppen ist. Wegen aller Einzelheiten, die, so interessant sie an sich sind, doch für die eigentliche Vererbungslehre nichts Neues bringen, sei auf die speziellen Lehrbücher verwiesen.

Genauigkeit des Zahlenverhältnisses. Wir haben es bisher als selbverständlich angenommen, daß die einfachen MENDEL-Spaltungen bei großen Zahlen genau das erwartete Zahlenverhältnis ergeben. Es sei gleich hier darauf hingewiesen — und wir werden dem Problem noch öfters begegnen — daß dies nicht durchaus der Fall sein muß. Es wäre nur dann der Fall, wenn alle Gametensorten in genau der erwarteten Zahl nach Zufallsgesetzen gebildet werden und fernerhin in gleichem Verhältnis auch zur Befruchtung gelangen. Sehr oft scheint dieser Idealfall ja verwirklicht. Aber es besteht ja die Möglichkeit, daß unter den vielen dauernd in den Geschlechtsdrüsen zugrunde gehenden Geschlechtszellen eine bestimmte Sorte häufiger vertreten ist; oder daß auf dem Wege zur Befruchtung einzelne Gametensorten widerstandsfähiger oder schneller sind und bessere Befruchtungschancen haben, oder aber daß bei der Befruchtung bestimmte Gameten physiologisch besser aufeinander abgestimmt sind und deshalb häufiger kopulieren. In allen diesen und ähnlichen denkbaren Fällen kämen nicht ganz ideale Spaltungszahlen zustande. Es wäre aber verkehrt daraus zu schließen, daß nun die Gesetze nicht stimmen; vielmehr muß in solchen Fällen untersucht werden, was die Verschiebung bedingt und in vielen Fällen läßt sich das auch befriedigend feststellen, wie wir später sehen werden.

Wir haben in allen bisher betrachteten Fällen gesehen, daß die Gene genau nach der MENDELschen Annahme nach Wahrscheinlichkeitsgesetzen auf die Gameten verteilt werden; die Gameten sind also rein in bezug auf die mendelnden Gene, eine Vermischung der Gene in der Heterozygote kommt nicht vor. Diese fundamentale Tatsache, auch das Gesetz von der Reinheit der Gameten genannt, hat sich bisher stets bewährt. Im Anfang der MENDELschen Forschung glaubte man gelegentlich, unreine Gameten gefunden zu haben. In allen Fällen zeigte sich aber, daß eine genauere Analyse diese Annahme nicht bestätigte. Bis heute liegt denn auch kein auch nur wahrscheinlicher Fall von Gametenunreinheit vor, die somit eine Möglichkeit darstellt, an die wohl kein Vererbungsforscher mehr glaubt.

Literatur zur siebenten Vorlesung.

BATESON, W.: Mendels Principles of Heredity. Cambridge University Press, März 1909. 2nd Impression. August 1909. — Ders. und Mitarbeiter: Reports to the Evolution Committee of the R. Soc. 1—5. 1902—09.

CORRENS, C.: Über Bastardierungsversuche mit Mirabilissippen. I. Mitt. Ber. d. dtsch. botan. Ges. 1902. — Ders.: Neue Untersuchung auf dem Gebiet der Bastardierungslehre. Botan. Ztg. 1903. — Ders.: Über die dominierenden Merkmale der Bastarde. Ber. d. dtsch. botan. Ges. 1903. Ders.: Weitere Beiträge zur Kenntnis der dominierenden Merkmale und der Mosaikbildung der Bastarde. Ebenda. 1903. — Ders.: Zur Kenntnis einfacher mendelnder Bastarde. Sitzungsber. d. preuß. Akad. d. Wiss. 1918; s. auch Gesammelte Abhandlungen zur Vererbungswissenschaft Berlin: Julius Springer 1924.

DARBISHIRE, A. D.: On the Result of Crossing Round with Wrinkled Peas, with especial Reference to their Starch Grains. Proc. of the Roy. Soc. of London B. **80.** 1908.

DAVENPORT, C. B.: Inheritance in Poultry. Carnegie Institution Publications **52.** 1907. — Ders.: Determination of Dominance in Mendelian Inheritance. Proc. of the Americ. Philos. Soc. **47.** 1908. — Ders.: Inheritance of characteristics in domestic Fowl. Ibid. **121.** 1909. — Ders.: The imperfection of dominance and some of its consequences. Americ. Naturalist **44.** 1901.

GOLDSCHMIDT, R.: Die quantitativen Grundlagen von Vererbung und Artbildung. Aufs. Vortr. Entwicklungsmech. Berlin: Julius Springer 1920.

LANG, A.: Über die Mendelschen Gesetze, Art- und Varietätenbildung, Mutation und Variation, insbesondere bei unseren Hain- und Gartenschnecken. Vortrag. 3. tbs. Verhandl. d. Schweiz. Naturforsch. Ges. Luzern 1906. — Ders.: Fortgesetzte Vererbungsstudien. Zeitschr. f. indukt. Abstammungs- u. Vererbungslehre **5.** 1911.

LITTLE, C. C. and PHILLIPS, J. C.: A cross involving four pairs of Mendelian characters in mice. Americ. Naturalist **47.** 1913.

LOCK, R. H.: Recent Progress in the Study of Variation, Heredity and Evolution. 3. ed. New York 1912.

TOYAMA: Studies on the Hybridology of insects: I. On some silkworm crosses, with special reference to Mendel's laws of heredity. Bull. of the Coll. of

Agriculture. Tokyo University 7. 1906. — Ders.: Mendel's laws of heredity as applied to the Silkworm Crosses. Biol. Zentralbl. **26**. 1906. — Ders.: On the varying dominance of certain white breeds of the silk-worm Bombyx mori, L. Zeitschr. f. indukt. Abstammungs- u. Vererbungslehre **7**. 1912.

Lehrbücher.

Hier ist der Platz, einige der zahlreichen Lehrbücher der Vererbungslehre zu nennen, die in ihrer Darstellung meist den Mendelismus in den Vordergrund stellen:

BABCOCK, E. B. and CLAUSSEN, R. E.: Genetics in relation to Agriculture and Breeding. New York 1918. 2. Aufl. 1927. Ausführliches und vorzügliches Lehrbuch vom Standpunkt der amerikanischen Schule, die praktische Anwendung hervorhebend.

BATESON, W.: Mendel's Principles of Heredity. 3. Imp. Cambridge 1913. Das klassische Buch des Mendelismus, heute aber in vielen Anschauungen überholt.

BAUER, J.: Vorlesungen über allgemeine Konstitutions- und Vererbungslehre. 2. Aufl. 1923. Behandelt hauptsächlich die menschliche Konstitutionslehre.

BAUR, E.: Einführung in die experimentelle Vererbungslehre. Berlin 1911. 4. Aufl. 1924. Das beste zusammenfassende Lehrbuch eines Botanikers vom streng-mendelistischen Standpunkt.

BAUR, FISCHER und LENZ: Menschliche Erblichkeitslehre. 3. Aufl. 1927. Das bekannteste Werk über Vererbung beim Menschen.

CASTLE, W. E.: Heredity. (Full title "Heredity in relation to evolution and animal breeding".) D. Appleton & Co.: New York and London 1911. Neue Auflage 1926. Sehr einseitig und eng im Horizont. — Ders.: Heredity and Eugenics. Harvard Univ. Press. 1916.

CORRENS, C.: Die neuen Vererbungsgesetze. Berlin: Gebr. Bornträger 1912. Elementare Darstellung des Mendelismus.

DARBISHIRE, A. D.: Breeding and the Mendelian Discovery. 1. London: Cassel & Co. 1911. Sehr klare populäre Darstellung, jetzt veraltet.

GOLDSCHMIDT, R.: Der Mendelismus in elementarer Darstellung. Berlin: Parey 1920. 2. Aufl. 1928. Kurze Einführung für Anfänger als Vorbereitung für dieses Buch. — Ders.: Die Lehre von der Vererbung. Sammlung: Verständliche Wissenschaft (Julius Springer) 1917. Populäre Darstellung für den Laien.

HAECKER, V.: Allgemeine Vererbungslehre. 3. Aufl. Braunschweig: Vieweg & Sohn 1921. Stellt die zelluläre Seite in den Vordergrund, aber sehr verworren.

VAN HOFSTEN, N.: Arftlighetslära. Stockholm 1919.

ILTIS, H.: Gregor Johann Mendel. Berlin: Julius Springer 1924. Authentische Biographie mit anschließender Darstellung des Mendelismus.

JOHANNSEN, W.: Elemente der exakten Erblichkeitslehre. Jena 1909. 3.Aufl. 1926. Das oft zitierte grundlegende Buch, das jeder studiert haben muß.

KRONACHER, C.: Grundzüge der Züchtungsbiologie. Berlin: Paul Parey 1912. Stellt die Tierzucht in den Vordergrund.

LANG, A.: Die experimentelle Vererbungslehre in der Zoologie seit 1900. Jena 1914. I. Bd. bis jetzt nur erschienen. Sehr breit angelegtes Handbuch.

PLATE, L.: Vererbungslehre. Leipzig 1913. Enthält reiches Material über Vererbung beim Menschen.

PUNNETT, R. C.: Mendelism. 7. Aufl. 1927. — Ders.: Mendelismus. Ins Deutsche übertragen von W. VON PROSKOWETZ. Brünn 1910. Elementare, kurze, aber vorzügliche Darstellung.

SIEMENS, H. W.: Einführung in die allgemeine und spezielle Vererbungspathologie des Menschen. 2. Aufl. Berlin 1923. — Ders.: Die Zwillingspathologie. Berlin 1924.

WRIEDT, CHR.: Vererbungslehre der landwirtschaftlichen Nutztiere. Berlin: Parey 1927. Trotz seiner Kürze das beste Buch seines Gebietes.

ZIEGLER, H. E.: Vererbungslehre. Jena 1918.

Achte Vorlesung.

Die Zelle als Sitz der Vererbungserscheinungen.
Der Chromosomenmechanismus und die Mendelspaltung.

Die geniale Konzeption, die es MENDEL ermöglichte, die Bastardspaltung durch ein eigentlich unendlich einfaches Gesetz zu erklären,
war die Erkenntnis der Reinheit der Gameten und ihrer Kombination
nach Wahrscheinlichkeitsgesetzen. Die Eigenschaftsträger, oder, wie
wir jetzt sagen, Erbfaktoren oder Gene bleiben im Bastard unabhängig
voneinander und werden auf die sich bildenden Geschlechtszellen nach
Zufallsgesetzen verteilt, so daß jede Kombination die gleiche Wahrscheinlichkeit hat, somit die gleiche Zahl von Geschlechtszellen jeder
möglichen Sorte im Durchschnitt gebildet wird. Die Genialität dieser
Erkenntnis erscheint um so bemerkenswerter, wenn man bedenkt, daß
zu MENDELs Zeit die Naturgeschichte der Geschlechtszellen nahezu unbekannt war, daß die zellulären Einzelheiten des Befruchtungsvorganges
noch nicht entdeckt waren und man von all den Feinheiten der Zell-
struktur noch keine Ahnung hatte. Erst 10 Jahre nach Erscheinen
von MENDELs Arbeit begann die neue Zellenlehre ihren glänzenden Ent-
deckungszug und hat heutzutage vollständig aufgeklärt, wie die Reinheit der Gameten und die daraus folgende MENDEL-Spaltung in dem
Wesen der Geschlechtszellen bedingt ist. Die Verteilung der Erbfaktoren
auf gleiche Zahlen von Gameten ist ja ein Vorgang, der voraussetzt,
daß irgendein Mechanismus vorhanden sein muß, der dies Sortieren ermöglicht. In einem Sack, gefüllt mit Eisenstaub und Mehl, werden sich
die beiden Substanzen ebensowenig vermischen, wie die Erbfaktoren
in einer Bastardgeschlechtszelle. Um sie aber rein voneinander zu sondern, ist irgendeine mechanische Einrichtung nötig, in dem Beispiel ein
Magnet. Die Zellforschung hat nun gezeigt, daß tatsächlich in der Zelle
ein Mechanismus vorhanden ist, der die Verteilung der Erbfaktoren in
der im MENDEL-Experiment erwiesenen Weise ermöglicht, und die Kom-

bination der Zellforschung mit dem genetischen Experiment hat den bindenden Beweis erbracht, daß dieser Mechanismus tatsächlich an der Basis der MENDELschen Vererbungsgesetze liegt. Nicht nur dies; sie hat auch ergeben, daß die verwickelten Abweichungen von dem einfachen MENDEL-Fall, die wir später studieren werden, nur so ihre einfache Erklärung finden, ja daß sie direkt logische Konsequenzen aus dem Wesen jenes Mechanismus sind. Ehe wir daher in der Betrachtung der Vererbungsgesetze fortfahren, müssen wir diesen Mechanismus verstehen lernen.

Wir haben schon gehört, daß in der Regel ein Organismus sich aus einer befruchteten Eizelle entwickelt. Rein zellulär betrachtet unterscheiden sich nun die Geschlechtszellen in nichts Wesentlichem von all den anderen Zellen, die den Körper der Lebewesen zusammensetzen. Wissen wir doch auch, daß unter Umständen eine gewöhnliche Körperzelle ebenfalls imstande ist, einen neuen Organismus zu reproduzieren. Aus einem kleinen herausgeschnittenen Stück des Kiemenkorbes der Ascidie Clavellina kann sich das ganze Tier regenerieren, gewissen Körperzellen kommt also hier die gleiche Fähigkeit zu wie den Geschlechtszellen. Wir dürfen also annehmen, daß die für die Vererbung in Betracht kommenden Zellbestandteile sich im wesentlichen in jeder Zelle vorfinden. Wie können wir nun Anhaltspunkte gewinnen, wo sie in der Zelle zu suchen sein werden?

Das was dem Forscher, der die Lebenserscheinungen der Zelle studiert, immer wieder als das merkwürdigste entgegentritt, ist die Fähigkeit der Zelle, sich durch Teilung zu vermehren und diese Teilung auf eine höchst eigentümliche Art durchzuführen. Die Teilung besteht darin, daß die beiden Hauptbestandteile der Zelle, der Zelleib oder das Protoplasma und der Zellkern halbiert werden und so zwei Tochterzellen entstehen, die außer in der zunächst geringeren Größe genau der Mutterzelle gleichen. Nun verläuft aber in der überwältigenden Mehrzahl der tierischen und pflanzlichen Zellen der Teilungsprozeß nicht als eine einfache Halbierung, sondern in der komplizierten Weise, die umstehende Abb. 59 darstellt, dem Vorgang der Karyokinese. Die Teilung wird dadurch eingeleitet, daß neben dem Kern sich im Umkreis eines Körnchens, des Centrosoms, eine Strahlenfigur bildet, die durch die Teilung

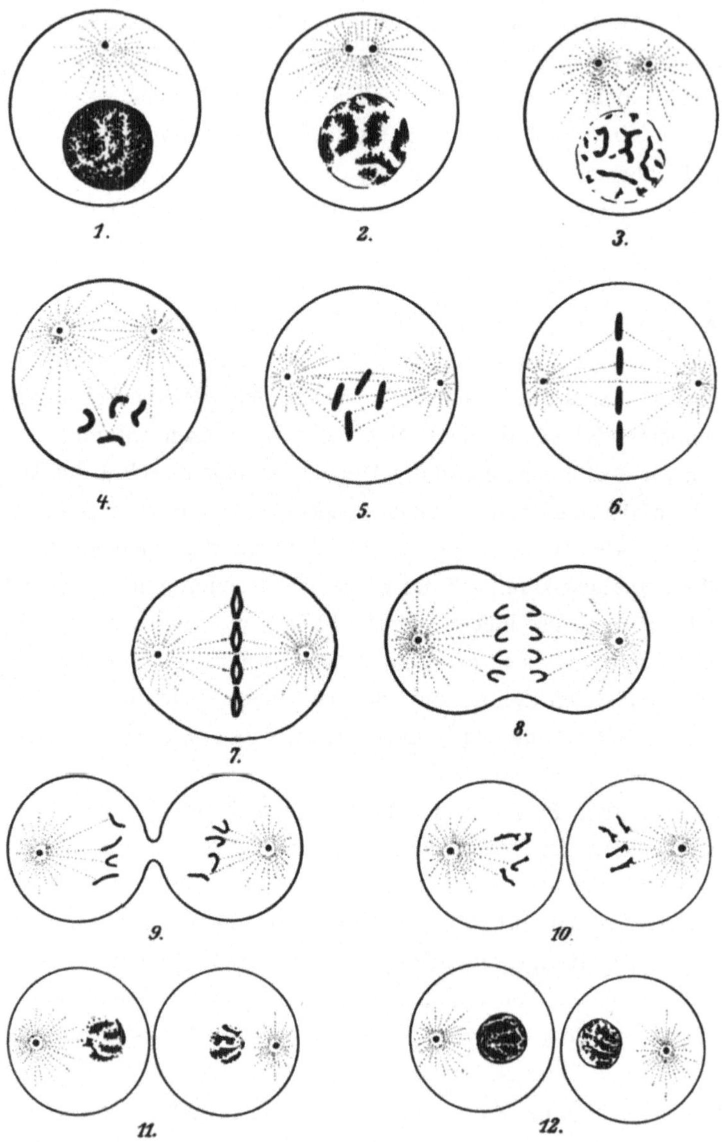

Abb. 59 1—12. Schema der mitotischen Zellteilung. 1—3 Bildung der Chromosomen im Kern, 4 Auflösung des Kerns, 5, 6 Bildung der Äquatorialplatte, 7, 8, 9 Auseinanderweichen der Tochterplatten, 10, 11, 12 Rekonstruktion der Tochterkerne. Gezeichnet von Dr. Dingler.

des Centrosoms sich bald verdoppelt und in ihre beiden Hälften auseinanderweichend zwei gegenüberliegende Pole der Zelle einnimmt. Inzwischen haben im Innern des Kernes komplizierte Umlagerungen seiner wichtigsten Substanz stattgefunden, die man wegen ihrer Neigung, gewisse Farbstoffe festzuhalten, Chromatin nennt, und die damit enden, daß sich eine bestimmte Anzahl, sagen wir vier, festere Schleifen ausbilden, die vielgenannten Chromosomen. Nun löst sich der Kern auf, und die Chromosomen ordnen sich in einer Reihe im Äquator der zweipoligen Strahlenfigur an. Dann wird ein jedes Chromosom der Länge nach gespalten, so daß jetzt zwei Spalthälften einander gegenüberliegen, und diese beginnen sich zu trennen und nach den beiden Zellpolen auseinander zu wandern, bis sie nahe bei den Centrosomen angelangt sind. Jetzt aber verläuft der ganze Prozeß wieder rückwärts, die Chromosomen verlieren ihre individuelle Abgrenzung, es bildet sich aus ihnen ein neuer Kern, die Strahlung erlischt und es sind zwei Zellen von gleicher Art wie die Ausgangszellen gebildet.

Überlegen wir nun einmal, was dieser komplizierte Vorgang bedeuten kann, welchen Vorzug er etwa vor einer einfachen Durchschnürung von Zelle und Kern hat. Es wurde der ganze geformte Inhalt des Kernes in Chromosomenschleifen zusammengefaßt und diese durch eine Spaltung verteilt: das besagt, daß der Kerninhalt oder richtiger seine färbbare Substanz, das Chromatin, in einer ganz besonders exakten Weise verteilt wird. Stellen wir uns vor, wir erhielten die Aufgabe, einen Sack mit Bohnen auf zwei Hälften zu verteilen. Wir könnten es so ausführen, daß wir den Sack in der Mitte durchschnürten und so in zwei gleiche Hälften zerlegten. Sehr genau wäre allerdings diese Teilung nicht. Besser wäre es, wir zählten die Bohnen ab und legten die Hälfte auf jede Seite; dann hätten wir in der Tat gleiche Zahlen, aber die eine Bohne ist groß, die andere klein, die eine sehr nährstoffhaltig, die andere verdorben, kurz, unsere beiden Haufen wären immer noch nicht völlig gleich. Wirklich gut geteilt hätten wir erst, wenn jede Bohne der Länge nach halbiert und die Hälften verteilt würden. Das Beispiel zeigt uns klar, daß die Einteilung des Kerninhaltes in Chromosomen und deren Verteilung durch Spaltung keine andere Ursache haben kann als die Notwendigkeit, die betreffende Substanz des Kernes möglichst genau auf die Tochterzellen zu verteilen. Der Schluß liegt also nahe, daß hier in den Chromosomen Qualitäten der Zelle lokalisiert sein müssen, die zu ihrem notwendigen Bestand gehören. Die allererste Eigenschaft einer jeden Zelle ist aber, daß sie eine Artzelle ist: jede Zelle eines Hundes ist nur Hundezelle, jede Zelle einer Linde nur Lindenzelle. Dürfte also nicht auch noch weiterhin geschlossen werden, daß wir hier in den Chromosomen die Träger der das Wesen der Art ausmachenden erblichen Eigenschaften zu sehen haben? Tatsächlich hat ROUX schon vor einem halben Jahrhundert gerade auf Grund der genannten Tatsachen auch diesen Schluß gezogen.

Der Kern als Erbträger. Wollen wir diese Annahme erweisen, so müssen wir zunächst einmal den Beweis dafür erbringen, daß der Zellkern, in dem sich ja nur bei der Teilung die Chromosomen erkennen lassen, der Träger der erblichen Eigenschaften ist. Der Beweis läßt sich mit größter Wahrscheinlichkeit aus den Erscheinungen der normalen wie der experimentell beeinflußten Befruchtung führen. Bei der Befruchtung dringt eine männliche Samenzelle in die weibliche Eizelle ein. Beide Zellen, die sogenannten Gameten, bestehen trotz verschiedener äußerer Form aus den typischen Bestandteilen der Zelle, Kern und Protoplasma. Nun zeigen viele Samenzellen die Form eines langen Fadens, dessen besonders gestaltetes Vorderende der Kopf, den Kern darstellt, wie seine Entstehung lehrt, das übrige aber, Mittelstück und Schwanz, dem Protoplasma entspricht. In vielen Fällen wird nun beobachtet, daß bei der Befruchtung nur der Kopf in die Eizelle dringt (und ganz entsprechend bei den höheren Pflanzen nur der Kern des Pollenschlauches), der Schwanz aber abgeworfen wird. Innerhalb des Eiprotoplasmas nimmt dann der Kopf die Gestalt eines gewöhnlichen Kernes an und verschmilzt mit dem Kern der Eizelle. Der wesentliche Vorgang bei der Befruchtung ist also eine Verschmelzung des väterlichen mit dem mütterlichen Kern. Da bei der Befruchtung die Eigenschaften beider Eltern auf die Nachkommen übertragen werden, so müssen diese Eigenschaften in irgendeiner Weise in den Kernen der Gameten enthalten sein.

Die Chromosomen bei der Befruchtung. Im Kern dürfen wir also mit Recht die Träger der Vererbung suchen. Wo sie dort liegen, zeigt ein weiter eindringendes Studium der Befruchtung. Wir sagten, daß bei ihr die Kerne der Gameten verschmelzen.

Oft ist dies aber nicht ganz wörtlich zu nehmen, vielmehr bleiben die Kerne zunächst nebeneinander liegen. Die weitere Entwicklung zum Organismus, die nach der Befruchtung einsetzt, besteht nun in einer unübersehbaren Folge von Zellteilungen, deren erste bald nach der Befruchtung eintritt. Da kann es denn sein, daß die Zellteilungsfigur sich bildet, ohne daß die beiden Kerne miteinander verschmolzen sind und da tritt das gleiche ein, wie bei jeder andern Zellteilung, die Chromosomen bilden sich aus. Aber nun bilden sie sich in jedem Kern getrennt aus, in dem umstehend abgebildeten Beispiel (Abb. 60) je zwei in jedem Kern. Die fertige Zellteilungsfigur enthält also eine Anzahl, hier vier Chromosomen, von denen die Hälfte von der Eizelle, die Hälfte von der Samenzelle stammt. Bei der nun folgenden Teilung werden alle der Länge nach gespalten und auf die Tochterzellen verteilt. Es erhält somit eine jede Tochterzelle zur Hälfte väterliche und zur andern Hälfte mütterliche Chromosomen und ebenso geht es bei jeder weiteren Zellteilung. Nun werden bei der Befruchtung die Eigenschaften beider Eltern auf die Nachkommen vererbt. Das, was die Zellen der Nachkommen in gleicher Weise von beiden Eltern besitzen, sind aber nur die Chromosomen und somit müssen wir schließen, daß auch in den Chromosomen die betreffenden Eigenschaften lokalisiert sein müssen.

Wir haben nun bisher keinen besonderen Wert auf die Zahl der Chromosomen gelegt. Und doch ist diese nicht etwa gleichgültig. Es zeigt sich vielmehr, daß sie bei allen Tier- und Pflanzenarten eine typisch konstante ist. Ein Pferdespulwurm zeigt in seinen sich teilenden Zellen vier, eine Tomate 24, ein Nachtschatten aber 72 und so fort. Kurzum, jede Art von Lebewesen besitzt eine für sie charakteristische Chromosomenzahl in den Kernen ihrer Zellen. Nun haben wir gehört, daß bei der Befruchtung zwei solche Kerne sich miteinander vereinigen. Hätten sie auch die typische Zahl, so wäre nach der Befruchtung in der Zelle die doppelte Anzahl vorhanden. Alle Zellen der Nachkommenschaft, also auch ihre Geschlechtszellen, bärgen jetzt die doppelte Chromosomenzahl und wenn sie sich wieder bei der Befruchtung vereinigten, so bekäme die Enkelgeneration bereits die vierfache Zahl und so fort. Soll das nicht eintreten, und tatsächlich ist ja die Chromosomenzahl eine konstante, so kann es nur auf einem Wege erreicht werden; es muß eine

Einrichtung bestehen, die bewirkt, daß in den Geschlechtszellen vor ihrer Vereinigung die Chromosomenzahl auf die Hälfte herabgesetzt

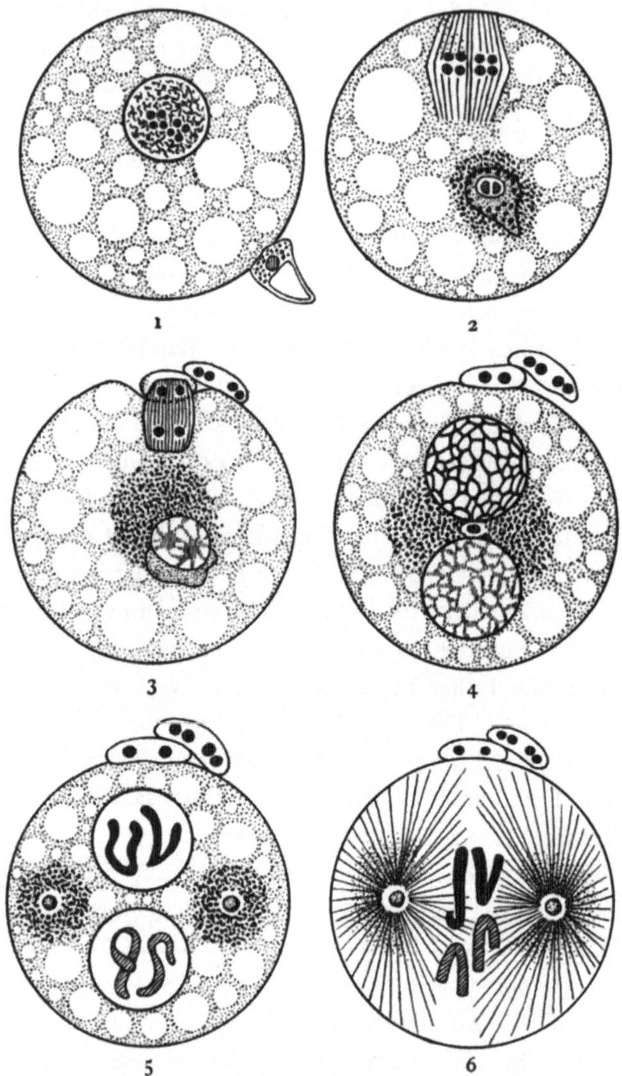

Abb. 60 1—6. Die Befruchtung des Ascariseies. Die mütterlichen Kerne und Chromosomen schwarz, die väterlichen schraffiert. 1 Eindringen des Spermatozoons, 2 die erste Reifeteilung des Eikerns, 3 seine zweite Reifeteilung, durch die die Hälfte der Chromosomen entfernt wird, 4 männlicher und weiblicher Kern in Ruhe, 5 Ausbildung der beiden Chromosomen in jedem Kerne, 6 Verteilung der Chromosomen in der ersten Furchungsteilung.

wird. Nur so kann nach der Befruchtung immer noch die Normalzahl gewahrt bleiben. Tatsächlich findet sich eine solche Einrichtung, bestehend in einer besonderen Teilung, die eine jede Geschlechtszelle durchmachen muß, bevor sie befruchtungsfähig wird, der Reduktionsteilung, deren besonderer Mechanismus so verläuft, daß durch sie die Hälfte der Chromosomen aus der Zelle entfernt wird. Eine jede befruchtungsfähige Geschlechtszelle enthält also nur die Hälfte der normalen Chromosomenzahl.

Auf diese Teilung nun, oder richtiger gesagt, zwei Teilungen, durch die die Chromosomenzahl auf die Hälfte herabgesetzt wird, konzentriert sich nun unser ganzes Interesse, denn in ihnen werden wir sogleich den einfachen Mechanismus erkennen, der der MENDEL-Spaltung zugrunde liegt. Wenn wir nun unsere Aufmerksamkeit auf die *Reifeteilungen* richten, so finden wir in einer zur Reifeteilung fertigen Geschlechtszelle die Chromosomen bereits in eigenartiger Weise für das Kommende vorbereitet. Es zeigt sich nämlich, daß bereits im Beginn dieser Teilungen in der mitotischen Figur nur die Hälfte der der Art zukommenden Chromatinelemente sichtbar ist; die Elemente unterscheiden sich allerdings deutlich von gewöhnlichen Chromosomen durch den Aufbau aus mehreren Teilstücken; man nennt sie wegen einer besonders typisch auftretenden Einteilung Tetraden. Ihre Entstehung muß somit zuerst klar sein, ehe ihre Verteilung bei den Reifeteilungen verstanden werden kann. Wurde nun das Verhalten des Kernchromatins der Geschlechtszellen soweit zurückverfolgt, bis man an den Punkt ankam, an dem sie soeben aus der letzten Teilung der Urgeschlechtszellen hervorgegangen waren, — es folgt also bis zur Reifeteilung keine weitere Teilung mehr, die Zwischenzeit in der Entwicklung wird vielmehr durch das Wachstumsstadium der Geschlechtszellen ausgefüllt — so fand man stets, daß im Kern eine Reihe absonderlicher Veränderungen des Chromatins vorgingen. Sie beginnen mit einer dichten Aufknäuelung des Chromatinfadens, die man Synapsis nennt; die nun folgenden Umwandlungen erscheinen besonders markant im Bukettstadium, in dem die einzelnen Schleifen, in die sich nach der Synapsis der Faden auflöst, sich gegen einen Kernpol orientieren. Und als Schluß der synaptischen Phänomene, wie man auch die ganze Periode nennt, aus der sich einige Stadien in Abb. 61 reproduziert finden, erscheint dann zum erstenmal im Kern die halbe, reduzierte Zahl der Chromosomen in Tetradenform. Kein Zweifel, daß hier während der Synapsis die Halbierung der Chromosomenzahl zur Halbzahl von Tetraden stattfinden muß.

Über das, was während dieser Synapsis in Wirklichkeit mit den Chromosomen vor sich gegangen ist, gibt uns die schematische Abb. 62 Auskunft.

Chromosomenkonjugation. Es sind drei Chromosomenpaare als Normalzahl angenommen, von denen ein Paar schwarz und punktiert angegeben ist. *a* zeigt eine gewöhnliche Mitose der Urgeschlechtszellen, *b* den Übergang in die Synapsis, *c* ein in dieser Periode häufig vorkommendes Stadium mit gewundenen Fäden, *d* die Vorbereitung zur Parallelkonjugation homologer Chromosomen, *e—g* deren Durchführung nur für das eine Chromosomenpaar gezeichnet. Die Pseudoreduktion während der Synapsis besteht also darin, daß sich je zwei Chromosomen vereinigen; jede Tetrade, die in die Reifeteilung eintritt, setzt sich also, welche auch ihre Form sei, aus zwei ganzen vereinigten Chromosomen zusammen. Es sind also im Beginn der Reifeteilung noch alle Chromosomen in den Geschlechtszellen vorhanden, aber sie sind paarweise zur halben Zahl von Chromatinelementen, den Tetraden oder Gemini, vereinigt. Und jetzt sind wir vorbereitet zu erfahren, was in den Reifeteilungen geschieht: Das Wesen der Reifeteilungen besteht darin, daß in einer von beiden die paarweise miteinander, vereinigten ganzen Chromosomen voneinander getrennt werden, so daß jetzt jede Tochterzelle nicht nur die halbe Zahl von Chromatinelementen, sondern auch die halbe Zahl der vorhandenen Chromosomen besitzt.

Wir haben uns in der bisherigen Darstellung nur an den allgemeinen Verlauf der Dinge gehalten und von der Betrachtung aller Einzelheiten abgesehen. Tatsächlich ist die Erforschung dieser Phasen im Leben der Geschlechtszellen fast zu einer ganzen Wissenschaft ausgewachsen, deren Einzeltatsachen uns aber hier nicht beschäftigen. Für uns ist nur entscheidend, ob die hier gegebene Darstellung den Tatsachen entspricht und ob es noch andere Möglichkeiten gibt. Man kann nun mit Sicherheit sagen, daß die gegebene Darstellung, die auch kurz als die Lehre von der Parallelkonjugation oder Parasyndese der Chromosomen be-

zeichnet wird, an zahlreichen tierischen wie pflanzlichen Objekten un-
widerleglich festgestellt ist und das typische Verhalten zu sein scheint.

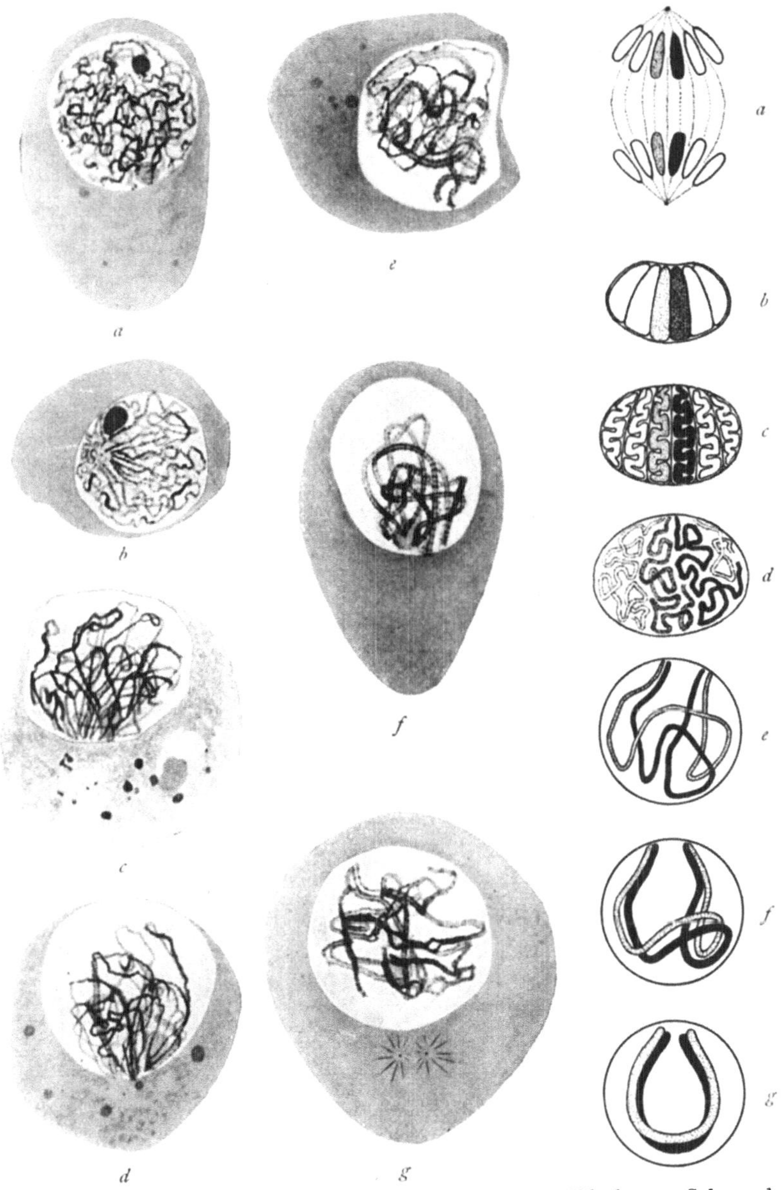

Abb. 61 a—g. Die synaptischen Vorgänge in den Eikernen
von Dendrocoelum. In d und e findet die Chromosomenkonjugation statt. Nach GELEI.

Abb. 62 a—g. Schema der
synaptischen Vorgänge.
Nach BĚLÁŘ.

Möglicherweise kommt daneben noch ein anderer Typus des Verhaltens der Chromosomen, besonders bei Pflanzen, vor. Er unterscheidet sich dadurch von dem vorigen, daß die in der Synapsis konjugierenden Chromosomen sich nicht parallel nebeneinander legen, sondern mit den Enden (Endkonjugation, Telosyndese). Ein Fall der Telosyndese, der allen Anforderungen an Sicherheit des Nachweises genügt, existiert bisher aber nicht. Am Wesen der Reduktionsteilung ändert diese, wenn überhaupt vorkommende, dann seltene Variante, nichts; sie ist höchstens für gewisse

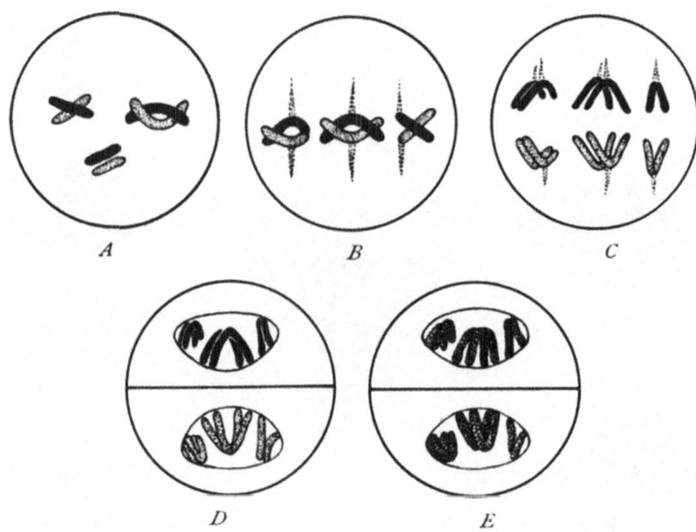

Abb. 63 *A—E*. Schema des Verlaufs der Reduktionsteilung bei Annahme von 3 Tetraden. Erklärung im Text. Nach GRÉGOIRE.

Spezialprobleme, die uns später begegnen werden, von Interesse. Wegen aller cytologischen Einzelheiten, sei auf das klassische Buch von E. B. WILSON hingewiesen. Wir kehren nun wieder zu den jetzt folgenden Reifeteilungen zurück.

Die Reife-
teilung.
  Abb. 63 *A—E* und 64 *A—C* geben den Verlauf der zwei Reifeteilungen in einem Schema wieder, das sich ebensogut auf tierische Samenzellen als auf pflanzliche Pollenkörner beziehen kann. Bei den Eizellen ist die Reifung im Prinzip ebenso und nur im Detail insofern verschieden, als von den vier entstehenden Zellen drei winzig klein und als sogenannte Richtungskörper nicht mehr befruchtungsfähig sind, wie aus

der Abb. 60 zu erkennen ist. Es ist in nebenstehendem Schema wieder angenommen, daß die Normalzahl der Chromosomen sechs beträgt. In der reifefähigen Geschlechtszelle finden sich somit drei Chromatinelemente, von denen jedes aus zwei Chromosomen, einem schwarzen und einem punktierten zusammengesetzt ist. Es ist hier nun angenommen, daß die erste der beiden Reifeteilungen diejenige ist, in der die ganzen Chromosomen voneinander entfernt werden, die Reduktionsteilung. (Tatsächlich ist dies das häufigste Vorkommnis; es gibt aber auch sichere Fälle in denen die zweite Reifeteilung die Reduktionsteilung ist und sogar Fälle, in denen verschiedene Chromosomen teils Prae- teils Postreduktion, wie man das nennt, zeigen.) In *B* sieht man die Chromatinelemente in der Äquatorialplatte der (nur angedeuteten) Teilungsfigur

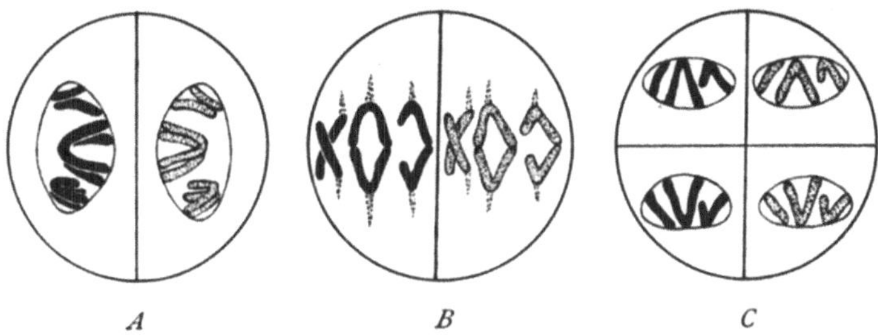

Abb. 64 *A—C*. Schema des Verlaufs der Äquationsteilung, an Abb. 63 anschließend. *A* folgt auf 63 *E*, ist nur um 90⁰ gedreht. Nach GRÉCOIRE.

eingestellt. In *C* weichen aber zu jedem Teilungspol entweder schwarze oder punktierte Chromosomen auseinander. Daß hier nun ein jedes bereits wieder doppelt erscheint, ist eine unwesentliche Besonderheit: die Teilung der Chromosome für die zweite Reifeteilung wird so früh schon angedeutet; in vielen Fällen geschieht das sogar schon auf dem Stadium *A*. Die beiden aus der 1. Reifeteilung hervorgegangenen Zellen haben somit jede (*D*) die Hälfte der (längsgespalten erscheinenden) Chromosomen, jede drei von den sechs Chromosomen, die den Zellen sonst typisch zukämen. Abb. 64 *A, B, C* zeigt dann den Verlauf der 2. Reifeteilung. Sie geht wie eine gewöhnliche Zellteilung vor sich, bei der die einzelnen Chromosomen der Länge nach halbiert werden, was ja schon vorher in der Verdoppelung in Abb. 63 *C* angedeutet war. Diese sogenannte Äquationsteilung, deren Bedeutung übrigens bei dieser

Darstellungsweise gänzlich unklar ist, hat für die weiteren Betrachtungen zunächst keine Bedeutung. (Über ihre mögliche Bedeutung hat EKMAN eine interessante Hypothese aufgestellt, auf die nur kurz verwiesen sei.) Das gesamte Interesse konzentriert sich auf die Reduktionsteilung, bei der die ganzen Chromosomen auf zwei Zellen verteilt werden.

Im Schema ist es nun so dargestellt worden, daß die eine Zelle alle schwarzen, die andere alle punktierten Chromosomen erhielt. Und das führt zu der Frage, ob es denn gleichgültig ist, in welcher Weise die Verteilung erfolgt.

Die Verteilung der Chromosomen.
Wäre dies Schema wortwörtlich richtig, dann besagte es, daß zwei Gruppen von Chromosomen existierten, von denen die eine in die eine, die andere in die andere Tochterzelle gelangte. Das ist nun aber nicht der Fall, wie sogleich klar wird, wenn wir unsere Kenntnis um einen weiteren Schritt erweitern. Wir wissen, daß die Samenzelle mit ihrer Chromosomenhälfte die gleichen Eigenschaften zu übertragen imstande ist, wie die Eizelle mit der ihrigen. Denn bei der Bastardierung ist es meist gänzlich gleichgültig, welche von den Elternformen der Vater bzw. die Mutter ist. Aber auch jede reife Geschlechtszelle muß allein in ihrer Chromosomenhälfte sämtliche Eigenschaften vertreten besitzen. Denn aus einem Seeigelei entsteht bei künstlicher Parthenogese der gleiche Seeigel wie aus dem befruchteten Ei, und ein kernloses Seeigeleifragment, das befruchtet wird, also nur den Samenkern enthält (sozusagen männliche Parthenogenese) gibt ebenfalls eine richtige Seeigellarve. Es muß also der reife Ei- wie Samenkern sämtliche Chromosomenarten, eine ganze „Chromosomengarnitur" (HEIDER) oder „Genom" besitzen. Das befruchtete Ei muß somit jede Chromosomenart zweimal enthalten, nämlich einmal mütterlicher, einmal väterlicher Herkunft. Wenn sich also die Geschlechtszellen der kommenden Generation bilden, müssen sie ebenfalls zur Hälfte väterliche, zur Hälfte mütterliche Chromosomen enthalten, die ihnen im Laufe der Zellgenerationen vom Ei her durch die ganze Entwicklung hindurch — die Keimbahn! — überliefert wurden. In der Synapsis vereinigen sich aber die Chromosomen paarweise; in der Reduktionsteilung werden die Paare auf zwei Zellen verteilt; jede der Zellen besitzt wieder alle Chromosomenarten, die vor der Reifung

doppelt vorhanden waren; von diesen stammte die Hälfte von dem Vater, die Hälfte von der Mutter: Folglich können die beiden Chromosomen, die sich in der Synapsis vereinigten, nur je ein väterliches und je ein mütterliches Chromosom der gleichen Qualität gewesen sein!

Die Tatsache, daß es immer je ein väterliches und ein mütterliches Chromosom sind, die sich in der Synapsis vereinigen, deutet also schon darauf hin, daß die Chromosomen eines Sortimentes qualitativ verschieden sind, daß es so viele verschiedene Arten von Chromosomen gibt, als die reduzierte Chromosomenzahl beträgt; daß somit jede reife Geschlechtszelle ein Chromosom jeder Sorte besitzt, die befruchtete Eizelle aber wie jede Körperzelle zwei jeder Sorte. Wie kann nun bewiesen werden, daß tatsächlich die Chromosomen der Zelle paarweise qualitativ verschieden sind?

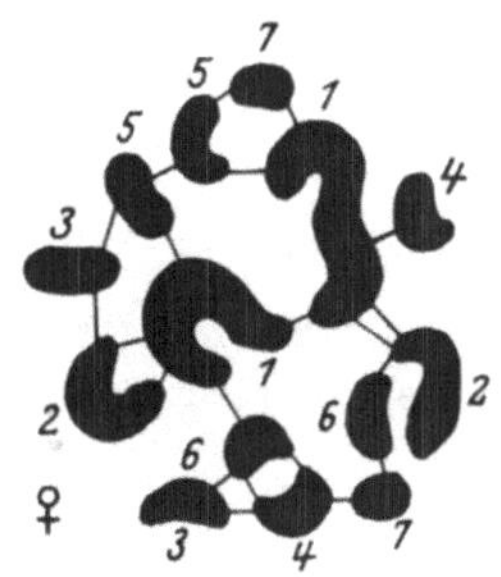

Abb. 65. Die Chromosomengarnitur einer Ureizelle der Wanze Protenor belfragei mit 14 Chromosomen, die sich in sieben unter sich verschiedene Paare ordnen lassen. Nach WILSON.

Zunächst kann gezeigt werden, daß bei sehr vielen Tier- und Pflanzenarten das Chromosomensortiment aus sichtbar verschiedenen Einzel- Qualitative Verschiedenheit der Chromosomen.

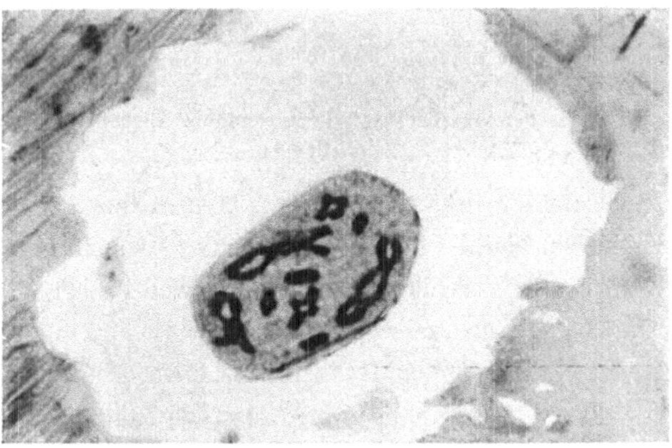

Abb. 66. Samenzelle einer Heuschrecke mit ungleich großen Chromosomenpaarlingen. Photo BĚLÁR.

chromosomen besteht, eine Verschiedenheit, die für alle einzelnen Geschlechtszellen konstant ist. Die obige Abb. 65 gibt den Chromosomenbestand einer Wanze wieder, der deutlich die verschiedene Größe und Form der einzelnen Chromosomen zeigt. Und in solchen Fällen wurde nun des öfteren festgestellt, daß jede Größenart von Chromosomen zweimal vorhanden ist. In der Abbildung sind sie durch gleiche Nummern gekennzeichnet. Nach der Pseudoreduktion in der Synapsis sind aber, wie wir wissen, die Chromosomen paarweise zu Doppelelementen vereinigt, die nun wieder alle jene Chromosomengrößen aufweisen. Es haben sich somit je zwei gleichwertige Chromosomen vereinigt. (Sehr schön wird das in der Mikrophotographie Abb. 66 demon-

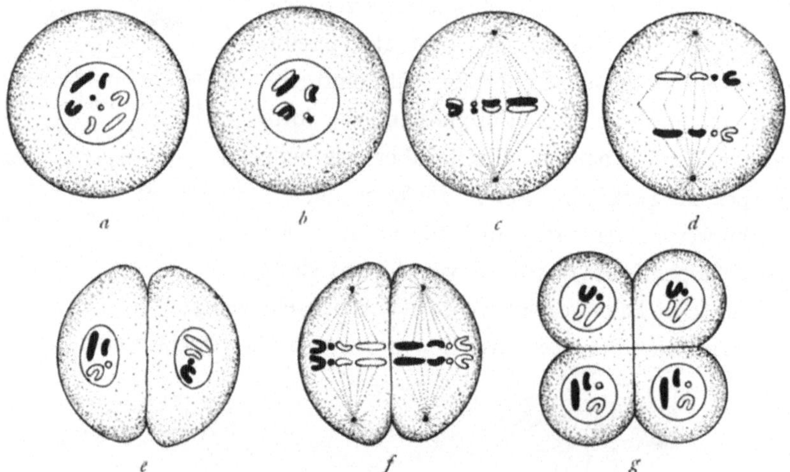

Abb. 67 a—g. Schema der Verteilung väterlicher und mütterlicher Chromosomen in den Reifeteilungen.

striert.) Nach dem vorhin Ausgeführten können dies aber nur je ein vom Vater und ein von der Mutter stammendes Element gewesen sein. Wenn wir uns diesen Vorgang nun so klar machen wollen, daß wir das Verhalten der sichtbarlich verschiedenen Chromosomen in der Reifeteilung verfolgen, können wir an Hand des Schemas Abb. 67 die Konsequenzen erkennen. Es ist angenommen, daß die Normalzahl der Chromosomen 8 beträgt, von denen 4 vom Vater (schwarz), 4 von der Mutter (weiß) stammen (a). Sie zeigen die paarweise Größendifferenz. In der Synapsis (b) legen sie sich parallel zusammen, und zwar großes zu großem, kleines zu kleinem, mit anderen Worten, homologe Chromosomen konjugieren. Treten diese Doppelchromosomen nun in die Reifeteilung ein (*c, d, e*), so ordnen sie sich in der Spindel an, wie es der Zufall ergibt und nicht etwa immer alle schwarzen auf einer, alle weißen auf der andern Seite. Nach den Reifeteilungen (*f, g*) besitzt dann jede reife Zelle ein komplettes Chromosomensortiment, jede Sorte einmal. Aber das Einzelchromosom mag väterlicher oder mütterlicher Herkunft sein, wie es gerade die zufällige Einstellung in die Reifespindel mit sich

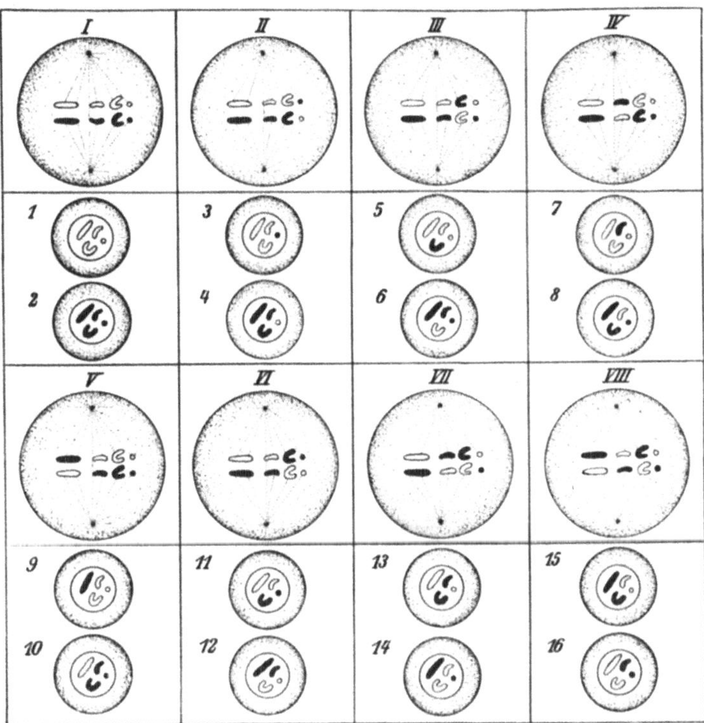

Abb. 68. Schema der Verteilungsmöglichkeiten von vier Chromosomenpaaren in der Reifeteilung.

brachte. So können, obwohl jede Zelle ein ganzes Sortiment oder Genom besitzt, doch 16 verschiedene Kombinationen innerhalb des Genoms vorhanden sein, wie Abb. 68 zeigt.

Die morphologisch sichtbare Verschiedenheit der Chromosomen deutete bereits darauf hin, daß sie auch qualitativ vom Erbstandpunkt aus verschieden sind. Wir werden in einer späteren Vorlesung den geradezu mathematischen Beweis für die Richtigkeit dieser Annahme, wie überhaupt der ganzen Chromosomenlehre der Vererbung kennen lernen, wie er aus der Kombination von Erbanalyse und Zellanalyse geführt

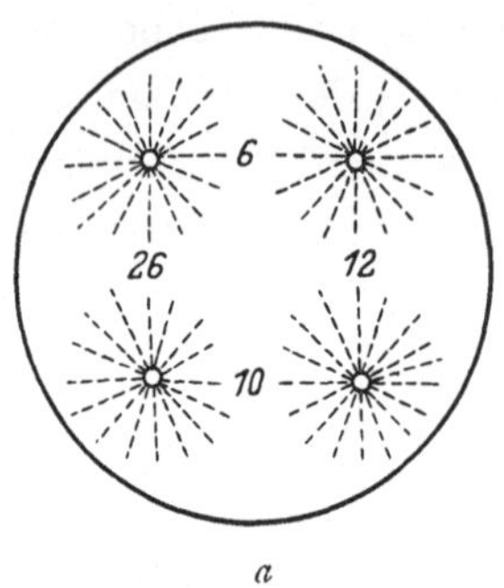

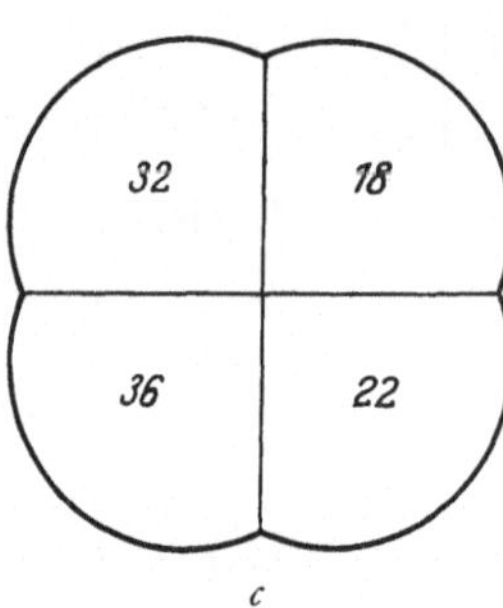

BOVERIS
Dispermie-
experiment.

Abb. 69 a—c. Schema der Chromosomenverteilung auf die Kerne der ersten Blastomeren des disperm befruchteten Echinuseies. Nach BOVERI.

werden kann. Wir werden dann auch das überwältigende Tatsachenmaterial der Chromosomenlehre der Vererbung im Zusammenhang betrachten und all das, was wir hier nur sozusagen in Indizienbeweisen und in elementarster Form kennen lernten, auf allen möglichen Wegen bestätigt finden. Hier sei nur der klassische Versuch BOVERIS aufgeführt, auf entwicklungsmechanischem Wege die qualitative Verschiedenheit der Chromosomen eines Sortiments zu beweisen.

Bei der gewöhnlichen Befruchtung dringt stets nur eine Samenzelle in das Ei ein. Durch Anwendung einer bestimmten Methode kann es aber beim Seeigel erreicht werden, daß zwei Samenzellen eintreten. Beide bilden sich zu einem Kern um, und jeder läßt seine Chromosomenzahl hervortreten. Die normale Chromosomenzahl beträgt aber bei diesem Seeigel 36, also enthält der reife Eikern wie die reifen Samenkerne nach dem, was wir eben gehört haben, 18. In dem doppelt befruchteten Ei finden sich also 54 Chromosomen. Nun bildet ein solches Ei seine erste Teilungsspindel nicht wie andere, sondern es entstehen an Stelle von zwei Teilungspolen deren vier, und wenn dann die Teilung erfolgt, so werden gleichzeitig vier Zellen gebildet, wie Abb. 69 zeigt. Wie ist nun die Chromosomenverteilung auf diese vier Zellen? Die 54 Chromosomen verteilen sich zunächst zwischen die vier Pole der Teilungsfigur ganz so wie es der Zufall ergibt. Es kann also z. B. der nebenstehend abgebildete Fall, ebenso wie auch jeder andere denkbare eintreten (Abb. 69), daß zwischen die einzelnen Pole 6, 26, 12 und 10 Chromosomen gelangen. Diese werden dann in gewöhnlicher Weise längsgespalten, wie Abbildung *b* zeigt, und dann nach den Polen gezogen. Die vier entstehenden Zellen enthalten dann 32, 18, 36 und 22 Chromosomen. Nun nehmen wir einmal an, die 18 Chromosomen der Geschlechtszellen seien nach Qualitäten verschieden, bezeichnen sie mit den Buchstaben des Alphabets und nehmen, um uns die Sache zu vereinfachen, nur vier, nämlich *a, b, c, d* an. Dann könnte es der Zufall so fügen, daß sie sich so auf die vier Pole verteilen, wie es Abb. 70*a* darstellt. Tritt dann die Verteilung ein, so erhalten die vier entstehenden Zellen das an Chromosomen, was Abb. 70*b* zeigt. Ein Blick läßt erkennen, daß sämtliche vier Zellen auch sämtliche vier Sorten von Chromosomen erhalten. Nun könnte aber auch die Verteilung auf die Pole so sein, wie es Abb. 70*c* zeigt. Nach der Teilung resultierte dann die Chromosomenanordnung der Abb. 70*d*, die erkennen läßt, daß drei der Zellen jede Chromosomenart erhalten, einer aber, die punktiert ist, die Sorte *d* fehlt. Eine weitere Möglichkeit ist in Abb. 70*e* wiedergegeben. Das Resultat der Verteilung in 70*f* ergibt, daß zwei der entstehenden Zellen ein Manko aufweisen, der oberen punktierten nämlich fehlt *d*, der unteren die Sorte *b*. Wieder eine andere Chromosomenverteilung zeigt Abb. 70*g*. Hier kommen dann, wie 70*h* zeigt, vier Zellen zustande, von denen gar dreien etwas fehlt. Und endlich bei dem letzten Musterbeispiel, Abb. 70*i, k*, sehen wir als Endresultat vier Zellen entstehen, von denen keine jede Sorte von Chromosomen enthält. Nun geht aber die weitere Entwicklung des Seeigeleies so vor sich, daß schließlich eine Larve resultiert, deren vier Körperviertel auf diese vier Furchungszellen zurückzuführen sind. Sind nun die Chromosomen qualitativ als Erbträger verschieden, so müssen dementsprechend die Larven in dem Viertel, in dem ihren Zellen gewisse Chromosomen fehlen, auch gewisse Eigenschaften vermissen lassen, defekt sein. Tatsächlich finden sich in Zuchten aus solchen doppelt befruchteten Eiern neben gesunden Larven solche, die viertel, halb, dreiviertel und ganz defekt sind. Die Richtigkeit des zu Beweisenden, der qualitativen Chromosomendifferenz, wird nun auf ganz sicheren Füßen stehen, wenn sich noch zeigen läßt, in welchem Verhältnis die verschieden beschädigten Larven zu erwarten sind und daß die Wirk-

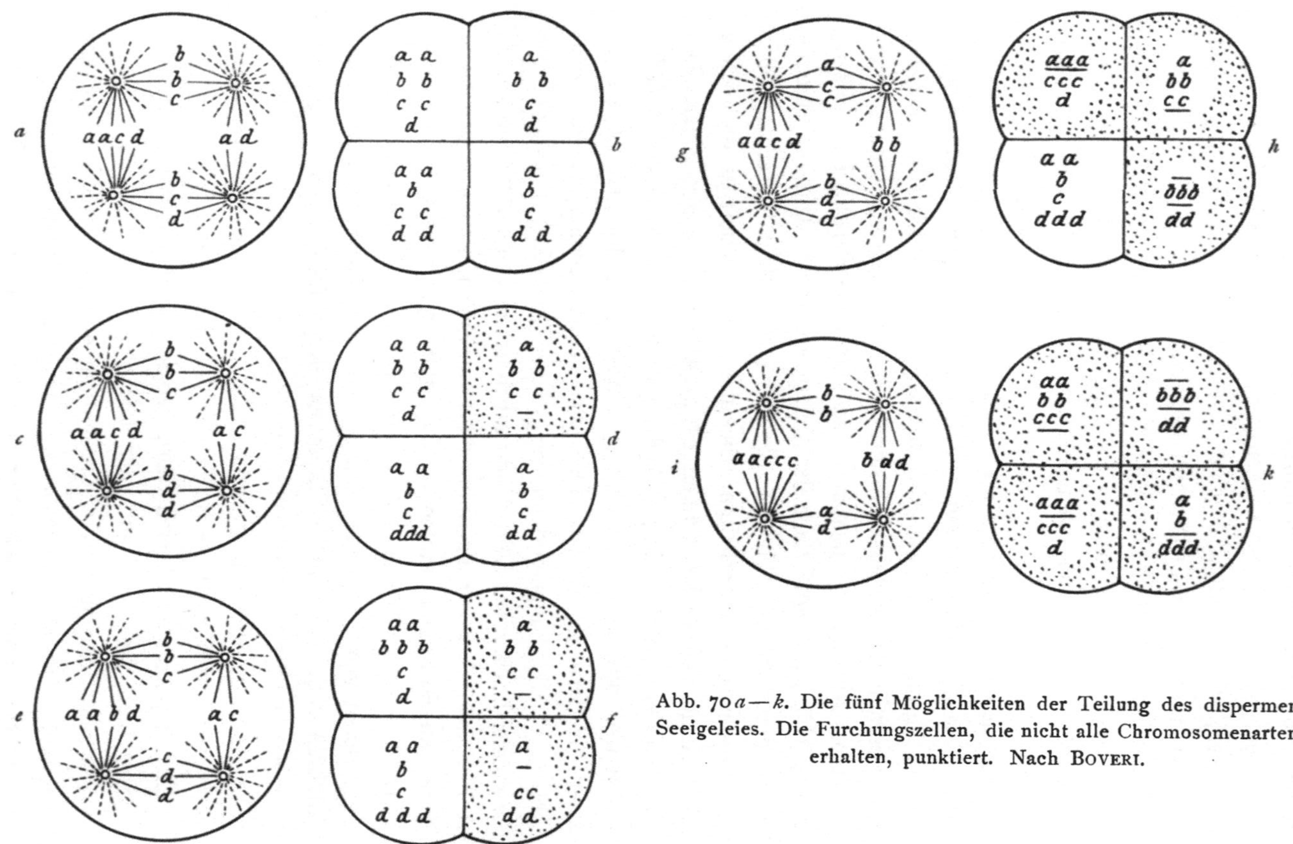

Abb. 70 a — k. Die fünf Möglichkeiten der Teilung des dispermen Seeigeleies. Die Furchungszellen, die nicht alle Chromosomenarten erhalten, punktiert. Nach BOVERI.

lichkeit diesen Erwartungen entspricht. BOVERI, von dem diese geistreichen Untersuchungen stammen, machte es so, daß er sich entsprechend den 54 Chromosomen, die von den drei Kernen stammen, 54 Kugeln mit je dreimal den Zahlen 1—18 herstellte, sie auf eine runde Platte warf, mit einem darüber gelegten Holzkreuz ganz nach Zufall in vier Portionen teilte und dann auszählte, in welchem Viertel sämtliche Zahlen von 1—18 vorhanden waren und in welchem nicht. Aus zahlreichen Zählungen ging dann hervor, daß in einem gewissen Prozentsatz der Fälle alle vier Quadranten sämtliche Zahlen enthielten, in anderen nur 3, 2, 1 oder gar keiner. Wurden nun die in dem wirklichen Experiment erhaltenen Larven gezählt, so zeigte sich, daß die gefundenen gesunden, $^1/_4$, $^1/_2$, $^3/_4$ und ganz defekten in genau dem gleichen Verhältnis auftreten wie in dem Holzkugelversuch die Fälle, in denen keinem, einem, zwei, drei oder allen vier Quadranten bestimmte Kugeln fehlten. Damit aber war die qualitative Verschiedenheit der Chromosomen bewiesen.

Nunmehr können wir daran gehen, uns klar zu machen, wieso der Mechanismus der Chromosomenverteilung tatsächlich den der MENDEL-Spaltung zugrunde liegenden Mechanismus darstellt. Die einfache Annahme ist die, daß mendelnde Erbfaktoren in irgendeiner Weise in den Chromosomen liegen, daß die Chromosomen die Vehikel für diese Faktoren darstellen.

Erinnern wir uns an eines unsrer ersten Beispiele einer einfachen MENDEL-Spaltung, die rot- und weißblühende Wunderblume, und stellen uns nun vor, der Erbfaktor, dessen Anwesenheit diese Blütenfarben bedingt, was immer für eine Beschaffenheit er haben möge, sei in einem der Chromosomen der Zellen dieser Pflanze gelegen. Vielleicht ist es am besten, wir machen uns eine etwas bestimmtere Vorstellung und nehmen an, daß der „Erbfaktor" eine bestimmte winzige Menge eines unbekannten Stoffes sei, dessen Anwesenheit dafür sorgt, daß die an der Pflanze wachsenden Blüten eine bestimmte Farbe zeigen. Nun nehmen wir an, die Chromosomenzahl dieser Pflanze sei acht (in Wirklichkeit sind es 16, aber die bildliche Darstellung ist einfacher mit acht). Jede aus einer Befruchtung entstandene Pflanze erhält also, wie wir schon wissen, dann vier Chromosomen von der Mutterpflanze und vier von der Vaterpflanze. Wenn es nun die rotblühende Sorte ist, so muß also in einem bestimmten der vier Chromosome ein Erbfaktor für Rot liegen, und da Vater und Mutter die gleichen Chromosomensorten beitragen, so finden sich in jeder Zelle zwei bestimmte Chromosomen, die den Erbfaktor für rote Blütenfarbe enthalten. Ganz entsprechend muß es natürlich bei den weißblühenden mit einem Erbfaktor für weiße Blütenfarbe sein. Wollen wir uns das bildlich darstellen (Abb. 71), so können wir die vier

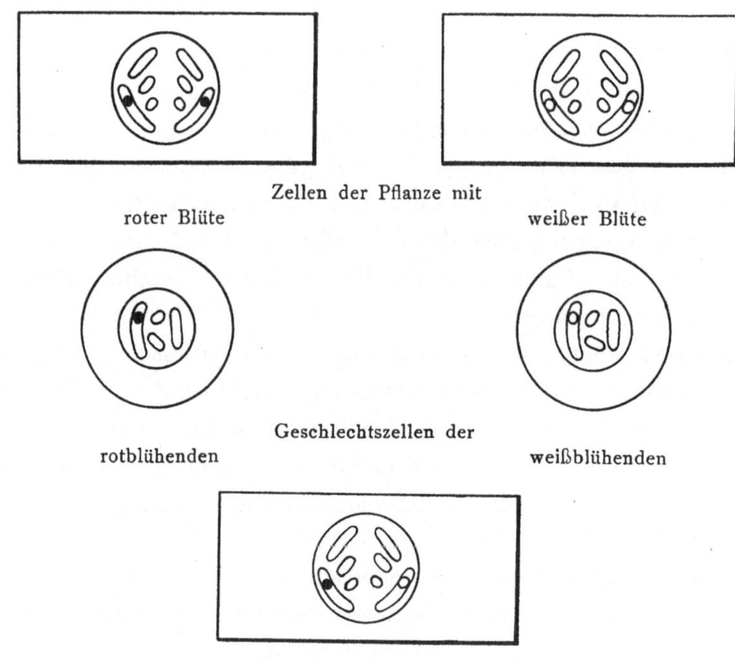

Zellen der Pflanze mit

roter Blüte   weißer Blüte

Geschlechtszellen der

rotblühenden   weißblühenden

Zellen des hellroten Bastards

Abb. 71. Die Chromosomen bei der Kreuzung roter und weißer Wunderblumen.

Chromosomenpaare der Zelle, um sie unterscheiden zu können, verschieden groß darstellen — wir hörten ja früher, daß dies tatsächlich häufig der Wirklichkeit entspricht — und können annehmen, daß das größte Paar es ist, in dem der Blütenfarbenfaktor liegt. Diesen deuten wir durch einen Kreis in dem Chromosom an, und zwar durch einen schwarzen Kreis beim Faktor für rote Blüten, einen weißen Kreis beim Faktor für weiße Blüten. Alle Zellen der Wunderblume müssen dann so aussehen, wie es Abb. 71 oben zeigt.

Wir wollen nun die beiden Rassen kreuzen. Wie wir wissen, enthalten die Geschlechtszellen, Ei- wie Pollenzelle, nur die halbe Chromosomenzahl, und zwar ein Chromosom jeder Sorte. Die Geschlechtszellen der beiden Sorten sehen also in bezug auf ihre Chromosomen so aus, wie es die zweite Reihe von Abb. 71 darstellt. Aus ihrer Vereinigung bei der Befruchtung entsteht dann der Bastard, der nun natürlich in all seinen Zellen je ein Chromosom mit dem Erbfaktor für rote und eines mit dem Erbfaktor für weiße Blütenfarbe besitzt (dritte Reihe von Abb. 71). Der Kürze halber wollen wir von jetzt an diese Chromosomen das rote und das weiße nennen; es wird ja wohl niemand glauben, daß sie wirklich rot und weiß seien.

Wenn wir nun aus dem hellroten Bastard die zweite Bastardgeneration ziehen wollen, so müssen wir uns zunächst darüber klar werden, wie die reifen Geschlechtszellen dieses Bastards aussehen. Denn wir erinnern uns immer wieder, daß die Geschlechtszellen die bewußte Reifeteilung durchmachen müssen, bei der die Chromosomenzahl auf die Hälfte herabgesetzt wird. Wir erinnern uns auch, daß das so geschah, daß sich je ein vom Vater und von der Mutter stammendes Chromosom gleicher Sorte zu einem Pärchen zusammenfanden, und daß dann in der Reifeteilung die beiden Partner nach den Zellpolen auseinanderrückten und so getrennt wurden. Wenn nun in den Geschlechtszellen unseres Bastards die Paarung der Chromosomen erfolgt, so muß sich natürlich das „rote“ mit dem „weißen“ Chromosom paaren, und wenn dann die Verteilung der Partner erfolgt, geht das rote Chromosom zu dem einen, das weiße zu dem andern Pol. Dadurch werden nun in der Reifeteilung zwei Zellen gebildet, von denen die eine nur ein rotes, die andere nur ein weißes Chromosom besitzt, wie dies in Abb. 72 dargestellt ist. Natürlich geht das gleiche in allen Geschlechtszellen vor sich, männlichen wie weiblichen, und das besagt natürlich, daß von den reifen Ei- und Pollenzellen des Bastards genau die Hälfte nur das rote, die andre Hälfte nur das weiße Chromosom besitzen. Der aufmerksame Leser erkennt sofort, daß hier nun ein Hauptpunkt der MENDELschen Gesetze bereits seine Erklärung findet: die Reinheit der Geschlechtszellen. Denn durch diese Chromosomenverteilung sind ja tatsächlich die einen Zellen rein für den Rotfaktor — es fehlt ihnen das weiße Chromosom —, die anderen aber sind rein für den Weißfaktor — es fehlt ihnen das rote Chromosom. Alles weitere folgt tatsächlich logisch aus dieser entscheidenden Tatsache.

Denn wenn jetzt die beiden Arten von Geschlechtszellen der beiden Geschlechter Gelegenheit zur Befruchtung bekommen, dann kann, wenn nur der Zufall über die Vereinigung entscheidet, eine Eizelle mit rotem Chromosom sowohl von einer Pollenzelle mit rotem, als einer solchen mit weißem Chromosom befruchtet werden; und ebenso kann eine Eizelle mit weißem Chromosom von beiden Sorten Pollenzellen befruchtet

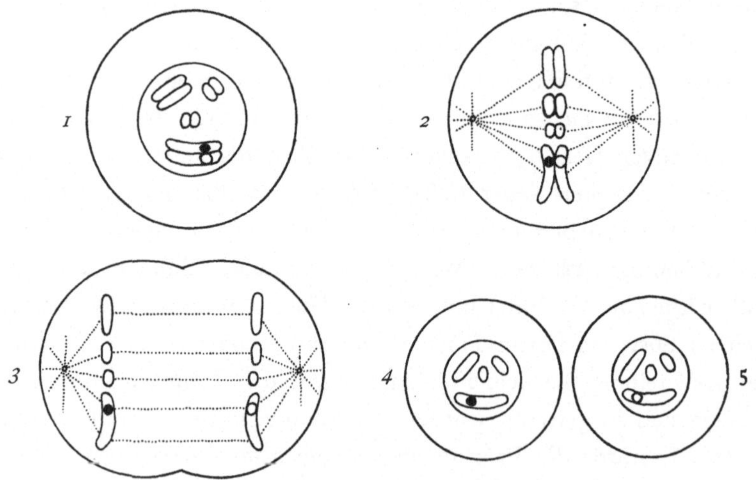

Abb. 72 1—5. Die Chromosomen bei der Geschlechtszellenreifung des Wunderblumenbastards. 1 Chromosomenpaarung in den Geschlechtszellen des Bastards, 2, 3 Reifeteilung des Bastards, 4, 5 die beiden Sorten Geschlechtszellen des Bastards.

werden. D. h., da ja immer nur eine Eizelle mit einer Pollenzelle verschmilzt, daß es vier verschiedene Befruchtungsarten gibt, die alle die gleiche Chance haben, nämlich, wenn wir nur auf das eine Chromosom achten, rotes Chromosom mit rotem, rotes Chromosom mit weißem, weißes Chromosom mit rotem, weißes Chromosom mit weißem. Das ergibt aber nichts anderes als die wohlbekannte MENDEL-Spaltung $^1/_4$ rote, $^1/_2$ hellrote, $^1/_4$ weiße (Abb. 73). So erklärt sich ohne weiteres die MENDEL-Spaltung aus dem Verhalten der Chromosomen in Reifeteilung und Befruchtung, wenn die mendelnden Erbfaktoren ihren Sitz in einem Chromosom haben.

Nun müssen wir uns noch davon überzeugen, daß die Chromosomenlehre der MENDELschen Vererbung, wie wir es kurz nennen können, auch zutrifft, wenn es sich nicht um die Vererbung eines mendelnden Faktorenpaares, sondern von mehreren handelt. Wir hatten ja bei Betrachtung solcher Fälle gesehen, daß jedes Paar von mendelnden Erbfaktoren sich so verhält, als ob es allein anwesend sei, und daß somit bei der Spaltung alle denkbaren Kombinationen zwischen den Faktorenpaaren in genau berechenbarer Zahl vorkommen. Wenn wir nun jene Tatsachen ebenfalls aus der Lage der mendelnden Faktoren in den Chro-

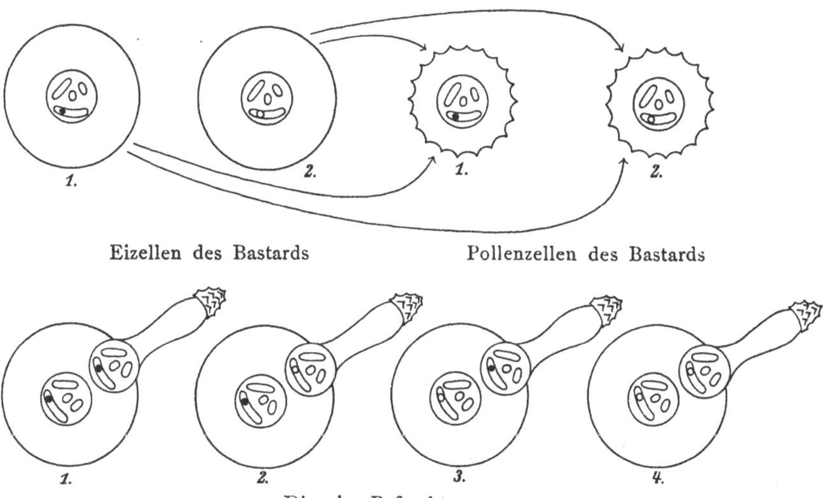

Abb. 73. Die vier Befruchtungsmöglichkeiten zwischen den Bastardgeschlechtszellen.

mosomen erklären wollen, so können wir uns an das Beispiel einer Vererbung von zwei Faktorenpaaren halten, das wir früher illustrierten, die Kreuzung von schwarzen kurzhaarigen mit weißen langhaarigen Meerschweinchen. Die Chromosomenzahl dieser Tiere nehmen wir wieder als vier Paare an. Von diesen interessieren uns wieder nur zwei Paare: ein Paar, in dem die Erbfaktoren für die Fellfarbe schwarz bzw. weiß ihren Sitz haben, und ein Paar, das die Erbfaktoren für kurzhaarig bzw. langhaarig trägt. Der Kürze halber werden wir diese Chromosomen jetzt wieder das schwarze bzw. das weiße Chromosom, sowie das kurzhaarige bzw. das langhaarige Chromosom nennen. Und um unsere

Abbildungen nicht durch die vielen Chromosomen unübersichtlich zu machen, nehmen wir wieder an, daß es nur vier Chromosomenpaare

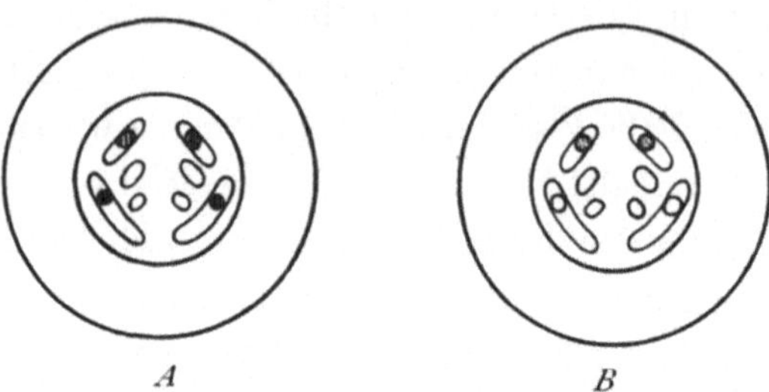

Abb. 74 A, B. Die Chromosomen des schwarz-kurzhaarigen und weiß-langhaarigen Meerschweinchens. A Zellen von schwarz-kurzhaarigen, B von weiß-langhaarigen Tieren.

gäbe. Das langhaarige Gen wollen wir ferner schraffieren, das kurzhaarige punktieren und das schwarze bzw. weiße, schwarz bzw. weiß zeichnen. Die Chromosomenbeschaffenheit aller Zellen der beiden Elternrassen, nämlich der schwarz-kurzhaarigen und der weiß-langhaarigen

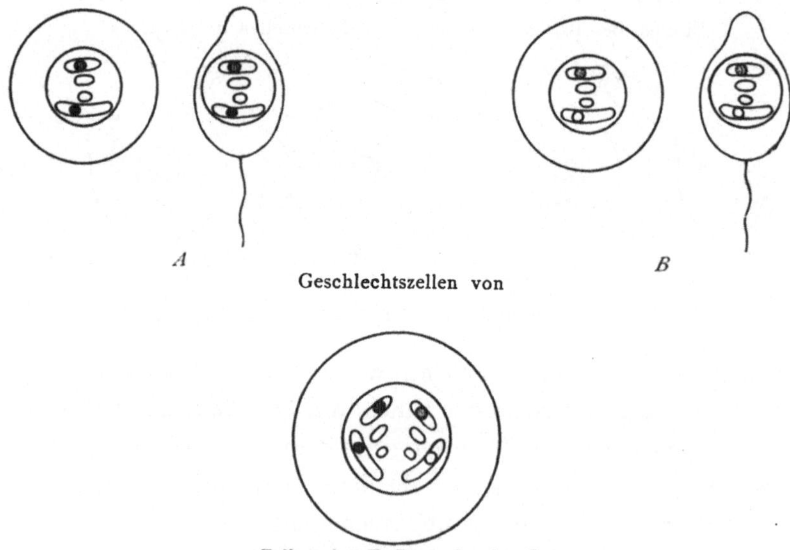

Abb. 75. Die Chromosomen der Geschlechtszellen und des Bastards der gleichen Meerschweinchen.

Tiere ist dann so, wie es Abb. 74 zeigt. Abb. 75 oben gibt uns dann die Chromosomenbeschaffenheit der Geschlechtszellen dieser Tiere nach

der Reifeteilung wieder, und wir sehen, daß die Geschlechtszellen (gleichgültig ob Ei- oder Samenzelle) außer den zwei gewöhnlichen Chromosomen, die uns hier nicht interessieren, ein schwarzes und ein kurz-
haariges bzw. ein weißes und ein langhaariges Chromosom enthalten.
Aus der Bastardbefruchtung zwischen diesen Geschlechtszellen — wir
deuten jetzt immer die Samenzellen durch längliche Form und ein
Schwänzchen an — entsteht der F_1-Bastard, dessen Zellen die zweite
Reihe von Abb. 75 zeigt. Er besitzt natürlich in allen seinen Zellen

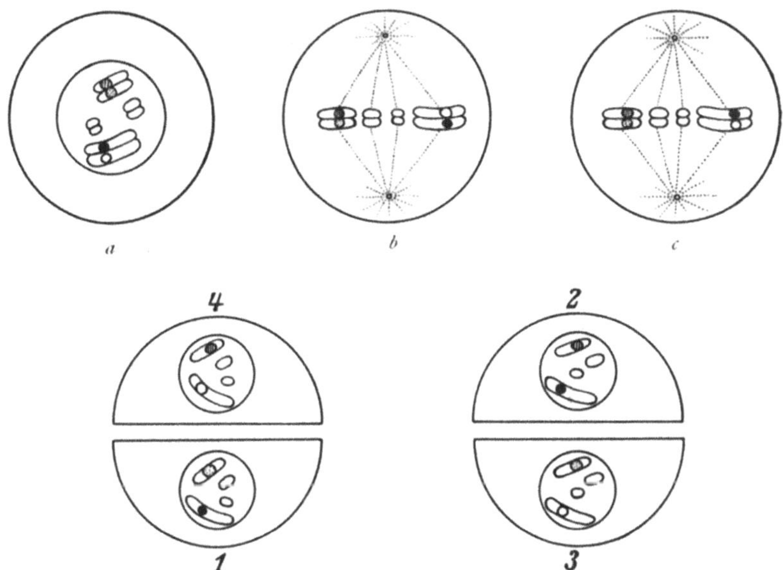

Abb. 76. Chromosomenpaarung und Reifeteilung des gleichen Bastards.
a Paarung der Chromosomen in den Geschlechtszellen des Bastards. *b, c* die beiden
Arten der Einstellung der Chromosomen in die Reifeteilung.
4, 1 und 2, 3 die vier Sorten von Geschlechtszellen.

acht Chromosomen, darunter ein Paar, bestehend aus einem schwarzen
und einem weißen, und ein weiteres Paar, bestehend aus einem langhaarigen und einem kurzhaarigen.

Bei der Bildung der Geschlechtszellen dieses Bastards muß nun
wieder das Entscheidende geschehen. Wir erinnern uns immer wieder
an die Vorgänge der Reifeteilung: je ein Chromosomenpaar legt sich
zusammen, und in der Reifeteilung werden die beiden Partner eines
Paares voneinander getrennt, wie es in Abb. 76 dargestellt ist. In die

Reifeteilung des Bastards tritt also in unserem Fall ein Pärchen schwarz-
weiß und ein Pärchen langhaarig-kurzhaarig ein, und die vier Chromo-
somenpärchen ordnen sich zum Zweck der Reifeteilung in der bekannten
Weise in einer Ebene im Äquator der Geschlechtszelle an, und darauf
rückt je ein Partner jeden Pärchens zu einem der beiden Pole der Teilungsfigur auseinander. Wenn wir nun unsere beiden Chromosomenpaare betrachten, so ergibt es sich, daß in bezug auf ihre Lage in der
Teilungsfigur zwei Möglichkeiten vorliegen (Abb. 76, zweite Reihe):
Entweder liegt das schwarze und das kurzhaarige Chromosom auf der
gleichen Seite der Teilungsfigur, und sie gelangen somit bei der Teilung
in die gleiche Tochterzelle. Gleichzeitig natürlich müssen das weiße
und das langhaarige ebenfalls in die gleiche Zelle kommen. Oder aber
das schwarze und das kurzhaarige Chromosom liegen auf verschiedenen
Seiten der Teilungsfigur und kommen bei der Teilung in verschiedenene
Zellen. Nicht anders das weiße und das langhaarige. Wenn nun der
reine Zufall darüber entscheidet, wie sich ein Chromosomenpaar in die
Teilungsfigur einstellt, dann wird es ebensooft vorkommen, daß weiß
und kurzhaarig bzw. schwarz und kurzhaarig auf der gleichen Seite
liegen, wie daß sie auf verschiedenen Seiten liegen. Bei jeder Teilung
entstehen nun zwei verschiedene Geschlechtszellen, da ja die Partner
der Chromosomenpaare des Bastards verschieden sind. Und da, wie
wir eben sahen, zwei verschiedene Teilungsmöglichkeiten vorliegen, so
werden im ganzen nach der Reifeteilung vier verschiedene Sorten von
Geschlechtszellen in durchschnittlich gleicher Zahl vorhanden sein, wie
Abb. 76 zeigt: nämlich solche mit dem schwarzen und kurzhaarigen
Chromosom (1), solche mit dem schwarzen und langhaarigen Chromosom (2), solche mit dem weißen und kurzhaarigen Chromosom (3) und
endlich solche mit dem weißen und langhaarigen Chromosom (4). Natürlich bildet das weibliche Bastardtier diese vier Sorten von Eiern,
und ebenso der männliche Bastard diese vier Sorten von Samenzellen.

Wenn aus dieser ersten Bastardgeneration nun die zweite gezogen
wird, können die vier Sorten von Eiern von den vier Sorten Samenzellen befruchtet werden, und wenn es wiederum nur vom Zufall abhängt, welches Ei und welche Samenzelle zusammenkommen, dann sind
$4 \times 4 = 16$ verschiedene Befruchtungsmöglichkeiten gegeben, die wir

uns in Abb. 77 darstellen können. Wenn wir jetzt die Worte schwarz-weiß mit S und W abkürzen und ebenso kurzhaarig-langhaarig mit K und L und zu jeder der 16 Befruchtungsmöglichkeiten in diesen Abkürzungen dazu schreiben, welche Chromosomen vorhanden sind, dann

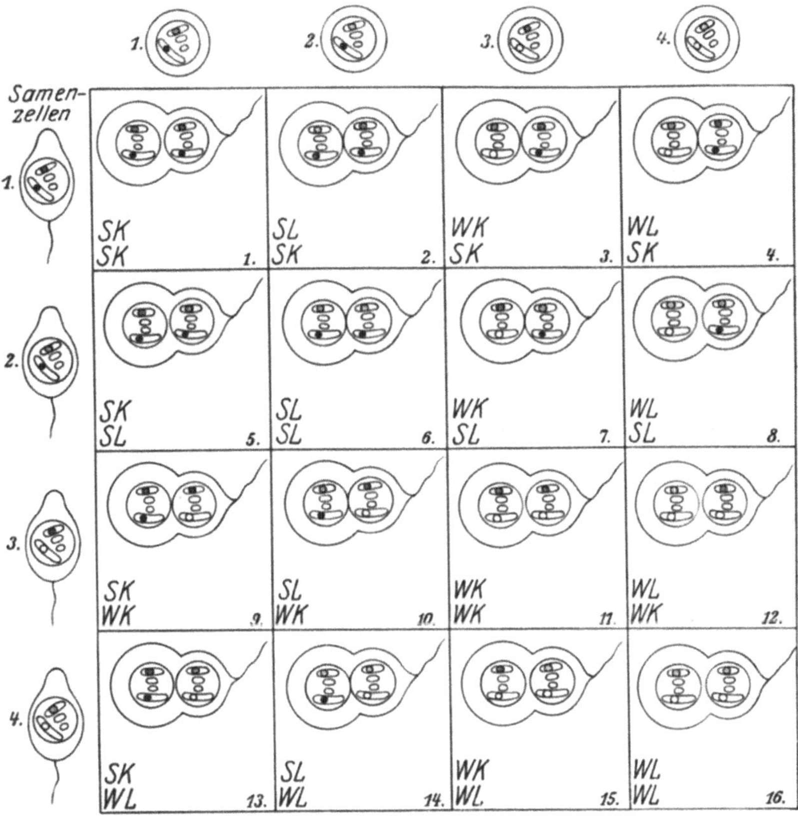

Abb. 77. Die 16 Befruchtungsmöglichkeiten zwischen den je vier Sorten Eiern und Samenzellen.

sehen wir, daß wir genau das gleiche Schema bekommen, das wir früher (S. 139) für die MENDEL-Spaltung mit zwei Faktorenpaaren benutzt haben. Wir brauchen also wohl nicht nochmals auszuzählen, wie die 16 verschiedenen Bastarde der zweiten Generation aussehen, was wir ja früher genau untersuchten, sondern stellen jetzt einfach fest, daß tatsächlich alles im Verhalten der Chromosomen auf das genaueste mit den Ergebnissen der Mendel-Spaltung übereinstimmt, daß also bewiesen ist, daß auch für zwei mendelnde Faktorenpaare die Annahme, daß diese Erbfaktoren in zwei verschiedenen Chromosomen gelagert sind, eine vollständige Erklärung der Vererbungstatsachen liefert.

Wir sehen somit, daß die Annahme, daß mendelnde Faktoren in den Chromosomen lokalisiert sind, vollständig das Gesetz von der Reinheit der Gameten erklärt, und ebenso die Tatsachen der Spaltungsgesetze, soweit wir sie bisher kennen lernten. Der von Mendel mit zwingender Logik erschlossene Mechanismus des Verhaltens der Erbfaktoren in den Geschlechtszellen ist sichtbar im Reifeteilungsmechanismus der Chromosomen vorhanden. Diese von Sutton und Boveri zuerst durchgeführte Anschauung leuchtet wohl ohne weiteres ein. Heute aber kann sie, nach vieler Diskussion für und wider, als eine elementare Tatsache gelten. Wie dies bewiesen wurde, können wir aber erst zeigen, wenn wir uns mit einer Anzahl weiterer Resultate der Bastardierungsexperimente bekannt gemacht haben werden, die nicht über den Rahmen des einfachen Mechanismus hinausgehen, den wir bisher kennen lernten.

Termini.   Zum Schluß dieser Vorlesung seien noch einmal die gebräuchlichsten Termini zusammengestellt. Die normale Chromosomenzahl heißt die diploide oder $2n$-Zahl, die reduzierte Zahl ist die haploide oder $1n$-Zahl. Bei Pflanzen, bei denen ja ein Generationswechsel zwischen diploiden und haploiden Formen stattfindet, spricht man dementsprechend von einer Diplophase und Haplophase und da die letztere die Gameten erzeugt, heißt sie der Gametophyt, erstere der Sporophyt. (Weiteres in jedem Lehrbuch der Botanik.) Die n-Zahl der Chromosomen heißt eine Chromosomengarnitur, Chromosomensortiment oder Genom. Den Reifeteilungen gehen die synaptischen Phänomenen voraus, beginnend mit dem Stadium des dichten Knäuels oder der eigentlichen Synapsis. Die dann folgenden Umbildungen der Chromosomen haben für die verschiedenen Stufen eigene Namen wie Leptotän, Strepsinema, Diplotän, Pachytän, Bouquetstadium, Einzelheiten derenwegen auf die cytologischen Lehrbücher verwiesen sei. Die Vereinigung homologer väterlicher und mütterlicher Chromosomen heißt Konjugation, und zwar wird Parallelkonjugation (Parasyndese) und Endkonjugation (Telosyndese) unterschieden, falls letztere überhaupt vorkommt. Die Reifeteilungen sind reduktionell oder äquationell; die Reduktion kann in einer der beiden Reifeteilungen erfolgen: Präreduktion und Postreduktion. Außer diesen wichtigsten Terminis werden noch viele andere in der Spezialliteratur benutzt.

Literatur zur achten Vorlesung.

Boveri, Th.: Ergebnisse über die Konstitution der chromatischen Substanz des Zellkernes. Jena 1904. — Ders.: Zellenstudien 6. Jena 1907.

Cowdry, E. V.: General Cytology. Chicago 1924.

Gates, R. R.: The material basis of Mendelian phenomena. Americ. Naturalist **44**. 1910.

Godlewski, E. jun.: Das Vererbungsproblem im Lichte der Entwicklungsmechanik betrachtet. H. 9 der Vorträge und Aufsätze über Entwicklungsmechanik von Roux. 1909.

Grégoire, V.: Les fondements cytologiques des théories courantes sur l'hérédité Mendelienne. Ann. Soc. Roy. Zool. et Malacol. Belgique **42**. 1907. — Ders.: Les cinèses de maturation dans les deux règnes, l'unité essentielle du processus meiotique. Cellule **26**. 1910.

Guyer, M. J.: Nucleus and cytoplasm in heredity. Americ. Naturalist **45**. 1911.

Haecker, V.: Die Chromosomen als angenommene Vererbungsträger. Spengels Erg. u. Fortschr. d. Zool. 1907. — Ders.: Allgemeine Vererbungslehre. 2. Aufl. Braunschweig: Vieweg & Sohn 1912.

Heider, K.: Vererbung und Chromosomen. Vortrag. Versamml. d. Naturforscher u. Ärzte. Jena 1906.

Morgan, Th. H.: Die stofflichen Grundlagen der Vererbung. Deutsch von H. Nachtsheim. Berlin 1921.

Morgan, Th. H. mit Sturtevant, Muller, Bridges: The mechanism of Mendelian heredity. New York 1915.

Roux, W.: Über die Bedeutung der Kernteilungsfiguren. Eine hypothetische Erörterung. 1895.

Strasburger, Ed.: Chromosomenzahlen, Plasmastrukturen, Vererbungsträger und Reduktionsteilung. Jahrb. f. wiss. Botanik 1908.

Sutton, W. S.: On the Morphology of the Chromosome group in Brachystola magna. Biol. Bull. of the Marine Biol. Laborat. **4**. 1902.

Weismann, A.: Das Keimplasma. Jena 1892.

Wilson, E. B.: The Cell in Development and Inheritance. New York and London 1900. 3. Aufl. 1925. — Ders.: The Bearing of cytological research on heredity. Proc. of the Roy. Soc. of London **88**. 1914.

Es sind hauptsächlich Schriften zitiert, von denen aus eine Orientierung in der ungeheueren Literatur über den Gegenstand dieser Vorlesung und die einschlägigen Streitfragen möglich ist; das beste Buch ist das von Wilson. Eine sehr gute moderne Darstellung findet sich in den betreffenden Abschnitten des Sammelwerkes von Cowdry.

Neunte Vorlesung.

Das Zusammenarbeiten mendelnder Faktoren bei der Verursachung von Eigenschaften. Auftreten von Neuheiten im Bastard und Hybridatavismus (Reversion). Die Faktorenanalyse und Variation durch Rekombination.

Sowohl bei der Besprechung der elementaren MENDEL-Fälle als auch bei der Analyse ihrer Beziehung zu der Chromosomenlehre bedienten wir uns zunächst einer Ausdrucksweise, die einfach einen Erbfaktor als Verursacher einer Außeneigenschaft ansah. Das ist nun eine, sozusagen, naive Vorstellung, die sich bei näherer Betrachtung als unmöglich erweist. Die Situation ist vielmehr die, daß das sichtbare Resultat auf dem Zusammenarbeiten aller Erbfaktoren, der gesamten genotypischen Beschaffenheit beruht. Der Faktor N, sagen wir für schwarze Fellfarbe erzeugt nicht als solcher ein schwarzes Fell, sondern er bedingt, daß die Fellfarbe schwarz wird, vorausgesetzt, daß eine bestimmte genotypische Beschaffenheit vorliegt, also bestimmte Faktoren A, B, C usw. vorhanden sind. Ist aber z. B. ein bestimmter Faktor, sagen wir P, nicht vorhanden, so mag trotz der Anwesenheit von N keine Farbe gebildet werden. Das Resultat hängt also vom Zusammenspiel vieler Faktoren, wenn nicht aller ab. Eigentlich ist das ja auch selbstverständlich. Wenn wir annehmen, daß die Bildung der Haare von Erbfaktoren abhängt, so kann der genannte Faktor N ja nichts ausrichten, wenn keine Haare gebildet werden. Die MENDELsche Analyse kann aber auch das Vorhandensein von Faktoren nachweisen, die keinen sichtbaren Effekt ausüben. Wenn wir also in der üblichen Redeweise einem Gen eine Außeneigenschaft zuordnen, so muß man sich immer darüber klar sein, daß dies nur eine vereinfachte Ausdrucksweise ist, hinter der der genannte Sinn steckt.

Aus diesem Zusammenarbeiten der Einzelfaktoren im Hervorbringen von Eigenschaften entspringen nun eine Anzahl Besonderheiten, die in der Hervorbringung von Zahlenverhältnissen wie phänotypischen Befunden resultieren, die zunächst von den einfachen MENDELschen Erwartungen abweichen. Die Analyse erweist sie aber in jedem Fall als völlig im Rahmen der elementaren Voraussetzungen erklärbar. Mit solchen Erscheinungen wollen wir uns nun im folgenden befassen.

Da ist eine erste Gruppe von Tatsachen, die in verschiedenartiger Weise das Zusammenarbeiten der Erbfaktoren demonstrieren; ihr ist die Erscheinung gemeinsam, daß in den Bastardgenerationen „Neuheiten" auftreten, Eigenschaften, von deren Vorhandensein bei den Bastardeltern nichts zu merken war, also etwa das Auftreten von Farbe bei Kreuzung weißer Rassen. Die zuerst von TSCHERMAK studierte Erscheinung, die dann vor allem durch BATESON und seine Mitarbeiter, wie durch CORRENS, CUÉNOT, SHULL geklärt wurde, hat als Ganzes, oder in ihren Teilen die verschiedenartigsten Bezeichnungen erhalten, wie Latenz, Hybridatavismus, Kryptomerie, Reversion (Rückschlag), die schwer voneinander abzugrenzen sind. Es läßt sich aber auch ganz gut ohne sie auskommen. Die beiden ersteren und die letzte Bezeichnungen sind allerdings solche, die in der Erblichkeitslehre schon lange eine große Rolle spielen. Es war immer bekannt, daß ein Organismus Eigenschaften enthalten kann, die nicht sichtbar in Erscheinung treten, die er *latent* besitzt und die aus irgendeinem Grund gelegentlich zum Vorschein kommen können. Es ist ferner bekannt, daß Organismen plötzlich oder nach Bastardierung Eigenschaften zeigen, die vermutlich denen ihrer Ahnen entsprechen, Atavismen sind. Bekanntlich haben gerade diese Atavismen im Gefolge von Kreuzung eine große historische Rolle in der Biologie gespielt, indem DARWIN wichtige Schlüsse auf der Tatsache aufbaute, daß nach Kreuzung von domestizierten Taubenrassen in der Nachkommenschaft das Gefieder der wilden Felstaube, der mutmaßlichen Stammform, auftrat.

Das mendelistische Studium dieser Erscheinungen hat nun dazu geführt, auch das Auftreten von Neuheiten nach Bastardierung auf Grund der Beschaffenheit der Gameten zu erklären und damit die zu erwartenden Zahlenverhältnisse zu bestimmen. In zahlreichen genauer analysierten Fällen haben solche Bestimmungen bereits ihre Feuerprobe bestanden.

Wir beginnen mit dem bei Tieren zuerst bekannt gewordenen Fall, dem klassischen Fall der Vererbung der Kammformen bei Hühnerrassen, der schon DARWIN beschäftigte und durch BATESON und PUNNETT vor allem seine Klärung erfuhr. Viele Hühnerrassen haben die Kammform des wilden Ahnen, den sogenannten einfachen Kamm. Als besondere erbliche Kammformen treten nun einmal der sogenannte Erbsenkamm und dann der Rosenkamm auf (s. Abb. 78). Die letzteren

Abb. 78. Kreuzung von Erbsenkamm (links) mit Rosenkamm (rechts). F₁ Walnußkamm, F₂ 9 Walnuß : 3 Rosen : 3 Erbsen : 1 einfacher Kamm. (Wandtafeln von BAUR-GOLDSCHMIDT.)

beiden reinzüchtenden Kammformen erweisen sich nun bei Kreuzung mit dem einfachen Kamm als dominant und geben dann in F_2 eine einfache Spaltung im Verhältnis 3 : 1. Im wirklichen Experiment kamen z. B. zum Vorschein 695 Rosenkämme : 235 einfachen Kämmen. Wurde nun Erbsenkamm mit Rosenkamm gekreuzt, so hatte F_1 eine neue Kammform, die in der Natur bei den malayischen Hühnern vorkommt und wegen ihres Aussehens als Walnußkamm bezeichnet wird. In

F_2 treten aber nun typischerweise vier Kammformen auf, nämlich Walnußkamm, Erbsenkamm, Rosenkamm und *einfacher* Kamm (Abb. 78). Letzterer trat also als Neuheit auf. Die Gesamtzahlen der Versuche der englischen Forscher waren

279 Walnußkämme,

132 Erbsenkämme,

99 Rosenkämme,

45 einfache Kämme.

Da das Auftreten von vier Phänotypen auf die Anwesenheit von zwei Merkmalspaaren schließen läßt, ist ein Verhältnis von $9:3:3:1$ zu erwarten, dem die Zahlen auch einigermaßen entsprechen. Um ihr Zustandekommen zu erklären, wurden die notwendigen Versuche gemacht, die unter Heranziehung von über 12000 Individuen zu folgender einfachen Klärung des Falles führten: Der Erbsenkamm beruht auf der Anwesenheit eines Faktors P (= Pisum), der den einfachen Kamm in den Erbsenkamm verwandelt. Ebenso beruht der Rosenkamm auf dem Faktor R (Rosa), der einfachen Kamm in Rosenkamm verwandelt. Nach der Presence- und Absencetheorie steht nun jedem dieser dominanten Merkmale sein Fehlen als Rezessiv gegenüber. Es heißt somit das Rosenkammhuhn $RRpp$, nämlich Rosenkamm und kein Erbsenkamm, das Erbsenkammhuhn aber $rrPP$, nämlich Erbsenkamm und kein Rosenkamm. $RRpp \times rrPP = RrPp$, das ist Walnußkamm heterozygot. In F_2 muß dies nun, wie wir wissen, so spalten, daß vier Phänotypen entstehen, von denen $9/16$ beide Dominanten enthalten, RP also Walnußkamm zeigen, je $3/16$ eine Dominante, also Rp oder rP, was Rosen- bzw. Erbsenkamm gibt, und $1/16$ keine Dominante, also rp: kein Rosenkamm und kein Erbsenkamm ist aber der einfache Kamm. Man wird sich bei dieser Erklärung vielleicht daran stoßen, daß r und p doch eigentlich das gleiche sind; wir werden gleich die einfache Erklärung dafür finden. Tatsächlich läßt diese Interpretation jede weitere Kreuzungsmöglichkeit vorausberechnen; um nur zwei Kontrollversuche zu nennen, so sei die Kreuzung erwähnt zwischen dem Walnußkamm von F_1 und einem einfachen Kamm, also $RrPp \times rrpp$. Ersteres hat dann wieder die vier Gametenarten RP, Rp, rP, rp, letzteres nur rp. Es sind somit nur vier Kombinationen möglich, und zwar in gleicher Zahl $RPrp$,

Rprp, rPrp, rprp. In der Tat ergab die Gesamtheit der Kreuzungen 644 Walnußkämme, 705 Rosenkämme, 664 Erbsenkämme, 716 einfache Kämme. Eine zweite Kontrolle könnte in folgendem bestehen: Unter den $^9/_{16}$ Walnußkämmen in F_2 muß je $^1/_{16}$ Homozygote sein, die also rein züchten. In der Tat gab ihre Zucht ausschließlich Walnußkämme, nämlich 216 Individuen. Ebenso muß das $^1/_{16}$ mit einfachem Kamm stets rein homozygot sein; auch es erfüllte diese Erwartung in 1937 Fällen.

Vielleicht noch schlagender ist aber die Kontrolle für die Richtigkeit der Interpretation, die durch eine ebenfalls von BATESON ausgeführte Kreuzung mit einem ganz anderen Hühnerschlag gegeben wird. Das *Bredahuhn* besitzt an Stelle des Kammes zwei Höcker. Es zeigte sich nun durch Kreuzung mit einfachem Kamm, daß dies auf dem Fehlen des Kammfaktors, aber auf der Anwesenheit eines dominanten Verdoppelungsfaktors beruht. Wenn dieses Bredahuhn nun mit einem Rosenkammhuhn gekreuzt wurde, so handelte es sich um drei Faktoren, nämlich R Rosenkamm, r sein Fehlen, der Verdoppelungsfaktor (duplicitas) D, d sein Fehlen, der Kammfaktor C (crista), sein Fehlen c. F_1 hieß also *RDCrdc*, muß also doppelten Rosenkamm haben. In F_2 ist dann die Spaltung in acht Phänotypen zu erwarten, unter welchen, wie ja leicht zu kombinieren ist, als Neuheiten auftreten müssen die Zusammensetzungen *DCr*, also verdoppelter Einfachkamm und *Cdr*, also gewöhnlicher Einfachkamm. Beide Neuheiten erschienen auch. BATESON bemerkt dazu mit Recht, daß ohne Kenntnis der MENDELschen Gesetze ein solcher Fall einfach unerklärlich erscheinen müßte.

Zusammen-
arbeit
der Gene. Dieser Fall ist geeignet, uns mancherlei über die Beziehungen der Faktoren zueinander und über das Verhältnis von Faktor zu Außeneigenschaft zu lehren. Zunächst sehen wir, daß aus Rosenkamm × Erbsenkamm in F_1 die Neuheit Walnußkamm entsteht. Der Rosenkamm beruht nun auf der Anwesenheit eines Faktors R, den wir einen Modifikationsfaktor nennen können. Wäre er nicht da, so würde die genotypische Anlage des Tieres einen normalen Kamm hervorrufen; seine Anwesenheit aber modifiziert die Entwicklung so, daß ein Rosenkamm resultiert. Gleiches gilt für den Faktor für Erbsenkamm. Werden nun die beiden Modifikationsfaktoren im gleichen Individuum miteinander vereint, so üben sie beide auf das Endprodukt, zusammen mit den sonst vorhandenen Kammentwicklungsfaktoren, Einfluß aus. Der Walnußkamm ist dann das Resultat der gesamten Faktorenkonstitution. Würden wir in unserer Betrachtung von einer Form ausgegangen sein, die den Walnußkamm in homozygoter, erblicher Form besitzt, so hätten die Kreuzungen vielleicht zu folgender Ausdrucksweise geführt: Es sind uns drei Faktoren bekannt, die zum Aufbau eines Walnußkammes nötig sind, *ABC*. *A* muß immer anwesend sein, damit ein Kamm entsteht; *C* ist ein Faktor, der, wenn *B* gleichzeitig da ist, einen Walnußkamm bedingt, ohne *B* aber einen Erbsenkamm hervorruft. *B* ist ein Faktor, der in Anwesenheit von *A* einen Erbsenkamm bedingt. Ein Vergleich dieser und der früher benutzten Ausdrucksweise zeigt, wie es nicht die Anwesenheit eines Faktors, sondern sein Zusammenarbeiten mit allen anderen ist, das die Außeneigenschaft hervorruft.

Was nun das Auftreten des einfachen Kammes in F_2 betrifft, so fällt es natürlich unter den Begriff des Atavismus, denn diese Kammform ist die der wilden Stammform der Hühnerrassen. Hier erklärt es sich ohne weiteres, wie sie zustande kam: die beiden Modifikationsfaktoren waren in F_2 weggespalten worden, so daß die übrige Erbkonstitution, befreit davon, allein zur Wirkung kam. Aber noch etwas Weiteres zeigt der Fall. Bei Kreuzung von Erbsen- und Rosenkamm war eine MENDELSpaltung mit zwei Faktorenpaaren eingetreten. Das besagt nach dem, was wir aus der vorigen Vorlesung wissen, daß diese beiden Faktoren in verschiedenen Chromosomen liegen. Das wieder zeigt uns, was wir später noch öfters bestätigt sehen werden, daß Faktoren, die ein und dasselbe Organ beeinflussen, in verschiedenen Chromosomen lokalisiert sein können. Betrachten wir uns die Spaltung aber von diesem Gesichtspunkt aus, so verschwinden auch leicht einige Schwierigkeiten der Symbolik, an denen sich der Anfänger leicht stoßen mag. Wir können uns die Situation in den Chromosomen in zweierlei Art vorstellen. Entweder ist es so, daß beim Erbsenkamm zu den Faktoren, die die Kammbildung bedingen, die in irgendwelchen Chromosomen lokalisiert sind, noch ein in einem bestimmten Chromosom gelegener Modifikationsfaktor *P* als etwas ganz Neues hinzukommt; entsprechend beim Rosenkamm in einem andern Chromosom. Das entspricht der Annahme, daß die presence-absence Theorie wortwörtlich zu nehmen ist. Die andere Möglichkeit ist, daß unter den vielen Faktoren, die die Kammbildung bedingen, A, B, C, D usw. einer, sagen wir B, bei einem Erbsenkammhuhn so verändert ist, daß die normale Kammentwicklung dadurch unmöglich wird und ein Erbsenkamm resultiert. Es ist dann also nicht bei der Erbsenkammrasse ein Faktor vorhanden, der bei Rassen mit gewöhnlichem Kamm fehlt, sondern ein immer vorhandener Faktor ist anders beschaffen. Wir könnten dann den veränderten Faktor B_p schreiben und sein Allelomorph ist nicht Fehlen von B_p, sondern B; entsprechend ist es für Rosenkamm, sagen wir C_r. Die Formeln für die Rassen wären dann: Gewöhnlicher Kamm $AA\ BB\ CC\ DD \ldots$ Erbsenkamm $AA\ B_p B_p\ CC\ DD \ldots$ Rosenkamm $AA\ BB\ C_r C_r\ DD \ldots$ Walnußkamm $AA\ B_p B_p\ C_r C_r\ DD \ldots$ Bei solcher Formulierung fällt dann die anstößige Ausdrucksweise, daß Fehlen von r oder von p oder von r und p ein einfacher Kamm ist, weg; sie zeigt gleichzeitig, daß es gar nicht notwendig, ja vielleicht gar nicht wünschenswert ist, die presence-absence Methode der Beschreibung wörtlich zu nehmen. Über all diese Dinge sollte man sich bei Benutzung der Buchstabensymbole im klaren sein.

Analyse des
Albinismus. In dem besprochenen Fall brachte die Faktorenkombination und Rekombination in den Eltern nicht sichtbar vorhandene Außeneigenschaften hervor, einmal durch Häufung die Gestaltung modifizierender Faktoren (Walnußkamm), sodann durch Herausmendeln solcher Faktoren aus der Erbmasse (einfacher Kamm). In etwas anderer Weise, der nach den verschiedensten Richtungen hin eine große Bedeutung zukommt, wird Ähnliches uns von folgenden Fällen gelehrt: Bei den Mäusen gibt es bekanntlich, wie auch bei anderen Tieren, weiße Formen mit roten Augen, denen somit das Pigment fehlt. Diese Albinos züchten rein. Mit einer reinen farbigen Maus gekreuzt dominiert die Farbe über den Albinismus, d. h. ihr Fehlen, und F_2 spaltet in drei Farbige: 1. Albino. Das ist aber durchaus nicht immer der Fall, bei vielen solchen Kreuzungen trat vielmehr in F_2 eine neue Eigenschaft auf, also neben Grau und Weiß, Schwarz oder Gelb oder Braun. Es muß also verschiedenartige Albinos geben. Die genaue Analyse dieser Formen, deren Grund von Cuénot gelegt wurde, ergab nun, daß es in der Tat sehr verschiedenartige Albinos gibt.

Es ist aus der physiologischen Chemie bekannt, daß bei der Entstehung zahlreicher tierischer und pflanzlicher Farbstoffe zwei chemische Komponenten beteiligt sind; die eine ist die Farbgrundsubstanz, auch Chromogen genannt, die andere ist ein Enzym vom Charakter einer Oxydase. So wird das Anthocyan der Blüten aus einem Glukosid (dem Chromogen) mit Hilfe einer Oxydase oxydiert; für viele tierische Pigmente, die Melanine, sind die Chromogene Eiweißabbauprodukte, wie Tyrosin, das dann durch eine Tyrosinase oxydiert wird. Die Erzeugung beider beruht nun auf der Anwesenheit eines Erbfaktors, und wir können, der Kürze halber, den Faktor, der die Produktion von Chromogen kontrolliert, den Erbfaktor nennen und den Faktor, der dafür sorgt, daß die Oxydase vorhanden ist, den Komplementfaktor. Da haben wir also eine Situation, die es bedingt, daß eine Außeneigenschaft, Farbe, die Anwesenheit von mindestens zwei Faktoren voraussetzt. Ohne den Komplementfaktor wird überhaupt keine Farbe gebildet. Ist er aber anwesend, dann hängt die entsprechende Farbe von der Gesamtheit der vorhandenen Faktoren ab. Daraus folgt also: ein Albino kommt so zustande, daß eine gefärbte Maus den einen Faktor zur Erzeugung der Farbe, sagen wir das Komplement verliert, so daß der bzw. die anderen keine Farbe produzieren können. Es gibt daher genau ebensoviele Sorten von Albinos als es konstante Farbrassen gibt, deren bisher über 40 analysiert sind (Miß DURHAM, PLATE, HAGEDORN), also auch ebensoviel äußerlich gleiche, im Fehlen des Komplements gleiche, aber in den anderen unsichtbaren Farbfaktoren, den Chromogenen, verschiedene Albinos. Da nun eine gefärbte Maus selbstverständlich beide Faktoren besitzt, so muß bei der Bastardierung zwischen gefärbter und Albino eine Gametenkombination erscheinen können, die den Erbfaktor, das Chromogen des Albino, mit dem Komplement, das der farbige Elter in den Bastard einführte, zusammenbringt. Trägt der Albino unsichtbar den gleichen Erbfaktor (oder nach obigem richtiger ausgedrückt die gleiche Faktorenreihe), wie sein gefärbter Partner, z. B. für Grau, dann tritt natürlich eine einfache MENDEL-Spaltung 3 : 1 ein, da ja gewöhnlicher Monohybridismus in bezug auf das Farbkomplement bzw. sein Fehlen vorliegt. Trägt aber der Albino eine andere Farbe, so muß diese in F_2 in allen Kombinationen, in denen sie mit dem Komplement zusammentrifft, erscheinen. Kreuzt man, um nun ein wirkliches Beispiel zu nennen, eine reine graue Maus mit einem Albino, der von schwarzer Rasse stammt, so ist die Lage die folgende: *G* ist wieder der Farbfaktor für Grau (in Wirklichkeit ein Faktor, der das vorhandene Pigment in den Haaren sich in Ringeln anordnen läßt; wenn eine Serie von später zu nennenden Faktoren vorhanden ist, von denen wir hier nur den Faktor für schwarz berücksichtigen, dann entsteht das, was wir

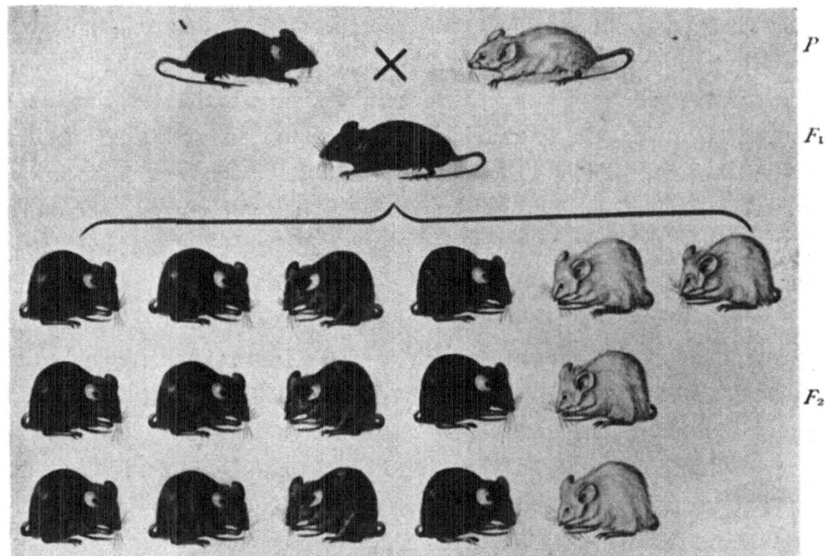

Abb. 79. Kreuzung grauer Mäuse mit Albinos aus Schwarz.
Nach BAUR-GOLDSCHMIDTs Wandtafeln.

Wildfarbe oder grau nennen); *N* der für Schwarz (in Wirklichkeit ein Faktor, der schwarze Farbe bedingt, vorausgesetzt, daß die nicht berücksichtigte weitere Serie von Faktoren anwesend ist und der Faktor *G* fehlt). *C* ist das Komplement, das das Erscheinen der Farbe bedingt und *c* sein Fehlen. Die graue Maus heißt also, wenn sie in allen anderen hier nicht zu berücksichtigenden Faktoren rein ist und auch natürlich alle besitzt, die zum Zustandekommen des reinen Wildkleides notwendig sind, *CC GG NN*, die alle drei in verschiedenen Chromosomen liegen, also unabhängig mendeln. Der latent schwarze Albino heißt aber *ccggNN*, wobei natürlich *g* das Fehlen von Grau ist, was ja, wie wir schon hörten, für die schwarzen zutrifft. Der Bastard F_1 heißt also *CcGgNN*, ist also wieder Grau. Da der Faktor *N* homozygot ist, also nicht spalten kann, liegt ein Fall von Dihybridismus vor. Die Gameten sind *CGN*, *CgN*, *cGN*, *cgN*. Nach dem Kombinationsschema erhalten wir, wenn wir es hier einmal wieder anwenden wollen in F_2:

C G N *C G N* grau	*C g N* *C G N* grau	*c G N* *C G N* grau	*c g N* *C G N* grau
C G N *C g N* grau	*C g N* *C g N* schwarz	*c G N* *C g N* grau	*c g N* *C g N* schwarz
C G N *c G N* grau	*C g N* *c G N* grau	*c G N* *c G N* Albino	*c g N* *c G N* Albino
C G N *c g N* grau	*C g N* *c g N* schwarz	*c G N* *c g N* Albino	*c g N* *c g N* Albino

Also überall, wo *C GN* ist, grau, wo *CN* ist, schwarz, und wo nur *c* ist, weiß, das sind 9 graue : 3 schwarze : 4 Albinos (Abb. 79).

Das Kombinationsschema zeigt ohne weiteres, daß das neue Zahlenverhältnis nur eine Modifikation der klassischen Zahlen für Dihybridismus 9 : 3 : 3 : 1 infolge phänotypischer Gleichheit der beiden letzten Klassen ist. Ein Blick auf die Albinos im Schema zeigt außerdem, daß hier in F_2 nun genotypisch drei verschiedene Arten von Albinos vorliegen: solche, die latent grau vererben, desgleichen mit schwarz und solche, die grau heterozygot vererben.

Für die gleiche Erscheinung mit ihren zahlreichen Varianten ließen sich noch mancherlei Beispiele aus dem Tier- wie Pflanzenreich anführen. Zunächst sei noch eines vom gleichen Typus gegeben, um auch einmal mit dem Trihybridismus in Berührung zu kommen. Bei Ratten finden sich ganz ähnliche, wenn auch einfachere Erblichkeitsverhältnisse der Haarfarbe wie bei Mäusen. Bei diesen haben wir bisher nur ganzfarbige Tiere betrachtet; neben ihnen kommen aber bekanntlich auch Schecken vor, und diese Scheckung beruht auf einer selbständigen Erbeinheit.

Bei Ratten gibt es nun einen besonders charakteristischen Scheckungstypus, bei dem Kopf und Hals gefärbt sind, der weiße Körper aber nur einen farbigen Längsstreifen am Rücken, die Haube, besitzt (siehe 14. Vorlesung).

Die Albinos der Ratte können nun wieder wie bei den Mäusen die Anlage einer bestimmten Farbe tragen, und so auch, wie ebenfalls bei den Mäusen, den Scheckungsfaktor, der zusammen mit den Farbfaktoren so viel Typen von Schecken bedingen kann, als es Farben gibt. Kreuzt man also einen Albino, der von schwarzgescheckten Vorfahren stammt, mit einer grauen Ratte, so haben wir folgende Erbformeln: Der Albino enthält den Schwarzfaktor N, der sich zum Wildfarbfaktor G genau wie bei den Mäusen verhält, ferner den Scheckungsfaktor t, der gegenüber der Ganzfarbigkeit T (totaliter) sich rezessiv verhält, aber es fehlt ihm das Komplement. Die graue Ratte besitzt das Komplement C, ferner den Graufaktor G, den Schwarzfaktor N und den Faktor für Ganzfarbigkeit T. Der Albino heißt also $NNttccgg$, die Wildratte $NNTTCCGG$. F_1 muß deshalb wieder ebenso aussehen, wie die wildfarbige Ratte. In F_2 muß dann die Spaltung nach dem Schema für drei Eigenschaftspaare vor sich gehen, da ja N beiden Eltern zukommt. Die Gameten sind danach:

$NTCG, \; NTCg, \; NTcG, \; NtCG, \; NTcg, \; NtCg, \; NtcG, \; Ntcg.$

Ihre Kombination muß gegenüberstehende Tabelle ergeben.

Da alle Formen mit sämtlichen Dominanten grau sind, alle die c tragen, Albinos sind, alle die T tragen, ganzfarbig und die, die nur t haben, Schecken, N und G wenn gleichzeitig anwesend Wildfarbe bedingen, so daß nur die Formen mit g schwarz sein können, ergibt sich das Verhältnis von 27 Grauen : 9 Grauschecken : 9 Schwarzen : 3 Schwarzschecken : 16 Albinos (siehe Tabelle).

Weitere
Spaltungen
9 : 3 : 4
und 9 : 7. Als erste Variante des Prinzips, nämlich des Zusammenarbeitens von Farbfaktoren und Komplement zur Erzeugung von Farbe sei ein Beispiel gegeben, bei dem der Albino zwei Bedingungsfaktoren eines Färbungsgrades in die Kreuzung einführt und die gefärbte Form nur einen, also umgekehrt wie bei dem Beispiel der Mäusealbinos. Die Konsequenz ist, daß bereits in F_1 eine neue Farbe erscheint, nämlich die im Albino „latent" vererbte, während F_2 wieder die Spaltung in die drei Typen

$\frac{NTCG}{NTCG}$ grau 1	$\frac{NTCg}{NTCG}$ grau 2	$\frac{NTcG}{NTCG}$ grau 3	$\frac{NtCG}{NTCG}$ grau 4	$\frac{NTcg}{NTCG}$ grau 5	$\frac{NtCg}{NTCG}$ grau 6	$\frac{NtcG}{NTCG}$ grau 7	$\frac{Ntcg}{NTCG}$ grau 8
$\frac{NTCG}{NTCg}$ grau 9	$\frac{NTCg}{NTCg}$ schwarz 1	$\frac{NTcG}{NTCg}$ grau 10	$\frac{NtCG}{NTCg}$ grau 11	$\frac{NTcg}{NTCg}$ schwarz 2	$\frac{NtCg}{NTCg}$ schwarz 3	$\frac{NtcG}{NTCg}$ grau 12	$\frac{Ntcg}{NTCg}$ schwarz 4
$\frac{NTCG}{NTcG}$ grau 13	$\frac{NTCg}{NTcG}$ grau 14	$\frac{NTcG}{NTcG}$ Albino 1	$\frac{NtCG}{NTcG}$ grau 15	$\frac{NTcg}{NTcG}$ Albino 2	$\frac{NtCg}{NTcG}$ grau 16	$\frac{NtcG}{NTcG}$ Albino 3	$\frac{Ntcg}{NTcG}$ Albino 4
$\frac{NTCG}{NtCG}$ grau 17	$\frac{NTCg}{NtCG}$ grau 18	$\frac{NTcG}{NtCG}$ grau 19	$\frac{NtCG}{NtCG}$ Grau- scheck 1	$\frac{NTcg}{NtCG}$ grau 20	$\frac{NtCg}{NtCG}$ Grau- scheck 2	$\frac{NtcG}{NtCG}$ Grau- scheck 3	$\frac{Ntcg}{NtCG}$ Grau- scheck 4
$\frac{NTCG}{NTcg}$ grau 21	$\frac{NTCg}{NTcg}$ schwarz 5	$\frac{NTcG}{NTcg}$ Albino 5	$\frac{NtCG}{NTcg}$ grau 22	$\frac{NTcg}{NTcg}$ Albino 6	$\frac{NtCg}{NTcg}$ schwarz 6	$\frac{NtcG}{NTcg}$ Albino 7	$\frac{Ntcg}{NTcg}$ Albino 8
$\frac{NTCG}{NtCg}$ grau 23	$\frac{NTCg}{NtCg}$ schwarz 8	$\frac{NTcG}{NtCg}$ grau 24	$\frac{NtCG}{NtCg}$ Grau- scheck 5	$\frac{NTcg}{NtCg}$ schwarz 7	$\frac{NtCg}{NtCg}$ Schwarz- scheck 1	$\frac{NtcG}{NtCg}$ Grau- scheck 6	$\frac{Ntcg}{NtCg}$ Schwarz- scheck 2
$\frac{NTCG}{NtcG}$ grau 25	$\frac{NTCg}{NtcG}$ grau 26	$\frac{NTcG}{NtcG}$ Albino 9	$\frac{NtCG}{NtcG}$ Grau- scheck 7	$\frac{NTcg}{NtcG}$ Albino 10	$\frac{NtCg}{NtcG}$ Grau- scheck 8	$\frac{NtcG}{NtcG}$ Albino 11	$\frac{Ntcg}{NtcG}$ Albino 12
$\frac{NTCG}{Ntcg}$ grau 27	$\frac{NTCg}{Ntcg}$ schwarz 9	$\frac{NTcG}{Ntcg}$ Albino 13	$\frac{NtCG}{Ntcg}$ Grau- scheck 9	$\frac{NTcg}{Ntcg}$ Albino 14	$\frac{NtCg}{Ntcg}$ Albino 3	$\frac{NtcG}{Ntcg}$ Albino 15	$\frac{Ntcg}{Ntcg}$ Albino 16

im Verhältnis von 9 : 3 : 4 demonstriert. Folgender aktuelle Fall illustriert dies: Die Kreuzung findet statt zwischen rotblühenden Salvia horminum und weißblühenden (Albinos), die latent einen Faktor besitzen, der mit dem Rotfaktor R zusammen violett erzeugt. Wenn C wieder das Farbkomplement ist, so heißen die Formeln der beiden Elternpflanzen: rotblühend $ppRRCC$, weißblühend $PPRRcc$. Der F_1-Bastard heißt $PpRRCc$, blüht also violett. Die F_2-Spaltung verläuft aber genau wie in obigem Schema für Mäuse, in dem wir nur G durch P und N durch R ersetzen müssen und uns erinnern, daß Formen mit P und R violett blühen. Ein wirkliches Resultat dieser Zucht von BATESON, SAUNDERS und PUNNETT war: 314 violett : 117 rote : 148 weiße.

In den letzten Beispielen kam die Neuheit in F_1 oder F_2 dadurch zustande, daß bei der Gametenkombination der von dem einen Elter eingeführte unsichtbare Farbfaktor mit dem zugehörigen Komplement zusammentraf. Es wäre nun aber auch ganz gut denkbar, daß es einen Albino geben könnte, der anstatt des Komplements den Erbfaktor verloren hat, so daß man nun Albinos unterscheiden könnte, die Farbe ohne Komplement und solche, die Komplement ohne Farbe besitzen. Würde man sie kreuzen, so käme in F_1 Farbe und Komplement zusammen und man stände vor der absonderlichen Tatsache, daß zwei ungefärbte Eltern farbige Nachkommenschaft hätten. Und von solchen Fällen sind in der Tat auch bereits eine Anzahl bekannt. Das schönste Beispiel aus dem Tierreich ist das von BATESON für die Kreuzung von zwei weißen Hühnerrassen ermittelte, die allerdings keine Albinos sind, da ihnen das Pigment nicht vollständig fehlt, vielmehr auch im Gefieder in Form minutiöser grauer Flecken auftritt. Die beiden hier in Betracht kommenden Rassen, das weiße Negerhuhn und ein weißer Stamm eigener Zucht BATESONS haben ein rezessives Weiß, während es bei anderen Rassen auch Weiß gibt, das über Farbe dominiert. Die Kreuzung dieser beiden Rassen ergab nun in F_1 ausschließlich farbige Individuen (113 Stück), etwa von der Farbe des wilden Ahnen der Haushühner *Gallus bankiva*. Die Erklärung ist nach dem oben Gesagten die, daß die eine Rasse den Farbfaktor ohne Komplement und die andere das umgekehrte enthielt. Wenn der Faktor für die braune Wildfarbe B (brunneus) ist und für das Komplement wieder C, hieß der eine Elter Bc, der andere bC, der Bastard also $BCbc$. In F_2 ist demnach eine Spaltung im Verhältnis $9:3:3:1$ zu erwarten. Von diesen haben aber nur $^9/_{16}$ beide Dominanten, die anderen ja nur eine oder keine. Es können also nur jene

$^9/_{16}$ gefärbt sein, das Resultat muß sein 9 gefärbte : 7 weißen und das war auch der Fall. Es ist klar, daß von diesen $^7/_{16}$ weißen nur $^1/_{16}$ rein ist, so daß aus den übrigen durch geeignete Kreuzungen wieder farbige erhalten werden können. Ehe die richtige Erklärung bekannt war, konnte man glauben, hier einen Beweis gegen die Reinheit der Gameten zu haben: die sogenannten ausgewählten weißen von F_2 enthielten sichtlich noch Farbcharakter (in kryptomerem Zustand, wie es TSCHERMAK nennt). Die gegebene Erklärung zeigt, daß es in der Tat bei $^6/_{16}$ so sein muß. Es sei schließlich auch ein analoges Beispiel aus dem Pflanzenreich genannt. Es entstanden bei Kreuzung von zwei weißblühenden Rassen der spanischen Wicke Lathyrus odoratus in F_1 nur purpurne Blüten, wie sie die wilde Stammform besitzt und in F_2 trat Spaltung in 9 gefärbte : 7 weißen ein. Als wirkliche Zahlen geben BATESON, Miß SAUNDERS und PUNNETT 382 gefärbte : 269 weißen an.

Die gegebenen klassischen Beispiele erklären wohl genügend die Situation und ermöglichen das Verständnis anderer verwandter Fälle. Ihre aufmerksame Betrachtung hat wohl auch einen Einblick gewährt in die Art, wie verschiedene selbständig mendelnde Erbfaktoren zusammen arbeiten bei der Erzeugung der Außeneigenschaft und gleichzeitig Licht auf die Anwendungsweise der Buchstabensymbole zur Bezeichnung von MENDEL-Faktoren geworfen. Ehe wir weitergehen, seien darüber aber noch ein paar weitere Worte eingeschaltet, da eine mißverständliche Ausdrucksweise leicht auch zu irrtümlichen Vorstellungen führen kann. Wir bezeichneten hier die Faktoren, die dem Zustandekommen einer Eigenschaft zugrunde lagen, mit dem Anfangsbuchstaben des lateinischen Wortes für den betreffenden Außencharakter z. B. G (griseus) für graue Fellfarbe. Sicherlich ist dies für den Lernenden eine Erleichterung und wurde deshalb auch durchgeführt. Man darf sich aber auch nicht die Gefahr verhehlen, die einer solchen Ausdrucksweise anhaftet, wenn sie zu wörtlich verstanden wird. Nehmen wir etwa die schon genannten Faktoren für Mäusefärbung wie G grau, N schwarz und fügen noch den später uns begegnenden Sättigungsfaktor S zu, bei dessen Fehlen alle Farben verdünnt erscheinen. Nehmen wir nun eine wildfarbige Maus und sagen, ihre Formel ist $GG\,NN\,SS\,RR$ wobei RR den Rest aller anderen nicht genannten Faktoren bedeutet. Wenn wir nun die

Buchstabensymbole wörtlich nehmen, so wäre zunächst gar nicht einzusehen, warum die Maus grau ist und nicht eine andere Farbe zeigt. Man müßte dann hinzufügen, daß das Vorhandensein von G (grau) das Sichtbarwerden von N (schwarz) unterdrückt, oder, wie der Kunstausdruck lautet, G über N epistatisch (bzw. N unter G hypostatisch) ist. Eine Maus von der Formel $gg\,NN\,SS\,RR$ ist nun schwarz und eine von der Formel $gg\,nn\,SS\,RR$ schokoladebraun. In gleicher Ausdrucksweise hieße es also, daß N über S epistatisch ist und so könnten wir ein ganzes epistatisches System der Faktoren aufstellen, das, was LANG die Hierarchie der Faktoren nennt. In der Beschreibung ist das oft recht bequem, aber sachlich ist es falsch. G ist nicht ein Faktor für grau und N nicht ein solcher für schwarz. G ist vielmehr ein Faktor der, wenn S, N usw. anwesend ist, wildfarbige Tiere bedingt; fehlt N im System, dann sind sie aber zimtfarbig, fehlt S, dann sind sie verdünnt wildfarbig, fehlt N und S, dann sind sie verdünnt zimtfarbig, fehlt dazu noch ein später zu nennender Faktor B, dann sind sie crême. Ebenso sind Tiere ohne G mit N nur schwarz, wenn alle anderen Faktoren vorhanden sind; ohne S wären sie blau, ohne B schildpattfarbig und so weiter. Wenn man also obige Ausdrucksweise anwendet, so muß man sich darüber klar werden, was sie bedeutet. Viele Autoren ziehen es denn auch vor, ganz auf die Benutzung von Buchstabensymbolen, die an die Außeneigenschaften erinnern, abzusehen und nur immer wieder die Anfangsbuchstaben des Alphabets zu benutzen (wie es schon MENDEL tat), um von vornherein jene mißverständliche Beurteilung des Symbolismus auszuschließen.

Um nun völlig über das Zusammenarbeiten mendelnder Faktoren ins klare zu kommen und gleichzeitig völlige Beherrschung der elementaren Faktorenanalyse zu erlangen, wollen wir das besonders gut durchgearbeitete Material der Farbrassen der Mäuse noch etwas an einigen aktuellen Beispielen erweitern, um dann schließlich das Gesamtresultat eines solchen Faktorenzusammenspiels würdigen zu können.

Betrachten wir zunächst eine Kreuzung, die den Zusammenhang von Wildfarbe, schwarz, schokoladebraun, und zimtfarbig demonstriert. Die in Betracht kommenden Faktoren sind 1. Der Faktor G, dessen Anwesenheit das Pigment im Haar zu Farbringen anordnet und die

Wildfarbe bedingt, wenn der Rest von Faktoren vorhanden ist. 2. Der Faktor N, der in Abwesenheit von G, aber Anwesenheit der übrigen Faktoren schwarz bedingt. Die übrigen Faktoren, von denen wir annehmen, daß sie bei den zur Kreuzung benutzten Rassen gleichmäßig homozygot vorhanden sind, müssen von uns bereits bekannten Faktoren u. a. enthalten den Faktor C, ohne den überhaupt keine Farbe entsteht, den Faktor T, ohne den ein Scheck entstände, den Faktor S, ohne den alle Farben verdünnt erschienen. Die Situation wäre also die: Ein Tier von der Formel $GG\,NN$ ($+$ Rest) ist wildfarbig grau; eins, dem G und N fehlen, also $gg\,nn$ ($+$ Rest), ist schokoladebraun. Wir kreuzen nun diese beiden Farbrassen und erhalten in F_1 (wenn wir jetzt den überall den Formeln zuzufügenden Faktorenrest weglassen) Formen $Gg\,Nn$, also wieder wildgrau. In F_2 erhalten wir aber die 16 Rekombinationen, die wir wohl nicht mehr aufzuschreiben brauchen, von denen neun G und N enthalten, drei nur mit n aber G, drei nur N mit g, eine nur g und n. Die ersten sind wieder wildfarbige, die letzten wieder schokoladebraune; die aber, die G ohne N enthalten (Gn), sind zimtfarben (welches das Resultat von braun mit Pigmentringelung ist), und die mit N ohne G, ($g\,N$) schwarz (welches das Resultat aller Faktoren ohne G ist). Ein aktuelles Resultat solcher Kreuzungen von Cuénot und Miß Durham war 63 wildfarbene : 21 zimtfarbene : 20 schwarze : 8 schokoladebraune. Es sei nebenher darauf verwiesen, daß bei dieser Kreuzung in F_2 zwei neue Farbrassen durch Rekombination auftreten; ferner zeigt sie, daß man ohne Erbanalyse nicht sagen kann, ob zwei Erbeigenschaften auf einem mendelnden Merkmalspaar beruhen. Man hätte vielleicht erwarten können, daß wildfarbig und braun ein Paar von Allelomorphen darstellen. Tatsächlich zeigte der Versuch, daß die Differenz auf zwei in verschiedenen Chromosomen gelegenen Faktoren beruhte.

Die Mitwirkung zweier weiterer Faktoren bei der Bewirkung des Farbkleides ist uns bereits aus früheren Beispielen bekannt, des rezessiven Scheckungsfaktors t und des Farbkomplements C. Wir wollen nun noch das Eingreifen des Sättigungsfaktors S in die Farbstimmung betrachten, dessen Anwesenheit für die Erzeugung der satten Farbe nötig ist, dessen Abwesenheit aber die Farben verdünnt erscheinen läßt. Wildfarbe wird zu verdünnt wildfarbig, schwarz zu mattschwarz, meist blau genannt, braun zu hellbraun, auch silberfalb genannt. Ein Beispiel illustriere dies, Miß DURHAMS Kreuzung von schwarzen $NN\,SS$ mit silberfalben $nn\,ss$. (Wir lassen wieder in den Formeln die auf beiden Seiten identischen, nämlich von uns schon bekannten Faktoren $ggCCTT$ weg.) F_1 ist also schwarz $NSns$. F_2 muß aber Spaltung nach dem Schema des Dihybridismus geben in die vier Phänotypen $N\,S$, Ns, $n\,S$, ns im Verhältnis $9:3:3:1$. Tiere, die $N\,S$ enthalten, sind wieder schwarz, solche mit Ns haben verdünntes schwarz oder blau, $n\,S$ sind sattes braun oder Schokolade und ns bedeutet verdünntes braun oder silberfalb. Es müssen also in F_2 blaue und schokoladefarbige neu auftreten. Das wirkliche Resultat aber war:

67 schwarze : 21 blaue : 20 schokoladefarbige : 5 silberfalbe.

Es ist klar, daß genau das gleiche Resultat entstehen muß, wenn eine blaue mit einer schokoladefarbigen Maus gekreuzt wird, da hier die schokoladefarbige den Sättigungsfaktor und die blaue den Schwarzfaktor mitbringt. In der Tat gab diese Kreuzung:

44 schwarze : 17 blaue : 17 schokoladefarbige : 8 silberfalbe.

Dem können wir nun noch eine Kreuzung zufügen, die eine weitere Verwicklung zeigt, indem Albinimus, also Fehlen des Farbkomplements C, beteiligt ist.

So kreuzte Miß DURHAM eine blaue Maus mit einem Albino schokoladefarbiger Herkunft. Erstere enthält wie gesagt den Schwarzfaktor N mit dem Verdünnungsfaktor s, wozu bei Betrachtung gegenüber dem Albino noch das Farbkomplement C gezählt werden muß, das dem Albino fehlt. Sie heißt also $NNssCC$ $(+\text{Rest})$. Der Albino enthält kein N, aber S, ist also auf Grund seines Faktorenrestes latent schokoladefarben, ist aber ein Albino wegen des Fehlens von C. Er heißt also $nn\,SS\,cc$. F_1 lautet also $NCSncs$, ist also schwarz, zeigt mithin bereits eine Neuheit. In F_2 muß dann eine Spaltung nach dem Schema des Trihybridismus eintreten, wobei bekanntlich acht Phänotypen auftreten, die unter 64 Individuen den Charakter zeigen:

27 NCS : 9 NCs : 9 NcS : 9 nCS : 3 Ncs : 3 nCs : 3 ncS : 1 ncs,

27 NCS bedeutet aber schwarz gefärbt gesättigt = schwarz,

9 NCs bedeutet schwarz gefärbt verdünnt = blau,

9 *NcS* bedeutet schwarz farblos gesättigt = Albino (mit unsichtbarem schwarz),

9 *nCS* bedeutet braun, farbig gesättigt = schokolade,

3 *Ncs* bedeutet schwarz ungefärbt verdünnt = Albino (mit unsichtbarem blau),

3 *nCs* bedeutet braun farbig verdünnt = silberfalb,

3 *ncS* bedeutet braun ungefärbt gesättigt = Albino (mit unsichtbarem schokolade),

1 *ncs* bedeutet braun ungefärbt verdünnt = Albino (mit unsichtbarem silberfalb).

Es müssen also gebildet werden:

27 schwarze : 9 blaue : 9 schokoladefarbige : 3 silberfalbe : 16 Albinos.

Es erschienen in Wirklichkeit:

33 schwarze : 10 blaue : 8 schokoladefarbige : 2 silberfalbe : 12 Albinos.

Diese Beispiele, die, um vollständig zu sein, ergänzt werden müßten durch sämtliche denkbaren Kombinationen bekannter Faktoren, genügen wohl, um das Zusammenarbeiten der MENDEL-Faktoren zum Resultat klar zu machen. Wir sprachen dabei allerdings bisher nur von einfachen, unabhängig voneinander mendelnden Faktoren; natürlich muß später unsere Erkenntnis noch durch Faktoren ergänzt werden, deren andersartige, nämlich nicht unabhängige Vererbungsweise wir an diesem Punkt der Betrachtung noch nicht verstehen. Es ist klar, daß bereits auf die hier wiedergegebene Weise eine weitgehende Erbanalyse von Eigenschaften möglich ist. Ihre Voraussetzung ist allerdings, daß man Rassen besitzt, die sich im Besitz der betreffenden Erbfaktoren unterscheiden, so daß ihre Bastardierung den Vorgang der Faktorenkombination ermöglicht. Auf solche Weise hat man denn in der Tat einzelne Objekte in ziemlich weitgehender Weise analysiert und so wollen wir uns zum Schluß dieses Abschnittes noch ein solches Resultat betrachten, das alles vorhergehende zusammenfassend illustriert.

Es ist klar, daß die durch solche Analyse aufgestellten Erbformeln allerdings immer etwas Relatives an sich haben, indem weitere Forschung imstande ist, scheinbar einheitliche Eigenschaften wieder zu zerlegen. Aus dem, was wir bereits über die Farbrassen der Mäuse erfahren haben, geht das recht deutlich hervor. Erst stand die Farbe als Einheit

15*

dem Albinismus gegenüber. Dann löste sich erstere in eine Reihe von sich verdeckenden Farben auf, diese wieder erwiesen sich als durch den Sättigungsfaktor beeinflußbar und durch zwei getrennte Faktoren bedingt, endlich zeigten sich die Albinos als unmerkliche Träger aller möglichen Farbeigenschaften. Und dabei sind uns durchaus noch nicht alle Möglichkeiten begegnet. Augenblicklich ist der Stand der Analyse der wichtigsten unabhängig mendelnden Färbungsfaktoren der Mäuserassen — ein Stand, der sich aber mit jeder neuen Untersuchung weiter kompliziert und das diene uns als Beispiel einer weitgehenden Erbanalyse — der, daß mindestens elf Paare von Allelomorphen isoliert sind, deren verschiedenartige Kombination 2048 reinzüchtende Rassen ergeben könnte. Dazu kommen einige weitere noch nicht vollständig analysierte und dann die Fülle der nicht unabhängig mendelnden Faktoren und anderer Komplikationen, die wir an diesem Punkt unserer Besprechungen noch nicht verstehen können. Von diesen Allelomorphen sind uns vier Paare schon begegnet, nämlich der Graufaktor G (richtiger der Faktor für die Anordnung der Haarpigmente in Ringeln), der Schwarzfaktor N, der Sättigungsfaktor S und das Farbenkomplement C. Dazu kommt nun noch ein Braunfaktor B (brunneus), bei dessen Fehlen allen Farben etwas gelb beigemischt erscheint, also gelbwildfarbig statt wildfarben, schildpattfarben statt schwarz, orange statt schokoladefarbig. Sodann ein Faktor, der ähnlich wie der Sättigungsfaktor nötig ist, damit die Farben voll erscheinen, bei dessen Fehlen die Farben abgeschwächt werden, nämlich schwarz zu „lilac", schokolade zu champagnerfarbig, und gleichzeitig die Augen rot werden, der Faktor R (ruber). Sodann ein Faktor gleicher Natur, der Faktor F (fulgens), bei dessen Fehlen die Farben matt erscheinen. Endlich der merkwürdige Gelbfaktor L (luteus), der, wie wir später erfahren werden, nur heterozygot existenzfähig ist. Dazu kommen nun noch die Faktoren für die Flächenverteilung der Farben, T (totaliter), bei dessen Fehlen anstatt Ganzfarbigkeit rezessive Scheckung auftritt, M (maculatus) ein dominanter Scheckungsfaktor und A (argenteus), ein Faktor, dessen Fehlen weiße Haare zwischen den gefärbten stehen läßt und so silberige Töne hervorruft. Wenn wir von dem Gelbfaktor L und dem dominanten Scheckungsfaktor M absehen, deren Verhältnis zu den anderen Faktoren noch nicht ganz klar ist, so sind zunächst folgende Sorten von Farbverteilung möglich, von denen jede einzelne in sämtlichen Farbtönen wieder vorkommen kann:

$$
C \begin{cases} T \begin{cases} A & \text{ganzfarbig} \\ a & \text{ganzfarbigsilbern} \end{cases} \\ t \begin{cases} A & \text{gescheckt} \\ a & \text{geschecktsilbern} \end{cases} \end{cases}
\qquad
c \left. \begin{cases} T \begin{cases} A \\ a \end{cases} \\ t \begin{cases} A \\ a \end{cases} \end{cases} \right\} \begin{array}{l} \text{Albinos mit den} \\ \text{gleichen vier} \\ \text{Typen latent.} \end{array}
$$

Jeder von diesen acht Typen kann dann je nach Anwesenheit oder Fehlen von R schwarzäugig oder rotäugig sein, wobei auch noch die Farbe beeinflußt wird, was wir unberücksichtigt lassen wollen. Bei jedem einzelnen dieser Typen können nun die sämtlichen folgenden Farbenkombinationen vertreten sein:

$$
G \begin{cases}
N \begin{cases}
B \begin{cases}
S \begin{cases} F \ldots \text{wildfarbig (agouti)} \\ f \ldots \text{mattagouti} \end{cases} \\
s \begin{cases} F \ldots \text{verdünnt (blau) agouti} \\ f \ldots \text{mattblauagouti} \end{cases}
\end{cases} \\
b \begin{cases}
S \begin{cases} F \ldots \text{gelbwildfarbig} \\ f \ldots \text{mattgelbwildfarbig} \end{cases} \\
s \begin{cases} F \ldots \text{verdünntgelbwildfarbig} \\ f \ldots \text{mattverdünntgelbwildfarbig} \end{cases}
\end{cases}
\end{cases} \\
n \begin{cases}
B \begin{cases}
S \begin{cases} F \ldots \text{zimtfarbig} \\ f \ldots \text{mattzimtfarbig} \end{cases} \\
s \begin{cases} F \ldots \text{verdünntzimtfarbig} \\ f \ldots \text{verdünntmattzimtfarbig} \end{cases}
\end{cases} \\
b \begin{cases}
S \begin{cases} F \ldots \text{hellorange} \\ f \ldots \text{matthellorange} \end{cases} \\
s \begin{cases} F \ldots \text{crême} \\ f \ldots \text{mattcrême} \end{cases}
\end{cases}
\end{cases}
\end{cases}
$$

$$
g \begin{cases}
N \begin{cases}
B \begin{cases}
S \begin{cases} F \ldots \text{schwarz} \\ f \ldots \text{mattschwarz} \end{cases} \\
s \begin{cases} F \ldots \text{blau} \\ f \ldots \text{mattblau} \end{cases}
\end{cases} \\
b \begin{cases}
S \begin{cases} F \ldots \text{schildpattfarbig} \\ f \ldots \text{mattschildpatt} \end{cases} \\
s \begin{cases} F \ldots \text{verdünntschildpatt} \\ f \ldots \text{verdünntmattschildpatt} \end{cases}
\end{cases}
\end{cases} \\
n \begin{cases}
B \begin{cases}
S \begin{cases} F \ldots \text{schokolade} \\ f \ldots \text{mattschokolade} \end{cases} \\
s \begin{cases} F \ldots \text{silberfalb} \\ f \ldots \text{mattsilberfalb} \end{cases}
\end{cases} \\
b \begin{cases}
S \begin{cases} F \ldots \text{orange} \\ f \ldots \text{mattorange} \end{cases} \\
s \begin{cases} F \ldots \text{verdünntorange} \\ f \ldots \text{verdünntmattorange} \end{cases}
\end{cases}
\end{cases}
\end{cases}
$$

Das ergibt also 16·32 oder 2^9 Typen, wenn die beiden vorher genannten Faktoren weggelassen werden. Natürlich lassen sich die aufgezählten Farbtypen nicht alle ohne weiteres unterscheiden; bei manchen geht es leicht, bei anderen gehört lange Übung dazu, bei wieder anderen ist die Unterscheidung nur durch das Resultat weiterer Kreuzung möglich. Es steht aber fest, daß die zahllosen Kreuzungen, die von CASTLE, DARBISHIRE, GUAITA, HAACKE, MORGAN, CUÉNOT, MIß DURHAM, PLATE, HAGEDOORN, LITTLE, DUNN ausgeführt sind, stets das erwartete Resultat gaben. Als Beweis diene die folgende Tabelle, die nach den Versuchen HAGEDOORNS zusammengestellt ist und für jeden Faktor nur die Kreuzung zwischen rezessiven Homo- und Heterozygoten ($Xx \times xx$) enthält, die also Spaltung im Verhältnis 1:1 ergeben muß:

Homo-heterozygoten-Rückkreuzung bei Betrachtung nur eines Faktors (in Klammer HAGEDOORNS Bezeichnung[1]

Faktor	Spaltung in	Zahl
C (A)	gefärbte : Albino	340 : 364
B (B)	nicht gelblich : gelblich	116 : 107
N (C)	Nn : nn	298 : 281
S (D)	vollgefärbt : verdünnt	172 : 194
R (E)	schwarzäugig : rotäugig	133 : 154
A (F)	ganzfarbig : silbern	18 : 13
G (G)	Gg : gg	212 : 197
F (II)	vollgefärbt : matt	51 : 58
T (L)	ganzfarbig : gescheckt	116 : 131
	Σ erhalten	1456 : 1499
	Σ erwartet	1477,5 : 1477,5

In ähnlicher Weise wurde die Erbanalyse für Ratten, Meerschweinchen, Kaninchen, Hühner, Seidenraupen und viele Pflanzenarten durchgeführt. Wer das Vorhergehende sich klar machte, wird mühelos alle jene Resultate verstehen (abgesehen von den Komplikationen, die wir noch kennen lernen werden). So sei nur noch ein Fall andeutungsweise

---

[1] Die verschiedenen Autoren benutzen für die gleichen Faktoren verschiedenartige Symbole; wir haben hier stets die Anfangsbuchstaben der lateinischen Worte genommen, die die auffallendste Wirkung der betreffenden Faktoren charakterisieren; HAGEDOORN und BAUR benutzen, wie bereits MENDEL, die Anfangsbuchstaben des Alphabets.

genannt, die Gartenvarietäten des Löwenmauls, Antirrhinum majus. Diese den Gärtnern in Hunderten von Varietäten bekannte Form wurde von Miß Wheldale und Baur einer umfangreichen Analyse unterzogen, die Baur bereits mit einer großen Zahl selbständig und auch nichtselbständig mendelnden Merkmalen bekannt machte, von denen hier nur 13, die zuerst analysiert wurden, in Betracht gezogen seien. Die Erbformel jeder Pflanze würde also in bezug auf diese bekannten Faktoren mindestens 13 Buchstaben enthalten, bzw. wenn homozygote Charaktere auch doppelt geschrieben werden, stets 26 Buchstaben. Diese 13 Faktoren $A—R$ sind im wesentlichen der gleichen Natur, wie wir sie bereits bei anderen Objekten kennen gelernt haben. Da ist ein Faktor, der dem Komplement unserer früheren Beispiele gleicht, dessen Anwesenheit die Färbung ermöglicht, dessen Abwesenheit stets weiße Blüten bewirkt. Da ist ein Faktor, der dem Scheckungsfaktor entspricht, nur daß die Ganzfarbigkeit dominant, Scheckung rezessiv ist. (Bei Mäusen gibt es, wie wir erwähnten, ja sowohl dominante wie rezessive Scheckung.) Die „Scheckung" besteht hier darin, daß die Blütenröhre bei sonst bunter Blüte elfenbeinfarbig ist (Delilaform). Da sind Faktoren, die vorhandene Farben verändern, zu vergleichen dem Sättigungsfaktor der Mäuse, verschiedenartige Farbfaktoren, deren jeweilige Kombination bestimmte Farben ergibt, Faktoren für besondere Blütenform, solche für grüne, gelbe oder blasse Blattfarbe, kurzum eine Menge Erbeinheiten, deren Zusammenspiel uns ohne weiteres verständlich sein muß, wenn wir alles bisher Besprochene kennen. Bei den wirklichen Kreuzungen wurden dann auch stets die Erwartungen erfüllt. Um dies nur an einem wirklichen Zahlenbeispiel zu demonstrieren, so wurde einmal eine Pflanze mit elfenbeinfarbiger normaler Blüte mit einer roten [1] pelorischen gekreuzt. F_1 war rot normal. F_2 trat die erwartete Spaltung im Verhältnis von $9:3:3:1$ ein in

rot normal	133
rot pelorisch	43
elfenbein normal	45
elfenbein pelorisch	13.

---

[1] Das Rot war das von Baur rot auf elfenbein genannte.

Die Eltern waren also in zwei Eigenschaften verschieden, ihre Erbformeln waren

$$ABCDEFghlMNPR \times ABcDeFghlMNPR,$$

wobei C der Elfenbeinfaktor ist, E der für normale Blüten. Alle anderen sind in beiden Pflanzen identisch, darunter ist das unumgängliche Farbkomplement B und der Faktor für Ganzfarbigkeit D; die nur rezessiven Faktoren g und l sind solche, die die Färbung verändern würden usw.

Es ist klar, daß auf diesem Wege die Erblichkeitsanalyse sehr weit getrieben werden kann: BAUR glaubte mit einigen 20 Faktoren die ganze Formenmannigfaltigkeit des *Antirrhinum majus* erklären zu können: es sind ja auch mit 20 Faktoren über eine Million (2^{20}) konstante Kombinationen möglich, wobei ein eventueller Unterschied zwischen Homo- und Heterozygoten noch gar nicht berücksichtigt ist.

Variation durch Rekombination.

Aus dem letzten Beispiel geht nun ohne weiteres eine sehr wichtige Konsequenz hervor. Wenn Formen mit allen den denkbar verschiedenen Faktorenkombinationen des Löwenmauls beisammen gefunden würden, so spräche man wohl von einer außerordentlichen Variabilität dieser Form. Das gleiche wäre mit den Mäuserassen der Fall. Ja, wenn man letztere alle beisammen hätte, so könnte man sie wohl auch in eine kontinuierliche Reihe von schwarz durch alle Farbentöne und -helligkeiten bis weiß anordnen und so eine scheinbar kontinuierliche Variationsreihe erhalten; würden sich Homo- und Heterozygoten noch unterscheiden (bei intermediärem statt dominantem Verhalten der Allelomorphe), so wären die Übergänge so allmählich, daß sie in einer solchen Population gar nicht getrennt werden könnten. Die Erbanalyse zeigt aber, daß die scheinbar kontinuierliche Reihe distinkt diskontinuierlich ist, nämlich das Resultat mannigfacher Rekombinationen mendelnder Faktoren. Damit haben wir eine neue Art von Variationen kennen gelernt, die unter Umständen äußerlich nicht von fluktuierender Variation unterschieden werden kann, die Variation durch MENDELsche Rekombination. Ja sie kann sogar in allen Einzelheiten die binomiale Variationskurve aufzeigen, wie uns die folgende Vorlesung lehren wird, die gleichzeitig uns mit einer andern Art des Zusammenarbeitens mendelnder Faktoren bekannt machen wird.

Literatur zur neunten Vorlesung.

BATESON, W.: MENDELS Principles of Heredity. Cambridge University Press. März 1909. 3. Impr. 1911.

BAUR, E.: Vererbungs- und Bastardierungsversuche mit Antirrhinum majus. Zeitschr. f. indukt. Abstammungs- u. Vererbungslehre 3. 1910. — Ders.: Einführung in die experimentelle Vererbungslehre. Berlin 1911. 4. Aufl. 1923. — Ders.: Untersuchungen über das Wesen, die Entstehung und Vererbung von Rassenunterschieden bei Antirrhinum majus. Bibl. Genetica 4. 1924.

COLE, L. J.: Studies on inheritance in pigeons. R. J. Agr. Exp. St. Bull. 158. 1914.

CORRENS, C.: Über Bastardierungsversuche mit Mirabilissippen. I. Mitt. Ber. d. dtsch. botan. Ges. 1912. — Ders.: Zur Kenntnis der scheinbar neuen Merkmale der Bastarde. II. Mitt. über Bastardierungsversuche mit Mirabilissippen. Ebenda 23. 1905.

CUÉNOT, L.: La loi de Mendel et l'hérédité de la pigmentation chez les souris. Arch. de zool. exp. et gén. Notes et Revue. 1re note (3) 19. 1912. 2me note (4) 1. 1903. 3me note (4) 2. 1904. 4me note (4) 3. 1905. 5me note (4) 6. 1906.

DARBISHIRE, A. D.: Note on the Results of Crossing Japanese Waltzing Mice with European Albino Races. Biometrika 2 und 3. 1902.

DURHAM, F. M.: A preliminary Account of the Inheritance of coatcolour in Mice. Reports to the Evolution Committee of the Roy. Soc. 4. 1908.

GUAITA, G. VON: Versuche mit Kreuzungen von verschiedenen Rassen der Hausmaus. Ber. d. Naturforsch. Ges. Freiburg 10—11. 1898—1900.

GUYER, M. J.: Atavism in Guinea-chicken Hybrids. Journ of Exp. Zool. 7. 1909.

HAGEDOORN, A.: The genetic factors in the development of the housemouse, which influence the coat colour, with notes on such genetic factors in the development of other rodents. Zeitschr. f. indukt. Abstammungs- u. Vererbungslehre 6. 1912.

LANG, A.: Siehe 7. Vorlesung.

LITTLE, C. C.: Experimental studies of the inheritance of colours in Mice. Carnegie Institution Publications 179. 1913. R. J. Agr. Exp. St. Bull. 158. 1914.

MORGAN, TH. H.: Recent experiments on the Inheritance of Coat-Colours in Mice. Americ. Naturalist 43. 1909.

PLATE, L.: Vererbungslehre und Deszendenztheorie. Festschrift für R. HERTWIG. Jena 1910. — Ders.: Die Erbformeln der Farbenrassen von Mus musculus. Zool. Anz. 35. 1910. — Ders.: Vererbungsstudien an Mäusen. Arch. f. Entwicklungsmech. d. Organismen 44. 1918.

PUNNETT, R. C.: Heredity in poultry. London: MacMillan 1923. Zusammenfassung der MENDELschen Analyse von Hühnern.

SHULL, G. H.: A new Mendelian Ratio and several types of latency. Americ. Naturalist 42. 1908.

STAPLES-BROWNE, R.: Note on the heredity in Pigeons. Proc. of the Zool.
Soc. of London 2. 1905.

TSCHERMAK, E.: Weitere Beiträge über Verschiedenwertigkeit der Merkmale
bei Kreuzung von Erbsen und Bohnen. Ber. d. dtsch. botan. Ges. 10.
1901. — Ders.: Die Theorie der Kryptomerie und des Kryptohybridismus.
Beih. z. Botan. Zentralbl. 1903. — Ders.: Weitere Kreuzungsstudien an
Erbsen, Levkojen und Bohnen. Zeitschr. f. d. Landwirtschaftl. Versuchsw. in Österreich. 1904. — Ders.: Die Mendelsche Lehre und die
Galtonsche Theorie vom Ahnenerbe. Arch. f. Rassen- u. Gesellschaftsbiol. 2. 1905. — Ders.: Der moderne Stand der Kreuzungszüchtung der
landwirtschaftlichen Kulturpflanzen. Vortrag, gehalten in der Ökono-
mischen Gesellschaft im Königr. Sachsen zu Dresden. 1909.

WHELDALE, M.: Inheritance of Flower Colour in Antirrhinum majus. Proc.
of the Roy. Soc. of London. 1907. — Ders.: Die Vererbung der Blütenfarbe bei Antirrhinum majus. Zeitschr. f. indukt. Abstammungs- u. Vererbungslehre 3. 1910.

WRIGHT, S.: Colour inheritance in mammals. I.—X. Journ. of Heredity.
1917/18. Gute Zusammenstellung der Gesamtliteratur.

Neue Zusammenfassungen der Mendelanalyse einzelner Objekte, natürlich nicht nur die elementaren Tatsachen enthaltend, finden sich in den drei
bisher erschienenen Bänden der Bibliographia Genetica, Haag: Nijhoff, z. B.
von CASTLE über Kaninchen und Meerschweinchen, PUNNETT über die
spanische Wicke, WELLENSIEK über Erbsen, BAMBER über Katzen, KAJANUS
über Weizen usw. Ein bei Bornträger-Berlin im Erscheinen begriffenes
Handbuch der Vererbungswissenschaft wird ausführliche Bearbeitungen enthalten.

Zehnte Vorlesung.

Polymerie oder multiple Faktoren. Homomere und fraktionierte Polymerie. Scheinbar intermediäre Vererbung.

In der letzten Vorlesung befaßten wir uns bereits mit dem Zusammenarbeiten mehrerer oder vieler Faktoren zur Bestimmung einer Einzeleigenschaft. Wir kommen nunmehr zu einem im phänotypischen Resultat andersartigen Zusammenwirken von Faktoren, nämlich zum Bedingtsein einer Eigenschaft durch eine mehr oder minder große Zahl gleichsinnig wirkender Faktoren, deren Wirkung sich quantitativ kumuliert. Wir werden also z. B. acht Faktoren für Größenwuchs finden, die den doppelten Wuchs verursachen als ihrer vier. Man spricht dann von polymeren oder multiplen Faktoren. Die Erscheinung, die zu außerordentlich interessanten Konsequenzen führt, wird uns alsbald klar werden.

An die Spitze dieses Tatsachenkomplexes können wir nun eine Erscheinung stellen, die sich in einem Punkt eng an die Tatsachen anschließt, die wir in der letzten Vorlesung kennen lernten. NILSSON-EHLE machte die Entdeckung, daß es solche Eigenschaften gibt, die von mehreren Erbeinheiten bedingt werden, von denen aber jede einzelne für sich allein auch die betreffende Eigenschaft verursachen kann. Bei der Kreuzung von Haferrassen mit schwarzen Spelzen mit solchen mit weißen (richtiger grauweißen, da es sich um diese zwei Farben handelt; hier wird das grau nicht mit berücksichtigt) erwies sich schwarz als dominant und F_2 spaltete typisch im Verhältnis 3 : 1. Bei gewissen Rassen nun war das aber nicht der Fall; bei der Spaltung traten vielmehr viel zu viel schwarze Individuen auf, nämlich bei einem Versuch 630 schwarze : 40 weiße. Das ist ein Verhältnis von 15,8 schwarz : 1 weiß. Dies führte auf die Idee, daß es sich um das Verhalten 15 : 1 handeln könne, also einen absonderlichen Fall dihybrider Kreuzung. Das Verhältnis wäre sofort erklärt, wenn man annimmt, daß die schwarze Spelzenfarbe von zwei Schwarzfaktoren bedingt ist, von denen jeder einzelne ebenso wie beide zusammen schwarz ergeben. Der schwarze Hafer enthielte dann N (niger) und M (melas), die beiden Schwarzfaktoren (neben dem hier zu vernachlässigenden grau), der weiße Hafer n und m. F_1 wäre schwarz $NMnm$ und F_2 würde spalten in

$N\,M$ $N\,M$ 1	$N\,m$ $N\,M$ 2	$n\,M$ $N\,M$ 3	$n\,m$ $N\,M$ 4
$N\,M$ $N\,m$ 5	$N\,m$ $N\,m$ 6	$n\,M$ $N\,m$ 7	$n\,m$ $N\,m$ 8
$N\,M$ $n\,M$ 9	$N\,m$ $n\,M$ 10	$n\,M$ $n\,M$ 11	$n\,m$ $n\,M$ 12
$N\,M$ $n\,m$ 13	$N\,m$ $n\,m$ 14	$n\,M$ $n\,m$ 15	$n\,m$ $n\,m$ weiß 16

Da 15 von 16 Kombinationen einen der dominanten Schwarzfaktoren enthalten, nur 1 ausschließlich kleine Buchstaben aufweist, erklärt sich ohne weiteres das Verhältnis von 15 schwarz : 1 weiß. Der Beweis für die Richtigkeit der Interpretation wird natürlich aus dem Verhalten von F_3 und F_4 zu erkennen sein. Wenn schwarze F_2-Pflanzen durch Selbstbefruchtung, in isolierter Parzellenkultur, weiter gezüchtet werden, so muß es natürlich verschiedene Möglichkeiten geben. In den Kombinationen, die mindestens drei große Buchstaben besitzen (1, 2, 3, 5, 9), muß ein jeder Gamet auch mindestens einen großen Buchstaben, also Schwarzfaktor mitbekommen, d. h. da sämtliche Gameten schwarz tragen, muß die Nachkommenschaft ausschließlich schwarz sein; das gleiche muß bei den Kombinationen 6 und 11 der Fall sein, da sie ja homozygot sind, mithin rein weiterzüchten. Von $^7/_{16}$ der F_2-Pflanzen muß somit bei Selbstbefruchtung rein schwarze Nachkommenschaft erhalten werden. In der Tat ergaben bei isoliertem Anbau der einzelnen F_2-Pflanzen auf getrennten Parzellen 17 von 43, also recht genau $^7/_{16}$ rein schwarze Nachkommenschaft. Weiter ist zu erwarten, daß sämtliche

— 237 —

Kombinationen, in denen nur ein großer Buchstabe vorkommt, also die
Rubriken 8, 12, 14, 15 des Kombinationsschemas, in F_3 in 3 schwarze:
1 weiße spalten, denn sie sind ja nur in einer Eigenschaft heterozygot,
müssen also eine einfache monohybride Spaltung zeigen. In der Tat
ergaben 11 von den 43 Pflanzen, mithin genau $^4/_{16}$, diese Spaltung,
nämlich 428 schwarz : 120 weiß. Sodann ist zu erwarten, daß alle Kombinationen, welche die vier Buchstaben $NMnm$ enthalten, also 4, 7,

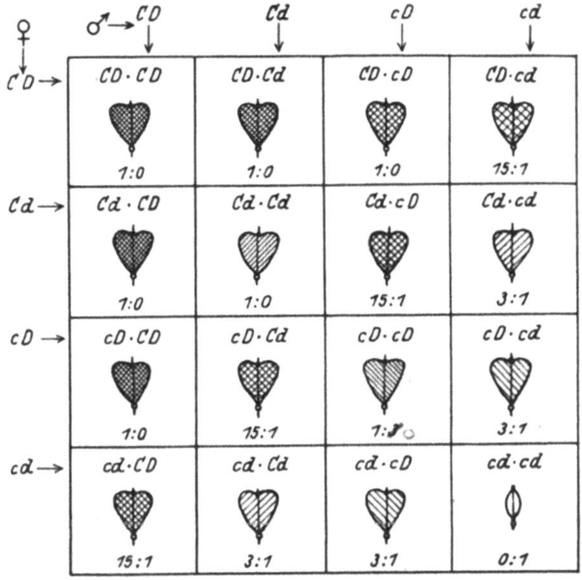

♀ \ ♂→	CD	Cd	cD	cd
CD→	CD·CD 1:0	CD·Cd 1:0	CD·cD 1:0	CD·cd 15:1
Cd→	Cd·CD 1:0	Cd·Cd 1:0	Cd·cD 15:1	Cd·cd 3:1
cD→	cD·CD 1:0	cD·Cd 15:1	cD·cD 1:0	cD·cd 3:1
cd→	cd·CD 15:1	cd·Cd 3:1	cd·cD 3:1	cd·cd 0:1

Abb. 80. Kombinationsschema zur Spaltung von Capsella bursa-pastoris × Heegeri.
Die Tiefe der Schraffierung der Samenkapsel entspricht der Zahl der vorhandenen
dominanten Faktoren. Unten in jeder Rubrik das bei Selbstbefruchtung in F_3 u
erwartende Verhältnis Bursa pastoris : Heegeri. Nach SHULL.

10, 13, im Verhältnis 15 : 1 spalten, denn sie haben ja die gleiche zwei-
fach heterozygote Zusammensetzung wie der F_1-Bastard. In der Tat
ergaben 11 der 43 Parzellen, also wieder genau $^4/_{16}$ diese Spaltung,
nämlich 715 schwarz : 39 weiß. Endlich müssen die Nachkommen der
weißen F_2-Pflanzen rein weiterzüchten, was sie auch auf ihren vier Parzellen taten. Die Interpretation des Resultates erwies sich somit als
richtig.

Es sind seitdem auch andere Fälle gleicher Natur bekannt geworden,
von denen noch einer anschaulich in vorstehender Abb. 80 illustriert sei.

Es handelt sich um SHULLS Kreuzungen des Hirtentäschchens Capsella bursa-pastoris mit der Rasse Heegeri. Die Hirtentaschenform der Schötchen der Art ist wohlbekannt. Die Rasse Heegeri besitzt aber etwa glühlampenförmige Schötchen. F_1 zwischen beiden zeigt die Hirtentaschenform. In F_2 finden wir wieder beide Formen im Verhältnis von $15 : 1$. Das Schema zeigt die Erklärung mit Hilfe von 2 dominanten Faktoren C und D, von denen jeder allein, wie auch beide zusammen, die Hirtentasche hervorruft. Die genotypischen Einzelheiten sind genau wie im vorigen Beispiel, ebenso auch ihre Prüfung in F_3. Das unter jeder Kapsel stehende Zahlenverhältnis gibt die Erwartungen in F_3 bei Selbstbefruchtung wieder, die genau so sind, wie wir sie im einzelnen soeben bei NILSSON-EHLES Fall ableiteten.

NILSSON-EHLE studierte nun auch einen Fall gleicher Art, bei dem 3 Faktorenpaare beteiligt waren, von denen ein jeder die gleiche Wirkung hervorruft, nämlich rote Kornfarbe beim Weizen (gegenüber weißer). Das Resultat muß dann natürlich in F_2 sein: 63 rot : 1 weiß. Bei diesem Versuch zeigte sich nun eine Tatsache, die von grundlegender Wichtigkeit für die Kenntnis der polymeren Faktoren und ihrer Wirkungsweise ist.

Wir nahmen an, daß die phänotypisch gleichen Individuen in F_2, also $^{63}/_{64}$ bei drei Allelomorphen, völlig gleich seien. Es zeigte sich nun aber, daß das insofern nicht der Fall sein muß, als bei der durch drei Komponenten bedingten Rotfärbung der Weizenkörner die Farbe in F_2 doch zwischen hellerem und dunklerem Rot variierte. In diesem Fall könnte also wohl das Verhältnis der drei Allelomorphe nicht das sein, daß jedes Gen für sich das gleiche hervorruft wir ihre Gesamtheit, sondern man müßte annehmen, daß zwar jedes Gen rot bedingt, aber daß die Wirkung von zwei Genen ein doppeltes Rot ergibt, die von drei Genen ein dreifaches, kurz, daß die einzelnen Faktoren in der Kombination ihre Wirkung addieren. Derartiges wundert uns nicht mehr, da es uns schon öfters begegnete, z. B. beim Verhältnis von Dominanz und intermediärem Verhalten in F_1. Ist das aber der Fall, dann können wir ja berechnen, wie oft die verschiedenen Abstufungen des Rot vorkommen müssen, indem wir im Kombinationsschema auszählen, wie oft in den Kombinationen 1 Rotfaktor, 2 Rotfaktoren usw. vorkommen.

Wenn wir das nun ausführen, so soll in folgendem Schema angenommen sein, daß das Rot von den 3 Faktoren *A*, *B*, *C* bedingt wird, und in jeder Rubrik ist durch eine Zahl angemerkt, wie oft ein Rotfaktor vertreten ist.

ABC ABC 6	ABc ABC 5	AbC ABC 5	aBC ABC 5	Abc ABC 4	aBc ABC 4	abC ABC 4	abc ABC 3
ABC ABc 5	ABc ABc 4	AbC ABc 4	aBC ABc 4	Abc ABc 3	aBc ABc 3	abC ABc 3	abc ABc 2
ABC AbC 5	ABc AbC 4	AbC AbC 4	aBC AbC 4	Abc AbC 3	aBc AbC 3	abC AbC 3	abc AbC 2
ABC aBC 5	ABc aBC 4	AbC aBC 4	aBC aBC 4	Abc aBC 3	aBc aBC 3	abC aBC 3	abc aBC 2
ABC Abc 4	ABc Abc 3	AbC Abc 3	aBC Abc 3	Abc Abc 2	aBc Abc 2	abC Abc 2	abc Abc 1
ABC aBc 4	ABc aBc 3	AbC aBc 3	aBC aBc 3	Abc aBc 2	aBc aBc 2	abC aBc 2	abc aBc 1
ABC abC 4	ABc abC 3	AbC abC 3	aBC abC 3	Abc abC 2	aBc abC 2	abC abC 2	abc abC 1
ABC abc 3	ABc dbc 2	AbC abc 2	aBC abc 2	Abc abc 1	aBc abc 1	abC abc 1	abc abc 0

Es kommen somit vor

$$\begin{array}{lll} 6 & \text{Rotfaktoren} & \text{1mal} \\ 5 & ,, & \text{6mal} \\ 4 & ,, & \text{15mal} \\ 3 & ,, & \text{20mal} \\ 2 & ,, & \text{15mal} \\ 1 & ,, & \text{6mal} \\ 0 & ,, & \text{1mal} \end{array}$$

Das bedeutet aber etwas sehr Wichtiges. Die reinen Eigenschaften der beiden Eltern werden sich nur in je 1 Individuum finden. Innerhalb der 63 roten Formen werden am häufigsten die Mittelroten (3 Rotfaktoren) sein, am seltensten die ganz dunkel- oder hellroten (6 bzw. 1 Faktor). Mit anderen Worten: Das Rot in F_2 tritt in stufenweisen Übergängen auf, die in der Zahl, in der sie vorkommen, genau die gleiche symmetrische Verteilung zeigen, wie die Glieder der fluktuierenden Variabilität einer einheitlichen Eigenschaft.

Polymerie. Wir bezeichnen nunmehr diese Faktoren für Rot, die sich in ihrer Wirkung addieren, als polymere oder multiple Faktoren. Es hat sich nun gezeigt, daß sie besonders bei der Vererbung von quantitativen Charakteren wie Größe, Wuchs, Intensität eine außerordentliche Rolle spielen und die Erscheinungen, die dabei beobachtet werden, in vortrefflicher Weise erklären. Leiten wir uns zunächst also einmal die theoretischen Erwartungen ab. Wir nehmen an, daß wir zwei Rassen kreuzen, von denen die eine eine typische Größe von 40 besitzt, die andere eine solche von 100. Diese erbliche Differenz beruht auf der Anwesenheit von 3 Faktorenpaaren $AA\ BB\ CC$ polymerer Natur. D. h., daß jeder dieser Faktoren für sich einen Wachstumszuwachs von 10 bedingt, d. h. also in heterozygotem Zustand 10, in homozygotem 20. Die folgenden oder ähnlichen Kombinationen würden daher einen Zuwachs bedingen von

$$AA\ BB\ CC = 60$$
$$AA\ BB\ Cc = 50$$
$$AA\ BB\ \ cc = 40$$
$$AA\ \ Bb\ \ cc = 30$$
$$AA\ \ bb\ \ cc = 20$$
und so fort.

Kreuzen wir nun eine Rasse von niederem Wuchs, sagen wir, einer Höhe von 40 cm, mit einer hochwüchsigen, 100 cm erreichenden, deren Differenz auf der Anwesenheit von 3 Paaren multipler Faktoren beruht, so erhalten wir folgende Situation: Die große Rasse heißt $AA\ BB\ CC$, die kleine $aa\ bb\ cc$. Der F_1-Bastard heißt $Aa\ Bb\ Cc$, hat also 3 Zuwachsfaktoren, d. h. er steht mit $40 + 30 = 70$ cm zwischen den beiden Eltern. In F_2 erhalten wir dann die 64 Kombinationen der trihybriden Kreuzung. Wenn wir das für NILSSON-EHLES Fall gegebene Schema benutzen und anstatt der Rotfaktoren Größenfaktoren setzen, so erhalten wir

1 Individuum mit 6 Zuwachsfaktoren = Größe 100
6   ,,   ,, 5   ,,   = ,, 90
15   ,,   ,, 4   ,,   = ,, 80
20   ,,   ,, 3   ,,   = ,, 70
15   ,,   ,, 2   ,,   = ,, 60
6   ,,   ,, 1   ,,   = ,, 50
1   ,,   ,, 0   ,,   = ,, 40

Die F_2-Spaltung lautet also:

Größenklassen: 40   50   60   70   80   90   100
Individuenzahl: 1   6   15   20   15   6   1

Diese Zahlenreihe ist uns nun von der Betrachtung der binomischen Variationskurve her wohlbekannt. Sie ist ja ein Glied in der Reihe der binomischen Koeffizienten des Ausdrucks $(a + b)^n$ (siehe S. 10). Die Kurve dieser F_2-Größentypen gleicht also jener Variationskurve. Wäre nun die erbliche Größendifferenz anstatt durch 3 polymere Faktorenpaare durch 6 solche bedingt, von denen jeder Faktor einen Größenzuwachs von 5 Einheiten hervorruft, so erhielten wir nach dem gleichen Prinzip in F_2 13 Typen, die je 5 cm voneinander different sind und zwar im Zahlenverhältnis von:

Größenklasse: 40   45   50   55   60   65   70   75   80   85   90   95   100
Zahl: 1   12   66   220   495   792   924   792   495   220   66   12   1

Wenn wir nun noch bedenken, daß in jeder Klasse, als Folge der Modifikabilität, die Größe um die ideale Größe herumschwankt, so erhalten wir in solchem Fall bereits eine vollkommene Variationsreihe von klein bis groß mit so unmerkbaren Übergängen, daß von einer MENDEL-Spaltung nichts mehr äußerlich zu erkennen ist.

Daraus folgt aber noch eine Reihe wichtiger Konsequenzen. Zunächst sehen wir, daß bei dieser polymeren Spaltung mit 6 Faktoren mindestens 4096 Individuen in F_2 gezogen werden müssen, damit überhaupt eine nennenswerte Chance vorhanden ist, daß die extremen Glieder der Reihe, also die Charaktere der ursprünglichen Elternpaare, erscheinen. Sodann sehen wir, daß bei dieser Spaltung mehr als 85% der Individuen in die mittleren 5 Größenklassen fallen, so daß also, selbst wenn die große Zahl von 3000 F_2-Individuen gezüchtet würde, nur Individuen zu erwarten sind, die nicht allzusehr vom Mittel, wie es in F_1 besteht, abweichen. Der einzige Unterschied wäre der: In F_1 ist natürlich bei einem quantitativen Charakter eine gewisse Fluktuation um den Wert 70 herum zu erwarten, ebenso wie ja auch die Elternrasse von 40 bzw. 100 nicht bei diesen Größen konstant ist, sondern je eine Fluktuation mit dem Mittelwert 40 bzw. 100 zeigt. In F_2 aber verbindet bei vorhergehender Annahme die Fluktuation 5 Größenklassen und reicht ein wenig jederseits darüber hinaus. Die Variationskurve von F_2 muß daher unter allen Umständen eine größere Variationsbreite zeigen als in F_1. Wenn viele polymere Faktoren im Spiel sind, dürfte dies daher außer bei außerordentlichen Versuchszahlen, das erste typische Kriterion einer polymeren Spaltung sein.

Eine weitere Konsequenz wird uns aus folgender Überlegung klar. Angenommen, wir haben den Versuch mit 6 polymeren Faktorenpaaren ausgeführt und erhalten unter etwa 2000 Individuen als kleinste solche von Größe 60, die also 4 Wachstumsfaktoren besitzen müssen. Nehmen wir an, eine solche ausgesuchte F_2-Pflanze habe die Formel: $AaBbCcDdeeff$. Ziehen wir daraus durch Selbstbefruchtung eine F_3-Generation, so ist die Wahrscheinlichkeit, daß nun die in F_2 fehlenden kleinsten Individuen, auch bei nicht übermäßig hohen Versuchszahlen, erscheinen, eine beträchtlich größere, als sie in F_2 war. Denn die Rekombination erfolgt nun mit nur 4 Faktorenpaaren und würde in F_3 nach dem Schema für 4 Faktoren ergeben (die ausgesuchte Pflanze war als vierfach heterozygot angenommen worden):

Zahl der Zuwachsfaktoren:	0	1	2	3	4	5	6	7	8
Größenklasse:	40	45	50	55	60	65	70	75	80
Individuenzahl:	1	8	28	56	70	56	28	8	1

Dies zeigt, daß die Chancen für das Auftreten der Klassen von niederem Wuchs beträchtlich gestiegen sind. Eine weitere derartige Auswahl in F_3 würde wiederum die Chancen für das Auftreten des Elterntypus in F_4 heben und so fort. Allgemein gesprochen ist also eine Konsequenz der Polymerie, daß zwar in F_2 oft nichts zu beobachten ist, als eine gesteigerte Variabilität um das Elternmittel; daß aber die fortgesetzte Auswahl der größten bzw. kleinsten Individuen in folgenden Generationen zu dem Isolieren der ursprünglichen Elterntypen führen muß.

Endlich muß noch eine Konsequenz erwähnt werden, nämlich, daß bei der polymeren Spaltung Individuen erscheinen können, die größer oder kleiner als die Extreme der Ausgangsrassen sind. Das ist möglich, wenn jede der gekreuzten Rassen einen nicht vollständigen Satz von Zuwachsfaktoren besaß. Angenommen, wir haben eine kleine Rasse von der Formel *AABBccddeeff* (wieder unter der gleichen Annahme, daß jeder Faktor einen Zuwachs von 5 cm zur Größe 40 cm bedingt), deren Größentyp somit 60 cm wäre und kreuzen sie mit einer großen Rasse vom Typus *aabbCCDDEEFF*, also dem Größentyp 80 cm. Die Rekombination dieser Faktoren im Bastard könnte dann auch zu den Formen *aabbccddeeff* = 40 cm und *AABBCCDDEEFF* = 100 cm führen, also kleineren und größeren als die Ausgangsrassen waren.

Die letzte wichtige theoretische Konsequenz springt wohl ohne weiteres in die Augen: nämlich, daß wir hier wieder eine Variation vor uns haben, die äußerlich sich in nichts von der nicht erblichen Modifikation unterscheidet und doch etwas so ganz anderes ist. Wir werden später bei Besprechung der Zuchtwahl an diesen Punkt anzuknüpfen haben.

Nachdem wir nun die Konsequenzen der Polymeriehypothese kennen, wollen wir sie durch ein paar Beispiele illustrieren, die jene theoretischen Erwartungen erfüllt zeigen. Zunächst seien zwei Fälle illustriert, bei denen sichtlich die Zahl der polymeren Faktoren nicht sehr groß ist, da in F_2 trotz mäßiger Zahlen die Elterntypen beinahe realisiert werden.

Zunächst seien die Untersuchungen von EAST, der wohl überhaupt zuerst die Polymeriehypothese aussprach, über quantitative Merkmale beim Mais genannt. Werden solche Merkmale betrachtet, so ist es klar, daß die fluktuierende Variabilität zu berücksichtigen ist. Es müssen also die Variationskurven des betreffenden Merkmals für Bastardeltern, F_1 und F_2 verglichen werden. Für F_1 ist dann in der Regel eine intermediäre Kurve zu erwarten. Wie steht es aber mit F_2? Nach den Ausführungen der vorhergehenden Seiten kann eine polymere Spaltung in F_2 eine einer Variationsreihe höchst ähnliche Phänotypenverteilung ergeben. Handelt es sich nun um ein fluktuierendes quantitatives Merkmal, so hat jeder dieser Phänotypen z. B. der sieben oben aufgezählten, seine eigene kleine Variationskurve, die, wenn die Typen nahe beisammen liegen, mit der des benachbarten Typus transgredierend ist. Die Gesamtheit dieser Einzelkurven ergibt aber dann wieder eine schein-

Tabelle zu Seite 246.

	Größenklasse in Millimetern – Darunter Individuenzahl im Experiment																						
	34	37	40	43	46	49	52	55	58	61	64	67	70	73	76	79	82	85	88	91	94	97	100
Kleine Elternrasse	1	21	**140**	49	—	—	—	—	—	—	—	—	—	—	—	—	—	—	—	—	—	—	—
Große Elternrasse	—	—	—	—	—	—	—	—	—	—	—	—	—	—	—	—	—	—	13	45	**91**	19	1
F_1-Bastarde	—	—	—	—	—	—	4	10	41	**75**	40	3	—	—	—	—	—	—	—	—	—	—	—
F_2-Bastarde	—	—	—	—	—	3	9	18	47	55	**93**	78	60	43	25	7	8	1	—	—	—	—	—
Isolieren der kl. Elternrasse: F_3-Bastarde aus kleinen F_2-Blüten	—	—	—	7	24	79	**93**	53	26	7	1	—	—	—	—	—	—	—	—	—	—	—	—
Isolieren der kl. Elternrasse: F_4-Bastarde aus kleinen F_3-Blüten	—	—	10	65	**217**	79	2	—	—	—	—	—	—	—	—	—	—	—	—	—	—	—	—
Isolieren der kl. Elternrasse: F_5-Bastarde aus kleinen F_4-Blüten	3	5	48	**90**	14	—	—	—	—	—	—	—	—	—	—	—	—	—	—	—	—	—	—
Isolieren der gr. Elternrasse: F_3-Bastarde aus großen F_3-Blüten	—	—	—	—	—	—	—	—	—	3	9	25	42	71	91	**113**	68	34	12	3	—	—	—
Isolieren der gr. Elternrasse: F_4-Bastarde aus großen F_3-Blüten	—	—	—	—	—	—	—	—	—	—	4	5	10	20	59	**108**	100	35	11	6	1	—	—
Isolieren der gr. Elternrasse: F_5-Bastarde aus großen F_4-Blüten	—	—	—	—	—	—	—	—	—	—	—	—	2	3	8	14	20	**25**	**25**	20	8	—	—

Die Pfeile zeigen die Stellen an, an denen die Selektion für die Zucht der folgenden Generation erfolgte.

bar einheitliche Phänotypenkurve für die ganze F_2-Generation. Diese Kurve muß aber eine viel höhere Variationsbreite haben als die F_1-Kurve und bei genügend großen Zahlen bis zu den Extremen der Elternkurven reichen. Und das ist in der Tat im großen ganzen der Fall. Abb. 81 gibt einen solchen Versuch von EAST wieder. Das betrachtete

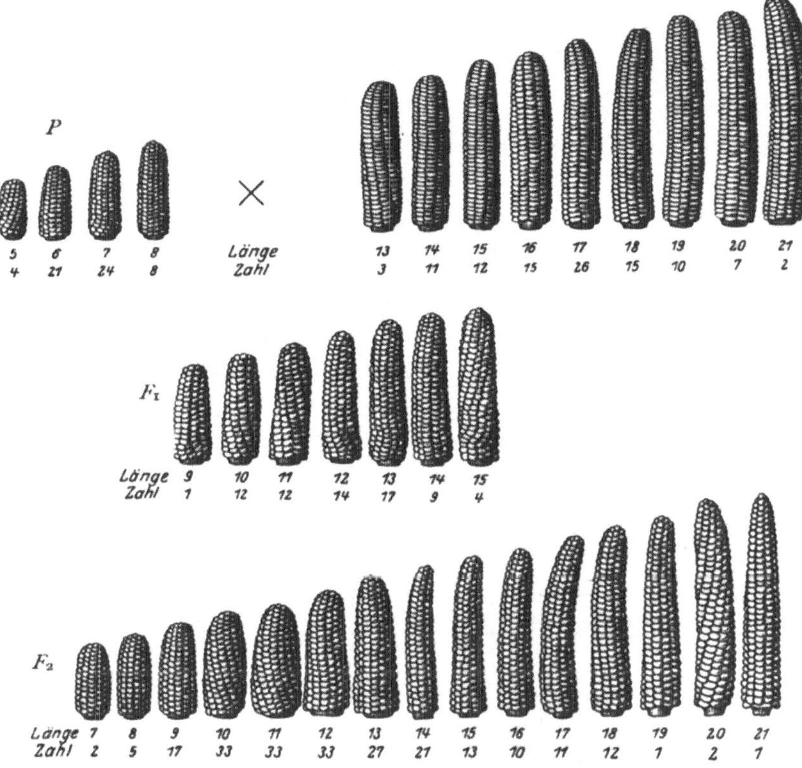

Abb. 81. Vererbung der Kolbenlänge beim Mais, oben Variationsreihen der beiden Eltern (P-Generation), darunter Variationsreihe von F_1 und von F_2. Nach EAST.

quantitative Merkmal ist die Länge des Maiskolbens. Oben finden sich die beiden Elterntypen mit langen und kurzen Kolben in ihren Variationsreihen dargestellt und unter jedem Typus steht seine Längenklasse und die Zahl der Varianten. Dann folgt die intermediäre F_1-Generation und die viel stärker variable F_2, die hier auch nahezu die Elternextreme erreicht. Als Gegenstück dazu sei in Abb. 82, ein ähnlicher Fall nur in seinen Variationskurven dargestellt, nämlich das Verhalten der Länge des Blumenblattes bei Kreuzung von gewöhnlichem Lein mit *Linum angustifolium* nach TINE TAMMES. Auch hier zeigt ein Blick auf die Kurven das gleiche Verhalten der Variationsbreite bei einem Vergleich zwischen P, F_1 und F_2.

Für den Fall, daß die Zahl der Faktoren so groß ist, daß nur allmählich durch Auswahl der kleinsten bzw. größten Individuen von F_2, F_3 usw. die Annäherung an den Elterntyp erzielt werden kann, diene ebenfalls ein Resultat EASTS als Beispiel, nämlich die Vererbung der Länge von Tabakblüten bei Kreuzung von Rassen mit langer und kurzer Blütenröhre. Nach allen vorausgehenden theoretischen Erörterungen können wir die Resultate einfach zu einer Tabelle (S. 244) zusammenstellen, die sich selbst erklärt.

Scheinbar intermediäre Vererbung.Eine aufmerksame Betrachtung der besprochenen Tatsachen zeigt, daß im Fall von polymeren Faktoren die MENDEL-Spaltung sehr leicht übersehen werden kann, wenn die Zahlen der Versuche nicht genügend groß sind oder wenn sie in den späteren Bastardgenerationen nicht mit Auswahl der extremen Individuen verbunden werden. In den soeben zitierten Untersuchungen von EAST war aus F_2 auch eine F_3-Generation gezogen worden aus Individuen der Mittelklassen. Diese F_3-Generation weicht nicht wesentlich von der F_2-Verteilung ab, wie folgende Tabelle zeigt:

	Klassen (wie in vorhergehender Tabelle)																						
	1	2	3	4	5	6	7	8	9	10	11	12	13	14	15	16	17	18	19	20	21	22	23
P kleine Rasse	1	21	**140**	49	—	—	—	—	—	—	—	—	—	—	—	—	—	—	—	—	—	—	—
P große Rasse	—	—	—	—	—	—	—	—	—	—	—	—	—	—	—	—	—	—	13	45	**91**	19	1
F_1	—	—	—	—	—	—	—	4	10	41	**75**	40	3	—	—	—	—	—	—	—	—	—	—
F_2	—	—	—	—	—	—	3	9	18	47	55	**93**	78	60	43	25	7	8	1	—	—	—	—
F_3 aus F_2 — Klasse 13	—	—	—	—	—	—	—	—	—	4	20	25	**59**	41	19	2	—	—	—	—	—	—	—

Der Typus oder Mittelwert erscheint hier von F_1—F_3 nicht nennenswert verändert und der erste Eindruck ist, daß keine Spaltung vorliegt, sondern ein intermediärer Bastard, der konstant weiterzüchtet. In der älteren Bastardforschung sowohl wie in der ersten Zeit des wiedererwachten Mendelismus hielt man es für möglich, daß es solche nichtspaltende intermediäre Bastarde gäbe. Man kann heute mit Sicherheit sagen, daß es keinen einwandfreien derartigen Fall gibt. (Von gewissen Verhältnissen bei Artbastarden abgesehen, auf die wir später noch zurückkommen werden.) In vielen Fällen dürfte die genaue Analyse die Existenz multipler (polymerer) Faktoren nachweisen und den Fall in obigem Sinne erklären (andere Erklärungsmöglichkeiten werden uns

noch begegnen). Zwei Beispiele, denen eine gewisse historische Bedeutung zukommt, mögen dies erläutern. Das eine ist die Vererbung der Ohrenlänge bei Kaninchen. CASTLE hat durch ausgedehnte Kreuzungsstudien festgestellt, daß bei Kreuzung langohriger mit kurzohrigen Rassen die Nachkommenschaft intermediär ist und dieser Charakter in

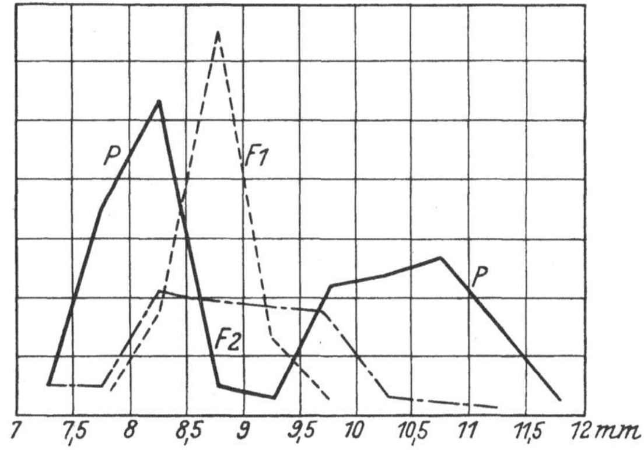

Abb. 82. Variationspolygone der Blumenblattlänge in P, F₁, F₂ bei Kreuzung zweier Leinformen. Nach TINE TAMMES.

allen folgenden Generationen konstant bleibt. Bei den Elterntieren unterliegt natürlich die Ohrenlänge einer gewissen fluktuierenden Variabilität, deren Umfang bei den langohrigen Formen 20—30 mm beträgt, bei den kurzohrigen 10 mm. Die Nachkommen zeigen gewöhnlich eine mittlere Variabilität. Die folgende Tabelle gibt das wirkliche Resultat einer solchen Kreuzung wieder, wobei die eingeklammerte Zahl unter den Nachkommenzahlen das Elternmittel darstellt, um das die Nachkommen variieren.

P $\qquad$ ♀ 118 mm × ♂ 210 mm

F₁ $\quad$ ♂ 156 mm + ♂ 166 mm + ♂ 170 mm + ♀ 170 mm + ♀ 170 mm
$\qquad\qquad$ [164 mm]
$\qquad\qquad\qquad$ ×

F₂ $\;$ ♂ 160 mm + ♂ 168 mm + ♂ 170 mm + ♂ 172 mm + ♂ 180 mm + ♀ 185 mm
$\qquad\qquad$ [168 mm]

Wurden diese so erhaltenen Halbbluttiere mit Langohren wieder gekreuzt, so gab es wieder in der Mitte stehende Dreiviertelbluttiere, wie folgende Kreuzung zwischen einem Halbblutweibchen und einem langohrigen Männchen beweist.

P $\qquad$ ♀ 152 mm × ♂ 210 mm

F₁ $\quad$ ♀ 170 mm + ♂ 170 mm + ♀ 180 mm + ♀ 183 mm + ♂ 184 mm
[181 mm]

Es zeigt sich also, daß die Ohrenlänge sich konstant intermediär vererbt. Dieser Fall hat nun eine besondere Bedeutung dadurch erlangt, daß er der erste war, an dem durch LANG das Polymerieprinzip auf dies Problem angewandt und demonstriert wurde, wie schwierig es jetzt ist, einen wirklichen Beweis für intermediäre konstante Vererbung zu erbringen. Die Durchführung der Interpretation geht aus allem vorgehenden hervor; der Übung halber sei sie aber auch nochmals für diesen Spezialfall ausgeführt. Wir können mit LANG annehmen, daß lange Ohren durch drei Gene bedingt seien. Angenommen Ohren von 100 mm seien kurze, so macht ein Langohrengen sie um 40 mm länger, drei Gene um 120 mm, also zu 220 mm. Werden 220 mm-Kaninchen mit 100 mm-Tieren gekreuzt und F₁ ist indermediär, so zeigt es 160 mm-Ohren. In F₂ tritt nun die Spaltung so ein, daß sich die Phänotypen genau so verteilen müssen, wie es oben für die Wirkung der drei Rotfaktoren abgeleitet wurde. Da aber intermediäre Vererbung vorliegt, so verteilen sich die Phänotypen nicht auf der dominanten Seite, sondern über die ganze Reihe hin, und da die 40 mm-Wirkung eines jeden Langohrenfaktors, da wo er heterozygot erscheint, halbiert wird, erhält man die auftretenden Größen, wenn man die Zahl der im Kombinationsschema anwesenden Halbfaktoren (große Buchstaben) mit 20 multipliziert zur Länge des Kurzohrs (100 mm) addiert: Denn die Form $ABCc = 100$
$+ \left(40 + 40 + \frac{40}{2}\right) = 200$ ist dort geschrieben $AA\ BB\ Cc = 100 +$
$(5 \cdot 20) = 200$. Unter diesen Voraussetzungen erhielten wir in F₂ die Phänotypenverteilung:

220 mm	1	Individuum
200 ,,	6	Individuen
180 ,,	15	,,
160 ,,	20	,,
140 ,,	15	,,
120 ,,	6	,,
100 ,,	1	Individuum

Bei Kreuzung des Kurz- und Langohrenkaninchens brauchte unter 20 Nachkommen nur die Mittelklasse vertreten zu sein: so entsteht der Eindruck der Konstanz der intermediären 160 mm-Bastarde in F_2. Erst unter 64 Nachkommen ist ja ein den Eltern gleichendes Junges zu erwarten. Je größer nun die Zahl der Merkmalspaare ist, um so größer wird natürlich die Mittelklasse. Für 12 Merkmalspaare berechnet sich so die Zahl der Individuen mit Ohren zwischen 140 und 180 mm auf etwa 15 Millionen unter 17 Millionen (was nach den in der 11. Vorlesung gegebenen Zahlenableitungen ja leicht zu berechnen ist), und unter diesen ist nur je ein reines Exemplar vom Charakter der Eltern. Wenn also in der Tat die Ohrenlänge von mehreren Merkmalspaaren bedingt ist, so brauchen es nur sehr wenige Faktoren zu sein, um bereits eine konstant-intermediäre Vererbung mit einer Variabilität um das Mittel vorzutäuschen.

Wenn die Supposition richtig ist, so kann sie bei Tieren, die nicht durch Selbstbefruchtung vermehrt werden können, wobei sich ihre genotypische Zusammensetzung leicht zeigen würde, nur so erwiesen werden, daß ausnahmsweise unter den scheinbar rein intermediär züchtenden Bastarden auch Exemplare vorkommen, die sich ganz oder teilweise dem Elterntypus nähern. Die Wahrscheinlichkeit, sie zu finden, wächst noch, wenn aus den extremen F_2-Typen F_3 gezüchtet wird. Oder aber es lassen sich erblich konstante Formen isolieren, die mehr patro- oder matroklin sind, entsprechend den Größenklassen, die die Merkmale bedingen, in unserem Beispiel also 100, 140, 180, 220 mm. Denn wir wissen ja, daß bei drei Eigenschaften 8 homozygote Typen existieren, die im Kombinationsschema sich immer in der Diagonale links oben — rechts unten finden und von denen bei intermediärer Vererbung, wie das Kombinationsschema zeigt, 2×3 identisch aussehen. Und wenn solche isoliert würden, müßten sie rein weiterzüchten. Bei pflanzlichen Objekten mit Selbstbefruchtung ist es allerdings ein Leichtes, diese Homozygoten zu isolieren. Bei Tieren dürfte es aber nicht leicht vorkommen, daß bei den begrenzten Zahlen der Zuchten zufällig zwei Homozygoten zusammenkommen, von denen bei Annahme von nur 10 Eigenschaften bereits nur etwa $^1/_{1000}$ der Gesamtindividuenzahl existieren. LANG weist nun darauf hin, daß es in der Tat bei CASTLE Angaben gibt, die darauf hindeuten, daß gelegentlich Individuen mit stark goneokliner Ohrenlänge auftreten. Andere Forscher, die sich mit dem gleichen Problem befaßten (BAUR), fanden die Erwartungen aus Polymerie auch bestätigt.

Der Fall des Mulatten. Im höchsten Maß bemerkenswert erscheint, daß diese Interpretation nun auch einen Fall erklärt, der früher die Hochburg der konstanten Bastardvererbung darstellte, den Fall des Mulatten. BATESON bezeichnete früher dieses Kreuzungsprodukt zwischen Neger und Weißen direkt als den einzigen sicheren Fall einer solchen Vererbung. Die genaue Untersuchung der Hautfarbe der Nachkommenschaft von Mulattenpaaren durch G. und C. DAVENPORT, wobei die dunkeln und hellen Farbkomponenten, aus denen sich der Hautton zusammensetzt, mittels des Farbkreisels exakt bestimmt wurden, zeigt aber, daß sie eine ganze Variationsreihe von hell zu dunkel in verschiedenem Gemisch bildeten. So hatten sieben Kinder eines solchen Paares folgendes Verhältnis von Schwarz zu Weiß in ihrer Hautfarbe, bestimmt nach der Skala des Farbenkreisels:

$$\frac{\text{Schwarz}}{\text{Weiß}} \qquad \frac{6}{60} \qquad \frac{23}{25} \qquad \frac{25}{25} \qquad \frac{31}{24} \qquad \frac{32}{17} \qquad \frac{33}{33} \qquad \frac{46}{7}$$

Bei einem Neger ist das Verhältnis $\frac{75}{2}$, bei einem Weißen $\frac{8}{33}$. Da nun außerdem in der Nachkommenschaft von Mulatten ganz weiße wie fast ganz schwarze Individuen auftreten können, so kann es kaum mehr einem Zweifel unterliegen, daß auch dieser Fall sich in genau der gleichen Weise wird erklären lassen, wie der der Kaninchenohrenlänge, wie das auch DAVENPORTS annehmen und LANG genau durchgeführt hat. Es ist wohl nicht nötig, die Einzelheiten des Falles, die sich ohne weiteres dem Prinzip einreihen, näher auszuführen. Hier ist aber auch der

Vererbung der Körpergröße. Ort, auf die Vererbung der Größe beim Menschen zurückzukommen, die GALTONS Versuch zugrunde lag, auf statistischem Wege ein Vererbungsgesetz zu finden. Die Feststellung kommt wohl nicht unerwartet, daß DAVENPORT imstande ist, den Größenwuchs des Menschen ebenfalls auf ein System multipler Faktoren zurückzuführen, und zwar scheint es, daß es nicht eine Häufung von Größenwuchsfaktoren ist, die erblich hohe Statur hervorbringt, sondern umgekehrt die Abwesenheit einer Serie von Hemmungsfaktoren (gleich Anwesenheit ihrer Rezessive), welche sich zum erblichen kleinen Wuchs häufen.

Damit können wir nun unsere früheren Ausführungen über Populationen und reine Linien ergänzen. Wir sahen, wie das positive Resultat der Selektion, das GALTON festgestellt hatte, darauf beruhte, daß die Population aus zahlreichen Biotypen gemischt war. Jetzt erkennen wir aber auch, weshalb die Population trotzdem den gleichen Typ einer Fluktuationsreihe als Variationskurve aufwies wie sie die Modifikation in einer reinen Linie bedingt. Es ist die Kurve der F_2-Generation einer Bastardierung mit polymeren Faktoren; wobei noch zur Erklärung hinzugefügt werden muß, daß es eine mathematische Konsequenz aus den Wahrscheinlichkeitsgesetzen ist, daß in einer frei durcheinander bastardierenden Population die Typen der Bastardkombination in den gleichen Zahlenverhältnissen angetroffen werden wie in einer F_2-Generation, vorausgesetzt, daß keine Selbstbefruchtung und keine Ausmerzung oder Begünstigung durch Selektion stattfindet.

Bei der Hervorbringung einer Eigenschaft durch polymere Faktoren nahmen wir es bisher als selbstverständlich an, daß jeder Faktor den gleichen Effekt im Endresultat ausübt und daß die Wirkungen sich einfach addieren. Tatsächlich ist es bei den meisten derartigen Fällen von Vererbung quantitativer Eigenschaften kaum möglich zu entscheiden, ob das der Fall ist oder nicht, ob die polymeren Faktoren gleiche Wirkung haben, homomer sind, oder quantitativ verschiedene Wirkung ausüben, heteromer sind. Es liegen aber bereits ein paar Fälle vor, in denen die Analyse es wahrscheinlich gemacht hat (was ja an und für sich auch am plausibelsten ist, da Wachstum sich aus einer Serie ganz differenter physiologischer Teilprozesse zusammensetzt), daß den einzelnen multipeln Faktoren ein bestimmter, aber differenter quantitativer Anteil am Endresultat zukommt. So hat z. B. EMERSON versucht, die Resultate von Kreuzungen zwischen hochwachsenden und niederen Bohnenrassen so zu erklären: Es ist einmal ein Faktorenpaar vorhanden, das den Wachstumstypus hoher — niedriger Wuchs im allgemeinen bedingt; das ist das gleiche einfache Paar von Allelomorphen, wie es MENDEL auch für die Höhe von Erbsenpflanzen feststellte. Dazu kommen noch zwei andere Faktorenpaare für die Länge und Zahl der Internodien, die nach dem Prinzip der multiplen Faktoren kumulativ wirken und innerhalb einer Hauptwachstumsdifferenz noch einen mit anderen

Zahlen festgelegten Effekt im Endresultat bedingen. Ganz analog ist das Resultat, zu dem CORRENS bei seinen Kreuzungen mit verschiedenfarbigen Chlorophyllsippen von Mirabilis jalapa kam. An der Intensität von grün sind zwei Faktorenpaare NN, CC beteiligt, von denen C im homo- wie heterozygoten Zustand eine Intensität von 30% bedingt, während N homozygot (NN) einen weiteren Zuwachs von 70%, heterozygot (Nn) einen solchen von 60% bedingt. Daher zeigen Pflanzen der

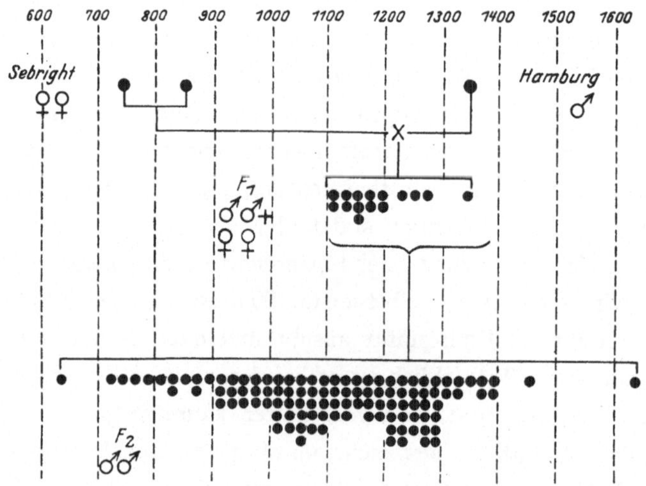

Abb. 83. Vererbung des Gewichts bei Kreuzung von Sebright und Hamburger Hühnern. Oben Gewichtsklassen in g. Darunter P-, F_1-, F_2-Tiere als schwarze Kreise nach ihrem Gewicht geordnet. Aus PUNNETT.

Formeln $NN\ CC$, $NN\ Cc$, $Nn\ CC$, $Nn\ Cc$, $nn\ CC$, $nn\ Cc$ in der gleichen Reihenfolge die Farbintensitäten 100, 100, 90, 90, 30, 30. Noch bestimmter sind die Angaben, die PUNNETT und BAILEY für die Gewichtsvererbung bei der Kreuzung von Zwerghühnern (Bantams) und gewöhnlichen Rassen (Hamburger) machen. Die letzteren wiegen etwa das Doppelte der ersteren. Der allgemeine Gang des Experiments ist so, wie wir es für die Polymerie geschildert haben, also intermediäres Verhalten in F_1 und erhöhte Variation in F_2, wobei auch Formen erhalten wurden, die kleiner bzw. größer als die Elternrassen waren. PUNNETT und BAILEY kommen zu der Überzeugung, daß die aktuellen Daten am besten folgendermaßen erklärt werden können: Es sind vier

Wüchsigkeitsfaktoren $ABCD$ im Spiel, und zwar ist die Formel für die Zwergrasse $aabbccDD$, die für die Hamburger $AABBCCdd$. Von diesen bewirken die Faktoren A und B zusammen einen Zuwachs von 60%, zur Minimalgröße in homozygotem, von 38% in heterozygotem Zustand. Die Faktoren C und D dagegen bewirken einen Zuwachs von 30% im homozygoten und 25% im heterozygoten Zustand. Ganz entsprechend unseren früheren allgemeinen Ausführungen sind dann die im Experiment erzeugten Tiere von besonders hohem oder besonders niederem Gewicht. Rekombinationen von der Formel $AABBCCDD$ bzw. $aabbccdd$. Der Gang dieses Versuchs ist in Abb. 83, 84 dargestellt und illustriert. Die Abbildungen bedürfen wohl keiner weiteren Erklärung.

Die Leichtigkeit und Eleganz, mit der die Polymeriehypothese schwierige Fälle einfachen mendelistischen Vorstellungen eingliedert, hat vielfach dazu geführt, sie als deus ex machina überall da anzurufen, wo die Analyse versagt. Demgegenüber muß betont werden, daß sie dann nur eine Berechtigung hat, wenn auch die daraus abzuleitenden Konsequenzen als tatsächlich vorhanden nachgewiesen werden können. Auf der andern Seite findet man aber auch vielfach, besonders bei der Vererbungslehre Fernerstehenden die Ansicht vertreten, daß die Benutzung der Polymeriehypothese eine Art von Spielerei sei, da man natürlich alles erklären könne, wenn man nach Bedürfnis neue Faktoren zu Hilfe rufe. Solche Kritik vergißt, daß mit der Polymeriehypothese bestimmte mathematische Konsequenzen verbunden sind, mit denen die Tatsachen in Übereinstimmung gezeigt wurden. Sie vergißt aber auch, daß wir jetzt schon Fälle kennen, in denen die Einzelfaktoren eines polymeren Systems isoliert werden konnten. Eine solche Analyse wurde z. B. vom Verfasser für den Melanismus der Nonne durchgeführt (die oben S. 8,9, Abb. 4 wiedergegebene Variationsreihe des Melanismus der Nonne beruht tatsächlich, wie wir jetzt erst verstehen können, auf der polymeren Rekombination von drei Genpaaren), von Bridges und Mohr für den „Haarwirbel" der Fliege Drosophila. Aber auch der Vererbungsforscher sollte sich darüber klar sein, daß Polymerie der Ausdruck bestimmter entwicklungsphysiologischer Verhältnisse ist. Wenn z. B. mehrere polymere Faktoren zusammenarbeiten, um die Schwärzung eines Schmetterlingsflügels hervorzubringen, so bedeutet das nicht die naive Vorstellung, daß jeder Faktor einen Bruchteil von schwarz produziert. Sondern es bedeutet, daß, wenn entwicklungsgeschichtlich die Ablagerung von Pigment in den Flügelschuppen statt-

Abb. 84 *1—6*. Zu dem in Abb. 83 dargestellten Experiment. *1* Hamburger Hahn, *2* Silberbantamhenne, *3* F₁-Henne, *4* F₁-Hahn, *5* extrem leichte F₂-Henne, *6* extrem schwerer F₂-Hahn. Nach PUNNETT.

findet, ihr Maß von mehreren, unabhängig bestimmten Ereignissen abhängt, z. B. Zeitpunkt der Pigmentproduktion, Entwicklungszustand der Schuppen, Beschaffenheit des Blutes usw.

Es sei schließlich noch bemerkt, daß eine gewisse Möglichkeit besteht, durch den Vergleich der Variationsreihen von F_1 und F_2 im Fall polymerer Spaltung abzuschätzen wie viele homomere Gene etwa an

Abb. 84. (Fortsetzung.)

der Verursachung der betreffenden Eigenschaft beteiligt sind. Castle und Wright haben dafür die folgende Formel angegeben:

$$n = \frac{D^2}{8\,(\sigma_2^2 - \sigma_1^2)},$$

wobei D die Differenz zwischen den Mittelwerten der elterlichen Rassen ist, σ_1 und σ_2 die Standardabweichnungen der Variationsreihen von F_1 und F_2.

Doch damit sei es genug von der Erscheinung der Polymerie. Hier diente sie uns nur als Erläuterung einer besonderen Art des Zusammenarbeitens mendelnder Faktoren zum Gesamtresultat. Wir werden später nochmals im Zusammenhang mit dem Selektionsproblem ausführlich auf die Erscheinung zurückkommen müssen.

Literatur zur zehnten Vorlesung.

BRIDGES, C. B. and MOHR, O. L.: The inheritance of the mutant character vortex. Genetics 4. 1919.

CASTLE, W. E.: In collab. with WALTER, MULLENIX and COBB: Studies of Inheritance in Rabbits. Carnegie Inst. Publ. 114. Washington 1909.

CORRENS, C.: Zur Kenntnis einfacher Bastarde. Sitzber. preuß. Ak. Wiss. 1918.

DAVENPORT, C. B.: Heredity of skin colour in negro-white crosses. Carnegie Inst. Publ. 188. 1913. — Ders.: Inheritance of stature. Genetics 2. 1917.

EAST, E. M.: Inheritance of flower size in crosses between species of Nicotiana. Botan. Gaz. 55. 1913. — Ders.: Size inheritance in Nicotiana. Genetics 1. 1916.

EAST, E. M. and HAYES, H. K.: Inheritance in maize. Conn. Agr. Exp. Sta. 167 and Contrib. from the Lab. of Genetics, Bussey Inst., Harvard Univ. 9. 1911. — Dies.: A genetic Analysis of the changes produced by selection in experiments with tobacco. Americ. Naturalist 48. 1914.

EMERSON, R. A.: A genetic study of plant height in Phaseolus vulgaris. Nebr. Agr. Stat. Res. Bull. 7. 1906.

EMERSON, R. A. and EAST, E. M.: The inheritance of quantitative characters in maize. Un. Nebr. Ag. Exp. St. Bull. 1913.

GOLDSCHMIDT, R.: Erblichkeitsstudien an Schmetterlingen III. Zeitschr. f. indukt. Abstammungs- u. Vererbungslehre 25. 1921.

LANG, A.: Die Erblichkeitsverhältnisse der Ohrenlänge der Kaninchen nach Castle und das Problem der intermediären Vererbung und Bildung konstanter Bastardrassen. Ebenda 4. 1910. — Ders.: Vererbungswissenschaftliche Mizellen. Ebenda 8. 1912.

Mc. DOWELL, E. C.: Multiple factors in Mendelian inheritance. Journ. of Exp. Zool. 16. 1914.

NILSSON-EHLE, H.: Kreuzungsuntersuchungen an Hafer und Weizen. Ars. Univers. Lund 1909. — Ders.: Spontanes Wegfallen eines Farbenfaktors beim Hafer. Verhandl. d. Naturforsch. Ver. Brünn 49. 1911. — Ders.: Kreuzungsuntersuchungen an Hafer und Weizen. II. Lunds Univ. Arsskrift. N. F. Afd. 2. 7. 1911.

PLATE, L.: Vererbungsstudien an Mäusen. Arch. f. Entw.-Mech. 44. 1918.

PUNNETT, B. C. and BAILEY, P. G.: On Inheritance of weight in poultry. Journ. of Genetics 4. 1914.

SHULL, G. H.: Duplicate Genes for capsule form in Bursa bursa-pastoris. Zeitschr. f. indukt. Abstammungs- u. Vererbungslehre 12. 1914.

Elfte Vorlesung.

**Die Vererbung mehrerer Faktoren im gleichen Chromosom.
Die Geschlechtschromosomen. Geschlechtsgebundene Vererbung
und Chromosomenlehre. Nichtauseinanderweichen der
Geschlechtschromosomen.**

In unseren bisherigen Betrachtungen nahmen wir es als selbstverständlich an, daß alle mendelnden Faktoren unabhängig voneinander
vererbt werden. Das bedeutet cytologisch, daß sie in verschiedenen
Chromosomen gelegen sind. Nun wissen wir aber, daß die Zahl der Mehrere
Gene im
Chromosomen meist eine relativ niedrige ist, sicher niederer als die Zahl gleichen
Chromosom.
mendelnder Faktoren. Daraus folgt, vorausgesetzt die Richtigkeit der
Chromosomenlehre der MENDEL-Spaltung, daß es entweder einen Mechanismus geben muß, der eine Faktorenverteilung erlaubt, selbst wenn
die Faktoren im gleichen Chromosom gelegen sind, oder aber, daß es
bei keiner Tier- oder Pflanzenform mehr gleichzeitig und unabhängig
mendelnde Faktoren geben kann als die reduzierte Zahl der Chromosomen beträgt. Nehmen wir an, wir haben eine Tierform mit der normalen Chromosomenzahl acht. Wir finden in der Natur 100 Erbrassen
vor und stellen durch Kreuzung fest, daß sie sich alle durch je einen
Erbfaktor voneinander unterscheiden. Durch Bastardkombination
könnte man dann theoretisch eine Form aufbauen, die alle 100 Dominanten besitzt und eine, die alle 100 Rezessiven enthält. Wenn nun
all diese Faktoren in vier Chromosomenpaaren liegen sollen, so kann
im Rahmen der oben geschilderten Chromosomenverhältnisse die Spaltung unter keinen Umständen anders verlaufen, als wenn nur vier Faktoren vorhanden wären: alle im gleichen Chromosom gelegenen Faktoren
gingen bei der Vererbung immer zusammen, sie erschienen miteinander
gekoppelt oder, anders ausgedrückt, würden korreliert vererbt. Wieviele,
aus einer einfachen MENDEL-Spaltung als monohybrid mendelnd bekannte Faktoren, auch in eine solche Kreuzung eingingen, das Resultat

wäre eine tetrahybride Spaltung und wir könnten sagen, daß alle Faktoren, die dabei wie eine Einheit beisammen bleiben, also voneinander
abhängig oder gekoppelt vererbt werden, im gleichen Chromosom liegen.
Eine solche Tatsache wäre natürlich gleichzeitig ein weittragender Beweis für die Richtigkeit der Chromosomentheorie der MENDEL-Spaltung.
Er ist tatsächlich erbracht worden und die Fülle der Tatsachen, die sich
auf diesen Punkt der Bastardlehre beziehen, gehört zu den interessantesten und wichtigsten Fortschritten der neuen Vererbungslehre.

Mutation. Bevor wir mit ihrer Darstellung beginnen, sei ein Wort vorausgeschickt über einen Begriff, den wir hier mehrfach anwenden müssen,
den Begriff der Mutation, dessen ausführliche Besprechung einer späteren
Vorlesung vorbehalten ist. Unter Mutation versteht man eine Veränderung in der Faktorenkonstitution eines Lebewesens, die plötzlich und
ohne Übergänge aus bisher unbekannten Gründen erscheint. Es fällt
etwa plötzlich ein Erbfaktor aus der Erbmasse aus; bei einer Fliege
etwa fällt ein Faktor aus, der zur Entwicklung der Flügel notwendig
ist und die so entstehende flügellose Fliege ist eine „Verlustmutante".
Sie ist jetzt erblich in einem MENDEL-Faktor von der Stammart verschieden und gibt, mit ihr gekreuzt, eine einfache MENDEL-Spaltung.
Ebenso kann ein neuer Faktor in der Erbmasse auftreten und wir erhalten eine Additionsmutante, oder aber der Zustand eines Faktors kann
sich ändern und wir erhalten eine Mutante, die wir, wenn sie rezessiv
ist, als Verlustmutante, wenn sie dominant ist, als Additionsmutante,
beschreiben können. Von derartigen Mutationen werden wir also im folgenden oft zu sprechen haben und merken uns, daß sie zur Stammart
sich verhalten wie eine Rasse, die sich in einem (dominanten oder rezessiven) MENDEL-Faktor von ihr unterscheidet.

Die nächstliegende Art nun, wie bewiesen werden könnte, daß zwei
oder mehrere gemeinsam (gekoppelt, korrelativ) vererbte Faktoren im
gleichen Chromosom gelegen sind, wäre die, daß auf irgendeine Weise
sich ein bestimmtes, äußerlich erkennbares Chromosom als Träger einer
bestimmten Eigenschaft erweisen ließe und dann andere Eigenschaften
gefunden werden, die mit jener zusammen vererbt werden. Tatsächlich
war dies der Weg, auf dem zuerst der geforderte Beweis erbracht wurde.
Das betreffende Chromosom ist das sogenannte Geschlechtschromosom,

und die Eigenschaften sind einerseits das Geschlecht, andererseits die sogenannten geschlechtsgekoppelten oder geschlechtsgebundenen Eigenschaften. Der Betrachtung dieses grundlegenden Teils unseres Problems wenden wir uns nun zu.

Da ist es zunächst unsere Aufgabe, mit jenem besonderen erkennbaren Chromosom bekannt zu werden, in dem der Faktor für Geschlecht vererbt wird, dem Geschlechtschromosom, auch akzessorisches Chromosom oder X-Chromosom genannt. Wir schließen dabei direkt an unsere früher erworbenen Kenntnisse über das Verhalten der Chromosomen in Reifeteilungen und Befruchtung an. Die ersten entscheidenden Beobachtungen auf diesem Gebiet hatte HENKING gemacht, ihre Bedeutung für unser Problem wurde aber erst von Mc CLUNG richtig erkannt. Aber auch seine Interpretation hat sich weiterhin als unrichtig erwiesen, und es ist das Verdienst von Miß STEVENS und vor allen Dingen E. B. WILSON, die Tatsachen geklärt und in ihrer Bedeutung gewürdigt zu haben. Nach allem, was wir jetzt über die Chromosomen und ihre Geschichte gehört haben, ist es selbstverständlich, daß sie stets nur in gerader Zahl gefunden werden, denn die Halbierung der Zahl in der Reduktionsteilung, die paarweise Vereinigung in der Synapsis erfordert ja eine gerade Zahl. Die Tatsachen, die wir jetzt kennen lernen wollen, fußen aber alle auf dem zunächst höchst erstaunlichen Befund, daß in den Zellen mancher Insekten eine ungerade Zahl sich findet. Nach mancherlei Irrwegen der Forschung kann es jetzt als feststehend gelten, daß da, wo dies der Fall ist, es meist das männliche Geschlecht ist, dem die ungerade Zahl zukommt, und zwar besitzt es immer dann ein Chromosom weniger als das weibliche, z. B. letzteres 22, ersteres 21 Elemente. Da wir schon wissen, daß im allgemeinen die Chromosomen als Elemente väterlicher und mütterlicher Herkunft paarweise zusammengehören, so muß bei dem Männchen einem Chromosom, dem X-Chromosom, sein Partner fehlen, der aber beim Weibchen mit seiner geraden Zahl vorhanden ist, so daß dieses außer allen anderen Chromosomen zwei X Chromosomen besitzt. Abb. 85 a stellt die Chromosomen aus einer Teilungsfigur der Wanze Anasa tristis im männlichen Geschlecht dar. In b sind sie einzeln herausgezeichnet, und da erkennt man deutlich 21 Chromosomen, von denen 20 paarweise zusammengehören, während

17*

das 21., das keinen Partner hat, das *X*-Chromosom darstellt. Abb. 85*c* zeigt nun die Chromosomen einer weiblichen Zelle, ebenfalls in *d* isoliert

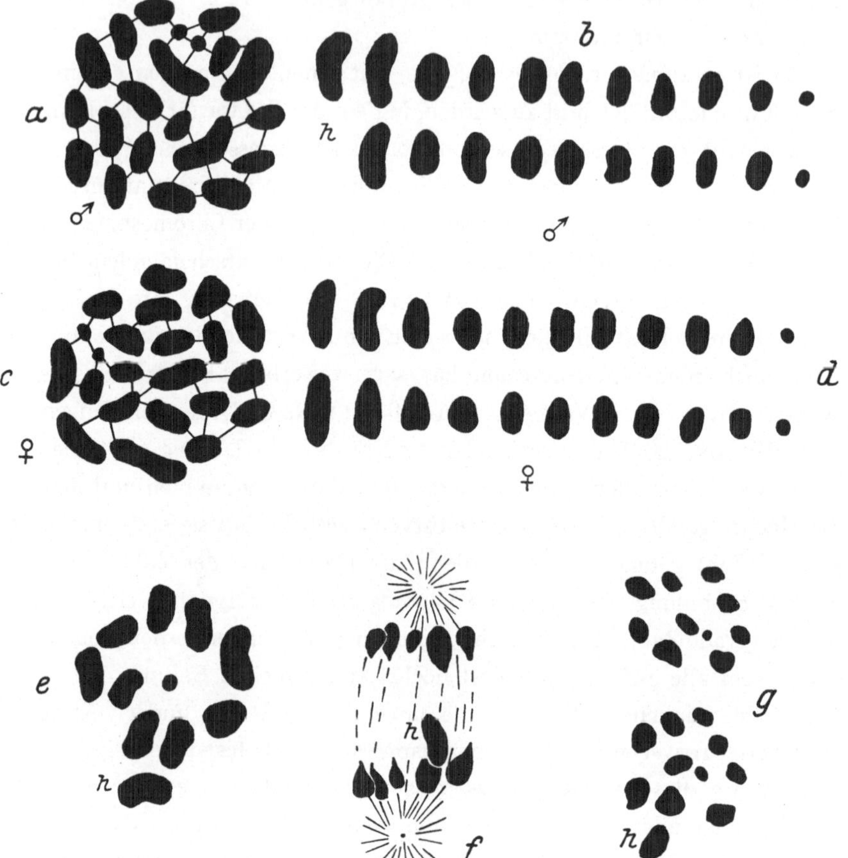

Abb. 85*a—h*. Chromosomenverhältnisse von Anasa tristis. *a* Die Chromosomengarnitur der Ursamenzellen. *b* Die gleichen Chromosomen paarweise geordnet. *c* Die Garnitur einer Ureizelle. *d* Die gleichen paarweise geordnet. *e* Metaphase der ersten Spermatozytenteilung. *f* Die zweite Reifeteilung. *g, h* Die beiden Tochtergruppen einer Teilungsfigur vom Pol gesehen. *h* besitzt allein das unpaare Chromosomen *h*.
Nach WILSON aus HÄCKER.

gezeichnet und man erkennt die 11 Paare, von denen die beiden links die *X*-Chromosomen sind.

Erinnern wir uns nun daran, was in den Reifeteilungen vor sich geht. Die eine von ihnen war eine Reduktionsteilung, d. h. die vorher in homologen Paaren miteinander vereinigten Chromosomen wurden als ganze Chromosomen auf die beiden Teilungspole verteilt, so daß die beiden Tochterzellen nur die Hälfte, die reduzierte Chromosomenzahl erhielten, in der aber jede Chromosomenform einmal vertreten war. Lassen wir

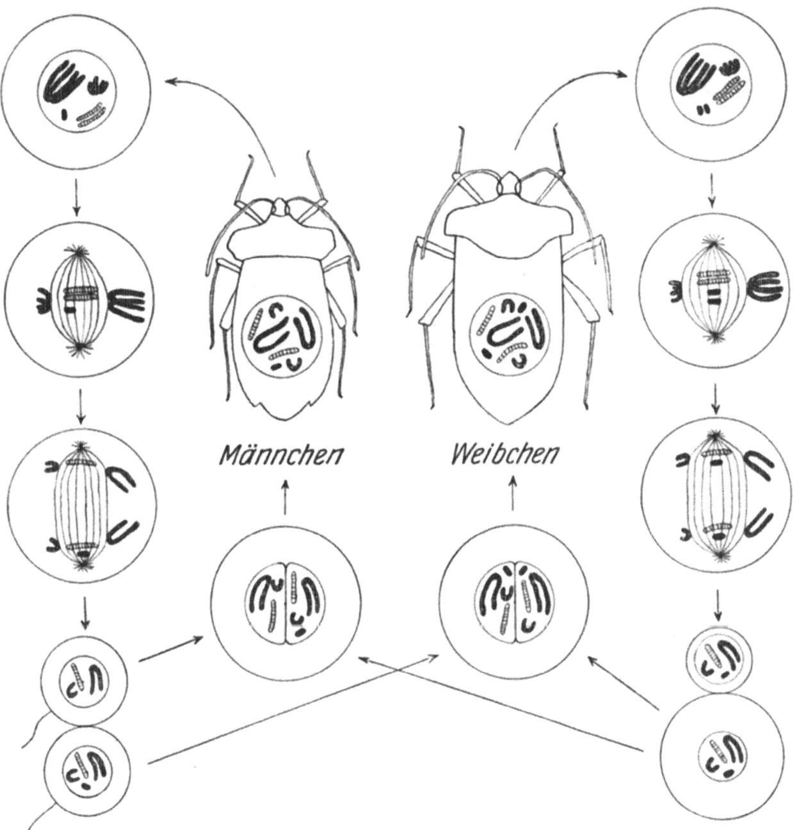

Abb. 86. Schematische Darstellung des Chromosomenzyklus der Geschlechtsbestimmung bei Annahme von 7 Chromosomen als männlicher und 8 Chromosomen als weiblicher Zahl. Die X-Chromosomen schwarz.

nun bei einer solchen weiblichen Wanze die Reduktionsteilung vor sich gehen, so erhält jede Zelle, bzw. im weiblichen Geschlecht die Eizelle und der Richtungskörper, den gleichen Chromosomenbestand: alle reifen Eier besitzen ihre 11 Chromosomen von der typischen Art der Abb. 85. Wenn aber im männlichen Geschlecht in den Spermatozyten die Reifeteilungen stattfinden und sich die Chromosomen in der Synapsis paaren, dann besitzt das *X*-Element keinen Partner, es muß also ungepaart bleiben. In der Reduktionsteilung, die ganze Chromosomen auseinanderteilt, muß es daher als Ganzes zu einem Pol gezogen werden und das ist in der Tat der Fall. Abb. 85 *f* zeigt uns diese Teilung, und wie das *X*-Element (*h*) ungeteilt zu einem Pol wandert. Damit sind aber nach der Reduktionsteilung zwei verschiedene Arten von Samenzellen vorhanden: solche mit 10 Chromosomen (Abb. *g*) und solche mit 11, nämlich den gleichen 10 + dem *X*-Chromosom (Abb. *h*). Da nun aus jeder dieser Zellem sich ein Spermatozoon bildet, so entstehen in gleicher Zahl

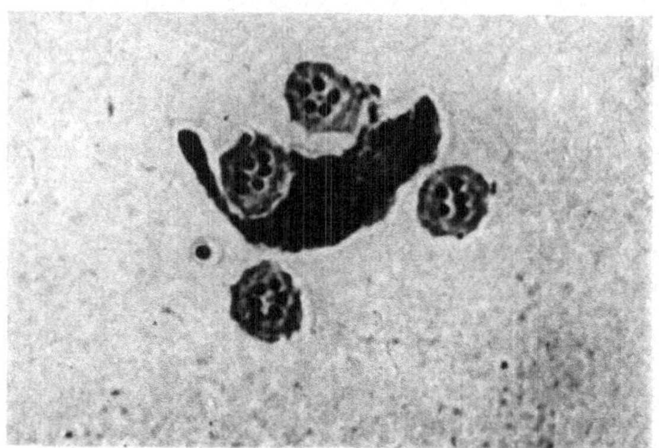

Abb. 87. Die vier aus den Reifeteilungen hervorgegangenen Spermatiden (am Cytophor befestigt) von Ancyracanthus. Nach MULSOW.

zwei verschiedene Spermatozoenarten, solche mit und ohne *X*-Chromosom. Nun ist es klar, was sich bei der Befruchtung ereignen muß: Entweder befruchtet ein Spermatozoon mit 10 Chromosomen das Ei, das immer 11 enthält, dann entsteht ein Organismus mit 21 Chromosomen. Oder eine Spermie mit 11 Chromosomen kommt zur Befruchtung, dann entsteht ein Wesen mit 22 Chromosomen. Da es aber feststeht, daß die Männchen in ihren Zellen 21, die Weibchen 22 Chromosomen besitzen, so folgt daraus mit zwingender Notwendigkeit, daß die Spermatozoen mit *X*-Chromosom weibchenbestimmend, die ohne *X*-Chromosom männchenbestimmend sind. In instruktiver Weise ist der ganze Prozeß der Geschlechtsverteilung durch das *X*-Chromosom nochmals in umstehender Abb. 86 veranschaulicht.

Wir wollen uns an dieser Stelle gleich merken, daß man im Gegensatz zu den X-Chromosomen die übrigen Chromosomen als Autosomen bezeichnet, somit von 2 Autosomen $+$ 1 x usw. spricht.

An der Richtigkeit der Befunde, die bereits durch die ganze Lebensgeschichte solcher Formen hindurch verfolgt sind, kann nicht der geringste Zweifel bestehen. Sie stehen jetzt für so ziemlich alle getrenntgeschlechtlichen Tiergruppen und zahlreiche diözische Pflanzen fest. Wie klar sich oft die männchen- und weibchenbestimmenden Spermatozoen unterscheiden lassen, geht z. B. aus nebenstehender Photogra-

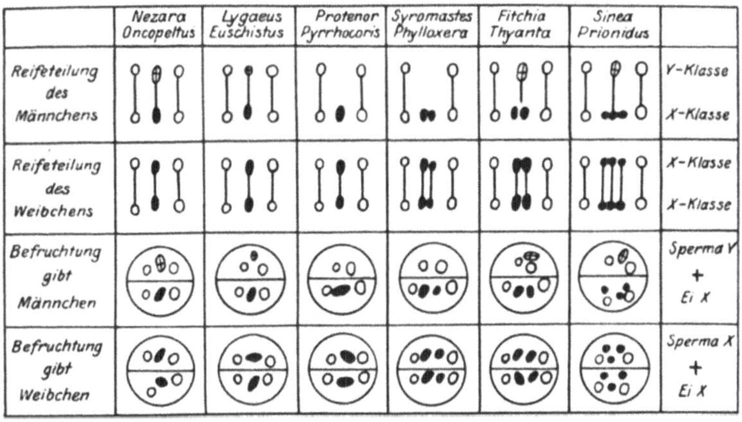

	Nezara Oncopeltus	Lygaeus Euschistus	Protenor Pyrrhocoris	Syromastes Phylloxera	Fitchia Thyanta	Sinea Prionidus	
Reifeteilung des Männchens							Y-Klasse / X-Klasse
Reifeteilung des Weibchens							X-Klasse / X-Klasse
Befruchtung gibt Männchen							Sperma Y + Ei X
Befruchtung gibt Weibchen							Sperma X + Ei X

Abb. 88. Schematische Darstellung verschiedener Typen geschlechtsbestimmender Chromosomen. Nach Wilson.

phie der 4 aus den beiden Reifeteilungen entstandenen Spermien eines Nematoden hervor, von denen die beiden ♀-bestimmenden 5, die ♂-bestimmenden 6 (5 $+$ X) Chromosomen zeigen (Abb. 87). Allerdings ist im einzelnen der Prozeß gewissen Variationen unterworfen, die ohne am Prinzip etwas zu ändern, doch für die theoretische Wertung der Befunde von großer Bedeutung sind. Obenstehende Abb. 88 illustriert schematisch die wichtigsten Typen. Die geschlechtsbestimmenden Chromosomen sind dabei schwarz gezeichnet und außer ihnen stets 4, also 2 Paar gewöhnliche weiße Chromosomen angenommen. Die senkrechten Reihen stellen das Verhalten bei sechs verschiedenen Typen, meist Wanzen, deren Gattung am Kopfe steht, dar. Die oberste Horizontal-

Verschiedene Typen von X-Chromosomen.

reihe enthält schematisch das Auseinanderrücken der Chromosomen bei der männlichen Reduktionsteilung, die zweite Reihe stellt das gleiche für die weibliche Reifeteilung dar. Die dritte Reihe gibt die männchenbildende Befruchtung, die letzte die weibchenbildende wieder. Der *dritte* Typus (Protenor, Pyrrhocoris) bedarf weiter keiner Erläuterung, da er genau das zeigt, was uns schon unser obiges Beispiel lehrte. Der *vierte* Typus (Syromastes, Phylloxera) gibt prinzipiell das gleiche, nur daß statt einem zwei X-Chromosomen sich finden. Bei allen anderen aber sehen wir, daß das X-Chromosom, entgegen dem bisher angeführten, doch einen Partner hat, das durch ein Kreuz ausgezeichnete Y-Chromosom. Im zweiten Fall (Lygaeus, Euschistus) ist das Y-Chromosom

Der
XY-Typ.

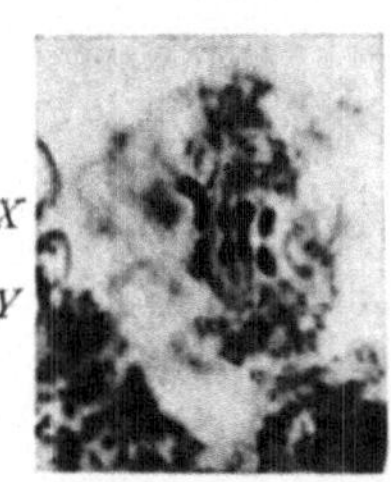

Abb. 89. Reifeteilung im Pollen von Melandrium. Trennung der ungleichen XY-Gruppe. Photo BĚLÁŘ.

ohne weiteres durch seine geringere Größe kenntlich, im fünften und sechsten dadurch, daß ihm als X-Partner zwei bis drei X-Chromosomen gegenüberstehen, aufzufassen als ein fraktioniertes X-Chromosom. In diesen Fällen besitzen also die zwei Klassen von Spermien, die X- und Y-Klasse, nicht ausschließlich verschiedene Chromosomenzahlen, sondern auch Chromosomenarten; die weibchenbestimmenden Spermatozoen haben nur X-Elemente, die männchenbestimmenden entweder kein solches, oder dafür ein Y-Element. Wir sehen also bei allen Varianten doch immer ein grundsätzliches Resultat: *das männliche Geschlecht ist heterogametisch, das weibliche homogametisch*, ersteres bildet zwei Sorten, letzteres eine Sorte von Geschlechtszellen.

Es scheint übrigens, daß der Typus mit XY-Gruppe verbreiteter ist als der mit ungerader Chromosomenzahl (nur X), den wir zum Ausgangspunkt nahmen. Deshalb spricht man auch häufig vom XX- und XY-Geschlecht. Abb. 89 gibt auch von diesem Typus das Photo einer Reifeteilung, diesmal für ein pflanzliches Objekt, das das Auseinanderweichen der X- und Y-Chromosomen zu den beiden Polen zeigt.

Geschlechts-
verteilung
[als Rück-
kreuzung.

Wenn wir nun an unsere Kenntnisse der elementaren MENDEL-Fälle zurückdenken, so fällt uns gleich eine Parallele zu dem jetzt behandelten Fall ein, nämlich der Vorgang einer Bastardrückkreuzung, etwa die Rückkreuzung des Bastards Aa mit seiner Elternform AA. Die Parallelen liegen auf der Hand. Der Bastard Aa hat einen Faktor A, die homozygote Form AA deren zwei. Entsprechend hat das heterogametische Geschlecht ein X-Chromosom, das homogametische zwei. Der Bastard Aa bildet zwei Arten Geschlechtszellen zu gleichen Teilen, nämlich A und a, das heterogametische Geschlecht zwei Sorten von Geschlechtszellen, solche mit und solche ohne X-Chromosom. Die homozygote Form AA bildet nur Geschlechtszellen mit A, das homogametische Geschlecht nur solche mit X-Chromosom. Aus der Rückkreuzung $Aa \times AA$ entstehen wieder Aa und AA zu gleichen Teilen. Die letztere Tatsache hatte CORRENS zu der Überzeugung geführt, daß die Geschlechtsvererbung einer MENDELschen Rückkreuzung entspreche, wobei ein Geschlecht heterozygot, das andere homozygot ist. Die Erforschung der Geschlechtschromosomen hat nun tatsächlich den Mechanismus aufgedeckt, der dies ermöglicht. Wenn der Faktor für Geschlechtsdifferenzierung (dessen physiologisches Wesen uns hier noch nicht beschäftigt) in homozygotem Zustand das eine, in heterozygotem das andere Geschlecht bedingt, und wenn dieser Faktor in den Geschlechtschromosomen liegt, dann bedeutet ja jede Befruchtung, bei der die Geschlechtschromosomendifferenz vorhanden ist, eine Rückkreuzung. Nennen wir den Faktor deshalb X, um an seinen Träger, das X-Chromosom zu erinnern, so ist in vorliegendem Fall $Xx = \male$, $XX = \female$. Da, wo ein Y-Chromosom vorhanden ist, wäre das x der Faktorensprache gleich dem Y der Chromosomensprache. Somit haben wir nun hier das gegeben, was wir als Ausgangspunkt suchten, nämlich ein bestimmtes Chromosom, das X-Chromosom, in dem eine bestimmte Erbeigenschaft lokalisiert ist, ein Faktor für die Kontrolle der Geschlechtsdifferenzierung.

Ehe wir aber den nächsten Schritt tun, den Beweis zu erbringen, daß andere Faktoren, die im gleichen Chromosom liegen, gekoppelt vererbt werden müssen, seien noch ein paar Tatsachen genannt, die die Richtigkeit des Geschlechtschromosomenmechanismus beweisen. Es sind das eine Reihe von Fällen, in denen ungewöhnliche Verhältnisse in bezug auf die Verteilung der Geschlechter vorliegen, deren Zusammenhang mit dem Geschlechtsmechanismus dann aufgedeckt wurde. Da ist einmal das Verhalten der Chromosomen in Fällen zu nennen, in denen ein typischer Wechsel zwischen Generationen verschiedener Geschlechtigkeit stattfindet. Zwei Beispiele seien kurz genannt:

Bei den Blattläusen entstehen aus parthenogenetisch erzeugten Eiern im Sommer nur Weibchen, im Herbst aber beide Geschlechter, zuvor manchmal auch Weibchen, die nur Männchen erzeugen und solche, die nur Weibchen erzeugen (Sexupare). Die befruchteten Eier aber ergeben stets nur Weibchen. Letztere Tatsache konnte nun für die Aphiden von v. BAEHR, MORGAN und STEVENS in glänzende Übereinstimmung mit den zellulären Befunden gebracht werden. Wenn bei der Samenreife der Männchen, die eine ungerade Chromosomenzahl besitzen, die Reduktionsteilung erfolgt ist, also in einer prinzipiell der beschriebenen ähnlichen

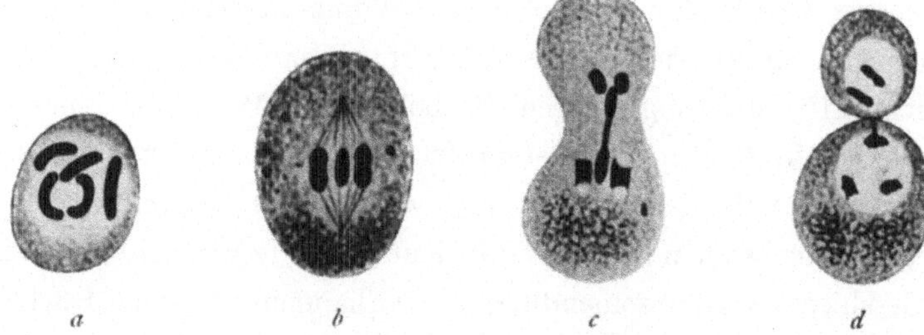

Abb. 90 a—d. Spermatozytenreifung einer Aphide. a Spermatogonie mit 5 Chromosomen (4 + X), b Reifespindel, c Die Teilung in eine X-Zelle (2 + X Chr.) und eine kleinere Y-Zelle (2 Chr.), d Die beiden ungleichen Zellen nach der Reifeteilung (nach VON BAEHR).

Weise die X- und Y-Zellen gebildet sind, entwickeln sich nur aus ersteren Spermatozoen, die Y-Zellen, die ein Chromosom weniger besitzen, degenerieren aber, so daß die Befruchtung ausschließlich durch X-Spermatozoen geschehen kann, die ja weibchenbestimmend sind. Abb. 90 illustriert dies. Die so entstandenen Weibchen haben also die gesamte Chromosomenzahl, ebenso wie die parthenogenetisch aus ihnen erzeugten weiteren Weibchen. Werden aber dann Eier gebildet, aus denen sich parthenogenetisch Männchen entwickeln, so entfernen sie bei der Bildung der Richtungskörper ein Chromosom mehr aus dem Ei, als in ihm zurückbleibt; durch diesen Mechanismus kommt also in den männchenerzeugenden Eiern die ungerade männliche Zahl zustande. Abb. 91 stellt schematisch diesen Zyklus dar. Die cytologischen Befunde erscheinen somit in völliger Harmonie mit dem biologischen Verhalten.

Ähnlichen Verhältnissen von prinzipiell der gleichen Bedeutung begegnen wir beim Fortpflanzungszyklus des Nematoden *Angiostoma nigrovenosum*, wie ihn SCHLEIP und BOVERI cytologisch analysierten. Hier
findet ein regelmäßiger Wechsel zwischen einer getrennt geschlechtlichen,

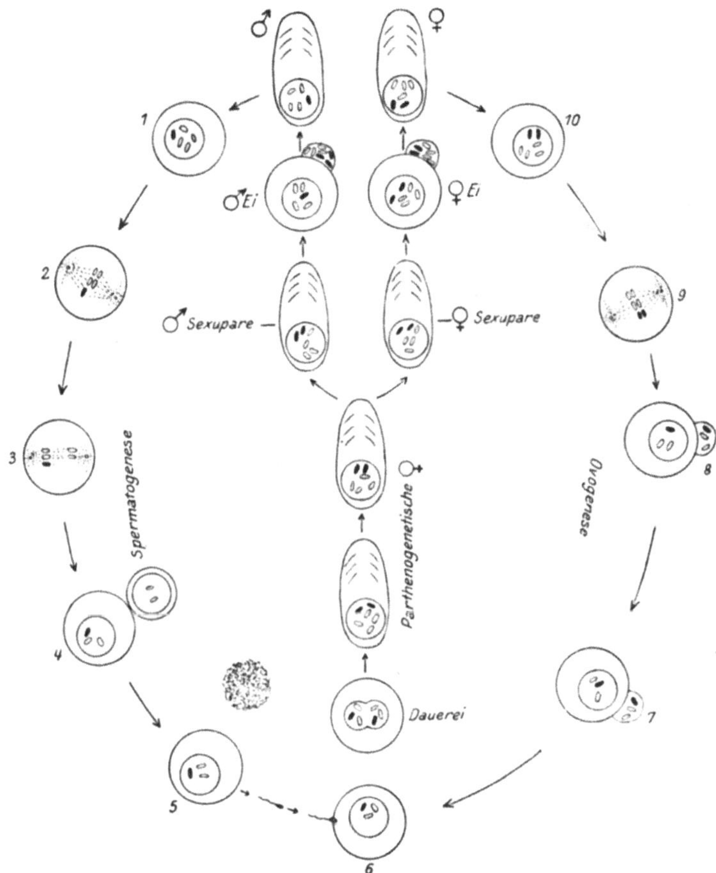

Abb. 91. Chromosomenzyklus einer Reblaus. Schwarz das *X*-Chromosom, 1—6 Reifeteilungen des ♂, 10—7 die des ♀. Lies von oben den Geschlechtstieren ♂ ♀ ausgehend in der Richtung der Pfeile.

freilebenden und einer zwittrigen, parasitischen Generation statt. Aus
den befruchteten Eiern der getrennt geschlechtlichen Form entstehen
also stets Zwitter und umgekehrt. Die Weibchen der getrennt geschlechtlichen Generation besitzen 12 Chromosomen, die in den Reifeteilungen

auf 6 reduziert werden. Die Männchen haben deren 11, so daß Spermatozoen mit 6 und solche mit 5 Elementen gebildet werden. Die zwittrige Generation enthält aber stets 12 Chromosomen, die Spermien mit 5 Chromosomen sind also nicht zur Befruchtung gelangt. Die Zwitter haben also weibliche Chromosomenzahl und erscheinen auch in ihren äußeren Charakteren als Weibchen. Ihre Eier sind dann auch wieder nach der Reifung mit 6 Chromosomen ausgestattet. In den Ursamenzellen findet sich zwar auch die weibliche Zahl von 12 Chromosomen, aber eines davon zeigt bereits Besonderheiten, aus denen hervorgeht, daß es dem Untergang geweiht ist. Es macht zwar auch die Reifeteilung mit und kommt sodann in die Hälfte der Spermatiden, wird aber nicht in deren Kern einbezogen und geht zugrunde, so daß nun wieder zweierlei Spermien, solche mit 6 und solche mit 5 Chromosomen gebildet werden. Beide befruchten und erzeugen wieder ♀ und ♂.

Parthenogenese und Geschlecht. Eine weitere Tatsachengruppe, die den Geschlechtschromosomenmechanismus auf das schönste an der Arbeit zeigt, sind die Beziehungen zwischen Parthenogenese und Geschlecht. Der bekannteste Fall ist der der Biene. Aus parthenogenetischen Eiern entstehen nur Drohnen (Männchen) aus befruchteten Eiern Arbeiterinnen oder Königinnen (Weibchen). Die cytologische Untersuchung zeigte nun, daß die Drohnen sich aus reifen Eiern mit der reduzierten (haploiden) Chromosomenzahl, also nur einem X-Chromosom, entwickeln, während die weiblichen, befruchteten Eier natürlich die vollständige diploide Zahl, also 2 X-Chromosomen, haben. Bei der Bildung der Samenzellen der Drohnen wird aber die Reifeteilung unterdrückt und so entsteht nur eine Sorte von Samenzellen, solche mit X-Chromosom. In etwas verwickelterer Weise zeigt der folgende Fall den gleichen Chromosomenmechanismus an der Arbeit.

Bei der Gallwespe *Neuroterus* verhält es sich nach DONCASTER folgendermaßen: Befruchtete Eier überwintern und aus ihnen schlüpfen Wespen aus, die sich parthenogenetisch vermehren, und zwar legen manche Weibchen nur Eier, aus denen sich wieder Weibchen entwickeln, andere nur solche, aus denen Männchen entstehen. Das befruchtete Ei ist dann das gleiche, von dem wir ausgingen. Nun enthalten die Weibchen des Frühjahrs, die aus befruchteten Eiern hervorgehen, natürlich die diploide Chromosomenzahl 20 in ihren Zellen, die parthenogenetisch erzeugten Sommerweibchen ebenfalls, die Männchen dagegen nur die haploide Zahl 10. Es findet also bei der Reifung der parthenogenetischen Eier bei solchen, die Weibchen liefern, eine Reduktion nicht statt, wohl aber bei solchen, die Männchen liefern. Die Erklärung mittels des $X - 2 X$-Mechanismus ist also die gleiche wie vorher.

Eine weitere Gruppe von Tatsachen, die den X-Chromosomenmechanismus demonstriert, begegnet uns in der Erscheinung des sogenannten Gynandromorphismus. Als Gynandromorphismus wird das gelegentliche

Gynandro-
morphismus.

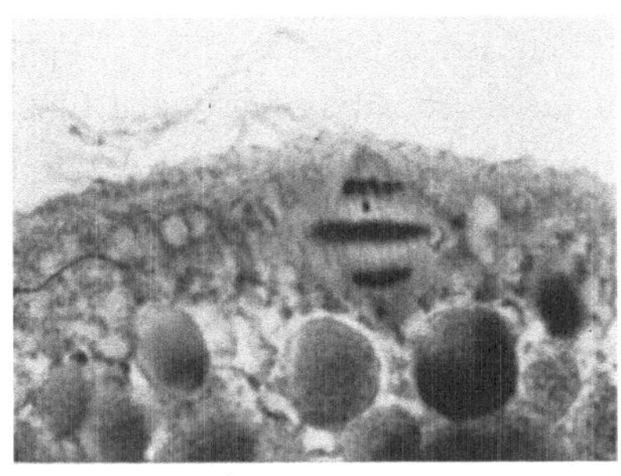 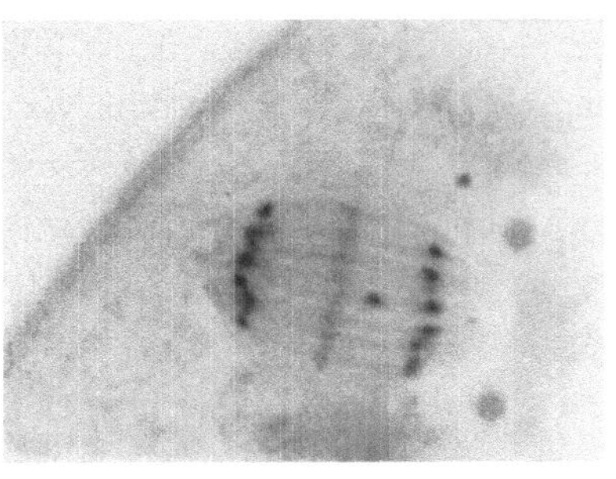

a   b

Abb. 92 *a, b*. Die Reifeteilung im Ei eines Schmetterlings. In der Reifespindel unter der Eioberfläche die Chromosomen in den beiden Tochterplatten angeordnet. (Der dunkle Streif im Äquator der Spindel ist das Eliminationschromatin, eine Besonderheit der Schmetterlinge.) Das unpaare X-Chromosom hinkt in der Teilung nach und liegt isoliert in der Spindel. In *a* wird es in den Richtungskörper gehen, in *b* bleibt es im Ei. Photo SEILER.

Auftreten von Individuen bezeichnet, die in ihrem Körper ein sexuelles Mosaik zeigen, etwa weibliche Charaktere links, männliche rechts. Es konnte nun auf allerlei merkwürdigen Wegen, die hier nicht näher geschildert seien, nachgewiesen werden, daß sie durch eine abnorme Chromosomenverteilung im Zusammenhang mit Besonderheiten der Befruchtung hervorgerufen werden, die es mit sich bringen, daß die Zellen einer Körperhälfte 2 X-Chromosomen, die der andern nur 1 X-Chromosom enthalten. Wir werden diesen Tatsachen wieder begegnen.

Endlich sei noch eine Tatsachengruppe genannt, die uns wieder zu unserem eigentlichen Gegenstand zurückbringt. Wir haben oben nur solche Fälle besprochen, bei denen, wie bei den Wanzen, das männliche

Weibliche
Hetero-
gametie.

Geschlecht das heterogametische = heterozygote ist (1 X) das weibliche das homogametische = homozygote (2 X) ist. Die mendelistischen Studien, die historisch ja den Chromosomenstudien vorausgegangen waren, hatten nun zur Erkenntnis geführt, daß es zwar viele Tiere (wie Pflanzen) gibt, bei denen dies der Fall ist; daß es aber auch andere Tiergruppen wie Vögel und Schmetterlinge gibt, bei denen umgekehrt das weibliche Geschlecht das heterozygote (heterogametische, 1 X) Geschlecht ist, das männliche das homozygote (homogametische, 2 X) Geschlecht. Es ist ein besonderer Triumph der Zellenlehre, daß sie die Chromosomenverhältnisse in Übereinstimmung mit den Erfordernissen des Experiments fand. Die cytologischen Tatsachen des ersten Typus sind uns bereits bekannt und werden uns noch öfters bei dem Objekt begegnen, das am besten experimentell durchgearbeitet ist, der Fliege Drosophila. Für den zweiten Fall, weibliche Heterogametie, die bei den Schmetterlingen von SEILER nachgewiesen wurde, seien umstehend ein paar Abbildungen gegeben, die das Verhalten der X-Chromosomen bei den Reifeteilungen im Ei in Übereinstimmung mit den Erwartungen zeigen (Abb. 92).

Allgemeingültigkeit. Wir haben nur die elementaren Tatsachen über die Geschlechtschromosomen berücksichtigt und sind nicht auf die cytologischen Feinheiten der Geschlechtschromosomenforschung eingegangen, derentwegen auf die speziellen Darstellungen verwiesen sei. Wir wollen nur noch feststellen, daß der Geschlechtschromosomenmechanismus für die meisten getrenntgeschlechtlichen Tiergruppen festgestellt ist von den Plattwürmern bis zum Menschen, und im Pflanzenreich für viele diözische Phanerogamen und für viele Kryptogamen. Bei letzteren konnte auch direkt die Verteilung der Geschlechtschromosomen auf die verschiedengeschlechtigen Gametophyten demonstriert werden (ALLEN). Ferner konnte festgestellt werden, daß, wo bei naheverwandten Formen getrenntgeschlechtliche und hermaphrodite (diözische und monözische) Arten vorkommen, nur die ersteren die XO- oder XY-Gruppe besitzen (LINDNER für Trematoden, LORBEER für Lebermoose). Irgendein Fall, in dem das Verhalten der Geschlechtschromosomen nicht mit den biologischen oder experimentellen Tatsachen übereinstimmt, ist bisher noch nicht gefunden worden.

Damit kommen wir nun zu den Experimenten über geschlechtsgebundene Vererbung, die uns beweisen sollen, daß mehrere im gleichen Chromosom gelegene Gene korrelativ vererbt werden.

Der historische Gang dieser Erkenntnis ist allerdings der umgekehrte; es wurde nämlich zuerst entdeckt, daß es Faktoren gibt, die bei der Vererbung stets mit dem Geschlechtsfaktor zusammengehen, geschlechtsgebunden sind und eine mendelistisch-symbolische Erklärung der Korrelation geben, die wir auch hier zuerst kennen lernen wollen. Wir werden dann um so klarer erkennen, wie unendlich das Problem durch die Übertragung auf die Chromosomenlehre vereinfacht wurde.

Abb. 93. Abraxas grossulariata und seine Varietät lacticolor (rechts).
Nach Doncaster.

Der klassische Fall, von dem die modernen Erörterungen des Problems ausgingen, ist der von Doncaster und Raynor studierte Fall des Stachelbeerspanners Abraxas grossulariata.

Von diesem Schmetterling gibt es eine selten auftretende helle Varietät *lacticolor*, die eine Art Albino darstellt und gewöhnlich nur im weiblichen Geschlecht gefunden wird (Abb. 93). Wurde ein lacticolor ♀ mit grossulariata ♂ gekreuzt, so waren alle Nachkommen in F₁ grossulariata und zwar beide Geschlechter. Der Grossulariatafaktor dominiert also über den Lacticolorfaktor. F₂ gab dann beide Formen im Verhältnis etwa 3 : 1, nämlich 18 grossulariata : 7 lacticolor. Während erstere aber beide Geschlechter enthielten, waren letztere bloß weiblich. Wurden aber die F₁ (heterozygoten) grossulariata-Männchen mit lacticolor-Weibchen rückgekreuzt, so gab es, wie zu erwarten, zur Hälfte grossulariata, zur Hälfte lacticolor, diese waren aber in gleicher Zahl aus beiden Geschlechtern zusammengesetzt, nämlich 63 Gross. ♂, 62 Gross. ♀, 65 Lact. ♂,

70 Lact. ♀. In dieser Kreuzung entstanden also zum erstenmal Lacticolor ♂. Wurden diese nun mit heterozygoten grossulariata ♀ und F_1 gepaart, so war die Nachkommenschaft natürlich zur Hälfte grossulariata, nämlich 145 Stück, und zur Hälfte lacticolor, nämlich 130 Stück. *Erstere aber waren ausschließlich ♂, letztere ausschließlich ♀.* Wurden aber dieselben lacticolor ♂ mit wilden, aus der Natur stammenden, also bei der Seltenheit von lacticolor sicher reinen grossulariata ♀ gepaart, so war das Resultat das gleiche. Alle grossulariata (nämlich 19) waren ♂, alle lacticolor (nämlich 52) waren ♀.

Betrachtet man nun diese letztere Kreuzung zuerst, so ergibt sich daraus zunächst, daß die grossulariata der Natur in bezug auf den lacticolor-Charakter heterozygot sein müssen, wobei der grossulariata-Faktor G über den lacticolor-Faktor g dominiert. Wie erklärt sich nun das Verhalten des Geschlechts? BATESON und PUNNETT zeigten, daß es ohne weiteres klar ist, wenn man annimmt, daß die Männlichkeit und Weiblichkeit mendelnde Eigenschaften sind und daß die Weibchen darin stets heterozygot, die Männchen homozygot sind, wobei Weiblichkeit dominiert. Wenn F (femina) Weiblichkeit bedeutet, f keine Weiblichkeit, also Männlichkeit, besitzen alle Weibchen Ff, alle Männchen ff. Wir weisen darauf hin, daß die hier benutzte Formel für die mendelnde Rückkreuzung der Geschlechtsfaktoren sich von der oben abgeleiteten (Xx, XX) dadurch unterscheidet, daß das homozygote Geschlecht durch zwei rezessive Faktoren dargestellt ist. An dem Prinzip wie an dem Resultat wird dadurch natürlich nichts geändert, es ist vielmehr zunächst nur eine andere Anwendungsweise des MENDELschen Symbolismus. Die Differenz bekommt aber erst eine reale Bedeutung, wenn man sich konkrete physiologische Vorstellungen zu bilden versucht über die Art, wie der Geschlechtsfaktor das Geschlecht bedingt. Das gehört aber in ein anderes Kapitel.

Es muß nun, um den Fall weiterhin zu erklären, eine Annahme gemacht werden, die uns in mendelistischen Betrachtungen neu ist. Wir haben bisher nur unabhängig mendelnde Faktoren kennen gelernt, die sich bei der Gametenbildung frei kombinieren. Die neue Annahme ist nun die, daß in dem Bastard $GgFf$ nicht die üblichen vier Sorten von Gameten gebildet werden (GF, Gf, gF, gf), sondern nur zwei Sorten Gf

und gF, indem die beiden dominanten Faktoren eine Abstoßung auf einander ausüben, so daß sie nie in die gleiche Gamete gelangen können. Mit dieser Hilfsannahme wird dann tatsächlich das Resultat aller Kreuzungen erklärt. Der letzte Fall, die Kreuzung wilder grossulariata ♀ mit lacticolor ♂, ebenso wie der identische mit F_1 grossulariata ♀ erklärt sich z. B. folgendermaßen: Die grossulariata ♀ heißen $GgFf$, die lacticolor ♂ $ggff$. Erstere bilden nun bei Repulsion der Dominanten nur Gameten Gf und gF, letztere nur gf, die Nachkommen sind also zur Hälfte $Gfgf$ oder $gFgf$, also grossulariata ♂, lacticolor ♀. Oder kreuzen wir die, natürlich im Faktor G heterozygoten F_1 grossulariata ♀ und ♂, so heißt ersteres $GfFf$, letzteres $Ggff$. Die Gameten sind also bei ersterem Gf und gF, bei letzterem Gf und gf. Die Befruchtung ergibt somit in gleicher Zahl die Kombinationen

$$GfGf = \text{Grossulariata } ♂,$$
$$Gfgf = \text{Grossulariata } ♂,$$
$$gFGf = \text{Grossulariata } ♀,$$
$$gFgf = \text{Lacticolor } ♀.$$

Würde aber ein Lacticolor ♀ $ggFf$ mit einem heterozygoten Grossulariata ♂ $Ggff$ gepaart, so wären die Gameten gF, gf und Gf, gf. Es entständen also in gleicher Zahl

$$gFGf = \text{Grossulariata } ♀,$$
$$gFgf = \text{Lacticolor } ♀,$$
$$gfGf = \text{Grossulariata } ♂,$$
$$gfgf = \text{Lacticolor } ♂.$$

Wir sehen also, wie die Annahme die wirklichen Resultate vortrefflich erklärt.

Noch zwei weitere Beispiele dieser Erscheinung bei weiblicher Heterozygotie seien erwähnt, von denen eines ein wenig komplizierter ist und die in der gleichen mendelistischen Weise symbolisch interpretiert werden können. Es handelt sich um geschlechtsgebundene Vererbung bei Hühnern.

PEARL nebst SURFACE, GOODALE, SPILLMAN, ebenso wie auch BATESON und HAGEDOORN untersuchten derartige Fälle, von denen besonders die Vererbung des Gittermusters der Zeichnung hervorzuheben ist. Es handelt sich um die Kreuzung einer schwarzen Indian Gamerasse

Weitere
Fälle.

und eines gegitterten Plymouth Rock. Wird das schwarze Weibchen mit dem gegitterten Männchen gepaart, so ist die Nachkommenschaft beider Geschlechter gegittert; in einem konkreten Fall waren es 70 gegitterte Männchen und 68 ebensolche Weibchen. Bei der umgekehrten Kreuzung gegittertes Weibchen × schwarzes Männchen sind die sämtlichen Männchen der Nachkommenschaft, in einem Versuch 95, gegittert, sämtliche Weibchen, nämlich 96, schwarz. Es ist klar, daß die Erklärung auch die gleiche ist, wie bei *Abraxas grossulariata*: Die gegitterten Weibchen sind in dem Gitterungsfaktor wie im Geschlecht heterozygot, die Männchen homozygot, und zwischen beiden Dominanten besteht Repulsion. Genau das gleiche Resultat erhielt HAGEDOORN wie GOODALE bei Bankivahühnern gekreuzt mit braunroten Game Bantams, wobei sich erstere im weiblichen Geschlecht als heterozygot erwiesen. In Abb. 84 S. 254 ist übrigens bereits ein solcher Fall illustriert: Die Eltern sind ein sogenannter „goldner" Hahn und eine „silberne" Henne, in F_1 ist aber der Hahn Silber und die Henne Gold.

Der andere, etwas verwickeltere Fall ist der folgende Modus der geschlechtsgebundenen Vererbung, den BATESON und PUNNETT für die besondere Pigmentierungsart des Negerhuhns eruierten, deren Hauptcharakter die starke Pigmentansammlung in den mesodermalen Membranen ist. Wurden diese Negerhühner mit gewöhnlichen braunen Leghorns gekreuzt, so war F_1 verschieden je nach der Richtung der Kreuzung. Negerhuhn ♀ × Leghorn ♂ gab schwach pigmentierte F_1; bei Leghorn ♀ × Negerhuhn ♂ jedoch waren zwar die männlichen F_1-Tiere ebenso, die weiblichen jedoch stark pigmentiert. In F_2 traten alle Übergänge von pigmentierten zu nichtpigmentierten auf. Bei der Rückkreuzung mit braunen Leghorn war wieder das Resultat verschieden, je nachdem das F_1-Tier männlich oder weiblich war. Diese Resultate gehen besser als mit vielen Worten aus folgendem Schema der Autoren hervor, in dem zunächst den Zahlenverhältnissen nicht weiter Rechnung getragen ist und wobei ♀♂ unpigmentierte, ♀♂ schwachpigmentierte und ♀♂ tiefpigmentierte Tiere sind.

Die Geschlechtsgebundenheit zeigt sich also hier einmal in dem F_1-Resultat, sodann in dem Fehlen tiefpigmentierter ♂ in allen anderen Kreuzungen außer einer, wie das Schema zeigt.

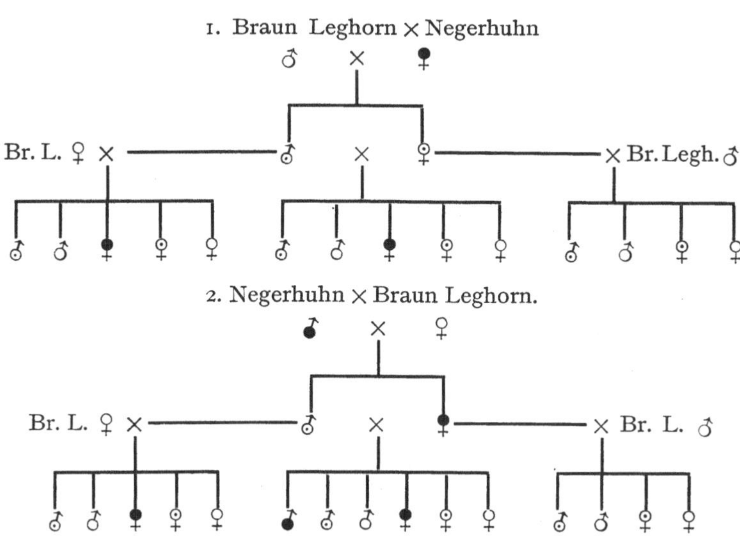

Die Erklärung von Bateson und Punnett ist nun die: Das Pigment hängt ab von einem Pigmentierungsfaktor P und einem Hemmungsfaktor I (inhibitor). Verschiedene Grade der Pigmentierung hängen ab von der Kombination dieser Faktoren: $PPii$ ist vollpigmentiert, $PpIi$ kaum pigmentiert, $ppII$, $ppii$ unpigmentiert usw. Die Geschlechtsbestimmung verläuft nach dem Schema $Ff = ♀$, $ff = ♂$. Wenn F und I heterozygot vorliegen, stoßen sie sich ab, so daß sie nicht in die gleiche Gamete gelangen können. Es verläuft dann etwa die Kreuzung Leghorn ♀ × Negerhuhn ♂ folgendermaßen:

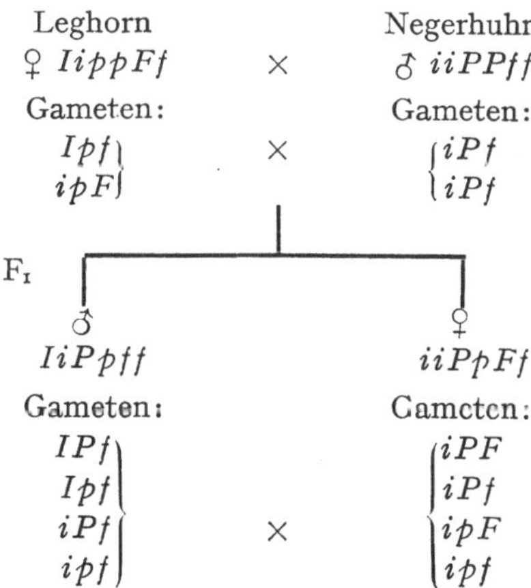

$$F_2$$

IPf iPF ♀	IPf iPf ♂	IPf ipF ♀	IPf ipf ♂
Ipf iPF ♀	Ipf iPf ♂	Ipf ipF ♀	Ipf ipf ♂
iPf iPF ♀	iPf iPf ♂	iPf ipF ♀	iPf ipf ♂
ipf iPF ♀	ipf iPf ♂	ipf ipF ♀	ipf ipf ♂

Und ebenso lassen sich dann die anderen Resultate ableiten. Es ist klar, daß damit also ein Fall gegeben ist, der einesteils genau wie der Abraxasfall verläuft, andernteils dadurch kompliziert wird, daß der geschlechtsgebunden vererbte Faktor I mit einem gewöhnlichen X zusammenarbeitet. Das Resultat ist also eine Kombination von geschlechtsgebundener Vererbung mit der uns von früher bekannten Vererbung von Farbe mit Hilfe zweier unabhängiger, aber zusammenarbeitender Faktoren. Solcher Fälle sind seitdem noch mehrere bekannt geworden. So ist dies der Vererbungsmodus des Melanismus der Nonne, den wir früher (vgl. S. 8) als Beispiel für Variation benutzten. Alle dort abgebildeten Tiere haben also verschiedene Kombinationen zweier autosomalen und eines geschlechtsgebundenen Genpaares.

Zurückführung auf die Chromosomen.

Kehren wir nun wieder zu dem für die ganze Gruppe charakteristischen Abraxasfall zurück und betrachten ihn vom Standpunkt der Geschlechtschromosomenlehre. Das Weibchen hat also ein X-Chromosom, das Männchen ihrer zwei. Wenn wir nun deren Schicksal durch aufeinanderfolgende Generationen hindurch verfolgen, so zeigt sich folgendes: da ein Ei ohne X-Chromosom, befruchtet von Sperma mit X-Chromosom, ein Weibchen liefert, so stammt das X-Chromosom eines jeden Weibchens von seinem Vater. Das Männchen mit zwei X-Chromosomen erhält je ein X von Vater und Mutter. Es geht also das X-Chromosom eines Weibchens an ihren Sohn über, somit von Großvater durch Tochter zum männlichen Enkel. Wenn wir nun die oben gegebenen Tatsachen

des Abraxasfalles betrachten, so zeigt sich, daß der rezessive lacticolor-
Faktor in seiner Vererbung genau dem Gang des X-Chromosoms folgt
und daß die Tatsachen sämtlich und restlos dadurch erklärt werden,
daß angenommen wird, daß der lacticolor-Faktor im X-Chromosom gelegen ist und dadurch mit dem Geschlechtsdifferentiator so verkoppelt
ist, daß er ihm dauernd folgen muß. Geschlechtsgebundene Vererbung
wäre also nichts als die Vererbung eines Faktors, der seinen Sitz im
X-Chromosom hat, wo ja auch der Geschlechtsdifferentiator liegt. Diese
so einfache Erklärung, die etwa gleichzeitig von mehreren Forschern
auf Grund verschiedenartiger Tatsachen gefunden wurde (SPILLMAN,
GULICK, MORGAN, GOLDSCHMIDT) gibt uns nun, wie wir alsbald sehen
werden, die Möglichkeit an die Hand, durch weiteres Studium unser
Ziel, die Feststellung der Beziehungen von Faktoren und Chromosomenzahl zu erreichen.

Es sei an dieser Stelle ein Wort über die Terminologie eingeschaltet.
Wir nennen alle Gene, die im X-Chromosom vererbt sind, geschlechtsgebunden (oder geschlechtsgekoppelt, englisch sex-linked). Früher
sprach man auch von geschlechtsbegrenzter Vererbung. Dieses Wort, das
aber besser durch geschlechtskontrolliert ersetzt werden sollte, bedeutet
die Vererbung von auf ein Geschlecht begrenzte Eigenschaften, z. B.
sekundäre Geschlechtscharaktere, Eigenschaften, deren Gene gar nicht
im X-Chromosom liegen. Deren Vererbung werden wir später erörtern.

Zunächst sei nun als typisches Beispiel gezeigt, wie sich mit Hilfe
der Chromosomen der Abraxasfall erklärt. In den X-Chromosomen des
Falters findet sich außer dem geschlechtsdifferenzierenden Faktor X bei
der Stammart grossulariata noch ein Faktor G, der für das Zustandekommen des Grossulariata-Charakters (neben anderen, unbekannten
Faktoren) nötig ist. Die Form lacticolor aber ist eine Mutation, in der
der Faktor G entweder ausgefallen ist, oder, was für die Vererbung das
gleiche ist, zu g abgeändert ist. Die Geschlechtschromosomen der beiden Arten sehen somit folgendermaßen aus:

Die F_1-Weibchen aus der Kreuzung lacticolor ♀ × grossulariata ♂ erhalten ihre X-Chromosomen vom Vater, die Männchen je eins von Vater und Mutter, sind somit

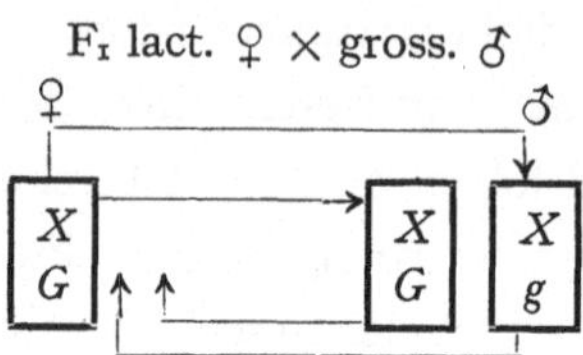

Da G über g dominant ist, sind beide Geschlechter phänotypisch grossulariata. In F_2 hieraus kann jedes der beiden X-Chromosomen des Männchens sich mit der Eizelle ohne X-Chromosom verbinden; somit zwei Arten Weibchen erzeugen. Ebenso können beide Sorten sich mit Eiern verbinden, die das X-Chromosom enthalten zu zwei Arten von männlichen Kombinationen. Die vier F_2-Kombinationen (siehe oben die Pfeile) sind:

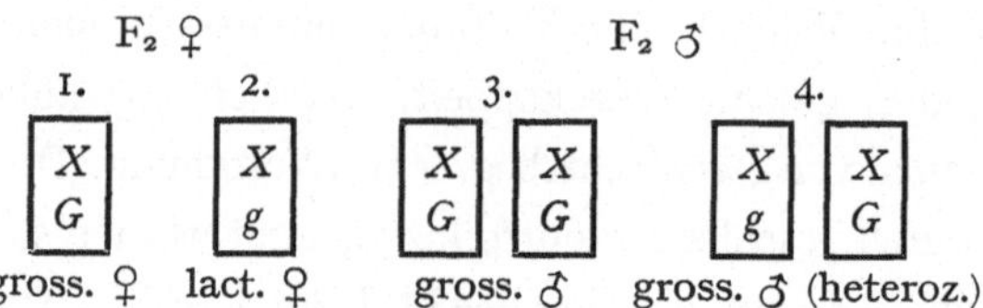

Dies ist das oben genannte Resultat. Bei der Rückkreuzung von F_1-Männchen mit lacticolor ♀ haben wir nun die folgende Situation:

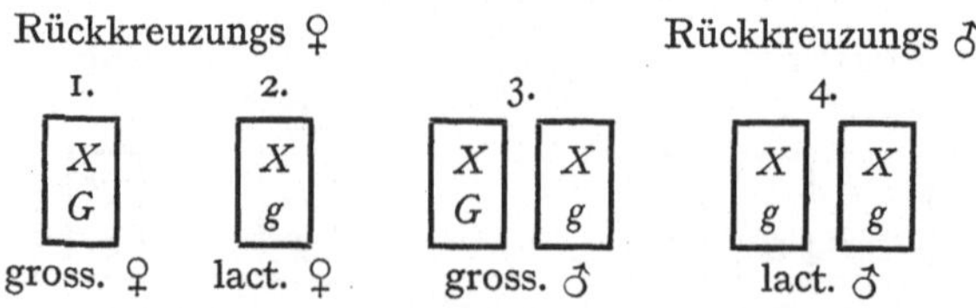

Wie im vorhergehenden Fall sind wieder zwei weibliche und zwei männliche Kombinationen möglich. Aber da nun das X-Chromosom der lacticolor-Mutter den Faktor g enthält, so kann es sich mit dem entsprechenden des Vaters zu dem homozygoten lacticolor-Männchen kombinieren, nämlich:

Dies ist wieder oben genanntes Resultat. Endlich die Kreuzung dieses lacticolor ♂ mit einem grossulariata ♀:

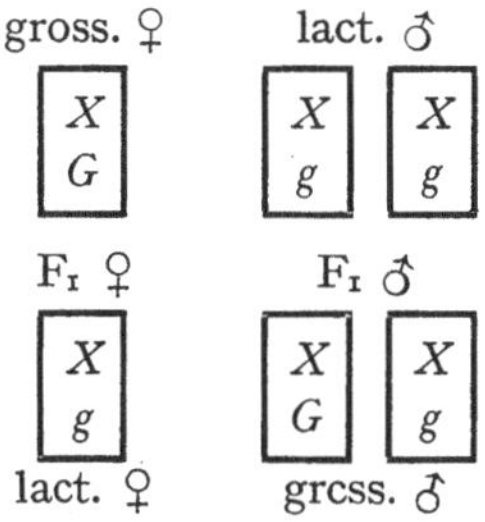

gross. ♀   lact. ♂

| X |
| G |

| X | X |
| g | g |

F₁ ♀   F₁ ♂

| X |
| g |

| X | X |
| G | g |

lact. ♀   grcss. ♂

Also die oben genannte Übers-Kreuz-Vererbung.

Diese Annahme nun, daß die geschlechtsgebundene Vererbung durch die Lagerung der betreffenden Faktoren im X-Chromosom erklärt wird, ist wie gesagt zum Ausgangspunkt der Analyse der gesamten Beziehungen zwischen Erbfaktoren und Chromosomen geworden. Ehe wir sie betrachten, wollen wir aber noch kennen lernen, auf welche Weise der exakte Beweis für die Richtigkeit der Grundannahme gelang. Wenn die Idee richtig ist, so ist eine der Konsequenzen daraus, daß ein jeder Faktor, wie viele es auch sein mögen, der im Geschlechtschromosom seine Lage hat, geschlechtsgebunden vererbt werden muß. Wenn also in dem X-Chromosom außer dem Faktor G im Abraxasfall noch die Faktoren A, B, C, D . . . gelegen wären und einer von ihnen mutierte zu a, b, c, d . . . so würde die Kreuzung der Stammform mit jeder solcher Mutante wieder einen Fall geschlechtsgebundener Vererbung liefern. Die Analyse dieses Vorkommens ist nun in der Tat möglich gewesen in den Untersuchungen MORGANS und seiner Mitarbeiter STURTEVANT, BRIDGES, MULLER u. a. an der Taufliege Drosophila, auf die sich auch nahezu alle weitere Erkenntnis in bezug auf die uns jetzt beschäftigenden Probleme stützt. Diese kleine Fliege kann leicht in hunderttausenden von Exemplaren gezüchtet werden. In solchen Zuchten treten nun von Zeit zu Zeit Mutationen aller möglichen Art an allen denkbaren Organen auf, die von Anfang an voll erblich sind und sich von der Stammart durch eine Faktorendifferenz unterscheiden. Wir werden viele davon später kennen lernen. Bis jetzt wurden an die 500 gefunden und auf ihre Erblichkeit analysiert. Unter diesen findet sich auch eine ganze

Reihe, die geschlechtsgebunden vererbt werden, also alle im *X*-Chromosom gelegen sind. Im folgenden sind einige aufgezählt (siehe später Abb. 105):

Mutation:	Stammform:
kirschfarbene Augen	rote Augen
eosinfarbene Augen	rote Augen
rubinfarbene Augen	rote Augen
weiße Augen	rote Augen
gelbe Körperfärbung	graue Körperfärbung
braune Körperfärbung	graue Körperfärbung
bandförmige Augen	runde Augen
gebogene Flügel	normale Flügel
keulenförmige Flügel	normale Flügel
löffelförmige Flügel	normale Flügel
verkürzte Flügel	normale Flügel
rudimentäre Flügel	normale Flügel
gegabelte Thorakalborsten	normale Borsten
verdoppelte Beine	normale Beine

Bei der Fliege Drosophila unterscheidet sich nun die Geschlechtsvererbung darin von dem Abraxasfall, daß das männliche Geschlecht hetcrozygot ist, das weibliche homozygot. Man spricht deshalb auch von dem Drosophilatyp (auch Bryoniatyp nach dem von CORRENS zuerst analysierten Fall) im Gegensatz zum Abraxastyp. Die Daten der geschlechtsgebundenen Vererbung müssen daher auch umgekehrt (in bezug auf die Koppelung der Eigenschaft mit einem Geschlecht) verlaufen wie bei Abraxas, wie folgendes Beispiel MORGANS zeigt. Es handelt sich um die Kreuzung einer weißäugigen Mutante mit der rotäugigen Wildform.

Der Drosophilatyp. Mit seinen normalen Geschwistern gekreuzt ergab er rotäugige F_1. F_2 spaltete dann in 2459 rotäugige Weibchen, 1011 rotäugige Männchen, 782 weißäugige Männchen. Es fehlten also weißäugige Weibchen. Wir sehen also genau das gleiche wie bei der Abraxaskreuzung, nur daß ♂ und ♀ vertauscht sind. Wurde das weißäugige ♂ mit einem rotäugigen heterozygoten F_1 ♀ gepaart, so enthielt die Nachkommenschaft wie bei Abraxas alle vier Möglichkeiten, nämlich 129 rotäugige Weibchen,

132 rotäugige Männchen, 88 weißäugige Weibchen, 86 weißäugige Männchen. Wurde endlich ein aus der Natur stammendes rotes Männchen mit einem weißen Weibchen gepaart, so war die Nachkommenschaft halb weiße Männchen, halb rote Weibchen. Die roten Männchen der Natur erwiesen sich demnach für weiß heterozygot, ebenso wie bei Abraxas die Weibchen. Also in der Tat genau der gleiche Fall, aber mit Umkehr der Geschlechter.

Wir haben den Abraxas- und Drosophilafall mit der geschlechtlich verschiedenen Heterozygotie (Heterogametie) so dargestellt, daß wir stets von X- und Y-Chromosomen sprachen. Es hat sich vielfach die Sitte eingebürgert, nur beim Drosophilatyp von X-Y zu reden und die entsprechenden Chromosomen beim Abraxastyp W-Z zu nennen. Wir wollen hier diese Bezeichnung nicht benutzen.

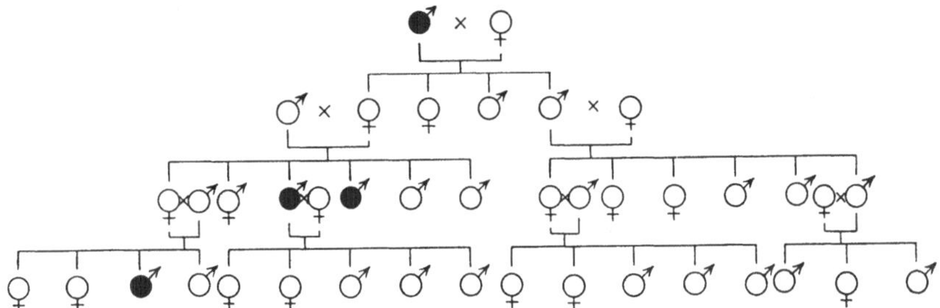

Abb. 94. Schematischer Stammbaum der Bluterkrankheit. Schwarz die Bluter.

Hier sei nun auch einmal ein viel zitiertes Beispiel aus der menschlichen Vererbung eingefügt. Auch beim Menschen gibt es allerlei geschlechtsgebundene Gene, z. B. bei der Bluterkrankheit (Hämophilie) und der Farbenblindheit. Ein schematischer Stammbaum einer solchen Krankheit ist in Abb. 94 wiedergegeben. Der Erbgang ist der folgende: Nur ganz selten werden Frauen von der betreffenden Krankheit oder Abnormität befallen, die sich in der Regel auf die Männer beschränkt. Die Erklärung für diese Tatsache ist sehr einfach: Die Krankheit beruht auf einem rezessiven Erbfaktor, der im X-Chromosom gelegen ist. Da der Mann nur ein X-Chromosom hat, so zeigt er immer die Erkrankung, wenn das X-Chromosom den betreffenden Erbfaktor enthält. Die Frau aber hat zwei X-Chromosomen. Wenn eines davon den rezessiven Faktor für die Erkrankung enthält, das andere aber den zuge-

hörigen dominanten Faktor für normale Augen, dann ist die Frau natürlich normal, da ja der dominante Faktor die Wirkung des rezessiven
Partners nicht zur Geltung kommen läßt. Nur wenn beide X-Chromo-
somen der Frau den rezessiven Faktor enthalten, wenn sie also in bezug
auf diesen geschlechtsgebundenen Faktor homozygot ist, kann auch sie
krank bzw. farbenblind sein (siehe später bei Letalfaktoren!). Bei der
Besonderheit der menschlichen Vererbung — sie ist meist das Ergebnis
einer Rückkreuzung —, sind aber die rezessiv-homozygoten nur selten
zu erwarten.

Heiratet nun ein farbenblinder Mann eine gesunde Frau, so sehen
alle Kinder die Farben richtig, ihr Auge ist farbentüchtig, wie man
gewöhnlich sagt. Warum? Der Vater bildet Samenzellen ohne X-Chro-
mosom und solche mit X-Chromosom, das den Erbfaktor für Farbenblindheit enthält, wir wollen jetzt kurz sagen ein „farbenblindes X-Chro-
mosom“, was wohl niemand mißverstehen wird. Die Frau liefert Eier,
alle mit X-Chromosom, das den Faktor für normale Augen enthält; wir
sagen wieder kurz, ‚normale X-Chromosomen“ (s. Abb. 95). Die Samenzelle ohne X-Chromosom ist männchenerzeugend, der Sohn bekommt also
sein einziges X-Chromosom von der Mutter, es ist ein normales X. Bei
den Söhnen des kranken Vaters ist daher in diesem Fall die Krankheits-
anlage völlig verschwunden, sie besitzen kein krankes X mehr. Mit normalen Frauen verheiratet, können sie daher nur normale Nachkommenschaft erzeugen. Die Samenzellen mit X aber sind weibchenbestimmend.
Somit erhalten die Töchter ein krankes X-Chromosom vom Vater und
ein „normales“ von der Mutter. Da der Erbfaktor für Farbenblindheit
aber rezessiv ist, so sind diese Töchter wieder farbentüchtig; aber sie
besitzen das eine „kranke“ X-Chromosom in jeder Zelle und können
es daher auf ihre Kinder übertragen.

Heiratet ein solches — heterozygotes — Mädchen jetzt einen gesunden bzw. farbentüchtigen Mann, so werden plötzlich die Hälfte ihrer
Söhne farbenblind. Warum? Die Mutter besitzt ein „normales“ und
ein „farbenblindes“ X-Chromosom, ist also heterozygot, ein Bastard.
Sie bildet also, wie uns wohlbekannt, zwei Sorten von Eizellen, solche
mit dem „normalen“ X-Chromosom und solche mit dem „farbenblinden“ X-Chromosom. Der normale Vater bildet auch zwei Sorten von

Samenzellen, solche mit normalem X — weibchenbestimmende — und solche ohne X, männchenbestimmende. Somit sind vier Sorten von Befruchtungen denkbar:

1. Ei mit normalem X von Samenzelle mit normalem X.
2. Ei mit normalem X von Samenzelle ohne X.
3. Ei mit farbenblindem X von Samenzelle mit normalem X.
4. Ei mit farbenblindem X von Samenzelle ohne X.

Nr. 1 und 3 haben zwei X, sind also Töchter; Nr. 2 und 4 haben ein X, sind demnach Söhne. Nr. 1 ist eine normale Tochter mit zwei normalen

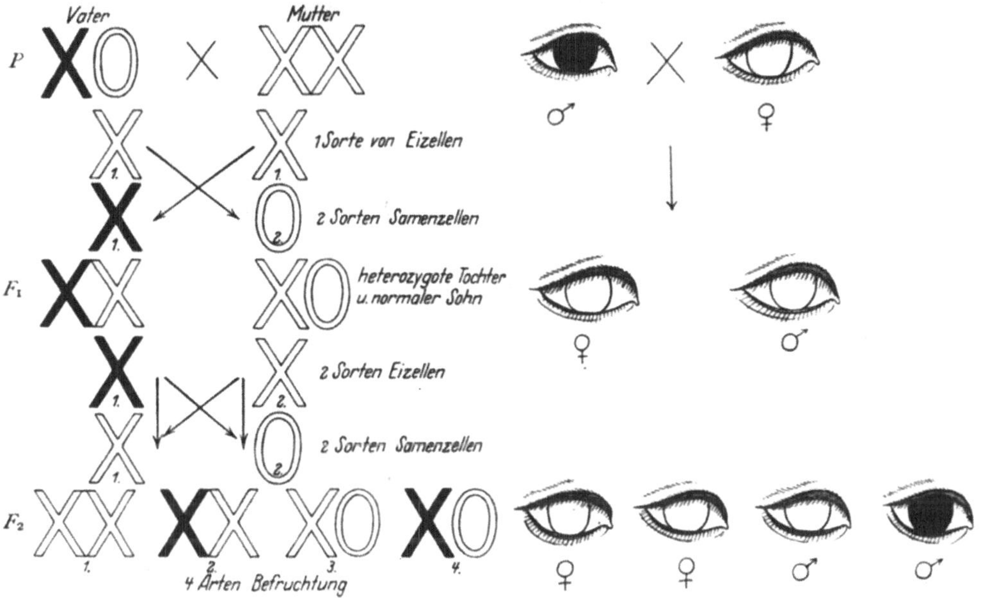

Abb. 95. Vererbung der Farbenblindheit. Farbenblinde Augen und X-Chromosomen schwarz. Nach MORGAN.

X, die somit auch die Abnormität nicht mehr weiter übertragen kann. Nr. 3 ist ebenfalls eine normale Tochter, aber mit einem normalen und einem farbenblinden X-Chromosom, also heterozygot, Trägerin des rezessiven Charakters, den sie somit wieder auf die Hälfte ihrer Söhne vererben kann. Nr. 2 ist ein normaler Sohn mit einem normalem X-Chromosom und Nr. 4 ist ein farbenblinder Sohn mit einem „farbenblinden" X-Chromosom. In Abb. 95 ist nochmals diese Erklärung des Erbganges eines geschlechtsgebundenen Charakters in einem einfachen Schema dargestellt, das wohl keiner besonderen Erklärung bedarf.

Nichttrennen der X-Chromosomen. Bei dem Studium dieser Fälle geschlechtsgebundener Vererbung ist es nun gelungen, in sehr ingeniöser Weise einen absoluten Beweis für die Richtigkeit der Annahme zu erbringen, daß geschlechtsgebundene Faktoren im X-Chromosom ihren Sitz haben. Die betreffenden Unter-

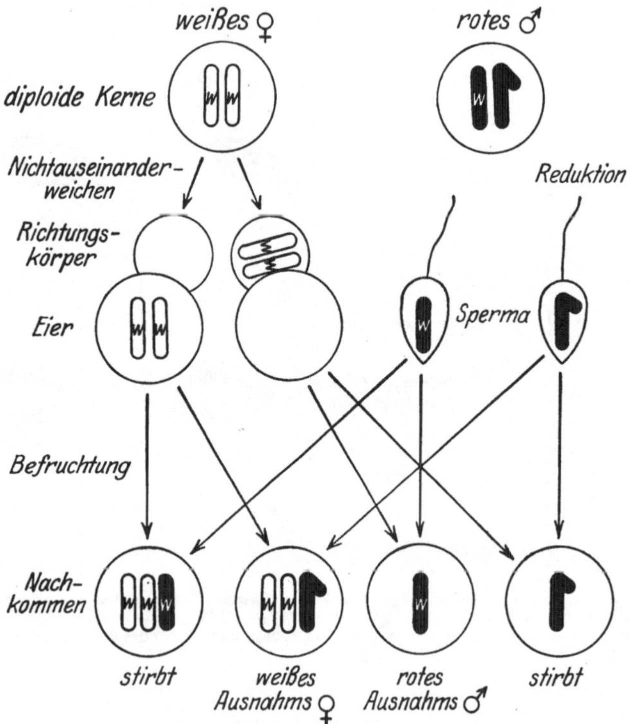

Abb. 96. Schema des „Nichtauseinanderweichens" der Geschlechtschromosomen und seiner genetischen Konsequenzen. Nach BRIDGES.

suchungen stammen von BRIDGES und beziehen sich auf eine geschlechtsgebundene Mutation der Augenfarbe von Drosophila (vermilion), die genau so vererbt wird, wie die oben genannte Mutation weiße Augen. Um uns direkt auf vorhergehendes Beispiel beziehen zu können, stellen wir den Fall so dar, als ob es sich um jene Mutante handele, was natürlich keinen Unterschied macht. Wir schicken noch voraus, daß bei Drosophila das heterozygote männliche Geschlecht ein X- und ein Y-Chromosom besitzt. Letzteres ist an seiner Hakenform kenntlich (später Abb. 104). Die männchenbestimmenden Spermatozoen haben also Y, die weibchenbestimmenden X und alle Eier X. Wir erinnern uns nun, daß weißäugige Weibchen mit wilden, rotäugigen Männchen gekreuzt, ausschließlich rotäugige Weibchen und weißäugige Männchen ergaben, wie es die Geschlechtschromosomenlehre erfordert (Übers-Kreuz-Vererbung). In bestimmten Kreuzungen dieser Art erschienen nun außer den erwarteten Formen noch eine Anzahl unerwartete, nämlich außer etwa 47,5% roten Weibchen und ebenso vielen weißen Männchen noch 2,5% weiße Weibchen und ebenso viele rote Männchen. Wo kommen nun diese 5% „unerlaubter" Tiere her? BRIDGES kam auf die Idee, daß man dies Resultat erklären könnte, wenn man annimmt, daß bei der Reifeteilung der Eier folgende Abnormität eingetreten sei: Eigentlich soll ja ein X-Chromosom im Ei verbleiben und eines in den Richtungskörper gehen. Es könnte nun als eine Art von pathologischem Vorkommnis eintreten, daß beide X-Chromosomen in den Richtungskörper gehen oder beide im Ei bleiben, das, was BRIDGES Nichtauseinanderweichen oder Nichttrennen (Non-disjunction) nennt. (Durch die Experimente von MAVOR wissen wir jetzt, daß dieses Phänomen experimentell durch Behandlung mit Röntgenstrahlen produziert werden kann.) Würden nun derartige abnorme Eier eines weißäugigen Weibchens von dem Sperma eines rotäugigen Männchens befruchtet, so ergäbe sich folgende Situation (siehe Schema Abb. 96): Wir hätten einmal zwei Arten von Eiern; nämlich eine mit zwei X-Chromosomen, von denen jedes den Charakter weißäugig trägt, und eine ohne X-Chromosomen. Wir hätten ferner zwei Sorten von Samenzellen: Eine mit X-Chromosom, das den Charakter rotäugig enthält und eine mit Y-Chromosom. Die Befruchtung ergibt somit die vier in der Abbildung dargestellten Möglichkeiten, nämlich es wird befruchtet:

1. Ei mit 2 weißäugigen X von Sperma mit rotäugigem X.
2. Ei mit 2 weißäugigen X von Sperma mit Y.
3. Ei ohne X von Sperma mit rotäugigem X.
4. Ei ohne X von Sperma mit Y.

Es ist nun klar, daß Nr. 2 ein weißäugiges Weibchen mit einem überzähligen Y-Chromosom (XXY) ist, falls $2X$ immer das Weibchen bestimmen, und daß Nr. 3 ein rotäugiges Männchen (aber ohne Y-Chromosom) ist, wenn ein X das Männchen bestimmt, gleichgültig, ob Y anwesend ist oder nicht. Nr. 1 wäre ein Weibchen mit $3X$, Nr. 4 ein Individuum ohne X. Wenn nun 1 und 4 nicht lebensfähig wären, so wäre das Resultat erklärt, da ja 2 und 3 die „unerwarteten" Tiere des Experiments sind. (Nach neuesten Befunden sind übrigens die XXX-Tiere [Nr. 1] manchmal lebensfähig.)

Betrachten wir nun die so erzeugten weißen Weibchen Nr. 2, so haben sie ja außer den zwei X noch ein Y-Chromosom. Ihre Nachkommenschaft muß also sich anders verhalten als die normaler weißer Weibchen mit nur $2X$. Wenn bei ihnen in der Synapsisperiode die väterlichen und mütterlichen Chromosomen konjugieren, so sind ja drei Geschlechtschromosomen dazu zur Verfügung (XXY); so können sich entweder die beiden X miteinander vereinigen oder ein X konjugiert mit einem Y und das zweite X bleibt ungepaart, wie es das Schema Abb. 97 darstellt. Bei der Reduktionsteilung können somit 4 Sorten von Eiern entstehen, wie die Abbildung zeigt, nämlich solche mit $2X$, mit $1Y$, mit $1X$ und mit XY. Das X-Chromosom trägt aber in allen Fällen den Charakter weißäugig. Werden diese Eier nun mit dem Sperma eines wilden Männchens befruchtet, das ja zur Hälfte das rotäugige X und zur anderen Hälfte ein Y enthält, so können die 8 im Schema eingezeichneten Kombinationen zustande kommen, nämlich:

1. Zwei weißäugige X mit einem rotäugigen X-Chromosom.
2. Ein Y mit einem rotäugigen X-Chromosom.
3. Ein weißäugiges X mit einem rotäugigen X-Chromosom.
4. Ein weißäugiges X und Y mit einem rotäugigen X-Chromosom.
5. Zwei weißäugige X mit einem Y-Chromosom.
6. Ein Y mit einem Y-Chromosom.
7. Ein weißäugiges X mit einem Y-Chromosom.
8. Ein weißäugiges X und Y mit einem Y-Chromosom.

Von diesen wären Nr. 3, 4 rotäugige Weibchen, 7, 8 weißäugige Männchen, 5 weißäugige Weibchen, 2 rotäugige Männchen. Nr. 1 und 6 wären wohl nicht lebensfähig. Die Extraweibchen würden also in der nächsten Generation wieder alle vier Sorten von Tieren erzeugen. Das Zahlenverhältnis der unerwarteten Tierklassen zu den erwarteten würde aber

reguliert durch die relative Häufigkeit, mit der die beiden möglichen
Arten von Synapsis eintreten. Soweit die Grundgedanken von BRIDGES

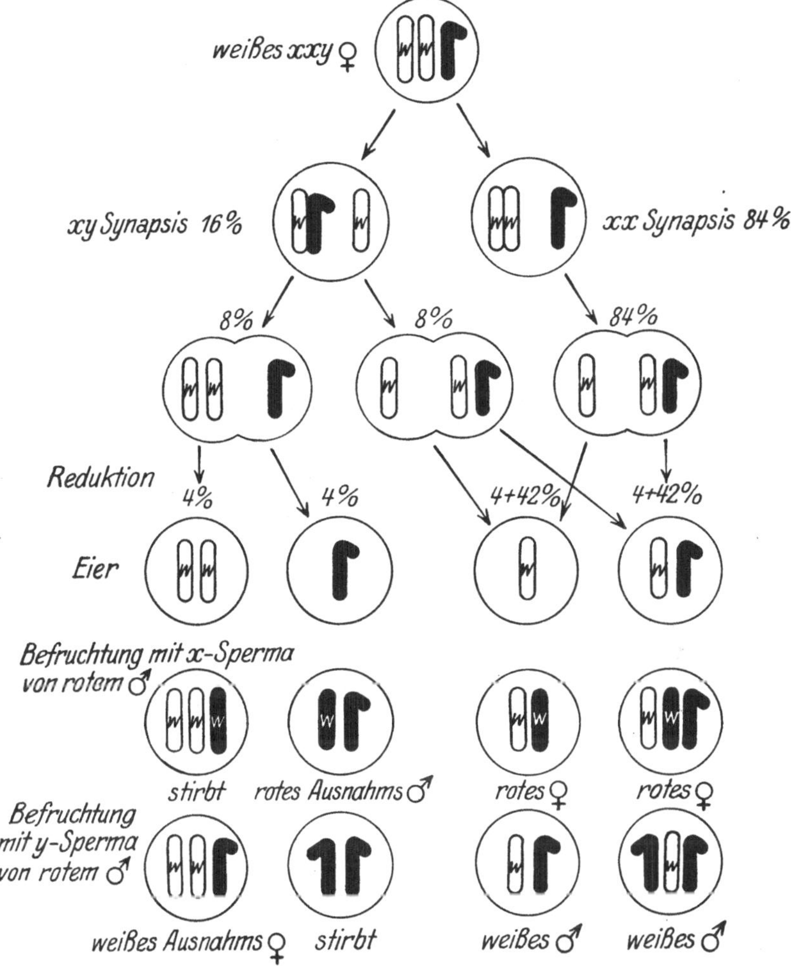

Abb. 97. Schema für „sekundäres Nichtauseinanderweichen" in der Nachkommenschaft
eines XXY-♀. Nähere Erklärung im Text. Nach BRIDGES.

Erklärung mit Hilfe des Nichtauseinanderweichens des X-Chromosomen-
paares im Ei.

Der Beweis für die Richtigkeit dieser Annahme kann nun folgendermaßen geliefert werden: Einmal dadurch, daß gezeigt wird, daß die

unerwarteten weißen Weibchen von der vermutlichen Beschaffenheit
XXY wieder das gleiche abnorme Resultat bei Befruchtung mit rotäugigen Männchen liefern. Das war in der Tat immer der Fall. Auf
der andern Seite müssen die unerwarteten rotäugigen Männchen des
Experiments sich wie normale Männchen verhalten, da sie ja die gleiche
Faktorenkonstitution haben, wie das Schema zeigt. Auch dies war der
Fall. Von den rotäugigen Weibchen muß es aber zwei Typen geben
(Schema Nr. 3 und 4), von denen der eine ein gewöhnliches für rot heterozygotes Weibchen ist, der andere aber abnorme Chromosomenbeschaffenheit hat. Es läßt sich nun natürlich berechnen, welche Resultate bei
einer Kreuzung mit den beiden Weibchen zu erwarten sind und die Erwartungen wurden erfüllt. Sodann finden sich auch zwei Sorten weiß-
äugiger Männchen (Nr. 7 und 8). Die erstere ist genetisch ganz normal
und muß sich also bei Kreuzungen so verhalten. Die zweite hat zwei
Y-Chromosomen und kann daher auch Samenzellen mit XY produzieren. Wenn diese ein Ei mit X befruchten, werden Weibchen mit
XXY erzeugt, also wieder Weibchen, die bei ihrer Fortpflanzung Aus-
nahmsklassen produzieren. Die Ergebnisse der Experimente entsprechen auch diesen Erwartungen. Weitere Beweise können auf einem
Wege gebracht werden, den wir erst in der nächsten Vorlesung kennen
lernen werden; so bemerken wir nur, daß auch da die verwickeltsten
Erwartungen erfüllt waren. Der Umfang des Beweismaterials geht aus
folgenden Zahlen hervor, die die Gesamtheit[1] solcher Kulturen wiedergeben, in denen entsprechend der Erwartung die regulären und die besonderen Nachkommentypen erhalten werden (weiße ♀ und rote ♂ neben
roten ♀ und weißen ♂):

Eigentlich erwartete Formen:		Die Ausnahmsformen:		Gesamtzahl:
♀	♂	♀	♂	
27629	26391	1235	1169	56474

Der entscheidende Punkt ist nun natürlich der zelluläre Nachweis,
daß Weibchen, die auf Grund der Experimentalergebnisse XXY enthalten sollten, wirklich in ihren Geschlechtszellen zwei X- und ein

---

[1] Heute wird das hier beschriebene Phänomen direkt als Labora-
toriumsmethode für bestimmte Analysen benutzt, so daß die ursprünglichen Zahlen beliebig vermehrt werden können.

Y-Chromosom besitzen. Dies ist tatsächlich der Fall, wie später die Abb. 142 in Zeichnung und Photo illustrieren wird.

Damit ist nun der exakte Beweis erbracht, daß geschlechtsgebundene Eigenschaften innerhalb der Geschlechtschromosomen vererbt werden. Es ist vielleicht aufgefallen, daß in diesem ganzen Abschnitt, entgegen unserer sonstigen Gewohnheit kaum Beispiele aus dem Pflanzenreich herangezogen wurden. Tatsächlich ist geschlechtsgebundene Vererbung bei Pflanzen sichtlich sehr selten. Denn obwohl jetzt Geschlechtschromosomen bei vielen Pflanzen bekannt sind (zuerst von ALLEN beim Lebermoos Sphaerocarpus entdeckt, dann von BLACKBURN und WINGE für Melandrium, seitdem viele Fälle; siehe MEURMAN und BELAR), gibt es nur einen sicheren Fall von geschlechtsgebundener Vererbung, nämlich eine Blattform bei Lychnis dioica nach BAUR und SHULL.

Bei den nunmehr besprochenen Erscheinungen fiel es als eine Merkwürdigkeit auf, daß es bald das weibliche (Abraxastyp) bald das männliche (Bryonia- oder Drosophilatyp) Geschlecht war, das mendelistisch heterozygot, cytologisch heterogametisch war. Im Tierreich folgen Schmetterlinge und Vögel dem Abraxastyp; im Pflanzenreich gehören ihm wahrscheinlich die Erdbeeren an (CORRENS, KIHARA). In allen übrigen bekannten Fällen herrscht der Drosophilatyp. Eine gar merkwürdige Ausnahme machen aber die Cyprinodonten (Knochenfische). Hier hat BELLAMY beide Typen bei nahen Verwandten gefunden. Dies wirft vielleicht Licht auf den phylogenetischen Ursprung beider Typen. Denn bei den Fischen scheint das Geschlecht noch sehr labil zu sein, so daß sie fast als eigentliche Hermaphroditen anzusprechen sind. Von solchen aber ließen sich die beiden Typen ableiten. Die Einzelheiten einer solchen Ableitung, die zunächst sehr einfach erscheint, begegnen noch beträchtlichen Schwierigkeiten, wenn man die moderne Geschlechtsbestimmungstheorie berücksichtigt.

Wenn wir nun zu dem Ausgangspunkt dieser Vorlesung zurückkehren, so sehen wir, daß damit die Forderung erfüllt ist, für ein bestimmtes Chromosom den Beweis zu erbringen, daß tatsächlich mehrere im gleichen Chromosom gelagerte Faktoren gekoppelt oder korrelativ vererbt werden, wie es die Chromosomenlehre der MENDELschen Vererbung erfordert. Wir werden später in der 17. Vorlesung sogar hören, daß ein ganz entsprechender Beweis auch für ein weiteres Chromosom geführt wurde. Die Beweisführung blieb aber nicht hierbei stehen, wie die folgende Vorlesung zeigen wird.

Literatur zur elften Vorlesung.

ALLEN, CH. E.: The basis of sex-inheritance in Sphaerocarpus. Proc. of the Americ. Philos. Soc. **58**. 1919.

VON BAEHR, W. B.: Die Oogenese bei einigen viviparen Aphiden und die Spermatogenese von Aphis saliceti. Arch. f. Zellforsch. **3**. 1909.

BATESON, W. and PUNNETT, R. C.: The inheritance of the peculiar pigmentation of the Silky Fowl. Journ. of Genetics **1**. 1911.

BLACKBURN, K. B.: The cytological aspects of the determination of sex in the dioecious forms of Lychnis. Brit. Journ. of Exp. Biol. **1**. 1924.

BOVERI, TH.: Über die Beziehung des Chromatins zur Geschlechtsbestimmung. Sitzungsber. d. Phys. Med. Ges. Würzburg. Dezember 1908. — Ders.: Über das Verhalten der Geschlechtschromosomen bei Hermaphroditismus. Verhandl. d. Phys. Med. Ges. Würzburg 1911.

BRIDGES, C. B.: Non-disjunction as proof of the chromosome theory of heredity. Genetics **1**. 1916.

CORRENS, C.: Bestimmung und Vererbung des Geschlechtes. Leipzig 1907. — Ders.: Über Fragen der Geschlechtsbestimmung bei höheren Pflanzen. Ber. 5. Jahresversamml. d. dtsch. Ges. f. Vererbungswiss. (Zeitschr. f. indukt. Abstammungs- u. Vererbungslehre). 1926. Hier Literatur.

CORRENS, C. und GOLDSCHMIDT, R.: Die Vererbung und Bestimmung des Geschlechtes. Berlin 1913.

DONCASTER, L.: On the Maturation of the unfertilized egg, and the fate of the polar bodies in the Tenthredinidae (Saw-flies). Quart. Journ. of Microscop. Science **49**. 1906. — Ders.: Sex Inheritance in the moth Abraxas grossulariata and its var. lacticolor. Rep. Evol. Ctee. **4**. 1908. — Ders.: Recent work on the determination of sex. Science Prog. 1909. — Ders.: Gametogenesis of the Gall-Fly Neuroterus lenticularis (Spathegaster baccarum). Proc. of the Roy. Soc. of London B. **82**. 1910. — Ders.: Gametogenesis of the Gall-Fly Neuroterus lenticularis. Ibid. **83**. Nr. 566. 1911. — Ders.: On the relations between chromosomes, sex-limited transmission and sex-determination in Abraxas grossulariata. Journ. of Genetics **4**. 1914. — Ders.: Chromosomes, Heredity and sex. Quart. Journ. of Microscop. Science. 1914.

DONCASTER, L. and RAYNOR, G. H.: Breeding Experiments with Lepidoptera. Proc. of the Zool. Soc. London 1906.

GOLDSCHMIDT, R.: Mechanismus und Physiologie der Geschlechtsbestimmung. Berlin: Bornträger 1920.

GOODALE, H. G.: Sex and its relation to the barring Factor in Poultry. Science (N. S.) **20**. 1909.

GULICK, A.: Über die Geschlechtschromosomen bei einigen Nematoden. Arch. f. Zellforsch. **6**. 1911.

HENKING, H.: Über Spermatogenese und deren Beziehung zur Eientwicklung bei Pyrrhocoris apterus. Zeitschr. f. wiss. Zool. **50**. 1891. — Ders.: Untersuchungen über die ersten Entwicklungsvorgänge in den Eiern der Insekten I., II., III. Ebenda **49, 51, 54**. 1890—92.

KIHARA, H.: Über die Chromosomenverhältnisse bei Fragaria elatior. Zeitschr. f. indukt. Abstammungs- u. Vererbungslehre. 1926. (Ber. d. dtsch. Ges. f. Vererbungswiss.)

LINDNER, E.: Über die Spermatogenese von Schistosomum haematobium Bilh., mit besonderer Berücksichtigung der Geschlechtschromosomen. Arch. f. Zellforsch. **12**. 1914.

LORBEER, G.: Untersuchungen über Reduktionsteilung und Geschlechtsbestimmung bei Lebermoosen. Zeitschr. f. indukt. Abstammungs- u. Vererbungslehre **44**. 1927.

MAC CLUNG, C. E.: The acessory Chromosome Sex-Determinant? Biol. Bull. of the Marine Biol. Laborat. **3**. 1902.

MEURMAN, O.: The chromosome behavior of some dioecious plants. Soc. scient. fennica. Comm. biol. **2**. 1925. Hier Literatur.

MEVES, FR.: Die Spermatocytenteilungen bei der Honigbiene. Arch. f. mikroskop. Anat. **70**. 1907.

MONTGOMERY, TH. jun.: Chromosomes in the spermatogenesis of Hemiptera and Heteroptera. Transact. of the Americ. Philos. Soc. N. S. **21**. 1906.

MORGAN, TH. H.: A Biological and Cytological Study of Sex Determination in Phylloxerans and Aphids. Journ. of Exp. Zool. **7**. 1909. — Ders.: Sex limited inheritance in Drosophila. Science, N. S. **32**. 1910. — Ders.: An attempt to analyze the constitution of the chromosomes on the basis of sex-limited inheritance in Drosophila. Journ. of Exp. Zool. **11**. 1911. — Ders.: The elimination of the sex chromosomes from the male-producing eggs of Phylloxerans. Ibid. **12**. 1912. — Ders.: Die stoffliche Grundlage der Vererbung. Deutsch von H. NACHTSHEIM. 1921. Hier Literatur.

MULSOW, K.: Der Chromosomenzyklus bei Ancyracanthus cystidicola Rud. Arch. f. Zellforsch. **9**. 1912.

NACHTSHEIM, H.: Cytologische Studien über die Geschlechtsbestimmung bei der Honigbiene (Apis mellifica). Ebenda **11**. 1913.

PAYNE, F.: Some new types of chromosome distribution and their relation to sex. Biol. Bull. of the Marine Biol. Laborat. **16**. 1909.

PEARL, R. and SURFACE, F. M.: On the Inheritance of the barred colour pattern in poultry. Arch. f. Entwicklungsmech. d. Organismen **30**. 1910.

SCHACKE, M. A.: A chromosome difference between the sexes of Sphaerocarpus texanus. Science **49**. 1919.

SCHLEIP, W.: Geschlechtsbestimmende Ursachen im Tierreich. Ergebn. d. Fortschr. Zool. **3**. 1912. — Ders.: Das Verhalten des Chromatins bei Angiostomum (Rhabdonema) nigro-venosum. Ein Beitrag zur Kenntnis der Beziehungen zwischen Chromatin und Geschlechtsbestimmung. Arch. f. Zellforsch. **7**. 1911.

SEILER, J.: Das Verhalten der Geschlechtschromosomen bei Lepidopteren. Ebenda **13**. 1914. — Ders.: Geschlechtschromosomen-Untersuchungen an Psychiden. Zeitschr. f. indukt. Abstammungs- u. Vererbungslehre **18**. 1917.

SPILLMAN, W. J.: Barring in Barred Plymouth Rocks; Poultry **5**. 1909. — Ders.: A theory of Mendelian phenomena. Americ. Breed. Assoc. **6**. 1910.

STEVENS, N. M.: Study of the Germ-cells of Aphis rosae and oenotherae. Journ. of Exp. Zool. 1905. — Ders.: Studies in Spermatogenesis with especial reference to the accessory chromosome. Carnegie Institution Publications. Washington 1905. — Ders.: do. Part II, with reference to sex Determination. Ibid. 1906. — Ders.: An unpaired chromosome in the Aphids. Journ. of Exp. Zool. **6**. 1909.

WILSON, E. B.: Studies on Chromosomes. I. The Behavior of the Idiochromosomes in Hemiptera. Ibid. **2**. 1905. — Ders.: Studies on Chromosomes. II. The paired Microchromosomes, Idiochromosomes and Heterotropic Chromosomes in Hemiptera. Ibid. **2**. 1905. — Ders.: Studies on Chromosomes. III. The sexual differences of the Chromosome-groups in Hemiptera, with some considerations on the determination and inheritance of sex. Ibid. **3**. 1906. — Ders.: Note on the Chromosome-groups of Metapodius and Banasa. Biol. Bull. of Marine Biol Laborat **12**. 1907. — Ders.: Recent researches on the determination and inheritance of sex. Science N. S. **29**. 1909. — Ders.: Secondary Chromosome-couplings and the sexual relations in Abraxas. Ibid. **29**. 1909. — Ders.: The Chromosomes in Relation to the determination of sex. Science Prog. **16**. 1910. — Ders.: Studies on Chromosomes. Journ. of Exp. Zool. **9**. 1910. — Ders.: Studies on Chromosomes. VII. A review of the chromosomes of Nezara; with some general considerations. Journ. of Morphol. **22**. 1911. — Ders.: The sex chromosomes. Arch. f. mikroskop. Anat. **77**. 1911. — Ders.: Some aspects of cytology in relation to the study of genetics. Americ. Naturalist **46**. 1912. — Ders.: The cell in development and inheritance. 3. Aufl. 1927. Cytologisches Hauptwerk.

WINGE, Ö.: On sex chromosomes, sex-determination and preponderance of females in some dioecious plants. Cpt. rend. Trav. Lab. Carlsberg **15**. 1923.

Für Literatur und weitere Einzelheiten konsultiere man die zusammenfassenden Darstellungen und Bücher von SCHLEIP, CORRENS, CORRENS-GOLDSCHMIDT, GOLDSCHMIDT, MORGAN, WILSON.

Zwölfte Vorlesung.

Partielle Koppelung und Abstoßung. Ihre Erklärung durch Faktorenaustausch. Analyse der Chromosomen in den Drosophila-Experimenten.

Wie die vorige Vorlesung zeigte, konnte die Lagerung mehrerer Faktoren in einem Chromosom zunächst dadurch bewiesen werden, daß in dem Geschlechtschromosom ein bestimmtes Chromosom gegeben ist, das sich durch einen besonderen Verteilungsmodus in den Reifeteilungen auszeichnet, dessen Konsequenz, die Verteilung der beiden Geschlechter, leicht zu beobachten ist und daher mühelos zum Verteilungsmodus anderer Faktoren bzw. Außeneigenschaften in Beziehung gesetzt werden kann. Wie aber sollte entsprechendes für andere Chromosomen möglich sein, die ja keinen absonderlichen Verteilungsmodus besitzen? Der Weg dazu wurde von Morgan und seinen Mitarbeitern entdeckt, als sie bei der Fliege Drosophila die gleichzeitige Vererbung mehrerer geschlechtsgebundener Charaktere studierten. Die betreffenden Entdeckungen stellen zweifellos den wichtigsten Fortschritt des Mendelismus im letzten Jahrzehnt dar und sie sollen uns nun beschäftigen.

Die Grundtatsachen, auf denen die Analyse beruht, waren allerdings schon vorher in kleinerem Maßstabe bekannt und eine rein mendelistische Erklärung ohne Bezug auf die Chromosomen versucht worden. Wir wollen von ihnen ausgehen, da ein Vergleich der so erreichten Einsicht mit dem Fortschritt, den die Übertragung auf die Chromosomenlehre brachte, zweifellos höchst lehrreich ist. Die betreffenden Entdeckungen gingen aus von der Analyse eines Mendel-Falls, den wir schon früher erwähnten, der Kreuzung zweier weißer Rassen der spanischen Wicke (Lathyrus odoratus), die in F_1 purpurblühende ergaben und in F_2 eine Spaltung in 9 farbige : 7 weiße.

Die 9 farbigen waren aber in diesem Fall nicht einheitlich, sondern bestanden teils aus purpurnen, teils aus roten. Die Erklärung ist die gleiche wie bei den uns schon bekannten Mäusebeispielen, nämlich, daß

außer dem Farbfaktor für rot und dem Farbkomplement noch ein Sättigungsfaktor vorhanden ist, der rot zu purpur (lila) sättigt. Der eine der
Eltern enthielte dann ähnlich wie wir es früher für das Beispiel der weißen
Hühnerrassen sahen, die bei Kreuzung in F_1 wildfarbige ergaben, den
Rotfaktor R (ruber) aber kein Komplement c und den Sättigungsfaktor S,
der andere aber keinen Rotfaktor r, dafür das Komplement C und keinen
Sättigungsfaktor s. F_1 mit den drei Dominanten ist also purpur. In F_2
erscheinen nach dem Schema des Trihybridismus wieder 8 Phänotypen von dem Aussehen:

$$27\ RCS : 9\ RCs : 9\ RcS : 9\ rCS : 3\ Rcs : 3\ rCs : 3\ rcS : 1\ rcs.$$

Die $27\ RCS$ sind wieder purpurn, die $9\ RCs$ sind rot, da sie Farbe
mit Komplement, aber die Verdünnung haben; alle anderen aber haben
entweder Farbe oder Komplement, nie beides, sind also weiß. Das Verhältnis ist somit 27 purpurne : 9 roten : 28 weißen. Tatsächlich erhielten
BATESON und Miß SAUNDERS in einem Versuch

315 purpurne : 112 roten : 346 weißen.

Bei der weiteren Analyse wurde nun noch ein weiteres Merkmalspaar
studiert, nämlich das Vorhandensein länglicher Pollenkörner bei der
einen und runden bei der andern Elternrasse.

Erstere erwiesen sich als dominant und traten in F_1 auf, in F_2 hatten
$^3/_4$ der Pflanzen lange, $^1/_4$ runde Körner. Diese verteilten sich aber auf
die drei Gruppen von F_2-Pflanzen in ganz verschiedener Weise. Während
bei den weißen Pflanzen das Verhältnis das normale war, hatten die
purpurnen viel zu lange Körner, nämlich 12 : 1, während die roten
Pflanzen zu viel runde Pollen besaßen, nämlich 3,2 mal so viel als lange.
Wir erinnern uns nun, daß der Unterschied zwischen purpurnen und
roten Blüten durch die Anwesenheit des Sättigungsfaktors S bzw. seine
Abwesenheit s hervorgerufen war. Da sich nun zeigte, daß die unregelmäßige Verteilung der Pollenkörner nur statt hatte, wenn die Pflanzen
in diesem Faktor S heterozygot waren, so muß irgendeine feste Beziehung zwischen diesem und dem Pollenfaktor bestehen. BATESON stellt
sie sich so vor, daß eine „*Koppelung*" besteht zwischen dem Sättigungsfaktor und der langen Pollenform, also den beiden Dominanten, und
ebenso zwischen Verdünnung und rundem Pollen, den beiden Rezessiven,
d. h. bei der Gametenbildung kommen jene beiden Faktoren besonders

gern zusammen. Wenn er annimmt, daß sie 7 mal so oft sich zusammen-paaren, als normalerweise geschehen sollte, werden seine wirklichen Zahlenresultate erklärt. In den Symbolen ausgedrückt bilden die hetero-zygoten Pflanzen $SsLl$ ($L =$ langer Pollen) nicht die Gameten 1 SL : 1 Sl : 1 sL : 1 sl, sondern die Gameten 7 SL : 1 Sl : 1 sL : 7 sl. In einem andern studierten Fall erklärten die Zahlen 15 : 1 : 1 : 15 das Resultat. Diese Versuche zeigen also, daß es Gruppen von Eigenschaftspaaren gibt, die nur teilweise unabhängig voneinander vererbt werden: die betreffen-den Faktoren haben eine Neigung, in bestimmten Kombinationen bei-sammen zu bleiben, sie sind nicht unabhängig mendelnd, sondern par-tiell gekoppelt. Wir können uns übrigens hier schon darüber klar wer-den, daß wir das gleiche Resultat auch so ausdrücken könnten, daß wir sagen, die beiden Faktoren werden gekoppelt, korreliert, also wie ein Faktor vererbt, aber in einer bestimmten Anzahl von Fällen wird die Korrelation durchbrochen und die gekoppelten Faktoren gelangen in verschiedene Gameten. Dies wäre natürlich das gleiche wie vorher, nur vom entgegengesetzten Gesichtswinkel aus betrachtet.

Es gibt nun aber auch eine Erscheinung, die gerade das Gegenteil der Koppelung darstellt, was wieder BATESON als *falschen Allelomorphis-mus* bezeichnet hat, kürzer auch Faktorenabstoßung benennt. Man nennt so die Erscheinung, daß sich zwei selbständige Dominanten bei der Spaltung so verhalten als ob sie ein Merkmalspaar wären. Wenn im Bastard die Dominanten A, B neben ihren Rezessiven a, b vorhanden sind, so verhält sich A zu B wie das dominante zu dem rezessiven Merk-mal, d. h. sie werden bei der Gametenbildung stets voneinander getrennt. Anders ausgedrückt besteht die Faktorenabstoßung darin, daß zwischen zwei Dominanten bei der Gametenbildung eine Repulsion stattfindet, also das Gegenteil einer Koppelung, so daß sie nie gleichzeitig in eine Gamete gelangen, falls die Repulsion eine vollständige ist, bzw. zu wenig solche Gameten gebildet werden, falls sie eine unvollständige ist. (Die Interpretation der vollständigen Abstoßung ist uns ja vom Abraxasfall her wohlbekannt.) Die Kreuzung, bei der BATESON, Miß SAUNDERS und PUNNETT dies Verhalten zuerst fanden, wurde wieder an den gleichen *Lathyrus odoratus* angestellt, bei denen nach Kreuzung zweier Rassen in F_1 purpur entstand und in F_2 Spaltung in 27 purpur : 9 rot : 28 weiß.

Es wurde nunmehr ein weiteres Merkmal berücksichtigt, nämlich der umgekrempelte Charakter der Blütenfahne, den der eine weiße Elter zeigte. F_1 war dann purpur und hatte normale Fahne. (Es kann dabei hier außer Betracht gelassen werden, daß bei normaler Fahne diese einen andern Farbton hat als die übrige Blume, während die Blüte mit umgekrempelter Fahne einfarbig ist.) In F_2 mußten nun die drei entstehenden Farbtypen ja eigentlich mit normaler und umgekrempelter Fahne erscheinen. Für die purpurnen und weißen trifft das in der Tat zu. So waren unter 315 purpurnen F_2-Pflanzen 232 normal und 83 umgekrempelt, also ungefähr das erwartete Verhältnis 2 : 1. Die roten aber hatten alle ausnahmslos normale Fahnen. Die Erklärung dafür ergibt sich unter der Annahme der Faktorenabstoßung zwischen dem Sättigungsfaktor S, der rot zu purpur macht und dem Faktor E (erectus), der die normale aufrechte Fahne bedingt. Die Gameten können danach nur einen oder den andern der beiden Faktoren tragen. Rote Blüten entstehen aber, wie wir schon wissen, wenn die Gameten nur s enthielten. Ist eine vollständige Repulsion zwischen S und E vorhanden, so haben diese Gameten somit stets E. Es ist nun keine Kombination eines solchen Gameten, der also $RCsE$ heißt, mit einem andern möglich, der, wenn rot entsteht, umgekrempelte Fahne ergäbe, da ja das E immer über e, das Symbol für Umkrempelung, dominiert. Es müssen somit die $^1/_{64}$ rote Blüten normale aufrechte Fahnen haben. Für purpur aber sowohl wie weiß sind beide Kombinationen möglich. Es ergibt z. B. $RCSe \times rcsE$ purpurn-aufrecht, aber $RCSe \times RCSe$ purpurn-umgekrempelt. Der Charakter Ee wird also in F_2 im Verhältnis von 3 : 1 gespalten, aber nur innerhalb der purpurnen und weißen Pflanzen tritt die Spaltung ein, bei ersteren im Verhältnis 2 : 1, letzteren 3 : 1, wie sich aus einem Kombinationsschema ableiten läßt. Das wirkliche Resultat stimmt in der Tat genau mit solcher Erklärung:

Purpur aufrecht : Purpur umgekrempelt : Rot aufrecht : Weiß (beides)[1]:

232	:	83	:	112	:	346
	315		:	112	:	346
		427				346

Das entspricht ziemlich genau folgenden theoretischen Erwartungen:

---

[1] Bei den weißen sind nicht alle Zahlen für aufrechte und umgekrempelte getrennt gezählt.

$$72 \quad : \quad 36 \quad : \quad 36 \quad : \quad 84 : 28$$

$$\underbrace{}$$

$$108 \qquad\qquad : \quad 36 \quad : \quad 112$$

$$27 \qquad\qquad\qquad : \quad 9 \quad : \quad 28$$

$$\underbrace{}$$

$$36 \qquad\qquad : \quad 28$$

$$9 \qquad\qquad : \quad 7$$

Die weitere Untersuchung des Phänomens der Faktorenabstoßung, hauptsächlich durch BATESON, PUNNETT, GREGORY, BAUR zeigte nun bald, daß es eine reziproke Erscheinung zu der vorher geschilderten Koppelung ist, daß nämlich die Entscheidung darüber, welche von beiden Erscheinungen eintritt, davon abhängt, ob die Eltern zwei dominante bzw. zwei rezessive Faktoren mitbringen ($AB \times ab$) oder je einen dominanten und rezessiven ($Ab \times aB$): Es werden diejenigen Gametenkombinationen, die der Zusammensetzung der Eltern gleichen, häufiger gebildet. Wird AB mit ab gekreuzt, so tritt bei der Gametenbildung des F_1-Bastards die Koppelung ein, d. h. es werden die vier Gametensorten $AB : Ab : aB : ab$ nicht im normalen Verhältnis von $1 : 1 : 1 : 1$ gebildet, sondern im Verhältnis $n : 1 : 1 : n$, wobei $n > 1$ ist. Wird umgekehrt $Ab \times aB$ gekreuzt, so tritt die „Abstoßung" zwischen A und B auf, es werden wieder vorzugsweise die elterlichen Kombinationen gebildet, also jetzt $AB : Ab : aB : ab$ im Verhältnis $1 : n : n : 1$. Diese Erkenntnis — sie ist an Kreuzungen von Mais, Spanischen Wicken, Primeln, Löwenmaul, also nur Pflanzen gewonnen — bedeutete in der Tat eine große Vereinfachung des Ganzen, ja man glaubte sogar, hinter eine Gesetzmäßigkeit gekommen zu sein, die das Phänomen erklärte. Was zunächst die Werte für n betrifft, so glaubten BATESON und PUNNETT, daß sie immer auf der Reihe 3, 7, 15, 31, 63 also $2^n - 1$ liegen.

In der folgenden Tabelle seien nur noch im Anschluß an BATESON und PUNNETT die Zahlenverhältnisse zusammengestellt, die sich für die Gameten und für die F_2-Spaltung ergeben, wenn n auf der Reihe $2^n - 1$ liegt

1. Abstoßung. Eltern $Ab \times aB$.

F_1 bildet Gameten in den Verhältnissen:				Die vier Phänotypen in F_2 zeigen an Stelle von $9 : 3 : 3 : 1$ das Verhältnis:			
AB	Ab	aB	ab	AB	Ab	aB	ab
1	3	3	1	33	15	15	1
1	7	7	1	129	63	63	1
1	15	15	1	513	255	255	1
1	31	31	1	2049	1023	1023	1
1	$n-1$	$n-1$	1	$2n^2+1$	n^2-1	n^2-1	1

2. Koppelung. Eltern $AB \times ab$.

F$_1$ bildet Gameten in den Verhältnissen:				Die vier Phänotypen in F$_2$ zeigen an Stelle von $9:3:3:1$ das Verhältnis:			
AB	: Ab	: aB	: ab	AB	: Ab	: aB	: ab
3	1	1	3	41	7	7	9
7	1	1	7	177	15	15	49
15	1	1	15	737	31	31	225
31	1	1	31	3009	63	63	961
$(n-1)$	1	1	$(n-1)$	$3n^2-(2n-1)$	$2n-1$	$2n-1$	$n^2-(2n-1)$

BATESON und PUNNETT haben eine Vorstellung entwickelt, nach der die Anlagenspaltung schon in der Entwicklung des Bastards stattfinden muß und dann durch bestimmte Systeme aufeinanderfolgender Zellteilungen die erwähnten Zahlenverhältnisse zustande kommen, die sie als „reduplication series" bezeichnen. Es hat aber keinen Zweck, auf diese Theorie weiter einzugehen. Es zeigte sich bald, daß im aktuellen Versuch auch alle möglichen anderen Zahlenverhältnisse eintreten als die in jener Reihe gelegenen; und wie gesagt, hat das Phänomen jetzt eine vollständige Erklärung aus der Chromosomenlehre erfahren. Die einfache Erklärung ist die, daß Faktoren, die gekoppelt vererbt werden, im gleichen Chromosom liegen und daß die partielle Koppelung auf dem Austausch von Faktoren zwischen väterlichen und mütterlichen Chromosomen in der Synapsisperiode (oder zu einem andern Zeitpunkt der Reifungsvorgänge) beruht, dessen mehr oder minder häufiges Stattfinden die Zahl der in geringerer Anzahl vorhandenen Kombinationen bedingt. Koppelung und Abstoßung sind dann die Konsequenz des Phänomens: im ersten Fall liegen zwei dominante Faktoren in einem, zwei rezessive im andern Partner des Chromosomenpaares; im letzteren Fall enthält jedes Chromosom des Paares je einen dominanten und rezessiven Faktor. So wollen wir nun zusehen, wie dieser Beweis erbracht wurde, und zu welchen weittragenden Konsequenzen er führt.

Der Faktoren-austausch. Wir knüpfen wieder bei der Feststellung an, daß geschlechtsgebundene Charaktere mit dem X-Chromosom vererbt werden bzw. der Umkehrung dieses Satzes, daß alle Faktoren, die in den X-Chromosomen gelegen sind, geschlechtsgebunden vererbt werden. Wir nannten oben S. 280 einige solche Faktoren, für die bei Drosophila der Beweis erbracht wurde. Eine der Konsequenzen der Chromosomenlehre ist es nun, daß, ebenso wie ein geschlechtsgebundener Faktor und der Geschlechtsfaktor selbst in der Vererbung beisammen bleiben, korreliert vererbt werden, auch jeder weitere im Geschlechtschromosom gelegene Faktor sich dem anschließen muß. Wenn wir also zwei derartige Faktoren betrachten, so müssen sie in der Vererbung so zusammen bleiben, wie sie in die Kreuzung kamen. Wir sahen oben das Verhalten des Mutanten „weiße Augenfarbe" bei Kreuzung mit der rotäugigen Wildform. Nehmen wir nun eine andere geschlechtsgebundene Mutation, etwa gelbe Körperfarbe, die zur normalen grauen Farbe rezessiv ist und führen ein Kreuzungsexperiment mit zwei geschlechtsgebundenen Faktoren aus. Wir kreuzen also ein normales Männchen, das in seinem X-Chromosom ($\male$ ist heterozygot, ein X-Chromosom, Formel XY, also wenn wir uns nicht um das Y-Chromosom kümmern Xx) die Faktoren für rote Augenfarbe R und graue Körperfarbe G neben dem Geschlechtsfaktor X besitzt, mit einem Weibchen mit weißen Augen und gelbem Körper, das also die rezessiven Faktoren r, g in seinen beiden X-Chromosomen trägt. Wenn wir in ähnlicher Weise wie früher nur die Verteilung der X-Chromosomen betrachten, so verläuft die Kreuzung folgendermaßen:

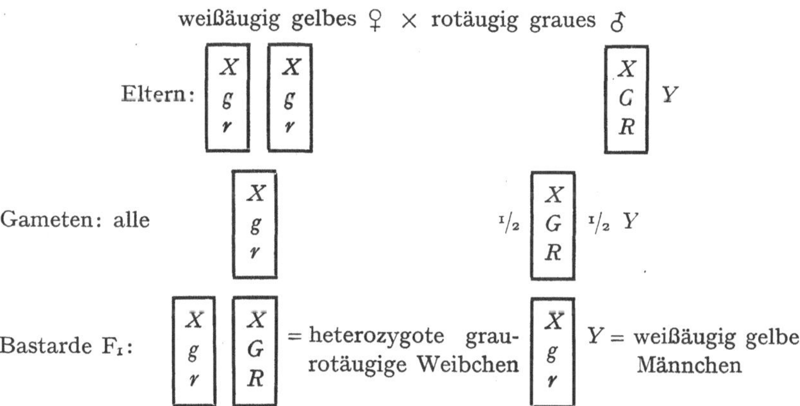

Wir sollten also die uns schon bekannte Übers-Kreuz-Vererbung erhalten und nur diese beiden Typen können entstehen, wenn die Faktoren in ihren Chromosomen wie in Käfigen eingeschlossen, übertragen werden. Es wurde nun hieraus eine F_2-Generation gezogen, für die folgende Erwartungen vorliegen:

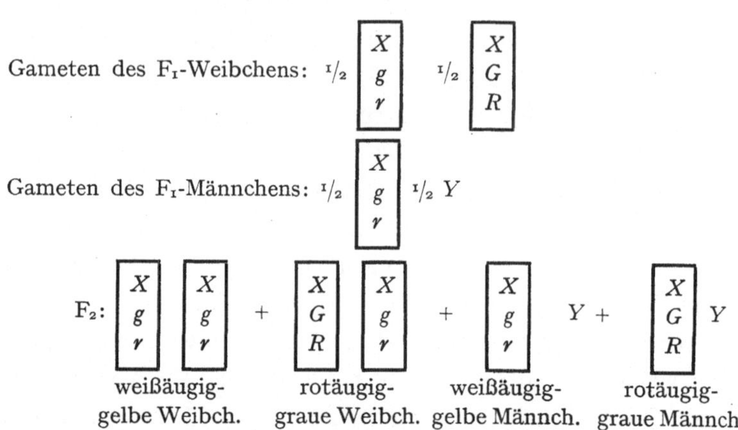

Gameten des F_1-Weibchens: $^1/_2$ | X g r | $^1/_2$ | X G R

Gameten des F_1-Männchens: $^1/_2$ | X g r | $^1/_2\ Y$

F_2: weißäugig-gelbe Weibch. + rotäugig-graue Weibch. + weißäugig-gelbe Männch. + rotäugig-graue Männch.

Das heißt also, wenn wir die Geschlechter zusammennehmen, mußten zu gleichen Teilen die ursprünglichen elterlichen Kombinationen in beiden Geschlechtern entstehen, nämlich rotäugig-graue und weißäugig-gelbe. Bei der Ausführung des Versuchs erschienen nun aber neben diesen erwarteten Kombinationen auch grau-weißäugige und gelb-rotäugige Individuen, die doch nicht möglich sein sollten, wenn die Faktoren in den Chromosomen unwandelbar eingeschlossen sind. Die aktuellen Zahlen des Versuchs (nach MORGAN mit BRIDGES, CATTELL, DEXTER) sind:

Grau-rotäugig	Gelb-weißäugig	Grau-weißäugig	Gelb-rotäugig
11 488	9335	116	96

Alles in allem wurden also ungefähr 1% der unerwarteten Kombinationen erhalten.

Bei der Ausführung des entsprechenden Versuchs aber, bei dem nun nicht beide dominanten bzw. rezessiven Faktoren in einer der Elternformen enthalten waren, sondern jeder einen dominanten und einen rezessiven Faktor enthielt, verlief das Experiment folgendermaßen: (Es wurde also jetzt ein graues-weißäugiges und gelbes-rotäugiges Individuum gekreuzt.)

Eltern: | X G r | X G r | = graues weißäugiges Weibchen | X g R | Y = gelb-rotäugiges Männchen

F_1: | X G r | X g R | = grau-rotäugiges Weibchen | X G r | Y = grau-weißäugiges Männchen

Wir erinnern uns jetzt von früher, daß man die einfachsten Zahlenverhältnisse, die direkt die Arten der Gameten erkennen lassen, erhält, wenn
man einen Bastard mit einer rein rezessiven Form rückkreuzt (S. 175).
Bei dem ersten Versuch war dies ohnehin der Fall, ja da die F_1-Männchen,
wie die früheren Schemata zeigen, nur rezessive Faktoren enthielten.
Um hier das gleiche zu erhalten, müssen wir also den eben genannten
F_1-Bastard mit einem weißäugig-gelben Männchen rückkreuzen, das die
beiden rezessiven Faktoren gr enthält. Diese Rückkreuzung also verläuft folgendermaßen:

Gameten des heterozy-goten, grau-rotäugigen F_1-Weibchens $\frac{1}{2}$ $\begin{array}{c} X \\ G \\ r \end{array}$ $\frac{1}{2}$ $\begin{array}{c} X \\ g \\ R \end{array}$ Gameten des rezessiven gelb-weißäugigen Männchens $\frac{1}{2}$ $\begin{array}{c} X \\ g \\ r \end{array}$ $\frac{1}{2}$ Y

Das Resultat der Rückkreuzung sollte also sein:

$\begin{array}{c} X \\ G \\ r \end{array}$ $\begin{array}{c} X \\ g \\ r \end{array}$ $+$ $\begin{array}{c} X \\ g \\ R \end{array}$ $\begin{array}{c} X \\ g \\ r \end{array}$ $+$ $\begin{array}{c} X \\ G \\ r \end{array}$ $Y +$ $\begin{array}{c} X \\ g \\ R \end{array}$ Y

$♀$ grau-weißäugig $♀$ gelb-rotäugig $♂$ grau-weißäugig $♂$ gelb-rotäugig

Es sollten also wieder die beiden ursprünglichen Elternkombinationen
in gleicher Zahl erhalten werden. Sie erschienen auch, dazu aber wieder
die beiden „unerlaubten" Kombinationen, die somit in diesem Fall sind:
grau-rotäugig und gelb-weißäugig, und zwar erschienen sie wieder in dem
gleichen Verhältnis von ungefähr 1%, nämlich:

Grau-weißäugig	Gelb-rotäugig	Grau-rotäugig	Gelb-weißäugig
6573	6906	106	48

Wenn wir diese beiden Resultate nun vergleichen, so sehen wir ohne
weiteres, daß sie das gleiche zeigen, wie die vorher besprochenen Fälle
von Koppelung und Abstoßung. Den ersten Fall können wir, ebenso
wie dort, in zweierlei Art beschreiben: 1. Wir haben zwei selbständig
mendelnde Faktorenpaare Gg bzw. Rr. Bei der Bildung der Gameten
aber zeigen sie meist eine Neigung, von der Rekombination keinen Gebrauch zu machen derart, daß in der Mehrzahl der Fälle die beiden
Dominanten bzw. Rezessiven beisammen bleiben, gekoppelt sind; oder
2. wir haben zwei gekoppelte Faktorenpaare GR bzw. gr, deren korre-

lierte Vererbung aber in 1% der Fälle durchbrochen wird. Genau so können wir den zweiten Fall darstellen, indem wir bei der ersten Ausdrucksweise Koppelung, durch Abstoßung zwischen den beiden dominanten bzw. rezessiven, ersetzen. Bei der zweiten Art, den Fall zu beschreiben, würden wir G und r, g und R als miteinander gekoppelt, korreliert bezeichnen.

Gehen wir nun aber dazu über, zu sehen, wie der Bruch der Korrelation (oder Koppelung bei der anderen Ausdrucksweise) auf die Chromosomen bezogen werden kann. Wir wissen, wie gesagt — und sollten uns in jedem Fall nochmals darüber klar werden — (s. S. 175), daß bei der Rückkreuzung mit den reinen Rezessiven die resultierende Spaltung genau das Zahlenverhältnis der Gameten des Bastards zeigt. Übertragen wir dies nun auf die beiden Experimente, die jedesmal 99% der elterlichen Kombination und 1% der umgekehrten Kombination ergaben, so bildeten die F_1-Bastardweibchen folgende Arten von Gameten:

1. Eltern rotäugig-grau RG und weißäugig-gelb rg:

$$\underbrace{49{,}5\,^0/_0\,RG + 49{,}5\,^0/_0\,rg}_{99\,^0/_0\ \text{erwartete}} + \underbrace{0{,}5\,^0/_0\,Rg + 0{,}5\,^0/_0\,rG}_{1\,^0/_0\ \text{unerlaubte}}$$

Auf die Chromosomen übertragen heißt dies:

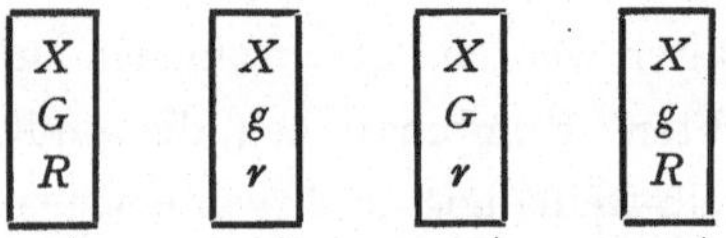

X G R	X g r	X G r	X g R
45%	45%	0,5%	0,5%

Ein Vergleich mit den früheren Schemata zeigt somit, daß in einem Prozent der Gameten des Weibchens ein Austausch zwischen homologen Faktoren eines Chromosomenpaares stattgefunden hat, nach folgendem Schema:

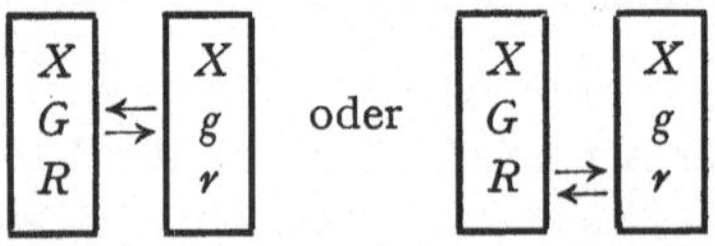

X G R		X g r	oder	X G R		X g r

2. Eltern rotäugig-gelb (Rg) und weißäugig-grau (rG).

Die Durchführung ist genau die gleiche, nur daß nun Rg und rG die erwarteten und RG, rg die unerlaubten Kombinationen sind. Der Austausch muß nach diesem Schema verlaufen sein:

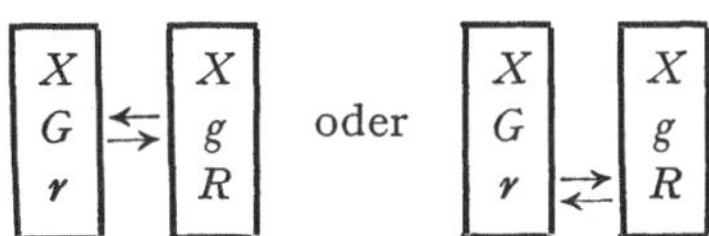

Die Tatsachen werden somit völlig erklärt, wenn in irgendeinem Stadium des Zellenlebens ein Austausch homologer Faktoren zwischen dem X-Chromosomenpaar stattfindet. Da die elterlichen Chromosomen sich in der Synapsis paarweise zusammenlegen, so ist dies der gegebene Moment für den Austausch. Wir bezeichnen von jetzt an deshalb auch die „unerlaubten" Gameten als die Faktorenaustauschgameten, die daraus entstandenen „unerlaubten" Kombinationen als die Faktorenaustauschkombinationen. (Der von MORGAN benutzte Ausdruck für Faktorenaustausch ist crossing-over, Hinüberkreuzen von einem zum andern Chromosom.)

Nun ist es bemerkenswert, daß in den beiden erwähnten Fällen der Prozentsatz der Austauschgameten identisch war, ungefähr 1% und es in allen Wiederholungen des Versuchs blieb. Als nun der Versuch mit anderen, geschlechtsgebundenen Mutationen ausgeführt wurde, wie sie oben aufgezählt sind, zeigte sich genau das gleiche: in jedem Versuch trat ein bestimmter Prozentsatz von Austauschkombinationen auf, der Prozentsatz war konstant für je ein Paar von Faktoren, aber typisch verschieden für die verschiedenartigen Zusammenstellungen von je zwei geschlechtsgebundenen Faktoren.

Diese Tatsachen aber zeigen, daß der Prozentsatz, in dem der Austausch von Faktoren zwischen den beiden X-Chromosomen der weiblichen Drosophila erfolgt, etwas ist, das jeder betrachteten Gruppe von zwei Faktorenpaaren als Eigenschaft anhaftet. Wie kann nun diese Konstanz erklärt werden? Ohne Zweifel muß sie irgendwie durch den Vorgang des Austauschs bedingt sein. MORGAN kam zu folgender Lösung, die wieder zu weiteren, höchst bemerkenswerten Konsequenzen führte:

Wir erinnern uns der Vorgänge in den Kernen der Geschlechtszellen, die in der Synapsisperiode zur paarweisen Konjugation der Chromosomen führte. In der dortigen Photographie Abb. 66 erkennen wir, daß die paarweise konjugierenden Chromosomen sich zopfartig umeinander schlingen können, eine Erscheinung, die tatsächlich oft beobachtet wird. JANSSENS hat nun vor längerer Zeit darauf aufmerksam gemacht, daß es denkbar ist — er glaubt es bei einem Salamander direkt beobachtet zu haben (siehe weiterhin am Schluß dieser Vorlesung) —, daß in diesem

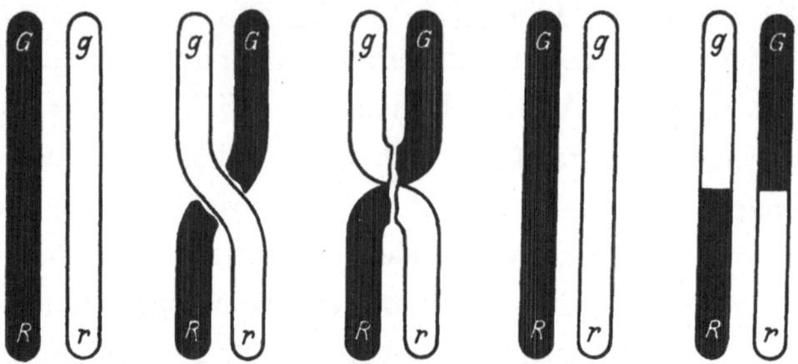

Abb. 98. Schema des Faktorenaustauschs durch Chiasmatypie. Nach BABCOCK-CLAUSSEN.

Stadium die Chromosomen, da wo sie sich überkreuzen, zusammenwachsen und wenn sie dann wieder getrennt werden, die zwischen zwei

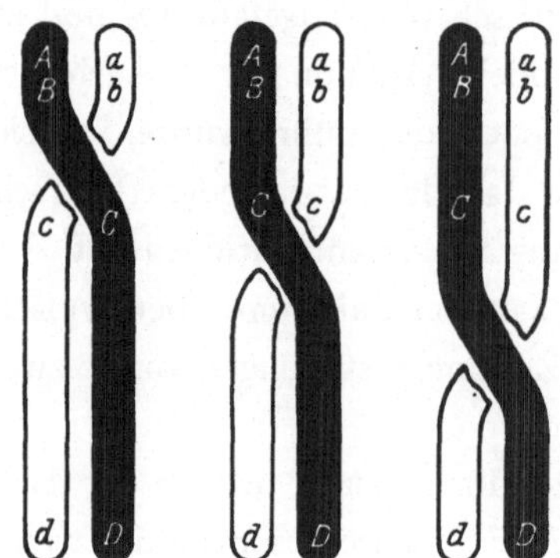

Abb. 99. Schematische Darstellung der Konsequenzen von verschiedener Lage der Überkreuzungsstelle bei der Chiasmatypie.

Kreuzungsstellen liegenden Segmente ausgetauscht sind. Das vorstehende Schema (Abb. 98), in dem ein schwarzes und ein weißes Chromosom als Partner dargestellt sind, erläutert diesen Vorgang des Austauschs von Chromosomensegmenten, den JANSSENS Chiasmatypie nannte. Wenn nun die Erbfaktoren im Chromosom in einer Reihe hintereinander liegen, wie es vor langer Zeit schon von ROUX auf Grund allgemeiner Überlegungen postuliert wurde, dann wird natürlich auf solche Weise ein Faktorenaustausch bedingt, und Faktorenkombinationen entstehen, die sonst nicht möglich gewesen wären. Das gleiche Schema zeigt, wie auf solche Weise die vorher besprochenen unerwarteten Kombinationen Gr und gR entstehen, wenn im Bastard $RGrg$ die Chiasmatypie zwischen den beiden X-Chromosomen des Weibchens stattfindet.

Wir nehmen nun zunächst an, daß nur eine einzige Überkreuzungsstelle der beiden X-Chromosomen vorhanden wäre. Ihre Lage könnte irgendwie festgelegt sein. Es wäre aber auch denkbar, daß sie zufällig an irgendeiner Stelle der konjugierten Chromosomen aufträte, so daß jedem Punkt in der ganzen Länge der Chromosomen die gleiche Wahrscheinlichkeit zukäme, den Kreuzungspunkt zu enthalten. Einige der Möglichkeiten der Lage des Kreuzungspunktes sind in Abb. 99 wiedergegeben.

Faktorenaustausch zwischen den Partnern eines Paares tritt nun ein, wenn der Kreuzungspunkt zwischen die beiden Faktoren des gleichen Chromosoms, die studiert werden, fällt. Wenn nun die Lage eines Faktors im Chromosom konstant ist, so ist die Chance, daß der Kreuzungspunkt zwischen zwei Faktoren fällt, um so größer, je weiter die Faktoren im Chromosom auseinander liegen und um so geringer, je näher sie beisammen liegen. Eine große Chance für die Lage des Kreuzungspunkts zwischen den Faktoren bedeutet aber große Wahrscheinlichkeit für die Entstehung von Austauschgameten. Die typische Zahl, in der für zwei bestimmte Gene Austauschgameten gebildet werden, *könnte demnach eine Konsequenz der typischen Entfernung der betreffenden Faktoren innerhalb des Chromosoms sein.* Mit anderen Worten: Der Prozentsatz der Austauschkombinationen ist ein Maß für die Entfernung der involvierten Faktoren im Chromosom zur Zeit des Austauschs (STURTEVANT).

Auf Grund dieser Annahme konnte die MORGAN-Schule aus den Resultaten einer Serie von Austauschexperimenten eine Karte der Lagerung der Faktoren im Chromosom ausarbeiten (Abb. 100). Als Maßeinheit wird die Entfernung benutzt, bei der 1% Austauschgameten gebildet werden, so daß der Prozentsatz der Austauschklassen im Experiment direkt die Entfernung ergibt. Das Vorgehen wäre etwa das folgende: Aus dem früher geschilderten Experiment geht hervor, daß der Faktor für weiße Augen mit dem für gelben Körper 1% Austauschwerte zeigt. Die beiden lägen also eine Einheit voneinander entfernt. Nun wurde der Faktor g (gelber Körper) mit einer andern Mutation, nämlich abnormes Abdomen (a) in gleicher Weise kombiniert und 2% Austauschwerte erhalten. Er liegt also zwei Einheiten von r entfernt. Bei einer linearen Anordnung könnte er nun natürlich auf derselben Seite liegen wie r (weiße Augen), oder

auf der andern, also $\overset{1}{\underbrace{g - r}} - a$ oder $\overset{2}{\underbrace{a - g}} - r$. Eine weitere Kombi-

Anordnung
der Gene im
Chromosom.

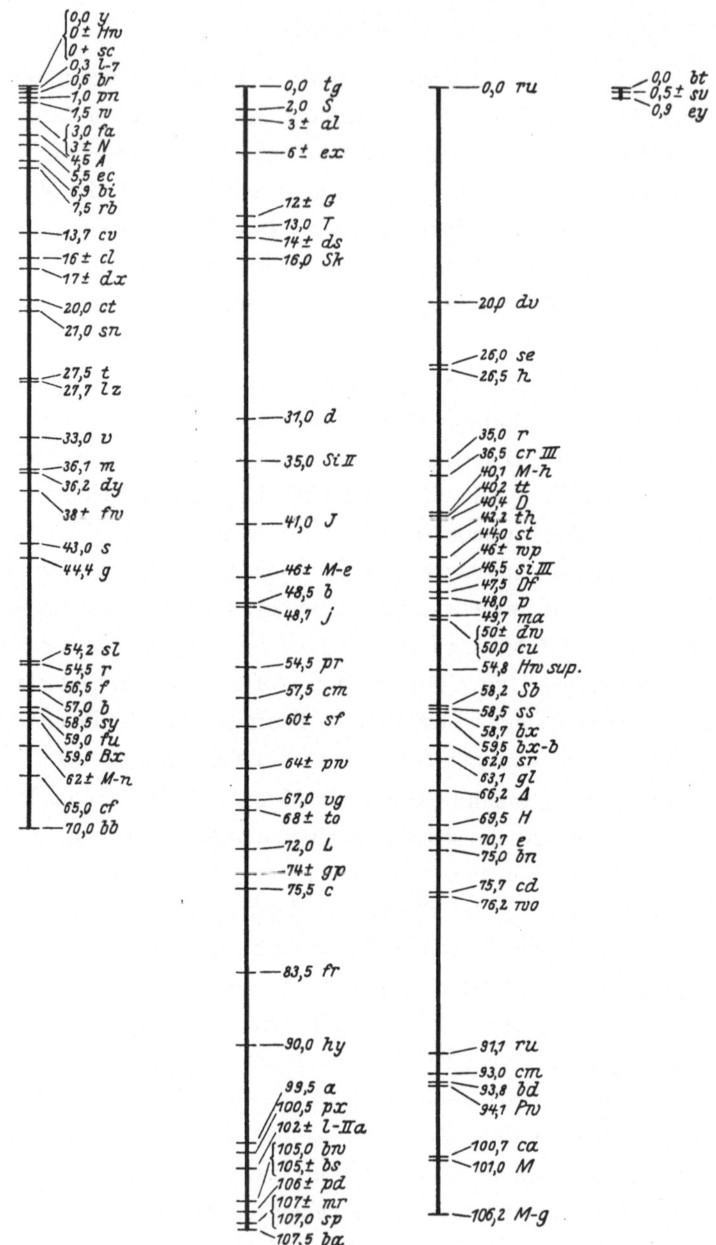

Abb. 100. Chromosomenkarte von Drosophila. Die Zahlen bedeuten die Distanzen der Gene in Austauschprozenten nach den letzten Berechnungen (1925). Die Buchstaben sind die Symbole für die Gene, die die Morgan-Schule benutzt. Von links nach rechts die 4 Chromosomen, das erste ist das X-Chromosom. Die Distanzen im kleinsten Chromosom 4 sind nach neusten Befunden nicht einwandfrei.

Zu Abb. 100. Folgendes ist die Bedeutung der eingezeichneten Gene (Reihenfolge nach Chromosomen und in jedem nach Distanzen). Große Buchstaben dominante Gene:

I.

y	*Gelb*, Körperfarbe.
Hw	*Haariger Flügel.*
sc	*Schild*, Abwesenheit von Borsten auf dem Skutellum.
l-7	*Letalfaktor Nr. 7.*
br	*Breit*, Flügelform.
pr	*Pflaumenfarbig*, Augenfarbe.
w	*weiß*, Augenfarbe.
fa	*Fazetten* von abnormer Gestalt.
N	*Kerbe*, Flügelrand gekerbt.
A	*Abnormes* Abdomen.
ec	*Stachelig*, Anordnung der Haare auf der Augenoberfläche.
bi	*Gespalten*, Flügeladern.
rb	*Rubinfarbig*, Augenfarbe.
cv	*Queraderlos*, Flügelader.
cl	*Keule*, Flügelform.
dx	*Deltaartig*, Flügeladern.
ct	*Abgeschnitten*, Flügelform.
sn	*Gesengt*, Borstenform.
t	*Gelbbraun*, Körperfarbe.
bz	*Pille*, Augenoberfläche.
v	*Zinnoberrot*, Augenfarbe.
m	*Miniatur*, Flügelgröße.
dy	*Düster*, Flügelfarbe.
fw	*Gefurcht*, Augenoberfläche.
s	*Zobelfarben*, Körperfarbe.
g	*Granatfarbig*, Augenfarbe.
sl	*Kleinflügelig.*
r	*Rudimentär*, Flügelgröße.
f	*Gegabelt*, Borstenform.
B	*Bandäugig.* (nicht *b*!)
sy	*Kleinäugig.*
fn	*Verschmolzen*, Flügeladern.
Bx	*Perlenartig*, Flügelrand.
M-n	*Minuta-n*, Borstengröße.
cf	*Spalt*, Flügeladern.
bb	*Kurzborstig.*

II.

tg	*Telegraph*, Flügeladern.
S	*Stern*, Augenoberfläche.
al	*Aristalos*, Arista fehlt.
ex	*Ausgebreitet*, Flügelform.
G	*Möwe*, Flügelhaltung.
T	*Abgestutzt*, Flügelrand.
ds	*Dackelartig*, Körperform.
Sk	*Streifen*, Körperzeichnung.
d	*Dackel*, Beinform.
Si II	*Ski-II*, Flügelform.
y	*Gedrängt*, Flügelform.
M-e	*Minuta-e*, Borstengröße.
b	*Schwarz*, Körperfarbe.
j	*Anmutig*, Flügelform.
pr	*Purpurfarbig*, Augenfarbe.
cn	*Zinnober*, Augenfarbe. (nicht *cm*!)
sf	*Safraninfarbe*, Augenfarbe.
pw	*Rosa — Flügel*, Augenfarbe, Flügelform.
vg	*Überbleibsel*, Flügelform.
tos	*Teleskop*, Abdomengestalt. (nicht *to*!)

L	*Lappen*, Augenform.
gp	*Lücke*, Flügelader.
c	*Gekrümmt*, Flügelform.
fr	*Gefranst*, Flügelrand.
by	*Bucklig*, Thoraxoberfläche.
a	*Bogen*, Flügelform.
px	*Netzig*, Flügeladern.
l-IIa	*Letalfaktor Nr. IIa.*
bw	*Braun*, Augenfarbe.
bs	*Blasig*, Flügeloberfläche.
pd	*Purpurähnlich*, Augenfarbe.
mr	*Maulbeere*, Augenoberfläche.
sp	*Fleck*, Körperzeichnung.
ba	*Ballon*, Flügelform.

III.

ru	*Rauhig*, Augenoberfläche.
dv	*Divergierend*, Flügelhaltung.
se	*Sepiafarben*, Augenfarbe.
h	*Haarig*, Körper- und Flügeloberfläche.
rs	*Rosenfarben*, Augenfarbe.
cr-III	*Kreme-III*, Augenfarbe.
M-h	*Minuta-h*, Borstengröße.
tt	*Zeltartig*, Flügelhaltung.
D	*Zweiborstig*, bezüglich gewisser Borsten.
th	*Faden*, Gestalt der Antennenborste.
st	*Scharlachrot*, Augenfarbe.
wp	*Verzogen*, Flügelbeschaffenheit.
si III	*Ski-III*, Flügelform.
Df	*Deformiert*, Augengestalt.
p	*Rosa*, Augenfarbe.
ma	*Kastanienbraun*, Augenfarbe.
dw	*Zwerg*, Körpergröße.
cu	*Gerollt*, Flügelform.
Hw sup	*Hemmungsfaktor für „Haariger Flügel."*
Sb	*Stopplig*, Borstenform.
ss	*Borstenlos.*.
bx	*Bithorakal*, Thoraxausbildung.
bx-b	*Bithorakal-b*, Thoraxausbildung.
sr	*Streifen*, Körperzeichnung.
gl	*Glasig*, Augenoberfläche.
△	*Delta*, Flügeladern.
H	*Haarlos*, Abwesenheit gewisser Haare.
e	*Ebenholz*, Körperfarbe.
bn	*Band*, Körperzeichnung.
cd	*Hochrot*, Augenfarbe.
wo	*Weiße Ozellen.*
ro	*Rauh*, Augenoberfläche. (nicht *ru*!)
cm	*Zerknittert*, Flügelbeschaffenheit.
bd	*Perlig*, Flügelrand.
Pw	*Zugespitzter Flügel.*
ca	*Rötlich*, Augenfarbe.
M	*Minuta*, Borstengröße.
M-g	*Minuta-g*, Borstengröße.

IV.

bt	*Gebogen*, Flügelform.
sv	*Rasiert*, Abdominalborsten.
ey	*Augenlos.*

nation mit *a* und *r* entscheidet da die Alternative: im ersteren Fall sollte im Experiment mit abnormem Abdomen (*a*) und weißen Augen (*r*) 1% Austausch erhalten werden, im zweiten 3%. Ersteres ist der Fall, also liegt *r* zwischen *g* und *a*. In solcher Weise wurden nun alle Faktoren gegeneinander geprüft und daraus die Faktorenkarte aufgebaut, die Abb. 100 zeigt, auf die wir bald zurückkommen werden.

Für die *X*-Chromosomen ist somit der Beweis geliefert, daß die im Chromosom gelegenen Faktoren gekoppelt vererbt werden, ferner aber auch, daß die Entstehung definitiver Prozentzahlen von Gametenkombinationen, die diese Koppelung durchbrechen, auf einem Austausch von Faktoren eines Allelomorphenpaares zwischen den konjugierten Chromosomen beruht. Als Mechanismus, der dafür sorgt, kann die Chiasmatypie angenommen werden, die gleichzeitig die Tatsache der für je zwei Faktorenpaare feststehenden Austauschzahlen durch die Entfernung der linear angeordneten Faktoren im Chromosom erklärt und somit auch eine Erbanalyse der Chromosomenkonstitution gestattet. Wir sahen ferner, daß der Faktorenaustausch nur in den Geschlechtszellen des Weibchens stattfand. Das ist wohl begreiflich, da ja in den männlichen Geschlechtszellen das *X*-Chromosom keinen Partner hat bzw. das *Y*-Chromosom als Partner besitzt, das sichtlich ganz anderer Beschaffenheit ist (siehe später).

Faktoren-
karte und
Autosomen. Nun erhebt sich die Frage, ob auch für die anderen Chromosomen, in denen ja kein Geschlechtsfaktor als Wegweiser vorhanden ist, die gleiche Analyse durchgeführt werden kann. Unter den zahlreichen Mutanten, die in MORGANS Zuchten bei Drosophila entstanden, wurde eine große Zahl nicht geschlechtsgebunden vererbt; ihre Faktoren mußten also in einem der übrigen Chromosomen gelegen sein. Die weitere Analyse ging nun so vor sich, daß die Faktorenpaare von je zwei Mutationen in einem Kreuzungsversuch verbunden wurden. Ergab sich dann in F_2 eine glatte Spaltung im Verhältnis von 9 : 3 : 3 : 1 oder bei der Kreuzung des doppelheterozygoten Bastards mit der doppelrezessiven Grundform (Formel: $Aa\,Bb \times aa\,bb$) eine Spaltung in vier Kombinationsphänotypen (*AB*, *Ab*, *aB*, *ab*) im Verhältnis von 1:1:1:1, so mendelten die betreffenden Faktoren unabhängig voneinander, lagen also nach der Chromosomenlehre in verschiedenen Chromosomen. War aber die Spaltung bei letzt-

genannter Rückkreuzung vom Typus, wie wir ihn vorher betrachteten,
nämlich zwei große Klassen, enthaltend die großelterlichen Kombinationen
und zwei kleine Klassen, enthaltend die beiden anderen Kombinationen

$$\left(\text{Formel: } 1\,AB : 1\,ab : \frac{1}{n}\,Ab : \frac{1}{n}\,aB \text{ oder } 1\,Ab : 1\,aB : \frac{1}{n}\,AB : \frac{1}{n}\,ab\right),$$

so waren die Faktoren im gleichen Chromosom gelagert und zwar in einer
Entfernung die dem Prozentsatz der Austauschklassen entsprach.

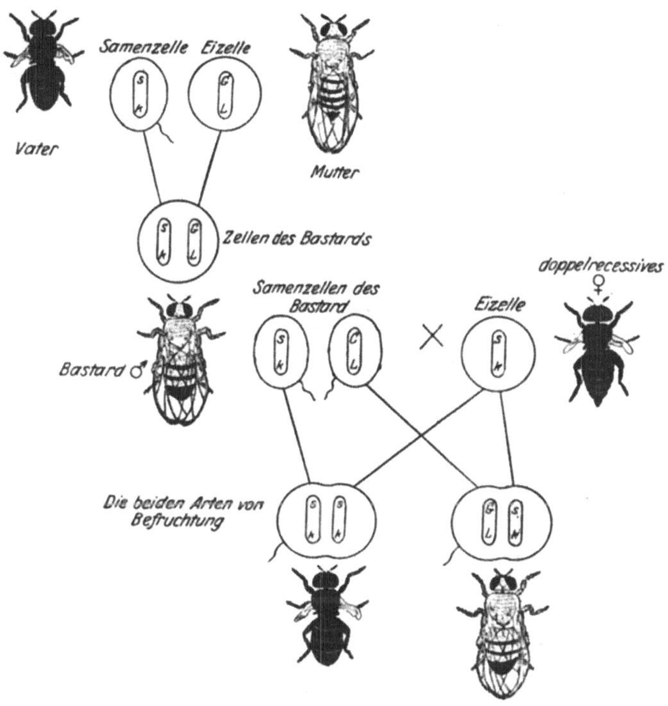

Abb. 101. Erklärung im Text. In den Chromosomen sind die Genpaare statt mit Bb
und Vv mit Gs und Lk bezeichnet, ebenso in Abb. 102 u. 103. Nach MORGAN.

Bei diesen Analysen kam nun ein weiteres bemerkenswertes Resultat Austausch
nur beim
Weibchen.
zum Vorschein. Nehmen wir als Beispiel zwei Gene, die nicht im X-Chro-
mosom gelegen sind. Da man die gewöhnlichen Chromosomen im Gegensatz zu den X-Chromosomen auch als Autosomen bezeichnet, so sprechen
wir von autosomalen Genen. Es mögen die beiden Eigenschaftspaare
grauer und schwarzer Körper, symbolisch BB und bb sowie normale

Flügel und Stummelflügel (VV und vv) betrachtet werden. Wir kreuzen
nun ein Weibchen, das die beiden dominanten Gene enthält mit einem
Männchen, das die beiden rezessiven Gene besitzt. F_1 zeigt dann die
beiden dominanten Charaktere. Nun kreuzen wir ein F_1-*Männchen* zurück mit einem reinen doppelrezessiven Weibchen. Wir erhalten daraus
zwei Gruppen von Tieren: die Hälfte phänotypisch die beiden domi-

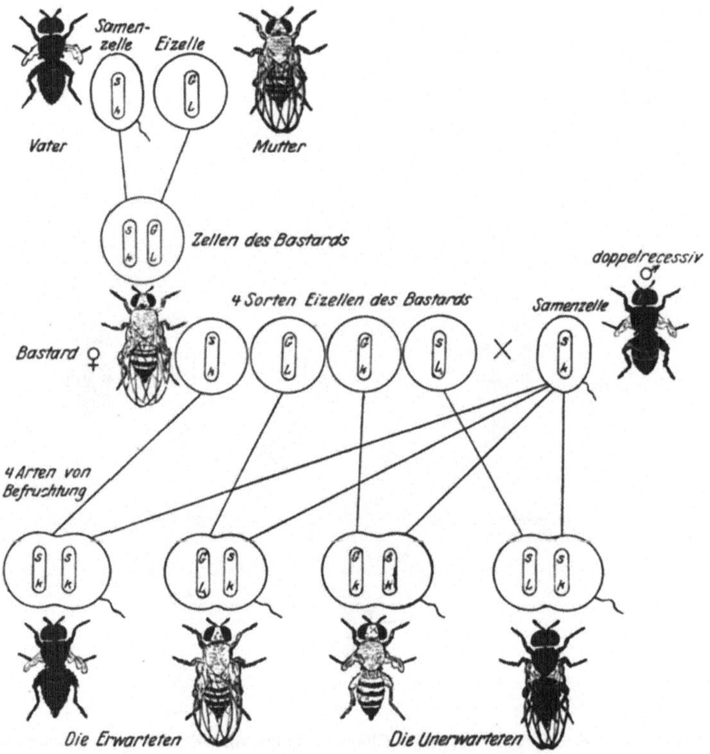

Abb. 102. Erklärung im Text. Nach Morgan.

nanten Charaktere zeigend (in Wirklichkeit heterozygot), die andere
Hälfte die beiden rezessiven Eigenschaften zeigend; also ein gewöhnliches Rückkreuzungsresultat, bei dem sich die Gene B und V bzw. b
und v vollständig gekoppelt erweisen. Faktorenaustausch fand nicht
statt. In Abb. 101 ist dieser Versuch nebst den zugrunde liegenden
Chromosomenverhältnissen schematisch wiedergegeben.

Nun stellen wir den gleichen F_1-Bastard wieder her, nehmen aber jetzt ein Bastard*weibchen* (vorher war es ein Männchen) und kreuzen es zurück mit dem doppelrezessiven Männchen. Das Resultat ist in Abb. 102 schematisch dargestellt. Nunmehr tritt der Faktorenaustausch ein, genau wie in unserem früheren Beispiel mit den Faktoren im Chromosom. Es kann also auf die frühere Erklärung einfach verwiesen wer-

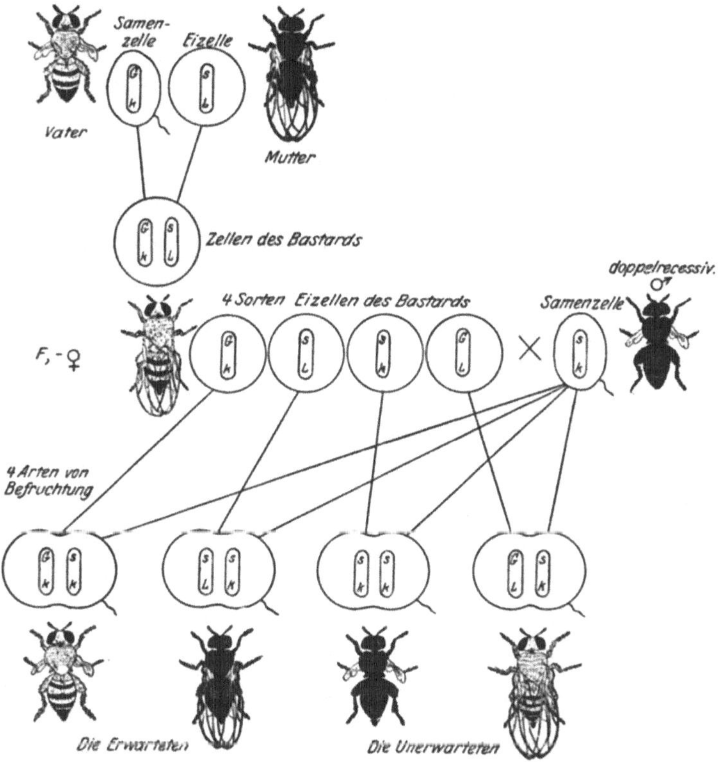

Abb. 103. Erklärung im Text. Nach MORGAN.

den. Diese zwei Versuche zeigen also, daß ein Faktorenaustausch zwischen zwei autosomalen Faktoren nur beim Bastardweibchen stattgefunden hatte, nicht beim Bastardmännchen. Es ist das eine Tatsache, die an sich unerklärlich ist, aber für Drosophila immer zutrifft. (Wegen anderer Objekte siehe später.)

Wir wollen der Vollständigkeit halber nun in Abb. 103 auch noch den dritten möglichen Versuch vorführen. In den vorhergehenden Versuchen waren die beiden dominanten bzw. rezessiven Faktoren im gleichen Chromosom gelegen. Es handelte sich also um Koppelung bzw. ihre Durchbrechung in der alten BATESONschen Ausdrucksweise. Wenn aber jeder der Eltern je einen dominanten und einen rezessiven Faktor besitzt, dann liegt das vor, was früher als Abstoßung bezeichnet wurde, wieder einschließlich ihrer Durchbrechung. Nunmehr nach Übertragung des ganzen Phänomens auf die Chromosomen erklärt sich beides ja als vollständige und unvollständige Koppelung durch Lagerung zweier Faktoren im gleichen Chromosom mit und ohne Faktorenaustausch. Abb. 103 gibt den Versuch mit Faktorenaustausch und erklärt sich nach dem vorhergehenden von selbst.

Die 4 Gengruppen. In dieser Weise wurden nun alle Mutanten geprüft und dabei ein Resultat von allergrößter Wichtigkeit erhalten: Jeder der Faktoren fiel

Abb. 104. Chromosomenbestand der beiden Geschlechter von Drosophila. Halbschematisch nach MORGAN.

ausnahmslos in eine von vier Gruppen. Es konnten also maximal vier unabhängig mendelnde Faktorenpaare gleichzeitig existieren. Jeder weitere Faktor mußte mit einem der vier in irgendeinem Austauschprozentsatz (wenn nicht vollständig) gekoppelt sein. Nun gibt nebenstehende Abb. 104 die Chromosomenpaare von Drosophila nach der Synapsis wieder und zeigt, daß vier ungleich große Paare vorhanden sind (s. später Photos Abb. 142). Die Zahl der Koppelungsgruppen ist aber genau diese Zahl. Und noch mehr. Durch die Analyse der Austauschwerte konnte für jeden der Faktoren die Lage in seinem Chromosom festgelegt werden nach der Methode, die wir vorher für das X-Chromosom genau studierten. Auf diese Weise wurde die Karte der vier Faktorengruppen erhalten, die in Abb. 100 dargestellt ist. Dabei zeigte es sich, daß die aus den addierten Austauschwerten berechnete Chro-

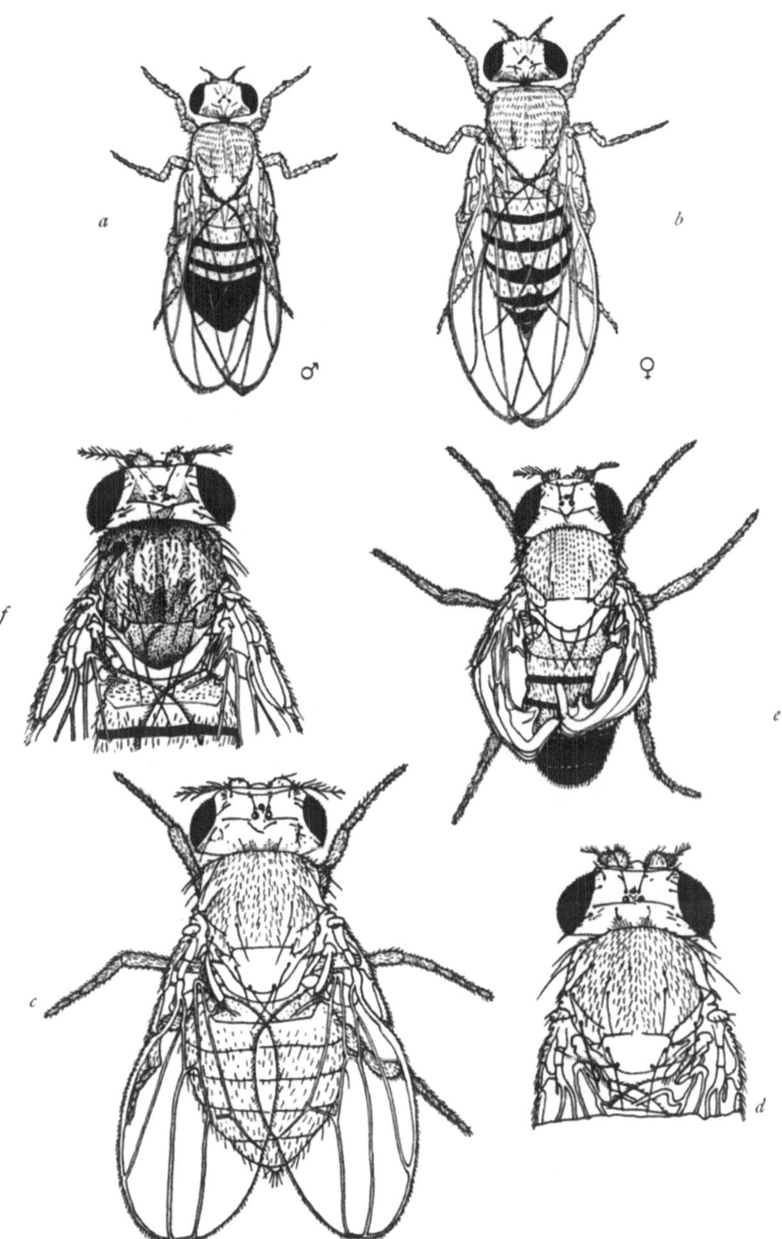

Abb. 105*a—f.* Drosophila melanogaster. *a, b* die normalen Geschlechter, *c* die Mutante „pinkwing" des 2. Chr. (kurze Flügel und rosa Augen), *d* die Mutante aristaless des 2. Chr. Die arista (gefiederter Antennenanhang) reduziert. *e* die Mutante „pads" im 2. Chr. Flügel entfalten sich nicht. *f* die Mutante „band" im 3. Chr. Verstärkte Thoraxzeichnung. Nach MORGAN und Mitarbeiter.

mosomenlänge tatsächlich mit der wirklichen Länge der vier Droso-
philachromosomen übereinstimmt, wie der Vergleich der Abbildungen
zeigt. Damit ist aber nicht nur die Tatsache der Koppelung und Abstoßung, von der wir ausgingen, erklärt, sondern auch der experimentelle
Beweis für die Chromosomenlehre der Vererbung erbracht. Zur Illustration des Gesagten mag schließlich Abb. 105 dienen, die einige Typen
von Mutanten darstellt, deren Faktoren in der Chromosomenkarte gefunden werden.

Damit ist das Ziel erreicht, das wir uns in den beiden letzten Vorlesungen gesteckt haben. Wir wollen aber noch einige Ergänzungen zu
den Drosophila-Tatsachen kennen lernen, die vor allem dazu bestimmt
sind, zu demonstrieren, daß der Faktorenaustausch zwischen den Chromosomen durch die Chiasmatypie erfolgt und die Faktoren linear im
Chromosom hintereinander angeordnet sind. Wir nahmen bisher an,
daß die Chromosomen sich nur an einer Stelle überkreuzen und durch
die Chiasmatypie Segmente austauschen. Es wäre aber auch möglich,
daß eine solche Chiasmatypie an zwei oder mehr Stellen stattfände.

Doppelter
Austausch. Die Konsequenzen daraus wären zweifellos mehrfache. Nehmen wir
einmal an, es handle sich um zwei Faktorenpaare, die ziemlich weit
auseinander liegen und es treten zwischen ihnen zwei Überkreuzungs-
stellen auf, somit doppelter Faktorenaustausch. Abb. 106 zeigt die Konsequenzen, nämlich daß der zweite Austausch den ersten aufhebt, so daß
die entstehenden Gameten wieder die ursprüngliche Zusammensetzung
erhalten. Wenn also ein solcher Doppelaustausch stattfindet, so erhöht er
in einem Versuch mit zwei Faktorenpaaren die Klassen der erwarteten
Kombinationen zuungunsten der Austauschkombinationen. Nun ist auf
Grund der Gesamthypothese zu erwarten, daß das Stattfinden solchen
Doppelaustauschs eine größere Chance zwischen zwei weit auseinander
liegenden Faktoren hat als zwischen nahe beisammenliegenden. Daher
sollte die Entfernung (= Austauschzahl) zwischen zwei weit auseinanderliegenden Faktoren aus einem direkten Versuch geringere Zahlen
ergeben als wenn durch Addition kleiner Strecken erhalten, da die
Doppelaustauschzahlen sich zu den normalen Kombinationen addieren.
So erklärt denn MORGAN die Tatsache, daß die so berechneten Austauschwerte niedriger sind, als sie sein sollten, wenn sie aus der

Summe der zwischenliegenden Faktoren berechnet werden. So ist z. B. in der Chromosomenkarte S. 306 die Entfernung der Faktoren weißäugig-schmaläugig im X-Chromosom ungefähr 56. Dies ist berechnet aus der Addition der Teilentfernungen weiß-abnorm, abnorm-gespalten usw. Der direkte Kreuzungsversuch mit den Faktoren weißäugig-schmaläugig gibt jedoch nur etwa 43% Austausch. Die fehlenden 13% kämen also auf Rechnung von Doppelaustausch. Direkt sichtbar werden könnte aber der Doppelaustausch erst dann, wenn drei oder mehr Faktorenpaare ins Experiment eingehen, so daß durch Fallen der beiden Kreuzungsstellen zwischen je zwei Faktoren zwei neue Doppelaustauschkombinationen neben den vier einfachen Austauschklassen entstännden. Abb. 106 illustriert schematisch diesen Vorgang für die Faktoren hochrote Augen, bandförmige Augen, schwar-

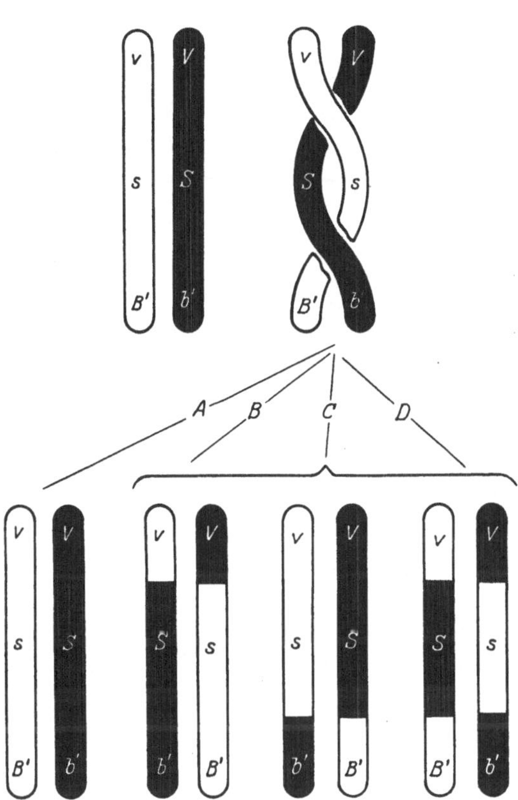

Abb. 106. Schema für den doppelten Faktorenaustausch in einem 3-Faktorenexperiment. Oben: Die Bildung der zwei Knotenpunkte. Unten: A die Chromosomen ohne Austausch, B, C die beiden Möglichkeiten des einfachen Austauschs, D der doppelte Austausch. Nach Babcock-Claussen.

zer Körper in Morgans Bezeichnung v, B_1, s im X-Chromosom. Ihre Lagerung im heterozygoten weiblichen Bastard ist, wenn wir zwei Tiere kreuzen, von denen eines alle rezessiven, das andere alle dominanten Faktoren besitzt (bandförmig B_1, ist eine dominante Mutation), so

33	43	57
v	s	b_{I}

$V \qquad S \qquad B_{\mathrm{I}}$

Im Experiment der Rückkreuzung mit rezessiven Männchen müßten also entstehen die beiden elterlichen Klassen $v s b_{\mathrm{I}}$ und $V S B_{\mathrm{I}}$, die vier Klassen einfachen Austauschs $V s b_{\mathrm{I}}$, $v S B_{\mathrm{I}}$, $v s B_{\mathrm{I}}$, $V S b_{\mathrm{I}}$, und die Doppelaustauschklassen $v S b_{\mathrm{I}}$, $V s B_{\mathrm{I}}$, also acht Phänotypen. Folgendes aktuelle Resultat wurde erhalten (MORGAN und BRIDGES):

Aussehen		Phänotypus	Zahl
1. hochrot—schwarz—normaläugig		$v s b_{\mathrm{I}}$	608
2. rot—grau—schmaläugig		$V S B_{\mathrm{I}}$	845
3. rot—schwarz—normaläugig		$V s b_{\mathrm{I}}$	97
4. hochrot—grau—schmaläugig . . . . | Einfacher		$v S B_{\mathrm{I}}$	95
5. hochrot—schwarz—schmaläugig . . \} Austausch		$v s B_{\mathrm{I}}$	108
6. rot—grau—normaläugig . . . . . . ⟋		$V S b_{\mathrm{I}}$	140
7. hochrot—grau—normaläugig . . . . | Doppelter		$v S b_{\mathrm{I}}$	1
8. rot—schwarz—schmaläugig . . . . . ⟋ Austausch		$V s B_{\mathrm{I}}$	1

Die Gesamtheit der Kreuzungen mit diesen Faktoren, unabhängig davon, welches die elterliche Faktorenkombination ursprünglich war, ergab:

	Zahl	Prozent
Elterliche Kombination	5772	76,7
Einfacher Austausch zwischen V und S	716	9,53
Einfacher Austausch zwischen S und B_{I}	1015	13,49
Doppelter Austausch zwischen $V—S$ und $S—B_{\mathrm{I}}$ . . .	21	0,28

Das Zahlenverhältnis dieser Prozentsätze wird sogleich besprochen werden.

Wir erwähnten soeben, daß auf Grund der Annahme der linearen Anordnung der Faktoren im Chromosom die Wahrscheinlichkeit eine größere ist, daß Doppelaustausch zwischen zwei weit auseinanderliegenden Faktoren stattfindet. Wenn sich nun die beiden Kreuzungsstellen bestimmen ließen, so könnte man daraus schließen, ob die betreffenden Stellen überall im Chromosom liegen können oder ob sie immer eine gewisse Distanz voneinander einhalten. MULLER führte eine solche Bestimmung nun so aus, daß er Fliegen aufbaute, die in nicht weniger als zwölf geschlechtsgebundenen Faktoren heterozygot waren (im Weibchen) und dann die Austauschwerte feststellte. Aus einem Vergleich der Faktorenkombinationen, die das Experiment ergab, mit der Faktorenkarte ergibt sich dann, an welcher Stelle, d. h. zwischen welchen involvierten Faktoren, die Kreuzungsstelle gelegen haben muß. In einigen Prozent wurde dabei ein Doppelaustausch festgestellt und es zeigte sich, daß die betreffenden Stellen irgendwo im Chromosom liegen konnten, aber immer in einer gewissen Distanz voneinander.

Dies Resultat leitet nun zu einem weiteren Versuch über, die Tat- ^{Interferenz.} sächlichkeit der Chiasmatypie nachzuweisen. Wenn im Durchschnitt die Kreuzungsstellen der Chromosomen eine gewisse Distanz voneinander entfernt sind, so sollte die Wahrscheinlichkeit des Auftretens eines zweiten Kreuzungspunkts nahe dem ersten gering sein. Im Experiment würde das heißen, daß wenn zwischen A und B eine Kreuzungsstelle liegt, es nicht sehr wahrscheinlich ist, daß eine zweite zwischen B und einem nahe davon liegenden Faktor auftritt. Wäre das Auftreten der beiden Kreuzungsstellen völlig vom Zufall abhängig, dann wäre die Wahrscheinlichkeit für Doppelaustausch zwischen $A—B—C$ das Produkt der Wahrscheinlichkeiten für einfachen Austausch $A—B \times B—C$. Sind aber die Knoten typisch voneinander entfernt, so wird diese Wahrscheinlichkeit für Doppelaustausch vermindert, wenn C mehr bei B liegt. STURTEVANT und MULLER drücken das gleiche so aus, daß das Auftreten einer Kreuzungsstelle die naheliegenden Faktoren vor einer weiteren Kreuzung schützt und nennen die Erscheinung Interferenz. In unserm obigen Beispiel für Doppelaustausch zwischen den Faktoren $v—s—B_1$ betrug der Gesamtaustausch (einfach + doppelt) zwischen v und s 9,8% (9,53 + 0,28) und zwischen s und B_1 13,8% (= 13,49 + 0,28). Daraus ergibt sich als Erwartung für Doppelaustausch 13,8% $\times$ 9,8% = 1,35%. In Wirklichkeit hatte nach gegebener Interpretation die „Interferenz" den Wert auf $^1/_5$ davon, 0,28% herabgedrückt.

Soweit gehen die elementaren Tatsachen der genetischen Chromosomenanalyse von Drosophila, die wir den an Quantität wie Bedeutung gleich einzig dastehenden Arbeiten der MORGAN-Schule, vor allem MORGAN, STURTEVANT, BRIDGES, MULLER verdanken. Wir müssen nun zusehen, wie weit ihre allgemeine Anwendbarkeit geht und bei dieser Gelegenheit weiteres Tatsachenmaterial kennen lernen, wie auch einiges kritisch betrachten.

Andere Objekte.

Seit der Entdeckung des Faktorenaustauschphänomens bei Lathyrus und seiner Analyse bei Drosophila sind wohl bei allen Tieren und Pflanzen, bei denen eine größere Zahl von Genen analysiert werden konnten, die gleichen Erscheinungen festgestellt worden, z. B. beim Löwenmaul, Hafer, Mais, Erbse, Primeln, Mäusen, Kaninchen, Insekten, in zahllosen Arbeiten der verschiedensten Forscher[1]. Allerdings konnte eine nur annähernd gleich vollkommene Analyse wie bei Drosophila noch bei keinem andern Objekt durchgeführt werden und zwar aus technischen Gründen. Es liegt aber keinerlei Tatsache vor, die gegen das allgemeine Vorkommen und im Prinzip gleiche Erscheinungsform des Austauschphänomens spricht. Das hindert natürlich nicht, daß im einzelnen bereits mehrere Varianten gefunden wurden. Eine der wichtigsten bezieht sich auf die merkwürdige Tatsache, daß bei Drosophila bisher nur im weiblichen Geschlecht der Faktorenaustausch gefunden wurde, also nicht in den Samenzellen. Drosophila ist ja ein Typus mit männlicher Heterogametie, der Faktorenaustausch ist also hier auf das homogamete Geschlecht beschränkt. Von Objekten mit weiblicher Heterogametie sind Untersuchungen in größerem Maße bisher nur beim Seidenspinner und Hühnern und Tauben ausgeführt. Beim Seidenspinner fand TANAKA merkwürdigerweise bisher auch nur einen Austausch im homogameten Geschlecht, also hier dem Männchen. Bei Tauben (CHRISTIE und WRIEDT) und Hühnern (DUNN) findet der Austausch in beiden Geschlechtern und zwar in gleichem Prozentsatz statt. Ferner steht es fest, daß bei vielen Tieren und Pflanzen mit männlicher Heterogametie (also Drosophilatyp) der Faktorenaustausch in beiden Geschlechtern vorkommt, was ja a priori viel verständlicher ist als der Drosophilafall. Dies trifft, soweit bekannt, für alle obengenannten Tiere und Pflanzen zu. Der Prozentsatz des Austauschs scheint in den meisten Fällen in beiden Geschlechtern gleich zu sein; bei Primeln (GREGORY) und Nagetieren (CASTLE) scheint es aber festzustehen, daß die Austauschwerte in beiden Geschlechtern typisch verschieden sind.

Konstanz der Austauschwerte.

Dies führt uns generell zur Frage der Konstanz der Austauschprozentsätze, die ja wesentlich ist, da sie eine Voraussetzung für die ganzen Schlußfolgerungen der MORGAN-Schule bildet. Daß im Einzel-

---

[1] Eine Tabelle darüber findet sich bei P. HERTWIG.

versuch eine beträchtliche Variation der Resultate vorkommt, ist natürlich zu erwarten. Zuverlässige Auskunft können nur eigens angestellte Versuche mit konstanten äußeren Bedingungen und mathematischstatistischer Behandlung der Resultate ergeben. Solche Serien sind an häufig benutzten Mutanten von Drosophila von JUST durchgeführt worden mit dem Resultat, daß die Austauschzahlen tatsächlich typisch und statistisch einwandfrei sind. (Es sei bei dieser Gelegenheit übrigens bemerkt, daß die nötigen Formeln zur Berechnung von Austauschwerten aus F_2, sowie zur Berechnung ihrer mittleren Fehler entwickelt sind [CLAUSSEN, HALDANE, KAPPERT usw. Zusammenstellung bei P. HERTWIG].)

Die erwähnte statistische Konstanz der Austauschwerte besagt aber nicht etwa eine absolute Konstanz. Tatsächlich sind bei Drosophila eine ganze Reihe von Bedingungen bekannt geworden, die die Austauschwerte in typischer Weise beeinflussen. Da liegt zunächst die von PLOUGH analysierte Wirkung der Temperatur vor, die einen ausgesprochenen Effekt auf die Austauschwerte hat. Diese Wirkung ist merkwürdigerweise gar nicht für das X-Chromosom vorhanden und am deutlichsten bei solchen Genen, die auf der Chromosomenkarte nahe der Mitte des zweiten und dritten Chromosoms

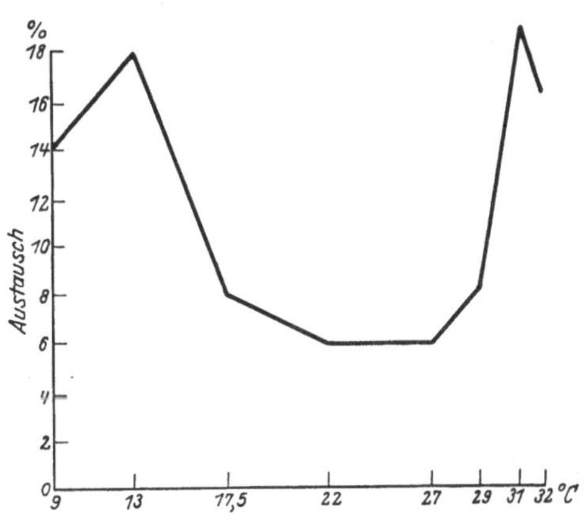

Abb. 107. Einfluß der Temperatur auf den Austauschprozentsatz. Nach PLOUGH.

liegen. (Es sei dazu sogleich bemerkt, daß auch die anderen Faktorenaustausch beeinflussenden Agentien das X-Chromosom verschonen.) Die Ergebnisse von PLOUGH können am einfachsten aus obenstehender Kurve (Abb. 107) abgelesen werden. Sie zeigt zwei Maxima der Austauschwerte nahe der unteren und oberen Temperaturgrenze und ein Minimum bei etwa 25°. Man kann sich nicht des Gedankens erwehren, daß solche Resultate helfen müßten, die Grundlagen des Austauschphänomens besser zu analysieren, wenn auch dazu im Augenblick kein

Weg sichtbar ist. Von anderen Milieufaktoren, die den Austauschwert beeinflussen, sei erwähnt das Alter der Mütter. Nach BRIDGES zeigen Eier von Weibchen, die bis zum 24. Tag untersucht wurden, regelmäßige Änderungen der untersuchten Austauschwerte, nämlich erst ein Absinken der Werte, dann ein Ansteigen und ein nochmaliges Absinken. Bei anderen Faktorenpaaren wurden aber andere Resultate erhalten, so daß der Vorgang zweifellos nicht eine einfache Funktion darstellt. Das geht auch aus Versuchen von MAVOR mit Röntgenstrahlen hervor, die ebenfalls die Austauschwerte in verschiedener Weise je nach den Faktorenpaaren beeinflussen.

Die merkwürdigste und noch nicht recht verständliche Beeinflussung der Austauschwerte ist die durch genetische Faktoren. STURTEVANT fand zuerst Gene — deren reale Existenz mit den üblichen Kreuzungsanalysen festgestellt und die so auch auf der Chromosomenkarte wenigstens generell lokalisiert wurden —, die die Faktorenaustauschwerte typisch beeinflussen. Seitdem sind viele solche Gene, dominante und rezessive, lokalisiert worden, von denen einzelne z. B. sonst kaum nachweisbaren Faktorenaustausch so erhöhen, daß er leicht meßbar wird, andere ihn wieder vollständig zum Verschwinden bringen. Diese „Austauschmodifikatoren" erklären auch wohl die Experimente von DETLEFSEN, dem es gelang durch Selektion in einem konkreten Fall den Austauschprozentsatz fast auf Null hinabzudrücken. Gedanklich bietet die Existenz derartiger Gene allerdings mancherlei Schwierigkeiten; sie werden möglicherweise durch eine neue Entdeckung von STURTEVANT gelöst, der für einen Fall feststellte, daß ein solcher Austauschmodifikator kein Gen ist, sondern daß die Resultate dadurch erklärt werden, daß ein bestimmtes Stück eines Chromosoms umgedreht war, so daß nunmehr die zusammengehörigen Genpaare sich nicht mehr gegenüberstanden und daher eine Chromosomenkonjugation nicht gelang.

Das Y-Chromosom. Hier ist nun der Punkt an dem wir auf den besonderen Fall des Y-Chromosoms zurückkommen müssen. Wir erinnern uns aus der früheren Darstellung der Geschlechtschromosomen, daß manchmal das X-Chromosom im heterogameten Geschlecht keinen Partner hat, manchmal aber einen Partner, das Y-Chromosom, das morphologisch unterscheidbar sein kann, oder auch nicht. Wir haben dies Y-Chromosom bisher vollständig vernachlässigt. Tatsächlich war bis vor nicht langer Zeit über seine Funktion gar nichts bekannt, und die so weitgehende Chromosomenanalyse bei Drosophila hatte niemals ein Gen im Y-Chromosom aufgezeigt. Das einzige was bekannt war — es ging aus den oben beschriebenen Versuchen von BRIDGES über Nichtauseinanderweichen hervor — war, daß Drosophilamännchen ohne Y-Chromosom steril sind. In neuerer Zeit sind nun eine Reihe von Fällen bekannt geworden, die auch auf das Y-Chromosom etwas Licht werfen. Zuerst konnte der Verfasser nachweisen, daß bei Schmetterlingen (siehe später) ein mit der Geschlechtsbestimmung zusammenhängender Faktor im Y-Chromosom gelegen ist. Sodann wurden Vererbungsfälle bekannt (J. SCHMIDT), in denen der besondere Vererbungstyp nur so erklärt werden konnte, daß der fragliche Faktor im Y-Chromosom gelegen war. Bei männlicher Heterogametie (Drosophilatyp) erhält ja jeder Sohn sein Y-Chromosom vom Vater, das somit stets in der männlichen Linie bleibt. SCHMIDT fand nun bei Kreuzungen von tropischen Süßwasserfischen (Lebistes), daß ein bestimmter Charakter nur in der männlichen Linie vererbt wird, somit im Y-Chromosom gelegen sein muß. Der Beweis für die Richtigkeit dieser Folgerung wurde von AIDA erbracht, der bei einem ähnlichen Fisch auch solche Faktoren fand und nun einen Faktorenaustausch zwischen X- und Y-Chromosom nachwies. Seitdem hat WINGE, wieder bei diesen Fischen, eine ganze Reihe von Genen im Y-Chromosom analysiert, die sich nicht von anderen typischen Genen unterscheiden, und ebenso ZULUETA einen Fall bei einem Käfer. In jüngster Zeit ist es endlich auch STERN gelungen bei Drosophila den Nachweis von Genen im Y-Chromosom zu erbringen, das somit den anderen Chromosomen prinzipiell gleich ist, wenn es auch sicher eine Sonderstellung einnimmt.

Wir haben bisher die Tatsachen des Faktorenaustauschs, über die es keine Diskussion geben kann, analysiert. Als Erklärung des Faktorenaustauschs haben wir die Annahme der MORGAN-Schule wiedergegeben, daß er eine Folge der linearen Anordnung der Gene im Chromosom und des Austauschs ganzer Chromosomensegmente durch die Chiasmatypie sei. Es wird gut sein, sich an dieser Stelle darüber klar zu werden, daß die Gesamtheit der Austauschphänomene und ihr gesetz-

Cytologie u. Chiasma-typie-Theorie.

mäßiger Ablauf experimentelle Tatsachen sind; daß aber die Erklärung des Austauschs durch die Chiasmatypie eine Theorie ist, die richtig sein kann, vielleicht aber auch durch eine bessere ersetzt werden könnte. Wenn wir sie betrachten, so konzentriert sich das Hauptinteresse auf die cytologischen Grundlagen der Theorie. JANSSENS hatte ja zuerst

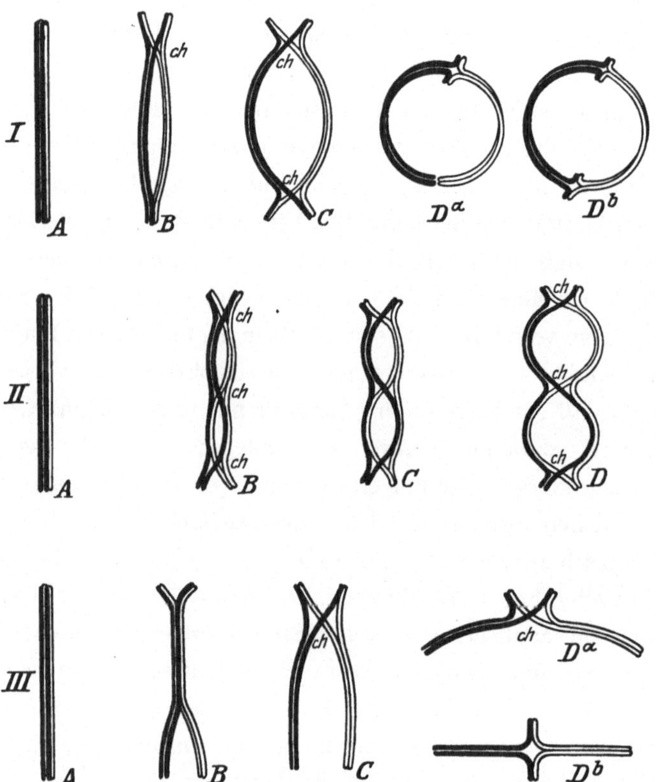

Abb. 108. Bildung der Chromosomenringe (*I*), -zöpfe (*II*), -kreuze (*III*) nach der landläufigen Auffassung. Chiasma *ch* nur scheinbar. Nach McCLUNG.

den Austausch von Chromosomensegmenten für die Keimzellen des Salamanders Batrachoseps beschrieben. Seitdem hat er seine Untersuchungen auch auf Insekten ausgedehnt und glaubt auch hier den Austausch feststellen zu können. Somit konzentriert sich das Interesse auf die zwischen Synapsis und Reifeteilung liegenden Umwandlungen der konjugierten Chromosomen, besonders auf die in diesen Stadien auftretenden Zopf-, Ring- und Kreuzfiguren der Chromosomenpaare, die oft schon den Längsspalt für die Äquationsteilung zeigen, somit aus vier parallelen Fäden bestehen. Das worum es sich handelt, ist also die optische Analyse dieser Figuren, deren Schwierigkeit eine sehr große ist. So kommen für die Beurteilung nur Zellen mit wenigen und großen Chromosomen in Betracht. Janssens hat solche studiert, und zwar neuer-

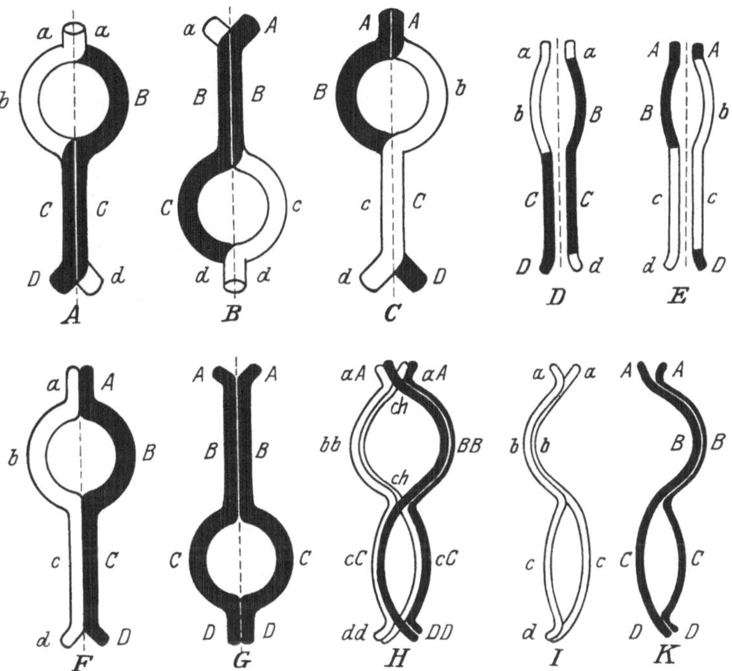

Abb. 109. Bildung von Doppelringchromosomen. *A—E* nach der Auffassung von Janssens mit Austausch von Segmenten *Aa Bb Cc Dd*. *F—K* die gleichen Bilder nach der Auffassung von Wilson usw. Nach McClung.

dings die der Orthopteren und findet stets das Chiasma. Der beste Kenner dieses Objekts, Mc Clung, erklärt aber mit Bestimmtheit, daß es sich nur um eine falsche Interpretation handle, die eine optische Überkreuzung für eine Verklebung hält. In Abb. 108, 109 sind die beiden Interpretationen an zwei Beispielen wiedergegeben, die die Ring- und Zopfchromosomen schematisch zeigen. Das Paar konjugierter Chromosomen ist schwarz und weiß gezeichnet, jedes kann noch einmal längsgespalten sein. Die Bildung und Auflösung dieser Figuren ist einmal nach der üblichen Darstellung der meisten Cytologen (darunter WILSON und MC CLUNG) wiedergegeben, wonach die Chromosomenfäden intakt blei-

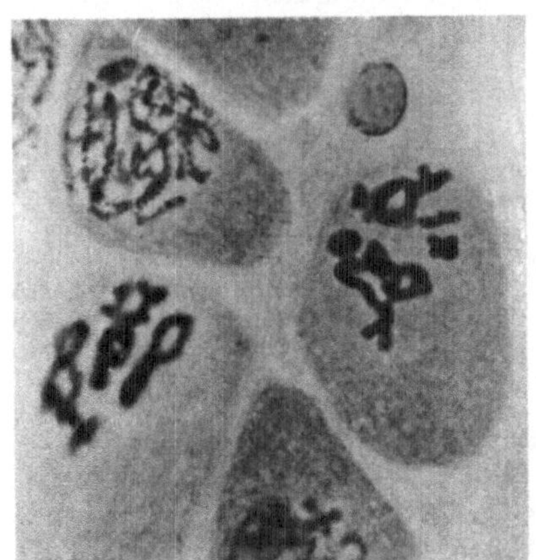
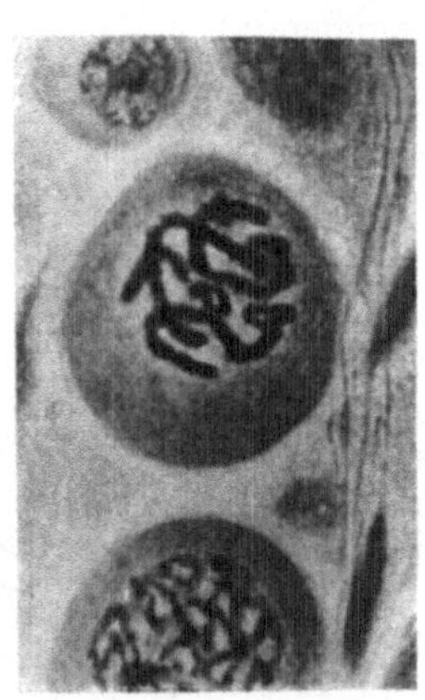
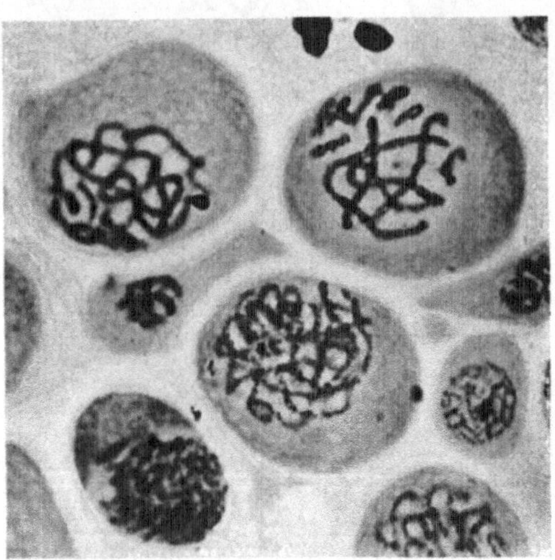

Abb. 110. Photos von Spermatocyten einer Heuschrecke in einigen der kritischen post-synaptischen Stadien zur Demonstration der Schwierigkeit der Analyse. Photo BĚLAŘ.

ben, sodann nach der Darstellung von JANSSENS, nach der ein Segment-austausch stattfindet. Schon diese Schemata, geschweige denn die wirklichen Bilder (Abb. 110) zeigen die außerordentliche Schwierigkeit der

Interpretation. So scheint uns, trotz einiger weiterer positiver Angaben von GELEI, GATES, CHODAT die Tatsächlichkeit der Chiasmatypie cytologisch noch nicht bewiesen. Aus diesem Grund hat zuerst der Verfasser, seitdem SEILER und neuerdings WINKLER[1] versucht, eine Erklärung der Tatsachen ohne Annahme der Chiasmatypie zu entwickeln, Erklärungen, die alle ohne den Austausch ganzer Chromosomensegmente arbeiten. Es muß aber gesagt werden, daß sie den komplizierteren Tat-

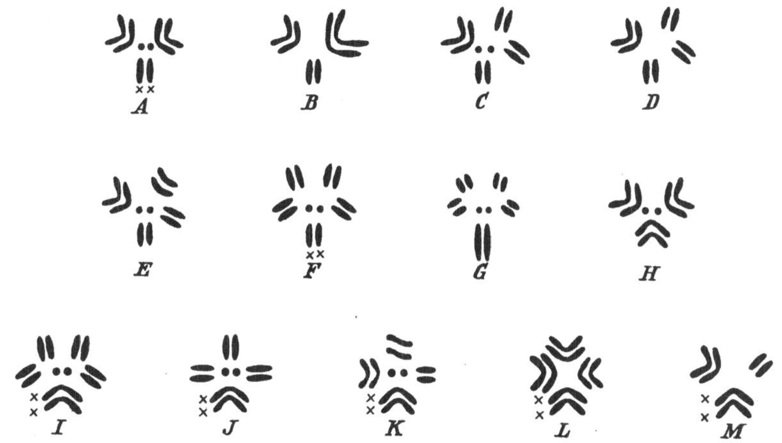

Abb. 111. Chromosomengruppen verschiedener Spezies von Drosophila. 13 Typen, deren jeder sich bei mehreren Arten findet. Von bekannteren Arten gehören zu Typ *A* melanogaster und simulans, Typ *F* similis und virilis, Typ *G* funebris, Typ *I* hydei, Typ *J* obscura, Typ *K* affinis, Typ *M* willistoni. Nach METZ.

sachen nicht gerecht werden können, und daß daher bis jetzt die Chiasmatypieannahme, obwohl cytologisch noch nicht bewiesen, die experimentellen Tatsachen am besten erklärt.

Eines der hauptsächlichsten Resultate, zu denen die Faktorenanalyse bei Drosophila geführt hatte, war der Nachweis, daß es eben so viele Koppelungsgruppen gibt als Chromosomen. In Anbetracht der auf der Hand liegenden Wichtigkeit dieser Tatsache für die Chromosomentheorie der Vererbung erhebt sich die Frage, wie weit ähnliche Resultate bei anderen Objekten vorliegen. Tatsächlich gibt es keine Analyse, die an Umfang der an Drosophila mit über 400 Genen ausgeführten gleichkäme. Was bisher aber vorliegt, bestätigt vielfach und widerspricht zum min-

Koppelungs-
gruppen an-
derer Arten.

---

[1] Noch nicht veröffentlicht.

desten nicht dem genannten Grundresultat. Am wichtigsten erscheinen da die an anderen Drosophilaarten (hauptsächlich von STURTEVANT und METZ) gewonnenen Resultate, da nicht alle Drosophilaspezies die gleiche Chromosomengarnitur besitzen. In Abb. III sind die Chromosomengruppen, wie sie typischerweise bei verschiedenen Arten von Drosophila vorkommen, abgebildet. Wir sehen, daß es Formen mit 3, 4, 5 und 6 Chromosomenpaaren gibt. Von diesen Formen sind nun einige schon mehr oder minder vollständig genetisch analysiert mit einem Resultat, das die folgende Tabelle wiedergibt:

Species	Chromosomentyp in Abb. III	Zahl der Chromosomenpaare	Bisher gefundene Koppelungsgruppen	Analysirte Gene
affinis	K	5	1	2
busckii	A	4	2	3
caribbea	L	4	1	1
funebris	G	6	3	7
hydei	I	6	2	4
immigrans	D	4	3	6
melanogaster	A	4	4	400
obscura	J	5	5	40
repleta	I	6	2	3
similis	F	6	1	1
simulans	A	4	3	40
virilis	F	6	6	41
willistoni	M	3	3	39

Sie zeigt, daß außer bei der gewöhnlichen Drosophila melanogaster mit 4 Chromosomen und Koppelungsgruppen bei Drosophila obscura entsprechend den 5 Chromosomenpaaren auch 5 Koppelungsgruppen gefunden wurden; ferner bei Drosophila virilis mit 6 Chromosomenpaaren 6 Gruppen und bei Drosophila willistoni mit 3 Paaren auch 3 Gruppen. Bei den anderen Formen ist die Analyse nocht nicht weit genug vorgeschritten. Außerhalb der Gattung Drosophila liegt wohl kaum noch eine vollständige Analyse vor. Am weitesten ist man wohl bei der spanischen Wicke und Erbse gekommen. Bei ersterer mit 7 Chromosomenpaaren sind bereits 5 Koppelungsgruppen sicher festgestellt. Bei der Erbse mit ebenfalls 7 Chromosomenpaaren ist der Fall noch nicht recht klar. Es scheinen 5 Koppelungsgruppen festgestellt zu sein (KAPPERT, SVERDRUP), dazu aber noch mehr als 2 einzelne Faktoren, die mit allen anderen keine Koppelung zeigen. In Anbetracht der bisher noch relativ geringen Zahl analysierter Faktoren, ferner der Tatsache, daß bei nicht allzu großen Zahlen des Experiments ein hoher Austauschprozentsatz nicht von einer freien Spaltung im Bereich der Fehlerquellen unterschieden werden kann, wäre es voreilig, aus diesem Befund schon zu schließen, daß hier die Gesetzmäßigkeit durchbrochen ist. In allen anderen bisher untersuchten Fällen sind bis jetzt erst einige von den theoretisch möglichen Koppelungsgruppen gefunden worden, z. B. beim Mais 7 von 10, bei Kaninchen 3 von 11, bei der Gerste 4 von 7, beim Löwenmäulchen 2 von 8. Natürlich ändert sich das mit jeder neuen Untersuchung. Bis jetzt hat man somit das Recht, die Drosophilabefunde über die Zahl der Koppelungsgruppen nach dem augenblicklichen Stand unseres Wissens für eine allgemeine Gesetzlichkeit zu halten.

Literatur zur zwölften Vorlesung.

AIDA, T.: On the inheritance of color in a freshwater fish etc. Genetics 6. 1921.

BATESON, W.: Mendel's Principles of Heredity. Cambridge University press. März 1909; 2nd Impr. August 1909. 3. 1913.

BATESON, W. und Mitarbeiter: Reports to the Evolutions Committee of the Roy. Soc. 1—5. 1902—09.

BATESON, W. and PUNNETT, R. C.: On gametic series involving reduplication of certain terms. Verhandl. d. Naturforsch. Ver. Brünn 49. 1911.

BAUR, E.: Einführung in die experimentelle Vererbungslehre 5. u. 6. Aufl. Berlin 1923. — Ders.: Vererbungs- und Bastardierungsversuche mit Antirrhinum. II. Faktorenkoppelung. Zeitschr. f. indukt. Abstammungs- u. Vererbungslehre 6. 1912. — Ders.: Untersuchungen über das Wesen, die Entstehung und die Vererbung von Rassenunterschieden bei Antirrhinum majus. Bibl. Genetica 4. 1924.

BRIDGES, C. B.: The chromosome hypothesis of linkage applied to cases in sweet peas and Primula. Americ. Naturalist 48. 1914. — Ders.: Deficiency. Genetics 2. 1917.

CAROTHERS, E. E.: The segregation and recombination of homologous chromosomes found in two genera of Acrididae. Journ. of Morphol. 28. 1917.

DETLEFSEN, J. A.: Is crossing over a function of distance? Proc. of the Nat. Acad. of Sciences (U.S.A.) 6. 1920.

GOLDSCHMIDT, R.: Crossing-over ohne Chiasmatypie? Genetics 2. 1917. — Ders.: Über Vererbung im Y-Chromosom. Biol. Zentralbl. 42. 1922.

GREGORY, R. P.: On Gametic Coupling and Repulsion in Primula sinensis. Proc. of the Roy. Soc. of London 84. Nr. 568. 1911. — Ders.: Experiments with Primula sinensis. Journ. of Genetics 1. 1911.

HERTWIG, PAULA: Tabellen der Vererbungslehre. Tabulae Biologicae 4. 1927.

Jennings, H. S.: Disproof of a certain type of theories of crossing over between chromosomes. Americ. Naturalist **52**. 1918.

Mac Clung, C. P.: The chiasmatype theory of Janssens. Quart. Rev. of Biol. **2**. 1927.

Metz, C. W.: Mutation in three species of Drosophila. Genetics **1**. 1916. — Ders.: The linkage of eight sex-linked characters in Drosophila virlis. Genetics **3**. 1918.

Morgan, T. H.: An attempt to analyse the constitution of the chromosomes on the basis of sex-limited inheritance in Drosophila. Journ. of Exp. Zool. **11**. 1911. — Ders.: Die stofflichen Grundlagen der Vererbung. Deutsch von H. Nachtsheim. Berlin 1921.

Morgan, Th. H. and Sturtevant, A. H., Muller, H. J., Bridges, C. B.: The mechanism of Mendelian heredity. New York 1915.

Morgan, Th. H. and Bridges, C. B.: Sex-linked inheritance in Drosophila. Carnegie Institution Publications **237**. 1916.

Morgan, T. H., Bridges, C. B., Sturtevant, A. H.: The Genetics of Drosophila. Bibl. Genetics **2**. 1925. Hier vollständige Drosophila-Literatur bis 1925.

Muller, H. J.: The mechanism of crossing-over. Americ. Naturalist **50**. 1916.

Plough, H. H.: The effect of temperature on crossing-over. Journ. of Exp. Zool. **24**. 1917.

Schmidt, J.: Racial investigations 4. Cpt. rend. Trav. Lab. Carlsberg 1920.

Seiler, J.: Geschlechtschromosomen-Untersuchungen an Psychiden III. Arch f. Zellforsch. **16**. 1921.

Stern, C.: Vererbung im Y-Chromosom bei Drosophila melanogaster. Biol. Zentralbl. **46**. 1926.

Sturtevant, A. H.: The linear arrangemant of six sex-linked factors in Drosophila, as shown by their mode of association. Journ. of Exp. Zool. **14**. 1913. — Ders.: The reduplication hypothesis as applied to Drosophila. Americ. Naturalist **48**. 1914. — Ders.: The behavior of the chromosomes as studied through linkage. Zeitschr. f. indukt. Abstammungs- u. Vererbungslehre **13**. 1915. — Ders.: A crossover-reducer in Drosophila melanogaster. Biol. Zentralbl. **46**. 1926.

Sverdrup, A.: Linkage and independent inheritance in Pisum sativum. Journ. of Genetics **17**. 1927. Hier Literatur.

Tanaka, Y.: Further data on the reduplication in silk-worms. Journ. Ag. Coll. Sapporo. 1914.

Weinstein, A.: Coincidence of crossing-over in Drosophila melanogaster. Genetics **3**. 1918.

Winge, Ö.: Crossing-over between the X- and Y-Chromosomes in Lebistes. Journ. of Genetics **13**. 1923. — Ders.: The location of eighteen genes in Lebistes reticulatus. Ibid. **18**. 1927.

de Zulueta, A.: La herencia legada al sexo en el colleoptero Phytodecta variabilis. Eos **1**. 1925.

Dreizehnte Vorlesung.

Einige Spezialprobleme: Multipler Allelomorphismus. Verdeckte Koppelung. Letalfaktoren. Chromosomenunvollkommenheit und Übertreibungsphänomen. Heterogamie. Luxurieren. Inzucht und Sterilität.

Wir sind nunmehr mit den Haupttatsachen des MENDELschen Mechanismus und allen wichtigen Konsequenzen daraus für den Ablauf von Vererbungsexperimenten bekannt. In dieser Vorlesung wollen wir uns nun noch mit einer Anzahl von Einzelerscheinungen beschäftigen, die auf den ersten Blick der MENDELschen Erklärung Schwierigkeiten zu bereiten scheinen, bei genauerer Analyse sich aber völlig dem Rahmen der bekannten Gesetze einfügen und auf Grund des bisher Besprochenen leicht verständlich sind. Weitere mendelistische Spezialprobleme werden uns später noch begegnen.

Wir beginnen mit einer sehr interessanten Erscheinung, die wir bisher noch nicht erwähnten, dem multiplen Allelomorphismus (nicht zu verwechseln mit multiplen Faktoren oder Polymerie). Die zuerst von CUÉNOT bei Mäusen entdeckte Erscheinung besteht darin, daß es Reihen von MENDEL-Faktoren gibt, die sich untereinander stets wie ein Paar Allelomorphe verhalten. Also wenn die Faktoren $ABCD$ vorhanden sind, so gibt $A \times B$ oder $B \times C$ oder $A \times C$ oder $B \times D$ usw. immer eine einfache MENDEL-Spaltung in F_2. Es können also in einem Bastard nie mehr als zwei solcher Faktoren vereinigt werden, eine dihybride Spaltung ist bei ihnen unmöglich. Man kennt jetzt solche Systeme von bis zu etwa einem Dutzend Faktoren von Mäusen, Ratten, Kaninchen, Drosophila, anderen Insekten, Pflanzen, vielleicht auch dem Menschen. Ihre Untersuchung bei Drosophila hat nun zu einer sehr wichtigen Erkenntnis geführt. Wenn eine Reihe solcher multipler Allelomorphe mit einem anderen Faktor im Bastardierungsexperiment kombiniert werden und die Faktorenaustauschwerte in der uns wohlbekannten Weise bestimmt

Multiple Allelo- morphe.

werden, so zeigt sich, daß die ganze Serie der multiplen Allelomorphe
den gleichen Wert ergeben; das bedeutet also, in der uns bereits wohlbekannten Ausdrucksweise MORGANS, daß sie am gleichen Platz im Chromosom liegen. Um ein Beispiel mit uns schon bekannten Faktoren zu
nennen, so gibt es eine Serie solcher Allelomorphe für Augenfarbe, zu

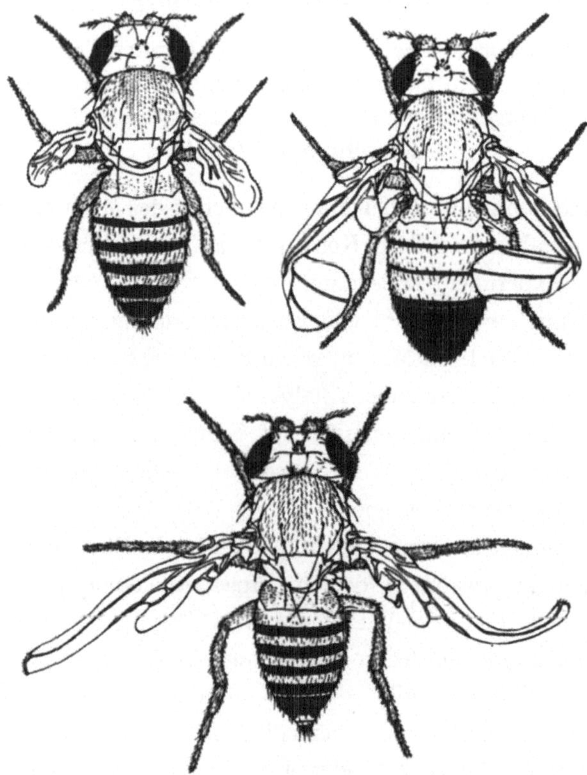

Abb. 112. Drei verschiedene erbliche Typen von Stummelflügeln bei Drosophila
, auf multipeln Allelomorphen beruhend. Nach MORGAN und Mitarbeiter.

denen weiße und eosinfarbene Augen gehören. Jeder dieser multipel-
allelomorphen Faktoren erweist sich aber im Faktorenaustauschexperi-
ment als 1 Einheit „entfernt" von dem Faktor für gelbe Körperfarbe,
33 Einheiten von Miniaturflügeln, 44 von dem Faktor für schmaläugig usw.

Nun ist es eine weitere Tatsache, daß fast alle bis jetzt bekannten
Gruppen von multipeln Allelomorphen die gleiche Außeneigenschaft betreffen. Im gegebenen Beispiel war es Augenfarbe (MORGAN), bei Mäusen

— 331 —

und Kaninchen sind es Farb- oder Zeichnungsmerkmale (Cuénot, Little, Castle, Wright), bei Insekten Zeichnungsmerkmale (Nabours, Tanaka, Goldschmidt), beim Mais Perikarpfarben (Emerson, Anderson), bei Antirrhinum Blütenfarben (Baur, P. Hertwig), und meist lassen sich diese Eigenschaften in Reihen anordnen, deren Glieder verschiedene quantitative Zustände einer Eigenschaft, etwa Pigmentkonzentration oder Pigmentausbreitung, darstellen. Zur Bezeichnung benutzt man meist die mendelistischen Symbole mit Suffixen. Also etwa eine multiple Serie des rezessiven Gens w für weiße Augen würde man mit $w_1 w_2$ usw. oder auch mit $w_a w_b$ oder ähnlich bezeichnen.

Kombination der Faktoren der Albinoserie des Meerschweinchens untereinander und mit den Faktoren für dunkles und gelbes Pigment B und b. Die multipeln Allelomorphe A_1—A_6 sind betrachtet.

Kombination	Färbung des Felles bei Anwesenheit von		Kombination	Färbung des Felles bei Anwesenheit von	
	B	b		B	b
$A_6 A_6$	schwarz	rot	$A_5 A_1$	dunkelsepia	crême
$A_6 A_5$	„	„	$A_4 A_4$	„	gelb
$A_6 A_4$	„	„	$A_4 A_3$	„	crême
$A_6 A_3$	„	„	$A_4 A_1$	hellsepia	„
$A_6 A_1$	„	„	$A_3 A_3$	dunkelsepia	weiß
$A_5 A_5$	tiefdunkelsepia	dunkelgelb	$A_3 A_1$	hellsepia	„
$A_5 A_4$	dunkelsepia	gelb	$A_1 A_1$	weiß mit dunkeln Nasen, Ohren, Pfoten	„
$A_5 A_3$	tiefdunkelsepia	crême			

Einige wenige Beispiele mögen die Tatsache illustrieren. Berühmt ist die Serie von mehr als einem Dutzend verschiedener Allelomorphe der Augenfarbe von Drosophila, die von tiefroten Augen durch alle Übergänge zu weißen Augen führen. Zur bildlichen Darstellung geeigneter sind die drei Typen der stummelförmigen Mutation von Drosophila, die in Abb. 112 wiedergegeben sind. Die Farbverdünnungsserien, wie sie bei Nagetieren und Pflanzen (Löwenmäulchen) bekannt sind, eignen sich besonders schön zur Analyse, weil hier die Wirkung im Zusammenarbeiten mit anderen Faktoren analysiert werden kann. Wir erinnern uns etwa an die Farbe der Mäuse, wo der Agutifaktor Cc die Wildfarbe bedingte, wenn alle anderen Farbfaktoren auch anwesend waren. Von diesem und vor allem dem entsprechenden Faktor beim Kaninchen sind ebenfalls multipel-allelomorphe Serien bekannt, ebenso von dem Faktor für Albinismus. Diese Serien bedingen verschiedene Stufen der Aufhellung der Farbe, bzw. verschiedene Grade von Albinismus. Das phänotypische Resultat aber hängt natürlich von der übrigen Faktorenkonstitution ab, so daß verschiedene Verdünnungs- oder Abschwächungsreihen von einer gewissen Parallelität sichtbar werden. Als Beispiel diene die Tabelle nach WRIGHT auf S. 331, in dessen Arbeiten sich reiches Tatsachenmaterial findet (siehe auch die zusammenfassende Darstellung von KOSSWIG).

Das Prinzip geht aus dem Angeführten wohl klar hervor. Theoretisch kommt diesem multipeln Allelomorphismus eine große Bedeutung zu, da er es erlaubt, das gleiche Gen in verschiedenen Zuständen zu studieren und daraus Rückschlüsse auf sein Wesen zu ziehen. Wir werden darauf in einer späteren Vorlesung zurückkommen.

Vollständige Koppelung. Eine einfache Überlegung zeigt, daß der multiple Allelomorphismus auch als ein Fall vollständiger Koppelung zwischen zwei Genen aufgefaßt werden könnte: vollständig gekoppelte Gene müssen ja wie ein einziges vererbt werden. Es mag auch Fälle geben für die das zutrifft, vor allem solche Fälle, in denen die multiple Serie nicht zu einer quantitativ verschiedenen Ausprägung eines Außencharakters führt, etwa bei den verwickelten aber multipel allelomorphen Zeichnungsmustern der Heuschrecke Paratettix (NABOURS). In der überwältigenden Mehrzahl der Fälle kommen wir aber nicht um die Auffassung herum, daß es sich um verschiedene Zustände eines und desselben Gens handelt. Dies führt uns nun aber dazu, generell die Möglichkeit solcher vollgekoppelter Gene zu betrachten.

Wir erinnern uns von der Besprechung der Dominanzerscheinung her an das Auftreten von Mosaikbastarden in F_1 aus schwarzen und weißen Hühnerrassen. Wir können nun zu dieser Erscheinung, ausgerüstet mit den Kenntnissen über die Koppelung im gleichen Chromosom liegender Faktoren, zurückkehren und zwar beginnen wir mit dem vielzitierten Fall der Vererbung der Farbe der blauen Andalusierhühner (siehe Abb. 113). Es ist den Züchtern immer bekannt gewesen, daß diese beliebte graublaue Rasse nicht rein züchtet, sondern immer eine Anzahl von schwarzen wie weißen mit blauen Spritzern (schmutzig-weiß) neben den blauen liefert. BATESON und PUNNETT zeigten dann, daß die Nachkommenschaft zweier blauer Vögel aus schwarzen, blauen und schmutzig-weißen im Verhältnis von 1:2:1 bestand, und daß das Viertel schwarzer wie auch weißer rein züchtete. Somit können schwarz und schmutzig-weiß

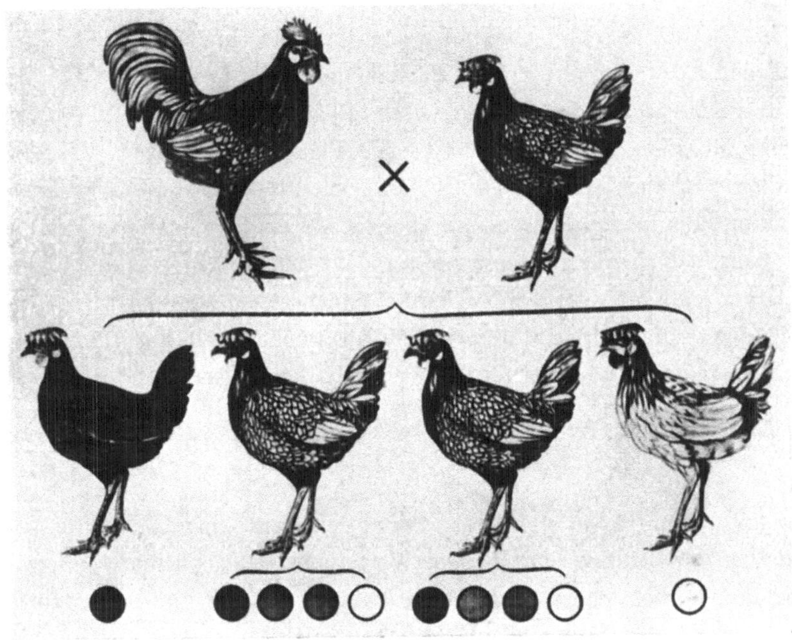

Abb. 113. Der Fall der blauen Andalusier, die stets spalten. Unten die Beschaffenheit der Gameten der herausgespaltenen Tiere. Nach BAUR-GOLDSCHMIDTs Wandtafeln.

ein Allelomorphenpaar sein und blau wäre der intermediäre Bastard. Tatsächlich wird der Fall als typisches Beispiel dieser Art von Vererbung meistens zitiert. Nun aber besitzen die schwarzen wie die schmutzig-weißen Formen beide Pigment; der Unterschied ist bloß, daß es in einem Fall den ganzen Körper färbt, im andern aber nur ein paar Spritzer bildet. Ferner ist das Blau nicht etwa ein verdünntes heterozygotes Schwarz, sondern beruht auf einer andern Verteilung des Pigments in der Feder, die pigmentfreie Stellen läßt, deren Lichtbrechungswirkung die schieferblaue Farbe erzielt. Es müssen also mindestens zwei Faktorenpaare im Spiel sein. Da aber die Spaltung eine monohybride ist, so müssen sie im gleichen Chromosom liegen, fest gekoppelt sein.

Die richtige Formulierung des Falles müßte also folgendermaßen lauten: Die schwarze und die weiße Rasse haben beide Pigment, denn die letztere ist nicht rein weiß, jede besitzt den Pigmentfaktor P. Die weiße Rasse besitzt aber nur minimal wenig Pigment, ihr fehlt nur ein Entfaltungsfaktor, der die reiche Pigmentquantität bedingt und bei der schwarzen vorhanden ist, sagen wir Q. Dagegen besitzt die weiße Rasse einen Mosaikfaktor, der das anwesende Pigment fein verteilt, M, weshalb sie ja auch schmutzig-weiß ist. Der schwarzen fehlt aber dieser Faktor. Bei beiden Rassen sind aber diese Faktoren so aneinander gekoppelt, daß sie nur gemeinsam vererbt werden können, was durch eine Klammer ausgedrückt werden kann. (Statt dessen könnten wir natürlich den Fall auch in Chromosomen ausdrücken und den Inhalt der Klammer in ein Chromosom verlegen.) Es heißen somit die Eltern:

$$\text{schwarz:} \ (mPQ) = A \qquad\qquad \text{weiß:} \ (M\ Pq) = a$$
$$\text{und } F_1 \ (mPQ)\,(MPq) = Aa.$$

Es trifft somit in F_1 der Mosaikfaktor mit dem Quantitätsfaktor zusammen und bedingt somit die feine Verteilung des reichlichen Pigments, die als blau bezeichnet wird. Die Spaltung kann aber nur monohybrid erfolgen, da alles in der Klammer so gekoppelt ist, als wenn es nur ein Faktor A bzw. a wäre.

Diese unsere Formulierung ist inzwischen von HAGEDOORN und LIPPINCOTT übernommen worden und durch das Ergebnis der Kreuzung blauer Andalusier mit einer rezessiv weißen Rasse bestätigt worden. Wären die blauen einfach von der Formel Aa, so müßte die Kreuzung $Aa \times aa$ $^1/_2$ blaue $^1/_2$ weiße ergeben. Tatsächlich erhielt aber HAGEDOORN $^1/_2$ blaue, $^1/_2$ schwarze. LIPPINCOTT aber kreuzte rezessiv weiße Hühner einer andern Rasse mit schmutzig-weißen Andalusiern. Das Resultat war aber nicht lauter weiße, sondern nur blaue. Beide Resultate stimmen mit unserer Erklärung überein.

Die Möglichkeit einer solchen Erklärung ist von CORRENS angeregt worden, der damit einen ganz analogen pflanzlichen Fall interpretiert. Er kreuzte eine sehr hell rosa, fast weiße Varietät des Leimkrauts *Silene Armeria* mit einer rosa blühenden und erhielt in F_1 eine stets schön purpurrot blühende Neukombination. Nach dem, was wir früher über die violetten spanischen Wicken hörten, wäre nun anzunehmen, daß die eine Rasse, die weiße, einen kryptomeren Sättigungsfaktor hätte, der dann in F_1 in Wirksamkeit tritt und in F_2 wäre dann eine Spaltung nach dem Schema mit zwei Eigenschaften zu erwarten. Statt dessen trat aber wie bei den Andalusiern die Spaltung in 1 rosa : 2 purpurn : 1 weiß ein. Die CORRENSsche Erklärung ist denn auch die, die wir schon vorweg für die Andalusier benutzt haben, wobei nur an Stelle des Mosaikfaktors der Sättigungsfaktor S zu setzen wäre.

Noch ein weiteres Beispiel dieser Art sei genannt, das zeigt, wie ein Vererbungsfall läuft, wenn sich ein solches System gekoppelter Faktoren mit unabhängig spaltenden Eigenschaften kombiniert, TSCHERMAK und SHULLS Kreuzungen mit Bohnen. Bei Kreuzung schwarzer und weißer Bohnenrassen war F_1 gesprenkelt, in F_2 aber fanden sich schwarze, weiße, braune, schwarzgesprenkelte und braungesprenkelte. SHULLS Erklärung ist die, daß ein Sprenkelungs- oder Mosaikfaktor M vorhanden ist, der aber nur in heterozygotem Zustand Mm wirkt. Alle Formen, die Mm enthalten, und nur diese, sind gesprenkelt. Die anderen Farben erklären sich nach der uns von früher her bekannten Art so, daß ein Faktor P da ist, der nur allein braunes Pigment bedingt, mit dem Sättigungsfaktor S zusammen aber schwarzes. Wir sehen nun, daß die Annahme des Mosaikfaktors, der nur in heterozygotem Zustand wirkt, analog ist der, daß Aa bei Andalusiern blau bedingt, und es liegt nahe, auch hier die gleichen Annahmen zu machen, nämlich, daß der Mosaikfaktor M in Wirklichkeit ein in einem Chromosom gelagertes Paar von Faktoren ist, ein dominanter und ein rezessiver also (Mn), während die andere, zur Bastardierung benutzte Form dafür (mN) hat. M und N aber rufen, wenn sie zusammenkommen, das Mosaik hervor, genau wie M und Q bei den Andalusiern. Die Kreuzung verläuft also derart: Schwarze Bohne $PP\,SS\,(Mn)\,(Mn)$, weiße Bohne $pp\,ss\,(mN)\,(mN)$. Oder, wenn wir das gleiche in Chromosomen ausdrücken, so wären drei Chromosomenpaare an der Kreuzung beteiligt, nämlich:

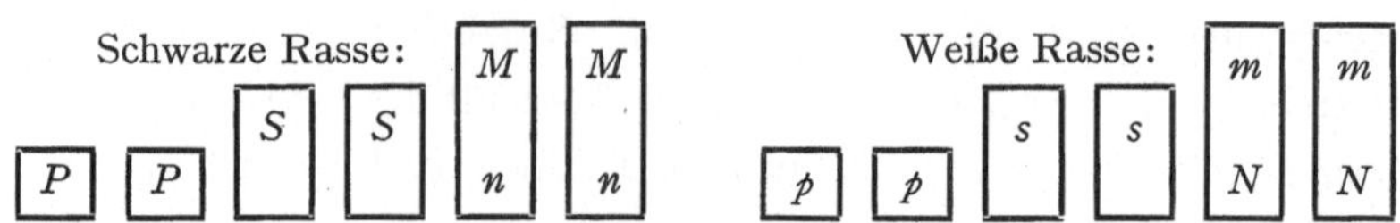

F_1 ist somit $Pp\,Ss\,(Mn)\,(mN)$, also schwarz gesprenkelt. In F_2 findet gegenüberstehende (S. 337) Rekombination mit drei Chromosomenpaaren statt.

Da alle Formen mit PS schwarz, mit Ps braun, mit p weiß und mit $(Mn)\,(mN)$ gesprenkelt sind, ergibt sich das Ergebnis: 18 schwarze : 18 schwarz gesprenkelte : 6 braune : 6 braun gesprenkelte : 16 weiße. (Die von SHULL erhaltenen Zahlen waren 273 schwarze, 287 schwarz gesprenkelte, 109 braune, 79 braun gesprenkelte, 265 weiße.)

Durchbrechung der absoluten Koppelung. Es könnte nun scheinen, als ob es recht überflüssig wäre, mit zwei gekoppelten Faktoren zu arbeiten, wenn man nur einen braucht, um die Spaltung zu erklären. Das ist aus folgenden Gründen nicht der Fall:

In den meisten Fällen, in denen eine solche spaltende heterozygote Konstruktion vorkommt, gibt es verwandte Rassen, die die gleiche Eigenschaft in nichtspaltender konstanter Form besitzen. CORRENS weist darauf hin, daß es auch eine konstant züchtende purpurrote *Silene Armeria* gibt. Es gibt Fälle von Kreuzungen dunkler und heller Bohnen, bei denen der Bastard gesprenkelt ist, aber es gibt auch reinzüchtende gesprenkelte Formen; wir haben gehört, daß bei Kreuzung von schwarzen und weißen Hühnern F_1 gegittert sein kann (Mosaikvererbung), aber es gibt auch Formen, deren Gitterung auf einem einzigen konstanten Erbfaktor beruht.

Es ist uns aber jetzt wohlbekannt, wie solche Formen aus den anderen entstehen können: durch Faktorenaustausch. Wenn bei den Andalusiern ein Faktorenaustausch von M gegen m oder Q gegen q stattfindet, oder bei den eben besprochenen Bohnen zwischen M und m bzw. N und n, dann erhalten wir ja Gameten MQ und bzw. MN, aus denen eine homozygote, nicht spaltende Rasse blauer Andalusier bzw. gesprenkelter Bohnen erhalten werden kann. Es scheint uns keinem Zweifel zu unterliegen, daß dieser Versuch nach allem, was uns jetzt Drosophila gelehrt hat, früher oder später gelingen wird, und daß dies auch der Weg war, wie unbewußt die oben genannten reinzüchtenden Formen aufgebaut wurden.

$PS(Mn)$ $PS(Mn)$ schwarz 1	$PS(mN)$ $PS(Mn)$ schwarz- gespr. 1	$Ps(Mn)$ $PS(Mn)$ schwarz 2	$pS(Mn)$ $PS(Mn)$ schwarz 3	$Ps(mN)$ $PS(Mn)$ schwarz- gespr. 2	$pS(mN)$ $PS(Mn)$ schwarz- gespr. 3	$ps(Mn)$ $PS(Mn)$ schwarz 4	$ps(mN)$ $PS(Mn)$ schwarz- gespr. 4
$PS(Mn)$ $PS(mN)$ schwarz- gespr. 5	$PS(mN)$ $PS(mN)$ schwarz 5	$Ps(Mn)$ $PS(mN)$ schwarz- gespr. 6	$pS(Mn)$ $PS(mN)$ schwarz- gespr. 7	$Ps(mN)$ $PS(mN)$ schwarz 6	$pS(mN)$ $PS(mN)$ schwarz 7	$ps(Mn)$ $PS(mN)$ schwarz- gespr. 8	$ps(mN)$ $PS(mN)$ schwarz 8
$PS(Mn)$ $Ps(Mn)$ schwarz 9	$PS(mN)$ $Ps(Mn)$ schwarz- gespr. 9	$Ps(Mn)$ $Ps(Mn)$ braun 1	$pS(Mn)$ $(PsMn)$ schwarz 10	$Ps(mN)$ $Ps(Mn)$ braun- gespr. 1	$pS(mN)$ $Ps(Mn)$ schwarz- gespr. 10	$ps(Mn)$ $Ps(Mn)$ braun 2	$ps(mN)$ $(PsMn)$ braun- gespr. 2
$PS(Mn)$ $pS(Mn)$ schwarz 11	$PS(mN)$ $pS(Mn)$ schwarz- gespr. 11	$Ps(Mn)$ $pS(Mn)$ schwarz 12	$pS(Mn)$ $pS(Mn)$ weiß 1	$Ps(mN)$ $pS(Mn)$ schwarz- gespr. 12	$pS(mN)$ $pS(Mn)$ weiß 2	$ps(Mn)$ $pS(Mn)$ weiß 3	$ps(mN)$ $pS(Mn)$ weiß 1
$PS(Mn)$ $Ps(mN)$ schwarz- gespr. 13	$PS(mN)$ $Ps(mN)$ schwarz 13	$Ps(Mn)$ $Ps(mN)$ braun- gespr. 3	$pS(Mn)$ $Ps(mN)$ schwarz- gespr. 14	$Ps(mN)$ $Ps(mN)$ braun 3	$pS(mN)$ $Ps(mN)$ schwarz 18	$ps(Mn)$ $Ps(mN)$ braun- gespr. 4	$ps(mN)$ $Ps(mN)$ braun 4
$PS(Mn)$ $pS(mN)$ schwarz- gespr. 15	$PS(mN)$ $pS(mN)$ schwarz 15	$Ps(Mn)$ $pS(mN)$ schwarz- gespr. 16	$pS(Mn)$ $pS(mN)$ weiß 5	$Ps(mN)$ $pS(mN)$ schwarz 16	$pS(mN)$ $pS(mN)$ weiß 6	$ps(Mn)$ $pS(mN)$ weiß 7	$ps(mN)$ $pS(mN)$ weiß 8
$PS(Mn)$ $ps(Mn)$ schwarz 17	$PS(mN)$ $ps(Mn)$ schwarz- gespr. 17	$Ps(Mn)$ $ps(Mn)$ braun 5	$pS(Mn)$ $ps(Mn)$ weiß 9	$Ps(mN)$ $ps(Mn)$ braun- gespr. 5	$pS(mN)$ $ps(Mn)$ weiß 10	$ps(Mn)$ $ps(Mn)$ weiß 11	$ps(mN)$ $ps(Mn)$ weiß 12
$PS(Mn)$ $ps(mN)$ schwarz- gespr. 18	$PS(mN)$ $ps(mN)$ schwarz 18	$Fs(Mn)$ $ps(mN)$ braun- gespr. 6	$pS(Mn)$ $ps(mN)$ weiß 13	$Ps(mN)$ $ps(mN)$ braun 6	$pS(mN)$ $ps(mN)$ weiß 14	$ps(Mn)$ $ps(mN)$ weiß 15	$ps(mN)$ $ps(mN)$ weiß 16

Nur kurz sei darauf hingewiesen, daß bei derartigen Vererbungsfällen noch Erscheinungen vorkommen, denen eine theoretische wie praktische Bedeutung zukommt. Wir weisen auf die scheinbar ganz einfachen Kreuzungen der Arctiide Callimorpha dominula hin (GOLDSCHMIDT). Die rotflügelige mitteleuropäische Form besitzt eine gelbflügelige Mutation, die nur in einem Faktor sich von der Stammart unterscheidet. Rot ist dominant im Bastard und F_2 enthält 3 rote : 1 gelben. In Südeuropa gibt es aber eine gelbflügelige Varietät, die mit der roten gekreuzt, orangefarbige F_1 ergibt, und zwar variiert da die Mischung von rot und gelb, die deutlich wie übereinandergelegt erscheinen. F_2 spaltet in 1 rot : 2 orange : 1 gelb. Der Unterschied der beiden Formen beruht hier zweifellos auf zwei Faktoren, rot = (Ab), gelb = (aB), beide sind miteinander gekoppelt. Es ist naheliegend, auch andere Fälle mit „intermediärer" F_1 daraufhin zu untersuchen, besonders, wenn es um praktisch wichtige Fälle sich handelt, da durch Faktorenaustausch ja die intermediäre Form konstant erhalten werden kann, falls gekoppelte Faktoren vorliegen.

Das, was wir in den genannten Fällen also wohl vor uns hatten, war eine verborgene Faktorenkoppelung. Von der gleichen Erscheinung gibt es nun eine absonderliche Abart, die zu unerwarteten Konsequenzen führt. CUÉNOT fand vor längerer Zeit, daß gewisse Rassen gelber Mäuse nicht in homozygotem Zustand erhalten werden können, daß sie nur in heterozygotem Zustand existenzfähig sind. Werden sie gepaart, so müßten ja $^1/_4$ homozygot gelbe, $^2/_4$ heterozygotgelbe und $^1/_4$ nichtgelbe entstehen. Statt dessen gibt es aber immer gelbe zu nichtgelben im Verhältnis von 2 : 1 (in CUÉNOTS, CASTLES und DURHAMS Versuchen 1511 : 767). Die homozygoten gelben sind also existenzunfähig. Es ist inzwischen gezeigt worden, daß die betreffenden Kombinationen zwar gebildet werden, daß aber die Embryonen dieser Art im Mutterleib zerfallen (KIRKHAM, IBSEN, STEIGLEDER). Ein ganz analoges Beispiel hat BAUR im Pflanzenreich gefunden. Die gelbgrünblättrige (aurea-)Sippe von Antirrhinum majus ist stets heterozygot in bezug auf grün mit Dominanz von gelb. Mit ihresgleichen fortgepflanzt entstanden $^2/_3$ wieder heterozygote *aurea*-Formen und $^1/_3$ homozygote grüne. Homozygote gelbe wachsen aber nie heran, und zwar wie sich zeigte bloß deshalb, weil sie nicht lebensfähig sind und schon als Keime absterben. Nach allem vorhergehenden ist es klar, daß wir hier wieder eine verborgene Koppelung vor uns haben können, und zwar kann mit dem Farbfaktor ein rezessiver Faktor gekoppelt sein, dessen Wirkung die Ausbildung der rezessiven Klasse unmöglich macht, was das auch im einzelnen physiologisch bedeuten mag (siehe später). Es kann aber auch das betreffende Gen selbst in homozygotem Zustand tötlich sein. Welches von beiden zutrifft, kann nur eine Koppelungsanalyse zeigen; heute nennt man solche Faktoren Letalfaktoren. Bei der gelben Maus läge also der Faktor für gelbe Farbe, sagen wir F, im gleichem Chromosom wie ein rezessiver Letalfaktor, also (Fl). In dem heterozygoten Bastard kommt die Wirkung von l nicht zur Wirkung durch die Anwesenheit von L im Partnerchromosom (fL). Das Viertel homozygote (Fl) (Fl) aber ist existenzunfähig wegen der beiden Letalfaktoren $l\,l$. Es ist klar, daß auch hier wieder durch Faktorenaustausch $L \rightleftarrows l$ im Bastard die homozygote Rasse lebensfähig erhalten werden könnte, was unter Umständen große praktische Bedeutung hat. Für das vorliegende Beispiel wird allerdings jetzt angenommen, daß das Farbgen selbst die letale Wirkung hat. Wir kommen sogleich auf diesen Punkt zurück.

Hier konnte nun der Letalfaktor aus dem geänderten Zahlenverhältnis der Spaltung erschlossen werden, aber nicht die Tatsache seiner Existenz erwiesen werden. Das ist ja, wie wir aus der vorigen Vorlesung wissen, nur möglich, wenn eine Mutation eintritt oder der Faktorenaustausch die Koppelung durchbricht. Dieser strikte Beweis für das Vorhandensein von Letalfaktoren konnte nun bei Drosophila in zahlreichen Fällen geführt werden. In der früher gegebenen Chromosomenkarte sind solche Faktoren zu finden. Die Art ihres Nachweises geht aber aus folgendem Beispiel hervor. Am einfachsten ist natürlich der Nachweis, wenn ein rezessiver Letalfaktor innerhalb des Geschlechtschromosoms vererbt wird. Da das Männchen nur ein X-Chromosom besitzt, so muß jedes Männchen, das ein Chromosom mit l erhält, sterben. Beim Weibchen mit zwei X-Chromosomen ist aber L über l dominant und der Letalfaktor hat keinen Effekt, wenn er heterozygot vorliegt. Wenn also ein Experiment angestellt wird, in dem die beiden Sorten von Männchen herausspalten müssen, solche mit L und solche mit l im

X-Chromosom, so sind letztere nicht existenzfähig und das Resultat ist das abnorme Zahlenverhältnis von 2 ♀ : 1 ♂ statt Gleichheit der Geschlechter. In einem solchen Fall konnte übrigens nachgewiesen werden (STARK), daß das Produkt des Letalfaktors ein Tumor in der Larve ist, an dem die erwartete Hälfte männlicher Larven zugrunde ging.

Die Letalfaktoren spielen zweifellos eine große Rolle, besonders auch bei der Vererbung pathologischer Zustände. Bei ihrer Bewertung muß man sich aber über einige Punkte klar werden. Von echten Letalfaktoren im engeren Sinne sollte man nur dann sprechen, wenn experimentell Gene festgelegt sind (wie das in zahlreichen Fällen für Drosophila zutrifft), deren Abwesenheit, sei es in homozygotem Zustand bei Rezessivität, sei es auch heterozygot bei Dominanz, die betreffende Klasse von Individuen aus bekannten oder unbekannten physiologischen Ursachen in irgendeinem Stadium zum Absterben bringt. Daneben aber gibt es Gene, die in homozygotem Zustand Charaktere erzeugen, die an sich nicht lebensfähig sind. Solche Gene sind also auch letal und können in erweitertem Sinne als Letalfaktoren bezeichnet werden. Es könnte etwa ein bestimmtes Gen eine Krankheit erzeugen, die als Krankheit oder Abnormität auftritt, wenn das Gen in einer Dose (heterozygot) vorhanden ist. Das gleiche Gen aber kann in doppelter Dose so stark auf die Entwicklungsvorgänge oder die physiologische Differenzierung wirken, daß überhaupt die Entwicklung unterbunden wird. In einem solchen Fall könnte man geneigt sein von der Koppelung des Gens für die betreffende Abnormität mit einem Letalfaktor zu sprechen, ohne daß dazu eine Notwendigkeit vorliegt. Um zwei Beispiele zu nennen: Bei der sogenannten Bluterkrankheit, die auf einem rezessiven geschlechtsgebundenen Gen beruht, werden die ja stets heterozygoten Männer betroffen; es müßten aber auch gelegentlich homozygote blutende Frauen (nach Verwandtenehen) auftreten, was nicht der Fall sein soll. Man hat daraus geschlossen, daß hiernach ein gekoppelter Letalfaktor im Spiel ist. Das ist aber nicht notwendig. Es genügt anzunehmen, daß das gleiche Gen, das in der Entwicklung einen so abnormen Chemismus hervorruft, daß im Endresultat die Bluterkrankheit erscheint, in doppelter Dose den Chemismus so stark oder auch so früh verändert, daß überhaupt keine Entwicklung möglich ist (BAUER). Als ähnliches Beispiel mögen die von

MOHR studierten Knochenabnormitäten der Hand- und Fußknochen
dienen, die vielleicht auch in homozygotem Zustand zu lebensunfähigen
Abnormitäten der ganzen Entwicklung führen. Dies ist übrigens nur
ein Spezialfall der Tatsache, daß überhaupt die Mehrzahl der sicher beobachteten dominanten Mutanten in homozygotem Zustand lebens-
unfähig sind. Die Erklärung ist die, daß das mutierte Gen das genau
eingestellte Gleichgewicht der Entwicklungsvorgänge so stört, daß sie
nicht geordnet ablaufen können. Auf noch ein Weiteres muß in diesem
Zusammenhang hingewiesen werden. Nicht nur mag die Wirkung eines
solchen Letalfaktors, wie eines jeden andern Gens, von der gesamten
übrigen Konstitution abhängig sein, so daß also bei gleichem Vorhandensein des letalen Gens sein Effekt je nach der übrigen Genbeschaffenheit
vollständig, unvollständig oder ganz fehlend sein mag; sondern es mag
auch das Eintreten des Effekts von äußeren wie inneren Milieufaktoren
beeinflußbar sein (die Reaktionsnorm!). Dasselbe Gen erscheint somit
in seiner phänotypischen Wirkung bald letal, bald subletal, bald harm-
los. Bei der großen Bedeutung solcher Gene für die menschliche Vererbungslehre ist es wichtig, sich über diese Dinge klar zu werden. Von
einem besonderen Typus von Letalfaktoren, den balancierten Letalfaktoren, werden wir später bei Betrachtung des Oenotherafalls hören. Auf
die große Bedeutung von Letalfaktoren für das Zustandekommen abnormer Zahlenverhältnisse der Geschlechter, wie sie bei Drosophila experimentell analysiert wurden, bei anderen Objekten, z. B. dem Menschen,
theoretisch erschlossen wurden, sei nur hingewiesen (siehe die zusammenfassende Darstellung von MOHR).

Die bisher betrachteten Letalfaktoren können alle als zygotisch bezeichnet werden, da sie nach der Befruchtung in der Zygote in Wirksamkeit treten. Wir kennen nun auch solche Letalfaktoren, die bereits die
Keimzellen selbst abtöten und deshalb auch als gametische Letalfaktoren
bezeichnet werden. Einem Vorschlag von RENNER gemäß könnte man
sie auch als gonisch bezeichnen, da sie mit Sicherheit bisher nur von
Pflanzen bekannt geworden sind, wo sie — man denke an den Generationswechsel der Pflanzen — die haploide Phase abtöten, deren Hauptbestandteile allerdings im gewöhnlichen Sprachgebrauch ja auch als Gameten bezeichnet werden. Die Erscheinung, von der wir jetzt sprechen,

wurde wohl zuerst von DE VRIES unter der Bezeichnung Heterogamie in die Wissenschaft eingeführt. DE VRIES fand bei der Kreuzung von Oenothera biennis $\times$ muricata folgendes eigenartige Resultat: F_1 schlug immer nach dem Vater und in F_2 erschien immer nur eine der beiden Elternarten nach folgendem Schema, in dem biennis mit B, muricata mit M bezeichnet ist und die Bastardmutter immer an erster Stelle steht:

$B \times M$ muricata-ähnlicher Bastard,

F_2 $(B \times M) \times (B \times M)$ desgl., züchtet ebenso weiter,

$M \times B$ biennis-ähnlicher Bastard,

F_2 $(M \times B) \times (M \times B)$ desgl., züchtet ebenso weiter.

Doppelreziproker Bastard $(M \times B) \times (B \times M)$ wie muricata züchtet rein. Doppelreziproker Bastard $(B \times M) \times [M \times B)$ wie biennis, züchtet rein. Die Erklärung, die DE VRIES für das eigenartige Verhalten gab, war, daß im Bastard der eine Erbfaktor (bzw. Komplex von Faktoren) immer nur in den Pollen geht, der andere nur in die Eizellen, und zwar stets der von der Mutter herrührende in die Eizellen, der vom Vater herrührende in die Pollenzellen. Wenn wir z. B. die doppelreziproke F_2 $(B \times M) \times (M \times B)$ nehmen, so bildet der Bastard $B \times M$ nur B-Eier und M-Pollen, der Bastard $M \times B$ nur M-Eier und B-Pollen. Bei F_2 hieraus, nämlich $(B \times M) \times (M \times B)$ können nur B-Eier von B-Pollen befruchtet werden und rein B entsteht. Wenn diese Erklärung richtig ist, so hätten wir die Tatsache in Betracht zu ziehen, daß bei einer monözischen oder hermaphroditen Pflanze bei der Bildung der Geschlechtsorgane eine Anlagensonderung, eine Auseinanderteilung von Faktoren möglich ist, wie wir sie sonst bloß von der Reifeteilung der Geschlechtszellen her kennen. Diese Annahme der differentiellen Verteilung von Faktoren bzw. Faktorengruppen auf die Eier und Pollen heißt Heterogamie.

Heterogamie. Der Verfasser hatte als erster für die Erklärung eines sogleich zu schildernden Falles die Vorstellung herangezogen, die oben als die der gametischen Letalfaktoren bezeichnet wurde. Auf den Fall der Heterogamie angewandt bedeutete das dann, daß die fehlenden Kombinationen, die nach der alten Auffassung durch die Heterogamie nicht gebildet waren, in Wirklichkeit dadurch ausgefallen waren, daß ein gametischer Letalfaktor die betreffenden Eier oder Pollenkörner getötet hatte. Die

Erscheinung der Heterogamie ist seitdem besonders bei den Önotheren weiter studiert worden (siehe später). DE VRIES benutzt zu ihrer Erklärung jetzt weitgehend diese Letalfaktoren und SHULL glaubt ihre Existenz durch Faktorenaustauschversuche festgestellt zu haben. EMERSON, OEHLKERS, RENNER widersprechen dem aber (Literatur bei RENNER 1925). Letzterer gibt eine ganz andere Erklärung und bezweifelt überhaupt die Existenz solcher gametischer Letalfaktoren bei den Önotheren (genaueres später). So muß das Problem zunächst als ungelöst bezeichnet werden.

Der Fall für den die Hypothese zuerst benutzt wurde, ist nun der folgende. Miß SAUNDERS studierte die eigenartige Vererbungsweise gewisser gefüllter Rassen von Levkojen und Petunien. Hier gibt es Rassen, die stets nur normale Blüten besitzen und andere, die in ihrer Nachkommenschaft immer annähernd zur Hälfte gefüllte geben. Da die gefüllten aber völlig unfruchtbar sind, so können sie nur wieder aus ihren normalen Geschwistern erhalten werden. Die Vererbung des Gefülltseins bei solchen Rassen verläuft nach folgendem Schema:

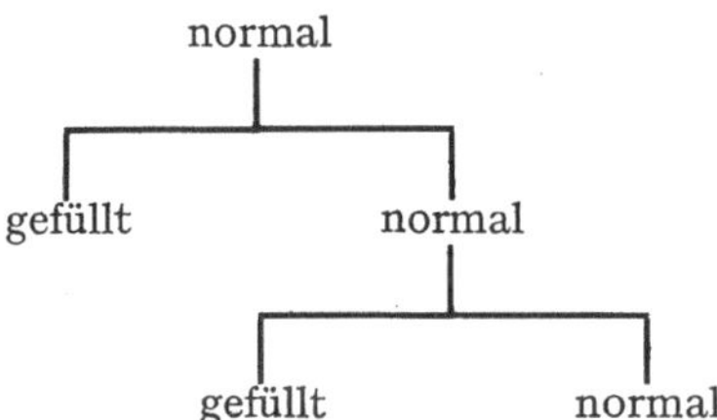

Miß SAUNDERS kreuzte nun solche Rassen mit normalen und fand dabei die folgenden merkwürdigen Verhältnisse: Wir nennen im folgenden die Rasse, deren normale Pflanzen zur Hälfte immer wieder normale und gefüllte liefern, die immerspaltende Rasse, die andere die normale Rasse. Bei der Kreuzung dieser beiden Rassen geben F_1 verschiedene Resultate in reziproken Kreuzungen. Ist die normale Rasse die Mutter, so ist F_1 normal und F_2 gibt eine MENDEL-Spaltung in 3 normale : 1 gefüllte. Von den normalen erweisen sich $^1/_3$ als normal-reinzüchtend und $^2/_3$ als heterozygot wie der F_1-Bastard. Es liegt also eine gewöhnliche MENDEL-Spaltung vor. Ist dagegen die immerspaltende Rasse die Mutter, so besteht F_1 aus zwei Sorten normaler. Die eine Hälfte züchtet bei

Selbstbestäubung rein weiter, die andere Hälfte gibt in F_2 wieder die typische Spaltung. Folgendes Schema gibt dies Resultat wieder:

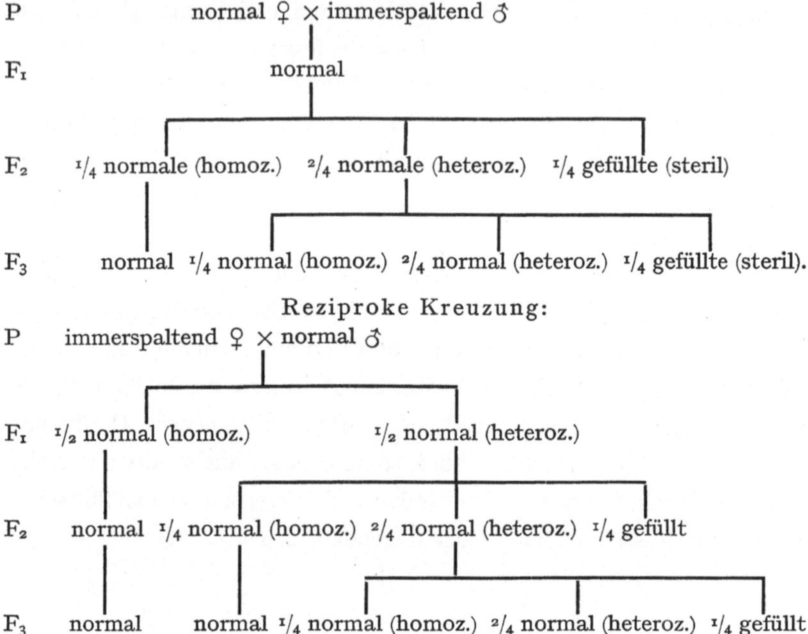

Dies Schema zeigt, daß der Pollen der immerspaltenden Rasse sichtlich eine Besonderheit besitzt in bezug auf den oder die Faktoren, die für normale Blüten verantwortlich sind, die den Eiern der Rasse fehlt. Miß SAUNDERS gibt nun eine Erklärung mit Hilfe der Heterogamie von DE VRIES, deren entscheidender Punkt der ist, daß zwei Faktoren für normale Blüten vorhanden sind, A und B, und daß die immerspaltende Rasse eine solche ist, bei der diese Faktoren nur in die Eier, aber nie in die Pollenzellen gelangen können. Wir konnten nun zeigen, daß es möglich ist, mit Hilfe der Annahme von Letalfaktoren eine wesentlich einfachere Erklärung zu geben[1]. Denn der Fall wird vollständig erklärt,

---

[1] Wir hatten ursprünglich unsere Erklärung dadurch kompliziert, daß wir noch die Annahme der geschlechtsgebundenen Vererbung zufügten. FROST zeigte aber, daß sie ganz unnötig ist und außerdem zu Konsequenzen führt, die nicht zutreffen, so daß dieser Teil der Interpretation weggelassen werden muß. Der Vollständigkeit halber sei übrigens erwähnt, daß noch eine weitere Komplikation des Falles darin besteht, daß das Zahlenverhältnis

wenn man annimmt, daß die immerspaltende Rasse einen Faktor für die Blütenform N (= normale Blüte) besitzt, der auf das engste mit einem Letalfaktor gekoppelt ist, oder, was praktisch das gleiche ist, selbst letal ist für alle Pollenkörner, die ihn erhalten. Die normale Rasse heißt also NN. Die immerspaltende $N_1 n$. Da alle Pollenkörner mit N_1 zugrunde gehen, so werden zwar Eier N_1 und n gebildet, aber nur Pollen n, so daß die Befruchtung immer wieder ergibt $N_1 n =$ immerspaltende normale und $nn =$ gefüllte. Die Kreuzungsresultate erklären sich damit vollständig wie das folgende Faktorenschema, identisch mit dem vorhergehenden Schema, zeigt:

P	normal ♀ NN	×	immerspaltend ♂ $N_1 n$
	Gameten N		n
F_1		Nn	
F_2		$NN : 2 Nn : nn$	

Die reziproke Kreuzung:

P	immerspaltend ♀ $N_1 n$	×	normal ♂ NN
	Gameten N_1 und n		N
	$\frac{1}{2} N_1 N$		$\frac{1}{2} Nn$
F_1	Gameten ♀ $N_1 + N$		$N + n$
	♂ N		
F_2	$N_1 N$ und NN		$\frac{1}{4} NN \ \frac{1}{2} Nn \ \frac{1}{4} nn$.

FROST hat seitdem den Fall in ähnlicher Weise diskutiert, doch ist ein bindender Beweis für die Richtigkeit der Interpretation noch nicht erbracht.

Mit einem Wort sei wenigstens hier darauf hingewiesen, daß mit den Letalfaktoren noch mancherlei vererbungstheoretische und physiologische Probleme verbunden sind. In den hier aufgeführten Beispielen war die genetische Ursache des Fehlens einer Klasse stets die gleiche, nämlich der homozygote Letalfaktor. Sein physiologischer Effekt aber war

Prohibition.

---

normal: gefüllt nicht genau $1:1$ ist, sondern etwa $47:53$. Miß SAUNDERS benutzt deshalb zwei Faktoren mit „partieller Koppelung", d. h. also Faktorenaustausch. Wir fanden die Zahlenverhältnisse nicht so verschieden von sonstigen Abweichungen des $1:1$-Verhältnisses bei Rückkreuzungen, z. B. bei der Geschlechtsvererbung, die auf alle möglichen Ursachen zurückgeführt werden können, die nichts mit den Faktoren zu tun haben. Jetzt hat Miß SAUNDERS selbst gezeigt, daß die Abweichung daher kommt, daß die gefüllten Pflanzen rascher keimen.

verschieden: Bei den Mäusen produzierte er einen intrauterinen Zerfall der Embryonen, bei Drosophila eine tödliche Geschwulst, bei Antirrhinum tödliche Bleichsucht. Mit dieser „Elimination" einer Klasse kann aber leicht verwechselt werden, was HERIBERT-NILSSON Prohibition nannte, nämlich die Unmöglichkeit der Vereinigung der gleichsinnigen Gameten (A und A oder a und a). Während im Fall der Elimination ein Zahlenverhältnis von $AA : Aa = 1 : 2$ entsteht, kann im Fall der Prohibition sich das Verhältnis $1 : 3$ nähern, weil die Gameten, die sich mit ihresgleichen vereinigen können, auch noch eine Chance zur heterozygoten Befruchtung haben; oder, anders ausgedrückt, ein Ei a, das eine Samenzelle a zurückgewiesen hat, damit nicht nur für die Klasse $aa = 25\%$ verloren ist, sondern, wenn es nun eine Samenzelle A annimmt, die ohnedies vorhandenen 50% Aa verstärkt. Die Unterscheidung von Prohibition und Elimination ist also tatsächlich nicht unwesentlich. Es muß aber hinzugefügt werden, daß ein sicherer Fall von Prohibition, also einer selektiven Befruchtung, nicht bekannt ist. Denn ein von HERIBERT-NILSSON angeführtes Beispiel (der Rotnervenfaktor bei Oenothera) wurde von RENNER anders erklärt (durch Zertation), eine Erklärung, der sich später HERIBERT-NILSSON anschloß (Literatur bei RENNER und MOHR).

Wenn wir nun wieder zur Heterogamie zurückkehren, so erfordert ihre Erklärung durch Letalfaktoren natürlich den Nachweis, daß die Geschlechtszellen, die den Letalfaktor enthalten, wirklich fehlen. Während FROST für den Levkojenfall diesen Nachweis für wahrscheinlich hält, halten SAUNDERS, ebenso wie PELLEW, BATESON und SUTTON und NILSSON-EHLE für andere später entdeckte Beispiele der gleichen Erscheinung an der DE VRIESschen Heterogamie fest. So erscheint das ganze Kapitel noch recht wenig geklärt, besonders wenn man noch einige neuere Entwicklungen in Betracht zieht. NILSSON-EHLE beschrieb nämlich beim Hafer Fälle, in denen sichtlich eine partielle Heterogamie stattfindet, das heißt, daß nicht alle Eier oder Pollenzellen nur den einen Faktor erhalten, sondern bloß ein großer Teil von ihnen, so daß zwar in F_2 eine Spaltung eintritt, aber eine solche mit zu wenig Homozygoten. Er weist dabei darauf hin, daß sichtlich Beziehungen zwischen Heterogamie und Koppelungen bestehen. RENNER fand bei den Önotheren

Heterogamien, die vorhanden waren, fehlten oder unvollständig waren, je nachdem welche sonstige genetische Kombination vorlag. Wenn schließlich noch darauf hingewiesen wird, daß GOLDSCHMIDT zuerst die Möglichkeit aufzeigte, die Heterogamie auch durch Koppelungen mit Geschlechtsfaktoren zu erklären, eine Annahme, die neuerdings auch von BATESON benutzt wurde, aber bei unserer Unkenntnis der Geschlechtsbestimmung monözischer Pflanzen bei der Einzelausarbeitung noch große Schwierigkeiten bereitet, so genügt dies wohl, um zu zeigen, daß hier weitverzweigte Probleme noch der definitiven Lösung harren.

An die Erscheinung der Letalfaktoren schließt sich aus Gründen, die sogleich sichtbar werden, ein merkwürdiges Phänomen an, das von BRIDGES an Drosophila entdeckt wurde und Chromosomenunvollkommenheit (engl. deficiency) genannt wird. Auf der Chromosomenkarte auf S. 306 sind die beiden Gene für weiße Augen (white) und Bandaugen (bar) im *X*-Chromosom eingetragen. Bei einem Kreuzungsversuch mit diesen Genen erschien eine Tochter, die das dominante Bandauge, das sie von ihrem Vater geerbt haben sollte, nicht hatte; auch weitere Kreuzungen mit diesem Tier brachten es nicht zum Vorschein, obwohl weiß vorhanden war. Als nun Tiere gezüchtet werden sollten, die zwei der *X*-Chromosomen, die involviert waren, enthalten sollten, fielen sie aus. Also mußte mit dem Verschwinden des Bandaugenfaktors auch noch eine in homozygotem Zustand letale Wirkung verbunden sein. Das führte zur Idee, daß es sich um den Ausfall eines Chromosomenstücks handelte, das den locus für Bandauge enthielt und außerdem noch andere Gene. Dies wurde mit Koppelungsanalyse geprüft und festgestellt, daß tatsächlich das nächst „bar" gelegene Gen „forked" (Gabelborsten) auch fehlte, während die weiterhin folgenden Gene rudimentary einerseits und forked andererseits vorhanden waren. War die Annahme richtig, daß an dieser Stelle ein Chromosomenstück ausgefallen oder inaktiviert war — daher der Name deficiency, Unvollkommenheit —, so müßte das zu mehreren Konsequenzen führen. In einer Heterozygote, die ein unvollkommenes Chromosom und ein normales mit den rezessiven Genen in der betreffenden Region enthielt, müssen die rezessiven Charaktere sichtbar werden. Man hat dies Pseudodominanz genannt, die tatsächlich in diesem wie in allen ähnlichen Fällen festgestellt wurde. Sodann

sollte in der betreffenden Region der Faktorenaustausch verschwinden;
auch dies ist der Fall. Endlich sollte bei einem Experiment zur Messung
der Faktorendistanz zwischen zwei Genen diesseits und jenseits der be-
troffenen Stelle die sonst gefundene Distanz um den Betrag der fehlenden Stelle verkürzt erscheinen. Auch dies wurde gefunden. Seitdem
wurden weitere solche Fälle gefunden, von denen besonders einer von
Mohr genau durchgearbeitet wurde und die gleichen Gesetzmäßigkeiten
zeigte. Bis jetzt ist ein cytologischer Beweis nicht gelungen, daß ein
Chromosomenstück wirklich ausgefallen ist; es ist aber bemerkenswert,
daß genau die gleichen Erscheinungen wie hier beobachtet wurden, wenn
tatsächlich ein ganzes Chromosom cytologisch nachweisbar ausgefallen
war (siehe später).

Homozygote Letalität. Von diesen Erscheinungen sind noch zwei hervorzuheben. Die eine
bereits kurz erwähnte ist die, daß die „Unvollkommenheit" in doppelter
Dosis letal wirkt. Gerade deshalb wird das Phänomen an dieser Stelle
besprochen. Dies legt den Gedanken nahe, daß auch andere rezessive
Letalfaktoren sowie solche dominante Mutationen, die in homozygotem
Zustand letal sind, in Wirklichkeit sich als „Unvollkommenheiten" erweisen mögen. Für einige von ihnen wurde dies tatsächlich schon wahrscheinlich gemacht. Ein zweites sehr merkwürdiges Phänomen ist das
folgende. Die Charaktere, die in den Fällen der Pseudodominanz, also
bei Heterozygoten mit einem unvollkommenen Chromosom, sichtbar
wurden, zeigten eine beträchtliche „Übertreibung" ihres Aussehens,
wichen also über das typische Maß hinaus von der Norm ab. Es ist
also nicht gleichgültig, ob eine Heterozygote aus zwei Allelomorphen
oder nur aus einem besteht (im unvollkommenen Chromosom fehlt ja
das Partnergen völlig). Für diese theoretisch wichtige Tatsache hat
Bridges eine Erklärung auf der Basis der Annahme einer Störung eines
genischen Gleichgewichts gegeben. Der Verfasser hat dem eine entwicklungsphysiologische Erklärung auf Grund seiner Quantitätstheorie der
Genwirkung entgegengesetzt. Neuere Resultate von Mohr sprechen für
letztere Erklärung, doch können hier diese ganz speziellen Probleme ja
nur angedeutet werden.

Die letzten Betrachtungen haben uns mit Erscheinungen bekannt
gemacht, die auf den ersten Blick außerhalb des Rahmens Mendelscher

— 349 —

Vererbung zu fallen scheinen, bei näherer Analyse aber doch zu einer mendelistischen Erklärung führen, welches auch ihre Einzelheiten sein mögen. Je weiter die Forschung vorschreitet, um so mehr zunächst widerspenstige Erscheinungen müssen sich dem großen Erklärungsprinzip beugen, natürlich bei entsprechend weiter Fassung des Begriffes Mendelismus, der heute nur noch als die Gesamtheit der Erscheinungen in bezug auf die Verteilung der Gene, die aus ihrer Lage in den Chromosomen folgen, definiert werden kann. Im Anfang der mendelistischen Periode glaubte man bereits Ausnahmen von den Gesetzen gefunden zu haben, wenn sich nicht der elementare Spaltungsfall von 3 : 1 ergab, und es ist noch gar nicht so lange her, daß Befunde als gegen die MENDELsche Vererbung sprechend angeführt wurden, die wir jetzt bei den elementaren Tatsachen des Mendelismus erwähnen. Dergleichen ist geeignet, uns auch jetzt noch vorsichtig zu machen, wenn neue Resultate zunächst sich nicht den bekannten Erklärungen einordnen. Tatsächlich werden ständig zunächst noch abseits stehende Phänomene dem allgemeinen Erklärungsprinzip genähert und schließlich eingeordnet. Mit einigen solchen Erscheinungen wollen wir uns jetzt beschäftigen.

Es ist eine von Vererbungsforschern wie von Praktikern immer wieder gemachte Erfahrung, daß F_1-Bastarde häufig an Kraft, Größe, Leistungsfähigkeit ihre Eltern übertreffen. Man nennt dies das Luxurieren von Bastarden oder auch Heterosis, für das sich in der älteren Züchterliteratur, besonders auf pflanzlichem Gebiet, zahlreiche Beispiele finden (siehe z. B. FOCKES Zusammenstellung), und für die jeder Experimentator auch aus seiner eigenen Erfahrung Beispiele kennt. Als ein exakt untersuchtes Beispiel sei die von EAST und HAYES ausgeführte Kreuzung zwischen zwei Tabakformen, Nicotiana rustica brazilia comes und Nicotiana rustica scabra comes angeführt. Für die Höhe der Pflanzen ergaben sich dabei folgende Frequenzkurven:

Luxurieren
der
Bastarde.

	Größenklassen in englischen Zoll (etwa 2,4 cm)																		
	24	27	30	33	36	39	42	45	48	51	54	57	60	63	66	69	72	75	78
Brazilea .	4	10	22	14	7	.	.	.	.	.	.	.	.	.	.	.	.	.	.
Scabra . .	.	.	.	.	.	.	2	1	5	11	16	17	6	.	.	.	.	.	.
Sc. × Br. .	.	.	.	.	.	.	.	.	.	1	3	0	5	5	5	6	1	1	.
Br. × Sc. .	.	.	.	.	.	.	.	.	.	.	.	3	5	2	4	6	5	1	2

Ähnliche Befunde ließen sich geben für Samenansatz z. B. von Maiskolben, für „Ausdauer und Lebenstenazität" (Gärtner), für Blütezeit usw.
Auch im Tierreich fehlt es nicht an vergleichbarem Material, z. B. sind
die hohen Qualitäten des Maultiers ja allbekannt, Rind und Zebu geben
besonders leistungsfähige Bastarde, Kreuzungen, die von Kammerer und
Gerschler an Fischen ausgeführt wurden, lieferten besonders große
Bastardindividuen. Für aktuelle Zahlen sei nur eine von Castle ausgeführte Meerschweinchenkreuzung zwischen Cavia cobaya × cutleri erwähnt, bei der das Durchschnittsgewicht des Bastards 890 g war, das
der Eltern aber 800 bzw. 420. Es ist nun richtig, daß das Luxurieren
der ersten Bastardgeneration in weiteren Generationen wieder verschwindet und sichtlich auch nicht später als Spaltungsprodukt wieder auftaucht. Warum das wesentlich ist, wird klar, wenn wir uns etwa an den
Fall der Vererbung der Hühnerkämme erinnern. F_1 aus Erbsenkamm
und Rosenkamm ergab Walnußkamm und F_2 die Spaltung in vier
Kammtypen. Wir könnten ja nun das Luxurieren in F_1 dem Erscheinen
des Walnußkamms vergleichen und es durch das Zusammenkommen von
zwei dominanten Charakteren erklären. Tatsächlich haben auch Keeble
und Pellew eine solche Erklärung versucht. Wäre sie richtig, dann
müßte aber ebenso wie der Walnußkamm auch das Luxurieren in F_2
herausspalten, was nach den genauen statistischen Untersuchungen von
East und seinen Mitarbeitern nicht ohne weiteres der Fall ist.

Theorie der Heterosis. Neuerdings hat nun Jones eine Erklärung versucht, die die letzten
Erfahrungen über die Koppelung mehrerer Faktoren in einem Chromo-
som mit der vorher genannten Hypothese kombiniert. Er nimmt an,
daß verschiedene Rassen bzw. Arten sich durch eine Serie verschiedenartiger dominanter Faktoren unterscheiden, die unter anderem auch die
Kraft des Organismus beeinflussen, deren Rezessive aber mehr oder minder schädlich sind. (Man denke an die rezessiven Letalfaktoren.) Im
Bastard wird nun natürlich das Maximum von dominanten Faktoren
zusammengebracht. In späteren Generationen ist aber die Aussicht eine
sehr geringe, daß das gleiche wieder erzielt wird, wenn es sich um Faktoren handelt, die sich in vielen oder allen Chromosomen finden: bei nur
drei Chromosomen sind es in F_2 nur ein Achtel der Kombinationen. Ist
dies richtig, so hat es aber eine wichtige praktische Konsequenz: durch

Faktorenaustausch im Bastard können ja alle in einem Chromosom vorhandenen rezessiven Faktoren durch dominante ersetzt werden; dies wieder erlaubt in weiteren Generationen eine noch größere Häufung von dominanten Faktoren und damit, falls die Dominanz, wie gewöhnlich, keine vollständige ist, eine weitere Steigerung der luxurierenden Wirkung, die dann eventuell auch in Reinzucht erhalten werden kann. Das folgende Schema macht die Situation vielleicht klarer; es sind drei Chromosomenpaare angenommen und in jedem vier Faktoren, die, wenn rezessiv, eine Schwächung bedingen:

1. Bastardeltern mit je sechs homozygoten Schwächungsfaktoren:

$$\begin{array}{|c|c|c|c|c|c|}\hline A & A & E & E & J & J \\ b & b & f & f & k & k \\ C & C & G & G & L & L \\ d & d & h & h & m & m \\\hline\end{array} \quad\times\quad \begin{array}{|c|c|c|c|c|c|}\hline a & a & e & e & i & i \\ B & B & F & F & K & K \\ c & c & g & g & l & l \\ D & D & H & H & M & M \\\hline\end{array}$$

2. F_1 mit allen Schwächungsfaktoren, durch das dominante Allelomorph kompensiert, zugleich Maximum für F_2—F_n, wenn kein Faktorenaustausch stattfindet:

$$\begin{array}{|c|c|c|c|c|c|}\hline A & a & E & e & J & i \\ b & B & f & F & k & K \\ C & c & G & g & L & l \\ d & D & h & H & m & M \\\hline\end{array}$$

3. Chromosomen, die durch Faktorenaustausch entstehen können:

$$\begin{array}{|c|c|c|}\hline A & E & J \\ B & F & K \\ C & G & L \\ D & H & M \\\hline\end{array}$$

4. Maximalkräftige homozygote Form, die dann gezüchtet werden könnte:

$$\begin{array}{|c|c|c|c|c|c|}\hline A & A & E & E & J & J \\ B & B & F & F & K & K \\ C & C & G & G & L & L \\ D & D & H & H & M & M \\\hline\end{array}$$

 Soweit das Erklärungsprinzip in Betracht kommt, steht der Erscheinung des Luxurierens sehr nahe das Problem der Inzuchtwirkung. Es ist ein alter Streit, ob Inzucht dem Organismus schädlich sei, eine Diskussion, an der sich bekanntlich auch DARWIN und WEISMANN lebhaft beteiligten. Unter Inzucht ist dabei folgendes zu verstehen: im engsten Sinn kann man von Inzucht nur sprechen, wenn selbstbefruchtende Zwitter von Generation zu Generation nur durch Selbstbefruchtung sich vermehren. Bei Wechselbefruchtern aber bedeutet Inzucht die dauernde Vermehrung zwischen engen Verwandten, im Extremfall zwischen Bruder und Schwester, oder vom Standpunkt der Vorfahren aus betrachtet, eine Vermehrung, bei der die Zahl der wirklichen Vorfahren kleiner ist als die mögliche Zahl. (Die Nachkommen von Bruder-Schwester-Ehe haben in der 1. Generation nur zwei Großeltern statt vier.)

Ein Blick auf die folgende Tabelle (aus P. HERTWIG), die sich auf den Menschen bezieht, erläutert dies; sie gibt die theoretische Ahnenzahl eines jeden um 1900 lebenden Menschen wieder:

Vor Jahren	Vor Generationen	Theoretische Ahnenzahl	Jahr n. Chr.
100	3	8	1800
150	4	16	1750
250	7	128	1650
350	10	1 024	1550
450	13	8 192	1450
550	16	65 533	1350
650	19	524 300	1250
750	21	2 097 630	1150
850	24	16 777 000	1050
950	27	124 200 000	950
1100	31	2 147 500 000	800
1300	37	134 440 000 000	600
1500	43	8 796 000 000 000	400
1900	54	18 015 000 000 000	0

 Da es natürlich nie solche Menschenmassen gab, so muß weitgehende Inzucht stattgefunden haben, deren Grad durch das Maß des Ahnenverlustes (Fehlen theoretischer Ahnen) angegeben werden kann. Dieser Inzuchtkoeffizient (nach PEARL), also der Unterschied zwischen der Zahl

der möglichen und der tatsächlichen Ahnen, in Prozenten der möglichen
Ahnen lautet:

$$Z_n = \frac{100\,(p_{n+1} - q_{n+1})}{p_{n+1}}$$

wobei p_{n+1} die größte mögliche Ahnenzahl in der $n + 1^{ten}$ Generation
und q_{n+1} die tatsächliche Ahnenzahl in dieser Generation ist.

Die Frage nun, ob solche Inzucht schädlich sei oder nicht, wird vom
Pflanzen- wie Tierzüchter immer noch verschieden beantwortet. Es ist
ja eine Tatsache, daß viele wilde wie Kulturpflanzen dauernd sich durch
Selbstbefruchtung vermehren, z. B. Weizen, Gerste, Hafer, Tomaten,
Tabak, ohne daß man sagen könnte, daß sie dadurch Schaden erlitten
haben. Andererseits ist es aber auch bekannt, daß viele Pflanzen oft
recht komplizierte Einrichtungen besitzen, um Wechselbefruchtung zu
ermöglichen. Und bei normal wechselbefruchtenden Tieren und Pflanzen
läßt sich häufig eine Schädigung nach Inzucht, bestehend in Herabsetzung von Größe, Kraft, Fruchtbarkeit nicht leugnen. Es kann also
kein Zweifel daran sein, daß Inzucht oft schädlich sein kann und ist,
wenn das auch nicht heißen soll, daß sie es sein muß.

Wenn nun die Tatsache der Selbstbefruchtung oder Blutsverwandt- Erklärung
der Inzuchts-
wirkung.
schaft an sich eine Schädigung bedeutete, also etwa auf dem Wege eines
rätselhaften physiologischen Vorgangs, dann brauchte die Erscheinung
hier nicht weiter besprochen zu werden. Es hat sich aber jetzt, vor allem
durch das Verdienst von EAST, dem wir jetzt folgen, gezeigt, daß auch
die Inzuchtswirkungen eine Folge MENDELscher Faktorenkombination
ist. Dies zu verstehen, müssen wir, anknüpfend an unsere ersten Betrachtungen über die Grundtatsachen des Mendelismus zuerst ein paar
elementare mathematische Bemerkungen vorausschicken.

Jedes in einem Faktor heterozygote Paar liefert ja zur Hälfte homozygote, zur Hälfte heterozygote Nachkommenschaft. Da nun bei reiner
Selbstbefruchtung die Homozygoten wieder nur Homozygote erzeugen,
so wächst mit jeder selbstbefruchtenden Generation die Zahl der Homozygoten auf Kosten der Heterozygoten. So wird mit der Zeit die Nachkommenschaft praktisch homozygot, wie es die Kurve 1 in Abb. 114
zeigt. Nicht anders ist es, wenn mehrere Faktorenpaare in Betracht
kommen, und zwar finden wir dann das Verhältnis von Homozygoten

zu Heterozygoten nach der Formel $(1 + [2^r - 1])^n$, wobei r die Zahl der Generationen und n die Zahl der Faktorenpaare bedeutet. Wenn wir z. B. die 6. Generation bei 3 Paaren von Faktoren betrachten, erhalten wir aus vorstehender Formel $1^3 + 3 \times 1^2 \times 31 + 3 \times 1 \times 31^2 + 31^3$, und das bedeutet, daß wir in der 6. Generation 1 Individuum haben, das in 3 Faktoren heterozygot ist, 93, die in 2 Paaren heterozygot sind, 2883, die in 1 Paar heterozygot sind und 28791 Homozygote, d. h. im ganzen sind nur noch 9,09% Individuen heterozygot. Nach etwa 10 Generationen ist die Population praktisch homozygot.

Natürlich trifft diese Berechnung nur im Idealversuch zu, in dem jedes Individuum fortgepflanzt wird. Greift man nur einzelne zur Weiterzucht heraus, dann könnte je nach der Auswahl sofort oder nie Homozygotie erreicht werden. Ist aber die Zahl der Faktoren eine sehr große, dann ist auch, wie schon aus unseren früheren Betrachtungen über die Polymerie hervorgeht, eine überwiegende Wahrscheinlichkeit dafür vorhanden, daß ein herausgegriffenes Individuum der Mittelklasse angehört, also stark heterozygot ist. Komplizierter liegt die Situation bei nicht selbstbefruchtenden Bastarden, und verwickeltere Formeln werden zur Berechnung benötigt (siehe die früher erwähnte Sammlung von JENNINGS). Aber schließlich ist das Resultat, wenn auch langsamer, dasselbe: auch bei Fremdbefruchtern führt enge Inzucht immer mehr zur Homozygotie.

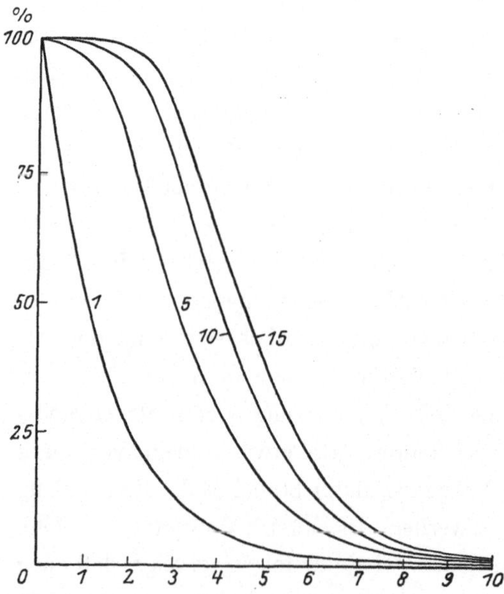

Abb. 114. Kurven zur Demonstration der Zunahme der Homozygoten bei Inzucht von Selbstbefruchtern. Abszisse: Generationenzahl. Ordinate: Prozentzahl der Heterozygoten. Kurven für 1, 5, 10, 15 Paare von Faktoren. Nach EAST u. JONES.

Wir haben nun gesehen, daß das Luxurieren der Bastarde auf ihre Heterozygotie zurückzuführen ist. Und daraus kann man umgekehrt auch schließen, daß die schädigende Wirkung der Inzucht auf dem Hervorbringen von Homozygotie beruht. Die Widersprüche der Resultate aber bei Wechselbefruchtern (z. B. die Rattenexperimente von WEISMANN, CRAMPE, KING) erklärten sich aus den vorhergehenden statistischen Betrachtungen: das nachteilige oder nichtnachteilige Resultat hängt eben

Abb. 115. Zwei Maislinien, durch 11 Generationen Inzucht erhalten. Nach EAST u. JONES.

von der genetischen Beschaffenheit des Ausgangsmaterials und der zufälligen Auswahl der zur Fortpflanzung gelangenden Tiere ab. EAST hat nun die vorstehend wiedergegebenen Schlußfolgerungen aus seinen langjährigen Versuchen mit Mais abgeleitet. Es wurden von verschiedenen Maisvarietäten (der Mais ist normalerweise Wechselbefruchter) eine Reihe von Linien isoliert und nur durch Selbstbestäubung weiter vermehrt. Es zeigte sich dann schon nach wenigen Generationen, daß die einzelnen Linien in bezug auf alle denkbaren Eigenschaften immer verschiedener

23*

wurden, wobei es auch nicht am Auftreten von Monstrositäten und nachteiligen Charakteren fehlte. Ungefähr von der 8. Generation an waren dann die einzelnen Linien zwar voneinander sehr verschieden, aber in sich völlig konstant. Die Pflanzen waren alle kleiner und weniger ertragreich, aber in ihrer Art durchaus kräftig und normal. In Abb. 115

Abb. 116. Maispflanzen nach 11 Generationen Inzucht, dazwischen ihr Bastard. Nach East u. Jones.

sind zwei auf diese Weise erhaltene, uniforme Linien abgebildet. Unter den Linien waren übrigens auch solche, die besonders widerstandsfähig gegen Rost waren, was ja zeigt, daß von einer Inzuchtschädigung nicht die Rede sein kann. Wie in bezug auf andere Charaktere unterscheiden sich die Linien auch in Eigenschaften, die als nachteilig bezeichnet werden müssen, aber weder fand sich eine solche Eigenschaft in allen Linien noch alle solche Charaktere in einer Linie. Und nun kreuzte EAST zwei so durch Inzucht homozygot gemachte Linien, die ja beide von der gleichen ursprünglichen Form herstammten, und sofort wurde in F_1 die ursprüngliche Stärke und Größe der Rasse wieder erreicht, wie Abb. 116, 117 zeigen. Dies ist natürlich ein sehr schöner Beweis für die Richtigkeit der ganzen Ableitung. Also Inzucht schädigt, wenn sie es überhaupt tut,

Abb. 117. Maiskolben wie in Abb. 116.

nicht durch irgendeinen physiologischen Nachteil, den sie mit sich bringt, sondern nur durch Hervorbringung des Gegenteils von Luxurieren, nämlich Homozygotie. Aber ebensogut kann Inzucht auf gleichem Wege auch besonders gute Formen hervorbringen: Faktoren für Krüppelhaftigkeit mögen homozygot werden, aber auch vielleicht solche für Krankheitsbeständigkeit.

Bei vielen Inzuchtexperimenten, besonders den älteren mit Tieren

Inzucht-
sterilität.

ausgeführten, zeigte sich sehr häufig, daß die Fruchtbarkeit der Inzuchttiere herabgesetzt wurde, wenn sie nicht ganz steril wurden. Genauere Betrachtung des Materials zeigt allerdings, daß dies nicht ein notwendig eintretendes Ereignis ist. In den vorher besprochenen Maisversuchen von EAST war die Sachlage so, daß in vielen Linien mit fortschreitender Inzucht Abnormitäten der Fortpflanzungsorgane auftraten, die die Fruchtbarkeit beeinträchtigten. Auch diese Schädigungen wurden mit eintretender Homozygotie konstant und konnten, ebenso wie die anderen Inzuchtserscheinungen, durch Kreuzung zwischen den Linien beseitigt werden. Daraus ist zu schließen, daß auch diese Inzuchtssterilität durch homozygote, rezessive Faktoren bedingt ist. Eine Sterilität anderer Natur werden wir später bei Besprechung der Speziesbastarde kennen lernen.

Selbst-
sterilität.

Mit einigen Worten sollte hier schließlich noch eine Gruppe von Tatsachen erwähnt werden, auf deren Erforschung bereits eine ungeheure Fülle von Arbeitskraft verwendet wurde, ohne daß bis jetzt eine völlige Klärung erzielt worden wäre. Immerhin hat sich schon soviel ergeben, daß man in großen Zügen die betreffenden Erscheinungen einfachen Vererbungsvorgängen zuordnen kann. Es handelt sich um die bei zwitterigen Pflanzen so häufige mehr oder weniger vollständige Selbststerilität, also die Tatsache, daß das gleiche Pollenkorn, das Eier anderer Individuen befruchtet, die Fruchtknoten der eigenen Pflanzen nicht befruchten kann. CORRENS hat zuerst erkannt, daß dieses Phänomen kein rein physiologisches ist, wie man zunächst glauben möchte, sondern in erster Linie ein genetisches, daß es erbliche Linienstoffe gibt, deren Vorhandensein in bestimmten Faktorenkombinationen entscheidend ist. Seitdem haben vor allem EAST und seine Schüler sowie LEHMANN und seine Schüler zur Klärung des Falles beigetragen. Für mehrere der untersuchten Pflanzen (Nicotiana, Veronica) stehen folgende Tatsachen fest: Fertilität und Sterilität hängt in diesen Fällen direkt von der Geschwindigkeit des Wachstums des Pollenschlauchs durch den Griffel ab. Diese Geschwindigkeit wird reguliert durch Gene, und zwar sowohl durch Gene in dem Pollenschlauch als auch durch entsprechende Gene in der Mutterpflanze, also in deren Griffel. Diese Gene bestehen aus einer Serie multipler Allelomorphe S, S_1, S_2 usw., von denen, wie wir wissen, in einem Individuum nur zwei gleichzeitig vorhanden sein können. Die Hemmung des Pollenschlauchwachstums tritt dann ein, wenn in der Mutterpflanze und dem Pollenschlauch das gleiche Allelomorph vorliegt. Untenstehende Abb. 118 erläutert dies. Eine Pflanze, die die Gene S_1, S_2 besitzt wird einmal mit dem Pollen einer identischen Pflanze belegt: die Pollenschläuche wachsen nicht, die Verbindung ist steril (118 *a*). Sodann wird der Pollen einer Pflanze benutzt, die andere Allelomorphe besitzt, nämlich S_3, S_4, und die Verbindung ist fertil, die Pollenschläuche wachsen zu den Eiern vor (*b*). Endlich ist der Pollen einer Pflanze benutzt, die ein gleiches und ein verschiedenes Gen enthält, nämlich S_1, S_3, und von den zwei Pollenkörnern befruchtet das eine, das andere nicht (*c*). Der mit den Methoden einer Erbanalyse Vertraute kann nun leicht ausdenken, durch welche Versuche diese Annahme kontrolliert werden kann; die Ergebnisse (von EAST mit MANGELSDORFF und BRIEGER, FILZER) entsprechen der Erwartung.

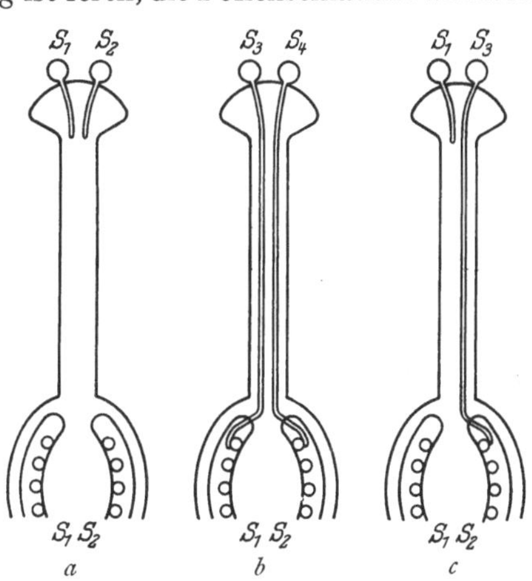

Abb. 118. Pollenschlauchwachstum und Sterilität. Erklärung im Text. Nach BRIEGER.

Es sei schließlich noch zugefügt, daß andere Fälle von Selbststerilität, wie die berühmten schon von DARWIN untersuchten Verhältnisse bei heterostylen Pflanzen mit ihren „legitimen und illegitimen" Verbindungen zwischen langen bzw. kurzen Griffeln und Staubgefäßen nicht so zu erklären sind. Obwohl diese Heterostylie selbst auf MENDELscher Faktorenkombination beruht (CORRENS, UBISCH, ERNST, LAIBACH usw.), scheinen die Fertilitätsverhältnisse hier mehr physiologischer als genetischer Natur zu sein. (Neuere Literatur bei v. UBISCH.)

Literatur zur dreizehnten Vorlesung.

BATESON, W. und Mitarbeiter: Reports to the Evolution Committee of the Roy. Soc. 1—5. 1902—09.

BATESON, W. and SUTTON, L.: Double flowers and sex-linkage in Begonia. Journ. of Genetics 8. 1919.

BAUER, K. H. und WEHEFRITZ, E.: Gibt es eine Hämophilie beim Weibe. Arch. f. Gynäkol. **129**. 1926.

BAUR, E.: Untersuchungen über die Erblichkeitsverhältnisse einer nur in Bastardform lebensfähigen Sippe von Antirrhinum majus. Ber. d. dtsch. botan. Ges. **25**. 1907. Zeitschr. f. indukt. Abstammungs- u. Vererbungslehre **1**. 1908. — Ders.: Untersuchungen über das Wesen, die Entstehung und Vererbung von Rassenunterschieden bei Antirrhinum majus. Bibl. Genetica **4**. 1924.

BRIEGER, F.: Über die Genetik und Physiologie der Selbststerilität. Naturwissenschaften **15**. 1927.

CORRENS, C.: Vererbungsversuche mit blaß (gelb) grünen und buntblättrigen Sippen bei Mirabilis jalapa, Urtica pilulifera und Lunaria annua. Zeitschr. f. indukt. Abstammungs- u. Vererbungslehre **1**. 1909. — Ders.: Die neuen Vererbungsgesetze. 2. Aufl. Berlin: Bornträger 1912. — Ders.: Selbststerilität und Individualstoffe. Festschr. d. med. naturwiss. Ges. Münster 1912. — Ders.: Vererbungsversuche mit buntblättrigen Sippen. Sitzungsber. d. preuß. Akad. d. Wiss. **34**. 1919.

CUÉNOT, L.: La loi de Mendel et l'héredité de la pigmentation chez les souris. Arch. de zool. exp. et gén. Notes et Revue. 1re note (3) **10**. 1912. 2me note (4) **1**. 1903. 3me note (4) **2**. 1904. 4me note (4) **3**. 1905. 5me note (4) **6**. 1906.

DURHAM, F. M.: A preliminary Account of the Inheritance of coatcolour in Mice. Reports to the Evolution Committee of the Roy. Soc. **4**. 1908.

EAST, E. M. and JONES, D. F.: Inbreeding and Outbreeding. Philadelphia: Lippincott Co. 1919. Hier alle Literatur über Inzucht und Verwandtes.

EAST, E. M. and MANGELSDORFF, A. J.: Studies on self-sterility 7. Genetics **11**. 1926.

FILZER, P.: Die Selbststerilität von Veronica syriaca. Zeitschr. f. indukt. Abstammungs- u. Vererbungslehre **41**. 1926.

FROST, H. B.: The inheritance of doubleness in Matthiola and Petunia. Americ. Naturalist **49**. 1915.

GOLDSCHMIDT, R.: Der Vererbungsmodus der gefüllten Levkojenrassen als Fall geschlechtsbegrenzter Vererbung? Zeitschr. f. indukt. Abstammungs- u. Vererbungslehre **10**. 1913. — Ders.: Erblichkeitsstudien an Schmetterlingen IV. Ebenda **34**. 1924. — Ders.: Physiologische Theorie der Vererbung. Berlin: Julius Springer 1927.

HAGEDOORN, A. L. and A. C.: Studies on variation and selection. Zeitschr. f. indukt. Abstammungs- u. Vererbungslehre **11**. 1914.

HERIBERT-NILSSON, N.: Die Spaltungserscheinungen der Oenothera lamarckiana. Lunds Univ. Arsskr. N. F. **12**. 1915. — Ders.: Experimentelle Studien über Variabilität, Spaltung, Artbildung und Evolution in der Gattung Salix. Ibid. **14**. 1918.

HERTWIG, PAULA: Tabellen der Vererbungslehre. Tabulae Biologicae **4**. 1927.

IBSEN and STEIGLEDER: Evidence for the death in utero of the homozygous yellow mouse. Americ. Naturalist **51**. 1917.

Kosswig, C.: Die Vererbung von Farbe und Zeichnung bei Nagetieren Zeitschr. f. Tierzucht- u. Züchtungsbiol. 1925.

Lippincott, W. A.: The case of the blue Andalusian. Americ. Naturalist 70. 1918. — Ders.: Further data on the inheritance of blue in poultry. Ibid. 55. 1921.

Little, C. C.: The relation of yellow coat-color and blackeyed white spotting of mice in inheritance. Genetics 2. 1917.

Mohr, O. L.: Über Letalfaktoren. Zeitschr. f. indukt. Abstammungs- u. Vererbungslehre 41. 1026. Hier vollständige Literatur. — Ders.: Exaggeration and Inhibition phenomena. Afh. Norske Vidensk. Ak. Mathem.-Naturw. Kl. Nr. 6. 1927.

Mohr, O. L. and Wriedt, C.: A new type of hereditary brachyphalangy in man. Carnegie Institution Publications 205. 1919.

Nilsson-Ehle, H.: Über mutmaßliche partielle Heterogamie bei den Speltoidmutationen des Weizens. Hereditas. 2. 1921.

Pellew, C.: Types of segregation. Journ. of Genetics 6. 1917.

Renner, O.: Versuche über die somatische Konstitution der Oenotheren. Zeitschr. f. indukt. Abstammungs- u. Vererbungslehre 18. 1917. — Ders.: Untersuchungen über die faktorielle Konstitution einiger komplex-heterozygotischer Oenotheren. Bibl. Genetica 9. 1925.

Saunders, E. R.: Studies in the Inheritance of Doubleness in Flowers. Journ. of Genetics 1. 1911. — Ders.: Further experiments on the inheritance of Doubleness and other characters in Stocks. Ibid. 1. 1911.

Shull, G. H.: A new Mendelian Ratio and several types of latency. Americ. Naturalist 42. 1908.

Stark, M. B.: An hereditary tumor. Journ. of Exp. Zool. 27. 1919.

Tschermak, E.: Weitere Kreuzungsstudien an Erbsen, Levkojen und Bohnen. Zeitschr. f. d. landwirtschaftl. Versuchsw. in Österreich. 1904.

von Ubisch, G.: Genetisch-physiologische Analyse der Heterostylie. Bibl. Genetics 2. 1925.

de Vries, H.: Über doppelreziproke Bastarde von Oenothera biennis L. und O. muricata L. Biol. Zentralbl. 31. 1911. Und zahlreiche weitere Arbeiten siehe später Oenothera.

Wright, S.: The factors of the Albino series of guinea-pigs etc. Genetics 10. 1925.

Vierzehnte Vorlesung.

Mendelismus und Selektion. Mimetismus. Geographischer und geschlechtlicher Polymorphismus. Geschlechtskontrollierte Vererbung. Vererbung sekundärer Geschlechtscharaktere. Plasmatische Vererbung.

Wir sind nunmehr mit den wesentlichsten Erscheinungen der MEN-DELschen Vererbung von den elementaren bis zu recht verwickelten bekannt. Das Bild zu vervollständigen soll nunmehr noch eine Gruppe von Experimentaltatsachen behandelt werden, die zwar vom speziellen Standpunkt der Vererbungslehre aus uns nur mit wenigen neuen Gedankengängen bekannt machen werden, denen aber gemeinsam ist, daß sie für Fragen allgemeiner Natur wie das Zuchtwahl- und Anpassungsproblem von Bedeutung sind.

Als erstes betrachten wir Versuche zum Selektionsproblem. Bereits in den ersten Vorlesungen hatten wir ja den Beweis JOHANNSENs dafür kennen gelernt, daß Selektion in reinen Linien erfolglos ist, und daß die erfolgreiche Selektion in Populationen darauf zurückzuführen ist, daß diese Populationen ein Gemisch von Genotypen darstellen, die durch Selektion aus dem Gemenge isoliert werden können. Die Kenntnis der MENDELschen Gesetze, besonders der Erscheinung der Polymerie hat uns nun das Rüstzeug an die Hand gegeben, das Gesagte konkret in bezug auf die einzelnen Gene fassen zu können. Betrachten wir etwa ein früher studiertes Beispiel, die Vererbung der Tabakblütenlänge. In der Tabelle S. 244 sieht man, daß von F_2—F_5 eine Plus- wie eine Minusselektion erfolgreich ist. Wäre die vorausgegangene Bastardierung nicht bekannt gewesen, vielmehr eine aus der Natur stammende Population von der genetischen Zusammensetzung jener F_2 benutzt worden, so könnte der Fall als ein Beispiel für erfolgreiche Selektion betrachtet werden, die den Typus über das Elternmittel hinaus verschob. Wie falsch diese Erklärung wäre und wo die Fehlerquelle liegt, ist nunmehr völlig klar.

Etwas schwieriger gestaltet sich die Erkenntnis, wenn es sich in den Versuchen um Außeneigenschaften handelt, die in ihrem Haupttypus durch ein mendelndes Gen bestimmt sind, aber innerhalb dieses Typs eine große und kontinuierliche Reihe von Untertypen zeigen, die auf der Rekombination mehrerer weiterer Gene beruhen. Da in diesem Fall der Haupttypus durch sozusagen sekundäre Gene beeinflußt wird, spricht man von letzteren als von Modifikationsfaktoren. Wenn wir etwa als Beispiel eine Scheckung von Säugetieren nehmen, so bedingt das Hauptgen die Scheckung, die Modifikatoren aber den Grad der Scheckung, also das Verhältnis von farbig zu weiß. Gelingt es, bestimmte solche Modifikatoren zu isolieren, die also einen bestimmten Scheckungsgrad bedingen, der dann konstant erhalten werden kann (z. B. Versuche von

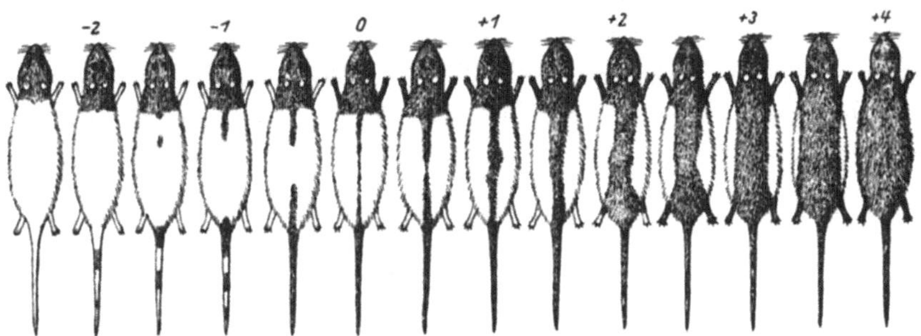

Abb. 119. Schematische Darstellung der verschiedenartigen Scheckung bei Ratten. Nach CASTLE. Klasseneinteilung wie in der Tabelle S. 365.

WRIGHT und DUNN an Nagetieren), so ist der Fall durchsichtig. Liegen aber mehrere solche Gene vor, die zusammenarbeiten wie polymere Gene, also nicht immer einzeln isoliert werden können, dann ist die Analyse schwieriger. Es ist aber klar, daß für die Erkenntnis solcher Reihen von Modifikatoren genau die gleichen Gesetze gelten, die wir früher für die Polymerie genau analysierten. Diese Erkenntnis ist auf allerlei Umwegen gewonnen worden, wobei eine große Rolle die Analyse der Scheckung der Haubenratten durch CASTLE spielte. Deshalb wollen wir sie auch als Beispiel benutzen.

Diese Form der Scheckung beruht auf einem rezessiven Scheckungsfaktor, der mit Ganzfarbigkeit monohybrid mendelt. Die Scheckung kann nun quantitativ außerordentlich variieren und zwar durch alle

Übergänge von fast weißen bis zu praktisch schwarzen Tieren. Das Schema Abb. 119 zeigt einige solche Typen, die sich in einer Reihe anordnen und in Klassen sondern lassen, wie das Schema zeigt. Castle führte nun, ausgehend von einem etwa mittleren Typus, Selektionen der hellsten und dunkelsten Tiere aus (Plus- und Minusselektion) und vermochte dabei nach beiden Seiten den Typus über die elterliche Variation hinaus zu den Extremen zu verschieben. Die folgende Tabelle (S. 365) gibt im Auszug ein Resultat der Versuche für die Plusselektion. Die Minusselektion verlief analog und führte von einem Klassenmittel von — 2 bis zu — 2,7.

Castle betrachtete dies ursprünglich als eine erfolgreiche Selektion, da er überzeugt war, daß es sich nur um einen Scheckungsfaktor handelt, der im Spiel ist. Um das zu beweisen, führte er allerlei Versuche aus. So kehrte er nach einiger Zeit die Selektion um und führte so die Rasse wieder zum Ausgangspunkt zurück. Sodann führte er Kreuzungen zwischen den selektierten Individuen und Wildformen aus. In F_2 wurde eine Spaltung im Verhältnis von 3 : 1 erhalten, aber die Scheckung ging ein wenig nach dem Mittel zurück, was also zeigt, daß die erhaltenen Formen teilweise erblich sind.

Ein Vergleich der Resultate mit den Konsequenzen der Polymerie zeigt nun, wie wir das schon vorausgenommen haben, daß die Versuche auch folgendermaßen erklärt werden können: Die Scheckung beruht auf einem Scheckungsfaktor, der also über die Alternative Scheckung-Ganzfarbigkeit entscheidet. Der Grad der Scheckung beruht aber auf einer Serie polymerer Faktoren, die im Rahmen der vorhandenen Scheckung die Quantität des Pigments bedingen, sogenannte Modifikationsfaktoren. Die Selektion isoliert aus einer heterozygoten Population die homozygoten Plus- und Minuskombinationen, genau wie wir es für multiple Faktoren sahen. Dies ist in der Tat die Erklärung, die die Mehrzahl der Mendelianer diesem Fall geben und der sich Castle selbst schließlich angeschlossen hat. (Seitdem ist die gleiche Erklärung auf viele andere Fälle angewandt worden, z. B. auf Mäusescheckung durch Plate, Ziegler, Hagedoorn.) Der Beweis für eine solche Erklärung wird vor allen Dingen aus Drosophilaarbeiten der Morganschen Schule abgeleitet. Hier ist es ja möglich auf Grund der Faktorenaustauschmethode das Vor-

Scheckungsklassen bei Plusselektion (Viertel der Klassen in der Abbildung 119). Variationsbreite.

Gene-ration	I	II	III	IV	V	VI	VII	VIII	IX	X	XI	XII	XIII	XIV	XV	XVI	XVII	XVIII	XIX	XX	XXI	XXII	XXIII	XXIV	XXV	XXVI	XXVII	XXVIII	XXIX	XXX	Mittel	Indi-viduen-zahl
1									●	●	●	●	●	●	●	●	●														2,05	150
2	○	○	○	○	○	○	○	○	○	○	○	○	○	○	○	○	○	○	○	○											1,92	471
3								○	○	○	○	○	○	○	○	○	○	○	○	○	○										2,51	341
4								○	○	○	○	○	○	○	○	○	○	○	○	○											2,73	444
5								○	○	○	○	○	○	○	○	○	○	○	○	○	○	○									2,90	610
6											○	○	○	○	○	○	○	○	○	○	○	○	○								3,11	861
7											○	○	○	○	○	○	○	○	○	○	○	○	○	○							3,20	1077
8												○	○	○	○	○	○	○	○	○	○	○	○								3,48	1408
9													○	○	○	○	○	○	○	○	○	○	○								3,54	1322
10														○	○	○	○	○	○	○	○	○	○	○	○						3,73	776
11															○	○	○	○	○	○	○	○	○	○	○						3,78	697
12																○	○	○	○	○	○	○	○	○	○	○					3,92	682
13																○	○	○	○	○	○	○	○	○	○	○					3,94	529
14																	○	○	○	○	○	○	○	○	○	○	○				4,01	1359
15																	○	○	○	○	○	○	○	○	○	○	○				4,07	3690
16																		○	○	○	○	○	○	○	○	○	○	○	○		4,13	1690

handensein von Modifikationsfaktoren unzweifelhaft festzustellen und ihr Verhalten bei Selektion zu verfolgen. Derartige Versuche wurden von STURTEVANT, MC.DOWELL, PAYNE u. a. ausgeführt. PAYNE, um ein Beispiel zu nennen, ging von einem Stamm aus, bei dem an Stelle der Normalzahl von vier Borsten auf dem Scutellum 4—0 sich fanden und übte Plus- und Minusselektion aus. In 17 Generationen wurde in der Minuslinie die mittlere Borstenzahl von 0,504 auf 0,004 reduziert, der Prozentsatz der borstenlosen Fliegen von 64,61 auf 99,52 erhöht. Von da an blieben die Linien konstant. Ganz analog verlief der Versuch in der Pluslinie. Durch eine Faktorenaustauschanalyse konnte dann festgestellt werden, daß in der Minuslinie ein geschlechtsgebundener Faktor isoliert worden war, der die Borstenbildung verhinderte. In der Plus-·linie aber wurden Förderungsfaktoren isoliert, und zwar zwei im X-Chromosom und einer im dritten Chromosom. Generell muß man BRIDGES zustimmen, wenn er ausführt, daß alle Mutationen bei Drosophila mit einer gewissen Regelmäßigkeit erscheinen, somit nicht einzusehen ist, warum nicht auch in jedem Versuchsmaterial eine Reihe von durch Mutation enstandenen Modifikationsfaktoren von Anfang an vorhanden sein sollen. Tatsächlich fördert jede größere Faktorenanalyse solche Fälle von Modifikatoren zutage.

Mimetismus.   In DARWINS Zuchtwahllehre oder richtiger, in ihrer extremen Ausdehnung durch WEISMANN und WALLACE spielt eine nicht unbeträchtliche Rolle die Erscheinung des Mimetismus. Es ist höchst bemerkenswert, daß auch sie von mendelistischer Seite her eine ganz eigenartige Erklärung gefunden hat. Unter Mimetismus versteht man die eigenartige Erscheinung, daß Formen einer Gruppe von Schmetterlingen solche einer ganz anderen Gruppe nachahmen. Da die imitierten Vorbilder meist Formen sind, die als ungenießbar, wenn nicht giftig gelten, so ist die erklärende Annahme die, daß die Nachahmer sich durch die Imitation des gefährlichen Kleides schützen. Wir brauchen hier nicht auf die zahllosen Einzelheiten und Varianten der Erscheinung einzugehen. Die WALLACEsche Erklärung ist nun die, daß von den ungeschützten Formen solche, die etwas nach dem Aussehen der giftigen hin variierten, weniger ausgetilgt wurden, so daß die natürliche Zuchtwahl sie auswählte und so allmählich in bekannter Weise die vollständige

Imitation schuf. Die Untersuchung der Erblichkeit einiger solcher Formen hat nun PUNNETT zu einer ganz andersartigen mendelistischen Interpretation geführt.

Die spezielle Gruppe, zu der die bisher analysierten mimetischen Formen gehören, kombiniert mit dem Mimetismus noch die Erscheinung des unisexuellen Polymorphismus, die wir daher zuerst ins Auge fassen müssen. Sie wiederum ist nur eine Spezialerscheinung des Standorts-

Abb. 120. Variationsreihe der Schalenzeichnung von Helix hortensis in Kreisform, die Übergänge zwischen weißer und schwarzer Schale zeigend. Die beigesetzten Zahlen stellen symbolische Bezeichnungen der einzelnen Typen dar. Nach LANG.

polymorphismus, die den Systematikern und Tiergeographen wohlbekannt ist. Sie besteht darin, daß eine Form an ein und derselben Lokalität eine hohe Variabilität zeigt, die auch bei Geschwistertieren vorhanden ist. An verschiedenen Stellen des Verbreitungsgebietes wechseln die typischen Glieder der Variation derart, daß gewisse an einer Lokalität vorhanden sind, andere fehlen. Die charakteristischsten Beispiele dieser Art im Tierreich finden sich bei Insekten und Landschnecken, wo sie für einige Gruppen deskriptiv gründlich untersucht ist; so für europäische Helix von LEYDIG, COUTAGNE, LANG, die Achatinellen von Hawaii durch GULICK, die Cerionformen Westindiens von PLATE, Partula von den Fijiinseln durch CRAMPTON und Amphidromus von Timor durch HANIEL. Bei Insekten liegen solche Untersuchungen z. B. für Schmetterlinge vom Verfasser vor. Im Prinzip dürfte die Erscheinung

Abb. 121 *a*. Oben Papilio memnon ♂, unten ♀ forma Laomedon.
Nach DE MEIJERE.

hier überall identisch sein. Bei Helix hortensis etwa kommen Formen ohne Bänderung vor und dann alle möglichen Kombinationen einzelner Bänder bis zur Fünfbändrigkeit, die durch Verschmelzen der Bänder wieder zu fast schwarzen Formen führt. Eine Auswahl derartiger Bändervarietäten ist in Abb. 120 zusammengestellt. Sie alle können sich mit verschiedener Grundfarbe der Zeichnung kombinieren, die Bänder können ganz oder unterbrochen sein, Struktureigentümlichkeiten der Schale können hinzukommen, kurz, die Mannigfaltigkeit ist ganz außerordentlich. LANG hat nun eine Reihe dieser Charaktere einer MENDELschen Analyse unterzogen (siehe auch S. 168) und gefunden, daß sie auf

Abb. 121 *b*. Oben Papilio memnon ♀ forma Agenor, unten ♀ forma Achates. Nach DE MEIJERE.

differenten MENDEL-Faktoren beruhen. Man kann es als sicher bezeichnen, daß dieser ganze Polymorphismus auf nichts beruht als auf der mannigfachen Rekombination einer nicht einmal allzu großen Zahl von MENDEL-Faktoren. Das gleiche gilt auch für die analogen Fälle der Insekten. Der Zustand einer solchen Population ist also etwa der, wie er

in den Beeten eines Gärtners angetroffen wird, der alle möglichen Farben-
variationen einer Zierpflanze bunt durcheinander bastardierend zieht.

Mit dieser Erscheinung ist nun auf das engste verwandt die des unisexuellen Polymorphismus. Der Unterschied der beiden Erscheinungen
ist der, daß der Polymorphismus hier phänotypisch nur auf ein Geschlecht beschränkt ist, daß also etwa eine Schmetterlingsform neben
typischen Männchen mehrere dazugehörige Weibchenformen besitzt.
Man bezeichnet diese Erscheinung mit dem Verfasser am besten als geschlechtskontrollierte Vererbung, deren Prinzip zuerst von BAUR richtig
erfaßt wurde. Als Beispiel diene vorstehend (Abb. 121 a, b) abgebildeter Fall
des Papilio memnon mit seinen drei Weibchenformen achates, agenor,
laomedon. Es konnte nun sowohl für den Zitronenfalter Colias edusa
mit seinen zwei Weibchenformen (GEROULD), wie für genannten Papilio
(DE MEIJERE), wie für Argynnis paphia mit den zwei Weibchenformen
paphia und valesina (GOLDSCHMIDT und FISCHER) gezeigt werden, daß
die Differenzen auf MENDEL-Faktoren beruhen, die sich in beiden Geschlechtern rekombinieren, aber nur beim Weibchen phänotypisch zum
Ausdruck kommen. (Dies ist die Geschlechtskontrolle.) Genotypisch
gibt es also ebensoviele homo- und heterozygote Kombinationen von
Männchen wie Weibchen, aber die Anwesenheit des männlichen Geschlechts verhindert ihren Ausdruck. Die Vererbung ist also geschlechtskontrolliert, insofern, als die Faktorenrekombination nur bei vorhande-
nem weiblichen Geschlecht sichtbar werden kann. Sonst ist alles wie bei
jenem Polymorphismus. Hier interessiert uns nur die genetische Seite
des Falls. Für das entwicklungsphysiologische Zustandekommen der Geschlechtskontrolle hat der Verfasser eine Erklärung gegeben. Da im
Prinzip die bekannten Fälle alle gleich verlaufen, abgesehen davon, daß
bei Colias und Argynnis nur ein geschlechtskontrolliertes Genpaar, bei
den Papilios aber ihrer zwei vorhanden sind, so sei nur der kompliziertere Fall besprochen.

Unter diesen Papilios mit mehreren Weibchenformen gibt es nun
auch solche, deren Weibchen jedes eine andere Art von giftigen Formen
aus anderen Gruppen imitiert. Einer dieser Fälle, der des Papilio polytes
von Ceylon wurde von FRYER analysiert und dabei durch Kreuzungs-
kombinationen das gleiche Resultat erhalten, wie es oben genannt wurde.

Jener Papilio besitzt auch neben der typischen Männchenform drei Arten von Weibchen, nämlich eine dem Männchen gleichende und zwei, die je den P. aristolochiae und hector imitieren, die als giftig gelten. Die Kreuzungsversuche zeigten nun, wenn die beiden mimetischen Weibchenarten zusammengenommen wurden: Aus den Eiern der typischen Form (dem Männchen gleichende Weibchen) entstehen entweder a) nur ihresgleichen oder b) ihresgleichen und mimetische Weibchen in gleicher Zahl oder c) nur mimetische Weibchen. Aus den Eiern der Weibchen, die den P. aristolochiae imitieren, schlüpfen entweder a) typische und mimetische Weibchen in gleichen Zahlen oder b) mimetische und typische Weibchen im Verhältnis von 3 : 1 oder c) nur mimetische Weibchen. Aus den Eiern der den P. hector imitierenden Form schlüpfen entweder a) typische und mimetische Weibchen in gleicher Zahl oder b) mimetische und typische im Verhältnis 3 : 1 oder c) nur mimetische. Schon aus dieser Aufzählung geht hervor, daß es sich um einen MENDEL-Fall handelt. Tatsächlich konnte FRYER alle seine Zuchtresultate unter der (zuerst von BAUR gegebenen) Annahme erklären, daß es sich um zwei mendelnde Faktorenpaare handelt, Aa und Bb. A ist ein Faktor, der das typische Kleid in das des P. aristolochiae verwandelt, B ein Faktor, der nur wirkt, wenn auch A anwesend ist und dann die Form in die des P. hector überführt. Es gibt somit neun Arten von Weibchen und Männchen (genotypisch), die sich auf einen männlichen und drei weibliche Phänotypen folgendermaßen verteilen:

Phänotypisch identische Männchensorten	Typus des Weibchens	Mimetische Weibchen	
		gleich aristolochiae	gleich hector
$aaBB$	$aaBB$	$AAbb$	$AABB$
$aaBb$	$aaBb$	$Aabb$	$AaBB$
$aabb$	$aabb$		$AABb$
$AaBB$			$AaBb$
$AaBb$			
$Aabb$			
$AABB$			
$AABb$			
$AAhb$			

Für das Prinzip ist es nun völlig gleichgültig, ob genau diese oder eine etwas andere MENDEL-Formel sich als richtig erweist. Die Hauptsache ist der Nachweis, daß mimetische Weibchen von den nicht mimetischen durch ein oder zwei MENDEL-Faktoren unterschieden sind. Damit kommen wir nun von der geschlechtskontrollierten Vererbung wieder auf den Mimetismus zurück. Wenn diese mendelistische Erklärung für den unisexuell-polymorphen Mimetismus zutrifft, so haben wir allen Grund anzunehmen, daß das bei jedem Mimetismus der Fall ist. Das macht aber, wie PUNNETT im einzelnen zeigt, die Zuchtwahlerklärung des Mimetismus zu einer Unmöglichkeit.

Welches ist nun die Alternative? Die Flügelzeichnung der Schmetterlinge beruht auch auf einer Anzahl mendelnder Faktoren, von denen manche schon analysiert sind. Sieht man sich nun bei den Verwandten mimetischer Formen um, so findet man auf verschiedene Formen verteilt die Bestandteile, die zusammengesetzt das mimetische Muster ergeben. Nebenstehend (Abb. 122) findet sich abgebildet die nordamerikanische Anosia plexippus (Danaide), die vortrefflich imitiert wird von Basilarchia disippus, einem Admiral. Es wäre nicht schwer, in einer Sammlung von Admirälen und Verwandten Formen auszusuchen, die diesen oder jenen Charakter, aus denen sich die Gesamtzeichnung der Basilarchia zusammensetzt, besitzen, also etwa die Randflecke, die Grundfarbe, das Pigment auf den Adern usw. So könnte also die mimetische Form als zufällige Kombination von Mutationen in bezug auf Erbfaktoren, die in der Gruppe typisch sind, entstehen, ohne daß das Endziel, der Mimetismus oder die Zuchtwahl etwas damit zu tun hat. Eine andere Frage ist es natürlich, ob, einmal entstanden, die Nachahmung einen Vorteil für die Erhaltung der Art bildet. Sie beschäftigt uns aber nicht hier.

Abb. 122. *a* Die sie „imitierende" Basilarchia. *b* Anosia archippus (Danaide). Aus PUNNETT.

Mendelismus und Anpassung.

Der so für die Mimikry abgeleitete, der Zuchtwahllehre entgegengesetzte Gesichtspunkt folgt aus dem Mendelismus aber ganz allgemein für alle Anpassungen. Faktorenlehre und Mutationslehre erfordern es, daß eine allmähliche Entstehung der Anpassungen durch Zuchtwahl nicht denkbar ist. Die Anpassung muß als zufällige Mutation zuerst entstanden sein und nachträglich erst der Träger das Milieu aufgesucht haben, für das er die nötige Anpassung besaß (CuÉnots Präadaptation). Augenlose Höhlentiere verloren nicht ihre Augen als Anpassung an das Leben im Dunkeln, sondern umgekehrt, solche, die durch zufällige Mutation die Augen verloren hatten, konnten in Höhlen einwandern, wozu sehende Tiere keine Neigung hätten (CuÉnot, Loeb). Die Zuchtwahl wird also auf das Erhalten günstiger, die Austilgung ungünstiger Faktorenkombinationen beschränkt. Die einzige Möglichkeit für Veränderung des Typus ist aber die Mutation, also Faktorenaddition, -ausfall oder -veränderung und die Rekombination durch Bastardierung.

Auf das so aufgeworfene Problem der Bedeutung des Mendelismus für die Abstammungslehre können wir aber erst später nach Betrachtung der Mutation eingehen.

Es seien nun im Anschluß an die Betrachtung der geschlechts-kontrollierten Vererbung noch ein paar Worte über die Vererbung der sogenannten sekundären Geschlechtscharaktere gesagt. Als solche bezeichnet man bekanntlich die äußeren Geschlechtszeichen, wie die Geweihe von Hirschen und „Hörner" des Hirschkäfers, also alle jene Außeneigenschaften, durch die sich die Geschlechter typisch unterscheiden. Man spricht auch von geschlechtsbegrenzten Charakteren, die sorgfältig von den im X-Chromosom vererbten geschlechtsgebundenen Charakteren zu unterscheiden sind, die ja nicht geschlechtsbegrenzt sind, wenn es auch manchmal so scheint (z. B. bei Vererbung im Y-Chromosom). Deshalb ist zu empfehlen, die Bezeichnung geschlechtsbegrenzt ganz durch geschlechtskontrolliert zu ersetzen. Diese Geschlechtskontrolle ist an sich ein rein entwicklungsphysiologischer Vorgang: bei völlig gleicher genetischer Konstitution werden bestimmte Außencharaktere durch das anderweitig determinierte Vorhandensein eines bestimmten Geschlechts daran gehindert, aufzutreten oder veranlaßt, eine von der des andern Geschlechts verschiedene Ausprägung anzunehmen. Es findet also bei der entwicklungsgeschichtlichen Ausprägung der betreffenden Außencharaktere eine verschiedenartige Reaktion zwischen ihren determinie-

renden Genen und den das eine oder andere Geschlecht determinierenden Genen (bzw. bei höheren Tieren den von diesen hervorgerufenen
Hormonen) statt, die zu einem geschlechtlich verschiedenartigen Resultat führt, eben der Geschlechtskontrolle. Vom Standpunkt der Genetik gilt also alles über die geschlechtskontrollierte Vererbung Gesagte
auch für die Vererbung der sekundären Geschlechtscharaktere. Der Beweis dafür muß aus zwei Teilen bestehen. Erstens muß gezeigt werden,
daß bei Kreuzung von Formen mit verschiedenen sekundären Charakteren die Vererbung so abläuft, wie wir es beim Papiliofall sahen. Es
muß also in dem Geschlecht, das die betreffenden Charaktere zeigt, eine
MENDEL-Spaltung irgendwelcher Art nach Kreuzung eintreten. In dem
Geschlecht, das die Charaktere nicht zeigt, muß sodann genetisch nachgewiesen werden, daß trotz phänotypischer Einheitlichkeit auch hier die
gleiche Gen-Rekombination stattfand. Beides ist in der Tat der Fall, wie
z.B. FOOT und STROBELL (allerdings ohne es zu verstehen) und GOLD-
SCHMIDT und MINAMI zeigten. Der Verfasser konnte dem noch einen besonders schlagenden Beweis zufügen, indem es ihm bei den später zu besprechenden Intersexualitätsexperimenten gelang, die MENDEL-Spaltung
der sekundären Geschlechtscharaktere auch in dem Geschlecht sichtbar zu
machen, das sie sonst phänotypisch nicht zeigt. Es können übrigens
bei solchen Experimenten dann recht komplizierte Erscheinungen zutage treten, wenn an der Geschlechtskontrolle außer der genetischen Beschaffenheit noch die Spezifität der Hormone der Geschlechtsdrüsen von
ebenfalls verschiedener Beschaffenheit teilnehmen. Ein solcher Fall ist
der viel zitierte Fall der Vererbung der Hörner bei Schafrassen, dessen
völlige Aufklärung durch gleichzeitige Analyse der Genetik und der hor-
monalen Faktoren noch aussteht, und dessen meist zitierte mendelistische Formulierung deshalb wertlos ist.

Vererbung
und Proto-
plasma. Die hier bereits vorliegenden Fälle der Zusammenarbeit der genotypischen Konstitution mit Bedingungen des inneren Milieus führt nun
zu einem weiteren Problem. Wir haben oben bereits hervorgehoben, daß
die Gesamtheit der mendelistischen Vererbungserscheinungen von den
einfachsten bis zu den verwickeltsten, in letzter Linie nur Konsequenzen
der Lage der Gene in den Chromosomen sind. So konnte bisher die Tatsache gänzlich unberücksichtigt bleiben, daß ein Gen, ein Chromosom,

ein Kern ja nur als Glied des ganzen Systems der Zelle, also mit dem Protoplasma zusammen arbeiten kann. In welcher Weise dies geschehen kann, um in der individuellen Entwicklung die Erbcharaktere zu verursachen, soll erst später besprochen werden. Hier an den Schluß der Tatsachen des eigentlichen Mendelismus gehört aber noch die Frage, ob es neben den mendelnden Genen im Kern auch noch eine Vererbung im Protoplasma gibt. Man muß sich darüber klar sein, daß diese Frage in mehrerlei Weise aufgefaßt werden kann. Einmal kann sie das Problem bedeuten, ob diskrete, als Einheiten vererbbare Gene, wie sie im Kern nachgewiesen wurden, auch im Plasma vorhanden sind. Die Frage kann schnell beantwortet werden. Da die Existenz der Gene nur durch den Verteilungsmechanismus der Chromosomen nachweisbar wird, ein derartiger Mechanismus aber für das Plasma nicht besteht, so gibt es keinerlei Möglichkeit des Nachweises plasmatischer Gene. Sodann kann die Frage nach der Vererbung im Protoplasma bedeuten, ob es Eigenschaften gibt, die nicht durch Gene, sondern nur durch das Protoplasma bedingt werden. Da das Protoplasma in der Hauptsache, wenn nicht vollständig, von der Eizelle geliefert wird, so müßten sich solche Charaktere rein mütterlich vererben. Es muß dabei natürlich ausgeschlossen werden können, daß das was als mütterlich vererbt erscheint, in Wirklichkeit auf solchen Genen beruht, deren Wirkung sich in der Eizelle vor der Befruchtung auf das Eiprotoplasma auswirkt. Denn ist das der Fall, so erscheint die mütterliche Vererbung ja nur in der ersten Generation, da hier auf das Ei vor der Befruchtung nur die mütterlichen Eigene wirkten; die zweite Generation verhält sich dann wie eine gewöhnliche F_1 und erst die dritte wie F_2. Es liegt also gar keine plasmatische Vererbung vor, sondern eine MENDELsche, die nur um eine Generation hinausgeschoben ist. Solcher Fälle sind mehrere bekannt geworden, z. B. die Vererbung gewisser Eicharaktere beim Seidenspinner durch TOYAMA oder die Vererbung der Anlage zum Gynandromorphismus beim gleichen Objekt durch GOLDSCHMIDT und KATSUKI. Ein besonders merkwürdiger Typ dieser Art, den TOYAMA unter dem miß- verständlichen Namen mütterliche Vererbung beschrieb, und den TANAKA später analysierte und seine Besonderheiten erklärte, ist der folgende, der sich auf Embryonalcharaktere der Seidenspinnereier bezieht:

Es wurde die bei verschiedenen Rassen bzw. Mutanten des Seidenspinners verschiedene Färbung der Serosa untersucht, also einer embryo-

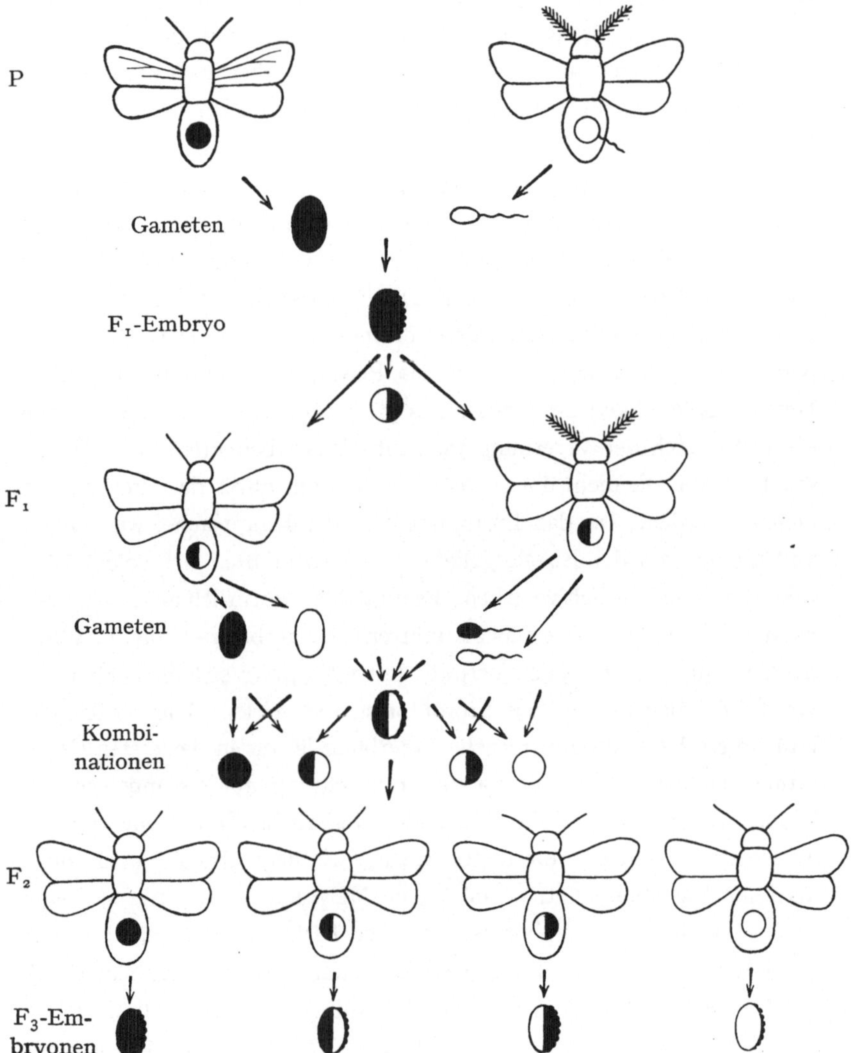

Abb. 123. Schema zu Toyamas sogen. mütterlicher Vererbung.

nalen Haut, die von den Blastodermzellen stammt. Es zeigte sich nun, daß diese Färbungen in manchen Fällen einfach mendeln, somit von den Genen in den Chromosomen der Ei- wie Samenzellen bedingt sind.

In anderen Fällen zeigte sich eine als mütterliche Vererbung beschriebene Erscheinung, d. h. F_1 gleicht nur der Mutter, F_2 verhält sich so, wie sich F_1 verhalten sollte, und die Spaltung erscheint in F_3, aber so, daß das einzelne F_2-Individuum nur einen Typus von Eiern legt. Die Erklärung für diesen Vererbungstypus ist die, daß das betreffende Gen seine definitive Wirkung bereits im unbefruchteten Ei entfaltet, oder, wenn wir es anders ausdrücken, daß das Gen dafür sorgt, daß die Stoffe, die später als Serosapigment erscheinen, schon definitiv in dem Eibezirk abgelagert sind, der die spätere Serosa ergibt, so daß diese Stoffe (die Pigmentvorstufen) nicht mehr von den Genen des Spermakerns beeinflußt werden können. Diese Mitwirkung kann dann erst bei der Bildung der Eier der F_1-Tiere geschehen, auf die dann wieder das Sperma der F_1-Tiere einflußlos ist, so daß die F_2-Embryonen sich verhalten wie sonst F_1. Entsprechend geht es in der nächsten Generation. Da jedes F_2-Ei sich nur zu einem Individuum entwickelt, dessen Eier von der mütterlichen Konstitution allein bedingt sind, so müssen alle F_3-Eier jenes Individuums gleich sein, wenn auch die Individuen selbst die Spaltung zeigen. Ein Blick auf Abb. 123 macht dies Verhalten klar. In diesem Beispiel sehen wir nun auf das klarste ein mendelndes Gen an der Arbeit, das mit der spezifischen Beschaffenheit einer im Ei schon lokalisierten organbildenden Substanz zu tun hat; wir sehen ferner, daß bei zwei mendelnden Mutanten einmal die Reaktion, die die betreffende spezifische Beschaffenheit verursacht, bereits im Ei aktiviert wurde und so schnell abläuft, daß sie vor der Befruchtung abgeschlossen ist (Rasse mit mütterlicher Vererbung des Serosapigments), ein andermal so langsam abläuft, daß die väterlichen Gene von der Befruchtung an noch mitwirken können (gewöhnlich mendelnde Vererbung).

Scheiden wir diese Fälle aus, so bleibt für eine rein plasmatische Bestimmung von Eigenschaften nichts übrig. Man hat zwar öfters theoretisch darauf hingewiesen (BOVERI, LOEB), daß vielleicht nur die Varietäts- höchstens Artmerkmale mendeln, aber die Gattungs-, Familien- usw. Charaktere im Protoplasma übertragen werden. Irgendeine Beweisführung liegt dafür nicht vor. Man hat auch manchmal hierher die zuerst von CORRENS entdeckte und seitdem oft gefundene rein mütterliche Vererbung von Plastidencharakteren bei Pflanzen gerechnet. Aber die

Plastiden sind ja relativ selbständige Einschlüsse der pflanzlichen Zelle, die man nicht schlechthin als Plasma bezeichnen kann, und deren Übertragung auch nicht direkt als Vererbung bezeichnet werden kann.

Sodann kann unser Problem in einer dritten Form gefaßt werden: Gibt es spezifisch erbliche, plasmatische Verschiedenheiten, die eine Rolle im Zusammenarbeiten mit den Genen bei der Verursachung des spezifischen Erbcharakters spielen? Anders ausgedrückt: Ist es für die Wirkung der Gene gleichgültig, ob sie in diesem oder jenem Plasma liegen? Eigentlich ist die Antwort auf diese Frage selbstverständlich. Da die Wirkung der Gene entwicklungsphysiologisch nur innerhalb des Systems der Zelle, also in Zusammenarbeit mit dem Plasma, verstanden werden kann, so ist zu erwarten, daß es nicht gleichgültig ist, in welchem Plasma die Gene arbeiten. Es fragt sich nur, ob bei so nahe verwandten Formen, wie sie gewöhnlich allein zu Kreuzungsexperimenten verwandt werden können, solche plasmatischen Unterschiede nachweisbar sind.

Es ist schon häufig beobachtet worden, daß reziproke Bastarde sich mehr der Mutter nähern, oder daß von reziproken Bastarden der eine existenzfähig ist, der andere nicht. Daraus hat man den Schluß gezogen, daß die Gene des Bastards mit den beiden Protoplasmen verschieden arbeiten bzw. nur mit dem einen zu arbeiten vermögen, ein Schluß, der in Experimenten der Entwicklungsmechanik auch seine Stütze findet (BALTZER, TENNENT). Es liegen aber auch weitergehende genetische Analysen vor, deren erste vom Verfasser stammt. Es handelt sich in diesem Fall um einen Außencharakter, der eine gewisse Fluktuation zeigt und daher statistisch betrachtet werden muß. Das Beispiel illustriert damit gleichzeitig diese Komplikation eines einfachen MENDEL-Falls. Es handelt sich um Zeichnungscharaktere von Schwammspinnerraupen bei Kreuzungen von hellgezeichneten und dunklen Rassen (Abb. 124). Hell und dunkel sind ein einfaches Allelomorphenpaar mit unvollständiger Dominanz von hell und einer MENDEL-Spaltung 3 : 1 in F_2. Da aber die Heterozygoten transgredierend bis in den Bereich der dunklen und der hellen Rassen fluktuieren, so muß die Spaltung aus einer Kurve für die F_2-Population abgelesen werden, die so gewonnen wird, daß eine Klasseneinteilung der Helligkeitsstufen zwischen hellster und dunkelster Form aufgestellt und die Individuen danach ge-

a

b

Abb. **124.** *a* dunkle deutsche Raupen von Lymantria dispar. *b* helle südjapanische Rasse der gleichen Form.

ordnet werden. In Abb. 125 sind nun die F_1-Resultate einer solchen Kreuzung zwischen der dunkeln Rasse D und der hellen J dargestellt, und zwar die Kurven für das Merkmal der reinen Rassen und die der

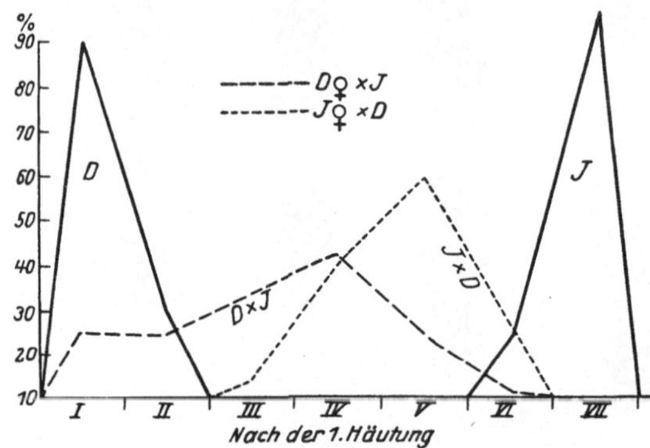

Abb. 125. Kurven der Zeichnung von dispar-Raupen nach der 1. Häutung. *I– VII* Helligkeitsklassen. *D* dunkle deutsche, *J* helle japanische Rasse; dazwischen ihre reziproken Bastarde.

beiden reziproken F_1, die eine deutliche Hinneigung zur jeweils mütterlichen Rasse zeigen. Hier wurde eine Einteilung in 7 Klassen benutzt, wobei 7 die hellste Klasse ist. Abb. 126 gibt nun die F_2-Kurven für die vier möglichen reziproken und doppelreziproken F_2.

Die Abbildung zeigt für die Kombinationen $(B \times K)^2$ (B entspricht D der F_1, K der J, also B dunkel, K hell) und $(B \times K) \times (K \times B)$ eine deutliche 3:1-Spaltung, da ein Kurvenbezirk von etwa 25% über den dunkeln Klassen steht. Für die beiden Kombinationen $(K \times B)^2$ und $(K \times B) \times (B \times K)$,

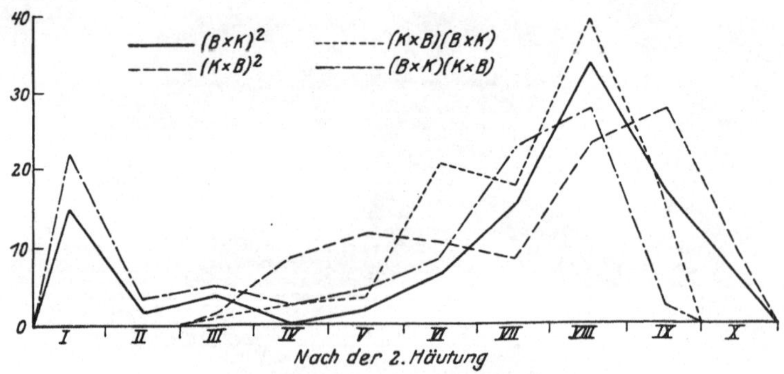

Abb. 126. F_2 aus den F_1 von Abb. 125.

also die in der hellen mütterlichen Linie ausgeführten (der weibliche Elter wird immer an erster Stelle genannt), ist dagegen die Spaltung nicht deutlich sichtbar, da die ganze Kurve nach der mütterlichen hellen Seite verschoben ist (in späteren Entwicklungsstadien wird sie dann sichtbar). Man kann also sagen, daß hier stets das Plasma den Phänotypus nach seiner eigenen Seite verschiebt, oder anders ausgedrückt, daß es für die Wirkung der Gene nicht gleichgültig ist, in welchem Plasma sie wirken.

Prinzipiell in die gleiche Kategorie gehören auch die Befunde von RENNER an Oenotherenbastarden, die aber dadurch kompliziert werden, daß es sich um Chromatophorencharaktere handelt, und zwar von Plastiden, die mit dem Pollenschlauch übertragen werden und sich nun verschieden verhalten, je nach dem Plasma, in das sie gelangen. Ferner gehören hierher Kreuzungen zwischen verschiedenen Moosarten, die F. v. WETTSTEIN ausführte und die im wesentlichen eine Duplizierung der oben geschilderten Ergebnisse von GOLDSCHMIDT mit den gleichen Methoden und Schlußfolgerungen bedeuten. Endlich sei noch eine sehr bemerkenswerte Untersuchung von HARDER an niederen Pilzen (Hymenomyceten) erwähnt. Er stellte experimentell Mycelien her, die ein gemischtes Protoplasma zweier Arten enthielten, aber nur den Kern einer der Arten. Der Habitus dieser Mycelien zeigte Übergangsformen zwischen beiden Eltern, so daß auch hier ein plasmatischer Einfluß vorliegt, der wie in den vorgehend genannten Versuchen den Phänotypus nach seiner Seite verschiebt. Nicht übereinstimmend ist ein Versuch NAWASCHINS, der zwei Crepisarten kreuzte und unter den F_2-Individuen durch cytologische Untersuchung diejenigen heraussuchte, die im Plasma der einen Art die beiden Chromosomensätze der andern Art enthielten. Diese Formen waren nicht von denen zu unterscheiden, deren Chromosomen sie hatten. Man könnte daraus schließen, daß das Plasma keine Rolle bei der Vererbung spielte, ebensogut aber auch, daß es zufällig bei den beiden Arten identisch war. In den erwähnten Versuchen des Verfassers zeigten auch verschiedene Kreuzungen einen verschiedenen Grad plasmatischer Wirkung, und WETTSTEIN konnte direkt zeigen, daß je weiter im System auseinanderstehende Moosformen zu seinen Kreuzungen verwandt wurden, um so größer der Einfluß des Plasmas erschien.

Literatur zur vierzehnten Vorlesung.

BRIDGES, C. B.: Specific modifiers of eosin eye Color in Drosophila melanogaster. Journ. of Exp. Zool. 28. 1919.

BRIDGES, C. B. and MOHR, O. L.: The inheritance of the mutant character vortex. Genetics 4. 1919.

Castle, W. E.: The Origin of a polydactylous race of Guinea-Pigs. Carnegie Inst. Publ. **49**. 1906. — Ders.: The inconstancy of unit-characters. Americ. Naturalist **46**. 1912. — Ders.: Can selection cause genetic change? Ibid. **50**. 1916. — Ders.: Piebald rats and selection. Ibid. **53**. 1919.

Castle, W. E. and Phillips, J. C.: Piebald rats and selection. Carnegie Institution Publications **195**. Washington 1914.

Castle, W. E. and Wright, S.: Studies of inheritance in guinea pigs and rats. Ibid. **241**. 1916.

Correns, C.: Vererbungsversuche mit blaß (gelb) grünen und buntblättrigen Sippen von Mirabilis jalapa. Zeitschr. f. indukt. Abstammungs- u. Vererbungslehre **1**. 1908. — Ders.: Vererbungsversuche mit buntblättrigen Sippen VI. Sitzungsber. d. preuß. Akad. d. Wiss. mathem. Kl. **33**. 1922.

Coutagne, G.: Récherches sur le polymorphisme des mollusques de France. Ann. Soc. Agr. Sér. Lyon 1896.

Crampton, H. E.: Studies on the variation, distribution, and evolution of the genus Partula. Carnegie Institution Publications Washington 1916.

Dunn, L. C.: Types of white spotting in mice. Americ. Naturalist **54**. 1920.

Dunn, L. C., Webb and Schneider: The inheritance of degrees of spotting in Holstein cattle. Journ. of Heredity **14**. 1923.

Foot, K. and Strobell, E. C.: Results of crossing Euschistus variolarius and Euchistus servus. Journ. of Linn. Soc. **32**. 1924.

Fryer, J. C. F.: An investigation by pedigree-breeding into the polymorphism of Papilio polytes. Philos. Trans. Roy. Soc. **294**. 1913.

Gerould, J. H.: The inheritance of polymorphism and sex in Colias philodice. Americ. Naturalist **45**. 1911.

Goldschmidt, R.: Bemerkungen zur Vererbung des Geschlechtspolymorphismus. Zeitschr. f. indukt. Abstammungs- u. Vererbungslehre **8**. 1912. — Ders.: Mechanismus und Physiologie der Geschlechtsbestimmung. Berlin: Gebr. Bornträger 1920. — Ders.: Die quantitativen Grundlagen von Vererbung und Artbildung. Aufs. Vortr. Entw. Mech. Berlin: Julius Springer 1920. — Ders.: Erblichkeitsstudien an Schmetterlingen IV. Zeitschr. f. indukt. Abstammungs- u. Vererbungslehre **34**. 1924. — Ders.: Untersuchungen zur Genetik der geographischen Variation I. Roux Arch. **191**. 1924. — Ders.: Physiologische Theorie der Vererbung. Berlin: Julius Springer 1927.

Goldschmidt, R. und Fischer, E.: Argynnis paphia-valesina, ein Fall geschlechtskontrollierter Vererbung. Genetica. 1922.

Goldschmidt, R. und Katsuki, K.: Erblicher Gynandromorphismus und somatisches Mosaik bei Bombyx mori L. Biol. Zentralbl. **47**. 1927.

Goldschmidt, R. und Minami, S.: Über die Vererbung der sekundären Geschlechtscharaktere. Studia mendeliana. Brünn 1923.

Gulick, J. T.: Evolution, racial and habitudinal. Carnegie Institution Publications **25**. 1905.

Haniel, C. B.: Variationsstudie an timoresischen Amphidromusarten. Zeitschr. f. indukt. Abstammungs- u. Vererbungslehre **25**. 1921.

HARDER, R.: Zur Frage nach der Rolle von Kern und Protoplasma im Zellgeschehen und bei der Übertragung von Eigenschaften. Zeitschr. f. Botan. 10. 1927.

LANG, A.: Über Vorversuche zu Untersuchungen über die Varietätenbildung von Helix hortensis Müller und Helix nemoralis L. Festschrift f. HAECKEL. Jena 1904. — Ders.: Fortgesetzte Vererbungsstudien. Zeitschr. f. indukt. Abstammungs- u. Vererbungslehre 5. 1911.

LITTLE, C. C.: The inheritance of black-eyed white spotting in mice. Americ. Naturalist 49. 1915.

LOEB, J.: The organism as a whole. New York 1915.

MAC CURDY, H. and CASTLE, W. E.: Selection and Cross-breeding in Relation to the Inheritance of Coat-pigments and Coat-patterns in Rats and Guinea-pigs. Carnegie Institution Publications. Washington, Mai 1907.

MAC DOWELL, E. C.: Piebald rats and multiple factors. Americ. Naturalist 50. 1916. — Ders.: Bristle inheritance in Drosophila II. Journ. of Exp. Zool. 23. 1917.

DE MEIJERE, J. C. H.: Über Jakobsons Züchtungsversuche betreffend den Polymorphismus von Papilio memnon L. Zeitschr. f. indukt. Abstammungs- u. Vererbungslehre 3. 1910. — Ders.: Über getrennte Vererbung der Geschlechter. Arch. f. Rassen- u. Gesellschaftsbiol. 8. 1911.

MULLER, H. J.: The bearing of the selection experiments of Castle and Phillips on the variability of genes. Americ. Naturalist 48. 1914.

NAWASCHIN, M.: Ein Fall von Merogonie infolge Artkreuzung bei Compositen. Ber. d. dtsch. botan. Ges. 1927.

PAYNE, F.: Selection for high and low bristle number in the mutant strain „reduced". Genetics 5. 1920.

PLATE, L.: Die Variabilität und die Artbildung nach dem Prinzip geographischer Formenketten bei den Cerionlandschnecken der Bahamainseln. Arch. f. Rassen- u. Gesellschaftsbiol. 4. 1907. — Ders.: Vererbungsstudien an Mäusen. Arch. f. Entwicklungsmech. d. Organismen 44. 1918.

PUNNETT, R. C.: Mimicry in Butterflies. Cambridge 1915.

RENNER, O.: Die Scheckung der Oenotherabastarde. Biol. Zentralbl. 44. 1924.

STURTEVANT, A. H.: Analysis of the effects of selection. Carnegie Institution Publications 264. Washington 1918.

TANAKA, Y.: Maternal inheritance in Bombyx mori. Genetics 9. 1924.

WETTSTEIN, F. VON: Über plasmatische Vererbung sowie Plasma und Genwirkung. Nahr. Ges. Wiss. Göttingen, mathem.-naturw. Kl. 1926.

WINKLER, H.: Über die Rolle von Kern und Protoplasma bei der Vererbung. Zeitschr. f. indukt. Abstammungs- u. Vererbungslehre 33. 1924.

WRIGHT, S.: The relative importance of heredity and environment in determining the piebald pattern of guinea pigs. Proc. of the Nat. Acad. Science 6. 1920.

ZIEGLER, H. E.: Zuchtwahlversuche an Ratten. Festschr. 100 jähr. Best. Landw. Hochsch. Hohenheim 1919.

Fünfzehnte Vorlesung.

Die Speziesbastarde. Der Fall der Oenothera.

Die einfachen Gesetze der MENDELschen Vererbung wie auch die große Mehrzahl der Komplikationen, die wir bisher kennen lernten, wurden aus Bastardierungsexperimenten mit Varietäten der gleichen Art abgeleitet. So liegt die Frage nahe, wie die Resultate von Bastardierungen aussehen, die zwischen im System weiter auseinanderstehenden Formen, zwischen Arten oder gar Gattungen ausgeführt werden. Voraussetzung einer solchen Fragestellung ist es allerdings, daß man mit Bestimmtheit sagen kann, was eine Art ist und was nicht. Da rühren wir nun an eine der verwickeltsten Fragen der Biologie, die zu diskutieren hier nicht der Platz ist. Für alle praktischen Zwecke kann man wohl sagen, daß die von den Systematikern auf Grund genauester Formenkenntnis aufgestellten Unterscheidungen von Arten auch dem Vererbungsforscher als Maßstab der Verwandtschaft dienen müssen, es sei denn, er wolle ganz auf den Artbegriff verzichten. So bedeutet denn der Begriff der Spezies hier nichts anderes als die von den Systematikern als solche anerkannte Arten.

Früher hatte man nun gerade aus der Bastardforschung ein Kriterium für die Unterscheidung echter Arten entnommen, indem man solche Formen für Arten erklärte, die bei ihrer Bastardierung, falls sie überhaupt möglich ist, unfruchtbare Nachkommenschaft liefern, etwa wie Pferd und Esel (Equus caballus × Equus asinus) das fast immer sterile Maultier erzeugen. (Es scheint aber sehr seltene zuverlässige Fälle fruchtbarer Maultiere zu geben, siehe HENSELER.) In dieser Form läßt sich einmal allerdings die Definition nicht aufrecht erhalten, denn man weiß jetzt, daß bei der Kreuzung anerkannter Arten vollständig sterile oder vollständig fertile Bastarde wie auch alle Zwischenstufen erhalten werden können. Trotzdem trifft in außerordentlich vielen Fällen die alte Definition zu und man kann nicht umhin, das sichere Gefühl der Syste-

matiker zu bewundern, die den Speziesbegriff handhaben. Wenn z. B.
all die vielen Drosophilamutanten, die zum Teil doch von der Stammart erheblich verschieden sind, in der Natur gefunden würden, so würde
der Systematiker sie zweifellos als Varietäten beschreiben. Es gibt aber
wilde Drosophilaarten, die der Spezies melanogaster so ähnlich sind, daß
nur der geübte Spezialist mit Sicherheit sie unterscheiden kann; im Versuch aber lassen sie sich entweder gar nicht bastardieren oder liefern

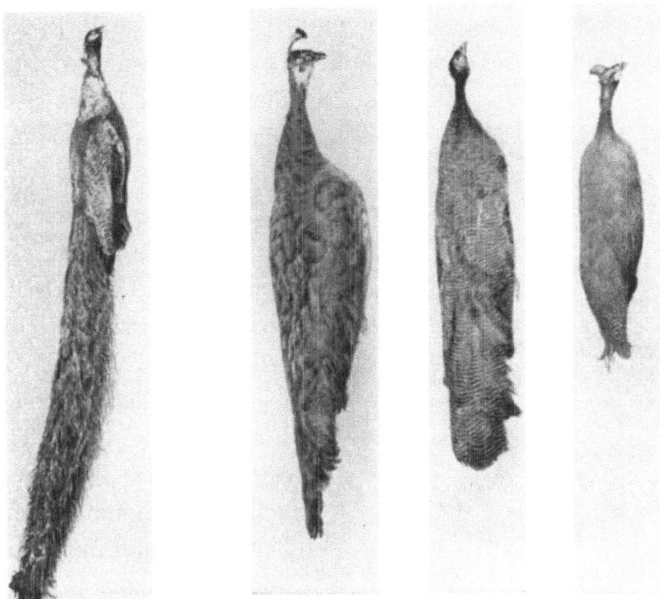

Abb. 127. Links Pfau, rechts Perlhuhn, dazwischen Bastard. Nach POLL.

sterile Nachkommenschaft. So muß denn hier die Frage der Sterilität
von Speziesbastarden an erster Stelle besprochen werden.

Der extremste Fall ist der, in dem zwar die Bastardierung noch
gelingt, aber die Bastardnachkommenschaft sich nicht mehr völlig entwickeln kann. Dann folgen Bastarde, die sich noch entwickeln, aber
meist abnorme Individuen ergeben und als nächste Stufe die zwar normal entwickelten aber völlig sterilen Spezies- und Gattungsbastarde.
Über ihr Verhalten im Tierreich sind wir vor allem durch die Untersuchungen von POLL, ferner von IVANOFF, GUYER und FEDERLEY unter-

richtet. Man kann danach wohl sagen, daß im allgemeinen die Sterilität dadurch zustande kommt, daß die Geschlechtszellen nicht imstande sind, ihre Lebensgeschichte, also die Serie von den Urgeschlechtszellen durch Synapsis und Reifeteilungen in Ordnung zu Ende zu führen. An einer früheren oder späteren Stelle der Serie hört die normale Entwicklung auf und Degeneration tritt ein. Als Beispiel mögen die Abb. 127—129 dienen, die uns den Gattungsbastard zwischen Pfau und Perlhuhn zeigen und den abnormen Zustand der Spermatogenese in seinen Hodenkanälchen. POLL hat direkt versucht, aus dem Zeitpunkt, zu dem die normale Geschlechtszellenentwicklung eines Bastards aufhört, auf die Verwandtschaftsbeziehungen seiner Eltern zu schließen. Welches ist aber nun die Ursache, daß zwar eine normale Körperentwicklung (ja sogar eine besonders kräftige, siehe Maultier) möglich ist, nicht aber eine normale Geschlechtszellenbildung? Es sind da mannigfache Möglichkeiten gegeben. Einmal könnte eine allgemeine serologische Differenz der Eltern vorliegen, die nur die empfindlichen Keimzellen beeinflußt. Sodann könnten Erbfaktoren beteiligt sein, die in bestimmter

Abb. 128. Normales Hodenkanälchen vom Pfau. Nach POLL.

Kombination z. B. beim Zusammentreffen zweier Dominanten, für die Keimzellen letal sind. Solche spezifischen Letalfaktoren sind uns ja schon von der Heterogamie her bekannt. Sodann könnten besondere Verhältnisse des Chromosomenmechanismus verantwortlich zu machen sein.

Erklärungsmöglichkeiten. Was nun die erstere Möglichkeit betrifft, so dürfte es schwer sein, dafür Beweise zu erbringen. Dagegen ist die zweite Möglichkeit, eine faktorielle Erklärung, dem Experiment dadurch zugängig, daß es solche Speziesbastarde gibt, die nur fast steril sind, von denen also unter Umständen etwas Nachkommenschaft erhalten werden kann. Sie kommen häufiger im Pflanzenreich wie im Tierreich vor und sind daher bisher nur im Pflanzenreich genauer untersucht worden. Dabei zeigte sich stets (WETTSTEIN, EAST usw.), daß in F_2 ein Teil der Individuen wieder fruchtbar waren. So findet etwa EAST bei der Kreuzung zweier Tabakarten, von der wir später noch mehr hören werden, folgendes: In F_1 waren ungefähr 1—7% der Eizellen fruchtbar und 3—10% der Pollenkörner äußerlich normal (von denen aber wieder ein großer Prozentsatz nicht fruchtbar ist). Es scheint, daß die Degeneration nach den Reifeteilungen beginnt. In F_2 aber fand sich eine große Variabilität der Fruchtbarkeit. Die große Mehrzahl der Individuen, nämlich 97%, waren fruchtbarer als F_1, darunter viele vollfruchtbar und dieser Zustand blieb in den folgenden Generationen erhalten. Im Anschluß an die später zu besprechenden sonstigen Vererbungsverhältnisse dieser Bastarde ist wohl anzunehmen, daß die Sterilität daher rührt, daß in den Reifeteilungen des Bastards unverträgliche Chromosomenkombinationen zusammengebracht werden. Ist das richtig, so kann man wohl auch für die völlig sterilen Bastarde ähnliche Annahmen machen, die aber nicht weiter ausgeführt seien, da wir nichts

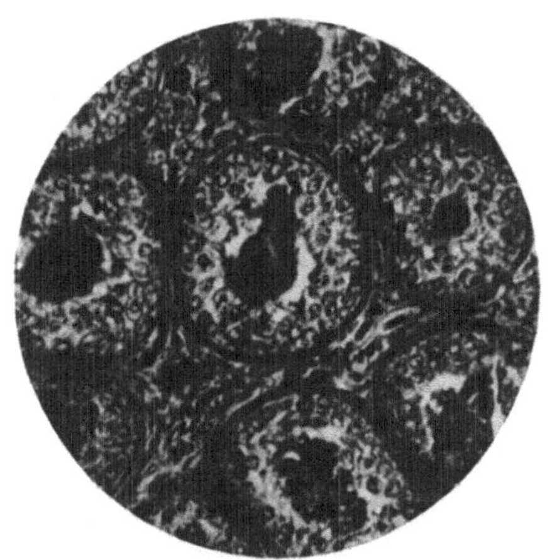

Abb. 129. Hodenkanälchen vom Bastard mit degenerierenden Geschlechtszellen. Nach POLL.

Entscheidendes darüber wissen. Denn die Schwierigkeiten, die darin bestehen, daß oft die Kreuzung in der einen Richtung fertil, in der andern aber steril ist, ferner, daß die Geschlechter sich verschieden verhalten können, sind noch nicht überwunden. Immerhin muß zu letzterem Punkt auf eine Tatsache hingewiesen werden, die sich vielleicht einmal als wichtig erweisen wird. BRIDGES fand in den früher besprochenen Untersuchungen über Nichtauseinanderweichen der Geschlechtschromosomen, daß Männchen von Drosophila ohne Y-Chromosom vollständig steril sind. Da nun die Herkunft des Y-Chromosoms eine verschiedene ist je nach der Richtung der Kreuzung und da ferner die beiden Geschlechter sich durch den Besitz eines Y-Chromosoms unterscheiden können, so könnten vielleicht einige der Schwierigkeiten beseitigt werden, wenn man annimmt, daß das Y-Chrososom Dinge enthält, die etwas mit der normalen Entwicklung der Geschlechtszellen zu tun haben.

F_1 von Artbastarden. Doch damit sei es genug von der Bastardsterilität, die vom Standpunkt der Vererbungslehre ja auch weniger wichtig ist wie das sonstige Verhalten von Artbastarden. Da sind zunächst ein paar Bemerkungen über das Verhalten der F_1 am Platze. Man hört oft, daß Artbastarde im Gegensatz zu Varietätenbastarden in F_1 immer intermediär seien. Einesteils sahen wir aber, daß es sowohl Varietätenmerkmale gibt, die bei Kreuzung dominantes Verhalten zeigen wie auch solche, die ein intermediäres Verhalten erkennen lassen. Anderenteils aber läßt sich auch bei Speziesbastarden in dieser Beziehung keine Regel aufstellen. Häufig zeigt allerdings der Bastard als Ganzes betrachtet ein mittleres, zwischen den beiden Eltern stehendes Aussehen. Eine genauere Untersuchung enthüllt dann aber meist, daß gewisse Einzelcharaktere dominant oder rezessiv oder intermediär sich verhalten; allerdings sind auch oft die Unterscheidungsmerkmale der Eltern so verwickelt, wie etwa bei der Gefiederfärbung von Fasanenarten, daß eine Erfassung der einzelnen Charaktere kaum möglich ist und nur der Gesamteindruck des „Mischlings" beschrieben werden kann. Sodann wird öfters behauptet, daß Varietätenkreuzungen in beiden Richtungen identisch seien, Spezieskreuzungen aber je nach der Richtung der Kreuzung verschieden. Tatsächlich gibt es aber auch Varietätenkreuzungen, die in beiden Richtungen nicht identisch sind und bei Spezieskreuzungen kennen wir sowohl Fälle, in denen die reziproken Kreuzungen gleich sind als auch solche, in denen sie sich unterscheiden. Von letzteren ist im Tierreich das bekannteste Beispiel Maultier und Maulesel, von dem aber gesagt werden muß, daß es nicht über alle Zweifel sichergestellt ist. Weitere Beispiele sowie eine der Erklärungsmöglichkeiten für die Differenz reziproker Bastarde haben wir schon im letzten Kapitel besprochen.

F_2 von Artbastarden. Wenn wir nun das Verhalten von F_2 solcher Bastarde ins Auge fassen, ist zunächst ein wichtiger Punkt aus der weiteren Betrachtung auszuschalten. Angenommen, wir könnten fruchtbare Bastarde zwischen

Mäusen und Ratten herstellen und benutzten dazu eine Wildmaus und eine Albinoratte. Da ist es klar, daß es verschiedene Fragen sind, wie sich die Unterscheidungsmerkmale der Arten Maus und Ratte in F_2 verhalten und ob der Albinismus der weißen Ratte in F_2 spaltet. Letzteres muß ohne weiteres der Fall sein, wenn der Chromosomenmechanismus im Bastard für das Chromosom, das den Faktor für Albinismus enthält, normal abläuft. Eine Spaltung derartiger Faktoren ist also wohl zu erwarten, ohne daß daraus zunächst etwas für das Verhalten der Artunterscheidungsmerkmale folgt.

Tatsächlich sind eine Reihe derartiger Fälle bekannt. So zeigte etwa CORRENS, daß bei Kreuzung von Mirabilis Jalapa × longifolia, wenn die „chlorina“-Form von Jalapa benutzt wurde, in F_2 der chlorina-Charakter 3 : 1 spaltete, ganz unabhängig von sonstigen Komplikationen der Kreuzung. Ähnliche Fälle beschrieben auch BAUR für Antirrhinumartkreuzungen, DETLEFSEN für solche mit Spezies von Meerschweinchen, und viele andere Autoren bei pflanzlichen Artbastarden. Aus solchen Befunden folgt, daß derartige Spezies identische Gene besitzen müssen, da sie ja in einem mutierten Zustand (z. B. der chlorina-Charakter) ein Allelomorphenpaar bilden. Es konnte denn auch dieser Schluß auf das Schönste in Untersuchungen an Drosophilaspezies vor allem durch STURTEVANT demonstriert werden. Dieser Forscher vermochte für fünf Gene im X-Chromosom der Arten D. melanogaster und simulans festzustellen, daß sie einander allelomorph sind; und noch mehr: er zeigte auch, daß, wenn nach der MORGANschen Methode aus den Austauschwerten die Chromosomenkarten konstruiert werden, die Reihenfolge und ungefähre Distanz der Gene identisch ist. Das folgende Schema gibt den Aufbau des X-Chromosoms der beiden Arten in bezug auf die fünf Gene wieder, die mit ihren Symbolen bezeichnet sind[1]:

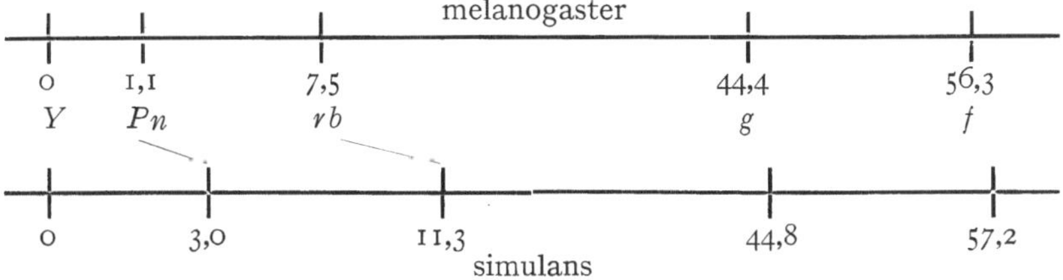

---

[1] Im Interesse der Deutlichkeit sind die Distanzen nicht richtig gezeichnet.

Abb. 130. Oben von links nach rechts: ♂ der Wildente, der Floridaente, des Bastards; unten ausgewählte F₂-♂ vom Wild- bis Floridatypus. Nach PHILLIPS.

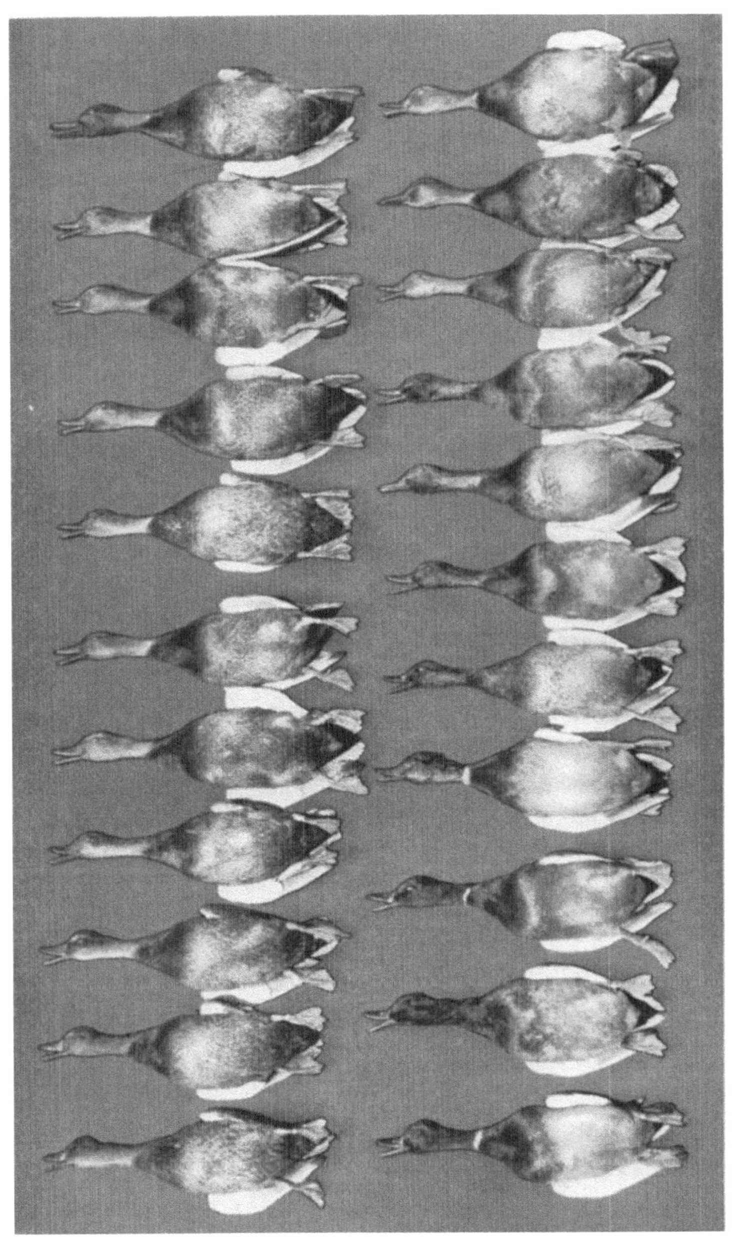

Abb. 131. F$_2$ wie Abb. 130, die Serie der Typen. Nach PHILLIPS.

Wir werden auf diese Fälle noch in anderem Zusammenhang zurück-kommen.

Mendel-
spaltung bei
Art-
bastarden. Aus derartigen Befunden folgt, daß im einfachsten Fall Artkreuzungen das gleiche Resultat ergeben müssen wie Varietätskreuzungen, nur mit dem Unterschied, daß wohl sehr viele differente Faktorenpaare in Betracht kommen und daß die Faktorenaustauschverhältnisse Komplikationen bedingen, die eine rein zahlenmäßige Analyse wohl unmöglich machen, bzw. nur für einzelne einfachere Charaktere gelingen läßt. (Beispiele bei Viola nach J. CLAUSEN und Salix nach HERIBERT-NILSSON, Canna nach HONING.) Dieser einfachste Fall dürfte allerdings nur gegeben sein, wenn die beiden Arten gleiche Chromosomenzahl besitzen und der Chromosomenmechanismus völlig normal abläuft. F_2 einer solchen Kreuzung sollte also eine große Fülle verschiedener Formen zeigen, unter denen auch extreme und unerwartete Kombinationen nicht fehlen. In geringer Zahl müssen aber unter einer genügenden Menge von Individuen auch die Elterntypen vertreten sein. Tatsächlich wurden auch bei einer Reihe von Artkreuzungen derartige Resultate erhalten, etwa bei den Kreuzungen, die BAUR und LOTSY an Antirrhinumarten, WICHLER mit Dianthus, LEHMANN mit Veronica usw. ausführten. Aus dem Tierreich seien die PHILLIPSschen Entenbastarde genannt und Schwärmerhybriden nach FEDERLEY und LENZ. In Abb. 130, 131 sind Abbildungen einer solchen Entenkreuzung wiedergegeben, und zwar zwischen Wildente und Floridaente (Anas fulvigula). Abb. 130 zeigt die Elterntiere und den Bastard, Abb. 131 die F_2-Männchen, bei denen die Elterntypen wieder herausgespalten sind.

Störung des
Chromo-
somenme-
chanismus. Aber auch schon bei den genannten Untersuchungen zeigten sich einige Komplikationen, die darauf hindeuten, daß zu der sicher vorhandenen MENDEL-Spaltung noch etwas anderes hinzukommt. Was bei einfachem MENDELschen Verhalten nicht der Fall sein sollte. Tatsächlich ist es jetzt sicher, daß bei vielen derartigen Spezieskreuzungen Besonderheiten auftreten, die nur durch eine Störung des Chromosomenmechanismus erklärt werden können. Als Typus, zugleich auch als Illustration zum vorhergehenden Abschnitt, mögen EASTS Kreuzungen von Tabakarten besprochen werden, die gleichen, von denen wir bereits beim Problem der Sterilität hörten. Es wurden die Arten Nicotiana rustica und paniculata gekreuzt, die, wie Abb. 132 zeigt, schon äußerlich sehr verschieden sind, aber bei Reinzucht sehr konstant züchten. In F$_2$ trat nun eine außerordentliche Spaltung ein, so daß von 300 Exemplaren kaum zwei einander glichen. Darunter fanden sich Riesen- und Zwergformen, wie auch solche von ganz ungewöhnlichem Habitus. Es fanden sich aber auch die sämtlichen von der einen Elternform (rustica) bekannten Varietäten. In Abb. 133 sind ein paar der extremen F$_2$-Typen wiedergegeben. Endlich fanden sich auch Formen, die den beiden reinen

Abb. 132. Links Nicotiana rustica humilis, rechts paniculata. Nach EAST.

Elternformen glichen. Soweit ist das Resultat ziemlich einfach, wenn auch z. B. die Variabilität verschiedener quantitativer Charaktere weit über das hinausgeht, was man von Varietätenbastarden kennt. Nun aber kommen die Komplikationen, die einer einfachen MENDEL-Spaltung widersprechen. Die überwiegende Mehrzahl der F$_2$-Individuen näherten sich der einen Elternform rustica. Zwar finden sich einige Beimischungen einzelner paniculata-Charaktere, aber es fehlen vollständig die Kombinationen mit überwiegend paniculata-Charakter, bis dann jenseits dieser Lücke reine paniculata-Formen aber in verschwindend wenig Exemplaren erscheinen. Es müssen also bei der Rekombination

Abb. 133. Verschiedene F₂-Typen von N. rustica × paniculata. Nach EAST.

der Faktoren in F$_2$ ganze Serien von Möglichkeiten nicht verwirklicht worden sein. Eine weitere Komplikation war nun das Verhalten der F$_2$-Pflanzen in weiteren Generationen. Einige spalteten, wie zu erwarten, weiter. Aber nicht weniger wie die Hälfte züchtete praktisch rein weiter, war nicht weniger konstant als aus der Natur stammende reine Varietäten und müssen daher einen hohen Grad von Homozygotie besessen haben. Dies Ergebnis, das ja auch schon bei ROSEN und LEHMANN sich fand, ist natürlich bei einer gewöhnlichen MENDEL-Rekombination in F$_2$ nicht denkbar. Es muß vielmehr angenommen werden, daß bestimmte Chromosomenkombinationen bei der Keimzellenbildung des Bastards unverträglich sind und daß solche Keimzellen zugrunde gehen. Die Kombinationen aber, die bestehen können, sind solche, die sehr viele

F$_1$-Gameten erhalten Chromosomen von		Gameten	Relative Zahl der Gametensorten	Resultat
rustica	paniculata			
24	0		1	rustica
23	1		24	
22	2	sind funktionsfähig	276	rustica-ähnliche stark homozygote Formen
21	3		2 024	
20	4		10 626	
19	5		42 504	
18	6		134 596	
17	7		346 504	
16	8		736 321	
15	9		1 307 504	
14	10		1 961 256	
13	11		2 496 144	
12	12		2 705 456	
11	13		2 496 144	
10	14	sind nichtfunktionsfähig	1 961 256	fallen aus
9	15		1 307 504	
8	16		736 321	
7	17		346 504	
6	18		134 596	
5	19		42 504	
4	20		10 626	
3	21		2 024	
2	22		276	
1	23		24	
0	24	funktionsfähig	1	paniculata

Chromosomen nur von einem der Eltern erhalten, also auch bei Befruchtung stark homozygote Nachkommenschaft ergeben. Unter Benutzung einer von BABCOCK und CLAUSEN gegebenen Darstellungsweise könnte man den Fall folgendermaßen betrachten, wenn man die haploide Zahl von 24 Chromosomen zugrunde legt (s. Tabelle S. 395).

Ob eine derartige Erklärung nun wirklich alles erklärt, ist wohl fraglich, aber es erscheint doch wahrscheinlich, daß sie im Prinzip zutreffend ist und viele Besonderheiten derartiger Spezieskreuzungen erklärt.

Bevor wir aber davon mehr hören, müssen wir mit einigen cytologischen Tatsachen bekannt werden.

Die Chromosomen der Speziesbastarde. Der klassische Fall, der uns zuerst mit den bemerkenswerten Chromosomenverhältnissen von Speziesbastarden bekannt machte, sind ROSENBERGS Droserabastarde. Aus der Kreuzung von Drosera longifolia mit haploid 20 Chromosomen, mit Drosera rotundifolia mit haploid 10 Chromosomen wurde ein Bastard mit 30 Chromosomen gebildet. Bei der Reifung seiner Geschlechtszellen konjugieren je 10 von den beiden Arten stammende Chromosomen und es bleiben 10 longifolia-Chromosomen ungepaart übrig. Diese werden dann bei der Reifeteilung ganz unregelmäßig verteilt. Die Geschlechtszellen sind aber nicht befruchtungsfähig, so daß das weitere Schicksal nicht verfolgt werden kann. Dieser Fall erlaubt den Schluß, daß es bei verschiedenen Arten homologe Chromosomen geben kann, die sich dann im Bastard richtig paaren und bei einem fruchtbaren Bastard natürlich einfache MENDEL-Spaltung zur Konsequenz haben. Es setzt dies allerdings voraus, daß eine Paarung nur zwischen gleichartigen Chromosomen möglich ist. In der Regel trifft dies wohl zu, wofür unter anderen Beobachtungen von BELLING angeführt werden können (bei Datura und Canna), daß bei triploiden und tetraploiden Formen alle 3 bzw. 4 homologen Chromosomen miteinander konjugieren. Es gibt aber sicher auch Ausnahmen von dieser Regel, wie wir sogleich sehen werden.

An den Droserafall schließen sich die interessanten Verhältnisse an, die FEDERLEY bei Schmetterlingsbastarden fand. Seine ersten Kreuzungen bezogen sich auf die Arten Pygaera anachoreta, curtula und pigra, die die respektiven haploiden Chromosomenzahlen 30, 29, 23 besitzen. Die Chromosomen verhielten sich hier in der Hauptsache nach zweierlei Art. Bei der Kreuzung von anachoreta und curtula mit 30 bzw. 29 Chromosomen erwiesen sich diese so verschieden, daß überhaupt keine Konjugation eintrat. Vielmehr teilten sich alle Chromosomen einfach in den Reifeteilungen, so daß befruchtungsfähige Samenzellen mit 59 Chromosomen erschienen. Bei der Kreuzung curtula × pigra mit 29 bzw. 23 Chromosomen vermögen aber einzelne Chromosomenpaare zu konjugieren, so daß ein paar Chromosomen richtig wie im Normalfall verteilt werden, die übrigen aber sich wie im vorigen Fall verhalten. (Es sei übrigens darauf aufmerksam gemacht, daß die in diesen Fällen gebildeten Geschlechtszellen bei Befruchtung normaler Eier einer der Stammarten zu triploiden Bastarden führen müssen, die tatsächlich von mehreren Schmetterlingsarten erzielt sind [FEDERLEY, HARRISON, MEISENHEIMER, STANDFUSS, GOLDSCHMIDT und PARISER, Literatur bei GOLDSCHMIDT].) Seit FEDERLEYS Untersuchungen sind viele ähnliche Fälle bekannt geworden, die im einzelnen nach der Zahl der konjugationsfähigen Chromosomenpaare variieren, z. B. bei Digitalis Artkreuzungen (HAASE-BESSELL), Papaverkreuzungen (LJUNGDAHL). Eine besondere Stellung nehmen unter diesen solche Fälle ein, bei denen, ähnlich wie im Droserafall, sämtliche Chromosomen der Art mit der niederen Zahl sich paaren. Das ist aber bei den viel bearbeiteten Weizenkreuzungen der Fall, z. B. Triticum durum × vulgare (14 + 21 Chromosomen haploid) bilden sich im Bastard 14 Chromosomenpaare, aber 7 bleiben ungepaart (SAX, KIHARA). Ein besonders interessanter Fall dieser Kategorie ist der Fall der Rosen nach den übereinstimmenden Untersuchungen von TÄCKHOLM und BLACKBURN und HARRISON. Die Gattung Rosa kann in zwei Hauptgruppen von Arten eingeteilt werden: einmal die sehr polymorphe canina-Gruppe, sodann alle anderen Gruppen. Bei den letzteren findet man entweder 7, 14 oder 21 Chromosomenpaare, die sich in den Reifeteilungen normal verhalten; zu ihnen gehören hauptsächlich Formen asiatischen und amerikanischen Ursprungs. Sie pflanzen sich in normaler Weise bisexuell fort. Bei der canina-Gruppe aber, zu der die meisten europäischen, nordafrikanischen und westasiatischen Formen gehören, zeigen die Reifeteilungen ganz analog den erwähnten Droserabastarden sowohl konjugierte als auch nicht konjugierte Chromosomen, und zwar finden sich 7 konjugierte Chromosomenpaare und dazu 14, 21 oder 28 Einzelchromosomen, je nach der Untergruppe von canina, um die es sich handelt. Außerdem kommen auch noch Typen mit 14 Chromosomenpaaren und 7 bzw. 14 einzelnen vor. Bei der Reifeteilung dieser Formen werden die konjugierten Chromosomen wie gewöhnlich verteilt; die anderen hinken in der Teilung nach, teilen sich aber schließlich auch. Bei der Tochterkernbildung werden die letzteren aber häufig nicht mit in den Kern eingeschlossen, sondern bilden eigene kleine Teilkerne. Ebenso verläuft auch die zweite Reifeteilung und so werden viele Pollenkörner mit verschiedenen Chromosomenzahlen gebildet, von denen aber nur einige funktionsfähig werden, wohl die, welche die 7 vormals gepaarten Chromosomen enthalten. Anders verläuft die Eireifung: hier gehen nämlich alle nicht gepaarten Chromosomen ungeteilt in eine Tochterzelle; so können dann von der Eitetrade zwei Zellen 28 und zwei Zellen nur 4 Chromosomen enthalten. Die mit 28 Chromosomen sind befruchtungsfähig. Die sexuelle Fortpflanzung solcher Formen muß natürlich höchst verwickelte Chromosomenverhältnisse liefern. Tatsächlich pflanzen sich diese Formen gar nicht geschlechtlich fort, sondern bilden auf ungeschlechtlichem (apomiktischem) Wege ihre Samen aus. Da ihre Chromosomenverhältnisse zeigen, daß immer multiple von 7 vorliegen und dabei sich 7 bzw. 14 paaren, so ist der Schluß unabweislich, daß alle die Formen der Gruppe caninae F_1-Bastarde sind, die sich seit ihrer Entstehung immer apomiktisch fortpflanzten (wobei sie ja auf dem F_1-Stadium stehen bleiben). Nur die wenigen Formen mit Chromosomenzahlen, die nicht von 7 abgeleitet sind, stellen Angehörige späterer Bastardgenerationen dar.

In den genannten Fällen müßte man annehmen, daß es homologe oder wenigstens einigermaßen ähnliche — siehe die oft bei der einzelnen Kreuzung wechselnde Zahl von Konjuganten — Chromosomen waren, die sich paarten. Nun gibt es aber auch einige Fälle, in denen das nicht der Fall zu sein scheint. So fand CLAUSEN bei Violakreuzungen zwischen Arten mit 17 und 13 Chromosomen (haploid), daß oft 13 Chromosomen nach Erwartung konjugierten. Gelegentlich konjugierten aber auch 14 oder 15, es müßten somit Chromosomen der 17-chromosomigen Art unter sich konjugiert haben. Ja bei der Kreuzung von Crepis biennis mit setosa mit 20 bzw. 4 Chromosomen konjugierten die 20 biennis-

Chromosomen zu 10 Paaren (BABCOCK und COLLINS). Dies ist allerdings sehr merkwürdig, falls nicht die Lösung die ist, daß biennis eine polyploide Art ist mit 4, haploid 2 identischen Chromosomensätzen (nach neueren Mitteilungen vielleicht sogar octoploid mit 8 bzw. 4 gleichen Sätzen — Genomen, wie man jetzt häufig sagt — von je 5 Chromosomen). (Über Polyploidie siehe nächste Vorlesung.)

Was folgt nun aus dem vorhergehenden für die Möglichkeiten des Verhaltens von Artbastarden? Eine erste sehr bemerkenswerte Möglichkeit ergibt sich aus den Beobachtungen von FEDERLEY über die Bildung von Bastardgeschlechtszellen mit der vollen diploiden Zahl. Angenommen wir erhalten eine F_2 aus dieser Kreuzung. Die Gameten derselben hatten 30 Chromosomen (haploid bei anachoreta), bzw. 29 bei curtula. Die F_1-Gameten hatten infolge des Ausbleibens der Konjugation 59 Chromosomen. Bei der Befruchtung von F_1 kommen also 2×59 Chromosomen zusammen. Diese 118 Chromosomen bestehen aber aus 2×30 anachoreta- und 2×29 curtula-Chromosomen. Nun kann aber in diesem F_2-Bastard ja eine ganz normale Chromosomenkonjugation eintreten zu 59 Paarlingen. Somit entsteht eine der F_2 völlig identische F_3 usw. Kurzum es ist ein intermediärer nicht mehr spaltender Bastard gebildet. Im vorgeführten Beispiel ist das nicht möglich, weil die Bastardweibchen unfruchtbar sind. Wohl aber gelang die Rückkreuzung mit dem erwarteten Resultat. So ist eine der Konsequenzen der FEDERLEYschen Befunde die Möglichkeit der Entstehung einer neuen konstanten Form nach Bastardierung mit der addierten Chromosomenzahl der beiden Stammformen. Tatsächlich ist ein solcher Fall durch KARPETSCHENKO bekannt geworden bei Kreuzungen von Brassica oleracea mit Raphanus sativus und ein ähnlicher durch CLAUSEN und GOODSPEED bei Tabakkreuzungen. Besonders schön demonstriert diese Zusammenhänge der Bastard zwischen Aegilops ovata und Triticum, beide haploid mit 14 Chromosomen. Durch Ausfallen der Konjugation entsteht ein 28-chromosomiger Bastard, der in vielen Generationen konstant züchtete mit zwischen den Eltern intermediären Charakteren (TSCHERMAK und BLEIER). WINGE hat einmal darauf hingewiesen, daß auf diese Art vielleicht manche der polyploiden Formen entstehen könnten. Wir werden darauf später zurückkommen.

In den anderen Fällen des Chromosomenverhaltens bei Speziesbastarden sind, soweit überhaupt fertile Geschlechtszellen gebildet werden, verwickeltere Verhältnisse zu erwarten. Die Chromosomen die konjugieren, müssen zu einer MENDEL-Spaltung führen; konjugieren aber nicht immer die gleichen, so gibt es verschiedene und nicht gesetzmäßige Spaltungen. Werden die nicht konjugierten Chromosomen unregelmäßig verteilt, so können ganz gesetzlose Kombinationen zustande kommen. In diesem Fall mögen auch viele lebensunfähige Gameten gebildet werden, so daß viele Möglichkeiten in Wegfall kommen. Endlich mögen nicht konjugierte Chromosomen ganz aus der Zelle ausgeschaltet werden, so daß Kombinationen entstehen, bei denen ganz neue und vielleicht stabile Chromosomenverhältnisse zu finden sind. In allen Fällen jedenfalls, in denen die Cytologie der Speziesbastarde untersucht werden konnte, zeigte es sich, daß die experimentellen Resultate in ihren Besonderheiten durch das besondere Verhalten der Chromosomen erklärt werden konnte. Allerdings bleibt im einzelnen noch viel zu tun übrig.

Der Oeno-
therafall. Damit kommen wir nun zu einem Fall, der auf das engste mit der besprochenen Gruppe von Erscheinungen zusammenhängt, ein Fall, der in der Geschichte der neueren Vererbungslehre eine besondere Rolle spielt und deshalb ausführlich behandelt werden muß, der Fall der Oenothera lamarckiana. Nach vielerlei Irrfahrten und einer unerschöpflichen Fülle darauf verwandter Arbeit nähert er sich jetzt seiner Klärung, wenn es auch wohl noch lange dauern wird, bis er völlig durchsichtig wird. In Anbetracht der großen Bedeutung des Gegenstandes — basiert doch auf ihm die herrschende DE VRIESsche Mutationstheorie, obwohl die Tatsachen, die zu ihrer Aufstellung ursprünglich führten, ganz anders gedeutet werden müssen — sei auch seine historische Entwicklung ein wenig verfolgt.

Der ausgezeichnete holländische Botaniker HUGO DE VRIES fand auf der Suche nach Arten, die sich zur experimentellen Erforschung der Artumwandlung geeignet erwiesen, auf einem verlassenen Kartoffelacker in der Nähe von Hilversum eine Menge Individuen der Nachtkerze *Oenothera lamarckiana*, einer aus Amerika eingeführten Pflanze, die hier aus benachbarten Anlagen verwildert war. Es fiel ihm nun auf, daß die Pflanzen eine besonders starke fluktuierende Variabilität, ferner eine große Neigung zu gewissen Abnormitäten, wie Bänderung, zeigten. Im nächsten Jahre 1887 fand er nun unter den gewöhnlichen Formen zwei kleine Gruppen von Individuen, wahrscheinlich aus dem Samen einer Mutterpflanze hervorgegangen, die sich als selbständige elementare Arten erwiesen. Die eine war besonders kurzgrifflig und wurde *brevistylis* genannt, die andere hatte glattere Blätter, schmälere Blumenblätter und anderen Habitus als die Stammart und wurde *laevifolia* genannt. Da die Formen bis dahin unbekannt waren, soregte sich der Verdacht, daß sie durch Mutation neu entstanden sein könnten und sie wurden ebenso wie Aussaaten von der Stammpflanze in Kultur genommen.

Eine erste Kultur ging von neun *lamarckiana*-Pflanzen aus. Aus ihnen entstanden in den folgenden Generationen neben einer überwiegenden Anzahl von *lamarckiana* eine große Zahl von Mutanten, die mehr oder minder weit von der Mutterpflanze abwichen. Nicht alle konnten weiter verfolgt werden, die aber, die weiter gezogen wurden, erwiesen sich sofort als samenbeständig, d. h. sie gaben gleichgestaltete Nachkommenschaft. Sie wurden dabei stets mit künstlicher Bestäubung unter Anwendung aller Vorsichtsmaßregeln vermehrt. Die folgenden Abb. 134 *a—e* zeigen die Stammpflanze mit einigen ihrer Mutanten.

Da entstand die *Oenothera gigas* (Abb. 134 *c*), ausgezeichnet durch besonders schönen Wuchs, große Blüten, kurze dicke Früchte, große Samen, in einem einzigen konstant züchtenden Exemplar. Ferner die *Oenothera rubrinervis* (Abb. 134 *d*), charakterisiert durch rote Blattnerven und breite rote Streifen auf Kelch und Früchten sowie eine sehr geringe Ausbildung des Bastes, und ebenfalls völlig konstant (wenigstens schien es zunächst so). Die gleichfalls neu entstandene Elementarart *Oenothera oblonga* erwies sich nicht minder konstant, gab aber außerdem selbst später anderen Mutanten den Ursprung. Besonders bemerkenswert ist die Zwerg-Oenothera, *Oenothera nanella* (Abb. 134 *e*), die sich von der Stammart im wesentlichen nur durch ihren Zwergwuchs unterscheidet, deren Nachkommenschaft aber diesen Charakter rein erbt. Eine andere Form, *Oenothera lata*, trat stets nur in weiblichen Exemplaren auf, so daß sie nur mittels einer Kreuzung weiter fortgepflanzt werden konnte. Und so traten noch viele andere Formen auf, die im einzelnen nicht aufgezählt seien.

In sämtlichen anderen Stämmen, die in Kultur genommen wurden, war der Verlauf ein ähnlicher, es traten bald mehr, bald weniger Mutanten auf, und zwar sowohl solche, die auch schon in der obengenannten Serie aufgetreten waren, wie neue. Die Art des Auftretens ohne jede Vermittlung, die völlige Konstanz bei weiterer Kultur nach Selbstbe-

Abb. 134*a*. Abb. 134*b*.

stäubung war immer die gleiche (von später zu nennenden Ausnahmen abgesehen), so daß DE VRIES schließlich über das Wesen der Mutation und ihre Bedeutung für die Bildung neuer Arten zu folgenden Vorstellungen kam: Neue elementare Arten entstehen in der Natur plötzlich und ohne Übergänge. Es ist hierfür, wie für alles Weitere anzunehmen, daß die Verhältnisse in der Natur sich von denen im Versuch nicht unterscheiden, da der Versuch ja nichts anderes darstellt als die Kultur unter Kontrolle. Auch am natürlichen Standort wurden ja ebenfalls die Mutanten angetroffen. Sind neue elementare Arten durch Mutation entstanden, so sind sie meist vom ersten Augenblick an konstant. Nur eine Ausnahme wurde gefunden, die *Oenothera scintillans*, die in ihrer Nachkommenschaft nur zum Teil scintillans hat, ein Fall, der uns später noch beschäftigen wird. Die neu auftretenden Arten müssen, wie das schon der Paläontologe SCOTT verlangt hatte, im allgemeinen

c   d

Abb. 134 *a—e*. Oenothera lamarckiana und einige ihrer DE VRIESschen Mutanten. *a, b* lamarckiana, *c* gigas, *d* rubrinervis, *e* nanella. Photo RENNER.

in einer größeren Zahl von Individuen bzw. innerhalb einer gewissen Periode auftreten, damit es möglich ist, daß sie auf die Dauer neben der Stammart bestehen können. Auf die tatsächlichen Zahlenverhältnisse ihres Auftretens werden wir gleich zu sprechen kommen. Die an

e

den Mutanten neu auftretenden Eigenschaften zeigen zu der individuellen Variabilität keine auffällige Beziehung, sie liegen außerhalb ihres
Rahmens. Ferner umfassen sie alle Organe und können in jeder be-
liebigen Richtung liegen. So werden die Pflanzen stärker oder schwächer, die Blätter breiter oder schmaler, die Blumen größer und dunkler
gelb oder kleiner und blasser, die Früchte länger oder kürzer, die Ober-
haut unebner oder glatter und sofort. Diese vielen Eigenschaften sind
dabei vom Standpunkt der Zuchtwahl aus keineswegs alle nützlich, vielmehr zum Teil gleichgültig oder unvorteilhaft. Einige Formen, wie die
nur weiblich entstandene *lata*, sind ja sogar allein gar nicht lebensfähig.
Die Zuchtwahl ist also imstande, sofort die ungünstigen Mutanten wieder auszumerzen. Die Art, wie die Mutation bei der Oenothera explo-
sionsartig auftritt, während bei allen anderen darauf untersuchten Arten
nichts Derartiges zu finden war, spricht dafür, daß es besondere Muta-
tionsperioden gibt, die mit Perioden der Unveränderlichkeit abwech-
seln. In diesen sammelt sich die Fähigkeit zum Mutieren gewissermaßen
auf, eine Prämutationsperiode geht der Mutationsperiode vorauf. Mit
dieser Annahme läßt sich vielleicht für die Entstehung der Arten eine

Generation		gigas	albida	oblonga	rubri-nervis	lamar-ckiana	nanella	lata	scin-tillans
VIII	1899		5	1	0	**1700**	21	1	
VII	1898			9	0	**3000**	11		
VI	1897		11	29	3	**1800**	9	5	1
V	1896		25	135	20	**8000**	49	142	6
IV	1895	1	15	176	8	**14000**	60	73	1
III	1890/91				1	**10000**	3	3	
II	1888/89					**15000**	5	5	
I	1886/87					**9**			

viel kürzere Zeit berechnen, als es die Theorie der allmählichen Veränderung nötig hatte. (Wir referieren immer noch die ursprünglichen Ansichten von DE VRIES.)

Was nun die Regelmäßigkeit des Auftretens der Mutanten und ihre
relative Zahl in den ursprünglichen Versuchen von DE VRIES betrifft,
so gibt darüber die nebenstehende Tabelle Auskunft.

Es mutierten also von 50000 Individuen etwa 800, d. h. 1,5% im
Durchschnitt.

So sieht also die DE VRIESsche Mutationstheorie aus. Wir betrachteten nun bisher nur die Tatsache der Entstehung der Mutanten.
Ausgerüstet mit der Kenntnis der Vererbungsgesetze müssen wir uns
nun sagen, daß die einzige Möglichkeit über Wesen und Bedeutung
dieser Mutation Klarheit zu erhalten, die ist, ihr Erbverhalten zu studieren. Wir wissen bereits, daß dies für die Drosophilamutanten geschehen ist, die nicht nur die größte Zahl bekannt gewordener Mutationen in einer Tierart darstellen, sondern auch die genetisch bestanaly-
sierten. Wir brauchen diese Mutanten, von denen wir schon soviel
hörten, nicht mehr im einzelnen aufzuzählen. Wir wissen bereits von
jeder einzelnen jener Mutanten, daß sie sich bei Rückkreuzung mit der
Stammform als in einem Erbfaktor different erweisen, also mit der
Stammform in F_2 eine einfache MENDEL-Spaltung geben, wobei die Mutation sich als dominant oder rezessiv erweisen kann. Alles, was wir
aber über Mutationen ähnlicher Art wissen von Haustieren, Insekten,
Pflanzen, stimmt damit überein. Überall beruht die Mutation auf dem
Ausfall, der Addition oder der Veränderung eines Erbfaktors. Es besteht somit kein Zweifel über das Wesen dieser *faktoriellen Mutationen*,
von denen die nächste Vorlesung ausführlich handeln wird.

Die genetische Untersuchung der Oenotheramutanten hat aber gezeigt, daß sie meist auf ganz anderem Boden stehen und daß man das,
was DE VRIES bei Oenothera Mutation nannte, völlig von dem trennen
muß, was wir bisher als faktorielle Mutation kennen lernten. Ja, man
kann jetzt sogar sagen, daß die Begründung der Mutationstheorie auf
einer irrtümlichen Interpretation einer verwickelten Erscheinung beruht,
so daß sich die paradoxe Situation ergibt, daß die ziemlich allgemeine
Annahme der Mutationstheorie zusammenfällt mit dem Nachweis, daß

die Oenotheramutation gar keine Mutation ist. Wir können hier nicht in alle Einzelheiten des heute bereits äußerst verwickelten Oenotherafalles eingehen und heben nur die wichtigsten Punkte hervor. Wir benutzen dabei zunächst noch die DE VRIESsche Bezeichnung Mutation und Mutanten mit dem Einverständnis, daß sich ergeben wird, daß es sich gar nicht um Mutation in der wirklichen Bedeutung des Begriffes handelt (von einigen Ausnahmen abgesehen), sondern um merkwürdige Konsequenzen einer Artbastardierung.

Weiteres über das Verhalten DE VRIESscher Mutanten. Da sind zunächst ein paar weitere Tatsachen über die Oenotheramutation zuzufügen. Es zeigte sich bald, daß die Oenothera lamarckiana keine einheitliche Art ist, sondern, wie so viele andere Tier- und Pflanzenformen in eine Serie lokaler Rassen zerfällt. Alle diese zeigen aber auch die Erscheinung der Mutation und die erzeugten Mutanten sind im wesentlichen die gleichen. Dasselbe gilt aber auch für verwandte Arten aus der Gattung Onagra (Oenothera), die untersucht wurden. Alle bildeten in ähnlicher Weise wie lamarckiana Mutanten, und unter den Mutationen finden sich gewisse, wie der Riesentyp (gigas) und der Zwergtyp (nanella) in gleicher Weise bei mehreren Arten (Parallelmutationen). So wurde die Gigasform erhalten von den Spezies lamarckiana, stenomeres, Reynoldi, grandiflora, biennis. Die Erscheinung der Mutation ist also sichtlich eine Eigentümlichkeit der ganzen Gruppe. Aber noch eine andere Eigenschaft ist der Gruppe gemeinsam, nämlich daß die Pflanzen einen sehr hohen Prozentsatz unfruchtbaren Pollens produzieren und daß die Keimung der Samen ebenfalls recht unregelmäßig ist. Dies ist ein sehr bemerkenswerter Punkt, da solche Sterilität oder partielle Sterilität sonst für Bastarde zwischen entfernten Arten charakteristisch ist.

Reinzucht der Mutanten. Ein zweiter Punkt von Wichtigkeit ist das Verhalten der Oenotheramutanten bei Reinzucht. Einige der Mutanten wie gigas, nanella, oblonga züchten sogleich rein weiter. Aber auch sie geben ebenso wie die Stammart wieder anderen Mutanten Ursprung. So gibt die Riesenform gelegentlich die Zwergform ab, die den nanella-Charakter mit dem anderer Mutanten als Doppelmutanten verbinden, z. B. die nanella-lata, nanella-oblonga, nanella-albida, nanella-scintillans. Die rein züchtende oblonga erzeugt aber gelegentlich die Mutanten alba, elliptica, rubrinervis. Diesen fast konstanten Mutanten stehen nun aber solche gegenüber, die wie lata, scintillans, elliptica, sublinearis, immer einen gewissen, meist sehr hohen Prozentsatz von lamarckiana und anderen Typen erzeugen. So gibt scintillans, wenn selbstbestäubt, neben scintillans noch lamarckiana und oblonga in verschiedenen Zahlenverhältnissen. Lata ist im männlichen Geschlecht steril, aber aus Bastardierungen können auch fruchtbare Individuen extrahiert werden und diese erzeugen wieder lamarckiana neben lata und Mutanten. Elliptica gibt in ihrer Nachkommenschaft nur einen geringen Prozentsatz ihresgleichen neben lamarckiana, und sublinearis neben lamarckiana noch sieben andere Typen. All dies unterscheidet natürlich die DE VRIESschen Mutationen prinzipiell von den faktoriellen Mutationen, die wir früher kennen lernten.

Bei jenen faktoriellen Mutationen ergab nun die Kreuzung der Mutante mit der Stammart ein einfaches MENDELsches Verhalten. Wie steht es in dieser Beziehung mit den DE VRIESschen Mutationen? Bei Kreuzung dieser Mutanten mit der Stammform kann man mindestens drei verschiedene Arten von Verhalten feststellen. Einige wenige der Mutanten verhalten sich wie faktorielle Mutanten, sind also dominant oder rezessiv; in F_1 und F_2 tritt eine Spaltung ein. Wenn auch die Spaltungszahlen nicht mit MENDELschen Erwartungen übereinzustimmen scheinen, wofür eine rein befruchtungsphysiologische Erklärung in Betracht kommt, so ist es doch immerhin ein annähernd MENDELsches Verhalten. Dies trifft für die Mutanten rubricalyx und brevistylis zu. Die zweite Gruppe zeigt bereits in F_1 eine Spaltung und F_2 ist konstant oder teilweise so. So gibt die Kreuzung lamarckiana mit nanella beide Typen wieder in F_1 und in F_2 züchten sie rein. Lamarckiana mit rubrinervis gekreuzt gibt wieder in F_1 lamarckiana und eine Zwischenform subrobusta; letztere spaltet in F_2 wieder rubrinervis ab, die konstant züchtet. Aus der Kreuzung lata mit lamarckiana gehen ebenfalls in F_1 beide Formen hervor und zwar hauptsächlich lamarckiana. Das ist also ein Verhalten, das vom mendelnden Typ durchaus verschieden ist.

Ein im Prinzip recht analoges Verhalten wird gefunden, wenn die Mutanten miteinander gekreuzt werden. So gibt die Kreuzung nanella $\times$ lata in F_1 die drei Formen lata, nanella und lamarckiana. Die Kreu-

Kreuzung der
Mutanten
mit der
Stammform.

Kreuzung der
Mutanten
inter se.

zung rubrinervis mit nanella gibt in F_1 lamarckiana und subrobusta. Erstere bleibt in F_1 konstant, letztere spaltet in subrobusta, rubrinervis und nanella.

Oenothera-
spezies-
bastarde. All das zeigt zweifellos ein nicht typisch mendelndes Verhalten, auf der andern Seite doch eine gewisse Ordnung in der Unregelmäßigkeit. Dieser Eindruck wird noch erhöht durch das ganz absonderliche Verhalten der Speziesbastarde zwischen verschiedenen wilden Oenothera-arten. Abb. 135 zeigt die Blüten einiger vielbenutzter Species und Abb. 136 den Habitus der beiden wichtigsten Arten biennis und muri-cata. Besonders merkwürdig ist eine Gruppe, die die Kreuzung zahlreicher Arten mit lamarckiana betrifft, wobei die Zwillingsbastarde laeta und velutina erzeugt werden mit im einzelnen mancherlei Varianten. So entstehen aus der Kreuzung von Oenothera hookeri $\times$ lamarckiana die beiden Zwillinge laeta und velutina in F_1, die selbst wieder reinzüchtende hookeri abspalten (RENNER). (Abb. 137 zeigt diese Zwillinge aus einer anderen Kreuzung). Dies trifft für die reziproken Kreu-

Abb. 135. Oben Oenothera lamarckiana, links suaveolens, rechts biennis, unten muricata. Photo RENNER.

zungen zu. Bei der Kombination von Oenothera biennis $\times$ lamarckiana werden aber die Zwillinge nur dann in F_1 erzeugt, wenn lamarckiana als Pollenpflanze benutzt wird. Die Zwillinge aber züchten rein weiter. Das weitere Verhalten der Zwillinge ist aber ebenso regelmäßig wie merkwürdig: laeta ♀ $\times$ velutina ♂ gibt wieder zwei Typen , nämlich velutina und lamarckiana, dagegen velutina ♀ $\times$ laeta ♂ laeta und lamarckiana (RENNER). Wird biennis mit laeta rückgekreuzt, so entstehen nur laeta, wird sie mit velutina rückgekreuzt, nur velutina. Die dritte Gruppe ist endlich die merkwürdigste von allen. Sie betrifft

a

Abb. 136. *a* Oenothera biennis, *b* muricata. Photo RENNER.

b

Abb. 137. Die Zwillinge aus der Kreuzung muricata × lamarckiana, links (rigido)velutina, rechts (rigido)laeta. Photo RENNER.

Kreuzungen von biennis × muricata und ähnliche. Hier ist F_1 immer patroklin und in F_2 entsteht nur eine der beiden Elternformen rein in folgender Weise, wie wir das früher bereits in anderem Zusammenhang (Heterogamie) erwähnten: Wenn wir biennis mit B bezeichnen und muricata mit M und stets die Mutterpflanze der Bastardierung voranstellen, so ergibt:

$B \times M$ muricata-ähnlicher Bastard,
$F_2 (B \times M) \times (B \times M)$ desgl., züchtet ebenso weiter,
$M \times B$ biennis-ähnlicher Bastard,
$F_2 (M \times B) \times (M \times B)$ desgl., züchtet ebenso weiter,
doppelreziproker Bastard $(M \times B) \times (B \times M)$ rein muricata, züchtet rein,
doppelreziproker Bastard $(B \times M) \times (M \times B)$ rein biennis, züchtet rein.

Endlich muß noch erwähnt werden, daß auch Oenotheraspezieskreuzungen beschrieben sind (grandiflora × franciscana und hookeri-Kreuzungen), bei denen viele Formen in F_2 auftreten nach Art einer komplizierten MENDEL-Spaltung.

Analyse. Dies ist also eine Auswahl aus den wichtigsten Tatsachen in bezug auf das Erbverhalten der Oenotheramutanten und es sei zugefügt, daß die meisten Daten ebenfalls von DE VRIES stammen. Dazu kommen Arbeiten von BARTLETT, BOEDIJN, DAVIS, MC. DOUGAL, GATES, HERIBERT-NILSSON, HONING, LUTZ, OEHLKERS, RENNER, SCHOUTEN, SCHWEMMLE, SHULL, STOMPS u. a. Eines geht wohl ohne weiteres daraus hervor, nämlich, daß der Oenotherafall alles eher wie einfach liegt. Schon bald nach Entdeckung dieser Mutation sprachen nun BATESON und LOTSY die Meinung aus, daß die Oenothera lamarckiana ein kompliziert spaltender Bastard ist. Inzwischen ist aber gezeigt worden, daß DE VRIES' lamarckiana von wildwachsenden Formen abstammen[1] und da auch andere Oenotheraspezies an ihrem natürlichen Habitat mutieren, so könnte es sich also nur um in freier Natur gebildete Bastarde handeln.

Die genannten absonderlichen Erscheinungen des Erbverhaltens der Oenotheren und ungezählte weitere Einzelheiten, deren Fülle das Studium der Oenotheren schon fast zu einer Spezialwissenschaft gemacht hat, sind nun noch nicht restlos geklärt. Immerhin sind aber doch eine Reihe von Punkten schon einigermaßen durchsichtig, und zwar durch

---

[1] Wird von anderer Seite bestritten.

die gemeinsame Arbeit von Erbanalyse, Befruchtungsphysiologie und Cytologie. Diese Arbeiten erlauben uns zunächst drei Gruppen von Mutanten auszuscheiden, deren Verhalten relativ klar ist. Das erste sind die polyploiden Formen. Die Bezeichnung ist uns bereits öfters begegnet Polyploide. für Formen mit mehrfachem Chromosomensatz, also z. B. $4n$ statt $2n$; die $4n$-Form speziell wird als tetraploid bezeichnet. Ihre Entstehung wird im nächsten Kapitel besprochen werden. Tatsächlich ist die aus Oenothera lamarckiana entstandene Oenothera gigas das klassische Beispiel für Tetraploidie. Die Oenotheraarten besitzen diploid 14, haploid 7 Chromosomen, gigas aber hat 28 bzw. 14. Sie züchtet, wenn die Reifeteilungen normal ablaufen, rein, wie das nach dem Verhalten der Chromosomen zu erwarten ist. Durch Kreuzung mit lamarckiana entsteht die triploide semigigas. Nach allem was wir schon über das Verhalten der Chromosomen bei Speziesbastarden wissen, ist es nicht erstaunlich, daß die semigigas in zahlreiche Formen mit verschiedenen Chromosomenzahlen zwischen 14 und 21 spaltet. In späteren Generationen verschwinden dann allmählich diese Formen und es bleiben nur 14-chromosomige über. Nach den Untersuchungen von WINKLER und STOPPEL scheint dies Verhalten übrigens für Triploide typisch zu sein.

Die zweite Gruppe von Mutanten sind die trisomen. Mit dieser Be- Trisome. zeichnung — siehe übernächste Vorlesung — belegt man Formen, bei denen sich ein Chromosom durch einen besonderen cytologischen Vorgang verdoppelt hat, also in der diploiden Phase von einem Chromosom drei Stück (trisom) vorhanden sind. Schon lange ist es bekannt, daß die Mutante Oenothera lata 15 statt 14 Chromosomen besitzt und zwei Sorten von Gameten bildet mit je 8 und 7 Chromosomen. Bei Rückkreuzung mit lamarckiana müssen also zwei Formen mit 14 und 15 Chromosomen entstehen. Seitdem sind viele solche Formen gefunden worden (DE VRIES, LUTZ, GATES, HANCE, BOEDYN), und zwar bei verschiedenen wilden Oenotheraarten; von Lamarckianamutanten gehören dazu z. B. lata, albida, scintillans, oblonga, cana, ja es sollen sogar die meisten Mutanten in diese Gruppe gehören (GATES). Viele, wenn auch nicht alle Tatsachen im Erbverhalten dieser Mutanten finden dann ihre Erklärung in der trisomischen Natur und ihren Konsequenzen (z. B. weitgehende Sterilität des Pollens mit dem Extrachromosom). Theoretisch ist es ja nun möglich, daß jedes der 7 Chromosomen trisom wird (und falls die beiden Genome nicht identisch sind, sogar mehr als 7), so daß es 7 verschiedene Typen solcher Mutanten geben muß (siehe später *Datura*). DE VRIES glaubt dies auch zeigen zu können, hat aber Widerspruch gefunden, und VAN OVEREEM glaubt einzelne Chromosomen unterscheiden zu können und bei einigen trisomen Formen verschiedene Chromosomen als die verdoppelten zu erkennen. So gibt es noch mancherlei Schwierigkeiten, aber immerhin ist diese Gruppe von Oenotheramutanten doch verständlich.

Faktorielle Mutanten. Die dritte Gruppe, von der wir sprachen, sind die einfachen faktoriellen Mutanten mit einem gewöhnlichen mendelnden Verhalten. Zu diesen gehören brevistylis, rubricalyx und gigas nanella.

Analyse der Artbastarde. Wesentlich kompliziertere Verhältnisse liegen vor, wenn versucht wird, die genetischen Verhältnisse der Oenotheraarten durch Kreuzungen zwischen den Arten zu analysieren. Am weitesten haben hier RENNERS Arbeiten geführt, deren Resultate wir zuerst kennen lernen wollen. RENNER ging von der Tatsache aus, daß viele Oenotheraarten etwa zur Hälfte taube Samen produzieren; ferner von der früher schon erwähnten Tatsache, daß lamarckiana mit anderen Arten, etwa biennis, gekreuzt, die beiden Zwillingsbastarde laeta und velutina produziert. Der erste Schluß, der aus diesen Tatsachen gezogen wurde, ist, daß lamarckiana heterozygotisch ist, nicht in einem Gen sondern in einem ganzen Komplex, eine Komplexheterozygote und daß sie nur als solche Heterozygote existieren kann, da zwei gleiche Komplexe, also die Homozygote nicht existenzfähig ist (die tauben Samen). Durch Kreuzung mit anderen Arten, die andere Komplexe besitzen, werden dann die Komplexe zum Vorschein gebracht. Den einzelnen so analysierbaren Komplexen gibt RENNER dann Namen. So heißen die beiden Komplexe der lamarckiana, die nach Kreuzung zu den Zwillingsbastarden laeta und velutina führen, gaudens und velans. Ähnliche haploide Komplexe — die in einem einzelnen ganzen Chromosom, mehreren Chromosomen oder auch den ganzen haploiden Sätzen, den Genomen, verschieden sein könnten — wurden bei anderen Arten gefunden, so albicans-rubens für Oenothera biennis und rigens-curvans für Oenothera muricata. Als einzige der analysierten Arten erwies sich Oenothera hookeri als homozygot und hatte keine tauben Samen. Hierzu kommt nun eine weitere Komplikation. Während die beiden Komplexe der lamarckiana sich bei Eiern wie Pollen finden, besitzen bei anderen Arten Eier und Pollen verschiedene Komplexe, die sogenannte Heterogamie. So haben die Eier von biennis zwar die beiden Komplexe albicans und rubens, die Pollen erhalten aber nur rubens (der albicans-Komplex ist auch im Pollen vorhanden, aber inaktiv, weil die betreffenden Pollenkörner nicht funktionsfähig sind); bei muricata besitzen die Eier den rigens-Komplex und nur selten dazu curvans, während alle Pollen curvans enthalten[1]. Man denkt da sofort an gametische Letalfaktoren, die

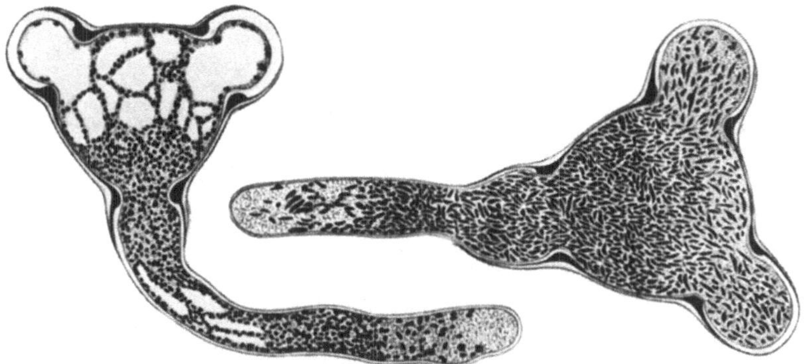

Abb. 138. Keimende Pollenkörner von Oenothera lamarckiana × muricata, links curvans-mit runden, rechts velans-Korn mit länglichen Stärkekörnern. Nach RENNER.

wir früher beschrieben. Tatsächlich hat RENNER eine andere sehr interessante Erklärung gefunden wenigstens für das weibliche Geschlecht, während für den inaktiven Pollen die Letalfaktoren die beste Erklärung geben. Zunächst fand er, daß bei im männlichen Geschlecht nicht heterogamen Arten sich die Pollenkörner, die den beiden Komplexen entsprechen, durch die Form der Stärkekörner unterscheiden lassen (Abb. 138). Pollen mit den Komplexen curvans, rubens, flavens hatten spindelförmige Stärkekörner, mit albicans und rigens runde Stärkekörner. Diese verschiedenen Pollen sind nun durch verschiedene Wachs-

---

[1] Dies gilt nicht für die Sippen, mit denen DE VRIES arbeitete, wie wir schon früher sahen; bei diesen haben auch die Eier nur einen aktiven Komplex.

tumsgeschwindigkeit der keimenden Pollenschläuche charakterisiert. Werden nun als Bastardmutter Formen mit langem Griffel benutzt, so erreichen nur die schnellwachsenden Schläuche die Eier, so daß ein männlicher Komplex einfach eliminiert wird. Sind die Mütter aber kurzgrifflig, so kann auch ein gewisser Prozentsatz der langsam wachsenden Schläuche befruchten.

Die Verschiedenheiten in bezug auf den Pollen sind also bei Heterogamie durch Letalfaktoren, sonst befruchtungsphysiologisch erklärt;

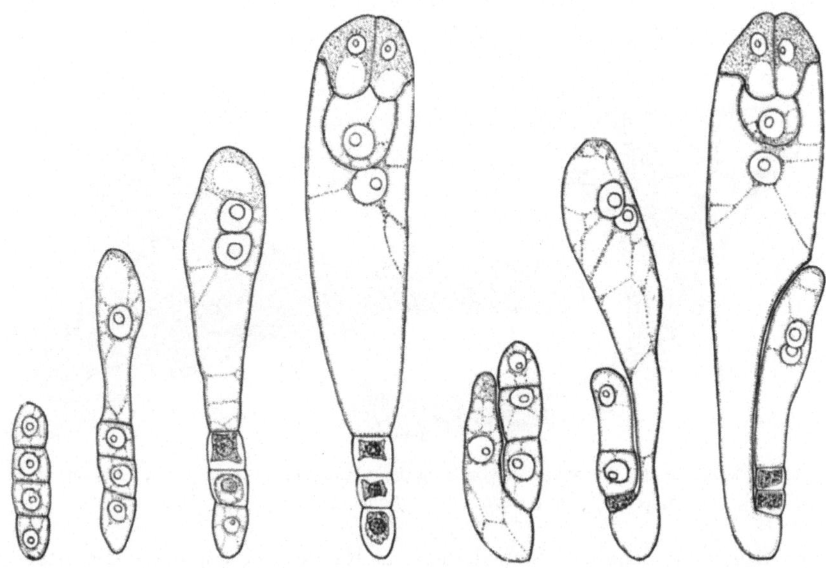

Abb. 139. Linke Reihe: Oenothera muricata. Entwicklung des Embryosacks aus der oberen, der Mikropyle zugekehrten Gone. Rechte Reihe: ebenso aus der unteren abgekehrten Gone. Nach RENNER.

ähnlich ist die Erklärung in den Fällen, in denen auch die Eier nicht beide Komplexe zeigen oder nicht zu gleichen Teilen. Bekanntlich teilt sich vor der Befruchtung die diploide Embryosackmutterzelle in vier haploide Zellen, die eine bestimmte Anordnung bei der Mikropyle haben. Eine von diesen Zellen allein entwickelt sich zum Embryosack und RENNER fand nun, daß bei den normalen Formen, die also zwei Sorten von Eiern bilden, die Entscheidung darüber, welche Zelle siegt, durch ihre zufällige Lage gefällt wird (siehe Abb. 139), indem stets die obere Zelle siegt. Bei den Formen aber, die stets oder meist nur einen Komplex in den Eiern zeigen, war es die obere oder untere Zelle in jeder Hälfte der Fälle. Da der Zufall die beiden Komplexe auf diese in der Reifeteilung entstandenen Zellen verteilt haben mußte, so folgte, daß hier die Zelle siegte, die einen bestimmten Komplex enthielt, also eine Parallele zu gewissen Pollenresultaten. Wie dort, so konnte auch hier gezeigt werden, daß jeder untersuchte Komplex eine bestimmte vollständige, oder weniger vollständige Fähigkeit hat, bei dieser Konkurrenz um die Eizelle zu siegen.

Bis zu diesem Punkt haben RENNERS Versuche wundervolle Klarheit in die verwickelten Verhältnisse gebracht. Es fragt sich nun, wie diese Komplexe sich zu den Chromosomen und Genen verhalten. Da ist zunächst festzustellen, daß die Komplexe aus gekoppelten Genen bestehen müssen. Dafür spricht, daß einmal in den Komplexen Letalfaktoren festgestellt wurden, sodann, daß gelegentlich ein Faktorenaustausch vorkommt, der zur Entstehung einer DE VRIESschen Mutation führt (Beispiel die Mutation nanella). Es fragt sich nun, ob der Komplex einem Chromosom mit festgekoppelten Genen entspricht, so daß also die Oenotheraarten 6 Paar homologe Chromosomen und ein Paar verschiedene besäßen. Vieles spricht dafür, vieles aber dagegen. In seinen neuesten gerade diesem Problem gewidmeten Koppelungs- und Austauschuntersuchungen findet RENNER solche Verschiedenheiten im Verhalten der studierten Einzelgene, daß es schwer wird, an so einfache Verhältnisse zu glauben. An diesem Punkt kommt nun wieder die Cytologie zu Hilfe, die für Oenotheraarten eine Reihe sehr absonderliche cytologische Verhältnisse festgestellt hat (BOEDYN, CLELAND, DAVIS, GATES, HAKANSON, OEHLKERS, SCHWEMMLE usw.). Oenothera bietet einen der wenigen Fälle, in denen von den meisten Autoren eine Telosyndese, also Vereinigung homologer Chromosomen mit den Enden festgestellt wird, wenn auch neuerdings sich auch hier Stimmen für Parallelkonjugation erhoben haben. Sicher ist aber, daß in einem bestimmten Stadium sich bei vielen Oenotheren die Chromosomen zu einer Kette vereinigen indem sie mit ihren Enden verbunden sind, und zwar gibt es Ketten aus allen 14 Chromosomen, oder zwei Halbketten, oder Ketten aus einem Teil der Chromosomen und dazu freie Chromosomen

(Abb. 140). Es ist nun gezeigt worden, daß es vorkommt, daß diese Ketten regelmäßig aus den Chromosomenpaaren zusammengesetzt sind nach dem Schema *Aa Bb Cc* ... und daß sie sich so in die Äquatorial-

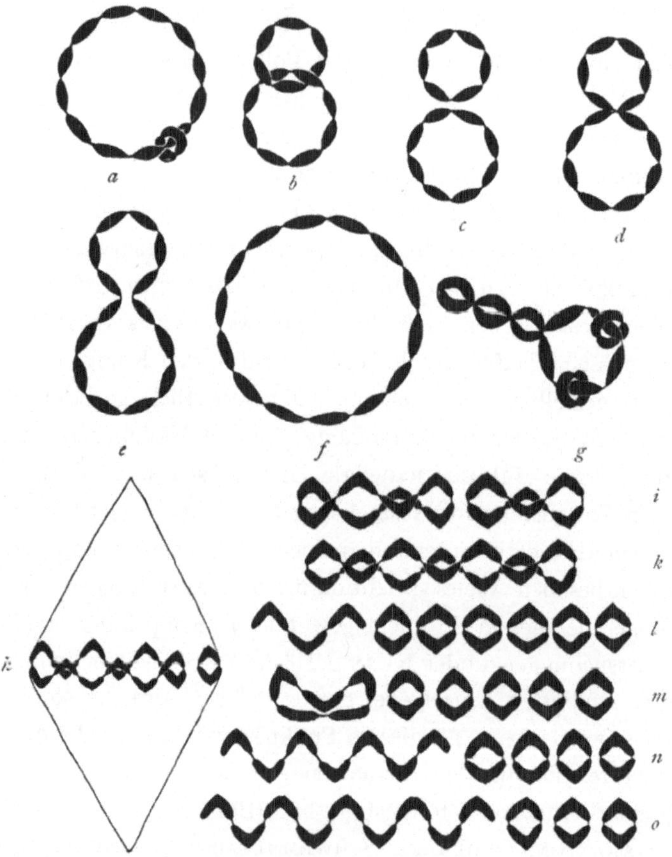

Abb. 140 *a–s*. Kettenbildung von Oenotherachromosomen. *a–g* Schemata des Verhaltens in der Prophase der Reifeteilung bei verschiedenen Arten, *h—o* das Verhalten solcher Typen in der Äquatorialplatte (Metaphase) der Reifeteilung. Nach CLELAND. *p* Doppelring der Prophase von Oenothera biennis, *q, r* das Auseinanderbrechen des Rings. Nach VALCANOVER. *s* Metaphase mit regelmäßiger Verteilung der alternierenden Chromosomen bei Oenothera novae-scotiae. Nach SHEFFIELD.

platte der Reifeteilung einstellen können, daß *A B C* ... zu einem Pol und *a b c* ... zum andern Pol gehen, also die ganzen Genome sauber getrennt werden (Abb. 140 *s*). In anderen Fällen scheint es aber, daß Stücke von

Chromosomen sich ablösen und an andere Chromosomen anheften. Solche cytologischen Erscheinungen könnten nun in der Tat viele der merkwürdigen Koppelungs- und Austauschverhältnisse erklären. Nur ein Beispiel von großer Tragweite sei gegeben. OEHLKERS konnte zeigen,

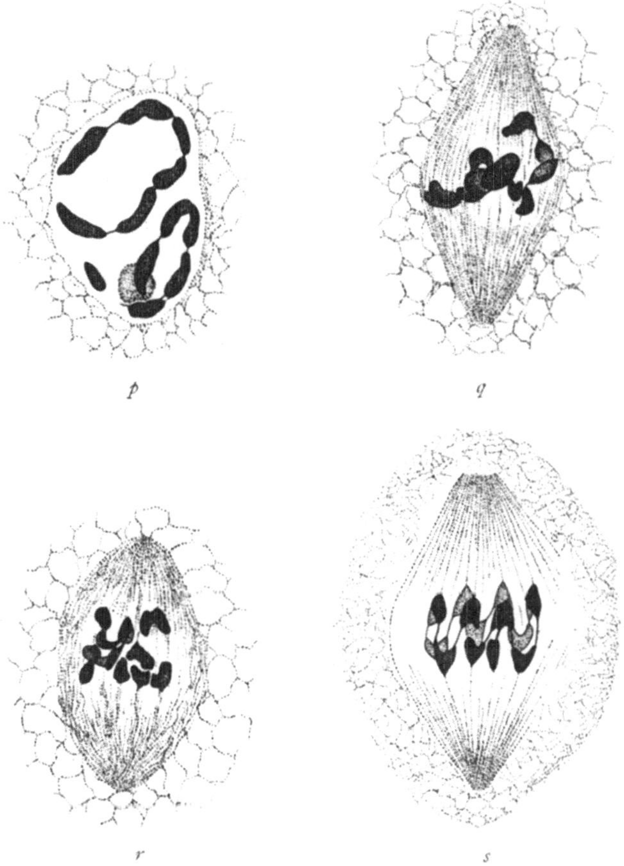

Abb. 140 (Fortsetzung).

daß bei einer bestimmten Kreuzung, in der eine ziemlich normale Spaltung eintritt, auch die Chromosomen keine Ketten bilden, bei einer andern ähnlichen, aber ohne höhere Spaltungsfähigkeit, Ketten gebildet werden. Aus derartigen Untersuchungen ist deshalb weitere Klärung zu erwarten.

Es soll nun nicht verhehlt werden, daß es noch eine andere Erklärung des Oenotherafalles gibt, der sich aber von den Oenotheraforschern nur Shull angeschlossen hat.

Von Muller wurde ein Drosophilaexperiment analysiert, bei dem es sich zeigte, daß besondere Situationen in bezug auf Letalfaktoren einen Zustand hervorbringen können, der zu Erscheinungen führt, die dem Oenotherafall parallel sind. Muller zeigte, daß der dominante Faktor für eine gewisse Flügelmutation bei Drosophila als Letalfaktor wirkt, wenn er homozygot ist. Das absonderliche Verhalten dieser Mutation in den Zuchten erklärte sich nun durch die Koppelungsanalyse, die in der uns bekannten Weise durch Versuche mit Faktoren, deren Lage im gleichen Chromosom bekannt war, durchgeführt wurde. Es zeigte sich, daß an einer Stelle, die sehr nahe der des dominant-letalen Faktors liegt, im homologen Chromosom ein rezessiver Letalfaktor liegt, der ebenfalls letal ist, wenn homozygot. Muller nennt das einen Fall balancierter Letalfaktoren. Die Balance besteht darin, daß jede Kombination, die einen der beiden Letalfaktoren homozygot enthält, unmöglich ist, so daß immer wieder die gleiche Faktorenkonstitution mit den beiden heterozygoten Faktoren in den homologen Chromosomen erhalten bleibt. Das folgende Schema der beiden Chromosome erläutert die Situation. Der dominante (mit der Mutation verbundene) Letalfaktor und der rezessive heißen D und r und es sind als weitere Faktoren noch x, y, z zugefügt.

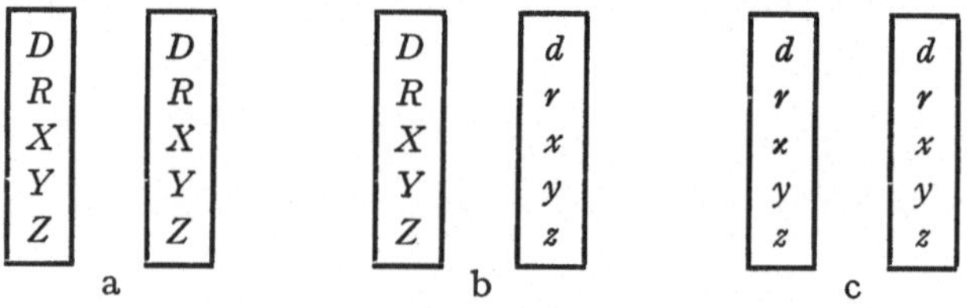

D	D		D	d		d	d
R	R		R	r		r	r
X	X		X	x		x	x
Y	Y		Y	y		y	y
Z	Z		Z	z		z	z
	a			b			c

Da DD wie dd letal sind, so bleibt von den drei möglichen immer nur die heterozygote Form b erhalten. Diese Heterozygotie erstreckt sich natürlich auch auf alle anderen Faktoren, die im gleichen Chromosomenpaar different sind. Tritt aber zwischen diesen Faktoren ein Faktorenaustausch ein, so erscheint gelegentlich eine Neukombination, genau wie die Oenotheramutanten erscheinen. Wenn im Schema

z. B. $Y-y$ ausgetauscht werden, so gibt es Gameten, die im Chromosom, das D enthält, y besitzen. Bei der Befruchtung mit dem d-Chromosom, das ja auch y hat, entsteht die neue rezessive Austauschklasse yy. Mit MULLERS Worten: „Die Majorität der sogenannten Mutanten (von Oenothera) bestände also aus Faktorenaustauschklassen, insofern als rezessive Faktoren, die vorher durch ihre Koppelung mit einem Letalfaktor heterozygot gehalten worden waren, durch den Faktorenaustausch ihre Fesseln sprengten und so in den Stand gesetzt wurden, homozygot und dabei sichtbar zu werden." Es ist leicht aus dem Chromosomenschema abzuleiten, daß eine solche Form bei Kreuzung mit Rassen ohne Letalfaktoren zwei Typen (Zwillingsbastarde) in F_1 gibt, und noch manche andere Besonderheit der Mutationskreuzungen läßt sich so imitieren.

Diese Ideen glaubt nun SHULL in seiner Analyse von Oenotheramutationen bestätigt zu finden. Er analysierte eine große Zahl von Genen, die er bisher auf drei Koppelungsgruppen (Chromosomen) glaubt verteilen zu können unter der Annahme, daß sich in den Chromosomen solche balancierte Letalfaktoren finden. Bisher haben sich aber alle anderen Oenotherakenner gegen seine Interpretation ausgesprochen, so daß vor der Hand dieser Versuch nur verzeichnet werden kann.

Es ist nun endlich noch die Frage zu beantworten, weshalb wir den Oenotherafall hier bei den Speziesbastarden behandelt haben. Da bei anderen Arten noch nie etwas dem merkwürdigen Fall der Oenothera Ähnliches beobachtet wurde, so liegt der Schluß nahe, daß es sich hier um Konsequenzen einer Speziesbastardierung handelt, die nur zu solchen lebensfähigen Formen führte, bei denen sich die Chromosomenverhältnisse in besonderer Weise adjustiert haben, die dann zu den vom Typischen abweichenden Verhältnissen führt. Im Augenblick scheint uns dieser Schluß, dem sich allerdings nicht alle Forscher angeschlossen haben (z. B. DE VRIES, GATES), die meiste Berechtigung zu besitzen.

Die Oenotheren als Speziesbastarde.

Literatur zur fünfzehnten Vorlesung.

BABCOCK, E. B.: Species Hybrids in Crepis and their bearing on evolution. Americ. Naturalist **58**. 1924.

BARTLETT, H. H.: The mutations of Oenothera stenomeres. Americ. Journ. of Botan. **2**. 1915.

BATESON, W.: Materials for the Study of Variation. London 1894.

BELLING, J.: The distribution of chromosomes in tetraploid Daturas. Americ. Naturalist 58. 1924.

BLACKBURN, K. B. and HARRISON, J. W. H.: The status of the British rose forms as determined by their cytological behavior. Ann. of bot. 35. 1921.

BOEDIJN, K.: Die systematische Gruppierung der Arten von Oenothera. Zeitschr. f. indukt. Abstammungs- u. Vererbungslehre 32. 1924. — Ders.: Die typische und heterotypische Kernteilung der Oenotheren. Zeitschr. f. Zellen- u. Gewebelehre 1. 1924. — Ders.: Der Zusammenhang zwischen den Chromosomen und Mutationen bei Oenothera lam. Diss. Amsterdam 1925.

CLAUSEN, J.: Genetical and cytological investigations on Viola tricolor L. and Viola arvensis Hurr. Hereditas 8. 1927.

CLAUSEN, R. E. and GOODSPEED, T. H.: Interspecific Hybridisation in Nicotiana II. Genetics 10. 1925.

CLELAND, R. E.: Chromosome arrangements during meionis in certain Oenotheras. Americ. Naturalist 57. 1923.

COLLINS, J. L. and MANN, M. C.: Interspecific Hybrids in Crepis II. Ibid. 8. 1923.

CORRENS, C.: Vererbungsversuche mit blaß(gelb)grünen und buntblättrigen Sippen bei Mirabilis jalapa, Urtica pilulifera und Lunaria annua. Zeitschr. f. indukt. Abstammungs- u. Vererbungslehre 1. 1909.

DAVIS, B. M.: Cytological studies on Oenothera III. A comparison of the reduction divisions of Oe. Lamarckiana and Oe. gigas. Ann. of Botany 25. 1911. — Ders.: Was Lamarck's evening primrose (Oenothera Lamarckiana Seringe) a form of Oenothera grandiflora Solander? Bull. Torr. Botan. Club. 39. 1912. — Ders.: Genetical studies on Oenothera II and III. Americ. Naturalist 45, 46. 1911/12. — Ders.: A method of obtaining complete germination of seeds in Oenothera and of recording the residue of sterile seed-like structures. Proc. of the Nat. Acad. Science 1. 1915. — Ders.: Oenothera neo-lamarckiana, hybrid of O. franciscana Bartlett × O. biennis. Americ. Naturalist 50. 1916.

DETLEFSEN, J. A.: Genetic studies on a cavy species cross. Carnegie Institution Publications 205. 1914.

EAST, E. M.: A study of partial sterility in certain hybrids. Genetics 6. 1921.

EMERSON, S. H.: Do balanced lethals explain the Oenothera problem? Journ. of the Acad. Science 14. Washington 1924.

ERNST, A.: Artkreuzungen in der Gattung Primula. Zeitschr. f. indukt. Abstammungs- u. Vererbungslehre 27. 1921.

FEDERLEY, H.: Das Verhalten der Chromosomen bei der Spermatogenese der Schmetterlinge Pygaera anachoreta, curtula und pigra, sowie einiger ihrer Bastarde. Ebenda 9. 1913. — Ders.: Chromosomenstudien an Mischlingen I—III. Doers. Finska Vetensk. M. Soc. Förhandl. 57, 58. 1915/16. — Ders.: Bilden Chromosomenkonjugation, Mendelspaltung und Fertilität bei Speziesbastarden einen Dreibund? Hereditas 4. 1923.

GATES, R. R.: Tetraploid mutants and chromosome mechanisms. Biol. Zentralbl. **33**. 1913. — Ders.: The mutation factor in evolution. London 1915. — Ders.: Present problems of Oenothera research. Mem. publ. 100th Birthday of MENDEL. Prag 1925.

GOLDSCHMIDT, R.: Die Vererbung gefüllter Levkojenrassen. Zeitschr. f. indukt. Abstammungs- u. Vererbungslehre **10**. 1913.

GOLDSCHMIDT, R. und PARISER, K.: Triploide Intersexe bei Schmetterlingen. Biol. Zentralbl. **43**. 1923.

GOODSPEED, T. H. and CLAUSEN, R. E.: The nature of the F_1-species-hybrids between Nicotiana sylvestris and varieties of Nicotiana tabacum etc. Univ. Calif. Publ. Botan. **5**, **11**. 1917.

GUYER, M.: Modifications of the testes of hybrids from the guinea and the common fowl. Journ. of Morphol. **23**. 1912.

HAASE-BESSELL, G.: Digitalisstudien I—III. Zeitschr. f. indukt. Abstammungs- u. Vererbungslehre **16**. 1916. **27**. 1921. **42**. 1926.

HAGEDOORN, A. L.: Rats and evolution. Americ. Naturalist 1919.

HÅKANSSON, A.: Über das Verhalten der Chromosomen bei der hetero-typischen Teilung schwedischer Oen. lam. und einiger ihrer Mutanten und Bastarde. Hereditas **8**. 1927.

HARRISON, J. W. H.: The inheritance of melanism etc. Journ. of Genetics **10**. 1920. — Ders.: Genetical studies in the moths of the geometrid genus Oporabia etc. Ibid.

HENSELER, H.: Ein fruchtbares Maultier. Hannover 1925.

HERIBERT-NILSSON, N.: Die Variabilität der Oenothera Lamarckiana und das Problem der Mutation. Zeitschr. f. indukt. Abstammungs- u. Vererbungslehre **8**. 1912. — Ders.: Die Spaltungserscheinungen der Oenothera lamarckiana. Lunds Univ. Aerskr. N. F. **12**. 1915. — Ders.: Experimentelle Studien uber Variabilität, Spaltung, Artbildung und Evolution in der Gattung Salix. Lunds Univ. Arskr. 1918.

HIORTH, G.: Zur Kenntnis der Homozygoten-Eliminierung und der Pollenschlauch-Konkurrenz bei Oenothera. Zeitschr. f. indukt. Abstammungs- u. Vererbungslehre **43**. 1926.

HONING, J. A.: Die Doppelnatur der Oenothera lamarckiana. Ebenda **4**. 1911. — Canna crosses. Mededeel. Landbauer Hoogesch. Wageningen, Holland **26**. 1923.

IVANOFF, E.: Untersuchungen über die Ursachen der Unfruchtbarkeit von Zebroiden. Biol. Zentralbl. **25**. 1915.

KARPETSCHENKO, G. D.: Hybrids of ♀ Raphanus sativus L. × ♂ Brassica oleracea L. Journ. of Genetics **14**. 1924.

KIHARA, H.: Cytologische und genetische Studien bei wichtigen Getreidearten. Mem. Coll. Science Kyoto Univ. B. **1**. 1924.

LEHMANN, E.: Über Bastardierungsuntersuchungen in der Veronica-Gruppe agrestis. Zeitschr. f. indukt. Abstammungs- u. Vererbungslehre **13**. 1915. — Ders.: Über Epilobienbastarde. Ebenda **27**. 1921. — Ders.: Die Theorien der Oenotheraforschung. Jena 1922.

Lenz, F.: Ein mendelnder Artbastard. Arch. f. Rassen- u. Gesellschaftsbiol. 18. 1926.

Ljungdahl, H.: Über die Herkunft der in Meiosis konjugierenden Chromosomen bei Papaverhybriden. Svensk Bot. Tidskr. 18. 1924.

Lotsy, J. P.: Vorlesungen über Deszendenztheorien mit besonderer Berücksichtigung der botanischen Seite der Frage. Jena 1906. — Ders.: Evolution by means of hybridisation. Haag 1916. — Ders.: L'Oenothère de Lamarck et la quintessence de la théorie du croisement. Arch. néerl. Sc. ex. nat. III. B. 1917.

Lutz, A. M.: Triploid mutants in Oenothera. Biol. Zentralbl. 32. 1912.

Mac Dougal, D. T.: Mutants and Hybrids of the Oenotheras. Carnegie Institution Publications. Washington 1905. — Ders.: Mutations, Variations and Relationships of Oenothera. Ibid. 81. Washington 1907.

Muller, H. J.: Genetic variability, twin hybrids and constant hybrids in a case of balanced lethal factors. Genetics 3. 1918.

Oehlkers, F.: Erblichkeit und Cytologie einiger Kreuzungen mit Oenothera strigosa. Jahrb. f. wiss. Botanik 65. 1926. — Ders.: Vererbungsversuche an Oenothera II—III. Zeitschr. f. indukt. Abstammungs- u. Vererbungslehre 31, 44. 1923/24.

van Overeem, C.: Über Formen mit abweichender Chromosomenzahl bei Oenothera. Beih. Botan. Zentralbl. 38, 39. 1921/22.

Phillips, J. C.: A further report on species-crosses in birds. Genetics 6. 1921.

Poll, H.: Pfaumischlinge (Mischlingsstudien VIII). Arch. f. mikroskop. Anat. Festschr. Hertwig. 1920.

Renner, O.: Befruchtung und Embryobildung bei Oenothera lamarckiana und einigen verwandten Arten. Flora 197. 1914. — Ders.: Versuche über die gametische Konstitution der Oenotheren. Zeitschr. f. indukt. Abstammungs- u. Vererbungslehre 18. 1917. — Ders.: Oenothera lamarckiana und die Mutationstheorie. Naturwissenschaften. 1918. (Populäre Zusammenfassung.) — Ders.: Über Sichtbarwerden der Mendelschen Spaltung im Pollen von Oenotherabastarden. Ber. d. dtsch. botan. Ges. 37. 1919. — Ders.: Eiplasma und Pollenschlauchplasma als Vererbungsträger bei den Oenotheren. Zeitschr. f. indukt. Abstammungs- u. Vererbungslehre 27. 1921. — Ders.: Vererbung bei Artbastarden. Ebenda 33. 1924. — Ders.: Untersuchungen über die faktorielle Konstitution einiger komplexheterozygotischer Oenotheren. Bibliotheka genetica 9. 1925. — Ders.: Heterogamie im weiblichen Geschlecht und Embryosackentwicklung bei den Oenotheren. Zeitschr. f. Botanik 13. 1921.

Rosen: Die Entstehung der elementaren Arten von Erophila verna. Beitr. z. Biol. Pflanzen 10. 1911.

Rosenberg, O.: Cytologische und morphologische Studien an Drosera longifolia-rotundifolia. Svenska Vetensk. Hand. 43. 1909.

Schmidt, Johs.: Racial investigations IV. R. C. Labor. Carlsberg 14. 1920.

Schwemmle, J.: Vergleichend cytologische Untersuchungen an Onagraceen. Ber. d. dtsch. botan. Ges. 42. 1924. Jahrb. f. wiss. Botanik 65. 1926. —

Ders.: Der Bastard Oenothera Berberiana × Onagra muricata und seine Cytologie. Ebenda **66**. 1927. — Ders.: Die reziproken Bastarde zwischen Epilobium hirsutum und E. roseum. Biol. botan. 1927.

Shull, G. H.: A peculiar negative correlation in Oenothera hybrids. Journ. of Genetics **4**. 1914. — Ders.: Linkage with lethal factors the solution of the Oenothera problem. Eugenics, Genetics and the family **1**. 1923. — Ders.: The third linkage group in Oenothera. Proc. of the Nat. Acad. Science **11**. Washington 1925.

Stomps, T. J.: Die Entstehung von Oenothera gigas de Vries. Ber. d. dtsch. botan. Ges. **30**. 1912. — Ders.: Mutation bei Oenothera biennis L. Biol. Zentralbl. **32**. 1912. — Ders.: Über den Zusammenhang zwischen Statur und Chromosomenzahl bei Oenotheren. Ebenda **36**. 1916.

Sturtevant, A. H.: Genetic Studies on Drosophila simulans I—III. Genetics **5**. **6**. 1920/21.

Täckholm, G.: On the cytology of the genus Rosa. Svensk. Bot. Tidskr. **14**. 1920.

Valcanover, R.: Contribution a l'étude de la réduction dans l'oenothera biennis. Cellule **37**. 1927.

de Vries, H.: Die Mutationstheorie. 2. Bd. 1901—1903. — Ders.: Species and Varieties, their origin by mutation. 1905. — Ders.: On twin hybrids. Botan. Gaz. **94**. 1907. — Ders.: Über die Zwillingsbastarde von Oenothera nanella. Ber. d. dtsch. botan. Ges. 1908. — Ders.: Bastarde von Oenothera gigas. Ebenda. 1908. — Ders.: Pflanzenzüchtung. Übersetzt von A. Steffen. Botan. Gaz. Berlin 1909. — Ders.: On triple Hybrids. Botan. Gaz. 1909. — Ders.: Über doppelreziproke Bastarde von Oenothera biennis L. und O. muricata L. Biol. Zentralbl. **31**. 1911. — Ders.: Gruppenweise Artbildung unter besonderer Berücksichtigung der Gattung Oenothera. 1913. — Ders.: Kreuzungen von O. lamarckiana mut. velutina. Zeitschr. f. indukt. Abstammungs- u. Vererbungslehre **19**. 1918. — Ders.: Twin hybrids of Oenothera hookeri T. and G. Genetics **3**. 1918. Und zahlreiche andere Publikationen.

de Vries, H. and Boedijn, K.: On the distribution of mutant characters among the chromosomes of Oe. lam. Genetics **8**. 1923.

von Wettstein, R.: Über sprungweise Zunahme der Fertilität bei Bastarden. Wiener Festschr. Wien 1908.

Wichler, F.: Untersuchungen über den Bastard Dianthus armeria mal Dianthus deltoides etc. Zeitschr. f. indukt. Abstammungs- u. Vererbungslehre **19**. 1913.

Winge, Oe.: Das Problem der Jordan-Rosenschen Erophila-Kleinarten. Beitr. z. Biol. Pflanzen **14**. 1926.

Winkler, H.: Über die experimentelle Erzeugung von Pflanzen mit abweichenden Chromosomenzahlen. Zeitschr. f. Botanik **8**. 1916. — Ders.: Über die Entstehung genotypischer Verschiedenheit innerhalb einer reinen Linie. Zeitschr. f. indukt. Abstammungs- u. Vererbungslehre **27**. 1921.

Sechzehnte Vorlesung.

Die Chromosomentheorie der Vererbung.

Durch die ganzen letzten Vorlesungen, die sich mit der Mendelschen Vererbung im weitesten Sinne des Wortes befaßten, ging wie ein roter Faden die Chromosomentheorie der Vererbung hindurch, also die Überzeugung, daß alle Vererbungserscheinungen, die mit dem Vorhandensein von Genen zu tun haben, ihre Erklärung aus der Tatsache finden, daß die Gene in den Chromosomen gelegen sind. Es ist nunmehr an der Zeit, nochmals diese sogenannte Chromosomentheorie der Vererbung im Zusammenhang zu betrachten und dabei weitere interessante Tatsachen kennen zu lernen. Ist es doch wohl kaum übertrieben, wenn man die Chromosomentheorie als eine der großartigsten und am gründlichsten durchgearbeitete Entdeckung der biologischen Wissenschaften bezeichnet, eine Entdeckung, die außerdem die grundgesetzliche Einheit der beiden Organismenreiche demonstriert.

Die Chromosomentheorie war ja ursprünglich von Roux und Weismann auf Grund rein theoretischer Erwägungen aufgestellt worden, und es war sicher einer der großen Triumphe der Wissenschaft, als die Voraussagen über das Verhalten der Chromosomen in den Geschlechtszellen, die Weismann gemacht hatte, durch die Untersuchung erfüllt wurden. Seitdem wurde eine ungeheure Mühe auf die Erforschung der Geschichte der Chromosomen in den normalen Geschlechtszellen und in denen der Bastarde verwandt und vor allem auch das Verhalten der Chromosomen in Parallele zu experimentellen Resultaten studiert. Das Ergebnis ist, daß die Chromosomentheorie der Vererbung heute zum unverrückbaren Bestand unseres Wissens gehört, und daß es keinen einzigen Vererbungsforscher mehr gibt, der nicht auf diesem Boden stände. Wir haben in den früheren Vorlesungen schon viele von den elementaren Tatsachen kennen gelernt, die wir zunächst in knappen Worten nochmals an uns vorüberziehen lassen wollen. (Wegen Einzelheiten cytologischer Natur sei auf die einschlägigen Bücher, vor allem E. B. Wilson, verwiesen.)

An der Basis steht die alte Rabl-Boverische Lehre von der Indivi- Allgemeine cytologische Grund-lagen.
dualität der Chromosomen, die besagt, daß die im Kern einmal vorhan-
denen Chromosomen als soche durch die Zell- und Individuengenera-
tionen hindurch erhalten werden. Dies soll natürlich nicht heißen, daß
Störungen nicht vorkommen; im Gegenteil bilden Störungen in der Regel
ja wichtiges Material, um zu prüfen, ob auch dann nach Erwartung die
Erbphänomene parallel gestört sind. An diese elementare Tatsache
schließt sich nun die ganze Fülle der Erscheinungen an, die uns das Verhalten der Chromosomen in der Geschichte der Geschlechtszellen, vor
allem den Reifeteilungen, und bei der Befruchtung zeigt. Nahezu jede
Einzeltatsache aus diesem großen Arbeitsgebiet bekommt ihren Sinn
erst, wenn die Chromosomen die Träger der Gene sind und hängt ohne
diese Annahme hoffnungslos in der Luft. In dieser Gruppe steht wieder
an der Spitze die Fülle der Tatsachen, die sich auf die Reifung der Geschlechtszellen beziehen und das Wesen der Chromosomenreduktion aufgeklärt haben. Wenn auch dabei in vielen Einzelheiten noch Kontro-
versen bestehen, so ändert das nichts an der Tatsache, daß die für die
Theorie entscheidenden Punkte völlig klar sind. Das ist einmal die Zusammensetzung des diploiden (normalen, $2n$) Chromosomensatzes aus
zwei identischen haploiden Sätzen, sodann die Verteilung von diesen
haploiden Sätzen oder Genomen auf die beiden Tochterzellen in der
Reifeteilung und des Mechanismus der dies erreicht, nämlich die Konjugation homologer Chromosomen vor der Reifeteilung. Abgesehen von
der Fülle der Einzelbeobachtung normaler Fälle, besonders solcher, in
denen sich die Einzelchromosomen des Genoms durch verschiedene
Größe unterscheiden lassen, sind diese elementaren Tatsachen unwider-
leglich bewiesen durch solche Fälle, in denen ein bestimmtes Chromosomenpaar in sich verschieden ist, so daß die Partner einzeln verfolgt
werden können. Das trifft sowohl für die Geschlechtschromosomen im
XO- oder XY-Zustand zu, als auch für besondere Fälle von Autosomen,
wie sie z. B. von Wenrich studiert wurden. Wir wollen wie gesagt nicht
in weitere Einzelheiten gehen als bereits früher geschildert wurden, da
das Prinzip völlig klar ist und keinerlei Schwierigkeiten in einem der
wirklich entscheidenden Punkte bestehen. Es sei nur noch zugefügt,
daß auch in entwicklungsmechanischen Untersuchungen, z. B. den be-

kannten Arbeiten von BOVERI, BALTZER, HERBST, die Chromosomen sich ganz nach Erwartung verhielten.

Chromosomen und MENDEL-Spaltung.Die entscheidende Beziehung zwischen Chromosomen und Genen wurde hergestellt, als BOVERI und SUTTON zeigten, daß alle Gesetze der unabhängigen MENDEL-Spaltung ohne weiteres klar sind, wenn die betreffenden Gene in den Chromosomen gelegen sind, wie wir das früher näher ausführten. Es frägt sich nun, ob zu der außerordentlichen inneren Wahrscheinlichkeit, die diese Beziehung hat, auch noch einwandfreie Beweise zugefügt werden können. Solche Beweise müßten zeigen, daß die zwei Hauptvoraussetzungen zutreffen, nämlich erstens, daß die MENDELsche Anlagenspaltung tatsächlich mit der Chromosomenreduktion erfolgt, und zweitens, daß die Chromosomen in den Reifeteilungen sich nach Wahrscheinlichkeitsgesetzen rekombinieren, genau wie die mendelnden Gene. Beide Beweise wurden tatsächlich erbracht.

Anlagenspaltung bei der Reduktion und haploide Vererbung.Die Anlagenspaltung mit der Reduktion wird vor allem durch das Studium haploider Zustände erbracht. Bei Pflanzen wechselt ja bekanntlich eine diploide mit einer haploiden Generation ab, und zwischen beiden liegt die Reduktionsteilung. Bei den Moosen speziell wechselt der diploide Sporophyt mit dem haploiden Gametophyt ab, und die Reduktion erfolgt bei der Bildung der Sporentetrade durch zwei Teilungen. Vom Standpunkt der Vererbung entspricht also jeder Gametophyt einer Gamete oder ist, wie HARTMANN sagt, eine personifizierte Gamete. WETTSTEIN und nach ihm ALLEN konnten nun bei Moosen zeigen, daß nach Bastardierung aus einer solchen Sporentetrade je zwei den Bastardeltern gleichende Gametophyten hervorgehen, also die Anlagenspaltung tatsächlich gleichzeitig mit der Reduktionsteilung erfolgte. Ja, WETTSTEIN konnte sogar durch ingeniöse Methoden festlegen, daß die erste Reifeteilung die Reduktionsteilung ist und gleichzeitig die Anlagenspaltung bedingt. Ganz entsprechende Beweise sind von KNIEP für Pilze und von PASCHER für die einzellige Protiste Chlamydomonas erbracht, und für höhere Pflanzen können wir auf den in der letzten Vorlesung besprochenen Fall der verschiedenen Pollenkörner von Oenothera (RENNER) verweisen. Auch aus dem Tierreich gibt es hierher gehörige Fälle. So ist bekanntlich bei Bienen und anderen Hymenopteren das parthenogenetisch entstandene Männchen haploid und besitzt keine Reduktionsteilung, während das aus befruchteten Eiern entwickelte Weibchen diploid ist und Chromosomenreduktion besitzt. Sind die hier diskutierten Voraussetzungen richtig, so muß bei einer Kreuzung zwischen

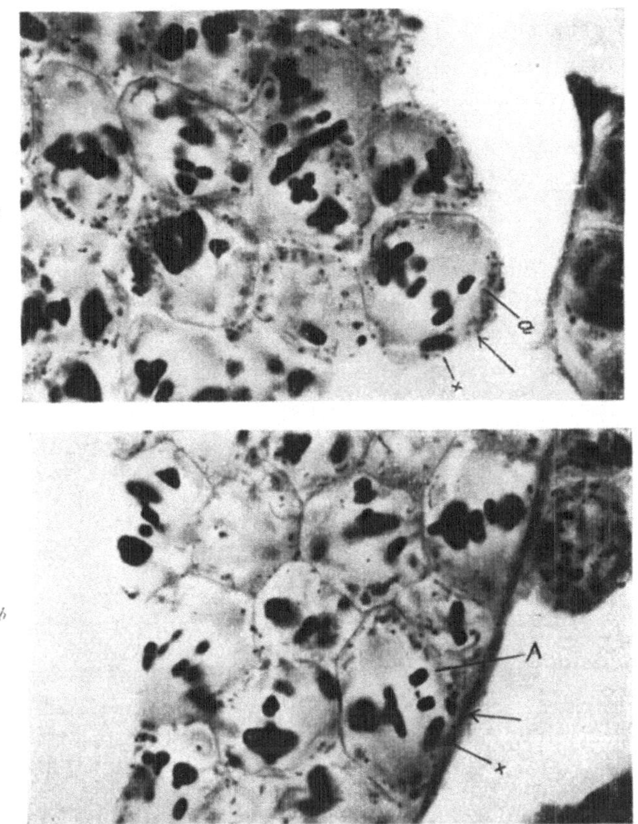

Abb. 141ª, ᵇ. Reduktionsteilung der Spermatocyten der Heuschrecke Stenobothrus mit der Verteilung des *X*-Chromosomes *x* und eines ungleichen Autosomenpaares *A—a*. In Abb. *a*, die mit dem Pfeil bezeichnete Zelle, geht das große Autosom zum gleichen Pol wie *x*, das kleine *a* zum anderen Pol. In Abb. *b* geht umgekehrt das kleine Autosom mit dem *x*. Photo Bělǎr.

zwei verschiedenen Rassen das F_1-Weibchen zwei Sorten von Gameten bilden, das Männchen (das in Wirklichkeit gar nicht F_1 genannt werden dürfte) aber nur eine Sorte, nämlich die seiner Mutter. Newell und Whiting fanden dies nach Erwartung bestätigt.

28*

Verteilung der Chromosomen in der Reduktionsteilung.

Der zweite Beweis den wir forderten war, daß sich in der Reduktionsteilung die Chromosomen nach Wahrscheinlichkeitsgesetzen rekombinieren. Dieser Beweis wurde zuerst von Miß CAROTHERS erbracht, die bei einer Heuschrecke ein ungleich großes Chromosomenpaar fand, das sich nun ganz nach Wahrscheinlichkeitsgesetzen mit dem unpaaren X-Chromosom rekombinierte; WENRICH und ROBERTSON bestätigten diese Befunde bei anderen Objekten. In Abb. 141 ist dieser Fall überzeugend in BĚLAŘschen Photos illustriert. Später studierte CAROTHERS dann noch einen schöneren Fall. Sie fand Linien von Heuschrecken der Art Circotettix verruculatus, die, abgesehen von der üblichen charakteristischen Chromosomenverschiedenheit, durch die jedes Chromosom erkennbar ist, auch noch Spezialverschiedenheiten innerhalb dreier Paare zeigten, die durch Verschiedenheiten im Spindelfaseransatz bedingt sind. Es wurde gezeigt, daß diese Differenzen konstant sind und bei Bastardierung typisch auf die Nachkommenschaft übergehen. In den Bastardgeschlechtszellen findet aber ganz nach Erwartung eine Zufallsrekombination dieser verschiedenen Chromosomenpaare statt. Der Unterschied in diesen Chromosomenpaaren besteht darin, daß das eine Chromosom in V-Form (mittlere Anheftung der Spindelfaser), J-Form (subterminale Anheftung) und Stabform (terminale Anheftung) vorkommt. Auch die Zahlen der verschiedenen Kombinationen entsprechen der Erwartung.

Ein weiterer ganz ähnlicher Fall wurde in einer schönen Analyse von SEILER bei einem Schmetterling untersucht. Auch hier konnte für bestimmte deutlich unterscheidbare Chromosomen die Rekombination und Verteilung auf die Gameten nach Zufallsgesetzen festgestellt werden. Es ist sehr bemerkenswert, daß zu diesen klaren Befunden auch das Gegenstück vorliegt. In der letzten Vorlesung sahen wir ja, daß bei den Oenotheren Erbverhältnisse vorkommen, die zeigen, daß hier keine einfache Rekombination der Gene vorliegt; und wir konnten darauf hinweisen, daß gerade hier auch die Cytologie die merkwürdigen Kettenbildungen der Chromosomen und ihre Verteilung ohne Rekombination erwies.

Geschlechtschromosomen.

Die nächste Gruppe der wichtigen Beweise der Chromosomenlehre bezieht sich auf die Geschlechtschromosomen und die geschlechtsgebundene Vererbung. Wir haben früher ausführlich erörtert, wie die eigentümlichen Erscheinungen der geschlechtsgebundenen Vererbung mit allen ihren Einzelheiten und Konsequenzen ihre vollständige Erklärung durch die Annahme gefunden haben, daß die betreffenden Gene im X-Chromosom gelegen sind. Als besonders überzeugend wurde die Tatsache angeführt, daß dort, wo das Vererbungsexperiment weibliche Heterogametie nachwies, auch tatsächlich das unpaare X-Chromosom im weiblichen Geschlecht nachgewiesen wurde (Schmetterlinge, Vögel, SEILER, SCHIWAGO); umgekehrt aber sich das unpaare X-Chromosom beim Männchen fand, wenn auch das Experiment männliche Heterogametie ergeben hatte. Diesen elementaren Tatsachen seien nun noch einige sehr beweisende Einzelheiten zugefügt. Zunächst sei erwähnt, daß in Parallele zu den vorher mitgeteilten Befunden auch für das X-Chromosom die Verteilung nach Wahrscheinlichkeitsgesetzen in den zwei Reifeteilungen feststeht. Wir erinnern nur an die frühere Abb. 87, die dies ja für die vier Spermatiden von Ancyracanthus zeigte und fügen zu, daß bei Moosen, wo aus den Reifeteilungen je zwei haploide Pflänzchen verschiedenen Geschlechts hervorgehen, das gleiche demonstriert werden konnte. Sehr schön tritt dieser Nachweis ferner in SEILERS Versuchen an Schmetterlingen hervor. Hier gelang es durch Temperaturexperimente das Zahlenverhältnis der Geschlechter von 1 : 1 weg zu verschieben. Das Studium der Reifeteilungen im Ei zeigte, daß parallel zu diesem Verhalten das Zahlenverhältnis der Eier ging, in denen das X-Chromosom im Ei blieb bzw. in den Richtungskörper kam (s. auch Abb. 141).

In die gleiche Kategorie von Beweisen gehören die Tatsachen über den Gynandromorphismus. Gynander sind sexuelle Mosaiks, die aus männlichen und weiblichen Teilen zusammengesetzt sind, z. B. rechte Körperhälfte männlich, linke weiblich. Wie sie im einzelnen zustande kommen, gehört nicht hierher (siehe die Zusammenfassung bei GOLDSCHMIDT); sicher ist aber, daß die Mosaikteile die genetische Beschaffenheit des betreffenden Geschlechts besitzen. Durch eine Analyse solcher Gynander, bei denen wohlbekannte geschlechtsgebundene Gene vorhanden waren, konnten nun MORGAN und BRIDGES beweisen, daß die beiden geschlechtlich verschiedenen Hälften sich dadurch unterscheiden mußten, daß sie ein bzw. zwei X-Chromosomen enthielten. Denn die geschlechtsgebundenen Gene verhielten sich in den beiden Hälften genau so, wie es nach ihrer Lage im X-Chromosom zu erwarten war. Nun hat kürzlich PEARSON tatsächlich bei einem günstigen Objekt cytologisch nachweisen können, daß tatsächlich bei einem Gynander die Zellen der geschlechtlich verschiedenen Seiten auch die erwartete Verschiedenheit von X bzw. XX besaßen.

Nichttrennen
der X-Chro-
mosomen. Gerade das Verhalten der X-Chromosomen hat nun auch zu dem ersten direkten Beweis der Chromosomenlehre der Vererbung in BRIDGES glänzenden Untersuchungen über das „Nichtauseinanderweichen" oder kürzer „Nichttrennen" (engl. non-disjunction) der X-Chromosomen geführt. Wir haben diesen Versuch früher schon ausführlich geschildert (S. 284) und verweisen auf die dortige Darstellung. Hier liegt in der Tat ein glänzender direkter Beweis der Chromosomenlehre für ein bestimmtes Chromosom, das X-Chromosom, vor.

Y-Chromo-
som. Im Gebiet der Geschlechtschromosomen gibt es aber noch weiteres sehr wichtiges Beweismaterial. Da ist zunächst alles, was wir früher über das Y-Chromosom hörten und die völlige Übereinstimmung der Experimentaltatsachen mit den Erwartungen, die aus der typischen Verteilungs- und Übertragungsart des Y-Chromosoms folgen. Auch hier liegen aber weiterhin Versuche von großer direkter Beweiskraft vor, die von STERN. Diesem Autor war es zunächst gelungen das erste Gen im Y-Chromosom von Drosophila festzustellen, ein Gen, dessen Anwesenheit über ein im X-Chromosom gelegenes Allelomorph namens „kurzborstig" dominiert. Individuen mit dem betreffenden Y-Chromosom-Gen sind also normal. In bestimmten Kreuzungsversuchen, in denen nur kurzborstige Tiere auftreten sollten, erschienen nun normale. Für kurzborstig stand bereits fest, daß es an einem Ende des X-Chromosoms und zwar an dem dem Zentrum der Zelle in der Äquatorialplatte zugekehrten Ende liegt. Die Koppelungsanalyse zeigte dann, daß das Gen, das in den unerwarteten normalen Linien die Wirkung des kurzborstigen unterdrückt hatte, ganz dicht bei diesem liegen müßte. Eine der Erklärungsmöglichkeiten war, daß es sich um das erwähnte dominante Allelomorph im Y-Chromosom handelte und zwar, daß abnormerweise durch Nichttrennen sich das Y-Chromosom in der gleichen Gamete wie das X-Chromosom befunden hatte und zwar speziell, daß sich das Y-Chromosom an das innere Ende des X-Chromosoms angeheftet hatte. Tatsächlich zeigte die cytologische Untersuchung, daß dem so ist, wie

Abb. 142, *h*, *i* und 143,[15,16] illustriert, und liefert somit einen neuen, sehr eleganten Beweis für die Chromosomenlehre der Vererbung und obendrein auch noch für die Lehre von der linearen Anordnung der Gene.

Noch ein weiterer sehr hübscher Fall, der sich auf die Geschlechts-chromosomen bezieht, sollte erwähnt werden, die sogenannte *X*-Chromosomenverbindung, die L. MORGAN bei Drosophila fand. Gelbe Körperfarbe ist eines der Gene im *X*-Chromosom, das also auch die bekannte Übers-Kreuz-Vererbung zeigt. In einer bestimmten Kreuzung dieser Art erschienen nun nicht etwa einige Ausnahmen wie bei dem „Nichttrennen", das wir oben genau studierten, sondern nur Ausnahmen. Dies konnte so erklärt werden, daß ausnahmsweise die beiden *X*-Chromosomen sich vereinigt hatten und nun immer beisammen blieben. Ist das richtig, so folgen eine ganze Reihe von Konsequenzen, z. B. müssen in bestimmten Kombinationen 3 *X*-Individuen auftreten. Alle diese Konsequenzen, die ja nun leicht abzuleiten sind, fanden sich tatsächlich bestätigt und noch mehr; die cytologische Untersuchung erwies das Vorhandensein von 2 *x*, die sich mit den Enden zu einem V-förmigen Gebilde vereinigt hatten, wie Abb. 142, *g* und 143[13,14] zeigen. Noch weitere in die gleiche Gruppe gehörige Fälle sind bekannt, doch mögen diese wichtigsten Beispiele genügen.

In den genannten Fällen war eine vollständige Parallelität zwischen unerwartetem genetischen Verhalten und Abnormitäten des Chromosomenmechanismus in bezug auf die Geschlechtschromosomen festgestellt worden. Auch für ein Autosom konnte nun BRIDGES einen analogen, höchst beweisenden Fall analysieren, nämlich für das kleine Chromosom Nr. 4 von Drosophila. Es wurden Fliegen gefunden, die sich so verhielten, als ob die bekannten Gene in einem der kleinen Chromosomen ausgefallen seien. In homozygotem Zustand waren die betreffenden Veränderungen nicht lebensfähig. Es handelt sich also um einen Spezialfall der Erscheinung, die wir früher als Ausfall eines Chromosomenstücks (deficiency) kennen gelernt hatten. Das Verhalten in den Kreuzungsversuchen ließ dann darauf schließen, daß hier ein ganzes 4. Chromosom ausgefallen sein müßte. Auch hier wieder ergab die cytologische Untersuchung die Bestätigung, die betreffenden Tiere waren haplo-IV (siehe Abb. 142, *e* und 143,[11]). Wie früher für das *X*-Chromosom, so

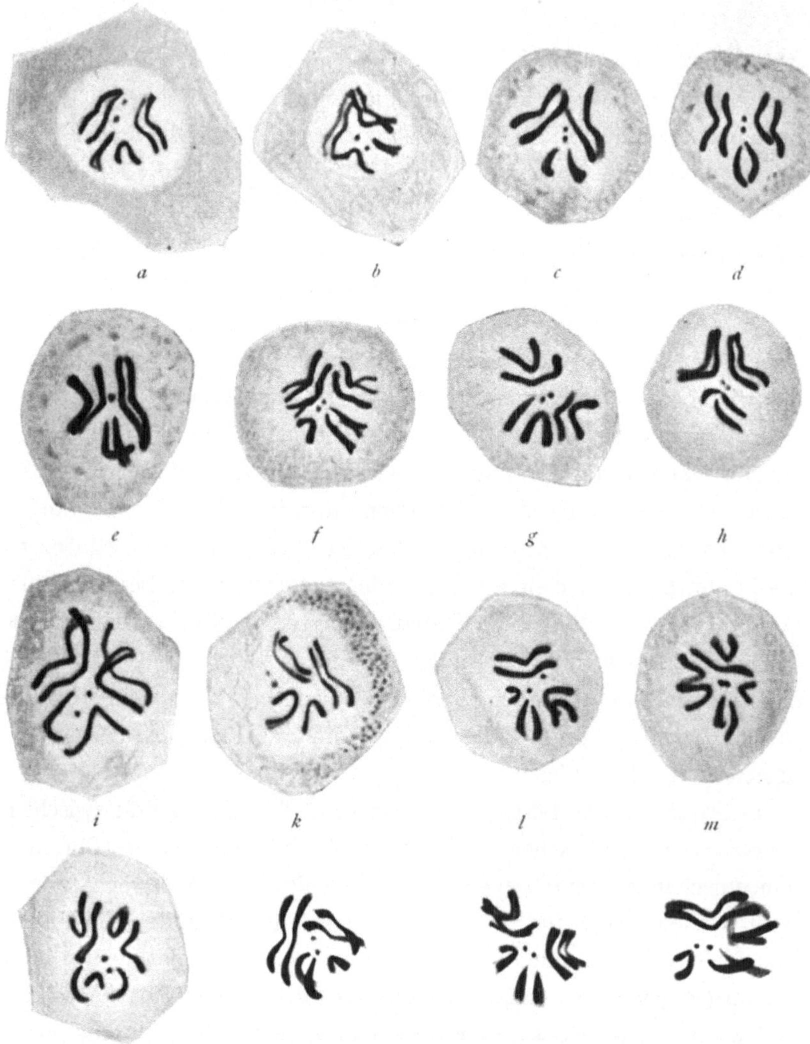

Abb. 142*a—q*. Chromosomen von Drosophila melanogaster, *a, b, o—q* nach Präparaten von Dr. BĚLǍR, *c—n* nach Präparaten von C. STERN. *a, b* Spermatogonien eines normalen (XY-)Männchens, Y ist V-förmig, *c, d* Oogonien eines normalen (XX-)Weibchens, *e* Oogonie eines Haplo-IV-Weibchens, *f* Follikelzelle eines XXY-Weibchens, *g* Oogonie eines XXY-Weibchens, dessen beide X-Chromosomen an den Enden aneinander geheftet sind, *h—i* Oogonien von Weibchen, bei denen der lange Arm des Y-Chromosoms an ein X-Chromosom angeheftet ist, *k* Spermatogonie eines Männchens mit einem normalen Y-Chromosom und einem X-Chromosom mit angeheftetem langen Arm des Y-Chromosoms, *l—n* Oogonien von Weibchen, die ein (überzähliges) abnorm gleichschenkliges Y-Chromosom besitzen, *o—q* Oogonien von XXY-Weibchen, die durch primäres Nichttrennen der X-Chromosomen entstanden sind.

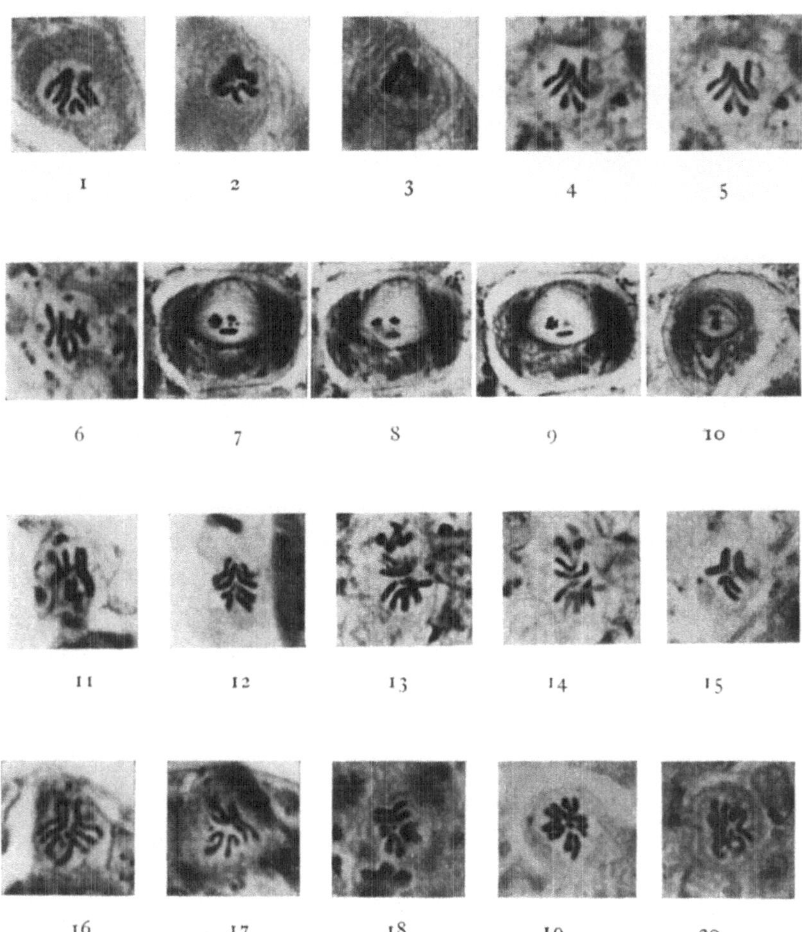

Abb. 143¹⁻²⁰. Mikrophotographien der Chromosomen von Drosophila melanogaster, zum Teil die gleichen Zellen, die in Abb. 142 gezeichnet sind, Dr. BĚLAŘ phot. 1—3 nach Präparaten von Dr. BĚLAŘ, 4—20 nach Präparaten von C. STERN. 1 dasselbe wie Abb. 142 (a), 2—3 dasselbe wie Abb. 142 (b) in zwei verschiedenen Einstellungen, 4—5 dasselbe wie Abb. 142 (c) in zwei verschiedenen Einstellungen, 6 dasselbe wie Abb. 142 (d), 7—9 drei Einstellungen auf die erste Reifeteilung einer Spermatocyte. Scharf eingestellt ist in 7 eine große Tetrade und die „vierten" Chromosomen, 8 die andere große Tetrade, 9 die komplizierte Gruppe der X- und Y-Chromosomen (das Männchen besaß ein normales Y-Chromosom, sowie ein X-Chromosom mit angehefetem Arm des Y-Chromosoms), 10 die zweite Reifeteilung einer Spermatocyte, 11 dasselbe wie Abb. 142 (e), 12 dasselbe wie Abb. 142 (f), 13—14 dasselbe wie Abb. 142 (g) in zwei verschiedenen Einstellungen, 15 dasselbe wie Abb. 142 (h), 16 dasselbe wie Abb. 142 (i), 17 dasselbe wie Abb. 142 (k), 18 dasselbe wie Abb. 142 (l), 19 dasselbe wie Abb. 142 (m), 20 dasselbe wie Abb. 142 (n).

war damit auch für ein bestimmtes Autosom der Beweis erbracht, daß
die Gene, die ihm nach der Erbanalyse zugewiesen worden waren, wirklich in diesem Chromosom gelegen sind, ein Beweis von tatsächlich wun-
derbarer Klarheit. Seine Beweiskraft wird noch dadurch gesteigert, daß
es nun auch gelang Fliegen mit drei 4. Chromosomen zu erhalten
(triplo-IV), da ja aus dem Nichttrennen des 4. Chromosoms auch Gameten
mit zweien dieser entstehen müssen, die bei normaler Befruchtung zum
triplo-IV-Tier führen. Auch hier entsprach das Erbverhalten in all seinen
verwickelten Konsequenzen der Erwartung, und die cytologische Untersuchung wies bei den Fliegen, die nach dem Erbverhalten triplo-IV sein
müßten, und nur bei diesen, die drei kleinen Chromosomen nach.

Triploidie.　　An diesen Fall mit Triploidie eines Chromosoms schließt sich nun
ein weiterer glänzender direkter Beweis an, der ebenfalls BRIDGES verdankt wird. Infolge gelegentlicher Bildung von diploiden anstatt normalen haploiden Eiern können nach Befruchtung triploide Individuen
gebildet werden, die also jedes Chromosom dreimal haben. Ist dies der
Fall, so müssen sich die Charaktere, deren Vererbung studiert wird, ja
ganz anders verhalten wie sonst; es werden viel mehr Gametenkombinationen gebildet, andere Faktorenaustauschverhältnisse sind zu erwarten, Störungen der Dominanzverhältnisse (zwei rezessive Gene können ein dominantes unterdrücken). Diese genetischen Besonderheiten
wurden tatsächlich auch gefunden und zwar auch für das 2. und 3. Chromosom der Drosophila, so daß nunmehr für alle 4 Chromosomen exakt
bewiesen ist, daß die betreffenden Gene tatsächlich in ihnen liegen. Natürlich wurde auch hier wieder cytologisch der Nachweis der Triploidie
erbracht. In Abb. 142, 143 sind einige der wichtigsten Drosophilafälle
im Vergleich von Zeichnung und Mikrophotographie (die bei Drosophila-
zellen sehr schwierig ist) zusammengestellt. Ihr Studium sei angelegent-
lich empfohlen. Es finden sich da, außer den normalen Verhältnissen,
die hier besprochenen Fälle von Nichttrennen der X-Chromosomen,
von haplo-IV, von verwachsenen Doppel-X, von Anheftung eines
Y-Schenkels an ein X und ein paar weitere Spezialfälle.

Zu diesen vielen direkten Beweisen der Chromosomenlehre wird sich
vielleicht noch ein weiterer sehr merkwürdiger gesellen. METZ fand bei
Fliegen der Gattung Sciara ganz ungewöhnliches und einzig dastehendes

Verhalten der Chromosomen in der Reifeteilung, dem auf Grund der Chromosomentheorie ein ebenso ungewöhnlicher Erbgang entsprechen müßte. Die Untersuchungen, so vielversprechend sie bereits aussehen, sind aber noch nicht so weit gediehen, daß sie schon ausführlich besprochen werden könnten.

Das Bild zu vervollständigen müssen wir zum Schluß noch auf alle die früher besprochenen Tatsachen hinweisen, die sich auf die Zahl der Koppelungsgruppen und Chromosomen beziehen, sodann auf alles, was wir über das Verhalten der Chromosomen bei Speziesbastarden in Übereinstimmung mit dem Erbverhalten (z. B. bei Oenothera) schon hörten; endlich auf alles, was wir in der nächsten Vorlesung noch über Polyploidie und verwandte Erscheinungen hören werden. So schließen wir, wie gesagt mit allen Vererbungsforschern, daß die Chromosomenlehre der Vererbung eine gesicherte Tatsache ist, ein tausendfach bewährtes Fundament, ohne das sich der stolze Bau der Vererbungswissenschaft überhaupt nicht mehr denken läßt.

Literatur zur sechzehnten Vorlesung.

Alle Arbeiten über Drosophila bis 1925 finden sich bei

Morgan, Bridges, Sturtevant: The genetics of Drosophila. Bibliogr. Genetica 2. 1925.

Die klassischen Arbeiten von Roux, Weismann, Boveri usw., ebenso wie rein cytologische Literatur bei

Wilson, E. B.: The cell in development and inheritance. 3. Aufl. New York: Mac Millan 1926.

Die cytologisch-genetische Literatur ferner bei

Mac Clung, C. E.: The chromosome theory of heredity in General Cytology ed. by E. V. Cowdry. Chicago Press. 1924.

Morgan, Th. H.: Die stoffliche Grundlage der Vererbung. Deutsch von H. Nachtsheim. Berlin: Bornträger 1921. — Ders.. The theory of the gene. Yale Univ. Press. 1926. — Ders.: Recent results relating to chromosomes and genetics. Quart. Rev. Bibl. 1. 1926.

Ferner:

Metz, C. W.: Chromosome studies on Sciara. Americ. Naturalist 60. 1926.

Pearson, N. E.: A study of gynandromorphic katydids. Ibid. 61. 1927.

Seiler, J.: Cytologische Vererbungsstudien an Schmetterlingen I. Arch. d. Julius Klaus-Stiftg. 1. Zürich 1925.

Stern, C.: Die genetische Analyse der Chromosomen. Naturwissenschaften 15. 1927.

Weitere Literatur in der nächsten Vorlesung.

Siebzehnte Vorlesung.

Die Mutationstheorie. Die Typen der Mutation und ihre Bedeutung für Vererbungslehre und Artbildung. Spezieskreuzung und Artbildung.

Die letzten Vorlesungen haben uns, wenn wir sie in ihrer Gesamtheit betrachten, mit einer sehr wichtigen Erkenntnis vertraut gemacht. Durch die Bastardanalyse konnte gezeigt werden, daß die verschiedenartigsten morphologischen wie physiologischen Eigenschaften der Organismen in Form von festen Einheiten in der Erbmasse repräsentiert sind, die wir, ohne damit über ihr eigentliches Wesen etwas aussagen zu wollen, als Erbfaktoren oder Gene bezeichneten. Diese erscheinen als die letzten und unteilbaren Einheiten, die „units", aus deren verschiedenartiger Kombinationsmöglichkeit sich die Verschiedenheit der Tier- und Pflanzenrassen erklärte. So konnte man dazu kommen, die Organismen als den Ausdruck der Wirkung eines Mosaiks von Erbfaktoren zu betrachten, von einer Faktorentheorie zu sprechen. Erinnern wir uns nun einmal an die Schlußfolgerungen, die wir in den ersten Vorlesungen aus den Tatsachen der Variabilität und der Lehre von den reinen Linien zogen. Auch da waren wir auf die Erkenntnis gestoßen, daß das Wesentliche an einem Organismus die Zusammensetzung seiner Erbmasse, die ererbte Reaktionsnorm oder, wie wir noch sagten, seine genotypische Konstitution, sei und daß das letzte, wodurch zwei Organismen als wirklich different unterschieden werden können, das Vorhandensein oder Fehlen eines Gens oder auch das differente Verhalten eines solchen in der Erbmasse ist. Es ist klar, daß diese beiden auf so verschiedenen Wegen gewonnenen Ergebnisse im Grund genau das gleiche besagen. Es ist nun eine Erkenntnis, an der heute wohl niemand mehr rütteln wird, daß die Arten nicht unveränderlich sind, daß es eine Entwicklung gibt. Besteht aber der geringste erbliche Unterschied zwischen zwei Organismenformen in dem Plus oder Minus oder einer sonstigen Verschiedenheit einer Erbeinheit, eines Gens, so ist die Grundfrage des Problems der Artbildung die: Wie entstehen neue Erbeinheiten in der Erbmasse, oder allgemeiner gefaßt, wie kann sich der Schatz an Erbeinheiten innerhalb der Erbmasse verändern? Die DARWINSCHE Antwort, daß die Veränderungen durch Zuchtwahl allmählich herausgebildet werden — wenn dies, wie meist angenommen wird, wirklich DARWINS Anschauung war —, hatten wir, als mit den Experimentaltatsachen unvereinbar, aufgeben müssen. Entstehen solche Veränderungen nicht allmählich, so müssen sie plötzlich erscheinen und zwar aus Ursachen, die nichts mit der Selektion zu tun haben: Die Veränderung kann nur so vor sich gehen, daß plötzlich und ohne Übergang neue Erbeinheiten in der Erbmasse auftreten, alte aus ihr verschwinden oder vorhandene sich verändern. Und diese Annahme ist es, die sich in der Neuzeit unter dem Namen der *Mutationstheorie* die biologischen Wissenschaften erobert hat. Es ist klar, daß es sich hierbei um Dinge von größter Tragweite handelt, deren genaue Erforschung den wichtigsten Grundstein der Abstammungslehre liefern sollte. Wir wollen deshalb zunächst das grundlegende Tatsachenmaterial kennen lernen, ohne eine Kritik an seinem Wert zu üben, und erst dann zusehen, ob es einer Kritik auch wirklich standhalten kann.

Das Beobachtungsmaterial, von dem die Mutationstheorie ausgeht, Die Sports. ist zum Teil durchaus nicht neu. Es besteht aus den Beobachtungen der Tier- und Pflanzenzüchter, welche zeigen, daß gelegentlich in als rein betrachteten Zuchten einzelne Individuen abweichender Beschaffenheit auftreten; und diese Abweichung, der neue Charakter, ist von Anfang an erblich. Unter dem Namen *Sports oder Sprungvariationen* ist diese Erscheinung lange bekannt. Es ist klar, daß DARWIN, der ja nicht nur selbst züchtete, sondern in großem Maßstabe auch die Erfahrungen der Züchter sammelte und verwertete, nicht an diesen Tatsachen vorüberging. Im Gegenteil hat er einen beträchtlichen Teil der verbürgten Fälle zusammengetragen und analysiert. Das Hauptinteresse konzentriert sich nun aber auf die Frage, welche Bedeutung er den Sprungvariationen, von ihm *single variations* genannt, für die Artbildung zuerkannte. Und da ist es von höchstem Interesse, daß diese Wertschätzung ursprünglich gar keine geringe war. In den ersten Entwürfen zur Abstammung der Arten, die 15 und 17 Jahre vor deren Erscheinen geschrieben sind, finden sich dafür sehr bemerkenswerte Belege. So heißt es an einer Stelle: „Es ist bekannt, daß solche Sports in einigen Fällen die Stammeltern unserer domestizierten Rassen geworden sind; und wahrscheinlich sind ebensolche auch die Stammeltern vieler anderer Rassen geworden, besonders solcher, die in gewissem Sinne als erbliche Monstra bezeichnet werden können; z. B. wo ein überzähliges Glied vorhanden ist oder alle Extremitäten verbogen sind (wie beim Anconschaf) oder wo ein Teil fehlt, wie bei den kurzsteißigen Hühnern und schwanzlosen Hunden oder Katzen" . . . „und bei vielen unserer domestizierten Rassen wissen wir, daß der Mensch durch allmähliche Zuchtwahl und geschicktes Ausnützen plötzlicher Sports alte Rassen beträchtlich verändert und neue hervorgebracht hat." Vor allem aber bei Besprechung der Schwierigkeit, die die langsame Entstehung mancher Organe durch Zuchtwahl bietet, bekanntlich der Haupteinwurf, den später seine Gegner der Zuchtwahllehre machten, und den die Mutationslehre ja glücklich überwindet: „Wie im Zustand der Domestikation Bauveränderungen ohne jede fortgesetzte Zuchtwahl auftreten, die der Mensch für sehr nützlich hält oder ihnen Kuriositätswert zuerkennt . . ., so mögen vielleicht in der Natur manche kleine Veränderungen, die gewissen Zwecken gut angepaßt sind, als ein von den Fortpflanzungsorganen ausgehendes Geschehen[1] entstehen und von Anfang an in vollem Umfang weiter vererbt werden ohne langandauernde Zuchtwahl kleiner Abweichungen in der Richtung dieser Eigenschaft." Wieder an einer andern Stelle nimmt er die Sports für die Bildung neuer Tierformen auf isolierten Inseln in Anspruch, kurzum er erkennt ihnen einen nicht unbeträchtlichen Wert für die Artbildung zu. 15 Jahre später ist er allerdings von solcher Anschauung zurückgekommen und läßt die sprunghafte Variation nicht mehr als für die Artbildung in Betracht kommend gelten. Und so kommt es, daß in der nachdarwinschen Zeit sich nur vereinzelte Stimmen erhoben, sie zur Grundlage des Artbildungsproblems zu erheben. Auf zoologischer Seite ist es vor allem BATESON, der seine Opposition gegen die allmähliche Umwandlung der Arten in DARWINschem Sinne schon im Titel seines Buches „Materialien zum Studium der Variation, speziell

---

[1] Wir würden jetzt sagen, als genotypische Veränderung innerhalb der Erbmasse oder als Mutation.

im Hinblick auf die Diskontinuität bei der Entstehung der Arten" zum Ausdruck brachte. Er stellte eine Unmenge von Tatsachen hauptsächlich aus dem Gebiete der von ihm sogenannten meristischen Variation zusammen. Darunter versteht er vor allem die Zahlenvariation von in Mehrzahl vorhandenen Organen, zum Beispiel beim Menschen Sechsfingrigkeit gegenüber Fünffingrigkeit. Diese Variabilität ist nun in allen Fällen diskontinuierlich, nicht durch Übergänge mit dem Ausgangspunkt verbunden und diese Variationen erscheinen trotzdem ebenso vollständig und normal. Daraus muß aber geschlossen werden, daß die Diskontinuität der Arten auch hervorgeht aus der Diskontinuität der Variation. Allerdings finden die eigentlichen Sports der Züchter bei BATESON weniger Beachtung.

Unter den Botanikern der früheren nachdarwinschen Zeit darf KORSCHINSKY das Recht beanspruchen, die meisten Erfahrungstatsachen gesammelt zu haben, die sich auf sprungweise Entstehung von Pflanzenformen beziehen, die er Heterogenesis nannte. Er stellte fest, daß sie nicht gar zu selten auftritt und alle möglichen Pflanzenteile betreffen kann. Auch kann sie in den verschiedensten Richtungen eintreten und ebensogut einen Fortschritt wie einen Rückschritt bedeuten, wie indifferent sein. Alle diese heterogenetischen Abweichungen (d. h. Mutationen) sind erblich konstant, wiewohl sie gewöhnlich nur in einem einzigen Exemplar entstehen. Die Ursache ihrer Entstehung muß aber in irgendeiner Veränderung der Geschlechtsprodukte der Mutterpflanze beruhen. Auf Grund all seines Materials an Beobachtungstatsachen kommt KORSCHINSKY zum Schluß, daß alle neuen pflanzlichen Kulturvarietäten (natürlich abgesehen von Bastarden), deren Entstehung wirklich beobachtet ist, auf dem Wege plötzlicher Abweichung entstanden sind. Und er bezweifelt nicht, daß auch in der Natur die Arten ebenso durch Sprünge sich entwickelt haben, zieht auch eigens die Sports auf zoologischem Gebiet zum Beweis an. Er wurde so zum eigentlichen Vater der Mutationstheorie.

Aber auch diese Sammlungen von Tatsachenmaterial hätten wohl nicht leicht der Mutationslehre einen berechtigten oder gar bevorzugten Platz neben der DARWINschen Lehre der allmählichen Artumwandlung gesichert. Ihren Erfolg verdankt sie erst den Arbeiten von DE VRIES, der, wie wir ja schon in der letzten Vorlesung sahen, glaubte, bei der Oenothera die Natur während des Vorgangs der sprungweisen Artbildung belauschen zu können. Wir haben auch bereits die paradoxe Tatsache kennen gelernt, daß die Mutationstheorie sich die Vererbungslehre eroberte, obwohl sie auf ein irrtümlich interpretiertes Material gegründet war. Aber der Zufall wollte es, daß unter dem Einfluß der mendelistischen Ära auch bald wirkliche Mutationen beobachtet und analysiert wurden, so daß jetzt die Mutation, auch nach Ausschluß des Oenotherafalls, eines der wichtigsten Kapitel der Vererbungslehre darstellt. Unter Mutation wird dabei im folgenden eine jede plötzlich auftretende Veränderung der Erbmasse, der genotypischen Beschaffenheit, verstanden, die nicht auf Rekombination von Faktoren oder anderen der besprochenen Konsequenzen vorausgegangener Bastardierung beruht. Ehe wir aber daran gehen, die neuere Entwicklung der Mutationslehre zu studieren, wollen wir wenigstens einen der der älteren Forschung bekannten Sports erwähnen.

Abb. 144. Otterschaf. Nach WRIEDT.

Das Anconschaf.

Die altbekannten Fälle beziehen sich im Tierreich ähnlich wie im Pflanzenreich auf die Kulturformen, von denen mancherlei Sports im Laufe der Zeit registriert sind; eine ganze Reihe von ihnen hat ja bereits DARWIN aufgezählt und ihnen dadurch eine gewisse Berühmtheit gesichert. Einer der bekanntesten ist das Ancon- oder Otterschaf. Im Anfang des vorigen Jahrhunderts fiel in Nordamerika in einer kleinen Schafherde, bestehend aus einem Bock und einem Dutzend Lämmern unter lauter normalen Tieren ein männliches Lamm, das durch seinen langen Rücken und seine kurzen Beine an einen Dachshund erinnerte. Da die dort gezüchteten Schafe gern ihre Hürden übersprangen, brachte der Farmer SETH WRIGHT diesen Bock zur Fortpflanzung in der Hoffnung, daraus eine Rasse zu ziehen, der jener Fehler nicht anhaftete. In der Tat waren die Nachkommen, die der Anconbock mit einem gewöhnlichen Schaf erzeugte, entweder reine Anconschafe oder solche der Ausgangsrasse, so daß eine reine Anconrasse erhalten werden konnte, die sich auch so lange praktisch bewährte, bis ihre Zucht durch Einführung der sanftmütigen Merinos überflüssig wurde. In jüngster Zeit wurde von WRIEDT in Norwegen das Otterschaf wiedergefunden und festgestellt, daß es sich um eine einfache rezessive Genmutation handelt. In Abb. 144 ist dies berühmte Tier abgebildet.

Doch hat es keinen Zweck, weitere derartige Zufallsbeobachtungen anzuführen, da wir jetzt eine Fülle von Beobachtungen haben, die an genau verfolgten Zuchten von geübten Experimentatoren gemacht sind. Man kann wohl sagen, daß es heute keinen Vererbungsforscher gibt, der längere Zeit mit einem Objekt gearbeitet hätte, ohne Mutanten zu erhalten. Ja selbst für den Menschen sind sie einigermaßen sichergestellt (siehe JUST). Diese zeigen aber alle bestimmte, immer wieder angetroffene Eigenschaften, so daß es nicht nötig ist, eine Einzelaufzählung beobachteter Mutanten zu geben. Die Objekte werden uns vielmehr beim Studium der Gesetzmäßigkeiten begegnen.

An der Spitze der Mutationserscheinung und an Zahl der Einzelfälle auch alle anderen Mutationstypen weit übertreffend steht die *faktorielle Mutation*. Als solche bezeichnen wir die Mutation, die ausschließlich ein in einem bestimmten Chromosom gelegenes Gen betrifft. Es ist klar, daß eine solche Mutante, falls normal lebensfähig, nach Kreuzung mit der Stammform eine einfache Mendelspaltung ergeben muß. Wir wissen bereits, daß die größte Zahl solcher Mutanten bei Drosophila gefunden und untersucht wurden und welche Bedeutung sie für die Erbanalyse haben. Natürlich mutiert Drosophila nicht mehr als andere Objekte; aber die günstigen Zuchtverhältnisse haben es hier ermöglicht, schneller Mutanten aufzufinden und zu analysieren. Wenn wir daher auch im folgenden uns besonders an die Drosophilamutanten halten werden, so müssen wir nicht vergessen, daß die vielen anderen faktoriellen Mutanten, die wir jetzt kennen, wenn analysiert, zu den gleichen Ergebnissen führten; also, um nur ein paar Namen zu nennen, die Mutanten von Antirrhinum (BAUR), Getreidearten (NILSSON-EHLE), Mais (EMERSON),

Nagetieren (CASTLE, LITTLE, DETLEFSEN, PLATE), Käfern und Schmetterlingen (TOWER, GEROULD, WHITING, TOYAMA, GOLDSCHMIDT) usw.

Da ist nun ein erstes Problem die Frage, welche Außeneigenschaften von der Veränderung der Erbmasse getroffen werden. Man kann wohl jetzt sagen, daß es keinen Körperteil und keine Körperfunktion gibt, die nicht mutativ verändert werden kann. Die bereits früher erwähnten Mutanten mögen als Beleg für diese Tatsache dienen. Immerhin muß aber hervorgehoben werden, daß ein ganz besonders hoher Prozentsatz der Mutanten als abnorm bezeichnet werden muß, wie es etwa die verschiedenen Flügelverkrüppelungen von Drosophila demonstrieren. Wir werden später auf diese Tatsache zurückkommen. Als zweites Problem bietet sich uns die Frage nach der Häufigkeit der Mutation dar. Diese Frage ist nun neuerdings sehr schwer zu beantworten, und zwar aus verschiedenen Gründen. Da ist einmal das persönliche Moment: wieviele Mutanten ein Bearbeiter in einem gegebenen Material entdeckt, hängt von sehr vielen Eigenschaften des Beobachters ab. Aber auch der beste Beobachter ist machtlos, wenn es sich um Mutanten in bezug auf physiologische Charaktere handelt, die nur durch eine besonders darauf gerichtete Untersuchung erkannt werden können. Sodann mögen rezessive Mutanten in heterozygotem Zustand auftreten und niemals entdeckt werden, wenn nicht (bei Wechselbefruchtern) zufällig zwei Mutanten gepaart werden. Aus diesen und manchen anderen Gründen sind denn auch die Ansichten über die Häufigkeit des Mutierens sehr verschieden. Manche Autoren glauben, daß außerordentlich viele Mutanten ständig erscheinen, so häufig, daß dadurch selbst der Begriff der reinen Linie seine praktische Bedeutung verliert (BAUR). Andere Forscher wieder halten die Mutation doch für ein relativ seltenes Phänomen; zu dieser Ansicht neigen die Drosophila-Forscher, wenn auch Versuche, exakte Daten zu gewinnen, wie sie von MULLER und ALTENBURG für die Letalfaktoren im X-Chromosom ausgeführt wurden, noch nicht als beweisend angesehen werden können. Allerdings haben diese Versuche eines sehr wahrscheinlich gemacht: nämlich daß die überwältigende Mehrzahl der Mutationen das Entstehen von Letalfaktoren darstellen, eine Tatsache, die für die evolutionistische Betrachtung des Mutationsphänomens von größter Bedeutung ist. An und für sich ist das allerdings nicht sehr merkwürdig. Durch eine mutative Veränderung eines Gens wird ja die gesamte Harmonie der Determinationsvorgänge gestört. So ist es begreiflich, daß sehr häufig die Veränderungen so groß sind, daß eine geordnete Entwicklung nicht mehr möglich ist, und dann sprechen wir eben von letalen Faktoren. Es ist weiterhin begreiflich, daß im allgemeinen Mutationen, die nur geringe phänotypische Veränderungen hervorrufen, größere Aussicht haben zu normalen Formen zu führen als solche, die weitgehende Veränderungen bedingen (STURTEVANT). Im übrigen gibt es auch viele Angaben, besonders für Drosophila, daß gewisse Gene und gewisse Chromosomenregionen mehr zum Mutieren neigen als andere (DEMEREC, MULLER).

An dieser Stelle muß nun noch ein Wort darüber eingeschaltet werden, mit welchem Maß von Sicherheit eine neu erschienene Form als Mutante angesprochen werden kann. Zweifellos gibt es da manche Fehlerquellen, die bei Wechselbefruchtern reichlicher fließen als bei Selbstbefruchtern. Mit dominanten Mutanten, die ja auch in heterozygotem Zustand ohne weiteres sichtbar werden, dürfte es keine Schwierigkeiten geben, um so häufiger aber mit rezessiven Mutanten, die ja nur homozygot zum Vorschein kommen. Denn bei Wechselbefruchtern ist die Möglichkeit gegeben, daß ein rezessiver Faktor dauernd heterozygot durch die Generationen geführt wird, bis einmal zwei Heterozygoten zusammenkommen und ein Viertel der Nachkommenschaft mutiert erscheint. In solchen Fällen mag die Mutation wirklich bei einem großelterlichen Individuum aufgetreten sein; es kann aber auch eine Bastardierung vor vielen Generationen der Erscheinung zugrunde liegen. So gibt es für Drosophila Angaben (TIMOFEEFF), daß Wildformen bei Inzucht rezessive Mutanten abspalten, die also bereits in der Population in heterozygotem Zustand vorhanden waren. Fernerhin sahen wir bereits bei Besprechung des Oenotherafalls, daß eine Mutation dadurch vorgetäuscht werden kann, daß in einer Gruppe von fast völlig gekoppelten Faktoren ein Faktorenaustausch eintritt. HERIBERT-NILSSON hat die Theorie solcher Fälle genauer ausgearbeitet. Nur eine komplizierte Analyse vermag dann die Entscheidung für oder gegen Mutation zu fällen.

Damit kommen wir nun dazu, die Art der genotypischen Veränderung zu betrachten, die als Mutation bezeichnet wird. Wir hörten bereits mehrfach, daß eine Mutante dominant oder rezessiv sein kann. Da ist es zweifellos sehr bemerkenswert, daß die überwältigende Mehrzahl der im Experiment beobachteten Mutanten rezessiv sind. Unter den etwa 400 beschriebenen Mutanten der Drosophila sind nur etwa 10% dominant und von diesen ist ein beträchtlicher Teil nach MULLER in homozygotem Zustand nicht lebensfähig. (Es sei auf die früheren Erörterungen über diesen Punkt bei Letalfaktoren und deficiency verwiesen.) Daneben gibt es aber auch Mutanten, die in F_1 ein intermediäres Verhalten zeigen. Man hat nun vielfach sich so ausgedrückt, daß eine dominante Mutation die Addition eines Gens zu der Erbmasse bedeute, eine rezessive Mutation aber den Ausfall eines solchen. Es scheint aber doch besser zu sein, sich vor solcher Ausdrucksweise zu hüten, da wir tatsächlich nichts über die Veränderung im Chromosom wissen, die als Mutation in Erscheinung tritt. Das einzige, was wir sagen können, ist, daß an einem bestimmten Gen, oder nach MORGANS Auffassung an einem bestimmten Locus im Chromosom eine Veränderung eingetreten ist, und zwar merkwürdigerweise nur an einem Chromosom eines Paares. Welcher Art diese Veränderung ist, läßt sich im Augenblick nicht mit Sicherheit sagen. Vielleicht wird man aber einmal zu genaueren Vorstellungen kommen können, wenn man von einigen besonderen Tatsachengruppen ausgeht. Eine solche ist die Entstehung von Mutanten im Rahmen des multiplen Allelomorphismus. Wir haben bereits früher die Haupttatsachen dieser Erscheinung kennen gelernt und werden auf ihre theoretische Bedeutung nochmals im nächsten Abschnitt zurückkommen. Es scheint, als ob die meisten Gene, wenn nicht alle, die Fähigkeit haben, solche Reihen von multipeln Allelomorphen durch Mutation zu bilden. Wir werden sehen, daß man aus den Tatsachen schließen kann, daß solche multiple Allelomorphe in einer quantitativen Änderung eines Gens beruhen. In neuerer Zeit hat übrigens STURTEVANT einen sehr interessanten Fall analysiert, den wir noch näher kennen lernen werden; hier schien eine multipel-allelomorphe Mutation des Bandaugengens bei Drosophila aufgetreten zu sein, Ultrabandaugen genannt. Es zeigte sich dann, daß in Wirklichkeit ein einseitiger Faktorenaustausch stattgefunden hatte, so daß ein Chromosom eines Paares jetzt zwei Bandaugengene enthielt, das andere gar keins. Die scheinbare Mutation war also eine so zustande gekommene Genverdoppelung. Die zweite Erscheinung, die in diesem Zusammenhang einmal von Bedeutung werden könnte, ist die Tatsache, daß bei Drosophila eine Reihe von Mutanten gefunden wurden, die äußerlich überhaupt nicht zu unterscheiden sind, für die die Erbanalyse aber zeigt, daß sie auf in ganz verschiedenen Chromosomen gelegenen Genen beruhen. Die naive Beschreibung würde das so ausdrücken, daß eine Außeneigenschaft auf der Wirkung verschiedenartiger Gene beruhen kann. Versucht man aber, dieser Ausdrucksweise eine entwicklungsphysiologische Deutung unterzulegen, so könnte man vielleicht zu folgender Betrachtungsweise kommen, die eine Aussicht auf ein Verständnis des Wesens der genotypischen Veränderung eröffnet: Nehmen wir etwa an, es handle sich um eine Augenfarbe von Drosophila und diese stelle eine bestimmte Oxydationsstufe des Pigments dar, die durch die dem Oxydationsvorgang zur Verfügung stehende Zeit bedingt ist. Ein bestimmtes Resultat kann dann zustande kommen auf Grund eines Erbfaktors, der den Zeitpunkt bedingt, an dem die Differenzierung des Auges beginnt; das gleiche Resultat mag aber auch von einem Erbfaktor verursacht werden, der den Zeitpunkt bestimmt, an dem die Oxydation des Pigments aufhört. Derartige Betrachtungen deuten darauf hin, daß vielleicht manche der Probleme, die uns jetzt beschäftigen, gelöst werden können, wenn wir von der in der nächsten Vorlesung zu entwickelnden Anschauung ausgehen, daß Erbfaktoren bestimmte Quantitäten einer Substanz sind, die eine Reaktion in bestimmtem Maß beschleunigen. Dies wird erst später verständlich werden.

In den gleichen Zusammenhang könnten vielleicht noch eine Reihe weiterer Tatsachen eingeordnet werden, die über die Erscheinung der Mutation bekannt wurden. So sind uns, wieder von Drosophila, eine ganze Reihe von Mutanten bekannt geworden, die auf dem Weg einer erneuten Mutation wieder die Ausgangsform lieferten. Dies spricht natürlich sehr dafür, daß die Mutation nicht in einem Ausfall, sondern in einer reversiblen Veränderung bestand. Und dies spricht wieder für unsere Annahme, daß die Mehrzahl der Mutanten Quantitätsänderungen der Gene darstellen. *Rück-
mutation.*

Wir kommen nunmehr zu der wichtigen Frage, zu welchem Zeitpunkt die Veränderung an den Chromosomen vor sich geht, die uns als fak- *Zeitpunkt
des
Mutierens.*

torielle Mutation entgegentritt. Es gibt mehrere Methoden, die ziemlich bindende Schlüsse erlauben; sie gehen wieder fast alle auf die Drosophila- arbeiten der MORGAN-Schule zurück, wichtige Daten verdanken wir aber auch BAURS Antirrhinumuntersuchungen. Bei Drosophila dürfte nach BRIDGES in der Mehrzahl der Fälle die Mutation zur Zeit der Reife- teilungen oder nicht lange vorher eingetreten sein. Das folgt hauptsäch- lich aus den folgenden Befunden: Ungefähr die Hälfte der geschlechts- gebunden vererbten rezessiven Mutanten erschienen zuerst als einzelne Männchen. Die Mutation muß demnach in einem Geschlechtschromosom der Mutter später als die letzte Oogonienteilung stattgefunden haben, so daß nur ein Ei die Veränderung zeigte, die dann bei Befruchtung mit einer Y-Spermie beim Sohn sichtbar wurde. Der gleiche Schluß folgt auch aus der Tatsache, daß zwei Drittel der bekannten dominanten Mu- tationen als einzelne heterozygote Individuen zuerst erschienen. Bei Drosophila sind aber auch Fälle beobachtet, in denen eine Mutter gleich- zeitig mehrere Söhne mit einem mutierten geschlechtsgebundenen Cha- rakter hervorbrachte. In diesem Fall ist anzunehmen, daß die Mutation in den Oogonien stattfand und daß dann noch einige Oogonienteilungen folgten. Ein ähnlicher Fall wurde auch beschrieben, in dem die Ver- änderung in den Spermatogonien erfolgte. Für Gene, die eine besondere Neigung zum Rückmutieren haben, findet aber DEMEREC, daß die Mu- tation zu irgendeiner Zeit im Leben generativer oder somatischer Zellen stattfinden kann.

Vegetative Mutation. In allen diesen Fällen hatten Geschlechtszellen mutiert. Es kann aber keinem Zweifel unterliegen, daß auch somatische Zellen zu ver- schiedenen Zeiten der individuellen Entwicklung mutieren können. Im Pflanzenreich sind schon lange die sogenannten Knospenmutationen be- kannt, die bereits von DARWIN in ihrer Bedeutung gewürdigt wurden. Ein einzelner Sproß oder sonstiger Teil einer Pflanze erscheint plötzlich abweichend von dem Rest und vererbt auch diese Abweichung, wobei der mutierte Teil homo- oder heterozygot sein kann. Im einzelnen Fall muß natürlich ausgeschlossen werden, daß es sich um einen Bastard handelte, in dem eine vegetative Spaltung auftrat, oder um eine Chi- märe (siehe später). Eine Reihe solcher Fälle sind jetzt gründlich nach genetischen Methoden analysiert, z. B. von CORRENS, EMERSON, BLAKES-

LEE, BAUR. BAUR neigt nun neuerdings zur Annahme, daß diese Art von Mutation im Pflanzenreich weitaus die häufigste sei. Wenn solche Mutanten rezessiv sind, werden sie ja an einer homozygot-dominanten Pflanze nicht sichtbar, vielmehr nur an einer heterozygoten Pflanze, wenn der gleiche Faktor mutiert, in dem sie heterozygot ist. Die Wahrscheinlichkeit des Auffindens solcher Mutationen ist daher viel geringer als bei anderen Typen, und da sie trotzdem mehrfach gefunden wurden, schließt BAUR, daß sie den häufigsten Typ darstellen. Es soll übrigens auch nicht verschwiegen werden, daß wir im Tierreich auch derartige vegetative Mutation kennen. MORGAN und BRIDGES beobachteten sie bei den sogenannten Gynandromorphen von Drosophila. Ein Gynandromorph ist ein Individuum, das infolge abnormer Verteilung der X-Chromosomen ein Mosaik aus männlichen und weiblichen Teilen darstellt. Wenn in einem solchen Gynandromorphen während der Entwicklung eine dominante Mutation in einer Zelle auftritt oder auch eine rezessive geschlechtsbegrenzte im männlichen Mosaikteil, dann müssen alle von dieser Zelle abgeleiteten Zellen den mutierten Charakter zeigen. Auch somatische Mosaikmutationen, also ohne Kombination mit Gynandromorphismus, sind mehrfach bei Drosophila beobachtet worden.

Damit kommen wir nun zu der wichtigen Frage nach den Ursachen der faktoriellen Mutation. Bis vor kurzem konnte man die Frage einfach so beantworten, daß darüber gar nichts bekannt sei. Trotz aller möglichen Versuche war es nie mit Sicherheit gelungen, experimentell Mutationen zu erzeugen. Die jüngste Zeit hat nun die ersten Erfolge gebracht. Die ersten erfolgreichen Versuche stammen von J. W. H. HARRISON. Es ist längst bekannt, daß in Mitteleuropa wie in England seit weniger als einem Jahrhundert vorher nie beobachtete oder sehr seltene melanistische Formen von einigen Schmetterlingen auftreten, die allmählich die Stammform verdrängen. Solche Fälle sind genetisch analysiert worden (z. B. der Fall der Nonne durch GOLDSCHMIDT), wobei es sich zeigte, daß die Melanismen auf dominanten, rezessiven, geschlechtsgebundenen oder auch polymeren Genen, je nach dem Einzelfall, beruhen können. Es wurde nun ferner schon lange festgestellt, daß diese Melanismen besonders häufig in Industriegebieten auftreten und der Ruß oder andere Veränderungen der Atmosphäre als Ursache ihres Erscheinens angesehen. Von diesen Tatsachen ausgehend fütterte HARRISON einen reinen Stamm von Selenia bilunaria mit Blättern, die Bleimanganat aufgenommen hatten. Er erhielt dann in der zweiten Generation einige schwarze Individuen, die sich als einfache Rezessive erwiesen. Ob damit der definitive Beweis einer erfolgreichen Mutationserzeugung erbracht ist, sei dahingestellt.

Wesentlich weiter gehen die erst nur in kurzen Mitteilungen vorliegenden Experimente von MULLER. Er behandelte Drosophila mit genau dosierter Röntgenstrahlenexposition. Die Versuche konnten dank der wunderbar entwickelten Methodik der Drosophilaexperimente so angestellt werden, daß praktisch alle Fehlerquellen ausgeschlossen waren und Mutanten sofort sichtbar werden mußten. Tatsächlich gelang es, einen außerordentlich hohen Prozentsatz von Mutanten zu erzeugen, und zwar einen sehr viel höheren als je vorher bekannt war. Darunter fanden sich sowohl viele der sonst schon bei Drosophila bekannten Mutanten als auch ganz neue. Noch wissen wir nicht, wie die Röntgenstrahlen hier die Gene oder die Chromosomen beeinflußt hatten. Aber der erste Schritt zu tieferem Eindringen in die Ursachen der Mutation scheint jetzt getan.

Komplexmutation. Bei dem bisher besprochenen Typ der faktoriellen Mutation war es nur ein einziger Erbfaktor, der abgeändert war und dementsprechend zeigten die Mutanten bei Kreuzung mit der Stammform ein einfaches mendelndes Verhalten. Als einen zweiten Typ der Mutation muß man den bezeichnen, bei dem mehr als ein einzelner Erbfaktor, ein Faktorenkomplex von der mutativen Abänderung betroffen wird. Wohl der erste derartige Fall wurde von BRIDGES für Drosophila beschrieben. Hier war ein ganzer Abschnitt eines Chromosoms (nach der früher besprochenen Auffassungsweise) entweder ausgefallen oder unwirksam geworden. Wir haben diese „deficiency"-Mutationen bereits im Abschnitt über Letalfaktoren besprochen. Hierher kann man noch die von der MORGAN-Schule bei Drosophila gefundenen Fälle rechnen, in denen Stücke eines Chromosoms verdoppelt, oder an ein anderes Chromosom angeheftet, oder umgedreht erschienen. Da dies alles auch ein geändertes Erbverhalten zur Folge hat, kann es dem Begriff der Mutation zugerechnet werden. Einen vielleicht hierher gehörigen Fall hat NILSSON-EHLE für die Speltoidmutationen des Hafers beschrieben, die auf Grund seiner Untersuchungen Komplexmutationen, also Veränderung eines Komplexes stark gekoppelter Faktoren darstellen. Der Beweis wird aus dem Vorkommen von Faktorenaustauschkombinationen abgeleitet. Im Augenblick läßt sich wohl noch nicht voraussagen, welche Rolle diese Komplexmutationen einmal in der Mutationslehre spielen werden, um so mehr als WINGE für solche Speltoidmutationen zu zeigen versuchte, daß sie auf abnormem Verhalten ganzer Chromosomen in den Reifeteilungen beruhen.

Eine dritte Form der Mutation betrifft nun ganze Chromosomen. Wir behandelten bereits früher ausführlich den Fall des Nichtauseinanderweichens der Geschlechtschromosomen. Dies bestand darin, daß bei der Reifeteilung beide X-Chromosomen beisammen blieben, so daß Eier mit 2 X und solche ohne X entstanden und nach der Befruchtung somit Individuen mit 3 X oder ganz ohne X neben den normalen. Wir hörten auch bereits, daß dies Phänomen durch Röntgenstrahlen hervorgerufen werden kann (MAVOR). Neuerdings hat nun BRIDGES einen ähnlichen Fall für das 4. Chromosom von Drosophila beschrieben und genetisch wie cytologisch analysiert, der auch hier das gleiche Nichtauseinanderweichen beweist und damit einen neuen bedeutenden Beweis für die Chromosomentheorie liefert, wie wir schon sahen. Die entstehenden Individuen mit nur einem 4. Chromosom sind völlig abweichend vom Typus und können ebensogut auch als neue Mutation durch Ausfall eines ganzen Chromosoms beschrieben werden. Aber da sie nicht lebensfähig sind, wenn beide 4. Chromosomen fehlen, so könnte eine derartige „Mutation" sich nicht erhalten. Da aber nun beim Nichtauseinanderweichen Individuen mit 3 solchen Chromosomen gebildet werden und ein Teil ihrer Geschlechtszellen dann deren 2 haben, so kann bei Befruchtung auch ein Individuum mit 4 Chromosomen der gleichen Art gebildet werden; im gegebenen Fall wäre also eine Drosophila mit 5 statt 4 Chromosomenpaaren erschienen und zwei dieser Paare wären identisch. Sollte dies nicht auch eine Art von Mutation darstellen? Tatsächlich hat neuerdings BLAKESLEE für Datura stramonium das Erscheinen von Mutanten festgestellt, die durch Verdoppelung eines Chromosoms entstehen und die er trisom nennt, weil sie 1 Chromosom in 3 Exemplaren besitzen.

Die normale Chromosomenzahl dieser Pflanze ist 24; alle mutierten
Pflanzen besaßen aber 25 und bildeten Gameten mit 12 und mit 13 Chromosomen, wie genetisch und cytologisch nachgewiesen wurde. Es ist
nun merkwürdig, daß in den Zuchten genau 12 verschiedene Mutanten
erschienen, die die Chromosomenaddition zeigten. Da aber die haploide

Abb. 145. Daturakapseln der Stammform und der 12 hauptsächlichen Mutanten.
Nach BLAKESLEE.

Chromosomenzahl 12 ist, so nimmt BLAKESLEE an, daß bei jeder Mutante ein anderes Chromosom sich verdoppelt habe. In Abb. 145 sind
die Samenkapseln der Ausgangsart und der 12 trisomen Mutanten abgebildet. Bis jetzt gelang es aber nur für wenige von ihnen durch Koppelungsanalyse den exakten Nachweis zu erbringen, daß es sich wirk-

lich um bestimmte und verschiedene Chromosomen handelt. Die trisomen Mutanten von Oenothera sind uns bereits begegnet. BLAKESLEE konnte dann auch Formen züchten, bei denen 2 der Chromosomen verdoppelt wurden. Unter den zahlreichen weiteren Einzelheiten interessiert das Auftreten von Formen, bei denen angenommen wird, daß das Extrachromosom aus verschiedenen Halbchromosomen besteht.

Der Mutation durch Verdoppelung eines Chromosoms schließt sich endlich als 4. Mutationstyp die Mutation durch Verdoppelung eines oder beider Chromosomensätze an. Da man die Normalzahl der Chromosomen als diploid bezeichnet, die reduzierte Zahl aber als haploid, so wären die genannten Mutanten als triploid und tetraploid zu bezeichnen. Diese Form der Mutation begegnete uns bereits bei der Betrachtung des Oenotherafalles, als wir das Entstehen der tetraploiden Oenothera gigas und der triploiden semigigas betrachteten. Tatsächlich war dies der erste Fall, in dem eine Mutation durch Tetraploidie erkannt wurde. Das Hauptcharakteristikum dieser und auch anderer seitdem bekannt gewordener tetraploiden Mutanten ist der Riesenwuchs. Seit den Untersuchungen von BOVERI, GERASSIMOFF und R. HERTWIG wissen wir ja, daß die Zellengröße ceteris paribus der Chromosomenzahl proportional ist, und so müssen sich auch haploide, diploide, triploide und tetraploide Zellen der gleichen Art durch ihre Größe unterscheiden. Sehr schön illustriert dies die umstehende Abb. 146 von den Blattzellen des Mooses Funaria, bei dem sich leicht experimentell haploide, diploide, tetraploide und polyploide Individuen herstellen lassen (MARCHAL, v. WETTSTEIN); die Abbildung zeigt Zellen der 3 Typen bei gleicher Vergrößerung. So wird also der Riesenwuchs der gigas direkt durch die Zellgröße, d. h. die verdoppelte Chromosomenzahl hervorgerufen.

Seit der Entdeckung der Oenothera gigas sind zahlreiche tetraploide Mutanten bekannt geworden, die teils in ihrer Entstehung beobachtet, teils in der Natur gefunden wurden. Sie scheinen bei Pflanzen ziemlich häufig zu sein. Im einzelnen sollte natürlich in jedem Fall der Beweis geliefert werden, daß wirklich 4 identische Chromosomensätze vorhanden sind. Das kann durch die F_1-Spaltung bewiesen werden, falls mendelnde Gene vorhanden sind. Denn diese müssen sich dann, da 4 Gene der gleichen Sorte vorliegen, nach anderen Zahlenverhältnissen rekom-

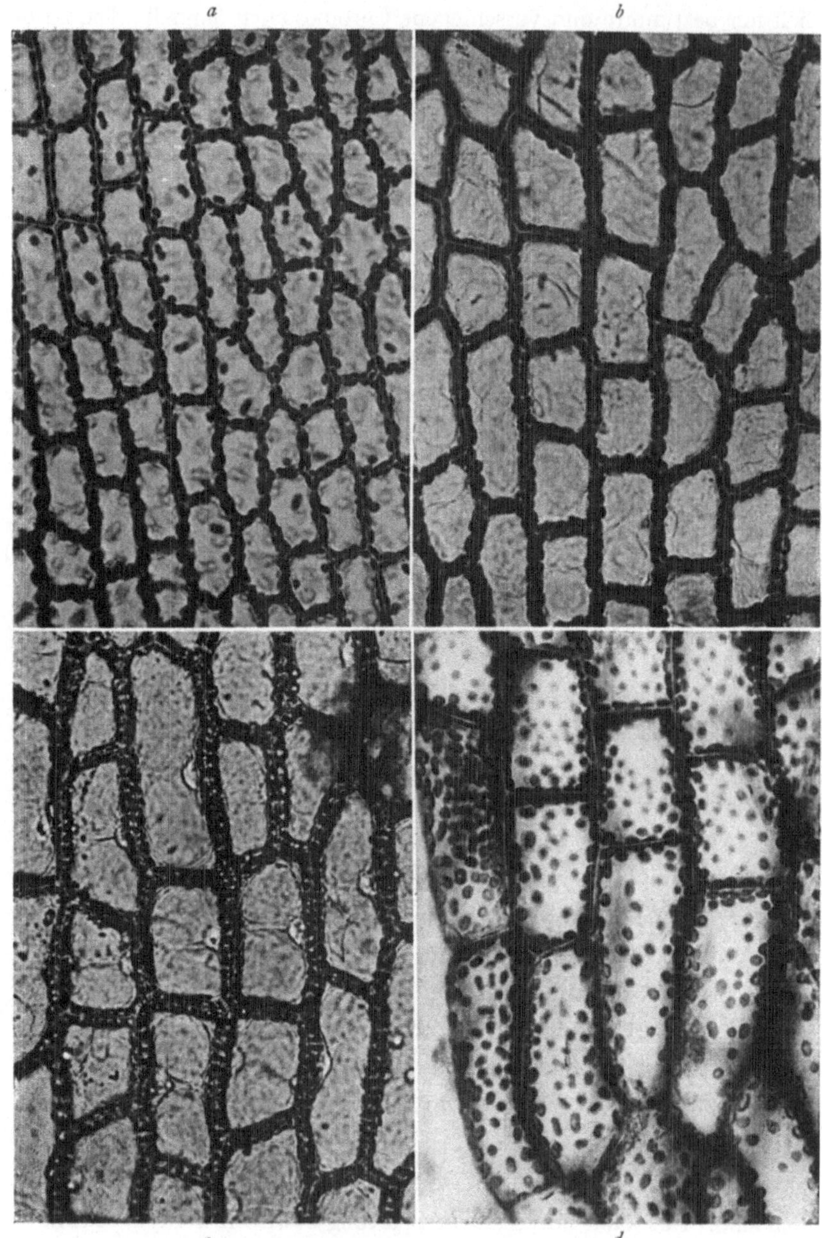

Abb. 146 *a–d*. Blattzellen des Mooses Funaria. *a* haploid, *b* diploid, *c* triploid, *d* tetraploid. Nach F. v. WETTSTEIN.

binieren als im einfachen MENDEL-Fall. So ist bei 2 Merkmalspaaren anstatt des Verhältnisses 9 : 3 : 3 : 1 zu erwarten 1225 : 35 : 35 : 1, und diese Zahlen wurden denn auch bei Datura-Tetraploiden von BLAKESLEE gefunden.

Es fragt sich nun, welche Ursachen zur Entstehung tetraploider oder überhaupt polyploider Formen führen. Da sind zunächst experimentelle Methoden bekannt, ohne daß sich sagen ließe, daß der gleiche Vorgang auch spontan in der Natur vorkäme und somit die polyploide Mutation bedinge. Schon lange hat GERASSIMOFF in seinen Versuchen, die die Lehre von der Kernplasmarelation begründeten, gezeigt, daß man durch Temperaturerniedrigung die Zellteilung so hemmen kann, daß nach der Chromosomenspaltung die Zellteilung unterbleibt und so Zellen mit doppelter Chromosomenzahl entstehen. Eine andere Methode ist die der Regeneration der Sporophyten von Moosen, wobei ein diploider Gametophyt (anstatt haploid) regeneriert, der dann zu tetraploidem Sporophyt wieder führt, wie seit den Versuchen von E. und E. MARCHAL bekannt ist. Neuerdings hat F. v. WETTSTEIN diese Methode ausgiebig benutzt und es bis zu sedecimvalenten Formen gebracht. Eine dritte Experimentalmethode wurde von WINKLER entdeckt. Bei Erzeugung von Adventivsprossen aus dem Kallusgewebe zweier aufeinandergepfropfter Solanum kam es zu Zellverschmelzungen und damit zur Bildung tetraploider Sprosse, die weitergezüchtet werden konnten.

Ob in der Natur Mutanten auf einem dieser drei Wege entstehen können, ist nicht bekannt. Es ist zum mindesten wahrscheinlich, daß tetraploide Mutanten gewöhnlich auf andere Art entstehen, nämlich durch Störungen des Chromosomenmechanismus in den Reifeteilungen, wodurch einzelne diploide Gameten gebildet werden, die bei der Befruchtung zu triploiden bzw. tetraploiden Formen führen können. Allerdings kann eine solche tetraploide Mutation auch vorgetäuscht werden, wenn im Gefolge von Speziesbastardierung die gleichen Chromosomenabnormitäten auftreten, wofür es schon zahlreiche Beispiele gibt. Wir kommen darauf sogleich zurück. Dies zeigt übrigens, daß die Bezeichnung Mutation für das Auftreten tetraploider Formen nur mit großer Vorsicht anzuwenden ist.

Diese letzteren Bemerkungen stellen uns nun zum Schluß vor die Frage, der ja das Mutationsphänomen hauptsächlich seine Bedeutung verdankt, die Frage nach der Bedeutung der Mutation für die Artbildung. DARWIN hatte sich, wie im Eingang dieser Vorlesung ausgeführt, bereits die Frage vorgelegt und war zum Schluß gekommen, daß die „Sports" nicht für die Artbildung in Betracht kämen. Heute hat nun allerdings die ganze Fragestellung ein anderes Gesicht bekommen. Die Mehrzahl der Vererbungsforscher nimmt ja an, daß Veränderungen am Soma nicht weiter auf das Keimplasma einwirken. Neue erbliche Charaktere müssen also auf Veränderungen des Keimplasmas zurückzuführen sein. Wenn man aber solche Veränderungen als Mutationen bezeichnet, dann ist natürlich überhaupt keine andere Form der Artbildung als durch Mutation denkbar. Dies ist aber nicht das Problem. Es handelt sich vielmehr darum, ob die im vorhergehenden beschriebenen Typen der Mutation, nämlich die Mutation eines Gens, eines Genkomplexes, Verdoppelung eines oder aller Chromosome zur Artbildung führen.

Wenn wir nun die bisher analysierten faktoriellen Mutationen betrachten, so fällt ohne weiteres auf, daß sie einmal besonders häufig zu Charakteren führen, die in der Natur nicht lebensfähig wären, da sie konkurrenzunfähige Abnormitäten darstellen, sodann, daß nach dem Urteil der erfahrensten Forscher die Mehrzahl der Mutanten eine ganz allgemein herabgesetzte Vitalität besitzen. Dieser Schwierigkeit begegnen die Anhänger der Mutationstheorie dadurch, daß sie sagen, daß die von uns beobachteten und analysierten Mutanten nur extreme, in die Augen springende Fälle sind, während uns alle Mutanten, die nur kleine Veränderungen bedingen, verborgen bleiben (STURTEVANT, BAUR). Je geringer aber der Sprung, um so geringer auch die Störung in der Vitalität. Bei einem Vergleich nahe verwandter Arten mit den Mutationen einer Art zeigt sich nun, wie z. B. STURTEVANT für Drosophila zeigte, daß die Mutanten sich durch eine oder wenige größere Differenzen von der Stammform unterscheiden, während die gesamte übrige Organisation konstant bleibt. Die Arten aber unterscheiden sich durch viele minimale Unterschiede, die aber nun den ganzen Organismus betreffen. Das bedeutet aber, daß die Arten durch Anhäufung vieler kleiner Unterschiede, die wohl auf zahlreichen mutierten Genen beruhen, entstehen. Mit anderen Worten, die letzten Entwicklungen des Mendelismus führen wieder auf DARWINS Vorstellungen zurück. Es sei nur darauf hingewiesen, daß wir früher schon angeführt haben, daß diese kleinen, artbildenden Veränderungen leichter als Veränderungen in der Quantität der Gene aufgefaßt werden können.

Welche experimentellen Tatsachen lassen sich in diesem Zusammenhang anführen? Es kommen wohl nur solche Resultate von Artkreuzungen in Betracht, die sich auf mendelnde Gene beziehen. Wir haben ja bereits die Fälle kennen gelernt, in denen Artkreuzungen mehr oder minder analysierbare MENDEL-Spaltungen zeigten, was also zeigt, daß hier eine Differenz in bezug auf viele mendelnde Gene vorlag. Wichtiger noch dürfte die Genanalyse bei verwandten Arten sein. Das beste Material darüber verdanken wir wieder den Arbeiten der Drosophilaforscher, hauptsächlich STURTEVANT. Es zeigt sich, daß verwandte Spezies, die aber bis auf eine schon früher besprochene Kombination nicht miteinander gekreuzt werden können, ähnliche Mutanten bilden. In einigen Fällen liegen die betreffenden Gene auch in dem gleichen Chromosom, z. B. dem X-Chromosom, und zwar manchmal in gleicher, manchmal in verschiedener Reihenfolge. Auch gibt es Gene, die parallele Serien multipler Allelomorphe bilden. So kann man schließen, daß verwandte Arten viele identische Gene besitzen müssen, die zum Teil auch nach den gleichen Gesetzmäßigkeiten sich durch Mutation verändern. Das gleiche könnte man auch aus den vielen Parallelmutationen der verschiedenen Nagetierarten schließen. Aber eine richtige Einsicht in die wirklichen Differenzen der Arten konnte man bisher so noch nicht erhalten, und es ist kaum möglich eine definitive Stellungnahme zu vollziehen. Die oben gegebenen Schlußfolgerungen sind beim jetzigen Stand unseres Wissens die bestbegründeten.

Es frägt sich schließlich, welche Bedeutung die trisomen und polyploiden Mutanten für die Artbildung haben können. Wenn wir uns nur an ihre Entstehung durch Mutation halten, so kann die Bedeutung keine große sein. Ob man tetraploide Formen als solche trotz unveränderten Genbestandes in bezug auf die Qualität der Gene als Arten bezeichnen will, ist Geschmacksache. Nach Kreuzung tetraploider Formen mit der Stammart treten alle möglichen Chromosomenzahlen in der F_2 auf und damit auch sehr verschiedene Typen (Oenothera, Solanum). In späteren Generationen tritt aber eine Zurückregulation auf die normale Chromosomenzahl ein. Immerhin ist es möglich, daß dann auch konstante Formen mit abweichender Chromosomenzahl erhalten werden, die dann als Arten bezeichnet werden können. Das ist aber bereits eine Artbildung im Gefolge von Kreuzung unter Ausbildung einer neuen Chromosomenzahl. Ein solcher Vorgang scheint im Pflanzenreich wenigstens sehr häufig zu sein. Es gibt jetzt eine außerordentliche Zahl von Fällen (z. B. Getreidearten, Chrysanthemum, Viola), in denen nahe verwandte Arten verschiedene Chromosomenzahlen zeigen, die Multiple einer Grundzahl bilden, etwa 8, 16, 24, 32. Eine sehr umfangreiche Literatur (z. B. BELLING, BLACKBURN, CLAUSEN, HEILBORN, HARRISON, KARPETSCHENKO, KIHARA, DE MOL, NAWASCHIN, SAKAMURA, SAX, TAHARA, WINGE bei Pflanzen, ARTOM und VANDEL bei Tieren) hat sich mit diesen Fällen beschäftigt, und man hat mancherlei Gründe geltend gemacht, die dafür sprechen, daß dies eine Folge von Artbastardierung mit folgender Störung des Chromosomenmechanismus sein könne. Manches davon begegnete uns schon bei der Besprechung der Speziesbastarde. In anderen Fällen aber sind die Chromosomenzahlen nicht in so einfachen Reihen vorhanden, wobei aber auch die Möglichkeit der Verdoppelungen oder Fragmentierung einzelner Chromosomen in Betracht zu ziehen ist. Tatsächlich kennen wir so viele abnorme Vorgänge am Chromosomenmechanismus von Speziesbastarden, daß die Möglichkeiten des Entstehens neuer, konstanter Formen, die dann als neue Spezies zu bezeichnen sind, sehr zahlreich sind, wenn es wohl auch zu weit geht, wie LOTSY die Speziesbildung ausschließlich auf Artkreuzungen zurückzuführen. Gerade auf diesem Gebiet sind aber in der nächsten Zukunft viele neue Entdeckungen zu erwarten, wie z. B. die merkwürdigen Befunde an den Chromosomen von Crepisbastarden (NAWASCHIN) zeigen, die dann vielleicht eine systematische Darstellung auch dieses Tatsachengebiets erlauben werden.

Literatur zur siebzehnten Vorlesung.

ARTOM, C.: Il significato delle razze e delle specie tetraploidi e il problema della loro origine. Riv. di biol. **3**. 1921.

BABCOCK, E. B.: Crepis, a promising genus for genetic investigations. Americ. Naturalist **44**. 1920.

BATESON, W.: Materials for the study of variation. London 1894.

— 457 —

Baur, E.: Mutationen von Antirrhinum majus. Zeitschr. f. indukt. Abstammungs- u. Vererbungslehre **19**. 1918. — Ders.: Untersuchungen über Faktormutationen I—III. Ebenda **41**. 1926. — Ders.: Die Bedeutung der Mutation für das Evolutionsproblem. Ebenda **37**. 1925.

Belling, J.: Production of triploid and tetraploid plants. Journ. of Heredity **16**. 1925.

Blackburn, K. B. and Harrison, J. W. H.: A preliminary account of the chromosomes and chromosome behaviour in the Salicaceae. Ann. of Botany **38**. 1924. — Dies.: Genetical and cytological studies in hybrid roses. Brit. Journ. of Exp. Biol. **1**. 1924.

Blakeslee, A. F.: Types of mutation and their possible significance in evolution. Americ. Naturalist **55**. 1921. — Ders.: A dwarf mutation in Portulaca showing vegetative reversions. Genetics **5**. 1920. — Ders.: Nubbin, a compound chromosomal type in Datura. Ann. of Acad. Science **30**. New York 1927. Hier die früheren Arbeiten über Datura zitiert.

Bridges, C. B.: The developmental stages at which mutations occur in the germ tract. Proc. of the Soc. f. Exp. Biol. a. Med. 1919. — Ders.: Deficiency. Genetics **2**. 1917. — Ders.: Genetical and cytological proof of non-disjunction of the fourth chromosome of Drosophila melanogaster. Proc. of the Nat. Acad. Science **7**. 1921.

Chittenden, R. J.: Vegetative Segregation. Bibliogr. Genetica **3**. 1927. Hier Literatur über vegetative Mutation.

Chodat, F.: Recherches expérimentales sur la mutation chez les champignons. Bull. Soc. bot. Génève **18**. 1926.

Clausen, J.: Increase in chromosome numbers in Viola experimentally induced by crossing. Heredity **5**. 1924.

Darwin, Ch.: Two essays written in 1842 and 1844. Deutsche Ausgabe: Die Fundamente zu Charles Darwins Entstehung der Arten. Leipzig 1910.

Demerec, M.: Miniature alpha, a second frequently mutating character in Drosophila virilis. Proc. of Nat. Acad. **12**. Washington 1926.

Emerson, R. A.: Genetical analysis of variegated pericarp in maize. Genetics **2**. 1917.

Frolowa, S.: Normale und polyploide Chromosomengarnituren bei einigen Drosophilaarten. Zeitschr. f. Zellforsch. u. mikroskop. Anat. **3**. 1926.

Gairdner, A. E.: Campanula pernicifolia and its tetraploid form Telham beauty. Journ. of Genetics **16**. 1926.

Gates, R. R.: Species and chromosomes. Nature 1924.

Gerould, J. H.: Blue green caterpillars etc. Journ. of Exp. Zool. **34**. 1921.

Goldschmidt, R.: Erblichkeitsstudien an Schmetterlingen III. Der Melanismus der Nonne. Zeitschr. f. indukt. Abstammungs- u. Vererbungslehre **25**. 1921. — Ders.: Das Mutationsproblem. Ebenda **30**. 1923.

Harrison, J. W. H. and Garrett, F. C.: The induction of melanism in the Lepidoptera and its subsequent inheritance. Proc. of the Roy. Soc. of London B. **99**. 1926.

Heilborn, O.: Chromosome numbers and dimensions, species-formation and phylogeny in the genus Carex. Heredity 5. 1924.

Heribert-Nilsson, N.: Eine Mendelsche Erklärung der Verlustmutation. Ber. d. dtsch. botan. Ges. 34. 1916.

Hertwig, R.: Abstammungslehre und neuere Biologie. Jena 1922. Zusammenfassende Darstellung der Artbildungsprobleme vom alten wie neuen Standpunkt.

Just, G.: Die Entstehung neuer Erbanlagen. Ergebn. d. ges. Med. 1927.

Karpetschenko, G. D.: The production of polyploid gametes in hybrids. Hereditas 9. 1927.

Kihara, H.: Über cytologische Studien bei einigen Getreidearten. Bot. Mag. Tokyo 35. 1921.

Kihara, H. und Ono, T.: Chromosomenzahlen und systematische Gruppierung der Rumexarten. Zeitschr. f. Zellforsch. u. mikroskop. Anat. 4. 1926.

Korschinsky, Heterogenesis und Evolution. Flora 80. 1901.

Mavor, J. W.: The production of non disjunction by X-Rays. Journ. of Exp. Zool. 39. 1924.

Mohr, O. L.: Character changes caused by mutation of an entire region of a chromosome in Drosophila. Genetics 4. 1919.

de Mol, W. E.: De l'existence de variétés hétéroploides de l'Hyacinthus orientalis L. Arch. néerl. Sc. 4. 1921.

Morgan, Th. H.: Die stofflichen Grundlagen der Vererbung. Deutsche Ausgabe. Berlin 1921. — Ders.: Recent results relative to chromosomes and Genetics. Quart. Rev. of Biol. 1. 1926.

Morgan, Th. H. and Bridges, C. B.: The origin of gynandromorphs. Carnegie Institution Publications 278. Washington.

Muller, H. J.: Why is polyploidy rarer in animals than in plants? Americ. Naturalist 59. 1925. — Ders.: Artificial transmutation of the gene. Science 66. 1927.

Muller, H. J. and Altenburg, E.: The rate of change of hereditary factors in Drosophila. Proc. of Soc. Exp. Biol. Med. 17. 1919.

Nawaschin, M.: Über die Veränderung von Zahl und Form der Chromosomen infolge der Hybridisation. Zeitschr. f. Zellforsch. u. mikroskop. Anat. 6. 1927. — Ders.: Variabilität des Zellkernes bei Crepisarten in bezug auf die Artbildung. Ebenda 4. 1926.

Nilsson-Ehle, H.: Multiple Allelomorphe und Komplexmutationen beim Weizen. Hereditas 1. 1920.

Rosenberg, O.: Chromosomenzahlen und Chromosomendimensionen in der Gattung Crepis. Arkiv for Botanik 15. 1898.

Sakamura, T.: Kurze Mitteilung über die Chromosomenzahlen und die Verwandtschaftsverhältnisse der Triticumarten. Bot. Mag. Tokyo 32. 1918.

Sturtevant, A. H.: The North-American species of Drosophila. Carnegie Institution Publications 301. Washington 1921.

Timofeeff, H. A. und Ressowsky, N. W.: Genetische Analyse einer freilebenden Drosophila melanogaster-Population. Roux' Arch. 109. 1927.

Tower, W. L.: An investigation of evolution in Chrysomelid beetles of the genus Leptinotarsa. Carnegie Institution Publications **48**. 1906.

Vandel, A.: Gigantisme et Triploidie chez l'isopode Trichoniscus (Spiloniscus) provisorius Racovitza. Cpt. rend. des séances de la soc. de biol. **97**. 1927.

de Vries, H.: Die Mutationstheorie. 1901—1903.

von Wettstein, F.: Wie entstehen neue vererbbare Eigenschaften. Züchtungskunde **2**. 1927. — Ders.: Die Erscheinung der Heteroploidie, besonders im Pflanzenreich. Ergebn. d. Biol. **2**. 1927. Hier Literatur. — Ders.: Morphologie und Physiologie des Formwechsels der Moose auf genetischer Grundlage I. Zeitschr. f. indukt. Abstammungs- u. Vererbungslehre **33**. 1924. — Ders.: Kreuzungsversuche mit multiploiden Moosrassen I—II. Biol. Zentralbl. **43**. 1923. **44**. 1924.

Winge, Ö.: Cytologische Untersuchungen über Speltoide. Hereditas **5**. 1924.

Winkler, H.: Über die Entstehung von genotypischer Verschiedenheit innerhalb einer reinen Linie. Ber. d. dtsch. Ges. f. Vererbungswiss. Zeitschr. f. indukt. Abstammungs- u. Vererbungslehre **27**. 1921.

Wriedt, Chr.: Vererbungslehre der landwirtschaftlichen Nutztiere. Berlin: Parey 1927.

Achtzehnte Vorlesung.

Pfropfbastarde und Chimären.

In der letzten Vorlesung sind uns bereits die vegetativen Mutationen begegnet, die zu Individuen führen, die ein Mosaik verschiedener genetischer Beschaffenheit darstellen. Außerdem sind uns bereits mehrfach genetische Mosaiks in bezug auf die Geschlechtschromosomen, die Gynandromorphen begegnet. Das führt nun zu der Frage, ob es möglich ist, auf dem Wege über Mosaiks auf somatischem Wege, ohne Befruchtung,

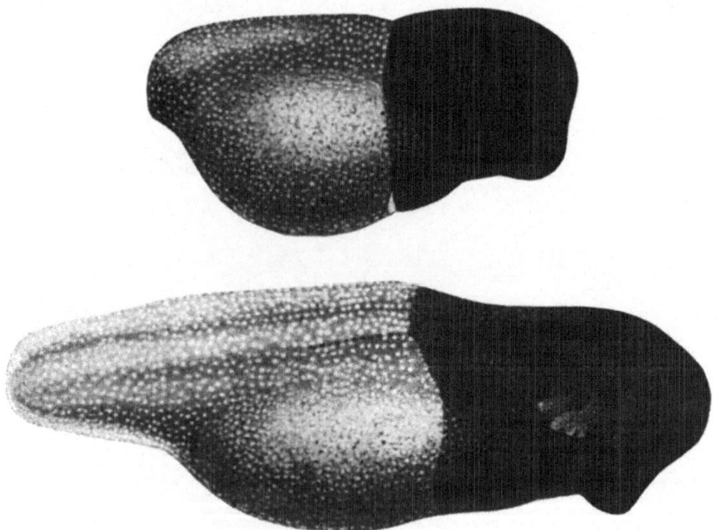

Abb. 147. Zusammengesetzte Embryonen; vorne Rana sylvatica, hinten R. palustris, in verschiedenen Altersstadien. Nach HARRISON.

Bastarde zu erzeugen, ein Problem das im Zusammenhang mit den sogenannten Pfropfbastarden viel erörtert wurde. Im Tier- wie im Pflanzenreich gelingt es ja bekanntlich, Teile verschiedenartiger Individuen miteinander zu einer Einheit zu verbinden, indem sie mit künstlich gesetzten Wundflächen aufeinander geheilt werden. Im Tierreich nennt man das Verfahren meist Transplantation, besonders wenn nur kleine Gewebs- oder Organteile des einen Individuums dem andern einverleibt werden, im Pflanzenreich ist diese vegetative Vereinigung als Okulierung und Pfropfung allgemein bekannt. Die Frage ist nun die, ob bei einer derartigen Vereinigung von Individuen verschiedener Art oder Rasse die Gewebe dauernd getrennt nebeneinander bestehen bleiben, ob sie sich zu einem Bastardgewebe vereinigen können oder ob vielleicht durch eine der Befruchtung vergleichbare vegetative Zellverschmelzung der Ausgangspunkt für eine Bastardentwicklung gegeben werden kann. Für das Tierreich können wir uns in bezug auf diese Frage sehr kurz fassen: bis jetzt ist nichts bekannt geworden, was auch nur entfernt auf eine der beiden letzteren Möglichkeiten hindeuten könnte. Bei Vereinigung artfremder Tierstücke können wohl Doppelwesen entstehen, in denen aber stets die beiderlei Bestandteile deutlich getrennt bleiben. Nebenstehende Abb. 147 zeigen solche Doppelwesen verschiedener Froscharten, in denen sich aber die Bestandteile, im Beispiel durch die Pigmentierung der Haut, deutlich abgrenzen lassen. Noch schöner zeigt dies das von SPEMANN erzeugte bilaterale Doppelwesen zwischen zwei

Abb. 148. Doppelwesen, links Triton taeniatus, rechts T. taeniatus $\times$ cristatus. Nach SPEMANN.

Tritonarten, das durch Zusammenwachsen halbierter früher Embryonalstadien entstand (Abb. 148). Auch bei Schmetterlingen gelangen CRAMPTON solche Versuche. Es ist allerdings noch nicht gelungen, solche Tiere zur Fortpflanzung zu bringen; auch auf dem Wege der Regeneration, der für das Pflanzenreich, wie wir gleich sehen werden, so bedeutungsvolle Ergebnisse zeitigte, konnte nichts erzielt werden. Wurde einer der erwähnten sehr jungen Doppellarven in der Art wie es umstehende

Abb. 149 zeigt, ein Stück des Muttertieres und des Pfropfstückes gleichzeitig abgeschnitten, so regenerierte von der Wundfläche her ein neuer
Schwanz. An dem Regenerat aber beteiligen sich in gleicher Weise die
beiderlei Gewebe, ohne sich dabei irgendwie zu einer Einheit, einem Bastardgewebe zu vereinigen.

Sehr viel intensivere Durchmischung der Gewebe konnten GOETSCH
und ISSAJEW nach Pfropfung von zwei Hydraarten erhalten. Hier wachsen die beiderlei Zellen so durcheinander, daß ein neuer einheitlicher
Typ entsteht, der durch Knospen fortgepflanzt werden kann. Aber die
einzelnen Gewebszellen bleiben trotz der innigen Durchmischung vollständig getrennt.

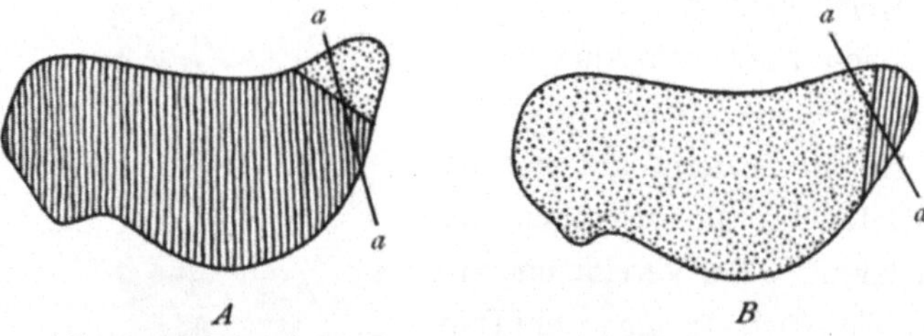

Abb. 149. *A* Larve von Rana sylvatica mit aufgepfropftem Schwanz von R. palustris.
B Larve von R. palustris mit Schwanz von R. sylvatica. *a—a* ist die Schnittlinie.
Nach MORGAN aus KORSCHELT.

Wenn es überhaupt nun möglich sein sollte, auf vegetativem Wege
Bastarde zu erzeugen, so ist es zweifellos weit eher im Pflanzenreich als
im Tierreich zu erwarten, besonders da, wie wir in der letzten Vorlesung
hören werden, bei den Pflanzen der für das Tierreich so charakteristische
Gegensatz zwischen Soma und Geschlechtszellen nicht besteht, so daß
man von vornherein die Möglichkeit nicht bestreiten kann, daß zwei
vegetative Gewebezellen sich so miteinander vereinigen, daß ein dem
Befruchtungsprozeß entsprechendes Resultat zustande käme. (Wir sprachen davon bereits bei der Diskussion der experimentellen Polyploidie.)
Wenn dieser Nachweis allerdings gelänge, so wäre er in seinen weiteren
Folgerungen für die ganze Befruchtungs- und Bastardierungslehre von
elementarer Bedeutung. Die Idee nun, daß es vegetativ, also durch
Pfropfung erzeugte Bastarde, Pfropfbastarde, geben könne, ist oft diskutiert worden und sie hat ihren Ausgang stets von drei gleich berühmten Fällen genommen, die ihre Erklärung am besten auf solchem

Wege finden sollten. Der erste ist der Fall des Goldregens *Cytisus Adami*. Der Cytisus Adami. Er entstand im Jahre 1825 in ADAMS Garten in der Nähe von Paris und zwar im Anschluß an eine Pfropfung von Cytisus purpureus auf Cytisus laburnum. Seine von ADAM mitgeteilte Entstehungsgeschichte, die ihn auf die gleiche Stufe wie alle anderen sogenannten Pfropfbastarde stellt, wurde vielfach angezweifelt. Jetzt ist aber nach allem, was wir wissen, kein Grund mehr vorhanden daran zu zweifeln, obwohl der Ursprungsbaum verloren gegangen ist. Er konnte aber seitdem weder neugebildet noch auch auf dem Wege echter Bastardierung erhalten werden. Er stellt in seinen Charakteren eine Mischung zwischen den beiden Stammpflanzen dar. Häufig aber erfolgt ein Rückschlag auf eine der beiden Formen, so daß ein und derselbe Baum Blütentrauben des gelben, des purpurnen Goldregens und der Mischform tragen kann.

Der zweite vielbesprochene Fall ist der des Crataegomespilus von Bronvaux, von dessen erster Entstehung ebenfalls nichts Näheres bekannt ist. „In dem DARDARschen Garten zu Bronvaux bei Metz steht ein etwa 100 jähriger Mispelbaum, dessen Krone auf einen Weißdornstamm veredelt worden ist. Unmittelbar unter dem Pfröpfling, aus der Verbindungsstelle von Edelreis und Unterlage, brachen nun dicht nebeneinander zwei Ästchen hervor, die, wiewohl untereinander sehr verschieden, doch beide Zwischenformen der zwei vereinigten Gattungen Crataegus und Mespilus (bzw. der Arten Mespilus germanica und Mespilus monogyna) repräsentierten. Der eine Zweig kommt in seinem Habitus mehr auf die Mispel heraus, der andere gleicht mehr dem Weißdorn" (NOLL). Gegenüber von diesen beiden Zweigen wuchs dann noch ein dritter, der sich zunächst kaum von einem gewöhnlichen Weißdorn unterschied, später aber ganz dem einen Bastardzweig ähnlich wurde. Es handelt sich also um bastardartige Formen verschiedener Mischung. An einem der Zweige bildete sich dann einmal ein Mispeltrieb, dann ein Trieb, der zur Hälfte reine Mispel, zur Hälfte reiner Weißdorn war. Also auch hier die völligen Rückschläge. Dieser Baum existiert noch, seine Entstehungsgeschichte ist somit um vieles klarer als beim vorigen Fall.

Der dritte merkwürdige und zugleich am längsten bekannte Fall, der eine Entstehung auf dem Wege der vegetativen Bastardierung möglich erscheinen läßt, ist der Fall der Bizzarria. Es sind das Pflanzen, die in sehr verschiedener Weise die Charaktere mehrerer Citrusarten vereinigen, also Pomeranze, Zitrone, Zedrate, Limette. In ihren Blättern zeigen sie teils reine Pomeranzen-, Apfelsinen- oder Zedratencharaktere, teils ein Gemisch von ihnen. Das gleiche gilt für die Blüten und in der absonderlichsten Weise für die Früchte. Neben reinen Pomeranzen und Zedraten trägt der gleiche Baum Früchte, die aus beiden zusammengesetzt sind. Einzelne sind Pomeranzen in Gestalt von Zitronen, andere haben die Rinde ersterer, das Fruchtfleisch letzterer. Andere zeigen vier gleichmäßige über Kreuz verteilte Portionen, von denen ein Paar orangefarbig ist und der Pomeranze angehört, ein Paar gelb ist und eine Zitrone (bzw. Zedrate) darstellt. Eine solche Frucht gleicht dann vom Scheitel gesehen „einem bunten Kinderball" (STRASBURGER). Es soll aber auch solche Bizzarrien geben, die aus drei, vier und fünf Arten zusammengesetzt sind. Wie an solchen Bäumen reine Früchte und Blüten einer Art entstehen können, so bilden sich auch etwa Zedratenknospen in der Achsel eines Orangenblattes und umgekehrt.

Die Geschichte dieser absonderlichen Pflanzen ist nun nach PENZIG und STRASBURGER die folgende. Sie entstanden zuerst nachweisbar in Florenz im Jahre 1644, obwohl sie vielleicht vorher auch schon anderwärts entstanden waren; ein Gärtner behauptete sie durch Vereinigung mehrerer Knospen erzielt zu haben. Es stellte sich aber dann heraus, daß sie ganz selbständig entstanden waren, und zwar auf einer Pflanze, die zunächst als Unterlage für Veredelung gedient hatte, deren Edelreis dann aber abgestorben war, worauf die Bizzarria hervorwuchs. Das deutet also auf eine pfropfhybride Entstehung hin. Von vielen Seiten wurde aber dieser Annahme widersprochen und ein Ursprung als echter Bastard angenommen. Jetzt läßt sich, wie wir bald sehen werden, die wahrscheinliche Erklärung in ganz anderer Weise geben.

WINKLERS Pfropf-chimären.

Die Frage der Entstehung derartiger Pfropfbastarde trat nun in ein neues Stadium, als WINKLER das Problem experimentell in Angriff nahm und in der Tomate *Solanum lycopersicum* und dem Nachtschatten *Solanum nigrum* Objekte fand, die bessere Antwort zu geben geeignet erschienen. Er pfropfte mittels Keilschnitt einem Tomatenkeimling einen Nachtschattensproß ein (Abb. 150) und schnitt dann, wenn das Reis der Unterlage aufgewachsen war, mitten durch das gemischte Gewebe durch, so daß im Querschnitt nun die Gewebsteile beider Arten frei lagen, und rief dann aus dieser Wunde Adventivsprosse hervor, die später abgeschnitten, bewurzelt und allein weitergezüchtet wurden. Neben

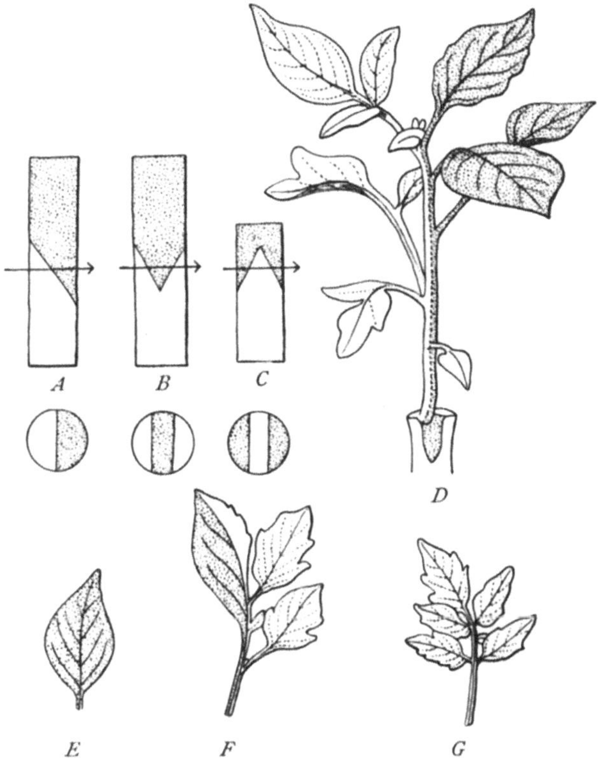

Abb. 150. *A*, *B*, *C* Schematische Darstellung verschiedener Arten von Pfropfung mit den zugehörigen Querschnitten der Pfropfungsstellen in der Richtung der Pfeile; punktiert das Reis, unpunktiert die Unterlage, *A* Kopulation, *B* Keilpfropfung, *C* Sattelpfropfung, *D* Chimäre; unten der Tomatenmuttersproß mit dem eingesetzten Nachtschattenkeil (Nachtschattengewebe punktiert). *E* Blatt des Nachtschattens (Solanum nigrum), *G* Blatt der Tomate (S. lycopersicum), *F* Chimärenblatt. Nach WINKLER aus LANG.

reinen Tomaten- und reinen Nachtschattentrieben erhielt er dabei auch solche, die Gewebe von beiden Arten enthielten, aber normal gemeinsam wuchsen und dann Blätter bildeten, die zur Hälfte Tomatenblätter, zur andern Hälfte Nachtschattenblätter waren. Ein solches Doppelwesen wurde Chimäre genannt, und sie erschienen mehrfach in verschiedenem

Ausbildungsgrad (Abb. 150). Nach vielen Versuchen trat nun aber auch ein Sproß auf, der völlig einheitlich erschien und in seinen Charakteren, besonders der Blattform, deutlich die Mitte zwischen Tomate und Nachtschatten hielt: in diesem Sproß, der als *Solanum tubingense* weitervermehrt wurde, glaubte WINKLER den ersten experimentell erzeugten Pfropfbastard erzielt zu haben. Sein Typus geht aus Abb. 151, im Vergleich mit den Stammpflanzen Abb. 152, 153, hervor. In weiteren Versuchen traten aber dann auch andere derartige Formen auf. So entstand einmal eine Chimäre, die zur Hälfte Nachtschatten war, zur

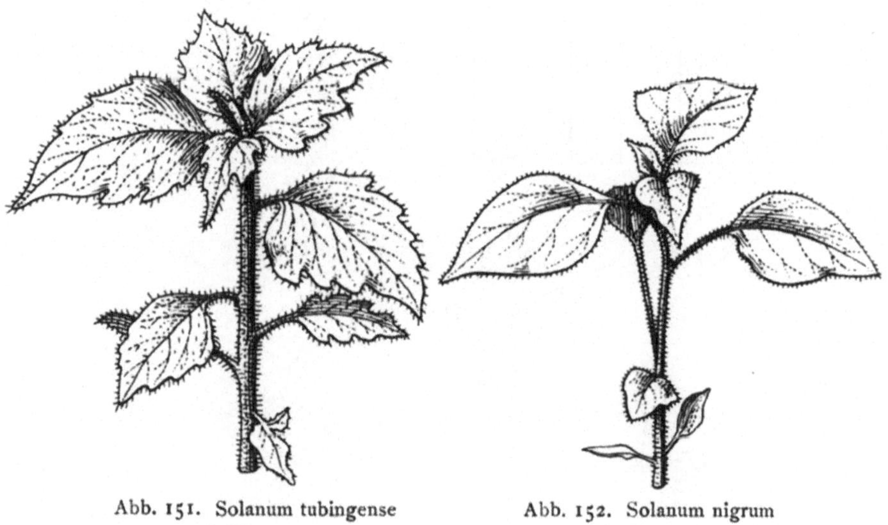

Abb. 151. Solanum tubingense
nach WINKLER.

Abb. 152. Solanum nigrum
nach WINKLER.

Hälfte ein neuer Pfropfbastard, *Solanum proteus*, der mehr der Tomate ähnelte. Ein anderer, *Solanum Darwinianum*, entstand nur als ein Blatt mit seinem Stengelanteil und konnte aus seiner Achselknospe vermehrt werden. Und in ähnlicher Weise wurden noch weitere Zwischenformen gebildet, die sich bald mehr dem Nachtschatten, bald mehr der Tomate näherten, wie *Solanum koelreuterianum* und *gaertnerianum*.

Damit schien die Existenz der Pfropfbastarde experimentell erwiesen zu sein. Sollte der Beweis aber jeder Kritik standhalten, mußte das weitere Verhalten dieser Formen natürlich den Anforderungen entsprechen, die man nach dem Stand unserer Kenntnisse an einen Bastard stellen muß. Und da ergaben sich bald Schwierigkeiten. Zunächst treten an den Pfropfbastarden vegetative Rückschläge auf, d. h. es bildeten sich auf vegetativem Wege Sprossen, die ganz nach dem einen der Eltern zurückschlugen. Einen Beweis gegen die Bastardnatur stellen sie allerdings noch nicht dar, da auch sonst an pflanzlichen Bastarden gelegentlich solche vegetativen Rückschläge oder vegetative Spaltungen vorkommen. Das Hauptinteresse richtet sich nun aber auf die Nach-

Abb. 153. Solanum lycopersicum nach WINKLER.

kommenschaft der Pfropfbastarde. Wenn sie solche sind, so stellen sie natürlich die F_1-Generation dar; F_2 muß also entweder konstant weiterzüchten, was bei Artbastarden ja denkbar ist, oder eine Spaltung zeigen. WINKLER fand aber, daß F_2 ausschließlich aus Pflanzen der einen Stammart bestand, und zwar aus der, der der betreffende Bastard näher stand. F_2 von *Solanum tubingense* gab also ausschließlich Nachtschattennachkommenschaft, die in allen weiteren gezüchteten Generationen rein blieb, und das entsprechende traf auch für die anderen Pfropfhybride zu.

Nun wäre es natürlich wünschenswert, den Vergleich mit Bastarden anzustellen, die auf dem Wege normaler Kreuzbefruchtung gewonnen sind. Dies erwies sich aber als unmöglich, da sich die beiden verwandten Arten ebensowenig bastardieren ließen, wie die Arten, denen der früher besprochene Cytisus Adami entstammte. Natürlich muß auch diese Tatsache stutzig machen. Und nun bleibt nur noch eine entscheidende Kontrolle übrig, die Untersuchung der Zellverhältnisse. Wir haben in einer früheren Vorlesung erfahren, daß eine jede Tier- und Pflanzenart eine konstante Chromosomenzahl besitzt, die vor der Befruchtung auf die Hälfte reduziert wird. Werden nun Organismen mit verschiedener Chromosomenzahl bastardiert, so vereinigen sich die beiden verschiedenen Halbzahlen und diese Bastardzahl bleibt konstant in F_1-Hybriden erhalten. Kreuzt sich z. B. eine Ascarisvarietät mit der Normalzahl von 4 Chromosomen (bivalens) mit einer solchen mit nur 2 Chromosomen (univalens), so findet man in den Bastardzellen 3 Chromosomen (BOVERI). (Andersartige Verhältnisse bei Artbastarden, die FEDERLEY aufdeckte, wurden bereits früher erwähnt.) Nun haben Tomate und Nachtschatten in der Tat sehr verschiedene Chromosomenzahlen, nämlich erstere 24, letztere 72. Im Bastard sind somit 48 zu erwarten; da es aber nicht unwahrscheinlich ist, daß bei einem vegetativ erzeugten Bastard die für die Geschlechtszellen typische Halbierung der Chromosomenzahl, die Reduktion, nicht stattfindet, so könnte dort auch eine einfache Addition vorliegen, es müßten also 96 Chromosomen gefunden werden. An und für sich ist eine vegetative Kern- und Zellverschmelzung ja nicht unwahrscheinlich, da sie in beiden Organismenreichen sowohl beobachtet wie experimentell erzielt ist. Die von WINKLER durchgeführte Untersuchung ergab aber, daß die Keimzellen der Pfropfbastarde entweder die Nachtschattenzahl oder die Tomatenzahl enthielten. Und zwar war es, wie nach den Resultaten von F_2 zu erwarten ist, die Zahl der Elternpflanze, der der sogenannte Bastard näher stand und die er auch rein reproduzierte. (Eine gleich zu nennende Ausnahme ist vorhanden.) Und nun bleibt nur noch eine Möglichkeit, die Bastardnatur der Pflanzen zu erweisen. Es konnten auf unerklärliche Weise vielleicht die Geschlechtszellen nur die eine Chromosomenart erhalten; dann müßte man aber in den gewöhnlichen vegetativen Zellen der Pflanzen die Bastardzahlen finden. Aber auch das war nicht der Fall. Und damit war durch WINKLERS hervorragende Untersuchungen selbst die Pfropfbastardnatur seiner Pflanzen widerlegt worden.

Was sind nun aber dann diese merkwürdigen Gebilde? BAUR, der gleichzeitig mit WINKLER über den gleichen Gegenstand experimentierte, vermochte die Lösung zu geben. Sie ergibt sich aus seinen interessanten Befunden über Periklinalchimären. Wir haben oben bereits WINKLERS Chimären kennen gelernt, die die enge Verwachsung von Tomaten-Nachtschattenteilen zu einer Einheit darstellen. Hier waren aber die beiden heterogenen Anteile nebeneinander angeordnet. Unter Periklinalchimäre versteht aber BAUR das Durcheinanderwachsen zweier verschiedener Arten in der Form, daß das Gewebe der einen Art das der andern vollständig einhüllt, also gewissermaßen das eine der Hand, das andere dem Handschuh zu vergleichen ist. Oder mit anderen Worten, bei einer Periklinalchimäre steckt ein Blatt, ein Stengel, ein Vegetationspunkt einer Pflanze in der Haut der anderen, wie es das Schema Abb. 154 illustriert. Die Periklinalchimären sind aber nichts als eine Abart der gewöhnlichen Chimären, die die beiden Bestandteile nebeneinander zeigen. Wenn an dem Vegetationspunkt einer künstlich erzeugten Chimäre die beiderlei Gewebe zusammenstoßen und sich an dieser Stelle ein Blatt bildet, dann kommt ein solches Nebeneinander, eine Sektorialchimäre, zustande. Die Periklinalchimären konnte nun BAUR in folgender Weise herstellen. Er benutzte die allbekannten *Pelargoniumarten*, die in grünen und weißblättrigen Formen vorkommen. Letztere können sich aber nicht allein ernähren und gedeihen daher nur, wenn man sie auf einer grünblättrigen Pflanze wachsen läßt. Und aus solchen Doppelpflanzen ver-

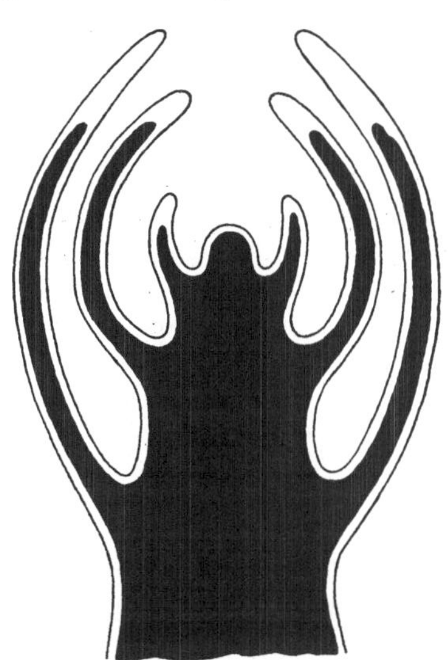

Abb. 154. Schematischer Durchschnitt durch den Vegetationspunkt einer Periklinalchimäre aus einer schwarzen und einer weißen Art. Nach BAUR.

mochte BAUR ähnliche Chimären mit grünweißen Blättern zu erzielen, wie sie WINKLER bei Solanum erhalten hatte, also Sektorialchimären mit den verschiedenen Anteilen grüner und weißer Blätter. Wenn nun an dem Vegetationspunkt solcher Chimären grüne und weiße Gewebspartien aneinanderstoßen, kann es wohl vorkommen, daß das weiße Gewebe sich außen ein wenig über das grüne hinüberschiebt, so daß an einer solchen Stelle unter einer weißen Außenlage eine grüne Innenlage sich findet, wie es Abb. 155 darstellt. Wächst nun hier ein Blatt aus, so ist eine Periklinalchimäre entstanden mit außen weißen Zelllagen und innen grünen Schichten. Ein solches Blatt sieht dann aus, wie es Abb. 156 zeigt, grün mit weißem Rand. Würde man einen Querschnitt hindurchlegen, so erhielte man im groben das Bild von Abb. 157 a, die

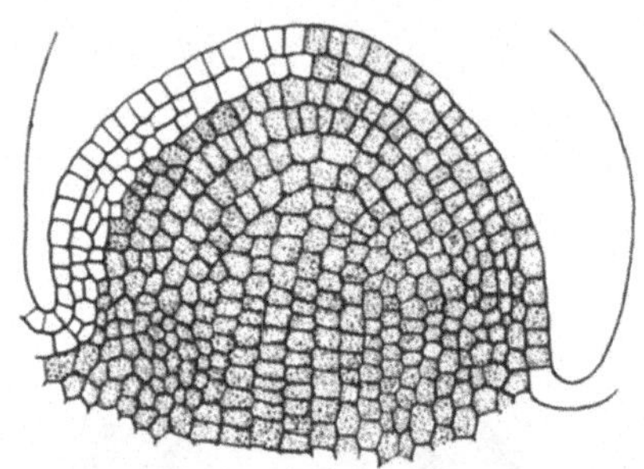

Abb. 155. Schematischer Durchschnitt durch den Vegetationskegel einer weißgrünen Chimäre, die oben links geeignet ist, den Ausgangspunkt für eine Periklinalchimäre zu liefern. Nach BAUR.

im Vergleich mit dem normalen Blatt *b* die äußere weiße Hülle zeigt, und das genaue mikroskopische Bild von Abb. 158 a zeigt dann die farblose äußere Pallisadenparenchymschicht unter der Epidermis, die beim gewöhnlichen Blatt (*b*) natürlich grün ist. Solche Periklinalchimären wurden mit nur der Epidermis der weißen Pflanze, mit 2, 3 und mehr äußeren Zellschichten wie in noch komplizierterer Form erzeugt.

Abb. 156. Periklinalchimärenblätter von Pelargonium zonale mit weißem Rand. Photo CORRENS.

Wie verhalten sich solche Periklinalchimären nun zu WINKLERS
Pfropfbastarden? Die Beziehung ergab sich BAUR vor allem aus dem
Verhalten der Nachkommenschaft dieser Pflanzen. Es ist eine Tatsache,

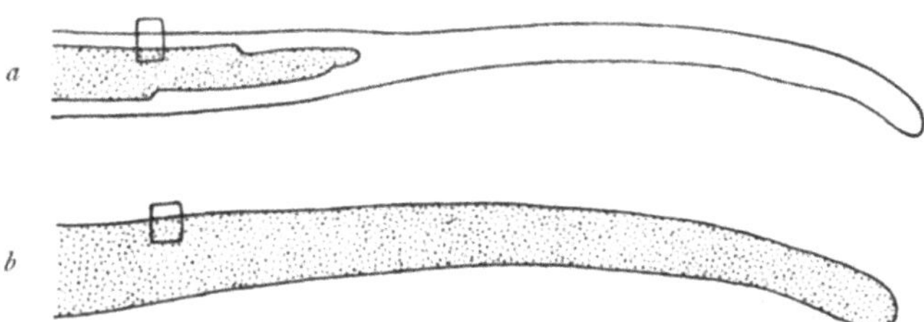

Abb. 157 *a, b*. Schematischer Querschnitt durch den Blattrand, *a* einer grün-weißen
Periklinalchimäre, *b* eines normalen grünen Blattes. Nach BAUR.

daß die Geschlechtszellen der Blütenpflanzen aus der ersten unter der
Hautschicht liegenden Zellage des Vegetationskegels ihren Ursprung nehmen. Ist diese Schicht bei einer solchen Periklinalchimäre der weißen

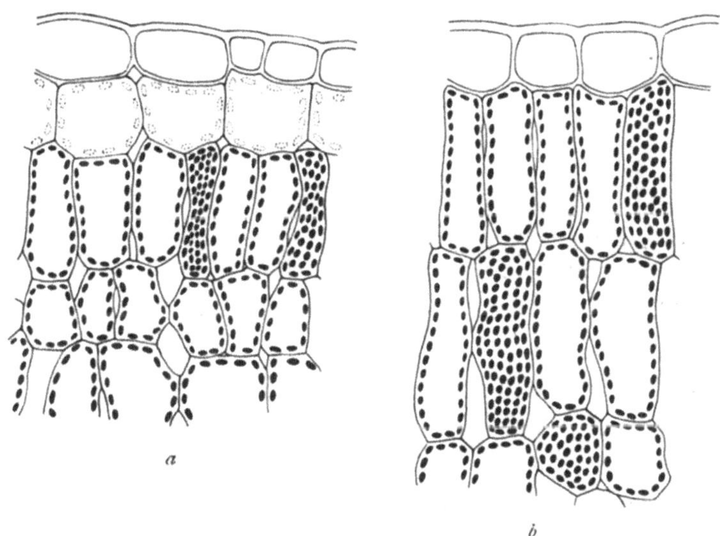

Abb. 158 *a, b*. Die in Abb. 157 eingerahmten Stellen stärker vergrößert. Nach BAUR.

Pflanze angehörig, so kann von ihr aus also auch nur Samen weißer
Beschaffenheit gebildet werden, umgekehrt, wenn diese Schicht grün ist,
nur grüner Samen, und das war auch in der Tat der Fall. Nun haben
wir schon die von WINKLER festgestellte Tatsache erfahren, daß die

Nachkommen seiner Pfropfbastarde stets nur dem einen Elter entsprechen, dem auch der Habitus des Bastards mehr glich. Wenn die vermeintlichen Pfropfbastarde aber Periklinalchimären sind, dann ist dieses
Verhalten nicht nur auf das einfachste erklärt, sondern muß sogar postuliert werden. Der Nachweis, daß diese Annahme richtig ist, kann
nun nach dem, was wir früher hörten, auf einfache Weise geführt werden: da die Chromosomenzahlen der beiden Stammarten so sehr verschieden sind, so muß ja leicht festzustellen sein, ob in den äußeren Zellschichten die eine, in den inneren die andere Zahl sich findet. Und das
ist denn in der Tat, wie WINKLER feststellte, der Fall: Der vermeint-
liche Pfropfbastard Solanum tubin-
gense ist wirklich eine Periklinalchimäre mit einer Tomatenzellschicht
außen, die das innere Nachtschattengewebe umschließt.

Diese Erklärung hat sich seitdem
bewährt bei zahlreichen pflanzlichen
Chimären. Am häufigsten scheinen
die genannten Periklinalchimären
vorzukommen. Nächst häufig sind,
was JÖRGENSEN und CRANE meriklin
nennen, also Formen mit nur einem
Sektor der Außenschicht einer andern
Art (siehe Abb. 159), am seltensten
scheinen echte Sektorialchimären

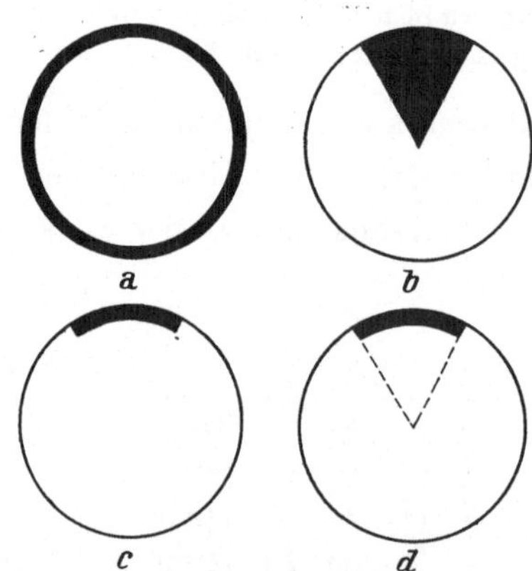

Abb. 159 *a—d*. Chimärentypen (zwischen
schwarzen und weißen Teilen). *a* periklinal,
b sektorial, *c* und *d* meriklin. Nach JÖR-
GENSEN-CRANE.

zu sein. So erweist sich von den aufgeführten Beispielen der Cytisus
Adami als eine Periklinalchimäre vom Laburnum vulgare-Kern mit Cytisus purpureus-Haut. Die Bizzarria, die oft als Sektorialchimäre angesehen wurde, ist nach TANAKA auch eine Periklinalchimäre, bei der
öfters der Kern durch die Haut durchbricht. Nur der Crataegomespilus ist noch nicht geklärt, wie wir gleich besprechen werden.

Ist damit die Frage der Pfropfbastarde definitiv als erledigt zu betrachten? Es wäre sicher voreilig, einen solchen Schluß zu ziehen.
WINKLER selbst verfügt auch noch über einen Fall, der durch die Deutung als Periklinalchimäre nicht betroffen wird, sein *Solanum Darwi-*

nianum. Denn hier fand er eine Chromosomenzahl, die eine Kombination der Zahlen von Tomate und Nachtschatten darstellt, nämlich 48. Dazu kommt, daß WINKLER bei Solanum nigrum, wie schon früher erwähnt, durch vegetative Zellverschmelzung entstandene tetraploide Formen mit der gleichen Methode erzeugte, die die Pfropfchimären lieferte. Es ist also nicht einzusehen, warum nicht so auch Pfropfbastarde entstehen können, vorausgesetzt, daß sich die Chromosomensätze der Elternformen in der gleichen Zelle vertragen.

Dem Solanum Darwinianum muß nun vielleicht nach den neuesten Untersuchungen von WEISS und HABERLANDT noch der Crataegomespilus hinzugefügt werden. Genaue morphologische Untersuchungen zeigten nämlich, daß da wo reines Gewebe der einen Ausgangsart erwartet werden müßte, sich auch Charaktere der andern Art oder typische intermediäre Eigenschaften selbst in der Einzelzelle (Form der Epidermiszelle z. B.) fanden. Das könnte auf eine wirkliche vorausgegangene Kernverschmelzung hindeuten. Oder sollten vielleicht Kerne einer Art in das Plasma der andern Art gelangt sein? Hier bleibt also noch manches aufzuklären.

Literatur zur achtzehnten Vorlesung.

BAUR, E.: Das Wesen und die Erblichkeitsverhältnisse der Varietates albomarginatae hort. von Pelargonium zonale. Zeitschr. f. indukt. Abstammungs- u. Vererbungslehre **50**. 1909. — Ders.: Pfropfbastarde. Biol. Zentralbl. **30**. 1910. — Ders.: Pfropfbastarde, Periklinalchimären und Hyperchimären. Ber. d. dtsch. botan. Ges. **27**. 1910.

BUDER, J.: Studien an Laburnum Adami. Zeitschr. f. indukt. Abstammungs- u. Vererbungslehre **5**. 1911.

GOETSCH, A.: Chimärenbildung bei Coelenteraten. Zool. Anz. **59**. 1924.

HABERLANDT, G.: Sind die Crataegomespili von Bronvaux Verschmelzungspfropfbastarde oder Periklinalchimären. Biol. Zentralbl. **47**. 1927.

HARRISON, R. G.: Embryonic Transplantation and development of the nervous system. Anat. Record. **2**. 1908.

ISSAJEW, W.: Vererbungsstudien an tierischen Chimären. Biol. Zentralbl. **43**. 1923.

JÖRGENSEN, C. A. and CRANE, M. B.: Formation and Morphology of Solanum chimaeras. Journ. of Genetics **18**. 1927.

KORSCHELT, E.: Regeneration und Transplantation. 1907. 3. Aufl. 1927.

NOLL, F.: Die Pfropfbastarde von Bronvaux. Sitzungsber. d. Niederrhein. Ges. f. Natur- u. Heilk. zu Bonn. 1905. — Ders.: Neue Beobachtungen an Laburnum Adami Poit. Ebenda. 1907.

Spemann, A.: Die Erzeugung tierischer Chimären usw. Arch. f. Entwicklungsmech. d. Organismen **48**. 1921.

Strasburger, Ed.: Über die Individualität der Chromosomen und die Pfropfhybridenfrage. Jahrb. f. wiss. Botanik 1907.

Tanaka, T.: Bizzaria, a clear case of periclinal chimera. Journ. of Genetics **18**. 1927.

Winkler, H.: Solanum tubingense, ein echter Pfropfbastard zwischen Tomate und Nachtschatten. Ber. d. dtsch. botan. Ges. 1908. — Ders.: Weitere Untersuchungen über Pfropfbastarde. Zeitschr. f. Botanik 1909. — Ders.: Über die Nachkommenschaft der Solanum-Pfropfbastarde und die Chromosomenzahl ihrer Keimzellen. Ebenda. 1910. — Ders.: Über das Wesen der Pfropfbastarde. Ber. d. dtsch. botan. Ges. **28**. 1910. — Ders.: Untersuchungen über Pfropfbastarde. I. Die unmittelbare gegenseitige Beeinflussung der Pfropfsymbionten. Bd. 1. Jena: G. Fischer 1912. — Ders.: Über die experimentelle Erzeugung von Pflanzen mit abweichenden Chromosomenzahlen. Zeitschr. f. Botanik **8**. 1916.

Neunzehnte Vorlesung.

Die Vererbung und Bestimmung des Geschlechts.

Wir lernten in früheren Vorlesungen bereits viele der entscheidenden
Tatsachen über Vererbung und Bestimmung des Geschlechts im Zusammenhang mit allgemeinen Vererbungsproblemen kennen. In Anbetracht des großen allgemeinen Interesses, das dem Gegenstande entgegen-
gebracht wird, seien die Hauptpunkte nun nochmals im Zusammenhang
beleuchtet und ergänzt, ohne daß wir auf alle die Einzelheiten eingehen,
die nicht direkt zur Vererbungslehre gehören. Wenn wir die Tatsache
als gegeben annehmen, daß es zwei Geschlechter gibt, so ist das erste
Problem, das sich uns bietet, den Mechanismus der Geschlechtsver- Mechanis-
mus der
Geschlechts-
verteilung.
erbung zu klären, also zu zeigen, welcher Mechanismus es bedingt, daß
die Nachkommenschaft eines Elternpaares immer zu etwa gleichen Teilen
aus weiblichen und männlichen Individuen besteht, also ein Vererbungsproblem. Wir sahen bereits, daß dies allgemeine Erbproblem in Übereinstimmung mit anderen Fragen des Erbmechanismus seine Lösung
fand. Wir wissen, daß der Mechanismus dadurch gegeben ist, daß das
eine Geschlecht heterogametisch ist, zwei Sorten von Geschlechtszellen
bildet, das andere homogametisch, eine Sorte von Geschlechtszellen bildet. Bei Orthopteren, Dipteren, Säugetieren und den meisten Pflanzen,
ist das männliche Geschlecht das heterogametische, bei Lepidopteren
und Vögeln und den Erdbeeren umgekehrt das weibliche, bei Fischen
kommt beides in der gleichen Familie vor. Wir sahen dann, daß solches
Verhalten auf das schönste übereinstimmt mit dem Mechanismus einer
MENDELschen Rückkreuzung. Wird der Bastard Aa mit der rezessiven
Stammform aa rückgekreuzt, so entstehen wieder zur Hälfte Aa und aa.
Wir sahen dann, daß, ebenso wie die MENDEL-Spaltung ihre Erklärung
dadurch findet, daß die Erbfaktoren in den Chromosomen gelagert sind,
in gleicher Weise auch der Heterogametie-Homogametie-Mechanismus
der Geschlechtsvererbung durch einen Chromosomenmechanismus ge-

geben ist. Dies war der Mechanismus der Geschlechtschromosomen, das Vorhandensein von zwei X-Chromosomen im homogametischen, einem X-Chromosom im heterogametischen Geschlecht. Das Verhalten der Chromosomen in den Reifeteilungen bedingt es, daß so das heterogametische Geschlecht zwei Sorten von Gameten bildet, eine mit, eine ohne X-Chromosom. Wenn nun in den X-Chromosomen ein geschlechtsdifferenzierender Faktor gelegen ist, der in doppelter Dosis (XX) das homogametische Geschlecht, in einfacher Dosis (X oder XY) das heterogametische Geschlecht bedingt, dann ist der Mechanismus der Geschlechtsverteilung völlig aufgeklärt.

Wir sahen nun auch bereits, daß diese Annahmen auf die verschiedenste Weise bewiesen werden konnten, und jetzt so gesichert sind, wie es überhaupt denkbar erscheint. Dem früher dafür beigebrachten Beweismaterial sei nun noch einiges Weitere zugefügt. Der erste Beweis für das Heterogametie-Homogametie-Schema (unabhängig von der Chromosomenlehre) war die folgende Untersuchung von CORRENS:

Der
Bryoniafall.

CORRENS ging von der Tatsache aus, daß monözische und diözische Pflanzen, also solche, die männliche und weibliche Blüten an einer Pflanze oder nur an getrennten Pflanzen erzeugen, diese Fähigkeit auf ihre Nachkommen vererben. So ist die *Dimorphoteca pluvialis* eine extrem monözische, eine trimonözische Pflanze, indem ihre Blütenköpfchen gleichzeitig männliche, weibliche und Zwitterblüten enthalten. Wie man nun aber auch diese drei Blütenarten sich untereinander befruchten läßt, stets entsteht wieder eine trimonözische Pflanze. Es müssen somit alle Geschlechtszellen einer monözischen Pflanze diesen Charakter besitzen, und dadurch eröffnet sich vielleicht die Möglichkeit, durch Kreuzung mit einer diözischen Pflanze, deren Geschlechtscharakter männlich oder weiblich ja bekannt ist, erstere analysieren zu können. CORRENS kreuzte deshalb die monözische Zaunrübe *Bryonia alba* mit der getrennt-geschlechtigen *Bryonia dioica*. Wurde nun dioica ♀ × alba ♂ gekreuzt, so war die gesamte Nachkommenschaft weiblich, nämlich 587 Individuen (zu denen allerdings als Ausnahme 2 ♂ kamen). Die umgekehrte Kreuzung dioica ♂ × alba ♀ ergab aber zu genau gleichen Teilen männliche und weibliche Pflanzen, nämlich 38 : 38 Individuen. Die normale Befruchtung zwischen dioica ♀ und ♂ gibt natürlich wieder zu gleichen

Teilen beides. Nun wissen wir schon, daß monözische Individuen sämtlich den Charakter Monözie vererben. Das Resultat erfordert also, daß bei der diözischen Pflanze männliche und weibliche Individuen verschiedene geschlechtliche Tendenz haben. Es wird erklärt, wenn wir annehmen, daß die ♂ in bezug auf das Geschlecht heterozygot sind, mit männlicher Dominanz also Mm, die Weibchen dagegen homozygot mm. Erstere bilden also zweierlei Geschlechtszellen M und m, letztere nur eine Sorte m. Natürlich muß dann auch angenommen werden, daß aus der Monözie durch den Faktor M bzw. m sichtbare Männlichkeit oder Weiblichkeit wird. Es würde also etwa die Kreuzung dioica ♂ × alba ♀ folgendermaßen verlaufen, wenn wir die Monözie (Hermaphroditismus) mit ☿ bezeichnen und uns der Geschlechtssymbole bedienen:

Dioica	♂ = ♂ ♀		alba ♀ = ☿ ☿
Gameten	♂ und ♀		☿
F₁	♂ ☿	und	♀ ☿

Anschließend an diese Untersuchung wurden dann alle die schon früher erwähnten Entdeckungen gemacht, die den Ablauf des Mechanismus, zunächst für das Tierreich demonstrierten, und zwar war es eine ganze Reihe verschiedenartiger Tatsachen, die alle zum gleichen Resultat führten. Da sahen wir einmal, daß das morphologische Studium zahlreicher Tierformen immer wieder den X-Chromosomenmechanismus enthüllte, der, trotz aller Varianten im einzelnen, doch stets das gleiche Prinzip offenbarte, und für das Pflanzenreich wurde später der gleiche Beweis erbracht. Wir sahen dann, daß in Fällen besondersartigen Verhaltens der Geschlechtsverteilung der Chromosomenmechanismus entsprechend abgeändert war; so bei den Aphiden, aus deren befruchteten Eiern nur Weibchen hervorgingen, weil die Männchen erzeugenden Spermien (ohne X) degenerierten. Als weiteres Glied in der Beweiskette konnten wir die Tatsache anführen, daß in dem Fall der Lepidopteren, in dem die experimentellen Studien weibliche Heterogametie erwiesen hatten, auch die Zellstudien das gleiche nachweisen konnten. Diese Tatsachen können im gleichen Sinn durch weitere, noch nicht oder nur flüchtig erwähnte Erscheinungen ergänzt werden.

Da sollte zunächst die Erscheinung der Polyembryonie genannt werden. Man versteht darunter die merkwürdige Erscheinung, daß aus einer

Poly-
embryonie.

Eizelle mehrere Individuen entstehen können, indem frühe Furchungs-
stadien auseinanderfallen und sich selbständig weiter entwickeln (siehe
die neuste Zusammenfassung von PATTERSON). Aus solchen polyembryo-
nalen Keimen gehen aber ausschließlich Individuen des gleichen Geschlechts hervor. Wenn wir von den sogenannten eineiigen Zwillingen
des Menschen absehen, deren Entstehung ja nur erschlossen ist, sind
die beiden schönsten Fälle die des Gürteltiers *Tatusia* und der parasitischen Wespen (Chalcididen) *Ageniaspis*, *Lithomastix* und verwandter

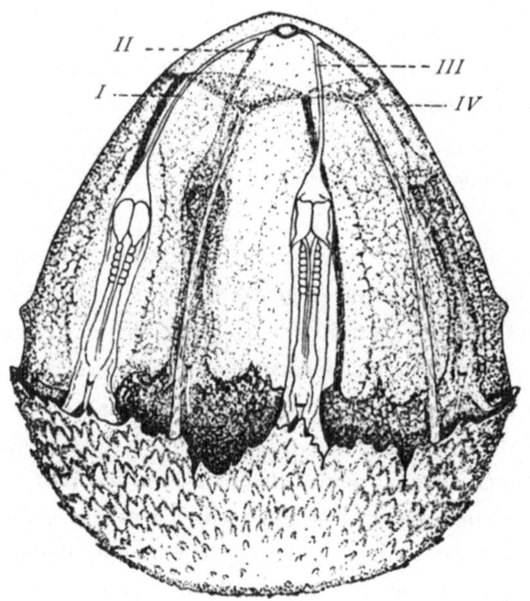

Abb. 160. Junge Keimblase von Tatu novemcinctum mit vier Embryonen (*I—IV*).
Nach NEWMAN und PATTERSON.

Formen. Bei jenen Gürteltieren entwickeln sich fast immer gleichzeitig
vier Embryonen [bei anderen Arten durch einen merkwürdigen Knos-
pungsprozeß zahlreiche (FERNANDEZ)], die in gemeinsame Embryonal-
hüllen eingeschlossen sind, was auf einen Ursprung aus den vier Furchungszellen deutet. Abb. 160 zeigt eine Fruchtblase mit vier jungen
Keimscheiben im Kreis angeordnet. Die vier Jungen sind aber stets
des gleichen Geschlechts. Noch eklatanter ist aber der Fall jener Wespen.
Sie legen ihre Eier in Schmetterlingseier hinein, in denen sie sich mit

dem Schmetterling entwickeln, bis schließlich sich die fertigen Wespen aus der Raupe herausbeißen. Die Eier der Wespen zerfallen nun nach

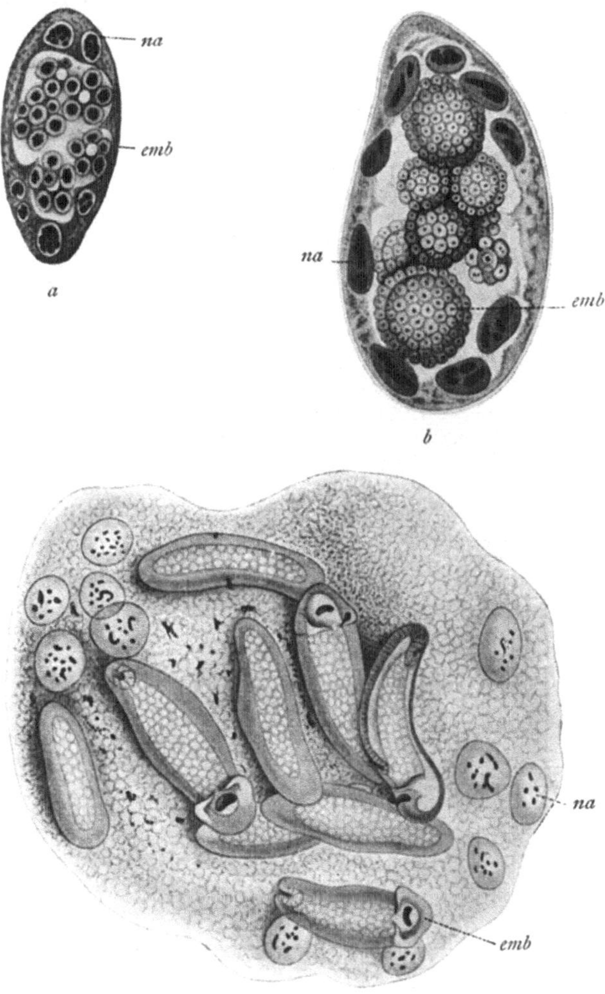

Abb. 161 *a—c*. 3 Stadien der Entwicklung von Polygnotus minutus, *na* Amnionkerne, *emb* Embryonen. Nach MARCHAL.

einigen Teilungen in ihre Zellen, die dann für sich die Furchung beginnen. Es entstehen so ganze Ketten von Embryonen aus einem Ei, die bei manchen Arten bis 1000 Individuen enthalten können, die nun

wieder alle eines Geschlechts sind. Abb. 161 *a* zeigt ein junges Entwicklungsstadium von Polygnotus minutus, in dem sich gerade die Furchungszellen auseinanderlegen, *b* ein älteres Ei mit vielen Furchungs-
stadien, *c* eine noch ältere Blase mit mehreren Embryonen. Abb. 162
gibt eine aus einem Ei entstandene Embryonenkette einer anderen Art,
Encyrtus fuscicollis, wieder.

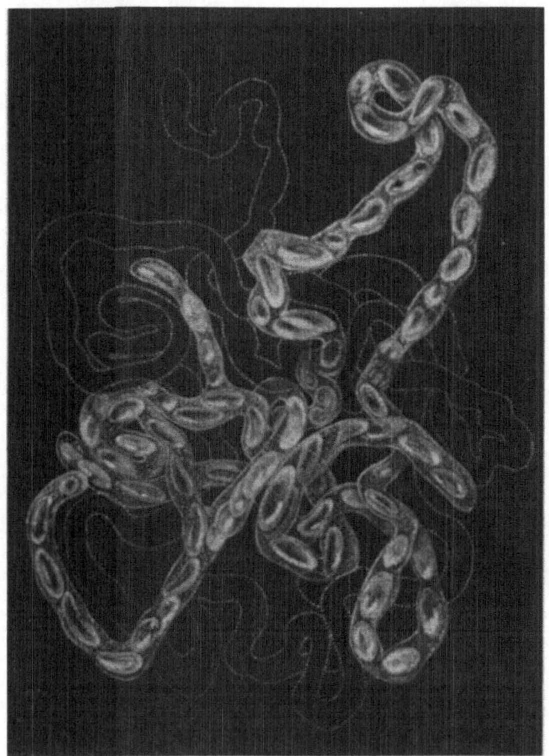

Abb. 162. Embryonenkette der Wespe Encyrtus. Nach MARCHAL.

Eine weitere Gruppe von Tatsachen bezieht sich auf den Zusammenhang zwischen Parthenogenese und Geschlecht (siehe neuste Zusammenfassung von ANKEL). Es ist bekannt, daß bei vielen Insekten, Krebsen,
Rotatorien die Alternative Befruchtung oder Parthenogenese über das
Geschlecht entscheidet. Bei der Biene (und den Rotatorien), gibt ein
unbefruchtetes Ei ein Männchen, das gleiche Ei, wenn befruchtet, ein

Weibchen. Bei Aphiden und Gallwespen können aus parthenogenetischen Eiern beide Geschlechter entstehen, aus befruchteten aber nur Weibchen. Wo nun die zellulären Verhältnisse solcher Fälle untersucht werden konnten, zeigte es sich, daß das Verhalten der Geschlechtschromosomen die Situation erklärt nach dem Schema $1\,X = \male$, $2\,X = \female$. Der Hauptunterschied dieser Fälle von dem normalen Geschlechtsverteilungsschema ist der, daß anstatt des Heterogametiemechanismus die Parthenogenese dazu verwandt wird, um den Zustand mit $1\,X$ (Biene) oder mit $2\,X$ (Aphiden) herbeizuführen. Bei der Biene entwickeln sich die Männchen parthenogenetisch mit der reduzierten Chromosomenzahl, also mit $1\,X$. Bei der Samenbildung der Drohnen ($\male$) fällt aber die Reifeteilung weg, so daß nur eine Sorte von Samenzellen, solche mit X, gebildet werden. Die Befruchtung produziert also Weibchen ($2\,X$). Dieser, wie alle anderen Fälle von Beziehung von Parthenogenese zu Geschlecht, zeigt aber auch bereits, daß es nur die Quantität der Dosis an X-Substanz (gleich Geschlechtsdifferentiator) ist, die für die Geschlechtsdifferenzierung entscheidend ist und nicht etwa der homo- oder heterozygote Zustand eines Faktors.

Diesen Tatsachen schließen sich sodann direkt die über die Erscheinung des Gynandromorphismus an, von der wir schon mehrfach sprachen. Gynandromorphe sind Individuen, die teilweise männlich, teilweise weiblich sind. Meist ist eine Körperhälfte männlich, die andere weiblich, in anderen Fällen findet sich aber auch ein feineres Gemisch der beiderlei Charaktere. Es hat sich nun mit Sicherheit zeigen lassen, daß solche Gynandromorphe darauf zurückzuführen sind, daß durch Abnormitäten bei oder nach der Befruchtung im gleichen Individuum Zellgruppen mit 1 oder 2 X-Chromosomen gebildet werden, wie wir früher schon sahen.

Wir sahen nun ferner in früheren Vorlesungen, daß sich diesen elementaren Tatsachen aus dem Gebiet der Zellenlehre wie der Vererbungslehre auf das schönste die Ergebnisse anreihen, die auf der Verknüpfung beider aufgebaut sind. Die Tatsachen der geschlechtsgebundenen Vererbung hatten uns ja gelehrt, daß die absolute Übereinstimmung in der Verteilung solcher mendelnder Charaktere mit der Verteilung der X-Chromosomen bewies, daß solche Faktoren, die ihren Sitz im X-Chromosom haben, geschlechtsgebunden vererbt werden. Endlich lernten wir ja auch bereits den definitiven Beweis für die letztere Annahme kennen, der aus dem Verhalten von Erbcharakteren wie X-Chromosomen im Fall des „Nichtauseinanderweichens" der Chromosomen abgeleitet werden konnte. Schließlich sahen wir, daß dies in gleicher Weise für das Tierreich wie für das Pflanzenreich gilt (siehe neuste Zusammenstellung von CORRENS). Als besonders beweisend sei dem früher genannten Material noch der Fall des Lebermooses Sphaerocarpus (nach ALLEN) zugefügt, wo aus den beiden Reifeteilungen je zwei Sporen mit bzw. ohne X-Chromosom hervorgehen, aus denen zwei weibliche und zwei männliche Pflänzchen entstehen. All dies, wie gesagt, beweist, daß der Mechanismus der Verteilung der Geschlechter in dem Chromosomenmechanismus oder, was das gleiche ist, einer MENDELschen Rückkreuzung, gegeben ist.

Zahlen-
verhältnis
der Ge-
schlechter.
Eine der Konsequenzen der Erkenntnis des Mechanismus der Geschlechtsvererbung ist es, daß das Zahlenverhältnis der Geschlechter stets 1 : 1 sein sollte, das sogenannte mechanische Zahlenverhältnis. Nun ist es aber wohlbekannt, daß dies meist nicht der Fall ist, vielmehr alle möglichen Zahlenverhältnisse in der Natur vorkommen. Selbst da, wo es annähernd 1 : 1 ist, erscheint es bei Betrachtung großer Zahlen in typischer Weise davon abweichend, z. B. 106 Männchen : 100 Weibchen beim Menschen. Da es außerdem zahlreiche Angaben gibt, daß dies Verhältnis beeinflußbar ist, so ist es ein Problem, das außer seiner Bedeutung für den Geschlechtsvererbungsmechanismus für die Vererbungslehre selbst von Interesse ist. Wenn wir zunächst annehmen, daß der Verteilungsmechanismus der Geschlechtschromosomen unbeeinflußt verläuft, so daß eigentlich gleiche Zahlen der beiden Gametensorten nach Erwartung produziert werden, so kann eine ungleiche Zahl der Geschlechter auf sehr verschiedene Art zustande kommen. Da ist einmal die Möglichkeit der differentiellen Elimination eines Geschlechts während der Entwicklung. Männliche oder weibliche Keime sind aus irgendeinem Grunde schädigenden Einflüssen mehr ausgesetzt als die des andern Geschlechts und sterben daher in größerer Zahl auf verschiedenen Stufen der Entwicklung ab. Das ist etwa bei den männlichen Früchten beim Menschen der Fall. Die Ungleichheit mag aber auch auf früheren Stadien liegen, nämlich bereits im Moment der Be-

fruchtung. So könnte es sein, daß die Eier in verschiedener Weise für die Aufnahme der beiden Spermienarten empfänglich wären. Man kann derartiges daraus schließen, daß gelegentlich periodische Schwankungen der Geschlechtszahl im Lauf der Jahreszeiten vorkommen, auch daraus, daß das Alter der Weibchen auf die Zahl einen Einfluß zu haben scheint. Ebensogut ist es aber auch möglich, daß bei männlicher Heterogametie die beiden Spermiensorten im Wettlauf um die Befruchtung verschiedene Chancen haben, zuerst am Ziel anzugelangen. Diese Möglichkeit ist für Pflanzen von CORRENS direkt experimentell bewiesen worden, aber auch für Tiere verschiedentlich, z. B. in den Alkoholversuchen von BLUHM, wahrscheinlich gemacht[1]. Endlich ist es aber auch möglich, daß von Anfang an die beiden Gametensorten, besonders bei männlicher Heterogametie, nicht in gleicher Zahl gebildet werden. Wir kennen ja die extremen Fälle der Aphiden, wo stets die eine Hälfte der Samenzellen, nämlich die ohne X-Chromosomen, zugrunde gehen. Es ist daher sehr wohl denkbar, daß auch normalerweise die eine Art von Samenzellen in höherem Maß von den stets im Hoden stattfindenden Zelldegenerationen betroffen werden. Endlich ist es noch möglich, daß gametische Letalfaktoren (siehe oben) vorhanden sind, die die relative Zahl der gebildeten Gameten verschieben (LENZ).

Bei allen diesen Möglichkeiten war das Zahlenverhältnis der Geschlechter im Rahmen des normal ablaufenden Heterogametiemechanismus verschoben worden. Es ist aber sehr gut denkbar, daß der Mechanismus selbst richtend beeinflußt werden kann. So könnte bei weiblicher Heterogametie die Reifeteilung des Eies mit Vorliebe so verlaufen, daß das X-Chromosom im Ei bleibt, bzw. in den Richtungskörper geht. Ja es ist denkbar, daß diese Richtung der Reifeteilung experimentell beeinflußt werden könnte, was dann auf eine echte Geschlechtsbestimmung hinauskäme.

Ein solcher Versuch ist tatsächlich gelungen. Bei der Psychide (Lepidoptera) Talaeporia findet sich in den Eiern ein sehr deutliches, unpaariges Geschlechtschromosom, das entweder im Ei bleibt oder in den Richtungskörper geht (s. Abb. 92), und zwar fand SEILER, daß die beiden Möglichkeiten normalerweise ebenso häufig vorkommen, wie es dem normalen Zahlenverhältnis der Geschlechter entspricht. Durch

---

[1] Neuerdings von MC DOWELL bestritten.

direkte Temperaturwirkung auf das reifende Ei konnte aber das Zahlenverhältnis verschoben werden, wie direkt an der Reifespindel festgestellt wurde. Es braucht wohl nicht besonders hervorgehoben zu werden, daß alle diese Tatsachen, die sich auf die Beeinflussung des mechanischen Zahlenverhältnisses der Geschlechter beziehen, generelle Bedeutung haben, da durch die gleichen Vorgänge ja jedes MENDELsche Zahlenverhältnis beeinflußt werden kann. Daß dem so ist, haben wir schon ja mehrfach für den Wettlauf der Pollenschläuche (Zertation) kennen gelernt, z. B. bei Betrachtung der Heterostylie und des Oenotherafalles.

Der Mechanismus der Geschlechterverteilung ist also, wie gesagt, vollständig klar. Die nächste Frage im Geschlechtsproblem ist dann: Wie bringt das, was in den X-Chromosomen verteilt wird, die Differenzierung der beiden Geschlechter hervor? Auf diese Frage gibt die Analyse der Intersexualität durch den Verfasser die Antwort (siehe neuste Zusammenfassung von GOLDSCHMIDT).

Analyse der Intersexualität. Als gelegentliche Abnormitäten, in freier Natur gefunden wie künstlich im Experiment hervorgerufen, sind schon lange Individuen bekannt, deren Geschlechtscharaktere, sowohl die äußerlichen sogenannten sekundären Geschlechtszeichen als auch die Geschlechtsdrüsen selbst, mehr oder minder große Beimischungen von Charakteren des andern Geschlechts zeigen. Sie können, wenn wir die Individuen als ganzes betrachten, eine vollständige Reihe bilden, die lückenlos von einem Geschlecht zum andern führt. Sie sind unter den verschiedensten Namen als Abnormitäten bekannt, wie Hermaphroditen, Gynandromorphe, hahnenfedrige Vögel usw. Bezeichnungen, die aber gewöhnlich verschiedenartige Erscheinungen durcheinander werfen. Die experimentelle Analyse erlaubt es jetzt, eine besonders wichtige Gruppe herauszunehmen und sie als das Phänomen der Intersexualität zu behandeln, das unserer Ansicht nach das Problem der Physiologie der Geschlechtsbestimmung weitgehend dem Verständnis erschlossen hat.

Um die Bedeutung der Erscheinung bewerten zu können, müssen wir uns über einen Punkt erst völlig klar werden, einen speziellen Teil des Körper und Keimzellen. großen Determinationsproplems. Die Ergebnisse der Experimentalforschung der letzten Jahrzehnte haben gezeigt — wenn wir uns ausschließlich auf die Punkte beschränken, die für unser Problem in Betracht kommen —, daß wir im Tierreich zwei große Gruppen zu unterscheiden haben in bezug auf die Determination der Geschlechtscharaktere. Der ersten Gruppe gehören vor allen Dingen die Insekten an. Bei ihnen ist, soweit bekannt, mit der Befruchtung definitiv alles auf das Geschlecht Bezügliche determiniert. Das heißt also: daß mit vollzogener Befruchtung entschieden ist, welches Geschlecht mit der Gesamtheit seiner Attribute sich entwickeln wird, oder auch, wie wir schon zufügen können, welche sexuelle Zwischenstufe. Eine jede Zelle, die sich von dem befruchteten Ei ableitet, ist somit unwiderruflich sexuell determiniert (was, wie wir sehen werden, allerdings auch die zwangsläufige Geschlechtsumwandlung einschließt) und irgendeine Beeinflussung eines Teils durch einen andern ist ausgeschlossen. Dieser Schluß konnte zuerst aus Versuchen erschlossen werden, die sich mit dem Verhältnis der Geschlechtsdrüsen zu den übrigen Geschlechtsattributen, den sogenannten sekundären Geschlechtscharakteren befaßten, und konnte in allen weiteren Versuchen, besonders denen über Intersexualität, bestätigt werden. Es werden also die sekundären Geschlechtscharaktere normalerweise zwar konform mit dem Geschlecht vererbt, für ihr in Erscheinungtreten ist aber die Geschlechtsdrüse selbst vollständig irrelevant. Das klassische Objekt für diesen Typus sind die Schmetterlinge, wie aus den in ihren Resultaten völlig übereinstimmenden Versuchen von OUDEMANS, KELLOGG, MEISENHEIMER, KOPEC usw. mit Sicherheit hervorgeht. MEISENHEIMER, der die von OUDEMANS mit Erfolg inaugurierten Versuche auf breiter Basis weiterführte, arbeitete mit dem Schwammspinner *Lymantria dispar.* Bei diesem Schmetterling, wie auch bei vielen anderen Insekten, sind die Geschlechtsdrüsen schon auf frühem Raupenstadium völlig differenziert, lange ehe die erst im Schmetterling auftretenden äußeren Geschlechtsdifferenzen sichtbar werden. Diese bestehen in diesem Fall darin, daß das große Weibchen weiße Flügel mit unscharfen dunkeln Binden besitzt, während das kleine Männchen braun gezeichnete Flügel aufweist (*s.* Abb. 163, 166). Wurden nun den Raupen die Geschlechtsdrüsen zerstört, so übte dies auf das Kleid des daraus sich entwickelnden Falters gar keinen Einfluß aus: auch die Schmetterlinge aus kastrierten Raupen, die demnach keine Geschlechtsdrüsen besaßen, zeigten ihre typischen sekundären Geschlechtscharaktere. Nun wurde geprüft, ob vielleicht die Anwesenheit der entgegengesetzten Drüse einen Einfluß ausüben könne. Männliche Raupen wurden also ihres Hodens beraubt und dafür ihnen der Eierstock einer andern Raupe eingesetzt, und ebenso umgekehrt. Die falschen Geschlechtsdrüsen entwickeln sich in diesem Fall ganz normal weiter. Die sekundären Geschlechtscharaktere blieben aber gänzlich unbeeinflußt; es kommen z. B. typisch männliche Falter mit all ihren Eigenheiten zum Vorschein, die dabei den ganzen Leib voller reifer Eier haben. Es wäre nun noch die Möglichkeit vorhanden, daß die Zerstörung oder Transplantation der Geschlechtsdrüse auf einem zu späten Stadium vorgenommen wurde, so daß ihr Einfluß auf das Soma bereits abgeschlossen war. HEGNER konnte diesem Einwand begegnen, indem er die Geschlechtsdrüse bereits in ihrer Embryonalanlage — die Insekten haben eine typische Keimbahn — zerstörte, ohne daß dadurch eine Beeinflussung der sekundären Geschlechtscharaktere eintrat. MEISENHEIMER erreichte die gleiche Wirkung auf anderem Weg. Er stellte das frühe embryonale Stadium für ein in Betracht kommendes Organ, die Flügel, gewissermaßen künstlich her, indem er ihre Anlagen, die Imaginalscheiben, zerstörte und sie so zur Neuentwicklung durch Regeneration zwang. Dem gleichen Tiere war vorher eine Geschlechtsdrüse des entgegengesetzten Geschlechts nach Entfernung der eigenen implantiert worden. Der regenerierte Flügel erwies sich dann immer als der für das ursprüngliche Geschlecht zu erwartende. Diese Versuche zeigen also mit Sicherheit, daß die Geschlechtsdrüsen und bestimmte für das Geschlecht charakteristische somatische Eigenschaften voneinander völlig unabhängig sein können.

Dem zweiten Typus gehören die höheren Wirbeltiere an. Eines der anziehendsten Kapitel der neueren Physiologie ist die Lehre von der inneren Sekretion, dem Einfluß der Ausscheidung gewisser Drüsen, wie Hypophyse, Thyreoidea, Thymus, Geschlechtsdrüse auf Bau, Entwicklung und Funktion des Organismus. Es sei etwa auf den Einfluß der Schilddrüsenfunktion auf die Metamorphose der Amphibien oder des gleichen Organs auf die Ausbildung eines körperlich wie psychisch normalen Menschen hingewiesen. Die betreffenden Tatsachen zeigen, daß in der Determination der Organe und ihrer Funktionen bei dieser Gruppe eine Zwischenstufe eingeschoben ist. Bei den Insekten enthält jede Zelle alles zur Determination Nötige und ist somit in dieser Beziehung vom übrigen Organismus unabhängig. Bei der hier betrachteten Gruppe aber, ist ein zentrales Organ, die betreffende innersekretorische Drüse vorhanden, die ihrerseits erst die zur Vollendung der Determination notwendigen Stoffe, die sogenannten Hormone, liefert. Wir haben also hier eine höhere Stufe der Entwicklung vor uns, indem gewisse Entwicklungsprozesse der unabhängigen Tätigkeit einzelner Zellen genommen und durch die Tätigkeit eines Zentrums koordiniert und reguliert werden. Das Verhältnis der beiden Typen ist somit, um ein Beispiel als Parallele zu benutzen, das gleiche, wie das eines Staates, in dem jede Provinz einen eigenen Rechtskodex besitzt zu dem eines Staates mit Einheitsrecht. Nun sind die sekundären Geschlechtscharaktere Körperattribute, die sich so ziemlich auf jeden Teil des Körpers beziehen. Und ihre spezifische Ausbildung, ob männlich oder weiblich, wird in dieser Gruppe außer durch die genetische Konstitution noch durch eine innere Sekretion reguliert, die ihren Sitz innerhalb der Geschlechtsdrüsen hat. Ein Kastrationsexperiment, ähnlich dem vorher von Schmetterlingen betrachteten, hat daher ein ganz andersartiges Resultat. Der Ausfall der typischen inneren Sekretion läßt die sekundären Charaktere des betreffenden Geschlechts hier verschwinden und die Transplantation der entgegengesetzten Drüse ruft die des andern Geschlechts hervor.

Wenden wir uns nach diesen Vorbemerkungen nun der Analyse der Intersexualität zu.

Insektenzüchter wußten schon lange, daß bei Spezieskreuzungen von Schmetterlingen, ja auch bei Kreuzung geographischer Varietäten relativ häufig sexuelle Abnormitäten auftreten, die als Hermaphroditen oder Gynandromorphe verzeichnet werden. Außerdem weiß jeder Sammler, daß ähnliche Abnormitäten gelegentlich in der Natur vorkommen. Eine relativ häufige derartige Erscheinung ist das Auftreten von sogenannten Farbenzwittern des Schwammspinners. Dieser Falter ist nun ausgezeichnet durch eine sehr starke Verschiedenheit der beiden Geschlechter, ferner durch eine sehr weite geographische Verbreitung, die das Vorhandensein distinkter geographischer Varietäten begünstigt. So bot er sich als geeignetes Experimentalobjekt dar, das auch alle Hoffnungen erfüllte.

Die
Kreuzungen. Es wurden zunächst Kreuzungen zwischen europäischen und japa-
nischen Rassen durchgeführt. Das erste Grundresultat war, daß aus der
Kreuzung japanischer Weibchen mit europäischen Männchen normale
Nachkommenschaft hervorging; die reziproke Kreuzung aber, europä-
ische Weibchen mit japanischen Männchen ergab F_1-Tiere, von denen
alle Männchen normal waren, während die Weibchen verschiedenartige
Mischungen von weiblichen und männlichen Charakteren zeigten, intersexuell waren. Waren solche Weibchen noch fruchtbar, so konnte die
F_2-Generation erhalten werden und hier trat dann eine Spaltung in zur
Hälfte normale, zur Hälfte intersexuelle Weibchen ein. Die reziproke
Kreuzung ergab aber auch in F_2 ebenso wie in F_1 nur normale Weibchen, dagegen war nun hier ein gewisser Prozentsatz von Männchen
intersexuell. Dies zeigt nun schon, daß beide Geschlechter die Charaktere des andern zu entwickeln imstande sind, wenn durch Kreuzung in
ihrer Erbmasse bestimmte, normalerweise nicht vorhandene Kombinationen zustande gebracht werden. Es liegt also zygotische Intersexualität vor. Es zeigt weiterhin, daß derjenige oder diejenigen Faktoren die
damit zu tun haben, mendelistisch vererbt werden, da Intersexualität
typisch spaltet. Die weitere Verfolgung des Problems brachte dann
einen dritten entscheidenden Tatsachenkomplex zum Vorschein. Es ist
die Tatsache, daß es viele verschiedene Rassen von europäischen und
japanischen dispar gibt, die sich typisch unterscheiden in bezug auf den
oder die Faktoren, die die Intersexualität bedingen. Dies äußert sich
darin, daß das Maß der Intersexualität, also die mehr oder minder weitgehende Entwicklung von Charakteren des andern Geschlechts, ein typisches ist für eine bestimmte Kreuzung. Kreuzungen von zwei bestimmten Rassen ergeben nur schwache, von zwei anderen nur mittlere,
von anderen nur hochgradige Intersexualität, und so kann in voraus-
bestimmbarer Weise jede Stufe von einem Weibchen zu einem Männchen und umgekehrt erzeugt werden. Am Anfang einer solchen Reihe
müssen natürlich Kombinationen liegen, die nur normale Nachkommenschaft liefern und am Ende solche, bei denen ein Geschlecht vollständig
in das andere umgewandelt ist. Im einzelnen sind die Hauptergebnisse
in bezug auf weibliche Intersexualität die folgenden: Da ist zunächst
die japanische Rasse Gifu. Kreuzen wir Männchen dieser Rasse mit

Weibchen der japanischen Rasse Kumamoto, so sind sämtliche F_1-Weibchen leicht intersexuell. Die Antennen werden leicht gefiedert, auf den weißen Flügeln tritt ein wenig von der braunen männlichen Färbung auf, der Eierschatz ist ein wenig reduziert, aber die Kopulationsorgane

Abb. 163. Lymantria dispar. Oben ♀, darunter 6 verschiedene Intersexualitätsstufen. (Die verschiedene Größe der Stücke hat nichts mit den Geschlechtsverhältnissen zu tun.)

und -instinkte sind normal und daher Fortpflanzung möglich. Nehmen wir nun dieselben Männchen von Gifu und kreuzen sie mit Weibchen der japanischen Rasse Hokkaido oder der europäischen Rasse Schneidemühl, so sind die F_1-Weibchen etwas mehr intersexuell. Alle sekundären Geschlechtscharaktere sind mehr männlich; die Instinkte sind aber noch weiblich, die Männchen werden angezogen, aber eine Befruchtung ist organisch nicht mehr möglich, obwohl genügend reife Eier vorhanden sind. Befruchten wir nun wieder mit den gleichen Männchen von Gifu Weibchen der Rasse Fiume, so erhalten wir in F_1 recht hochgradig intersexuelle Weibchen. Die sekundären Geschlechtscharaktere sind fast männlich. Die Instinkte stehen etwa in der Mitte zwischen den Geschlechtern, Kopulation findet nicht mehr statt und wäre auch unmöglich, dagegen haben die Tiere noch einen unentwickelten Eierstock. Nun haben wir eine andere japanische Rasse X (unbekannter Herkunft); kreuzen wir deren Männchen mit den Schneidemühlweibchen, so erhalten wir in F_1 hochgradig intersexuelle Weibchen; äußerlich sind sie kaum mehr von Männchen zu unterscheiden, obwohl genaue Untersuchung noch einen Einschlag weiblicher Charaktere zeigt. Die Instinkte sind völlig männlich. Die Geschlechtsdrüse aber zeigt nun alle Übergänge von einem Eierstock bis zu einem richtigen Hoden mit reifen Spermatozoen. Nun bleibt nur ein Schritt übrig, nämlich eine Kreuzung, bei der alle Weibchen in Männchen verwandelt sind. Und dies wird in der Tat stets erhalten, wenn wir die Männchen von zwei weiteren japanischen Rassen, Ogi und Aomori, mit den Weibchen Schneidemühl, Fiume oder Hokkaido kreuzen. In Abb. 163 ist eine Reihe weiblicher Intersexualität, wie sie hier geschildert wurde, abgebildet.

Wenn wir uns nun klar machen wollen, was diese Tatsachen zu bedeuten haben, so ist vor allem zunächst auf folgende Punkte Gewicht zu legen: Sowohl die Eier wie die Samenzellen aller dieser zur Kreuzung verwandten Rassen sind ganz normal in bezug auf die Geschlechtsvererbung. Denn in der richtigen Kombination geben sie normale Geschlechtsresultate. Da sie aber in anderen Kombinationen abnorme Sexualität liefern, so müssen die entscheidenden Stoffe in irgendeiner Art aufeinander eingestellt sein. Nun wird eine Intersexualitätsreihe erhalten, wenn ein und dieselbe Rasse als Vater mit verschiedenen Rassen von Weibchen gekreuzt wird. Aber auch wenn ein und dieselbe Rasse als Mutter mit einer Serie verschiedener Männchen gekreuzt wird, kommt ein typisch verschiedenes Resultat zustande, das zu einer Intersexualitätsserie angeordnet werden kann. Und das zeigt, daß wir mit Dingen zu tun haben, die in irgendeinem typischen Quantitätsverhältnis zueinander stehen. Nun wissen wir ferner, daß die weibliche Intersexualität nur bei Kreuzung in einer Richtung erzeugt wird und in F_2 spaltet, daß aber die umgekehrte Kreuzung normal ist und in F_2 in bezug auf die Männchen spalten kann. Dies alles führt nun konsequenterweise zu folgender Erklärung: 1. Jedes Geschlecht besitzt die Anlagen für beide Geschlechter, denn beide können intersexuell werden. 2. Welche von ihnen in Erscheinung tritt, wird bei der Befruchtung entschieden. 3. Die normale Entscheidung ist, wie wir wissen, an den $1\,X\text{-}2\,X$-Mechanismus gebunden. Da er aber nicht verhindert, daß Intersexualität und sogar Umwandlung eines Geschlechts in das andere stattfindet, so kann nicht die Tatsache des Vorhandenseins dieser Chromosomen bzw. der in ihnen enthaltenen Faktoren entscheidend sein, sondern ihre quantitative Wirkung. 4. Das F_1-Resultat und die Spaltung zeigen — wir erinnern uns, daß das X-Chromosom des Weibchens bei weiblicher Heterozygotie vom Vater stammt — daß einer der für die Ausbildung des aktuellen Geschlechts entscheidenden Faktoren im X-Chromosom vererbt wird, in unserem Fall mit weiblicher Heterozygotie, und zwar muß dies ein Männlichkeitsbestimmer sein, da er in den Kreuzungen das Weibchen vermännlicht. 5. Das Resultat der reziproken Kreuzung (und der noch nicht näher geschilderten männlichen Intersexualität) zeigt, daß die für das Geschlecht mit verantwortliche andere Gruppe von Faktoren rein mütterlich vererbt wird und das kann mit einiger Wahrscheinlichkeit, fast Sicherheit, bezeichnet werden als Vererbung im Y-Chromosom. Und zwar muß dies ein Weibchenbestimmer sein, da er in den Experimenten das Männchen verweiblicht. Dazu ist noch zu bemerken, daß die Vererbung der Männlichkeitsbestimmer im X-Chromosom und die rein mütterliche Vererbung der Weiblichkeitsbestimmer tausendfach bestätigte Experimentaltatsachen sind. 6. Die Tatsache, daß die gleiche Weibchenrasse mit verschiedenen Männchenrassen verschiedene Resultate gibt, zeigt, daß der im X-Chromosom gelegene Faktor quantitativ verschieden ist in jenen Rassen. 7. Die Tatsache, daß die gleiche Männchenart mit verschiedenen Rassen von Weibchen verschiedene Resultate gibt, beweist, daß die im Ei mütterlich vererbten Geschlechtsfaktoren ebenfalls quantitativ verschieden sein können.

Fassen wir diese Schlüsse nun in der so klaren symbolistischen Ausdrucksweise des Mendelismus zusammen, die uns erlaubt, Vererbungsmechanismen einfach zu beschreiben, so kommen wir zur folgenden Formulierung: Beide Geschlechter enthalten für jedes Geschlecht die Faktoren oder Realisatoren, d. h. Gene, deren Wirkung in einer gleich zu schildernden Weise darüber entscheidet, ob die Zellen des Individuums sich in weiblicher oder männlicher Richtung differenzieren. Beide Anlagen vermögen in jedem Fall in Erscheinung zu treten. Welche tatsächlich erscheint, hängt ausschließlich von dem quantitativen Verhältnis beiderlei Faktoren ab. Wenn wir wieder F für den Weiblichkeitsfaktor benutzen und M für den Männlichkeitsbestimmer, so ist die Faktorenformel für die beiden Geschlechter: $(F)Mm$-Weibchen : $(F)MM$-Männchen. Das Weibchen ist heterozygot im Männlichkeitsfaktor, der im X-Chromosom gelegen ist, das Männchen aber homozygot. Der Weiblichkeitsfaktor F wird rein mütterlich, wahrscheinlich im Y-Chromosom, jedem Ei gleichmäßig mitgegeben. (Es sei gleich darauf hingewiesen, daß dies eine Besonderheit des Objekts zu sein scheint. Bei anderen Objekten finden sich diese Gene in den Autosomen.) F und M wirken unabhängig voneinander und mit einer quantitativ bestimmten Stärke, die wir ihre Valenz nennen wollen. Und die höhere Valenz ist entscheidend für das Resultat. Die Quantitäten sind aber derartig dosiert, daß ein M schwächer ist als F und daher in der weiblichen Konstitution nicht zur Wirkung kommt, zwei M aber stärker als F und daher in der männlichen Formel sich durchsetzen. Um dies und das Folgende klar zu machen, nehmen wir nun einmal an, wir könnten diese Valenzen messen. Und wir finden dann, daß die Weiblichkeitsanlage (F) 80 Einheiten stark ist, während einem Männlichkeitsfaktor die Wirkungskraft 60 zukommt. In der weiblichen Formel $(F)Mm$ ist dann das F um 20 stärker als das M, in der männlichen Formel $(F)MM$ sind dagegen die zwei M mit dem Wert 120 um 40 stärker als der weibliche Anteil. Nun sind zwei Möglichkeiten gegeben: Entweder genügt das kleinste Überwiegen eines Teils über den andern, um letzteren zu unterdrücken; oder aber es ist ein bestimmtes Minimum nötig, um eine Geschlechtsanlage über die andere triumphieren zu lassen, ein epistatisches Minimum. Nehmen wir nun an, dies Minimum betrage 20 Einheiten, dann haben wir ein Weibchen, wenn $(F) - M = > 20$, und ein Männchen, wenn $MM - (F) = > 20$; oder anders ausgedrückt: wenn wir die Differenz zwischen den Valenzen beider Anlagen e nennen, dann sind die Grenzwerte von e für die beiden Geschlechter $+ 20$ und $- 20$. Dies kann graphisch ausgedrückt werden, wie es Abb. 164 zeigt, in der die Werte für e auf einer Geraden angeordnet werden. Individuen rechts von $+ 20$ sind Weibchen, links von $- 20$ sind Männchen, und die dazwischenliegenden sind die intersexuellen Formen. Sind sie heterozygot für M, dann sind sie intersexuelle Weibchen, sind sie homozygot für M, dann sind sie intersexuelle Männchen.

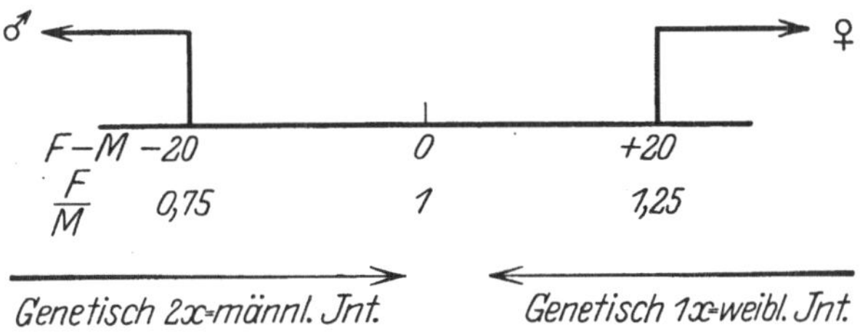

Abb. 164. Graphische Darstellung der mendelistisch-symbolischen Interpretation der Intersexualitätsexperimente. Die Relation von F und $M = e$ ist sowohl als Differenz wie als Bruch angegeben.

Wie erklärt dies nun den Grundversuch? Angenommen, wir haben zwei Rassen, die beide normal sind in bezug auf die quantitative Regulation ihrer Geschlechtsfaktoren, die sich aber in den absoluten Werten der Valenzen unterscheiden. Wir sprechen dabei der Einfachheit halber von starken Formen, wenn die Valenz von M relativ hoch ist und entsprechend von schwachen Formen. Wir könnten dann die folgenden Valenzverhältnisse finden:

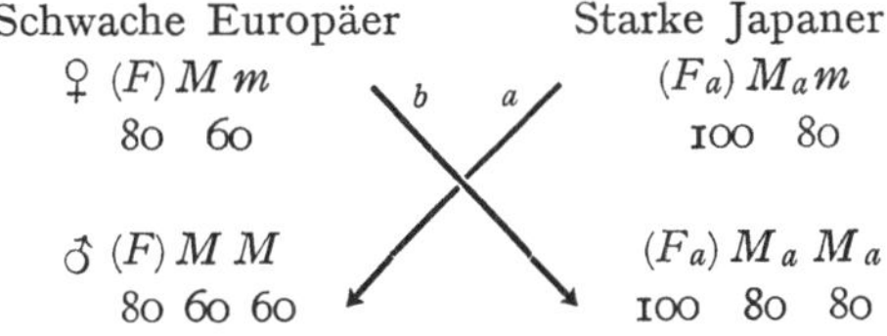

Es ist klar, daß beide Rassen, wenn rein gezüchtet, sexuell normal sind. Kreuzen wir nun ein japanisches Weibchen mit einem europäischen Männchen (Pfeil a), dann ist F_1:

$$F_1\ ♀\ (F_a)\ Mm \qquad\qquad F_1\ ♂\ (F_a)\ M_aM$$
$$100\quad 60 \qquad\qquad\qquad 100\quad 80\quad 60$$

Der Wert e beträgt dann $+$ und -40, beide Geschlechter sind normal. Die reziproke Kreuzung aber (Pfeil b) gibt in F_1:

$$F_1\ ♀\ (F)\ M_a m \qquad\qquad F_1\ ♂\ (F)\ M_a M$$
$$80\quad 80 \qquad\qquad\qquad 80\quad 80\quad 60$$

Hier ist nun beim Weibchen $e = 80 - 80 = 0$. Die Weibchen sind also intersexuell, genau halbwegs zwischen den Geschlechtern. Dies erklärt nun ohne weiteres die Resultate der verschiedenen Kreuzungen, die oben aufgezählt wurden. Die Reihenfolge des Wertes für M bei den genannten Rassen (sehr viele mehr sind analysiert) ist:

Schwache Rassen: alle Europäer, Japaner Hokkaido und z. T. Südjapaner. Starke Rassen: mittel Gifu, sehr stark Ogi, Aomori.

Und für den Wert von (F) ist die schwächste Rasse Fiume, dann folgen Schneidemühl und Hokkaido, dann die Südjapaner, wie sich in allen

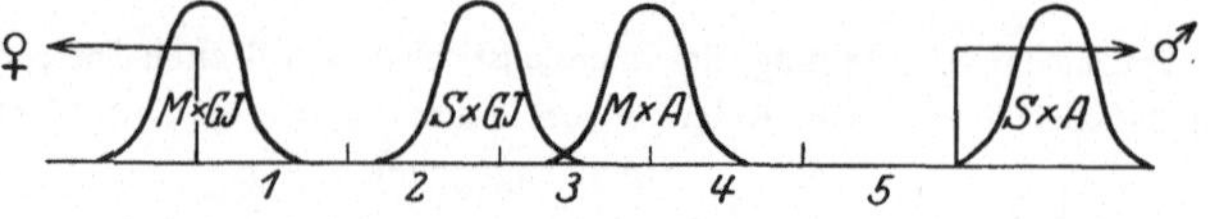

Abb. 165. Schema einer intersexuellen Gleichung. Rasse $M \times$ Rasse Gi und Rasse $M \times$ Rasse A proportional zu Rasse $S \times Gi$ und $S \times A$.

weiteren Versuchen bestätigen läßt. Vielleicht die klarste Demonstration ist die folgende: Wir haben gesehen, daß die Weibchen der schwachen Rasse Fiume gekreuzt mit den mittelstarken Männchen Gifu ziemlich stark intersexuelle Weibchen in F_1 liefern. Die gleichen Weibchen ergeben aber mit den starken Männchen Aomori nur Männchen. Die japanischen Weibchen von Kumamoto ergeben mit den gleichen Männchen von Gifu ganz schwache weibliche Intersexualität in F_1. Dann müssen diese Weibchen, nun mit Aomori-Männchen gekreuzt, etwa mittlere Intersexualität liefern, was auch der Fall ist. Das Schema Abb. 165, dem von Abb. 164 entsprechend, erläutert dies ohne weiteres für einen ähnlichen Fall.

Wir sind nun bisher über die intersexuellen Männchen hinweggegangen. Abb. 166 gibt eine Serie männlicher Intersexualität wieder, wie sie aus verschiedenen F_1- und F_2-Resultaten zusammengestellt werden kann. Wir wollen sie aber nicht mit gleicher Ausführlichkeit behandeln. Es ist ja ohne weiteres klar, daß jede Kombination, bei der

Abb. 166. Lymantria dispar. Oben normales ♂, darunter 6 verschiedene Intersexe. Bei intersexuellen ♂ (im Gegensatz zu ♀) erscheint die weibliche Beimischung auf den Flügeln in Fleckenform.

in der Formel $(F)MM = \male$ ein hochwertiges F mit niederwertigem M verbunden werden kann, zu intersexuellen Männchen führen muß. Es genügt festzustellen, daß sie auch nach Erwartung produziert werden und daß aus dieser Analyse besonders beweisendes Material für die Interpretation des Falles gewonnen wird.

Wesen des
X-Chromo-
somen-
mechanis-
mus.

Bevor wir nun in der Analyse weitergehen, wollen wir uns erst kurz klar machen, wie weit diese uns in bezug auf das Problem dieses Abschnittes, das Wesen der Geschlechtsfaktoren zu ergründen, geführt hat. Wir haben wieder den einfachen Erbmechanismus der Heterogametie — Homogametie vorgefunden. Wir sahen aber, daß die Anwesenheit des einen Geschlechtsdifferentiators im X-Chromosom in homozygoter oder heterozygoter Form allein nicht genügt, über das Geschlecht zu entscheiden. Es war vielmehr eine bestimmte Quantität der Aktion dieser Faktoren nötig, um sie gegen die gleichzeitige selbständige Aktion der entgegengesetzten Differentiatoren des andern Geschlechts aufkommen oder unterliegen zu lassen. Der normale Geschlechtsvererbungsmechanismus sorgt für die Richtigkeit des quantitativen Verhältnisses, indem er den einen Komplex konstant läßt (das mütterlich vererbte (F)), und den andern regulär in halber oder ganzer Quantität (M oder MM, 1 X-Chromosom — 2 X-Chromosomen) verteilt. Können aber diese Quantitäten in einem sonst gleichbleibenden System absolut verändert werden, so kann keine Faktoren- oder Chromosomenkonstitution es verhindern, daß eine andere und schließlich entgegengesetzte Sexualität erzielt wird. Wir wissen somit jetzt, daß der Geschlechtsvererbungsmechanismus der Heterogametie — Homogametie ein Mechanismus ist, der dafür sorgt, daß die geschlechtsdeterminierenden Substanzen für beide Geschlechter in einem bestimmten quantitativen Verhältnis verteilt werden, das der einen oder andern Substanzgruppe das Übergewicht verleiht. Dies bedeutet, daß wir nunmehr einen Schritt gemacht haben in der Richtung auf ein physiologisches Verständnis dessen, was der Mechanismus bezweckt. Und es ist klar, daß unser Problem vollständig gelöst würde, wenn wir wüßten, was jene geschlechtsbestimmenden Substanzen sind und wie ihre quantitative Wirkung zu verstehen ist. Eine weitere Analyse der zygotischen Intersexualität gibt auch auf diese Frage bereits eine Antwort.

Der Begriff der Intersexualität könnte die Vorstellung erwecken, daß ein intersexuelles Individuum in jedem Teil seines Körpers eine bestimmte Stufe zwischen den beiden Geschlechtern einnimmt. Schon die obige Beschreibung ließ erkennen, daß das nicht der Fall ist. Es verhalten sich vielmehr die einzelnen Organe verschieden, eines ist noch normal, wenn das andere schon intersexuell ist. Nur rein quantitative Charaktere wie die Fiederlänge der Antennen zeigen bestimmte Zwischenstufen. Intersexualität ist also hier sozusagen ein makroskopisches Phänomen, ein Begriff für den Gesamthabitus des Individuums, das in Wirklichkeit aber eine Art Mosaik verschiedener Geschlechtigkeit darstellt. Es zeigt sich nun, daß die einzelnen Organe in einer ganz bestimmten Reihenfolge intersexuell werden, und zwar ist diese Reihenfolge genau die umgekehrte von der der embryonalen Differenzierung. Die Organe, die zuerst angelegt und differenziert werden, wie die Geschlechtsdrüsen, werden zuletzt umgewandelt und diejenigen, die sich zuletzt differenzieren, wie Flügelfärbung, werden zuerst verschoben. Die genaue Analyse dieser Tatsache hat nun zu der Aufdeckung dessen geführt, was wir das Zeitgesetz der Intersexualität nennen, ein Phänomen, das übrigens BALTZER bereits bei den Intersexen von Bonellia erkannt hatte: Ein Intersex ist ein Individuum, das sich bis zu einem gewissen Zeitpunkt als Weibchen bzw. Männchen entwickelt hat und von diesem Drehpunkt an seine Entwicklung als Männchen bzw. Weibchen vollendet. Das ansteigende Maß der Intersexualität ist ein Ausdruck der fortschreitenden Rückverlegung des Drehpunktes; der intersexuelle Zustand der einzelnen Organe ist bestimmt durch die zeitliche Lage ihrer Differenzierung vor oder nach dem Drehpunkt. Dieses Gesetz ist durch zahllose entwicklungsgeschichtliche Tatsachen, die hier nicht ausgeführt seien, bewiesen.

Damit ist nun folgende Situation gegeben:

1. Intersexualität kommt zustande, wenn an einem bestimmten Zeitpunkt der Entwicklung, dem Drehpunkt, eine Reaktion stattfindet, die wir die Umschlagsreaktion nennen können, die in ihrem physiologischen Effekt darin besteht, daß sie die alternativen Differenzierungsvorgänge zwingt, im Zeichen des andern Geschlechts zu verlaufen: Die weibliche Differenzierung springt in die männliche um oder umgekehrt.

2. Der Zeitpunkt des Einsetzens der Umschlagsreaktion ist maßgebend für das Maß der Intersexualität, je früher er liegt, um so höher der Grad der Intersexualität.

3. Das Auftreten der Umschlagsreaktion während der Entwicklung ist genetisch bedingt durch erbliche Eigenschaften der zur Kreuzung benutzten Rassen.

4. Die dabei in Betracht kommenden Erbfaktoren der geschlechtlichen Differenzierung unterscheiden sich voneinander in ihrer Valenz = Quantität.

5. Intersexualität wird genetisch produziert, wenn die Faktoren der männlichen und weiblichen Differenzierung quantitativ nicht richtig aufeinander abgestimmt sind.

6. Das Maß der Intersexualität ist genau proportional der Höhe dieser quantitativen Unstimmigkeit.

Daraus folgt nun:

1. Das normale Geschlecht wird dadurch bedingt, daß die gesamten Differenzierungsprozesse im Zeichen des physiologischen Einflusses verlaufen, der von dem oder den Faktoren des betreffenden Geschlechts hervorgerufen wird.

2. Da in verschiedenen Individuen entweder der männliche oder weibliche Differenzierungseinfluß herrschend ist, bei Intersexualität aber beide Einflüsse im selben Individuum aufeinander folgen können, so besteht der normale Geschlechtsvererbungsmechanismus darin, dem einen Einfluß die Oberhand zu geben.

3. Da Intersexualität durch das Auftreten der Umschlagsreaktion während der Entwicklung bedingt ist, und dies Ereignis durch abnorme quantitative Verhältnisse der Faktorenkombination herbeigeführt wird, so muß normalerweise die beherrschende Reaktion für das aktuelle Geschlecht schneller verlaufen als für das nicht erscheinende Geschlecht. Weibliche Intersexualität kommt somit zustande, wenn die neben der beherrschenden weiblichen Reaktion verlaufende männliche Reaktion schneller verläuft als sie normalerweise sollte (umgekehrt bei männlicher Intersexualität) und je schneller sie verläuft, je früher der Drehpunkt, je höher die Intersexualität.

4. Es sind somit koordiniert Quantität der Erbfaktoren und Geschwindigkeit der Reaktion.

Somit ist also die Lösung des Problems der zygotischen Intersexua- Die Lösung.
lität zu der wir vordringen konnten, die: Jedes befruchtete Ei besitzt
normalerweise die beiderlei Erbfaktoren, Geschlechtsdifferentiatoren
oder Realisatoren, deren Aktivität für die Differenzierung des einen oder
andern Geschlechts erforderlich ist. Jeder von diesen, der männlichen
wie der weiblichen Differenzierung, ist notwendig für die Ausführung
(Beschleunigung) einer Reaktion, deren Produkt die spezifischen Be-
stimmungssubstanzen der geschlechtlichen Differenzierung sind. Bei
Formen mit weiblicher Heterozygotie, wie es der Schwammspinner ist,
wird der weibliche Faktor, wie wir kurz sagen wollen, rein mütterlich
vererbt, so daß jedes Ei identisch ist in bezug auf den Weiblichkeitsfaktor. Der männliche Faktor ist der nach dem bekannten Heterozy-
gotie-Heterogametie-Schema mit dem X-Chromosom der Hälfte der Eier,
aber allen Spermatozoen überlieferte Geschlechtsfaktor. Absolute wie
relative Quantität der beiden Faktoren ist ein festgelegter Erbcharakter
einer Rasse. Der Mechanismus der Geschlechtsvererbung, der darin besteht, daß die zu Männchen bestimmten Eier zwei X-Chromosomen,
zwei Faktoren M, zwei Dosen männlichen Determinators erhalten, die
zu Weibchen bestimmten aber nur eine, ist hiermit ein Mechanismus,
der dafür sorgt, daß zu Anfang der Entwicklung einer bestimmten, stets
gleichen Quantität des weiblichen Faktors entweder n oder $2n$ Maß-
einheiten des männlichen gegenüberstehen. Diese Quanten sind nun so
dosiert, daß die Quantität q des weiblichen Faktors größer ist als n des
männlichen: Die Produktion der Determinationsstoffe der weiblichen
Differenzierung eilt somit bei dieser Kombination voraus, die Entwicklung ist weiblich. Umgekehrt ergeben $2n$ des männlichen Faktors eine
höhere Konzentration als q des weiblichen, die Stoffe der männlichen
Differenzierung werden schneller produziert und ein Männchen entwickelt sich bei dieser Kombination. Der X-Chromosomen-(Heterozygotie)Mechanismus erweist sich somit als eine ideale Methode des Aus-
gleichs der Relation zweier Reaktionsgeschwindigkeiten und findet so
seine physiologische Erklärung.

Da das Entscheidende die Relation zweier Quantitäten ist, so können
die absoluten Quantitäten sehr verschieden sein, solange nur die richtige Relation gewahrt ist und solange die resultierenden Reaktions-

32*

geschwindigkeiten in Harmonie sind mit den Zeitverhältnissen der Entwicklung. In der Tat erweisen sich verschiedene Rassen verschieden in bezug auf die absoluten Quanten der Faktoren. Werden aber solche Rassen gekreuzt, so wird die notwendige quantitative Relation gestört und der männliche Faktor kann relativ zu konzentriert sein für das weibliche Quantum, selbst im $1n$-Zustand. Oder umgekehrt mag der weibliche Faktor zu konzentriert sein im Verhältnis zum männlichen, selbst im $2n$-Zustand. Und dann werden die Produkte des zu konzentrierten Faktors zu schnell gebildet, ihre wirksame Quantität wird noch innerhalb der Entwicklungsperiode erreicht, Intersexualität tritt ein.

Das epistatische Minimum. Als wir oben die mendelistisch-formale Analyse des Phänomens durchführten, zeigte es sich, daß die Annahme unmöglich ist, daß das einfache Überwiegen der Valenz der männlichen Faktoren über die weiblichen (oder umgekehrt) zur Erklärung ausreicht. Sie würde Geschlechtsumkehr erklären, aber nicht die verschiedenen Stufen der Intersexualität. Wir mußten deshalb das epistatische Minimum einführen, die Annahme, daß ein quantitativ bestimmter Minimalüberschuß e einer Quantität über die andere nötig ist, um über das Geschlecht zu entscheiden. Wenn wir diese symbolische Sprache nun in reale übersetzen, so heißt es, daß die hohe Ausgangskonzentration eines der beiden Gene nicht definitiv zu seinen Gunsten entscheidet, sondern daß ein Minimum dieser Differenz nötig ist, um die völlige Entscheidung — reine Geschlechter — herbeizuführen und daß zwischen den beiden Minima für $M - F$ und $F - M$ eine Serie von Werten dieser Differenz liegen, die die Intersexualität bedingen. Da wir nun wissen, daß Intersexualität entsteht, wenn die Quantität der Differenzierungssubstanzen einer Sorte größer wird als die der andern Sorte, und zwar während der Entwicklung, so besagt dies, daß die Kurven für die Produktion der männlichen oder weiblichen Stoffe so gestaltet sein müssen, daß sie im Normalfall sich nicht während der Differenzierungszeit schneiden, daß aber die gleiche Art von Kurven bei Einfügung einer Variabeln, nämlich der Ausgangskonzentration sich proportional (oder umgekehrt proportional) dem Wert der Variabeln noch während der Entwicklungszeit schneiden müssen. Die Kurven der Differenzierungsstoffproduktion in den verschiedenen Intersexualitätsexperimenten (weibliche Int.) könnten also so aussehen wie Abb. 167 zeigt, wobei wir die Entwicklungszeit als konstant annehmen, was ja in Wirklichkeit nicht der Fall ist (die betreffende Korrektur, also eine Verschiebung der Linie $S — S =$ Ende der Differenzierung nach rechts oder links kann leicht angebracht werden). F ist die Kurve der Produktion der weiblichen Stoffe für die schwache Rasse, Mm die der männlichen Stoffe im Normalfall (für das Weibchen)

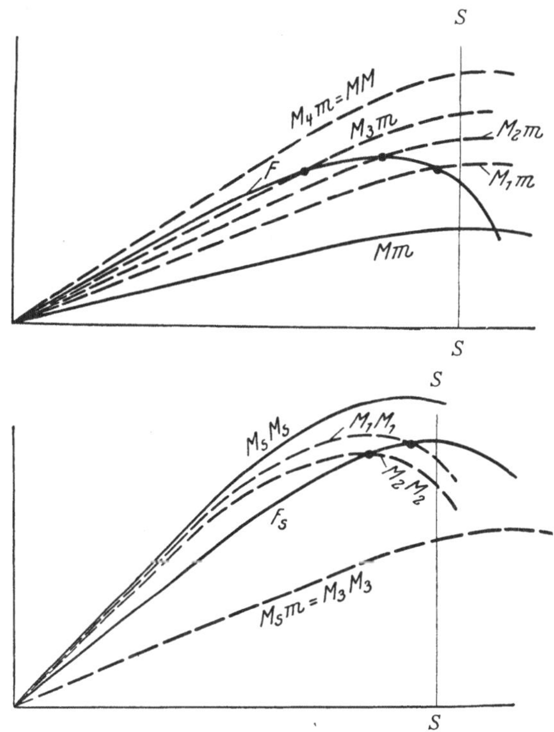

Abb. 167. Graphische Darstellung der physiologischen Interpretation der Intersexualitätsexperimente.

M_1m, M_2m usw., die der männlichen Stoffproduktion bei verschiedenen Graden weiblicher Intersexualität bis zur Geschlechtsumkehr M_4m. Die Schnittpunkte der F- und M-Kurven bedeuten dann den „Drehpunkt". Entsprechend erklärt sich das zweite Schema für männliche Intersexualität. F_s ist das F einer starken Rasse, mit M_sM_s gibt es das normale Männchen. M_1M_1 usw. sind die M-Kurven für männliche Intersexualität bis zur Geschlechtsumkehr M_3M_3, welches mit der

$M_s m$-Kurve für das normale Weibchen der starken Rasse identisch ist. Fällen wir von den Schnittpunkten aus Lote auf die Abszisse, so erhalten wir das früher benutzte lineare Schema der Intersexualität. Es erscheint uns sehr lehrreich, sich die Beziehungen zwischen den beiden Arten graphischer Darstellung klar zu machen, um dadurch Einsicht in den Unterschied mendelistischer gleich vererbungsmechanischer und vererbungsphysiologischer Vorstellung zu gewinnen. Natürlich ist diese graphische Darstellung nicht die einzige mögliche; auch andere sind möglich, die die Experimentaltatsachen, nämlich quantitative Beziehung von F und M und verschiedene zeitliche Schnittpunkte der Reaktionskurven, wiedergeben.

Die hier gegebene Lösung des Geschlechtsproblems liefert nicht nur den Schlüssel zum Verständnis des Wesens des X-Chromosomenmechanismus, sondern eröffnet auch weite Ausblicke auf die Möglichkeit die Wirkung der Gene im ganzen zu verstehen, wie wir in der nächsten Vorlesung sehen werden. Hier sei nur noch erörtert, in wie weit sie sich auch in anderen Experimenten bewährt hat. Tatsächlich hat das Prinzip bereits auf viele verwickelte Verhältnisse im Tierreich Licht geworfen, z. B. auf die eigenartige Intersexualität der Amphibien und die besonderen Verhältnisse der höheren Wirbeltiere (siehe die zusammenfassende Darstellung von GOLDSCHMIDT). Auch auf gewisse Verhältnisse bei diözischen Pflanzen konnte es schon angewendet werden (G. und P. HERTWIG, WETTSTEIN) und könnte, richtig angewandt, auch zur Grundlage einer Erklärung der labilen Verhältnisse der monözischen Pflanzen dienen. Doch gehören diese Probleme nicht mehr zur eigentlichen Vererbungslehre. Seine schönste Bestätigung hat es aber in dem Studium der triploiden Intersexe durch STANDFUSS, MEISENHEIMER, GOLDSCHMIDT, PARISER, SEILER und BRIDGES gefunden. Hier sei nur der Fall der triploiden Intersexe von Drosophila nach BRIDGES besprochen, da die gleichen Triploide ja auch von großer Bedeutung für die allgemeine Vererbungslehre sind. In einem Experiment zur Lokalisierung bestimmter Faktoren bei Drosophila erschienen in einer Zucht 96 Weibchen, 9 Männchen und 80 Intersexe. Die normalen Tiere zeigten unerwartete Verteilung der beteiligten Gene (siehe oben bei Polyploidie), aus der geschlossen werden konnte, daß die Tiere von einer triploiden

Mutter stammten. Dafür konnte dann auch der genetische Beweis geliefert werden und die cytologische Untersuchung ergab, daß alle Intersexe je 3 Exemplare des 2. und 3. Chromosoms hatten, entweder 2 oder 3 Chromosomen Nr. 4, 2 X-Chromosomen und entweder ein Y-Chromosom oder keines. Morphologisch variieren die Intersexe sehr, es läßt sich aber eine mehr weibliche und männliche Gruppe unterscheiden. Es ist hier bis jetzt noch nicht möglich gewesen, die Intersexe so zu definieren wie bei Lymantria und Bonellia, nämlich durch die zeitliche Lage des Drehpunktes. Wohl gelingt dies aber bei den Intersexen der triploiden Biston- und Sarturnidenbastarde (siehe GOLDSCHMIDT). Die Morphologie der triploiden Intersexe wird aber gegenüber denen von Lymantria dadurch kompliziert, daß infolge der abnormen Chromosomenbeschaffenheit sich echter Gynandromorphismus (durch abnorme Verteilung der X-Chromosomen) mit Intersexualität kombinieren kann.

Es ist klar, daß in diesem Fall die Intersexualität auf der abnormen Chromosomenbeschaffenheit beruht, wie übrigens STANDFUSS zuerst erkannte. In seinen Versuchen erhielt BRIDGES die folgenden Chromosomenkombinationen und daraus die entsprechenden Tiere:

Typ	Zahl der X-Chromosomen $= F$	Zahl der Autosomen $= M$
Überweibchen . .	3	2
Weibchen . $\begin{cases} 4\,N \\ 3\,N \\ 2\,N \\ 1\,N \end{cases}$	4 3 2 1	4 3 2 1
Intersex mehr ♀ .	2	3
„ „ ♂ .	2	3
Männchen	1	2
Übermännchen . .	1	3

Die Tabelle zeigt, daß normale Weibchen entstehen, wenn das Verhältnis von Autosomen zu X-Chromosomen $= 1\,n : 1\,X$ ist; ebenso normale Männchen, wenn das Verhältnis $2\,n : 1\,X$ ist (das ist ja der normale X-Chromosomenmechanismus); dagegen Intersexe bei dem Verhältnis $3\,n : 2\,X$ und Überweibchen bzw. Übermännchen (die beide morphologisch unterscheidbar sind) bei der Proportion $2\,n : 3\,X$ bzw. $3\,n : 1\,X$. Das Geschlecht resultiert hier also aus einem Verhältnis der Autosomen zu den Geschlechtschromosomen. Natürlich sind es nicht die Chromosomen als solche, sondern in ihnen enthaltene Gene, die in den X-Chromosomen Weiblichkeitsgene, in den Autosomen Männlichkeitsgene sein müssen, deren Quantitätsrelation entscheidet. Wir sehen also genau das gleiche Grundresultat wie bei Lymantria, bloß mit dem Unterschied, daß F und M vertauscht sind entsprechend dem Unterschied zwischen Abraxas- und Drosophilatypus und ferner, daß die M-Gene (entsprechend F bei Lymantria) nicht mütterlich sondern autosomal vererbt werden. Bei Lymantria, wo sich alles innerhalb der normalen diploiden Chromosomenkonstitution abspielt, war es sicher, daß es sich für die Entscheidung um relative Quantitäten der Gene handelte, wofür spezielle experimentelle Beweise erbracht wurden. Hier handelt es sich zunächst, soweit wir wissen, um relative Zahlen, wobei es allerdings das Nächstliegende ist auch die Zahlen in ihrer Wirkung additiv als Quantitäten aufzufassen. BRIDGES selbst faßt allerdings die Wirkung etwas anders auf, indem er, wenn ich ihn recht verstehe, überhaupt keine speziellen Geschlechtsrealisatorgene annimmt, sondern die quantitative Relation auf alle Gene in den Autosomen und X-Chromosomen bezieht, die generell die Organisation in zwei verschiedene Richtungen ziehen, die sich als die beiden Geschlechter auswirken, eine Annahme, die mir nicht sehr wahrscheinlich erscheint.

Sexualität
niederer
Pflanzen.

Es sollte an dieser Stelle noch ein Wort über die merkwürdigen Sexualitätsverhältnisse von Algen und Pilzen gesagt werden. Bei Mucorineen ist lange bekannt, daß Myzelien gleicher Art sich nicht zum „Befruchtungs"-Vorgang vereinigen. Man unterscheidet deshalb $+$- und $-$-Formen — äußerlich nicht unterscheidbar —, die sich nur in der Kombination $+$ mit $-$ vereinigen. Diese kann man die Geschlechter nennen. KNIEP fand nun, daß in manchen Fällen aus einer Spore 4 verschiedene Myzelien hervorgingen, die sich nur in solcher Weise miteinander vereinigten, daß man annehmen muß, daß zwei Genpaare beteiligt sind, $AaBb$, so daß also die Kombinationen AB, Ab, aB, ab in den Myzelien vorkommen. Jede von diesen kopuliert nur mit einer andern, die von ihr in beiden Faktoren verschieden ist, also AB mit ab usw. Betrachtet man die Unterschiede als Geschlechtsunterschiede, dann gäbe es also hier 4 Geschlechter und in anderen seitdem untersuchten Fällen Dutzende von Geschlechtern. Wir erinnern uns nun an die früheren Untersuchungen über Selbststerilität und ihre genetische Analyse durch EAST. Die Ähnlichkeit beider Fälle leuchtet sofort ein und es liegt der Gedanke nahe, daß es sich hier nicht um Sexualität sondern sexuelle Anziehung handelt, die durch mendelnde Gene bedingt ist. Dagegen sprechen allerdings die Versuche von HARTMANN an der Alge Ectocarpus. Hier werden auch $+$- und $-$-Individuen unterschieden, die sich wie beschrieben verhalten, nur mit dem Unterschied, daß man nach dem Verhalten bei der Vereinigung weibliche und männliche Individuen unterscheiden kann. HARTMANN fand nun, daß manche $+$-Pflänzchen sich in gesetzmäßiger Weise auch mit anderen $+$-Pflänzchen vereinigen konnten, daß also die Sexualität nicht absolut, sondern relativ ist und sich dadurch als wirkliche Sexualität erweist. Die Einzelheiten sind weniger genetischer Natur, weshalb diese kurze Erwähnung genüge, um so mehr, als eine völlige Klärung des Falles noch nicht vorliegt.

Wir haben hier nur die genetische, vererbungswissenschaftliche Seite des Geschlechtsproblems behandelt. Es hat aber noch eine andere. Bei den höheren Wirbeltieren scheidet bekanntlich die Gonade Hormone aus, die einen wesentlichen Einfluß auf die Ausbildung der sekundären Geschlechtscharaktere ausüben. Wir haben also hier zwei Komponenten, die über das Resultat entscheiden, einmal die genetische Konstitution, die genau so arbeitet, wie wir es für Lymantria analysierten; sodann die Hormone, die im Normalfall auf Grund dieser genetischen Konstitution gebildet werden und bei der Entwicklung der Außencharaktere mitwirken. Gegeben die genetische Konstitution, ist die Wirkung der Hormone ein entwicklungsphysiologisches Problem, was allerdings nicht ausschließt, daß es spezifische Gene gibt, die die Art der Hormonenproduktion beeinflussen. Dieses Tatsachengebiet gehört aber in einen andern Zusammenhang und sei deshalb hier nur erwähnt, nicht näher analysiert.

Literatur zur neunzehnten Vorlesung.

Die außerordentlich umfangreiche celluläre Literatur zum Geschlechtsproblem findet sich zusammengestellt bei

CORRENS, C. und GOLDSCHMIDT, R.: Vererbung und Bestimmung des Geschlechts. Berlin 1912.

SCHLEIP, W.: Geschlechtsbestimmende Ursachen im Tierreich. Ergebn. u. Fortschr. d. Zool. **3.** 1912.

SCHRADER, F.: Die Geschlechtschromosomen. In: Zellen und Befruchtungslehre, hrsg. von P. BUCHNER I. Berlin: Bornträger 1928.

WILSON, E. B.: The cell in development and inheritance. 3. Aufl. New York 1926.

Zusammenfassende Darstellungen des Geschlechtsproblems oder von Teilen desselben mit Literaturzusammenstellungen sind außerdem:

CREW, F. A. E.: The genetics of sexuality in animals. Cambridge 1927.

GOLDSCHMIDT, R.: Mechanismus und Physiologie der Geschlechtsbestimmung. Berlin: Bornträger 1920. — Ders.: Die zygotischen sexuellen Zwischenstufen. Ergebn. d. Biol. **2.** 1927. — Ders.: Zygotische Geschlechtsbestimmung und Sexualhormone. Naturwissenschaften **15.** 1927.

HARMS, J. W.: Körper und Keimzellen. Monogr. Ges. Physiol. **9.** 1926.

WEISSENBERG, R.: Zeugung und Sexualität. Handb. d. Sexualwiss. 3. Aufl. 1926.

Ferner:

ANKEL, W. E.: Neuere Arbeiten zur Cytologie der natürlichen Parthenogenese bei Tieren. Zeitschr. f. indukt. Abstammungs- u. Vererbungslehre **45.** 1927.

CORRENS, C.: Über Fragen der Geschlechtsbestimmung bei höheren Pflanzen. Ber. d. dtsch. Ges. f. Vererbungswiss. 1925/26.

HARTMANN, M.: Untersuchungen über relative Sexualität I. Biol. Zentralbl. **45.** 1925.

KNIEP, H.: Über morphologische und physiologische Geschlechtsdifferenzierung. Verhandl. d. phys. u. med. Ges. Würzburg. 1919.

PATTERSON, J. T.: Polyembryony in Animals. Quart. Rev. Biol. **2.** 1927.

Zwanzigste Vorlesung.

Das Gen und seine Wirkung.

Wir haben nunmehr alle wichtigen Tatsachen kennengelernt, die sich auf das Gen und seine Übertragung beziehen. Wir wissen, daß das Gen die Einheit ist, die von Zelle zu Zelle, Generation zu Generation übertragen das typische Erbgeschehen bedingt. Wir wissen, daß diese Einheit in den Chromosomen gelegen ist, und daß hier die verschiedenen Gene einer bestimmten, gesetzmäßigen Ordnung unterliegen. Wir wissen, daß das Gen in der Regel völlig konstant ist, daß es sich aber in gesetzmäßiger Weise — die Mutation — verändern kann, und daß diese Veränderungen wieder konstant sind. Die Erkenntnis der Gene und ihrer Übertragung in den Chromosomen hat somit den Mechanismus der Vererbung vollständig geklärt. Um nun zu einem vollständigen Verständnis der Vererbung zu kommen, muß weiterhin das Problem gelöst werden: Wie wirkt das Gen, welche Vorgänge setzt es in Bewegung oder kontrolliert es, um den typischen Ablauf der Entwicklung herbeizuführen und den typischen Außencharakter hervorzurufen, aus dessen Auftreten und Vererbung wir ja auf das zugrunde liegende Gen schließen? Wir wollen also nach der Mechanik oder Statik der Genübertragung die Physiologie oder Dynamik seiner Wirkung studieren. So müssen wir die Tatsachen kennen lernen, die es erlauben, in dieser Richtung vorzudringen und ihre Interpretation, die zu einer allgemeinen Theorie der Vererbung führen kann.

Zunächst muß da ein Punkt geklärt werden, der leicht zu Mißverständnissen führen kann. Die Mechanik der Vererbung, die statische Genetik, befaßte sich und konnte sich nur befassen mit der Art der Übertragung des Gens. So hörten wir denn in den vorausgehenden Vorlesungen fast ausschließlich hiervon. Daraus könnte nun die naive Auffassung entstehen, daß die Erkenntnis des Gens und seiner Übertragung allein genüge, um die Gesamtheit der Vererbungserscheinungen zu er-

Kern und
Plasma.

klären. Gegner einer solchen Anschauung konnten wiederum die Frage erörtern, ob es neben der Genwirkung, also der Kernvererbung, auch eine plasmatische Vererbung gäbe. Eine solche Kontroverse beruht aber auf einem Mißverständnis. Was immer das Gen sei, unter allen Umständen muß es ein Etwas sein, das bestimmte Ketten von Vorgängen in Bewegung setzt oder kontrolliert, deren Endeffekte uns als Erbcharaktere entgegentreten. Dies besagt schon, daß die Gene Glieder eines Systems sind, nämlich der Eizelle mit Kern und Plasma am Ausgangspunkt und des gesamten Keims an jedem weiteren Punkt der Entwicklung. Das Problem lautet also nicht Kern (bzw. Gene) oder Plasma, auch nicht, ob außer dem Kern (durch seine Gene) auch noch das Plasma eine Rolle bei der Vererbung spielt, sondern: wie arbeiten die Gene im Kern — und nur solche kennen wir bisher — mit dem Plasma in dem gesamten jeweilig vorhandenen System (Eizelle, Keim) zusammen, um in Reihenfolge und Lokalisation geordnete, typische Entwicklung zu erzeugen? Auf die Arbeitsmethode bezogen heißt das: Wie können die Ergebnisse von Genetik und Entwicklungsphysiologie zusammengebracht werden, um eine vollständige Theorie der Vererbung zu ermöglichen?

Möglichkeiten der Analyse. Welche Möglichkeiten bestehen nun im Augenblick, in das Wesen der Genwirkung einzudringen? Zunächst könnte das geschehen, wenn man ein und dasselbe Gen in verschiedenen Zuständen bekommen und die Wirkungen vergleichen könnte. Sodann könnte man weiterkommen durch ein genaues Verfolgen der Entwicklung verschiedener Außeneigenschaften, die von bekannten Genen bedingt sind (HAECKER hat für diese Methode die Bezeichnung Phänogenetik vorgeschlagen). Sodann wäre ein Weg, die Wirkung des gleichen Gens in verschiedenen Systemen, also z. B. in der reinen Form und in Bastarden, zu vergleichen, wobei als verschiedene Systeme etwa verschiedenes Eiplasma in Betracht käme und auch das Phänomen der Dominanz im Bastard heranzuziehen wäre. Endlich wäre noch ein Weg das Studium der Wirkung des gleichen Gens unter verschiedenen äußeren Bedingungen.

Gene in verschiedenen Quantitäten. Der erste dieser Wege wurde zuerst vom Verfasser eingeschlagen, nämlich versucht, das gleiche Gen in verschiedenen Quantitäten zu betrachten und aus dem Vergleich der Effekte Schlüsse auf das Wesen der Genwirkung zu ziehen. An und für sich bietet sich ja das gleiche Gen

in verschiedenen Quantitäten bei den Geschlechtsdifferentiatoren dar,
nämlich durch den $2\,x — 1\,x$-Mechanismus. Wir sahen nun bereits in der
letzten Vorlesung, wie in den Versuchen über Intersexualität nicht nur
diese, sondern noch weitere Quantitätsdifferenzen der Geschlechtsgene
experimentell studiert werden konnten. Wir verweisen auf diese Analyse,
die es zum erstenmal erlaubte, eine positive Aussage über die Art der
Wirkung bestimmter Gene zu machen. Es zeigte sich, daß dem Gen eine
Reaktionskette von bestimmter Geschwindigkeit des Ablaufs zugeordnet
ist und ferner, daß diese Geschwindigkeiten direkt proportional den
Quantitäten des Gens sind. Es zeigte sich ferner, daß diese Reaktionsketten zu einem durch ihre eigene Geschwindigkeit wie durch die

der gleichzeitig verlau-
fenden Reaktionen fest-
gelegten Zeitpunkt zu
einem Determinations-
vorgang führen, also
zu der bestimmten Fest-
legung des dann fol-
genden Entwicklungs-
geschehens. Da nun
die Entwicklungsmecha-
nik festgestellt hat, daß
das in der Zeit geord-
nete Auftreten solcher

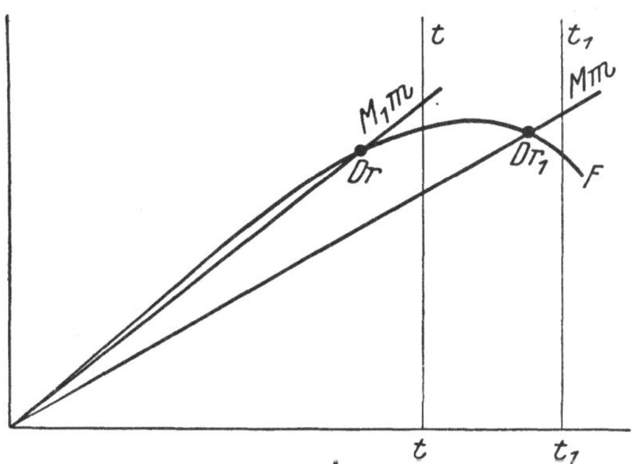

Abb. 168. Generelles Schema des Zusammenspiels der
Gene bei der Geschlechtsbestimmung.

Determinationspunkte einen wesentlichen Teil des Entwicklungsge-
schehens ausmacht, so wurde jener zunächst für die Geschlechtsgene erwiesene Schluß auf alle Genwirkungen verallgemeinert und geschlossen:
Das Gen ist ein Substanzteilchen bestimmter Qualität, aber auch typischer bestimmter Quantität, das seine Wirkung dadurch entfaltet, daß
es eine bestimmte Reaktionskette mit einer ceteris paribus seiner Quantität proportionalen Geschwindigkeit in Gang setzt. Diese Reaktionskette führt zur Produktion der Determinationsstoffe, die zu einem bestimmten Zeitpunkt in bestimmter Menge vorhanden sind, dem Deter-
minationspunkt. Der in Raum und Zeit geordnete Ablauf dieserVorgänge
beruht auf dem Zusammenspiel aller dieser genau abgestimmten Reak-

tionsketten. Das experimentell erwiesene Zusammenspiel solcher Abläufe im Falle der Intersexualität kann als Modell für jedes andere Erbgeschehen dienen. An Abb. 168 wollen wir uns das noch einmal generell klar machen unter der Voraussetzung der Kenntnis der Analyse der Intersexualität. Wir haben erstens die zwei von den weiblichen (F) und männlichen (M) Genen bedingten, die Geschlechtlichkeit determinierenden Reaktionsketten von bestimmter Geschwindigkeit und Form des Ablaufs. Wir haben sodann eine unabhängig von anderen Genen bedingte Reaktionskette, die zu einem bestimmten Zeitpunkt (t) den Abschluß der Differenzierung des Individuums bedingt. Es ist nun experimentell bewiesen, daß die beiden F- und M-Kurven sich schneiden können, und daß der Schnittpunkt eine Umkehr der geschlechtlichen Determination bedingt. Dieser bestimmte entwicklungsgeschichtliche Punkt, also hier die Geschlechtsumkehr, ist demnach eine Funktion von drei Variabeln, den Kurven F und M und der zeitlichen Lage des Punktes t. Jede Verschiebung in diesem System würde das Resultat ändern. Bei der Sachlage, die die Abbildung zeigt, entsteht ein normales Weibchen (Übergewicht von F während der Entwicklungszeit), eine Verschiebung von M nach links riefe ein Intersex hervor (Schnittpunkt von F und M während der Entwicklung). Das gleiche Resultat würde aber erzielt — und wurde experimentell erzielt — durch Verschiebung des Punktes t nach rechts.

Bei den Intersexualitätsversuchen waren die gleichen Geschlechtsgene in verschiedenen Zuständen untersucht worden. In der MENDELschen Nomenklatur bezeichnet man aber, wie wir früher sahen, solche Gene als multiple Allelomorphe. Somit war nachgewiesen, daß multiple Allelomorphe verschiedene Quantitäten des gleichen Gens darstellen. Damit ergab sich die Möglichkeit, das Verhalten anderer multipler Allelomorphe heranzuziehen, um die Wirkung des gleichen Gens in verschiedener Quantität zu studieren. Das geschah in Versuchen des Verfassers, die sich auf eine Serie multipler Allelomorphen bezogen, deren Wirkung entwicklungsgeschichtlich betrachtet werden konnte. Wir betrachteten bereits früher in anderem Zusammenhang das gleiche Objekt, nämlich die Zeichnungscharaktere der Schwammspinnerraupen (siehe Abb. 124). Diese Muster finden sich bei verschiedenen Rassen von ganz hell bis ganz dunkel vor, und die verschiedenen Grade der Helligkeit erweisen sich als eine Serie multipler Allelomorphe.

Wenn wir die Raupen der verschiedenen Rassen durch ihre sämtlichen Stadien (d. i. 4—5 Häutungen) hindurch verfolgen, so finden wir, daß sie sich sehr verschiedenartig verhalten. Da gibt es einmal Rassen, deren Zeichnung sich im wesentlichen während der Raupenzeit nicht

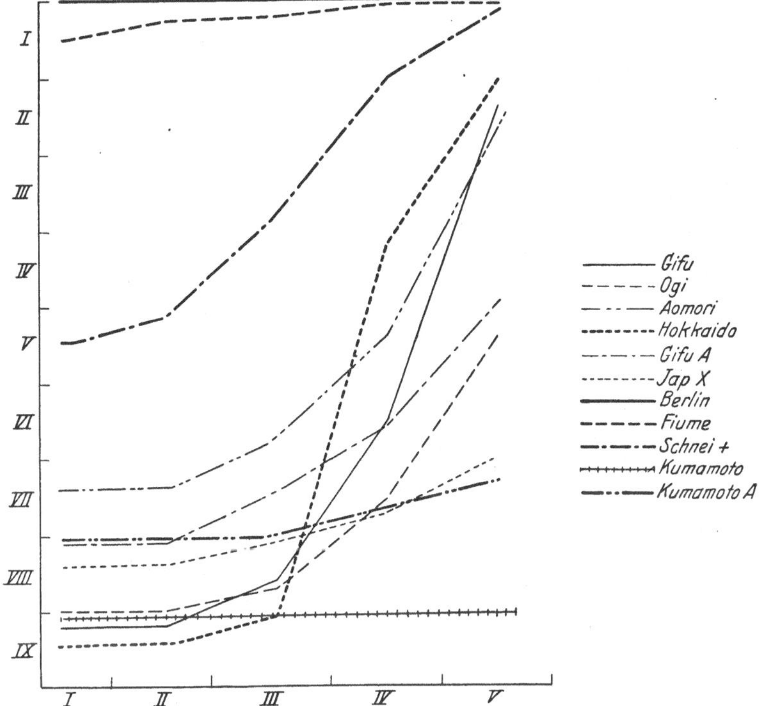

Abb. 169. Kurven der Pigmentanreicherung für die Zeichnung verschiedener Rassen von L. dispar während der Entwicklung. IX die hellste Klasse. Auf der Abszisse die Entwicklungsstadien I—V.

ändert, natürlich abgesehen von den Veränderungen, die in jedem Fall das betreffende Raupenstadium charakterisieren. Also wir haben einmal ganz helle Rassen, die dauernd hell bleiben und dann dunkle Rassen, die dauernd dunkel bleiben. Alle anderen Rassen aber verändern ihren Pigmentierungstypus während der Entwicklung, sie werden mit jeder Häutung dunkler, und was auch das Mittel der jungen Raupen gewesen sein mag, sie enden schließlich mehr oder minder auf der dunkeln Seite der

Kurve. In Abb. 169 sind die Pigmentierunskurven für einige dieser Rassen wiedergegeben. Vergleichen wir nun sorgfältig diese Tatsachen, so kommen wir zu dem Schluß, daß bei den dauernd dunkeln Raupen ein Pigmentierungsfaktor vorhanden sein muß, der das Maximum seiner Wirkung schon sehr früh entfaltet hat; bei den dauernd hellen fehlt entweder der Pigmentierungsfaktor, oder er wirkt so spät, daß seine Wirkungszeit in der Raupenperiode nicht mehr sichtbar wird, und bei den während der Entwicklung wechselnden Raupen hat er in früheren Stadien einen mehr oder minder geringen Effekt erreicht, der sich dann mehr und mehr steigert. Dies deutet bereits an, daß wir es in der Anhäufung von Pigment, das die Zeichnung verdrängt, mit einem Vorgang zu tun haben, der mit größerer oder geringerer Geschwindigkeit verläuft; diese Geschwindigkeit aber ist der Ausdruck der verschiedenen Zustände des Pigmentierungsfaktors, die das System multipler Allelomorphe bilden.

Diese Auffassung wird nun vollends zur Notwendigkeit, wenn wir mit dem Verhalten der reinen Rassen das Verhalten gewisser Bastarde vergleichen. Bastarde zwischen einer hellen Rasse, die dauernd hell bleibt und einer von Anfang an dunkeln Rasse sind in jungen Stadien etwa intermediär. Mit vorrückendem Wachstum werden sie aber dunkler und finden sich schließlich ganz auf der dunkeln Seite. In der Sprache der MENDELschen Symbolik würde man also von einem Dominanzwechsel sprechen. Diese Bastarde verhalten sich somit genau wie jene reinen Rassen, die zuerst ziemlich hell sind und dann dunkel werden. Da nun die F_2-Resultate zeigen, daß nicht mehr als ein Faktorenpaar im Spiel ist, so muß die Situation die sein: Die dunkle Rasse hat den Pigmentfaktor p_d, der eine schnelle Produktion von Pigment bedingt, die helle Rasse besitzt den Faktor p_l, der eine langsame Produktion von Pigment bedingt, so langsam, daß sie unter normalen Umständen während des Raupenlebens nicht in Erscheinung kommt. Der Bastard $p_d p_l$ besitzt somit eine Pigmentproduktion, die mit intermediärer Geschwindigkeit verläuft, daher zunächst gering ist, aber in späteren Raupenstadien das Maximum erreichen kann. $p_d + p_l$ im Bastard ist in seiner Wirkung daher deshalb identisch dem Faktor p_i einer der reinen Rassen mit Verschiebung während der Entwicklung, weil die gleichen Geschwindigkeiten der Pigmentproduktion in beiden Fällen zustande kommen. Hier sehen wir also in der Tat die Geschwindigkeit des Ablaufs einer Reaktion koordiniert einer Serie allelomorpher Faktoren und betrachten dies als einen weiteren Beweis, daß diese verschiedenen Faktoren tatsächlich nichts anderes sind als verschiedene Quantitäten einer in die betreffende Reaktion eingehenden Substanz. Die folgende Serie von Kurven gibt diese Vorstellung vom Ablauf der Reaktion Pigmentbildung in verschiedenen reinen Rassen wie ihren Bastarden wieder (Abb. 170).

In dem ersten unserer Beispiele, der Intersexualität, hatten wir am Ausgangspunkt tatsächlich verschiedene Quantitäten des gleichen Gens

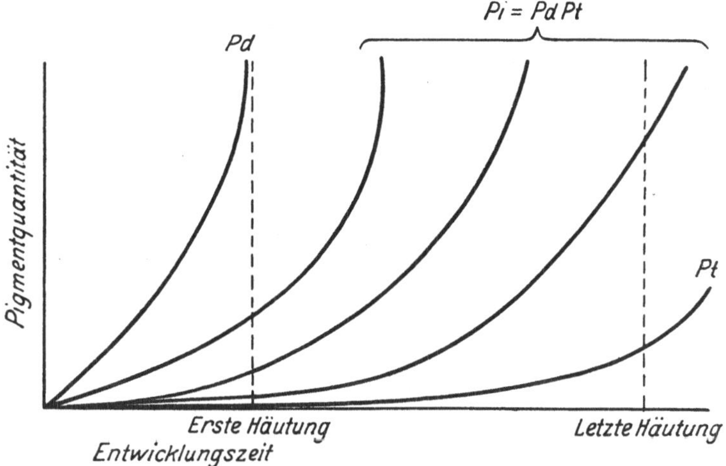

Abb. 170. Kurvenschema des Pigmentierungsvorgangs bei reinen Rassen und Bastarden von L. dispar.

und proportional dazu die verschiedene zeitliche Lage eines entwicklungsgeschichtlichen Determinationspunktes festgestellt und sein Eintreten als Folge des Zusammenstimmens mehrerer Variabeln, vor allem eines Schnittpunktes von zwei in der Zeit fortschreitenden Prozessen. Wir mußten deshalb auf Reaktionsabläufe bestimmter Geschwindigkeit schließen. In dem soeben besprochenen Beispiel fanden wir empirisch diese Reaktionsabläufe und ebenfalls wieder ihre Verknüpfung mit multipel-allelomorphen Zuständen eines Gens. Unter Berücksichtigung des sonst über multiple Allelomorphe bekannten, schlossen wir also aus dem Vergleich der beiden Fälle, daß es sich dabei um verschiedene Quantitäten eines und desselben Gens handelt. (Es sei noch zugefügt, daß das früher gegebene Beispiel der multipel-allelomorphen Farbenserie der Nagetiere nach WRIGHT sich mühelos in der gleichen Art betrachten läßt und tatsächlich von WRIGHT auch ähnlich betrachtet wurde.) Das gleiche gilt für die früher betrachtete multipel-allelomorphe Serie von Augenfarben der Drosophila, für die der Verfasser den gleichen Gedankengang durchführen konnte, der dadurch noch an Wahrscheinlichkeit gewinnt, daß FORD und HUXLEY für die Augenpigmentierung von Gammarus ähnliche Reaktionskurven nachwiesen, wie wir sie eben für die Raupenpigmentierung besprachen. Wir kommen nun zu einem Beispiel, bei dem durch besondere genetische Verhältnisse das Gen in mehreren verschiedenen Quantitäten erhalten werden konnte ohne Störung des Chromosomenmechanismus und die Wirkung der verschiedenen Quantitäten exakt bestimmt werden konnte, den schönen Untersuchungen von STURTEVANT über ungleichen Faktorenaustausch bei der Bandaugenmutation von Drosophila.

Eine der bekanntesten im X-Chromosom gelegenen Mutanten von Drosophila ist das Bandauge (bar). Das normale Auge besitzt beim Weibchen bei Zucht bei 25⁰ (der Charakter ist stark modifizierbar, wir kommen darauf zurück) etwa 780 Facetten, das Bandauge nur 68 Facetten. Bandäugig ist ziemlich dominant über normal, richtiger gesagt, sind die Bastarde fast intermediär mit etwa 258 Facetten. ZELENY erhielt nun eine weitere Mutation am gleichen Locus mit noch geringerer Facettenzahl, nämlich bei den gleichen Bedingungen 25, die er ultrabar nannte. Im heterozygoten Zustand ist nun ultrabar mehr dominant als bar, da die Heterozygote ultrabar — normal — nur 45 Facetten hat. MORGAN und STURTEVANT haben seitdem noch mindestens eine weitere Mutation am gleichen Ort gefunden mit homozygot 716 Facetten, die sie infrabar nennen. Diese ganzen Formen aber bilden ein System multipler Allelomorphe. Nun hat STURTEVANT in einer Reihe glänzender Untersuchungen den Nachweis geführt, daß die Mutation ultrabar darauf beruht, daß ein Faktorenaustausch des einen Bargens stattfand, ohne daß sein Partner auch ausgetauscht wurde. Er nennt das ungleichen Faktorenaustausch. Wenn wir in der bei Drosophilaarbeiten eingeführten Weise die beiden homologen Chromosomen durch einen Bruchstrich kennzeichnen, den Faktor für normale Augen B nennen, den Barfaktor

B_2, den Infrabarfaktor B_1, dann haben die bisher angeführten Typen die Formel

$$\frac{B}{B} = \text{normal}, \quad \frac{B_1}{B_1} = \text{infrabar}, \quad \frac{B_2}{B_2} = \text{bar und} \quad \frac{B_2\,B_2}{B_2\,B_2} = \text{ultrabar}.$$

Letzteres entstand durch folgenden einseitigen Faktorenaustausch zunächst heterozygot

$$\boxed{B_2}\ \overrightarrow{\boxed{B_2}} = \boxed{}\ \boxed{\genfrac{}{}{0pt}{}{B_2}{B_2}},$$

wenn wir es in einem Chromosomenschema ausdrücken. Für unsere Betrachtungen ist diese Tatsache nun von außerordentlicher Bedeutung,

Nr.	Homozygot Formel	Homozygot Bezeichnung	Facetten	Nr.	Homozygot Formel	Homozygot Bezeichnung	Facetten
1	$\frac{B}{B}$	normal	779,4	4	$\frac{B_1 B_1}{B_1 B_1}$	doppel-infrabar	38,2
2	$\frac{B_1}{B_1}$	infrabar	320,4	5	$\frac{B_1 B_2}{B_1 B_2}$	barinfrabar	26,7
3	$\frac{B_2}{B_2}$	bar	68,1	6	$\frac{B_2 B_2}{B_2 B_2}$	doppel-ultrabar	24,1

Nr.	Heterozygot Formel	Heterozygot Bezeichnung	Facetten	Nr.	Heterozygot Formel	Heterozygot Bezeichnung	Facetten
7	$\frac{B}{B_1}$	normal-infrabar	716,4	15	$\frac{B_1}{B_2 B_2}$	infrabar-ultrabar	41,8
8	$\frac{B}{B_2}$	normal-bar	358,4	16	$\frac{B_2}{B_1 B_1}$	bar-doppel-infrabar	38,3
9	$\frac{B}{B_1 B_1}$	normal-doppelinfrabar	200,2	17	$\frac{B_2}{B_1 B_2}$	bar-barinfrabar	37
10	$\frac{B}{B_1 B_2}$	normal-barinfrabar	50,5	18	$\frac{B_2}{B_2 B_2}$	bar-ultrabar	36,4
11	$\frac{B}{B_2 B_2}$	normal-ultrabar	45,4	19	$\frac{B_1 B_1}{B_1 B_2}$	doppel-infrabar-barinfrabar	27,9
12	$\frac{B_1}{B_2}$	infrabar-bar	73,5	20	$\frac{B_1 B_1}{B_2 B_2}$	doppel-infrabar-ultrabar	26,7
13	$\frac{B_1}{B_1 B_1}$	infrabar-doppel-infrabar	138,0	21	$\frac{B_1 B_2}{B_2 B_2}$	bar-infrabar-ultrabar	24,1
14	$\frac{B_1}{B_1 B_2}$	infrabar-barinfrabar	37,8				

33*

denn hier ist nun in einer Serie multipler Allelomorphe zum erstenmal (außer bei den beiden Geschlechtsgenen im X-Chromosom) ein Glied positiv nachweisbar erkannt als auf doppelter Quantität eines andern Gliedes (2 B_2 und B_2) beruhend. Sodann wurde aber ein analoges Resultat auch mit der Mutation infrabar B_1 erhalten. Auch diese konnte ungleiches cross-over erfahren und dadurch zunächst heterozygot, dann homozygot, doppelinfrabar erhalten werden, das analog zu ultrabar eine Facettenzahl von 38 besitzt, also ein zweiter sicher quantitativer Fall in der gleichen Serie mit korrespondierender Wirkung. Diese Erkenntnis ergab nun die Möglichkeit, eine ganze Serie verschiedener Formen aufzubauen und ihre Facettenzahl festzustellen. Unter Benutzung obiger Formeln konnte die Tabelle S. 515 aufgebaut werden.

Wir ordnen nun diese Tabelle so an, daß wir die Reihe der homozygoten Serie nach ihrer Wirkung voransetzen und parallel dazu die heterozygoten Kombinationen, auf jeden der homozygot möglichen Typen bezogen:

Homozygote		Heterozygote mit B		Heterozygote mit B_1		Heterozygote mit B_2	
Nr.	Facetten	Nr.	Facetten	Nr.	Facetten	Nr.	Facetten
1	779,4	7	716,4	7	716,4	8	358,4
2	320,4	8	358,4	12	73,5	12	73,5
3	68,1	9	200,2	13	138 ±	16	38,3
4	38,2	10	50,5	14	37,8	17	37
5	26,7	11	45,4	15	41,8	18	36,4
6	24,1						

Heterozygote mit $B_1 B_1$		Heterozygote mit $B_1 B_2$		Heterozygote mit $B_2 B_2$	
Nr.	Facetten	Nr.	Facetten	Nr.	Facetten
9	200,2	10	50,5	11	45,4
13	138 ±	14	37,8	15	41,8
16	38,3	17	37	18	36,4
19	27,9	19	27,9	20	26,7
20	26,7	21	24,1	21	24,1

Die Tabelle in dieser Form macht einen außerordentlichen Eindruck. Mit alleiniger Ausnahme der dritten Kolumne, in der sich eine Nichtübereinstimmung findet, ist die Serie sämtlicher Kombinationen genau parallel der Serie der homozygoten Formen eine absteigende Zahlenreihe.

Wir wissen nun positiv, daß die homozygote Form Nr. 4 vier Quantitäten des B_1-Gens besitzt, daß die homozygote Form Nr. 5 je zwei Quantitäten des B_1-Gens und B_2-Gens besitzt, daß die homozygote Form Nr. 6 vier Quantitäten des B_2-Gens besitzt, entsprechend besitzen die Formen 1—3 je zwei Quantitäten der Gene B, B_1, B_2. Die Wirkung der Reihe 1—6 ist die einer allmählich steigenden Wirkung in der Herabsetzung der Facettenzahl. Von den Gliedern dieser Reihe ist aber sicher Nr. 4 ein quantitativer Zustand von B_1, Nr. 6 sicher ein quantitativer Zustand von B_2 und Nr. 5 sicher ein quantitativer Zustand von B_1 und B_2. Also muß auch der Unterschied von B_1 und B_2 ein quantitativer sein. Ist das der Fall, dann müssen die verschiedenen denkbaren Kombinationen von zwei, drei, vier Quanten von B_1 und B_2 in eine Reihe fallen, die genau der ersten Reihe parallel ist, und das trifft ja tatsächlich zu. Endlich aber gliedert sich das Gen B in seinen verschiedenen Kombinationen mit verschiedenen Quantitäten von B_1 und B_2 auch in richtiger Weise in die parallelen Reihen ein, folglich muß auch B in einem quantitativen Verhältnis zu B_1 und B_2 stehen. Wir haben, anders ausgedrückt, eine Reihe von Gleichungen vor uns, die eine Lösung nur erlauben, wenn die Glieder B, B_1, B_2 bestimmte, aber verschiedene Zahlenwerte haben. Es ist somit, wie ich übrigens aus den alten Angaben ZELENYs über die Barmutationen bereits früher geschlossen hatte, hier ein exakter Beweis für die quantitative Natur dieser multiplen Allelomorphe erbracht.

Es fragt sich nun nur, ob es möglich ist, daß auch hier das quantitativ verschiedene Resultat in seinem Bedingtsein durch verschiedene Genquantitäten als der Erfolg von Reaktionsketten verschiedener Geschwindigkeit verstanden werden kann. Der Verfasser hat sich bemüht, diesen Nachweis zu erbringen, dessen Einzelheiten aber nicht hierher gehören.

Es gibt noch eine andere Methode, ein und dasselbe Gen in verschie- Trisome und Polyploide. denen Quantitäten zu verfolgen. Wir lernten früher schon die trisomen und polyploiden Formen kennen, bei denen eines oder alle Chromosomen mehr als zweimal vorhanden sind, somit auch alle in ihnen gelegenen Gene, deren Wirkung in mehreren Quantitäten somit studiert werden kann. Hier kommt aber sofort eine große Schwierigkeit dadurch, daß einmal auch alle anderen im gleichen Chromosom bzw. in allen Chromosomen gelegenen Gene ihre Zahl vermehrt haben. Wenn wir also ihre Wirkungen auch nur in bezug auf ein Gen untersuchen, so sind die Resultate nicht eindeutig, da sie auf folgenden Ursachen beruhen können: 1. wirklich nur auf der Quantitätsänderung des betreffenden Gens, 2. auf den Verschiebungen der genetischen Beschaffenheit durch die gleichzeitige Vermehrung der Quantität der anderen Gene, 3. im Fall der Vervielfachung nicht aller Chromosomen auf der Störung der Harmonie oder des Gleichgewichts der Entwicklungsvorgänge dadurch, daß nicht mehr alle Genquantitäten im Genom richtig aufeinander abgestimmt sind infolge der Quantitätsvermehrung einzelner Gruppen, 4. hängen bekanntlich die Zellgrößen von der Chromosomenzahl ab, so daß alle Veränderungen, die nur eine Folge der geänderten Zellgröße sind (siehe oben S. 453) auszuschließen wären. Dies zeigt schon, daß auf diesem Wege nur schwer zu Schlüssen zu kommen ist. Am ehesten könnten noch die trisomen Formen herangezogen werden. Die früher geschilderten Versuche von BLAKESLEE sprechen in der Tat, so weit man gehen kann, für unsere Interpretation. Systematische Untersuchungen an polyploiden Moosen, die WETTSTEIN (siehe oben) vorgenommen hat, konnten, abgesehen von ihren sonstigen wichtigen Ergebnissen, besonders in bezug auf den genannten 4. Punkt, für unser Problem noch kein entscheidendes Material liefern.

Das Übertreibungsphänomen.

Am einen Ende der quantitativen Veränderungen eines Gens steht sein vollständiger Ausfall, wie er in den eben besprochenen Bandaugenversuchen STURTEVANTS ebenso wie in den früher (S. 431) studierten Deficiencyphänomenen vorliegen konnte. Wir haben früher bereits erwähnt, daß in diesem Falle merkwürdige Übertreibungen der Außencharaktere auftreten. Der Verfasser hat gezeigt, daß auch diese am besten verstanden werden können, wenn man sich auf den Standpunkt der hier entwickelten Theorie des Gens stellt. Doch sind die Einzelheiten zu speziell, um hier ausgeführt zu werden. Das mitgeteilte genügt, um zu zeigen, daß die erste sichere Aussage, die über das Wesen und die Wirkung des Gens gemacht werden kann, die ist, daß das Gen ein Substanzteilchen von bestimmter Quantität ist, das Reaktionsketten von bestimmter Geschwindigkeit bedingt, und daß das richtige Zusammenspiel der genau abgestimmten Reaktionsketten den richtigen zeitlichen Eintritt der determinierenden Entwicklungsprozesse bedingt.

Als zweite Methode, in die Natur der Wirkung des Gens einzudringen, bezeichneten wir das Studium der Entwicklung der von Genen bedingten Außencharaktere. Wir sahen schon früher, daß diese Methode ebenfalls bei unseren Intersexualitätsversuchen eingeschlagen wurde, und zu dem Nachweis der Kurvenschnittpunkte zu bestimmter Zeit führte. Von anderen Gesichtspunkten ausgehend hat HAECKER in seinen sogenannten phänogenetischen Studien die gleichen Probleme in Angriff genommen und sich hauptsächlich mit dem Zeichnungsmuster der Tiere beschäftigt, das ja auch bekanntlich auf die Wirkung von Genen zurückgeführt ist. Er stellte fest, daß z. B. beim Axolotl das Färbungsmuster im wesentlichen auf einen verschiedenen Teilungsrhythmus der Embryonal- und Pigmentzellen zurückgeführt werden kann, und fernerhin, daß die komplizierteren Zeichnungsmuster als Begleiterscheinungen der in einem bestimmten Rhythmus sich abspielenden Teilungs- und Wachstumsvorgänge der Haut aufgefaßt werden können. Damit sind in Übereinstimmung die Befunde, die der Verfasser über die Entwicklung des Zeichnungsmusters der Schmetterlinge machte, und die ergeben, daß das Muster durch verschiedene Differenzierungsgeschwindigkeit der Schuppen zustande kommt. In diesem letzteren Fall konnte dann gezeigt werden, daß diese sicher von Genen bedingten Reaktionen typischer Geschwindigkeit wieder in bestimmter Weise mit anderen unabhängigen Reaktionen zur Erzielung des Resultats zusammen arbeiten, also wieder ein System abgestimmter Reaktionsgeschwindigkeiten vorliegt.

Als dritte Methode des Eindringens in das Wesen der Genwirkung bezeichneten wir die Betrachtung der Genwirkung in verschiedenen Systemen, also in verschiedenem Plasma oder im heterozygoten Bastard. Das Tatsachenmaterial lernten wir schon früher kennen. Es hat aber bisher noch keine zwingenden Schlüsse in irgendeiner Richtung erlaubt. Wohl aber lassen sich mancherlei Tatsachen am besten verstehen, wenn sie unter dem Gesichtspunkt der abgestimmten Reaktionsgeschwindigkeiten betrachtet werden. Es sei hier nur auf das merkwürdige Phänomen der Dominanz verwiesen, das doch irgendwie auf das Wesen der Genwirkung Licht werfen sollte. Eine grundlegende Tatsache dazu wurde

schon ganz im Anfang der mendelistischen Forschung von CORRENS gefunden, als er zeigte, daß in dem triploiden Maisendosperm der phänotypische Effekt (Farbe) der Genkombination AAB ein ganz anderer war
als von AB, daß somit die Genquantitäten eine Rolle spielten. Seitdem
sind besonders bei Drosophila ähnliche Fälle studiert worden, die zeigten,
daß wenigstens in bestimmten Fällen zwei rezessive Gene über ein dominantes dominieren. Der Verfasser suchte nun das Verständnis des Domi-
nanzvorgangs wieder durch das Studium entwicklungsgeschichtlicher
Vorgänge zu finden, nämlich in Fällen von sogenanntem Dominanzwechsel. In einem und demselben Bastardindividuum zeigt sich in früheren Entwicklungsstadien das eine Allelomorph dominant, und im Laufe
der Entwicklung verschiebt sich die Dominanz zu dem anderen. In
Abb. 169, 170 war bereits dieser Fall für die Raupenzeichnung beschrieben
und durch den Ablauf der Reaktionskurve für den Pigmentierungs-
vorgang erklärt worden. Ähnliche Fälle im Pflanzenreich sind seitdem
durch HONING studiert worden. Aus diesem Verhalten konnte dann geschlossen werden, daß die Dominanz wie auch ihr relatives Ausmaß aus
dem Ablauf der von dem Allelomorphenpaar bedingten Reaktionen erklärt werden kann, so daß also das Dominanzphänomen wieder zur gleichen Auffassung der Genwirkung führt. Wegen der Einzelheiten sei
wieder auf die Spezialliteratur verwiesen. Es soll aber noch zugefügt
werden, daß SCHMALFUSS eine ganz andersartige chemische Erklärung
der Dominanz aus Modellversuchen mit Farbstoffen abgeleitet hat.

Als letzte Methode des Studiums der Genwirkung endlich bezeichneten wir die Untersuchung der Wirkung der Außenfaktoren auf die
Ausbildung der Eigenschaften. Die hierher gehörigen Grundtatsachen,
von denen die Analyse auszugehen hat, sind schon lange bekannt. Bei
den früher besprochenen Temperaturexperimenten an Schmetterlingen
hatte es sich gezeigt, daß durch geeignete Temperaturwirkung Modifikationen des Zeichnungsmusters erzielt werden konnten, die genau mit
dem anderer erblicher Rassen übereinstimmte. Es lag also eine Breite
der Modifikatilität bis ins Gebiet einer genischen Differenz vor. Seitdem
sind viele ähnliche Fälle studiert worden. Ihre Erklärung ergab sich ohne
weiteres aus der Theorie der abgestimmten Reaktionsgeschwindigkeiten.
Ein bestimmter Reaktionsablauf kann in seiner Geschwindigkeit ver-

ändert werden und führt dadurch zu einem veränderten Außencharakter. Die Veränderung dieser Geschwindigkeit aber kann in einem Fall nach Art unserer früheren Beispiele durch die Veränderung eines Gens, in anderem Fall durch direkte Außenwirkung bei gleichbleibendem Gen verursacht werden. Für diese Erklärung konnte der Verfasser auch einen experimentellen Beweis erbringen. Intersexualität durch Verschiebung der männlichen und weiblichen Reaktionskurven gegeneinander wurde durch Kreuzung, also durch Einführung anderer Gene in das System erzielt (siehe Abb. 167). Es ist klar, daß, wie ein Blick auf die Kurven zeigt, besonders auch Abb. 168, Intersexualität auch ohne Änderung des Genbestands erzielt werden müßte, wenn es gelänge in dem System der drei Variabeln, das Abb. 168 zeigte, eine entsprechend zu verschieben, also z. B. die Linie t—t, den Endpunkt der Differenzierung, ohne Veränderung der F- und M-Kurven nach rechts zu verschieben. Das wäre etwa im Temperaturexperiment möglich, wenn die Reaktionskette, die den Eintritt von t—t bestimmt, einen andern Temperaturkoeffizienten hätte, als die beiden anderen Reaktionen. Tatsächlich gelang dieser Versuch Kosminsky sowohl wie dem Verfasser. In neuster Zeit endlich hat Plunkett mit einem variabeln Charakter von Drosophila, der Borstenzahl, Temperaturexperimente ausgeführt mit der Absicht, daraus auf die Wirkung der Gene Schlüsse ziehen zu können. Auch er kommt zu den gleichen Schlüssen wie der Verfasser, nämlich, daß die Entwicklung in eine Serie abgestimmter Reaktionsabläufe aufgelöst werden kann. Allerdings betrachtet er diese Reaktionskette nicht als die direkte Wirkung der Gene, sondern ausgelöst durch von den Genen produzierte Katalysatoren. Praeter propter ist das allerdings das gleiche.

Wir glauben nunmehr in der Frage, wie die Gene wirken, festen Boden unter den Füßen zu haben. Bisher haben wir uns aber noch nicht die nächstliegende Frage vorgelegt, was nun die als Gene bezeichneten Substanzteilchen eigentlich sind. Der Natur der Sache nach läßt sich darauf eine direkte Antwort nicht geben, und man hat das Recht sich auf den Standpunkt zu stellen, daß es keinen Zweck hat davon zu sprechen. Wer aber das Bedürfnis hat, die ihm entgegentretenden Dinge durch Einordnung in Bekanntes verständlich zu machen, hat ebenso das Recht, dies zu versuchen, vorausgesetzt, daß er bereit ist, mit besserer Erkenntnis seinen Standpunkt zu revidieren. Bei einem solchen Versuch in bezug auf das Gen hat man zu berücksichtigen, daß das Gen ein winziges Substanzteilchen, vielleicht nur wenige Moleküle, darstellt, dem trotzdem die Fähigkeit außerordentlicher Wirkung zukommt; ferner, daß es in irgendeiner Weise seine Substanz vermehren kann; sodann, daß es im großen ganzen sehr stabil ist, aber sich auch gelegentlich dauernd, gelegentlich reversibel verändern kann; endlich, daß es eine Wirkung entfaltet, die irgendwie seiner Quantität proportional ist. DRIESCH hat wohl als erster deshalb die Gene als enzymartige Substanzen aufgefaßt und HAGEDOORN dies speziell auf die Autokatalysatoren beschränkt. Viele Forscher haben sich dem angeschlossen, und der Verfasser hat es speziell durch den zuletzt genannten Punkt und seine Konsequenzen zu begründen gesucht. Wie schon erwähnt, glaubt aber PLUNKETT und mit ihm MORGAN, daß das Gen nicht selbst ein Katalysator, sondern ein Produzent von Katalysatoren sei. Diese Auffassung — die Katalysatoren wären ja nur ein Glied der so oft erwähnten Reaktionskette — schließt aber gar nicht aus, daß auch das Gen selbst die Natur eines Autokatalysators hat. Da keine anderen passenden Körper bekannt sind, bleibt eben, wenn man diese Anschauung ablehnt, nur übrig entweder Agnostiker zu sein, oder das Gen als unerforschbare, mystische Lebenseinheit zu betrachten.

Wir sind also der Ansicht, daß die Theorie der abgestimmten Reaktionsgeschwindigkeiten eine gute Basis einer allgemeinen Vererbungstheorie, die auch die Entwicklungsvorgänge zu umfassen hat, bildet. Es wäre dann unsere Aufgabe, zu zeigen, wie im einzelnen die Tatsachen der normalen und experimentellen Entwicklungsgeschichte einer umfassenden Vererbungstheorie einzuordnen sind, wozu es bisher nur einen Versuch, die physiologische Theorie der Vererbung des Verfassers, gibt. Ihre Entwicklung gehört aber nicht mehr in den Rahmen eines Lehrbuchs.

Literatur zur zwanzigsten Vorlesung.

Die Gedankengänge des Verfassers sowie die hierher gehörigen Literaturzitate finden sich in

GOLDSCHMIDT, R.: Physiologische Theorie der Vererbung. Berlin: Julius Springer 1927.

Dazu noch:

FORD, E. B. and HUXLEY, J. S.: Mendelian genes and rates of development in Gammarus chevreuxi. Brit. Journ. of Exp. Biol. 5. 1927.

HAECKER, V.: Aufgaben und Ergebnisse der Phänogenetik. Bibliogr. Genet. 1. 1925. Hier Literatur.

HONING, J. A.: Erblichkeitsuntersuchungen an Tabak. Genetica 9. 1927.

MORGAN, TH. H.: Genetics and the physiology of development. Americ. Naturalist 60. 1926.

PLUNKETT, CH. R.: The interaction of genetic and environmental factors in development. Journ. of Exp. Zool. 46. 1926.

SCHMALFUSS, H. und WERNER, H.: Chemismus der Entstehung von Eigenschaften. Zeitschr. f. indukt. Abstammungs- u. Vererbungslehre 41. 1926.

TAMMES, T.: Dominanzwechsel bei Dianthus barbatus. Genetica 8. 1926.

Einundzwanzigste Vorlesung.

Das Problem der Vererbung erworbener Eigenschaften. Darwinismus, Lamarckismus und Genotypenlehre. Mutation und Parallelinduktion. Die Telegonie.

Die Kenntnis der Bastardierungsgesetze und der Mutationstatsachen führte in Übereinstimmung mit den vorher abgeleiteten Ideen über Modifikation und Selektion in reinen Linien zu der Überzeugung, daß neue Eigenschaften als plötzliche Veränderungen in der faktoriellen Zusammensetzung der Erbmasse auftreten. Da die Erbmasse, die genotypische Beschaffenheit von allen auf den übrigen Körper verändernd einwirkenden Umständen nicht betroffen wird, so müssen alle die Reaktionen des Körpers auf die umgebende Außenwelt, die wir als Modifikationen kennen lernten, völlig bedeutungslos für das Evolutionsproblem sein. Was auch die Ursache der Veränderung sein mag, sie hat nichts mit der Modifikation des Körpers durch die Einflüsse der Außenwelt zu tun. Die Wirkung der äußeren Bedingungen scheidet also als die schaffende Kraft aus dem Evolutionsproblem aus, sie kommt nur als ausmerzende Kraft für lebensunfähige Variationen (Mutationen) in Betracht. Diese Schlußfolgerung ist natürlich sehr verschieden von der Vorstellung, die die Begründer der Abstammungslehre sich gebildet hatten.

DARWINS Standpunkt. Da ist es zunächst von Interesse zu sehen, wie DARWIN sich zu diesem Problem stellte. DARWIN war sich, besonders in jungen Jahren, völlig im klaren über die Bedeutung der Mutationen, der Sports für die Artbildung. Aber auch in bezug auf die Variation machte er, wenigstens in jungen Jahren, nicht den Fehler, der ihm so oft vorgeworfen wird. Wenn ihm auch noch die exakte Kenntnis der fluktuierenden Variabilität im QUETELET-GALTONschen Sinn fehlte, und wenn er vielleicht auch später die nicht erblichen Glieder der Variabilität zu wenig berücksichtigte, so war er sich doch ursprünglich darüber völlig im klaren, daß nicht alle Varianten erblich sind und daß für die Artbildung nur erbliche Varianten in Betracht kommen können. Sein Essay vom Jahre 1842, also 17 Jahre vor dem Erscheinen des Hauptwerks geschrieben, beginnt mit den Worten: „Ein einzelner Organismus, der unter neue Bedingungen gerät, variiert manchmal in geringem Maße und in ganz unbedeutenden Dingen wie Wuchs, Fettheit, manchmal Farbe, Gesundheit, Gewohnheiten bei Tieren und wahrscheinlich auch Disposition. Auch die Art der Lebensweise bringt gewisse Teile zur Entwicklung. Die meisten dieser geringen Variationen neigen dazu, erblich zu werden." Der Vorwurf, den man der Selektionslehre so oft macht, daß sie die Entstehung neuer Formen erklären wolle, trifft sie daher, wie Plate schon öfters hervorhob, gar nicht, da sie sich nur auf schon entstandene erbliche Varianten bezieht.

Darwin unterschied also zwischen erblichen und nicht erblichen Variationen, Modifikationen und Mutationen, aber er hielt sie nicht für prinzipiell verschieden, er glaubte, daß jene in diese übergehen können. Da nun Modifikationen Außeneigenschaften des Körpers sind, die er individuell erworben hat unter dem Einfluß der äußeren Bedingungen, so wäre ihr Übergang in einen erblichen Zustand das, was man allgemein als Vererbung erworbener Eigenschaften bezeichnet. Es ist nach allem vorhergehenden klar, daß in der mendelistischen Evolutionstheorie für sie kein Platz ist, ja, daß sie im Rahmen der Genotypenlehre eine logische Unmöglichkeit ist. Tatsächlich ist aber ein großer Aufwand von Forscherarbeit gemacht worden, die Möglichkeit der Vererbung erworbener Eigenschaften zu beweisen und so wollen wir die wichtigsten Tatsachen kennen lernen, um sie dann unseren Gesamtvorstellungen einzuordnen.

Die historische Rolle, die unserm Problem zukommt, ist ja allbekannt. Es ist das unsterbliche Verdienst Lamarcks, die grundlegende Bedeutung dieser Frage für die Abstammungslehre zuerst erkannt zu haben. Indem er sie bejahte, suchte er die Grundlage für die Veränderlichkeit der Tierformen zu legen, um auf ihr aufbauend die Tatsachen der Anpassung an die Umgebung zu erklären. Dieser aus der Annahme eines Bedürfnisses nach Vollkommenheit abgeleitete Erklärungsversuch hat ja bekanntlich in der Neuzeit seine Auferstehung gefeiert und vor allem durch PAULY eine philosophische Durcharbeitung erfahren. Da er sich aber zunächst noch nicht mit der exakten Methode des Experiments behandeln läßt, so braucht er uns auch hier nicht weiter zu beschäftigen. Wohl ist das aber der Fall mit dem ersten Teil von LAMARCKs Lehre, mit der Vererbung erworbener Eigenschaften.

In LAMARCKs Konzeption spielen eine besondere Rolle die inneren, physiologischen Faktoren, die die Organisation der Tiere verändern, vor allem die Wirkung von Gebrauch und Nichtgebrauch. Ein stark in Anspruch genommenes Organ nimmt zu, ein unbenutztes bildet sich zurück. Vererben sich solche Veränderungen, so ist eine allmähliche Steigerung in dieser oder jener Richtung denkbar. Das klassische Beispiel dafür ist die Rückbildung der Augen von im Dunkeln lebenden Tieren. Da es keinem Zweifel unterliegt, daß sie ebenso wie ihre nächsten Verwandten einst gut ausgebildete Augen besaßen, so ist es der Nichtgebrauch, der die Organe atrophieren ließ, und indem diese erworbene Variation erblich wurde, entstanden schließlich von Geburt an und erblich augenlose Tiere. Die Nach-LAMARCKsche Entwicklungslehre, die ja vor allem an den Namen DARWINS geknüpft ist, hat nun bekanntlich dadurch vor allem ihren durchschlagenden Erfolg errungen, daß sie in dem Zuchtwahlprinzip eine bessere Erklärung der Anpassungserscheinungen geben konnte, als es LAMARCK vermochte. Die Grundlagen aber jenes Versuchs, die Erblichkeit der milieubedingten Variationen, hat sie zunächst unverändert übernommen. So schreibt DARWIN in der schon mehrfach erwähnten frühen Fassung seiner Lehre aus dem Jahre 1844: „Unter gewissen Bedingungen werden organische Wesen selbst während ihres individuellen Lebens von ihrer gewohnten Form, Größe, oder anderen Charakteren weg etwas verändert: und viele dieser so erworbenen Besonderheiten werden auf ihre Nachkommenschaft vererbt. So werden bei den Tieren Größe und Kraft des Körpers, Mästung, Reifezeit, Charaktere des Körpers, der Bewegungen, des Verstandes und Temperaments verändert oder während des individuellen Lebens erworben und dann vererbt. Man hat allen Grund zu glauben, daß, wenn lange Übung gewisse Muskeln stark entwickelt oder Nichtgebrauch sie geschwächt hat, dies auch vererbt wird."

Erst in der Neuzeit wurden ernste Zweifel an der Möglichkeit der

Vererbung der erworbenen Eigenschaften wach, und jetzt sehen wir die Biologen in zwei Lager gespalten, zwischen denen eine Verständigung zunächst noch nicht möglich erscheint. Diese Veränderung ging von theoretischen Auffassungen aus, die als extremer Darwinismus bezeichnet werden können. WEISMANN war es, der in den achtziger Jahren den Versuch unternahm, die Abstammungslehre auf eine extrem ausgebaute Zuchtwahllehre zu basieren, und die im Anschluß daran von ihm ausgearbeitete Vererbungstheorie führte ihn dazu, die Vererbung erworbener Eigenschaften als unmöglich abzulehnen. Wenn wir auch in diesen Vorlesungen uns bemühen wollen, die Theorien weit hinter den Tatsachen zurücktreten zu lassen, so ist es in diesem Fall nicht anders möglich, als die Schilderung der Tatsachen von den theoretischen Voraussetzungen ausgehen zu lassen. Haben sie doch den eigentlichen Anstoß zur experimentellen Erforschung des Problems gegeben, und wird doch die Tragweite der positiven Resultate vielfach nur im Zusammenhang mit ihrem theoretischen Ausgangspunkt verständlich.

Es ist uns nun schon öfters die Vorstellung begegnet, daß sich in den Geschlechtszellen, die ja die ganze Erbmasse des Organismus enthalten, Vertreter aller jener unzähligen Eigenschaften finden müssen, aus denen ein Lebewesen besteht. Es ist dabei zunächst gleichgültig, in welcher Weise wir uns diese Erbeinheiten, die Gene oder Determinanten, vorstellen wollen, ferner ob wir jeder Eigenschaft eine Determinante zuordnen oder im Anschluß an RHUMBLER uns mit einer geringeren Zahl von Genen begnügen, als Eigenschaften vorhanden sind. WEISMANN stellt sich nun vor, daß die Ausbildung der Zellen des Körpers zu bestimmten Organen oder Funktionen im Lauf der Entwicklung so zustande kommt, daß die Determinanten der Erbmasse auseinander geteilt werden, und so schließlich eine jede in die bestimmte Zelle gelangt, deren Wesen sie determinieren soll. Nun haben aber alle die Geschlechtszellen der kommenden Generation die Fähigkeit, den gleichen Organismus wieder hervorzubringen, sie müssen also in ihrer Erbmasse, oder, in WEISMANNS Ausdrucksweise, ihrem *Keimplasma*, auch das gesamte Determinantenmaterial besitzen. Die Bildung von so beschaffenen Geschlechtszellen ist demnach nur denkbar, bevor die Aufteilung der Determinanten auf die Körperzellen vor sich geht. Die einfachste Weise, sie sich vorzustellen, wäre demnach die, daß die befruchtete Eizelle sich zunächst in zwei gleiche Zellen teilt. Von diesen behielte die eine ihr ganzes Determinantenmaterial und übertrüge es als Ganzes auf die aus ihr entstehenden Tochterzellen. Aus diesen, die somit die ganze Erbmasse enthalten, entständen dann ausschließlich die Geschlechtszellen. Die andere Zelle aber hält in ihren weiteren Teilungen die Determinanten nicht beisammen, sie verteilen sich auf die Tochterzellen und bestimmen so deren Entwicklungsrichtung. Aus ihren Derivaten geht somit der ganze übrige Körper, das Soma, hervor. Es besteht somit ein prinzipieller Gegensatz zwischen Soma und Keimplasma. Das letztere hat eine Kontinuität von Generation zu Generation, ist dem Körper gegenüber sozusagen unsterblich. Ist das aber der Fall, so können neue Eigenschaften oder Veränderungen nur in dem Determinantenkomplex des Keimplasmas entstehen. Was am Soma sich ereignet, berührt das kontinuierliche und von Anfang an reservierte Keimplasma nicht. Mit anderen Worten ausgedrückt heißt das aber, somatische Veränderungen, oder, wie man gewöhnlich sagt, erworbene Eigenschaften sind nicht erblich. So sieht in kurzen Zügen das berühmte Ideengebäude aus, von dem aus unser Problem seine Neuorientierung erfuhr.

Es ist also ersichtlich, daß sich WEISMANNS gesamte Schlußfolgerungen auf der Determinantenlehre aufbauen. Man könnte ihre Berechtigung also prüfen, indem man jene Lehre einer kritischen Betrachtung unterzieht, wie es seine zahlreichen Gegner auch getan haben. Wir wollen diesen Weg aber nicht einschlagen, da unser Problem, die Vererbbarkeit erworbener Eigenschaften, ein solches ist, das unabhängig von theoretischen Voraussetzungen behandelt werden kann und muß. Sagt doch auch WEISMANN selbst darüber: „Fürs erste aber müssen wir die Tatsachen zu Rate ziehen und uns von ihnen allein leiten lassen. Beweisen sie, oder machen sie auch nur wahrscheinlich, daß eine solche Vererbung existiert, so muß dieselbe auch möglich sein und unsere Aufgabe ist nicht mehr sie zu leugnen, sondern ihre Möglichkeit verstehen zu lernen." Aber ein wesentlicher Punkt aus WEISMANNS Theorien muß einer gesonderten Betrachtung unterzogen werden, weil er in wirklich enger Beziehung zu vielen Beobachtungstatsachen steht und weil die kritische Würdigung der Tragweite der später anzuführenden Experimente vielfach auf ihn zurückgreifen muß: die Lehre von der Kontinuität des Keimplasmas.

Wie wir gesehen haben, erfordert sie eine scharfe Trennung des Soma von dem in den Geschlechtszellen liegenden Keimplasma, das wir jetzt einfach mit den Chromosomen identifizieren können. Dies soll eine substantielle Kontinuität von Generation zu Generation besitzen, stellt also gewissermaßen die gerade Linie dar, die die Generationen einer Art von Lebewesen miteinander verbindet, an der das Soma als vergänglicher Seitenzweig sitzt. Wäre diese Idee eine einfache theoretische Fiktion, so könnten wir sie ruhig zunächst auf sich beruhen lassen; das ist aber nicht der Fall, es gibt vielmehr eine Reihe von Tatsachen, die ihr für manche Fälle Realität verleihen. Solche Tatsachen müssen nun derart beschaffen sein, daß sich die Geschlechtszellen eines Individuums in seiner Entwicklung als wohl abgegrenzte Einheiten rückwärts verfolgen lassen bis zum befruchteten Ei, eine kontinuierliche Reihe, die man als *Keimbahn* bezeichnet. Und es gibt in der Tat nicht wenige Vertreter verschiedenartiger Tiergruppen, bei denen das der Fall ist. Vielleicht der typischste Fall ist der von BOVERI entdeckte der Keimbahn von *Ascaris megalocephala*. Er ist dadurch so besonders klar, daß bei diesem Spulwurm eine charakteristische zelluläre Differenz zwischen den Geschlechtszellen und Körperzellen besteht. Während erstere in ihren Kernen 4 bzw. bei einer andern Varietät 2 große schleifenförmige Chromosomen enthalten, besitzen letztere zahlreiche kleine, stäbchenförmige. Das befruchtete Ei enthält 4 Chromosomenschleifen; teilt es sich dann in zwei Furchungszellen, so bleiben sie in einer erhalten, in der andern aber zerfallen sie in viele kleine Körner, wobei die Schleifenenden zugrunde gehen (Abb. 171). Die erstere Zelle gibt dann bei ihrer weiteren Teilung eine Tochterzelle mit Schleifenchromosomen und eine solche, bei der der Zerfall mit der Zerstörung der Schleifenenden, die Diminution, stattfindet und so geht es immer weiter, wie es das Vierzellenstadium in Abb. 171*D* zeigt. Die Zelle aber mit den 4 Schleifenchromosomen erweist sich als die Keimbahnzelle, nur aus ihr gehen später die Geschlechtszellen hervor, alle anderen aber, die die Diminution erfahren haben, geben das Soma mit all seinen Elementen. Hier ist also während der

Kontinuität
des Keim-
plasmas.

ganzen Entwicklung eine wirklich nachweisbare Trennung von Soma und Keimplasma mit Kontinuität des letzteren gegeben.

Wenn auch außerhalb der kleinen Gruppe der Nematoden eine so klare Charakterisierung einer Keimbahn durch Differenzen der Zellkerne nur noch in einem Fall, der Gallmücke Miastor, bekannt geworden ist, so hat sich doch in vielen Fällen eine echte Keimbahn durch genaues Verfolgen der Entwicklung von Zelle zu Zelle erweisen lassen, so bei

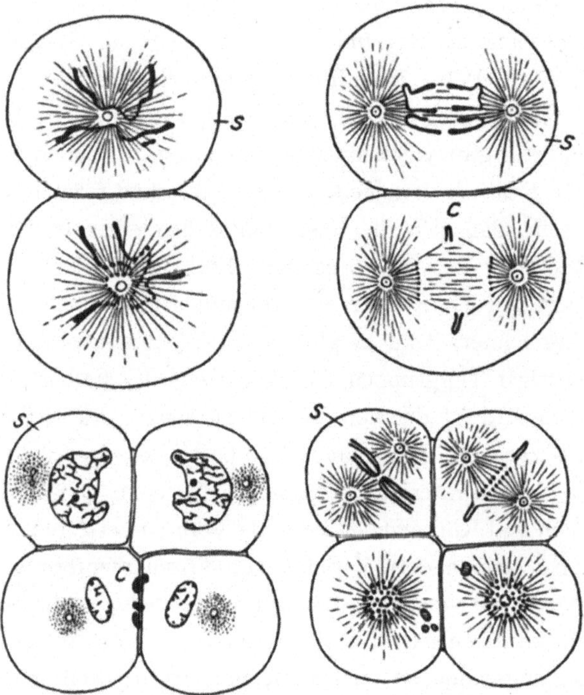

Abb. 171. Zwei- und Vierteilung des Ascariseies. Die Zellen *s*, in denen die Chromosomen nicht zerfallen, bezeichnen die Keimbahn. Nach BOVERI aus WILSON.

Würmern, Krebsen, Insekten. Ja es scheint sich sogar immer mehr herauszustellen, daß in solchen Fällen die Keimbahn auch von Anfang an durch die Anwesenheit besonderer Substanzen morphologisch charakterisiert ist. Die betreffenden Zellen der Keimbahn enthalten, diesmal nicht im Kern, sondern im Protoplasma, Bestandteile, die nur ihnen zukommen und deren Herkunft unter Umständen eine sehr absonderliche sein kann, wie es von BUCHNER für Pfeilwürmer, von WEISMANN,

AMMA u. a. für Krebse, von RITTER, KAHLE, SILVESTRI u. a. für Insekten gezeigt werden konnte. Bemerken wir schließlich noch, daß eine solche prinzipielle Differenz von Soma und Keimplasma sogar schon innerhalb der einfachen Protozoenzelle durchgehends vorhanden zu sein scheint (SCHAUDINN, GOLDSCHMIDT), so erscheint die WEISMANNsche Annahme einer Kontinuität des Keimplasma in der Tat höchst verführerisch. Die logische Konsequenz dieser Anschauung ist aber, daß neue Erbeigenschaften nur aus inneren Veränderungen des Keimplasmas heraus entstehen können und daß, mag am Soma vorgehen was da will, der Determinantenschatz des Keimplasmas davon nicht betroffen wird.

Im Prinzip ist es eigentlich der gleiche Weg, auf dem nun die neuere Erblichkeitslehre zum selben Schluß kommt; hier ist es JOHANNSENS Genotypenlehre, die den Ausgangspunkt bildet. Wir erinnern uns an die Unterscheidung von Genotypus und Phänotypus. Das äußere Aussehen des Organismus, sein Phänotypus, gibt keine Auskunft über seine genotypische Beschaffenheit, über die Zusammensetzung seiner Erbmasse aus bestimmten Genen. Das was vererbt wird, ist eine Reaktionsnorm, die Fähigkeit unter bestimmten äußeren Bedingungen bestimmte Gestaltung anzunehmen, z. B. auf dem Lande ganze, im Wasser zerschlissene Blätter zu bilden. Eine durch äußere Einflüsse bewirkte Veränderung trifft daher die genotypische Beschaffenheit nicht, so wenig, wie es einen Menschen berührt, wenn er einen andern Überrock anzieht. Eine Veränderung der Reaktionsnorm kann also nur aus dieser selbst heraus erfolgen und das ist eben eine Mutation. Die Richtigkeit dieser Anschauung wurde vor allem durch den Nachweis der Wirkungslosigkeit der Auswahl von Plus- oder Minusabweichern in reinen Linien erwiesen. Sie stützt sich aber auch auf die Ergebnisse der Bastardierungsversuche, die ja so klar die Bedeutungslosigkeit des Phänotypus für die Erblichkeit zeigen: aus Heterozygoten spalten, auch wenn sie noch so lange als Heterozygoten bestanden, doch immer wieder die reinen Dominanten und Rezessiven heraus, die Keimzellen vererben eben das, was sie von den Eltern mitbekommen haben, nach seinem Gesetz, unabhängig von der Beschaffenheit des Somas, in dem sie liegen. Die Anhänger der Vererbung erworbener Eigenschaften leugnen nun die Richtigkeit dieser Schlußfolgerungen. Sie lehnen die Idee ab, daß Soma-

34*

und Keimplasma etwas so ganz Verschiedenes seien. Da der Organismus eine Einheit ist, so kann nicht ein Teil des Ganzen vom Rest unbeeinflußt sein und es ist kein Grund vorhanden, da für die Erbfaktoren eine Ausnahme zu machen. Wenn das Soma durch äußere oder innere Milieufaktoren verändert wird, so muß dieser veränderte Zustand auch auf die Beschaffenheit der Erbmasse so zurückwirken können, daß sie gleichsinnig verändert wird; es muß also eine sogenannte „somatische Induktion" geben. Lernen wir also einige der Tatsachen kennen die zugunsten einer solchen Möglichkeit angeführt werden.

Da es gilt, die Frage zu lösen, ob eine Übertragung somatischer Veränderungen auf die Keimzellen möglich ist, so hat es ein gewisses Interesse, zunächst die Vorfrage zu beleuchten, ob und in welcher Weise die Übertragung bekannter Stoffe aus dem Körper in die Geschlechtszellen möglich ist. Daß dieser Weg in der Tat gangbar ist, läßt sich auf verschiedene Art beweisen. In der elementarsten Form geschieht es durch Übertragung körperfremder Substanzen wie gewisser Farbstoffe durch das Soma über die Keimzellen zur Nachkommenschaft. So wurde der Fettfarbstoff Sudan, den SITOWSKY an Pelzmotten, RIDDLE an Hühner und Schildkröten verfütterte, in den Eiern abgelagert und auf die Nachkommenschaft übertragen. Und der damit als möglich erwiesene Weg wird dann auch unter Umständen von vom Körper selbst auf unnormale Reize hin gelieferten Substanzen eingeschlagen. Das beweisen vor allem die Erfahrungen der erblichen Immunität. Bekanntlich hat der Organismus die Fähigkeit, der Vergiftung durch die Produkte von Krankheitserregern vielfach dadurch zu begegnen, daß er spezifische Schutzstoffe bildet, die ihm eine Immunität gegen die gleiche Schädigung verleihen. Es ist nun bekannt, daß diese experimentell erzeugte Immunität noch auf die Nachkommen übertragen werden kann. Solange die Übertragung allerdings nur beim Säugetier von Mutter auf Kind bekannt war, konnte sie als durch das Blut bei der embryonalen Ernährung im Uterus übertragen gedacht werden. Wenn es aber gelänge zu zeigen (was übrigens bestritten wird), daß auch vom Vater die erworbene Immunität übertragen werden könnte, so wäre der Beweis als erbracht anzusehen, daß die Immunstoffe vom Soma auf die Geschlechtszellen übergehen. Sicher ist, daß Schädigungen durch Alkoholgenuß die Geschlechtszellen selbst, männliche wie weibliche, treffen und sie vergiften, so daß die Folgen in der Nachkommenschaft sichtbar werden (STOCKARD und PAPANIKOLAU). Man kann allerdings darüber streiten, ob man diese Bewirkung im Sinne der hier besprochenen Dinge deuten kann, oder ob es nicht richtiger ist von einer Keimvergiftung zu reden, die in späteren Generationen wieder abklingt. (Daß damit auch eine Selektion der funktionsfähigen Keimzellen verbunden sein kann [STOCKARD, PEARL, CORRENS, BLUHM, BILSKI], bedeutet übrigens eine weitere Komplikation, die bei der Interpretation zu berücksichtigen ist.)

Damit ist aber gesagt, daß der chemische Leitungsweg, der vom Soma zu den Geschlechtszellen führt, im Prinzip genau der geliche ist wie der, der von einer Körperzelle zur andern führt. Für die einfache Übertragung einer Eigenschaft von einer zur andern Zelle gibt es aber Beispiele, die sich nicht nur auf die Zellen im Gewebsverband beziehen, sondern auch auf frei sich teilende Zellen bei ungeschlechtlicher Vermehrung, Beispiele, die somit unserem Problem um einen Schritt näher stehen und von denen wir ja früher schon mancherlei in anderem Zusammenhang kennen lernten. Wir meinen die Untersuchungen über Variation und Vererbung an einzelligen Organismen, die ja einer Behandlung mit modifizierenden Außenfaktoren besonders leicht zugänglich sind. Wir sahen früher schon, daß auch bei diesen Organismen Modifikationen nicht erblich, rein phänotypisch sind. Neuere Untersuchungen von JOLLOS haben uns nun mit einer eigenartigen Erscheinung bekannt gemacht. Es wurde gezeigt, daß verschiedenartige, durch die Außenbedingungen hervorgerufene Abänderungen von Infusorien und Rhizopoden auch nach Aufhören des Reizes noch lange erhalten bleiben können. Im allgemeinen tritt bei weiterer Vermehrung durch Teilung allmählich ein Abklingen der Eigenschaft z. B. Giftfestigkeit ein; manchmal dauert das aber hunderte von Teilungsschritten oder bis zum nächsten Geschlechtsakt (Konjugation). In extremen Fällen kann die Wirkung sogar noch eine Konjugation überdauern. JOLLOS spricht daher von Dauermodifikationen, die im wesentlichen auf eine Veränderung des Protoplasmas ohne Anteilnahme der Gene zurückzuführen ist. Ähnliche Erscheinungen sind auch in reichem Maße für Bakterien und Hefen bekannt geworden, wo meistens — mit Unrecht — von Mutationen gesprochen

wird. Vielleicht sind es auch solche „Dauermodifikationen“, die WOL-
TERECK bei Daphniden fand, wenn er feststellte, daß Veränderungen
durch „Präinduktion“ in späteren Generationen erst hervorgerufen wurden. Endlich gehören hierher auch die bald zu besprechenden Experimente DÜRKENS mit Schmetterlingen und PRZIBRAMS mit Ratten.

Transplan-
tations-
versuche.

Nun ist ja eigentlich die Möglichkeit der stofflichen Übertragung
vom Körper auf die Geschlechtszellen kein Problem an sich, denn es ist
ja selbstverständlich, daß sie beim normalen Wachstum der Geschlechtszellen dauernd vor sich geht. Die Voraussetzung für den Vorgang der
Vererbung erworbener Eigenschaften ist aber, daß spezifische Stoffe,
die im Körper unter dem Einfluß des Milieus erzeugt werden, in die Geschlechtszellen übertreten und dort die erstaunliche Fähigkeit erlangen,
wieder den Zustand des Körpers in der Nachkommenschaft zu produzieren, der ihrer ursprünglichen Erzeugung zugrunde lag. Man hat versucht, solche Möglichkeit auf folgende Weise zu beweisen. Eierstöcke
schwarzer Kaninchen wurden in weiße transplantiert (analoge Versuche
an Vögeln und Insekten), um zu sehen, ob die Nachkommenschaft aus
den „schwarzen“ Eiern durch die weiße Tragamme beeinflußt würde.
Das war aber in gut kontrollierten Versuchen nicht der Fall (DAVEN-
PORT, CASTLE u. a.). Tatsächlich ist ja auch der Versuch nicht der, der
für das Prinzip in Betracht käme, da es sich nicht um eine genetisch
vorhandene, sondern durch Milieuwirkung neu erzeugte Eigenschaft handeln müßte. Nichts liegt bis jetzt vor, was als positives Resultat in
dieser Richtung genannt werden könnte.

Unsere Vorfrage ist somit dahin zu beantworten, daß in der Tat eine
Stoffleitung zwischen Soma und Geschlechtszellen besteht. Von der
Überlieferung einer neuen Substanz bis zum Entstehen eines neuen Erb-
faktors ist allerdings noch ein weiter Weg, und es fragt sich nur, wie
es mit den Tatsachen steht, die einen solchen Vorgang, eine somatische
Induktion, beweisen sollen.

Somatische
Induktion.

Die Beantwortung der Frage muß uns zur Betrachtung einer Auswahl aus all dem Material führen, das man als Beweis für die Vererbung
erworbener Eigenschaften vorgebracht hat. (Ausführliche Zusammenstellungen bei SEMON, KAMMERER, DETLEFSEN.) Es lassen sich wohl die
wesentlichen Erwerbungen, die der Organismus im individuellen Leben

machen kann, bei den nicht scharf voneinander abzugrenzenden Gruppen der Veränderung durch Gebrauch und Nichtgebrauch, der Instinktvariationen, und der allgemeinen Beeinflussung durch die Lebenslage unterbringen. Dazu kämen noch die mehr unnatürlichen Experimentaleinwirkungen wie künstliche Krankheitserregung und Verstümmelung. Wir dürfen letztere beiden Punkte aber wohl beiseite lassen, weil das Material, das sich mit ihnen befaßt, teils in der Fragestellung, teils in den Resultaten zu unklar ist, andererseits aber auch für die engeren Erblichkeits- und Artbildungsprobleme nicht allzu wesentlich erscheint. Schließlich gehören hierher noch Veränderungen, die durch spezifische chemische Einflüsse innerhalb des Körpers, also etwa durch serologische Besonderheiten hervorgerufen werden, Versuche, die neuerdings einige sehr bemerkenswerte Resultate gezeitigt haben.

Sicherlich ist die Gruppe der Neuerwerbungen durch Gebrauch und Nichtgebrauch, also das Gebiet, das dem engeren Lamarckismus zugrunde liegt, diejenige, in der man für unser Problem die bedeutungsvollsten Resultate erwarten sollte, auch fordern müßte. Gerade hier haben aber bisher die experimentellen Studien, wenigstens wenn man einen einigermaßen kritischen Maßstab anlegt, noch ziemlich versagt. Indirekte Anhaltepunkte gibt es dafür in Fülle, auch Experimente, bei denen aber eine Voraussetzung immer im Gebiet des Phylogenetischen, also der Unsicherheit, liegt. Sehr interessant sind ja zweifellos Tatsachen von der Art der folgenden. Schon DARWIN wies darauf hin, und SEMON hat es wieder untersucht, daß bei menschlichen Embryonen die Fußsohlenhaut schon viel dicker angelegt wird, als die des übrigen Körpers. Da die Verdickung und Verhornung dieser Stelle als eine Erwerbung durch die Benutzung beim aufrechten Gang betrachtet werden muß, wäre also eine durch Gebrauch erworbene Abänderung erblich geworden. Ein ganz ähnlich liegender Fall ist der der Karpalschwiele beim Warzenschwein *Phacochoerus*. Dieses sucht abweichend von allen seinen Verwandten seine Nahrung, indem es auf den Handgelenken liegend rutscht, mit den Hinterbeinen nachstemmt und so im Boden wühlt. Dementsprechend ist auch das Karpalgelenk mit einer hornigen Schwiele versehen, einer Stelle, an der auch die Haare fehlen. LECHE fand nun, daß schon beim Embryo diese Stelle deutlich kenntlich ist und mit verdickter Haut, der die Haaranlagen fehlen, angelegt wird; und da man annehmen muß, daß die Schwiele durch den Reiz beim Rutschen einst entstand, so wäre eine einst erworbene Eigenschaft erblich geworden. Ganz ähnliche Befunde und Argumentationen wurden von DUERDEN für die Hautschwielen des Straußes mitgeteilt. Das gleiche kann man erschließen, wenn KÜKENTHAL berichtet, daß die Zähne der *Halicore* schon vor der Geburt ihre Kauflächen anlegen; denn solche Kauflächen entstehen durch Abkauen von Höckerzähnen, und die Zähne der Halicore werden ebenfalls als Höckerzähne angelegt, bilden aber durch Resorption der Höcker schon embryonal jene Flächen aus. Und um auch eine entsprechende aber entgegengesetzt gerichtete Reaktion zu nennen, so ist bekannt, daß die Saatkrähe eine nackte, von Federn entblößte Schnabelbasis hat, und man kann sich vorstellen, daß dies durch das Abstoßen beim Wühlen in der Erde bewirkt wird. Junge Nestvögel haben nun zwar die betreffenden Federn, sie fallen aber auch ab, wenn der Vogel in der Gefangenschaft gar keine Gelegenheit zum Graben hat.

Und nun auch noch ein dem Pflanzenreich entnommenes Beispiel, das der gleichen Gruppe zugestellt werden muß. Viele Pflanzen, wie die Mimosen, Akazien, zeichnen sich durch die Fähigkeit aus, in zwölfstündigem Rhythmus Schlafbewegungen auszuführen, z. B. durch Zusammenfalten ihrer Blätter. Man könnte annehmen, daß diese Bewegungen direkt durch den Lichtreiz ausgelöst werden. SEMON zeigte aber, daß das nicht allein zutrifft. Werden junge Keimpflanzen von allem Anfang an in einem unnatürlichen Beleuchtungsrhythmus gehalten, etwa alle 6 Stunden von Hell zu Dunkel wechselnd, oder nur alle 24 Stunden, so zeigen sie ihre Bewegungen zwar auch in dem neuen Rhythmus, daneben erscheint aber auch der altererbte 12stündige. Läßt man nun den künstlichen Rhythmus aufhören und hält die Pflanzen in andauernder Dunkelheit oder andauerndem Licht, so geht der 12stündige Rhythmus immer noch weiter, er ist also wirklich erblich fixiert. Man muß aber annehmen, daß er einmal in früheren Zeiten von den Pflanzen erworben wurde und mit der Zeit sich erblich fixierte. Der Weg, auf dem das denkbar wäre, wird durch die Nachwirkung von Reizen gezeigt; so können etwa bei Pflanzen durch intermittierende geotropische Reizungen auf dem Klinostaten abwechselnde Wachstumsperioden erzeugt werden, die auch nach Aufhören des Reizes noch eine Zeitlang anhalten.

Damit seien aber genügend Beispiele für diese Art der Argumentation gegeben. Daß sie unseren jetzigen kritischen Ansprüchen, die verlangen, daß sämtliche Faktoren eines Experiments bekannt sind, jedenfalls in der Gegenwart liegen, nicht in phylogenetisch zurückliegenden Perioden, nicht genügen können, liegt auf der Hand. Denn niemand wird es widerlegen können, daß alle jene Eigenschaften, die vom Organismus einst erworben werden „mußten", nicht auch als plötzliche und zufällige Sprünge direkt vom Keimplasma aus entstanden sein können. Und da die Versuche, die angestellt wurden, um besonders auch die Vererbung von Veränderungen durch Nichtgebrauch, etwa bei Sehorganen, zu beweisen, in ihren Resultaten noch derart sind, daß sie einer kritischen Prüfung nicht standhalten können, so muß gerade dieses wichtige Kapitel, die Vererbung von Wirkungen des Gebrauchs und Nichtgebrauchs, als völlig für den geforderten Beweis versagend bezeichnet werden. Es soll aber nicht verschwiegen werden, daß gerade die Forscher, die ihr Material nach historischen Gesichtspunkten bearbeiten, die Paläontologen und vergleichenden Anatomen, meistens Anhänger der Vererbung von Milieuwirkungen durch somatische Induktion sind.

Betrachten wir nun die Versuche zur zweiten Gruppe, der individuell erworbenen Instinktvariationen. Da müssen zunächst die Versuche von SCHROEDER an Insekten erwähnt werden. Der kleine Weidenblattkäfer *Phratora vitellinae* L. lebt auf glattblättrigen Weiden und der Schwarzpappel, deren Blattunterseite von den Larven skelettiert wird. Solche Larven wurden nun auf einen Strauch einer Weidenart mit filzhaarigen Blättern, der rings nur von andersartigen Gewächsen umgeben war, gesetzt. Sie schoben dann die Filzhaare mit dem Kopf vor sich her und benagten in gewohnter Weise das Blattgewebe, manchmal auch, indem sie minenartige Gänge an der Blattunterlage gruben. Als dann die Käfer ausschlüpften, wurde dicht an die filzhaarige eine glattblättrige Pflanze gerückt. Es wurden dann an erstere Pflanze 127, an letztere 219 Eigelege angeheftet. Letztere wurden dann wieder auf die filzblättrige Pflanze übertragen, wo sich die nächste Generation entwickelte, bei der das Experiment wiederholt wurde; sein Ergebnis war 104 Gelege auf den filzhaarigen, 83 auf den glatten Blättern. Im kommenden Jahr war dann das Verhältnis 48 : 11 zugunsten der filzhaarigen Pflanze. In der nächsten Generation wurden nur 15 Gelege, aber ausschließlich an der filzhaarigen Pflanze abgelegt. Wenn man aus diesem Versuch auch noch nicht einen Beweis dafür ablesen kann, daß eine künstliche Instinktveränderung erblich geworden war — es fehlt ja vor allem der Kontrollversuch, der zeigen müßte, daß normal gehaltene Tiere nicht auf die angerückte filzblättrige Pflanze übergehen — so deutet er doch in die Richtung, in der solche Versuche sich bewegen müssen. Und das gleiche gilt für den folgenden Versuch des gleichen Autors. Es fiel ihm vor seinem Hause an einer Dotterweide die große Zahl der zu einer kegelförmigen Tasche umgewandelten Blattenden auf, die von der Raupe der Motte *Gracilaria stigmatella* F. herrührten. Sie werden so hergestellt, daß die Raupe eine Anzahl Fäden quer zur Richtung der Mittelrippe an der Blattunterseite in 3—4 cm Entfernung von der Blattspitze spinnt. Dann werden quer dazu Fäden gezogen, die immer mehr angespannt werden, so daß sich die Blattspitze immer mehr gegen die Blattunterseite schlägt. Dann wird diese durch weitere Fäden eingerollt und die Öffnungen an beiden Enden verschlossen. Durch Abschneiden sämtlicher Blattspitzen wurde den Raupen nun die Möglichkeit genommen, ihre typischen Wohnungen zu bauen. Es wurden dann von 91 Wohnungen 84 in Form ein- oder doppelseitiger Rollungen des Blattrandes gebaut. Die nächste Generation befand sich in der gleichen Situation und bildete auf gleiche Weise 43 Wohnungen. Die folgende kam nun wieder auf normale Blätter und da waren von 19 Wohnungen wieder 15 vom ursprünglichen Typus, 4 aber waren durch Blattrandrollung hergestellt. Auch diesen an sich interessanten Versuch kann man nur als einen Fingerzeig, nicht als einen Beweis für ererbte Instinktveränderung betrachten, da ja auch normalerweise Individuen vorkommen, die in anderer Weise bauen, die Zahlen der Schlußgeneration zu niedrig sind und weitere Generationen nicht vorliegen. In jüngster Zeit hat HARRISON die Gewohnheit vieler Insekten ihre Eier nur an bestimmte Futterpflanzen zu legen benutzt, um an Tenthridiniden Versuche auszuführen, die denen SCHROEDERS mit Phratora genau parallel gehen. Auch er glaubt eine erbliche Instinktabänderung annehmen zu müssen, obwohl seine

Versuche den alten Grundeinwand, unbewußte Selektion schon vorhandener Genvariationen, nicht ausschließen.

Auf wesentlich breiterer Basis sind dagegen Versuche an Amphibien ausgeführt, deren Betrachtung wir uns jetzt zuwenden. Sie schließen alle mehr oder minder eng an Experimente an, die MARIE VON CHAUVIN in den 70er und 80er Jahren des letzten Jahrhunderts ausführte. Speziell in bezug auf Instinktvariation ist der folgende Versuch viel besprochen worden. Bekanntlich stellt der mexikanische Axolotl eine neotenische Larve des Molchs *Amblystoma tigrinum* dar, d. h. also ein Tier, das im Larvenzustand geschlechtsreif werden kann, indem es dauernd im Wasser bleibt, die Kiemenatmung und andere Anpassungen an das Wasserleben beibehält, die Metamorphose, die es typischerweise beim Übergang zum Landleben und zur Lungenatmung durchmacht, ganz aufgibt. Durch geeignete Zwangsmittel können nun solche Larven in verschiedenen Entwicklungsstadien noch zur Metamorphose gezwungen werden. Es wurden nun in einem der Versuche solche künstlich metamorphosierte Amblystomen zur Geschlechtsreife herangezogen und ihre Nachkommenschaft unter solchen Bedingungen gehalten, daß normale Axolotl dabei niemals zur Metamorphose schreiten würden. Nach einem Jahr trat nun bei diesen Tieren eine Reduktion der Kiemen, also der Beginn der Metamorphose, ein, und als 20 Tieren die Möglichkeit ans Land zu gehen gegeben war, metamorphosierten sie sofort, ein Tier sogar in der kurzen Zeit von 10 Tagen, was sonst nie beobachtet worden war. Es scheint also die Neigung zur Metamorphose nach künstlicher Induktion erblich geworden zu sein. Daraus allerdings einen Beweis für die Vererbung einer Instinktvariation abzuleiten, geht wohl zu weit. Denn abgesehen davon, daß nur eine Generation vorliegt, ist ja das Metamorphosieren der ursprüngliche Instinkt, der nicht verloren gegangen ist, sondern nur durch die abnorme Lebenslage gehemmt wird, so daß sein Wiedererwecken nicht gut als Instinktveränderung bezeichnet werden kann. Viel eher könnte man aus der von KAMMERER erwähnten Tatsache, daß die nun schon so lange aus stets neotenischen Formen gezüchteten Axolotl des Handels kaum mehr mit Gewalt zur Metamorphose zu bringen seien, einen derartigen Schluß ziehen. Ob diese Tatsache aber richtig ist, kann angesichts der Schwierigkeiten, die der Versuch überhaupt bietet und die Frl. VON CHAUVIN nur durch große Erfahrung, Ausdauer und individuell verteilte Sorgfalt überwand, zunächst nicht ohne weiteres angenommen werden. Und schließlich bleibt, so lange nicht erwiesen ist, daß jener Versuch immer oder doch oft gelingt, der schwerwiegende Einwand bestehen, daß unter dem vorher nicht analysierten Material sich eine Rasse (Linie) fand, die sich durch größere Neigung zur Metamorphose auszeichnete. Tatsächlich verhalten sich verschiedene Spezies von Amblystoma wie auch verschiedene Rassen des Amblystoma tigrinum verschieden in bezug auf ihre Neigung zur Neotenie. Das ist überhaupt die Schwierigkeit, die allen derartigen Versuchen anhaftet, daß sie eine genaue genetische Analyse des benutzten Materials vermissen lassen. Dazu kommen noch mancherlei physiologische Schwierigkeiten: wissen wir doch heute, daß durch Schilddrüsensubstanz die Axolotl jederzeit zur Metamorphose gebracht werden können.

Reaktion auf Lebenslage. Als dritte Versuchsgruppe bezeichneten wir die, die sich mit der Vererbung von Neuerwerbungen des Organismus im Gefolge von Veränderungen der Lebenslage befaßt. Am meisten bekannt geworden sind die Versuche, die KAMMERER an unseren heimischen Salamander- und Krötenarten ausführte, die sich auf Variationen der gesamten Fortpflanzungsart beziehen, wie auch auf Zeichnungs- und Instinktmerkmale. Von diesen vielen Versuchen, die in KAMMERERS Buch alle referiert sind, sei nur einer als Muster wiedergegeben, da es bis jetzt noch nicht gelungen ist, über die Zuverlässigkeit der Angaben wie der Versuchsmethoden Einigkeit zu erzielen und bis jetzt noch keine Bestätigung beim gleichen Objekt oder analogen Fällen vorliegt. Erfolgte eine solche, so hätten die Versuche eine ungeheure Tragweite; bis jetzt sind aber mannigfache Gründe zur Skepsis vorhanden. Es kommen bei uns bekanntlich zwei Salamanderarten vor, der gelbgefleckte Feuersalamander, Salamandra maculosa, und der schwarze Alpensalamander, Salamandra atra. Ersterer bewohnt das Tiefland, vor allem das Mittelgebirge, bis etwa 1000 m Höhe, letzterer das Hochgebirge. Entsprechend dieser Verschiedenheit der Lebenslage ist die Art der Fortpflanzung auch eine verschiedene. Beim Feuersalamander entwickeln sich gleichzeitig 14—72 Larven im Uterus und werden dann mit gut entwickelten äußeren Kiemen und einem Ruderschwanz ausgestattet ins Wasser abgesetzt, wo sie dann nach einiger Zeit, indem sie ans Land gehen, zum Salamander metamorphosieren. Der Alpensalamander dagegen bringt typisch nur ein Paar Junge zur Welt. Zwar gehen auch viele Eier in den Uterus über, sie zerfallen aber dort und bilden einen Nahrungsbrei für die einzige Larve, die in jedem Uterus zur Entwicklung gelangt. Sie macht nun ihre ganze Metamorphose schon im Mutterleib durch, bildet dementsprechend auch keine zur Wasseratmung tauglichen Kiemen aus, sondern merkwürdig gestaltete riesige Kiemen, die ein embryonales Ernährungsorgan darstellen. Die Jungen werden dann schließlich als schon voll entwickelte kleine Salamander geboren. Es ist klar, daß diese Differenzen durch die Lebenslage bedingt sein müssen, da ja dem Alpensalamander im kurzen Sommer für die Entwicklung seiner Brut nur zu kalte Gewässer zur Verfügung ständen. Diese Fortpflanzungserscheinungen sind nun bei jeder der beiden Arten in der Natur der Lebenslagevariation unterworfen. Feuersalamander, die in hohen, kalten Regionen leben, produzieren weniger Larven und setzen sie auf einer viel späteren Entwicklungsstufe als normalerweise ab. Alpensalamander aus den tiefen Regionen ihres Verbreitungsgebietes bilden mehr, bis zu vier Larven, die auf einem früheren Entwicklungszustand geboren werden. KAMMERER suchte nun durch Anwendung extremer äußerer Bedingungen diese Lebenslagevariation bis zu ihrem möglichen Maximum zu verschieben. Es gelang ihm in der Tat, durch Wasserentziehung und Kälte die Feuersalamander so weit zu bekommen, daß sie, zunächst gezwungen, nach einiger Zeit aber auch freiwillig, die Fortpflanzungsgewohnheiten der Alpensalamander annahmen. Sie bildeten schließlich nur zwei *Larven* aus, die übrigen Eier zerfielen zu einem Nahrungsbrei und die Larven wurden als Vollsalamander am Land geboren. Umgekehrt konnten auch die Alpensalamander die Fortpflanzungsgewohnheiten des Feuersalamanders annehmen. Schon Frl. VON CHAUVIN hatte gezeigt, daß aus dem Uterus herausgeschnittene Larven dieser Form an das Wasserleben gewöhnt werden können und daß sie dort ihre embryonalen Kiemen zu Wasserkiemen umwandeln und einen Ruderschwanz bilden. Ähnlich konnte KAMMERER durch Einwirkung von Wärme und Darreichung von Wasser die Tiere daran gewöhnen, ihre Larven freiwillig auf frühem Entwicklungszustand ins Wasser abzusetzen, wobei sich auch eine größere Zahl von Embryonen, bis zu 9, im Uterus entwickeln. Das Interesse richtet sich nun auf die Nachkommenschaft dieser künstlich erzeugten extremen Varianten. Es zeigte sich dabei insofern eine Vererbung, als die Alpensalamander freiwillig Wasserlarven gebaren, die Feuersalamander aber weiter als normal vorgeschrittene Larven, einer sogar auf dem Lande Vollmolche. Bei den anderen ähnlichen Versuchen über das Farbkleid von Feuersalamandern und den Brutpflegeinstinkt der Knoblauchskröte behauptet KAMMERER sogar direkt eine MENDELsche Vererbung der erworbenen Anpassungen und will den Übergang vom Soma ins Keimplasma direkt durch Eierstockstransplantationen bewiesen haben. Wie gesagt, begegnen diese Angaben ziemlich allgemeiner Skepsis; eine Wiederholung der Versuche liegt aber noch nicht vor.

Diesen wie den meisten bisher berichteten Versuchen haftet nun noch eine prinzipielle Schwäche an, die, daß das Material nicht genügend exakt quantitativ betrachtet wurde. Diese Bedingungen werden in einigen neueren Versuchen besser erfüllt. Hierher gehören die Experimente von PRZIBRAM und SUMNER an Ratten und Mäusen. Beide Autoren hielten ihre Versuchstiere in niedrigen und hohen Temperaturen und stellten dabei, in Einklang mit den Erfahrungen aus freier Natur, fest, daß in höheren Temperaturen (bei SUMNERS Mäusen 26^0, bei PRZIBRAMS Ratten 30—35^0) die Ohren, Schwänze, Füße eine größere Länge annahmen als in tiefen Temperaturen. Hand in Hand damit geht eine Verminderung der Behaarung und bei den Ratten ein exzessives Hervortreten der äußeren Genitalien. Bei den in normalen Bedingungen gehaltenen Nachkommen der Wärme- wie der Kältetiere waren diese Differenzen noch vorhanden, schwächten sich aber im Lauf des Heranwachsens ab. Trotzdem sie nicht sehr groß waren, so können sie doch kein Zufallsresultat sein, da SUMNER berechnete, daß dagegen die Wahrscheinlichkeit von $1 : 20000$ spricht. Allerdings trat, wie PRZIBRAM fand, das Wiederauftreten der induzierten Variation in der Nachkommenschaft nur ein, wenn die Befruchtung noch unter den veränderten Bedingungen stattgefunden hatte. Nach den neusten Mitteilungen von PRZIBRAM klingt der Erfolg allmählich ab und gehört damit in das Gebiet der JOLLOSschen Dauermodifikationen.

Interpretation als Dauermodifikation.

Hierher gehören ferner Versuche von Dürken über Beeinflussung der Puppenfärbung des Kohlweißlings Pieris brassicae. Wenn diese Tiere während des Verpuppungsvorgangs in orangefarbenem Lichte gehalten werden, entstehen anstatt der normalen schwarz-weißen grünliche Puppen. Von der normal aufgezogenen Nachkommenschaft dieser veränderten Tiere ist aber wieder ein großer Prozentsatz grün. Da eine noch so lange Dauer der Exposition nach der Verpuppung keinen solchen Effekt hervorbringt, so kann der Erfolg nicht durch einen direkten Einfluß auf die Keimzellen erklärt werden. Die Änderung, die das orangene Licht hervorgebracht hatte, war eine Änderung des Chemismus des Körpers; ihre Übertragung auf die Eier ist also wohl einer direkten Stoffübertragung durch das Eiplasma zuzuschreiben, die die Gene gar nicht betrifft. Es liegt also wohl eine Dauermodifikation im Sinne von Jollos vor.

Als letzte Versuchsserie erwähnten wir Versuche mit Veränderungen des inneren Milieus; hierher gehören die Experimente von Guyer und Smith, die viel Aufsehen erregten. Sie injizierten Hühner mit Kaninchenlinsen zur Herstellung eines Antilinsenserums. Dieses Serum wurde trächtigen Kaninchen eingespritzt und einige der Jungen zeigten dann Augendefekte, und zwar waren es im ursprünglichen Versuch 9 von 61 Jungen, alle 9 von 2 nicht verwandten Müttern stammend. Diese Defekte bestanden in Linsentrübung, Colobom, Fehlen des Auges und ähnlichem. Ohne weitere Behandlung wurden diese Defekte viele Generationen lang vererbt, und zwar nicht nur durch die Mutter, sondern auch durch den Vater. Bei Kreuzung waren sie rezessiv und zeigten eine Art von Mendel-Spaltung. Hier wäre also das Erblichwerden einer somatischen Veränderung aufgezeigt. Die Versuche sind zwar wiederholt worden, ohne daß es bisher anderen Autoren gelang, das gleiche Resultat wieder zu erhalten. Man hat vielerlei Einwände gegen ihre Interpretation gemacht, so etwa daß ja nicht nur Linsendefekte auftraten, somit gar keine spezifische Wirkung des Serums vorlag; ferner, daß erbliche Abnormitäten gleicher Art bei Kaninchen häufig sind; daß man nicht erblich die gleichen Abnormitäten auch unspezifisch z. B. mit Naphthalinfütterung hervorrufen kann. Bis jetzt liegt aber noch keine befriedigende Erklärung pro oder contra vor und so muß man auf weiteres Material warten.

Phänotypische Identität von Modifikation und Erbcharakter.

Das Ergebnis der Versuche, eine Vererbung erworbener Eigenschaften zu beweisen, ist also so spärlich, daß man es direkt als negativ bezeichnen kann. Trotzdem haben viele Forscher sich nicht entschließen können, den Glauben an diese Vererbungsform aufzugeben. Der Hauptgrund dazu ist für die mit den Ergebnissen der neueren Vererbungslehre Vertrauten der folgende: Es ist eine sehr häufige Erscheinung, daß in der Natur Erbrassen bestehen, deren Charaktere als Anpassungscharaktere an besondere Bedingungen betrachtet werden können, die phänotypisch identisch sind mit nicht erblichen Modifikationen anderer Rassen. So kommt z. B. Linkswindung als nicht erbliche Modifikation bei normalerweise rechts gewundenen Schneckenschalen vor. Bei anderen Arten aber ist es ein Erbcharakter. In beiden Fällen ist die direkte embryonale Ursache sicher die gleiche, nämlich die Richtung der Zellteilungen im Beginn der Furchung. Diese embryonale Besonderheit aber tritt einmal als nicht erblicher Zufall ein, ein andermal ist sie die Konsequenz einer genetischen Beschaffenheit; die Idee eines Zusammenhangs ist also naheliegend. Derartige Beispiele ließen sich beliebig viele anführen und wenn es sich um Charaktere handelte, die eine statistische Betrachtung erlaubten, so würde sich zeigen, daß die erbliche Rasse in der gleichen Richtung der Variation liegt wie die nicht erbliche Modifikation einer andern Rasse. Diese Tatsache aber muß erklärt werden; denn sie ist es, die DARWIN zur Annahme führte, daß manche der Modifikationen dazu neigen, erblich zu werden, sie ist es, die die Idee des Übergangs nicht erblicher Modifikationen in erbliche Veränderungen suggeriert.

Da müssen wir nochmals auf die schon mehrfach erwähnten Temperaturexperimente an Schmetterlingen zurückkommen, die noch Material zu unserem Problem lieferten.

Temperaturversuche an Schmetterlingen.

Die Hauptresultate bestanden ja, wie schon ausführlicher besprochen, darin, daß junge Puppen von mitteleuropäischen Faltern, die mit niederen Temperaturen von etwa 6^0 behandelt wurden, Schmetterlinge ergaben, die den nördlichen Varietäten äußerlich glichen, während solche, die einer Wärme von etwa 36^0 exponiert wurden, denen südlicher Rasse ähnelten. Es traten bei diesen Versuchen aber auch neue Typen auf, nämlich stärker aufgehellte und stark verdunkelte Individuen. Und gewisse dabei gemachte Beobachtungen führten dazu, mit Frost von —4

bis —20⁰ und mit Hitze von +40 bis +46⁰ zu arbeiten, wobei sich
zeigte, daß beide in gleichem Sinn verändernd einwirkten, und die so

Abb. 172. FISCHERS Temperaturversuch an Arctia caja. Erklärung im Text.
Originalphoto FISCHER.

geschaffenen Hitze- bzw. Frostaberrationen glichen gewissen selten in
der Natur auftretenden Aberrationen, von denen es höchstwahrschein-
lich zum Teil, wie schon erwähnt, sicher ist, daß sie Sports, Mutationen

darstellen. Es war also möglicherweise gelungen, hier künstliche Mutationen zu erzeugen; der Beweis dafür kann aber nur aus ihrem erblichen

Abb. 173. Temperaturversuch an V. urticae; acht verschiedene experimentell erzielte
Typen. Photo FISCHER.

Verhalten geliefert werden. Nachdem schon STANDFUSS eine Andeutung davon erhalten hatte, ist es FISCHER gelungen, ihn zum erstenmal einiger-

Abb. 174. Wärmeversuch an V. urticae. *9* die Normalform, *13*, *14* var. ichnusa, *10* experimentelle ichnusaähnliche Form, *11*, *12* aus der Nachkommenschaft von *10*. Photo FISCHER.

maßen sicher zu stellen. Er erzeugte durch Frostwirkung Aberrationen von *Arctia caja*, die sich durch starke Verdunkelung infolge von Verschmelzung der Fleckenzeichnung auszeichneten. Ein solches Pärchen,

35*

von dem das Männchen viel stärker abgeändert war als das Weibchen (Abb. 172, *1* und *2*), wurde zur Fortpflanzung gebracht. Es entwickelten sich aus den Eiern 173 Puppen und als diese schlüpften, kamen unter den Faltern, die zuletzt ausschlüpften, 17 Individuen zum Vorschein, die ebenso wie die Eltern verändert waren; 6 von diesen sind in Abb. 172, *3—8* wiedergegeben. Die Männchen erwiesen sich wieder stärker verändert als die Weibchen.

Einen zweiten solchen Fall von FISCHER, der sich auf das STANDFUSSSche Objekt V. urticae bezieht, können wir in Abb. 173 abbilden und nach persönlichen Mitteilungen FISCHERs besprechen. Durch die Einwirkung intermittierender Temperatur von —12⁰ bis—14⁰ auf Puppen wurden drei abgeänderte (verdunkelte) Typen erhalten, die in *1—8* wiedergegeben sind. Von 8 Paarungen zwischen diesen ergaben 6 nur normale Nachkommenschaft, dagegen 2 Paarungen zwischen den dunkelsten Typen (Abb. 173, *1, 2*) ergaben 78,4% normale Falter und 21,6% veränderte unter insgesamt 334 Nachkommen. Von den veränderten waren 9,8% wie Abb. *3, 4,* 6,3% wie Abb. *5, 6,* 4,2% wie Abb. *7* und 1,2% wie Abb. *8*. Leider fehlt eine weitere Generation. Das Resultat sieht ja sehr wie eine MENDEL-Spaltung 3 : 1 aus, kann aber nicht so gedeutet werden, weil dann die Verdunkelung rezessiv sein müßte; da die dunkeln Elterntiere in diesem Fall aber heterozygot gewesen sein müßten, wäre umgekehrt die Verdunkelung dominant. In der Abbildung 174 ist ein zweiter ähnlicher Versuch dargestellt. Raupen und Puppen der gleichen V. urticae (*9*) wurden bei + 34⁰ gezogen und einige Individuen erhalten (*10*), die der Form ichnusa von Sardinien und Korsika (*13, 14*) sehr gleichen. Zwei solche experimentell veränderte Individuen (*10*) ergaben als Nachkommenschaft unter gleichen Bedingungen 93 normale, 27 schwach und 18 stark im Sinne Abb. 174, *10* veränderte Falter, die in Abb. 174, *11, 12* wiedergegeben sind. Auch hier treffen die gleichen Bemerkungen wie vorher zu.

Wie erklären sich nun die Tatsachen, an deren Richtigkeit nicht zu zweifeln ist. (Der Verfasser hat das Material von STANDFUSS und FISCHER in der Hand gehabt.) Vom Standpunkt der Gegner einer Vererbung erworbener Eigenschaften, sind folgende Erklärungen möglich. CASTLE meinte, daß normalerweise hier eine beträchtliche Variationsmöglichkeit vorliegt und daß durch die experimentelle Behandlung die erbliche Neigung zur Verdunkelung nur sichtbar gemacht wurde, so daß in Wirklichkeit nur schon vorhandene erbliche Varianten ausgewählt wurden. Diese Erklärung ist im urticae-Fall unmöglich, wie jeder Schmetterlingskenner weiß. Die zweite Möglichkeit ist, daß es sich hier nur um eine Dauermodifikation, parallel den DÜRKENschen Experimenten handelte. Das Fehlen weiterer Generationen macht eine Entscheidung unmöglich. Die dritte Erklärungsweise ist die Parallelinduktion, die allerdings zur Voraussetzung hat, daß auch spätere Generationen den veränderten Charakter zeigen würden, wofür ja noch kein Beweis vorliegt. Parallelinduktion soll heißen, daß parallel zum Soma auch die Gene gleichsinnig abgeändert wurden. Einen definitiven Schluß erlaubt also das Material noch nicht, wiederum weder pro noch contra.

Zu dieser Parallelinduktion, die oft in ähnlichen Fällen herangezogen wird, muß aber noch ein Wort gesagt werden. Wir haben früher (S. 521) bereits die entwicklungsphysiologische Erklärung dafür kennen gelernt, daß so oft Modifikationen durch die Wirkung von Außenbedingungen phänotypisch identisch sind mit Mutationen. Die Erklärung war, daß in beiden Fällen der veränderte Außencharakter das Produkt einer Änderung im Ablauf der zu ihm führenden Reaktionen war, einmal hervorgerufen durch die Änderung der Außenbedingungen der Reaktion (Temperaturkoeffizient!), im andern Falle durch mutative Veränderung der Genquantität. Wenn also in einem bestimmten Falle die Wirkung extremer Bedingungen gleichzeitig direkt die Reaktionskurve der Ausbildung eines Außencharakters beeinflußt, und zugleich auch ein Gen in den Keimzellen quantitativ mutieren läßt, so wäre das die Parallelinduktion. Das unverständliche dabei bleibt, daß gerade das Gen mutiert, dessen Reaktion auch modifikatorisch beschleunigt wird. Es wäre denkbar, daß es so liegt, daß nur gerade dieser Vorgang aus vielen nur sichtbar wird und deshalb als einzige Wirkung erscheint. Doch sei es damit genug von diesem Problem, da tatsächlich noch kein einwandfreier Fall dieser Parallelinduktion bekannt ist.

Noch ein Problem muß endlich in diesem Zusammenhang erwähnt werden. Es ist wohlbekannt und seit den klassischen Arbeiten von NÄGELI viel diskutiert, daß Pflanzen, die in ein andersartiges Habitat gebracht werden, ihre Charaktere entsprechend ändern (Beispiel: Ebenen- und Alpenformen); die Änderungen sind aber nicht erbliche Modifikationen.

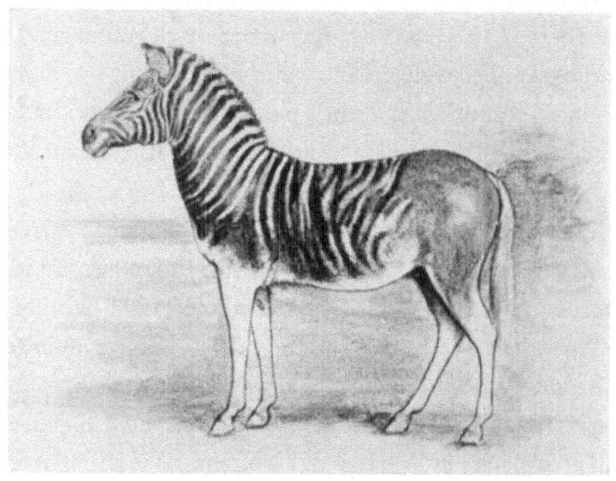

Abb. 175. Lord MORTONS Quaggahengst. Nach EWART.

Abb. 176. Quagga-Pferdbastard. Nach EWART.

Andererseits gibt es in der gleichen Art Formen, die in verschiedenem Habitat erblich verschieden sind, und den für viele oder alle Formen des Habitats charakteristischen Typus zeigen, z. B. den Halophyten —

Dünen — alpinen Typus. Die moderne Erklärung dafür ist, daß hier nicht etwa eine Vererbung erworbener Eigenschaften vorliegt, sondern eine Präadaptation. Das heißt, daß unter den zufälligen Mutanten der Stammform sich auch solche fanden, die im Gegensatz zu der Stammform die Bedingungen eines besonderen Habitats ertragen konnten und deshalb imstande waren, dort einzuwandern. In jüngster Zeit hat sich TURESSON ausführlich mit diesem Problem befaßt, und kommt zum Schluß, daß diese Erklärung nicht ausreiche, sondern daß man annehmen müsse, daß die betreffenden Mutationen eine direkte Reaktion des

Abb. [177. Lord MORTONs Füllen. Nach EWART.

Keimplasmas auf die spezifischen Außenbedingungen des Habitats seien. Damit ständen wir nun wieder vor dem alten Rätsel der Verursachung nützlicher Mutanten ohne Selektion.

Wir können diese ebenso interessanten wie weiterer Aufklärung be- Telegonie dürftigen Probleme nicht verlassen, ohne noch einige kurze Worte einem Aberglauben gewidmet zu haben, der, so unbiologisch seine Grundgedanken sind, doch immer wieder auftaucht und besonders in der praktischen Tierzucht seinen Spuk treibt, der Annahme der sogenannten *Telegonie.* Keiminfektion oder Telegonie bedeutet, daß, wenn mehrere Väter nacheinander das gleiche Weibchen befruchten, die Nachkommen

aus der späteren Befruchtung Charaktere des früheren Vaters zeigen
sollen. Hundezüchter lassen oft, weil sie an diese Möglichkeit glauben,
Rassehunde niemals von einem Köter decken, der ihnen die ganze spätere Nachkommenschaft mit einem Rassehund verderben soll. Die Aufmerksamkeit wurde auf diese Erscheinung erst durch den berühmt gewordenen Fall der Stute des Lord MORTON gelenkt, den sogar DARWIN
als beweiskräftig ansah. Eine kastanienbraune Stute, die mit einem
Quaggahengst, der in Abb. 175 abgebildet ist, bastardiert worden war,
gebar später, als sie von einem Araberhengst befruchtet wurde, drei
braune gestreifte Füllen, von denen eines mehr Zebrastreifen besaß als
der Quaggabastard und von Anfang an eine kurze, steife und aufrechte
Mähne besitzen sollte. EWART, der auch umstehend wiedergegebene Bilder des Quaggabastards (Abb. 176) wie des gestreiften Füllens (Abb. 177)
beibrachte, hat nun einmal die genaue Herkunft dieser Pferde eruiert
und dabei festgestellt, daß die Mutterstute ein Halbblut zwischen einem
Araber und einem indischen Pony war, welch letzteres eine Streifung
von der Art, wie sie die Füllen zeigten, besitzt, ferner aber auch festgestellt, daß die Angabe der aufrechten Mähne, die von einem Reit-
knecht stammte, durch zeitgenössische Abbildungen des Füllens widerlegt wird.[1] Sodann hat aber EWART an mehreren Haussäugetieren und
Vögeln, besonders auch am Pferd nach Kreuzung mit Zebra durch zahlreiche Experimente festgestellt, daß die Telegonie ins Reich der Fabel
gehört; und DE PARANA, der in Brasilien die gleichen Versuche in riesi-
gem Maßstabe nach Zebra- wie nach Eselkreuzung ausführte, kam zu
dem gleichen Resultat. Die Telegonie, die für den mit der Befruchtungs-
und Vererbungslehre Vertrauten ohnedies ein Unding darstellt, kann
also ruhig als überwundener Irrtum verschwinden, der nur noch Kurio-
sitätsinteresse hat.

---

[1] Wenn auch die Telegonie widerlegt ist, so erscheint der spezielle
Fall dem Verfasser noch nicht ganz geklärt. In China sah er häufig Maultiere,
die eben so starke Streifung aufweisen, wie der Quaggabastard Abb. 176.
Es steckt da wohl noch eine besondere Vererbungserscheinung dahinter vom
Typ der Kryptomerie.

Literatur zur einundzwanzigsten Vorlesung.

AMMA, K.: Über die Differenzierung der Keimbahnzellen bei den Copepoden. Arch. f. Zellforsch. **6**. 1911.

BILSKI, F.: Über Blastophtorie durch Alkohol. Arch. f. Entwicklungsmech. d. Organismen **47**. 1921.

BLUHM, A.: Alkohol und Nachkommenschaft. Zeitschr. f. indukt. Abstammungs- u. Vererbungslehre **28**. 1922.

BOVERI, TH.: Die Entwicklung von Ascaris megalocephala usw. Festschr. für KUPFFER. 1899.

BUCHNER, P.: Die Schicksale des Keimplasmas der Sagitten usw. Festschr. für R. HERTWIG. **1**. 1910.

VON CHAUVIN, MARIE: Über die Umwandlung des mexikanischen Axolotl in ein Amblystoma. Zeitschr. f. wiss. Zool. **25**. Suppl. 1875. — Ders.: Über die Verwandlung des mexikanischen Axolotl in das Amblystoma. Ebenda. **27**. 1876. — Ders.: Über die Verwandlungsfähigkeit des mexikanischen Axolotl. Ebenda. 1884. — Ders.: Über das Anpassungsvermögen der Larven von Salamandra atra. Ebenda **29**. 1877.

DARWIN, CH.: Two Essays written in 1842 and 1844. Herausgegeben 1909 von FRANCIS DARWIN als „Foundations of the Origin of Species". Deutsche Übersetzung: Die Fundamente zu Charles Darwins Entstehung der Arten. Leipzig 1910.

DAVENPORT, C. B.: The transplantation of ovaries in chickens. Journ. of Morphol. **22**. 1911.

DETLEFSEN, J. A.: The inheritance of acquired characters. Physiol. Review **5**. 1925. Hier die amerikanische Literatur.

DOBELL, C.: Some Recent Work on mutation in Micro-organisms. Journ. of Genetics **2**. 1912/13.

DUERDEN, J. E.: Inheritance of callosities in the ostrich. Americ. Naturalist **54**. 1920.

DÜRKEN, B.: Versuche über die Erblichkeit des in farbigem Licht erworbenen Farbkleides der Puppen von Pieris brassicae I—III. Nachr. v. d. Kgl. Ges. d. Wiss. Göttingen. 1920. — Ders.: Über die Wirkung farbigen Lichtes auf die Puppen des Kohlweißlings (Pieris brassicae) und das Verhalten der Nachkommen. Arch. f. mikroskop. Anat. u. Entwicklungsmech. **99**. 1923. — Ders.: Die Färbungsvariation der Kohlweißlingspuppen usw. Mem. Pontif. Acc. Sc. Nuove Lincei **7**. 1924.

EWART, J. C.: The Penycuik Experiments. London: A. E. C. Black 1899.

FISCHER, E.: Experimentelle Untersuchungen über die Vererbung erworbener Eigenschaften. Allg. Zeitschr. f. Entomologie. 1901. — Ders.: Zur Physiologie der Aberrationen- und Varietätenbildung der Schmetterlinge. Arch. f. Rassen- u. Gesellschaftsbiol. **4**. 1907.

GUYER, M. T. and SMITH, E. A.: Studies on cytolysins II. Journ. of Exp. Zool. **31**. 1920.

HARRISON, J. W. H.: Experiments on the egg-laying instincts of the sawfly Pontania salicis Chriss. Proc. of the Roy. Soc. of London B. **101**. 1927.

HEGNER, R. W.: The germ-cell cycle in animals. New York 1914. Hier Literatur über Keimbahn.

HERBST, C.: Beiträge zur Entwicklungsphysiologie der Färbung und Zeichnung der Tiere. Abhandl. d. Heidelb. Akad. d.Wiss., Math.-Nat. Kl. 1919.

JOLLOS, V.: Experimentelle Protistenstudien I. Arch. f. Protistenkunde 43. 1921. — Ders.: Untersuchungen über Variabilität und Vererbung bei Arcellen. Ebenda 49. 1924.

KAMMERER, P.: Beitrag zur Erkenntnis der Verwandtschaftsverhältnisse von Salamandra atra und maculosa. Arch. f. Entwicklungsmech. d. Organismen 17. 1904. — Ders.: Experimentelle Veränderung der Fortpflanzungstätigkeit bei Geburtshelferkröte (Alytes obstetricans) und Laubfrosch (Hyla arborea). Ebenda 22. 1906. — Ders.: Vererbung erzwungener Fortpflanzungsanpassungen. I. und II. Mitt.: Die Nachkommen der spätgeborenen Salamandra maculosa und der frühgeborenen Salamandra atra. Ebenda 25. 1907. — Ders.: Experimentell erzielte Übereinstimmungen zwischen Tier- und Bodenfarbe. Verhandl. d. zool.-botan. Ges. Wien 58. 1908. — Ders.: Vererbung erzwungener Farb- und Fortpflanzungsveränderungen bei Amphibien. Vortrag. 81. Versamml. dtsch. Naturforsch. u. Ärzte. Salzburg 1909. — Ders.: Vererbung erzwungener Fortpflanzungsanpassungen. III. Mitt.: Die Nachkommen der nicht brutpflegenden Alytes obstetricans. Arch. f. Entwicklungsmech. d. Organismen 28. 1909. — Ders.: Vererbung erzwungener Farbveränderungen. I. und II. Mitt.: Induktion von weiblichem Dimorphismus bei Lacerta muralis, von männlichem Dimorphismus bei Lacerta fiumana. Ebenda. 1910. — Ders.: Die Wirkung äußerer Lebensbedingungen auf die organische Variation im Lichte der experimentellen Morphologie. Ebenda 30. 1910. — Ders.: Beweise für die Vererbung erworbener Eigenschaften durch planmäßige Züchtung. 12. Flugschr. d. dtsch. Ges. f. Züchtungskunde. 1909. — Ders.: Experimente über Fortpflanzung, Farbe, Augen und Körperreduktion bei Proteus anguineus Laur. Arch. f. Entwicklungsmech. d. Organismen 3. 1912. — Ders.: Vererbung erzwungener Farbveränderungen. IV. Mitt.: Das Farbkleid des Feuersalamanders in seiner Abhängigkeit von der Umwelt. Ebenda 36. 1913. — Ders.: Vererbung erzwungener Formveränderungen. Ebenda 45. 1919. — Ders.: The inheritance of acquired characteristics. New York 1924. Vollständige Bibliographie.

KÜKENTHAL, W.: Vergleichend-anatomische und entwicklungsgeschichtliche Untersuchungen an Sirenen. Semon, Zool. Forschungsreisen in Australien. Jena 1897.

DE LAMARCK, J. B. A.: Philosophie Zoologique. 1809.

LANG, A.: Über Vererbungsversuche. Verhandl. d. dtsch. zool. Ges. auf d. 19. Jahresversamml. zu Frankfurt. 1909.

LECHE, W.: Ein Fall von Vererbung erworbener Eigenschaften. Biol. Zentralbl. 22. 1902.

PAULY, A.: Darwinismus und Lamarckismus. 1905.

Plate, L.: Selektionsprinzip und Probleme der Artbildung. 1908.

Przibram, H.: Übertragung erworbener Eigenschaften bei Säugetieren und Versuche mit Hitzeratten. Verhandl. d. Ges. dtsch. Naturforsch. u. Ärzte. 81. Versamml. zu Salzburg. 1910. — Ders.: Die Schwanzlänge der Nachkommen temperaturmodifizierter Ratten. Akad. Anz. Ak. Wiss. Wien 1922.

Rhumbler, L.: Vererbung und chemische Grundlage der Zellmechanik. Verhandl. d. intern. zool. Kongr. Boston 1907.

Riddle, O.: Studies with Sudan III in metabolism and inheritance. Journ. of Exp. Zool. 8. 1910.

Turesson, G.: The genotypical response of the plant species to the habitat. Hereditas 3. 1922.